Wiederholen

Jedes Kapitel beginnt mit zwei Seiten **Wiederholung**. Dort übst du, was du für die folgenden Seiten brauchst. Die Lösungen findest du hinten im Buch.

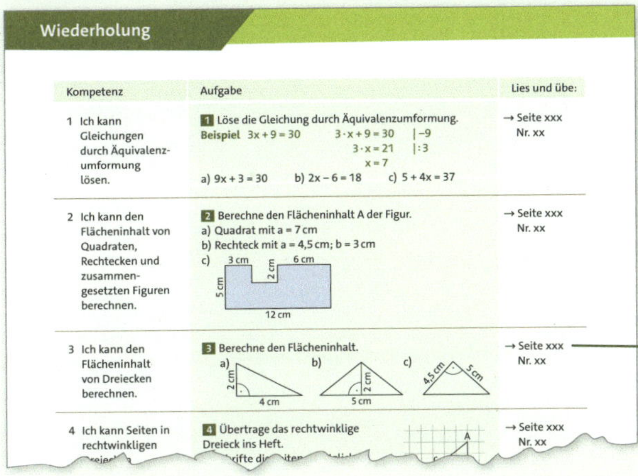

Hast du noch Schwierigkeiten? An jeder Aufgabe steht, wo du im **Grundwissen** oder in den Kapiteln nachlesen und üben kannst.

Siehst du dieses Symbol im Buch, kannst du dir in der App Erklärfilme ansehen.

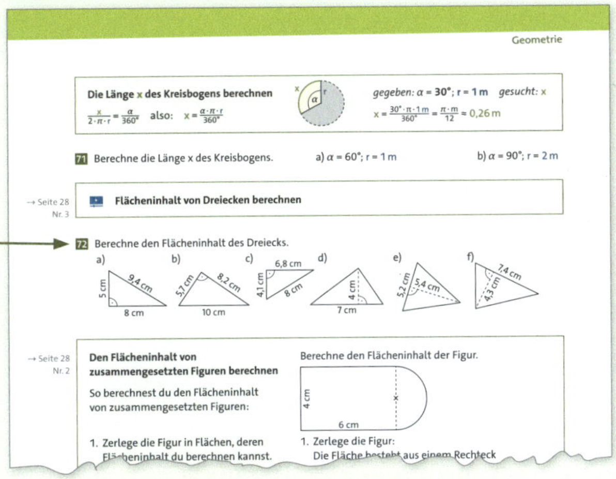

Testen

Nach den Übungsseiten findest du einen **Zwischentest**. Dort kannst du ausprobieren, ob du das Wichtige verstanden hast.

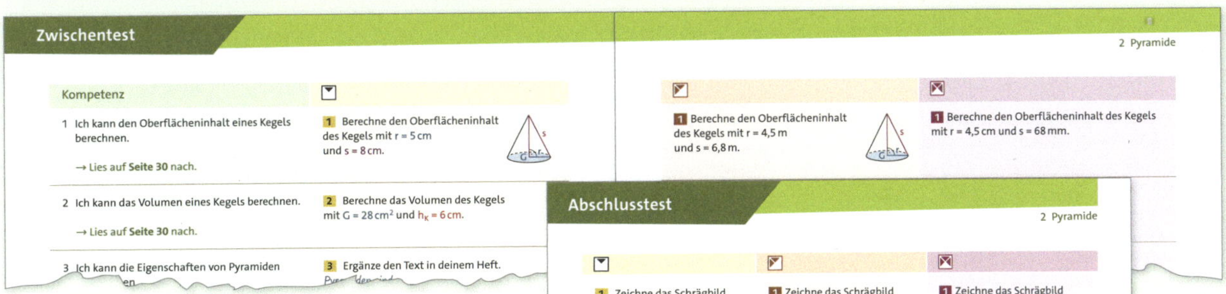

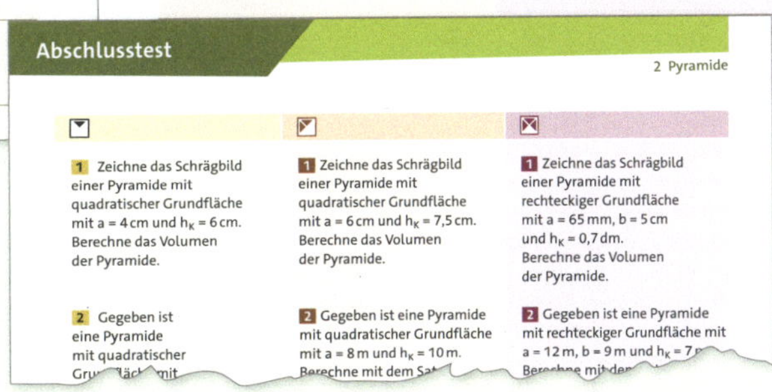

Mit dem **Abschlusstest** kannst du dich auf die Klassenarbeit vorbereiten.

Weiter üben und Extra-Seiten

Auf einer **Themenseite** kannst du die gelernten Inhalte des Kapitels einmal ganz anders anwenden.
Auf einer **Methodenseite** lernst du verschiedene Arbeitsweisen kennen.
In den **Vermischten Übungen** werden Aufgaben zu den Lerneinheiten des gesamten Kapitels gestellt.
Eine ganz besondere Seite heißt **Tieftauchen**. Hier kannst du selbst Aufgaben auswählen und bestimmen, wie tief du in die Mathematik „eintauchst“. Sei dabei gerne etwas mutig!

Diese Zeichen stehen neben den Aufgaben.
Medienkompetenz | Partnerarbeit | Gruppenarbeit

Dreifach Mathe 10

Nordrhein-Westfalen

Grundkurs

Dein Schulbuch findest du auch in der **Cornelsen Lernen App**.

Dort findest du …

- alle **Audios**
- alle **Videos** und **Erklärfilme**
- **Hilfen** zu ausgewählten Aufgaben

Cornelsen

Impressum

Dreifach
Mathe

Herausgeber: Udo Wennekers

Erarbeitet von: André Bopp, Anja Buchmann, Ute Egan, Klaus Heckner, Carmen Otte, Ariane Simon, Godehard Stein, Martina Verhoeven, Jacqueline Weecks, Udo Wennekers

Unter Beratung von: Gabriele Biela, Peter Braun, Imke Sontag-Baars

Redaktion: Fatma Defnim Avci, Carolin Berger, Ann-Christin Bröker, Dr. Anna Engel, Dominik Fraßmann, Leif Harraß, Heike Schulz
Illustration: Tobias Dahmen, Utrecht/www.tobidahmen.de
Grafik: Christian Böhning, Martin Frech (S. 167, 168, 170 links, 171–173)
Umschlaggestaltung und Layoutkonzept: ROSENDAHL BERLIN – Agentur für Markendesign
Layout und technische Umsetzung: CMS – Cross Media Solutions GmbH, Würzburg, Straive

Begleitmaterialien zum Lehrwerk

Schulbuch als E-Book mit Medien	1100023886
Lösungen zum Schulbuch	978-3-06-043762-7
Handreichungen	978-3-06-043768-9
Arbeitsheft	978-3-06-042806-9
Arbeitsheft für Lernende mit erhöhtem Förderbedarf für den inklusiven Unterricht	978-3-06-043899-0
Unterrichtsmanager Plus mit E-Book und Begleitmaterialien	978-3-06-043098-7
Interaktive Übungen	
Diagnose und Fördern online	
Cornelsen Lernen App	

Die ***Cornelsen Lernen App*** ist eine fakultative Ergänzung zu *Dreifach Mathe*, die die inhaltliche Arbeit begleitet und unterstützt.

www.cornelsen.de

1. Auflage, 1. Druck 2025

Alle Drucke dieser Auflage sind inhaltlich unverändert und können im Unterricht nebeneinander verwendet werden.

Druck und Bindung: Mohn Media Mohndruck, Gütersloh

ISBN 978-3-06-043734-4

PEFC
PEFC/04-31-1033
PEFC-zertifiziert
Dieses Produkt stammt aus nachhaltig bewirtschafteten Wäldern und kontrollierten Quellen
www.pefc.de

Inhaltsverzeichnis

Medienkompetenz

Medienkompetenz

Potenzen und Wurzeln

1

► Robin möchte ein neues Smartphone kaufen.
Er will mit dem Smartphone viele Fotos machen und wählt ein Smartphone mit 64 Gigabyte Speicherkapazität.
Ein Foto benötigt ungefähr 5 Megabyte an Speicherkapazität.
1 Gigabyte entspricht 10^3 Megabyte.
Wie viel sind 10^3 ($10^2 \cdot 10$) Megabyte?

Das **Byte** (*Plural die Byte*) ist die Einheit für die Speicherkapazität.

Es gibt:
das Kilobyte (KB),
das Megabyte (MB),
das Gigabyte (GB),
das Terabyte (TB).

Wie viele Fotos passen auf Robins Smartphone?
Warum passen auf ein Smartphone mit der doppelten Speicherkapazität von 128 GB in Wirklichkeit sogar mehr als doppelt so viele Fotos?

In diesem Kapitel lernst du, …

- Potenzen zu berechnen,
- die n-te Wurzel zu ziehen,
- Zahlen als Zehnerpotenzen darzustellen.

Kompetenz	Aufgabe	Lies und übe:

1 Ich kenne die Fachbegriffe beim Potenzieren.

1 Übertrage in dein Heft. Ordne die Fachbegriffe zu.

① → 3^5 (③ zeigt auf den Exponenten 5, ② zeigt auf die Basis 3) $= \underbrace{3 \cdot 3 \cdot 3 \cdot 3 \cdot 3}_{\text{5-mal}} = 243$ ← ④

der Exponent | der Wert der Potenz | die Basis | die Potenz

→ Seite 192 Nr. 31

2 Ich kann ein Produkt als Potenz schreiben und den Wert der Potenz berechnen.

2 Schreibe das Produkt als Potenz und berechne den Wert der Potenz.

Beispiel $2 \cdot 2 \cdot 2 = 2^3 = 8$

a) $6 \cdot 6$ b) $3 \cdot 3 \cdot 3 \cdot 3$ c) $2 \cdot 2 \cdot 2 \cdot 2$
d) $4 \cdot 4 \cdot 4$ e) $5 \cdot 5 \cdot 5$ f) $7 \cdot 7$
g) $10 \cdot 10$ h) $10 \cdot 10 \cdot 10$ i) $10 \cdot 10 \cdot 10 \cdot 10$

→ Seite 192 Nr. 32–33

3 Ich kann Dezimalzahlen runden.

3 Runde die Dezimalzahlen.
a) auf Zehntel: 6,62 und 7,279
b) auf Hundertstel: 0,064 und 1,239
c) auf Tausendstel: 13,7804 und 0,00159

→ Seite 188 Nr. 7–8

4 Ich kann Längen in andere Längeneinheiten umrechnen.

4 Rechne in die angegebene Längeneinheit um.
a) 5,5 cm = □ mm b) 1,2 dm = □ cm
c) 7,2 m = □ cm d) 77 mm = □ cm
e) 45 km = □ m f) 70 cm = □ m

→ Seite 190 Nr. 14–16

5 Ich kann Flächeninhalte in andere Flächeneinheiten umrechnen.

5 Rechne in die angegebene Flächeneinheit um.
a) $10\,cm^2$ = □ mm^2 b) $1\,dm^2$ = □ cm^2
c) $1200\,cm^2$ = □ dm^2 d) $2{,}7\,m^2$ = □ cm^2
e) $45\,km^2$ = □ m^2 f) $12\,cm^2$ = □ m^2

→ Seite 190 Nr. 17–19

6 Ich kann den Oberflächeninhalt und das Volumen eines Würfels berechnen.

6 Berechne die fehlenden Größen des Würfels. Ergänze die Tabelle im Heft.

Beispiel $a = 2\,m$
$O = 6 \cdot a^2 = 6 \cdot (2\,m)^2 = 6 \cdot 4\,m^2 = 24\,m^2$
$V = a^3 = (2\,m)^3 = 8\,m^3$

	Würfel		
	Kantenlänge a	**Oberflächeninhalt O**	**Volumen V**
a)	3 cm		
b)	6 mm		
c)	4 dm		
d)	10 m		

→ Seite 203 Nr. 82–83

Kompetenz	Aufgabe	Lies und übe:
7 Ich kann rationale Zahlen multiplizieren.	**7** Multipliziere. a) $3 \cdot (-10)$ b) $(-0{,}25) \cdot 8$ c) $(-1{,}5) \cdot (-2)$	→ Seite 191 Nr. 24, 28
8 Ich kann rationale Zahlen dividieren.	**8** Dividiere. a) $(-27) : 3$ b) $5 : (-2)$ c) $(-9{,}3) : (-3{,}1)$	→ Seite 191 Nr. 25, 29
9 Ich kann die Vorrangregeln anwenden.	**9** Berechne den Wert des Terms. Wende die passende Vorrangregel an. **Beispiel** ① $(2^4 - 7) \cdot 3 = (16 - 7) \cdot 3 = 9 \cdot 3 = 27$ ② $(4 + 3 \cdot 2)^2 = (4 + 6)^2 = 10^2 = 100$ a) $3 + 2 \cdot 4$ b) $(3 + 2) \cdot 4$ c) $4 + (2^2 + 5)$ d) $13 + 2 \cdot 3$ e) $3 \cdot (9 - 5)$ f) $4 \cdot (15 : 5)^2$ g) $(9 - 3 \cdot 2)^2$ h) $\frac{2}{5} \cdot (3 + 3 \cdot 4)$ i) $\left(\frac{3}{4} - \frac{1}{8}\right) \cdot \frac{4}{8}$	→ Seite 191 Nr. 30
10 Ich kann Terme vereinfachen.	**10** Vereinfache den Term. a) $2a + 4a - a - 3a$ b) $3x + 5y - 3y - 4x$ c) $4(2x + 3) + 2(x - 2y)$ d) $2 \cdot a \cdot b \cdot 3 \cdot b \cdot c$	→ Seite 195 Nr. 45–46
11 Ich kann Gleichungen durch Äquivalenzumformungen lösen.	**11** Löse die Gleichung durch Äquivalenzumformungen. a) $9x + 7 = 70$ b) $12x - 15 = 21$ c) $14x - 12 = 8x + 36$ d) $0{,}5x + 10 = 3x + 15$	→ Seite 195 Nr. 47
12 Ich kann Gleichungen aufstellen und lösen.	**12** Stelle eine Gleichung auf und löse sie. a) Das Dreifache einer Zahl addiert mit 4 ergibt das Fünffache dieser Zahl. b) Die Summe aus 6 und dem Produkt einer Zahl mit 4 ist so groß wie die Differenz aus 60 und dem Doppelten dieser Zahl.	→ Seite 197 Nr. 56–58
13 Ich kann Sachaufgaben lösen.	**13** Ein 0,8 m hohes Hochbeet ist 3-mal so lang wie breit. Das Hochbeet hat Platz für 2,4 m^3 Erde. Berechne die Breite und die Länge des Hochbeets. 	→ Seite 196, 197 Nr. 48, 52, 54

→ Lösungen auf Seite 206

Quadrieren und die Quadratwurzel ziehen (Wdh.)

Toni, Deniz und Sofia erinnern sich, wie sie eine Zahl quadrieren und Quadratwurzel ziehen.
In jeder Reihe liegen 9 Holzfliesen. Es gibt 9 Reihen.
Wie viele Holzfliesen werden insgesamt benötigt?

Wenn du eine natürliche Zahl quadrierst, dann erhältst du eine Quadratzahl. Man sagt: 4 ist die Quadratzahl von 2.

W

Eine Zahl quadrieren
Wenn du eine Zahl a einmal mit sich selbst multiplizierst, dann **quadrierst** du die Zahl.

So quadrierst du: $a^2 = a \cdot a = q$

„a hoch 2“ oder „a Quadrat“

$10^2 = 10 \cdot 10 = 100$

$0{,}2^2 = 0{,}2 \cdot 0{,}2 = 0{,}04$

$\left(\frac{1}{2}\right)^2 = \frac{1}{2} \cdot \frac{1}{2} = \frac{1}{4}$

$(-3)^2 = (-3) \cdot (-3) = 9$

Quadriere die Anzahl der Holzfliesen in einer Reihe:
$9^2 = 9 \cdot 9 = 81$
81 ist die Quadratzahl von 9.
Es werden 81 Holzfliesen benötigt.

▶ **Aufgabe** Quadriere die Zahl 7 und berechne das Ergebnis. ▶1 ▶1 ▶1

Aus 81 Holzfliesen soll eine quadratische Terrasse gelegt werden.
Wie viele Holzfliesen liegen in einer Reihe?

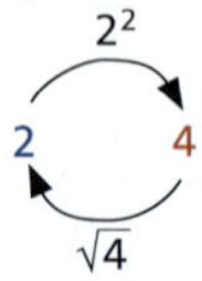

Du kannst die Wurzel mit dem Taschenrechner berechnen zum Beispiel: Taste √▫

W

Die Quadratwurzel ziehen
Die Umkehrung des Quadrierens ist das Ziehen der Quadratwurzel (kurz: Ziehen der Wurzel).

Beim Ziehen der Wurzel suchst du die Zahl a,
die mit sich selbst multipliziert die Zahl q ergibt, also $a \cdot a = q$.

Die Zahl q ist größer oder gleich 0.

$\sqrt{q} = a$ denn $a \cdot a = q$

sprich: Die Wurzel aus q ist gleich a.

$\sqrt{q} = a$
- $\sqrt{q}$: die Quadratwurzel
- a: der Wert der Quadratwurzel
- q: der Radikand

$\sqrt{9} = 3$ denn $3 \cdot 3 = 9$

$\sqrt{49} = 7$ denn $7 \cdot 7 = 49$

$\sqrt{0{,}16} = 0{,}4$ denn $0{,}4 \cdot 0{,}4 = 0{,}16$

gegeben: 81 Holzfliesen für eine quadratische Terrasse

gesucht: Anzahl der Fliesen in einer Reihe

$\sqrt{81} = 9$ denn $9 \cdot 9 = 81$
9 ist der Wert der Quadratwurzel aus 81.
Es sind 9 Holzfliesen in einer Reihe.

▶ **Aufgabe** Für das Spiel Memory sollen 36 Karten in einem Quadrat ausgelegt werden. Wie viele Karten liegen dann in einer Reihe? ▶5 ▶4 ▶5

1 Ayoub zeichnet mit grauen Kästchen vier Quadrate.

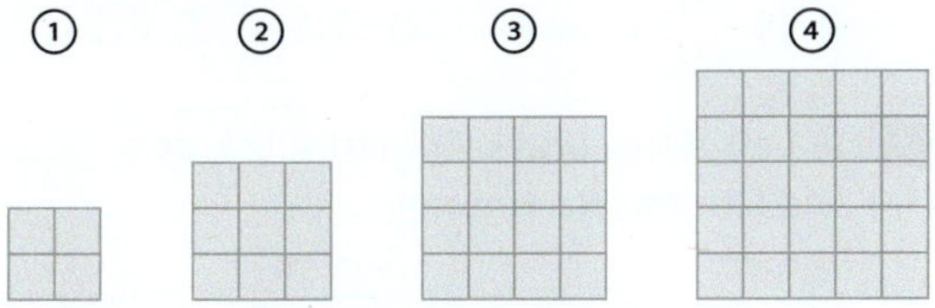

Quadriere die Anzahl der Kästchen in einer Reihe. Berechne das Ergebnis.

Beispiel Quadrat ①: $2^2 = 2 \cdot 2 = 4$

2 Berechne das Ergebnis. Zeichne zuerst ein passendes Quadrat aus Kästchen.

Beispiel 3^2

$3^2 = 3 \cdot 3$
$= 9$

a) 5^2 b) 6^2 c) 7^2 d) 8^2

3 Quadriert die natürlichen Zahlen von 1 bis 10.

Beispiel $1^2 = 1 \cdot 1 = 1$ $2^2 = \ldots$ $3^2 = \ldots$

Lernt danach die **Quadratzahlen** auswendig. Fragt euch gegenseitig ab.

Sprachhilfe: Wenn du eine natürliche Zahl quadrierst, dann erhältst du eine **Quadratzahl**.

4 Melis und Cedric unterhalten sich.

a) Sind die Aussagen von Melis und Cedric richtig? Begründe.

Sprachhilfe: Begründe so: Ich finde keine Zahl, die mit sich selbst … / Ich finde eine Zahl, die mit sich selbst multipliziert …

b) Welche Zahlen auf den Kärtchen sind Quadratzahlen? Notiere diese im Heft.

10	1	64	100	56

5 Lara zeichnet aus 9 Kästchen ein Quadrat. Lara berechnet die Anzahl der Kästchen in einer Reihe so:

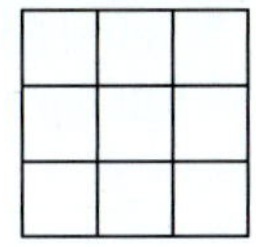

$\sqrt{9} = 3$ denn $3 \cdot 3 = 9$
Es sind 3 Kästchen in einer Reihe.

Lara zeichnet weitere Quadrate:
ein Quadrat aus 16 Kästchen,
ein Quadrat aus 25 Kästchen.
Wie viele Kästchen muss Lara in eine Reihe zeichnen? Rechne wie Lara.

▸ 5

6 Berechne den Wert der Quadratwurzel im Kopf. Notiere wie im Beispiel.

Beispiel $\sqrt{25} = 5$ denn $5 \cdot 5 = 25$

a) $\sqrt{16}$ b) $\sqrt{49}$ c) $\sqrt{81}$ d) $\sqrt{100}$

7 Übertrage ins Heft und ergänze passend die fehlenden Zahlen in den Kästchen.

a) $\sqrt{\square} = 9$ denn $9 \cdot 9 = \square$
b) $\sqrt{\square} = 7$ denn $7 \cdot 7 = \square$
c) $\sqrt{\square} = 5$ denn $5 \cdot 5 = \square$

8 Du kannst den Wert der Quadratwurzel auch mit deinem Taschenrechner berechnen. Die Reihenfolge der Tasten ist zum Beispiel

① [√▫] Zahl [=] oder
② Zahl [√▫] [=]

a) Finde heraus, wie die Reihenfolge der Tasten auf deinem Taschenrechner ist.

b) Berechne den Wert der Quadratwurzeln auf den Kärtchen mit dem Taschenrechner.

$\sqrt{225}$	$\sqrt{144}$	$\sqrt{625}$	$\sqrt{361}$
$\sqrt{256}$	$\sqrt{289}$	$\sqrt{400}$	$\sqrt{1024}$

▸ 9

9 Gegeben ist der Flächeninhalt A des Quadrats. Berechne die Seitenlänge a des Quadrats.

Beispiel *gegeben:* $A = 25\,cm^2$
gesucht: a

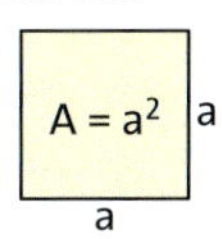

Gehe so vor:

① Notiere die Formel $A = a^2$.	$A = a^2$
② Setze den Wert für A ein.	$25\,cm^2 = a^2 \quad \vert \sqrt{\ }$
③ Ziehe die Wurzel.	$\sqrt{25\,cm^2} = a$
④ Berechne die Seitenlänge a.	$5\,cm = a$

a) $A = 49\,cm^2$ b) $A = 81\,m^2$ c) $A = 121\,m^2$

1 Sandra zeichnet mit grauen Kästchen eine Folge von Quadraten.

Beispiel

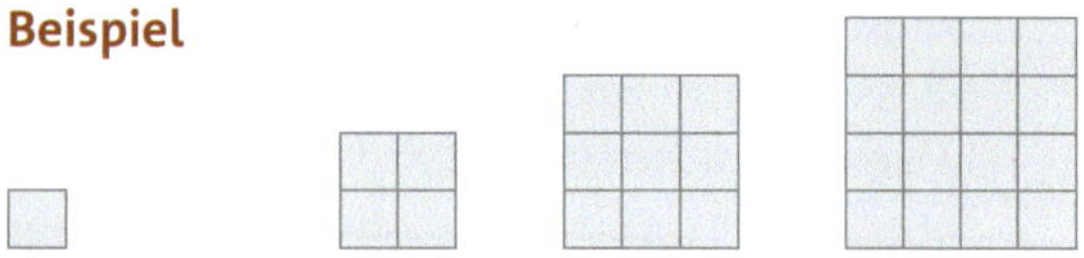

$1^2 = 1 \cdot 1 = 1$ $\quad 2^2 = ...$ $\quad 3^2 = ...$ $\quad 4^2 = ...$

a) Übertrage die Zeichnungen in dein Heft. Ergänze unter der Zeichnung. Ergänze die zugehörige Rechnung.

b) Ergänze Sandras Folge um das fünfte und das sechste Quadrat. Ergänze die zugehörige Rechnung.

c) Warum heißen diese Zahlen Quadratzahlen?

2 Berechne das Ergebnis.

Beispiel $4^2 = 4 \cdot 4 = 16$

a) 3^2 b) 6^2 c) 9^2 d) 10^2 e) 11^2 f) 12^2

3 Chantal und Lukas schauen sich folgende Zahlen an:

13, 81, 29, 99, 49, 25, 64, 9, 100, 101, 127, 36

a) Welche Zahlen auf den Kärtchen sind Quadratzahlen?

b) Quadriert die Zahlen von 1 bis 12. Lernt die Quadratzahlen auswendig. Fragt euch gegenseitig ab.

▸ 4

4 Übertrage die Rechnungen ① und ② in dein Heft. Schreibe die Begriffe an die richtige Stelle der Rechnungen.

① $8^2 = 64$ und ② $\sqrt{64} = 8$

Radikand | Wurzelzeichen | quadrieren | Quadratzahl | Wert der Quadratwurzel

5 Berechne den Wert der Quadratwurzel. Rechne wie im Beispiel.

Beispiel $\sqrt{16} = 4$ denn $4 \cdot 4 = 16$

a) $\sqrt{25}$ b) $\sqrt{16}$ c) $\sqrt{100}$

d) $\sqrt{144}$ e) $\sqrt{81}$ f) $\sqrt{400}$

6 Berechne den Wert der Quadratwurzel im Kopf und notiere das Ergebnis im Heft.

a) $\sqrt{9}$ b) $\sqrt{49}$ c) $\sqrt{64}$ d) $\sqrt{121}$

7 Vergleicht und korrigiert Riccardos und Samiras Rechnungen.

Riccardo:	*Samira:*
$81 = \sqrt{9}$	$\sqrt{81} = 9$
$\sqrt{169} = 13$	$\sqrt{169} = 16{,}9$
$\sqrt{256\,m^2} = 16\,m^2$	$\sqrt{256\,m^2} = 16\,m$

a) Erklärt, welche Rechnung richtig ist.

b) Beschreibt euch gegenseitig die Fehler.

8 Du kannst Quadratwurzeln auch aus beliebigen positiven Zahlen ziehen. Berechne den Wert der Quadratwurzel mit dem Taschenrechner.

Beispiel $\sqrt{90} \approx 9{,}49$ $\quad$ [√] 90 [=]

Finde heraus, in welcher Reihenfolge du die Tasten auf deinem Taschenrechner drücken musst. Berechne dann.

a) $\sqrt{1000}$ b) $\sqrt{576}$ c) $\sqrt{0{,}04}$

d) $\sqrt{2{,}56}$ e) $\sqrt{0{,}025}$ f) $\sqrt{0{,}134}$

▸ 9

9 Der Flächeninhalt A des Quadrats ist gegeben. Berechne die Seitenlänge a des Quadrats.

a) $A = 25\,cm^2$

b) $A = 36\,cm^2$

10 Sophies Großeltern haben ein quadratisches Grundstück. Es ist $324\,m^2$ groß. Der Zaun soll auf einer Seite erneuert werden. Wie viel Meter Zaun benötigen die Großeltern?

a) Schätze die Länge des Zauns für eine Seite.

b) Berechne die Länge des Zauns. Überprüfe deinen Schätzwert.

Sprachhilfe zu **1c**: Anzahl der Kästchen, quadrieren, Multiplikation einer Zahl mit sich selbst, Produkt

Tipp zu **7**: Wenn du aus einer Flächeneinheit die Wurzel ziehst, dann erhältst du eine Längeneinheit. Beispiel: $\sqrt{9\,m^2} = 3\,m$

Hinweis zu **8**: Bei einigen Taschenrechnern musst du zuerst die Zahl eingeben und dann auf die Wurzel drücken. $\sqrt{90}$ ist eine reelle Zahl, denn 9,486832981… endet nicht und die Ziffern nach dem Komma wiederholen sich nicht regelmäßig.

1 Gegeben sind sechs Quadrate.

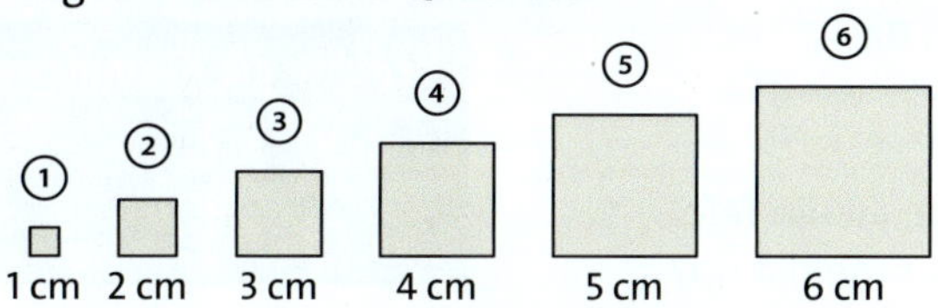

a) Berechne den Flächeninhalt der Quadrate.
Beispiel ① A = 1 cm · 1 cm = $(1\text{ cm})^2$ = 1 cm^2

b) Schaut euch die berechneten Werte an. Warum heißen diese Zahlen Quadratzahlen?

c) Quadriert die Zahlen von 1 bis 15. Lernt die Quadratzahlen auswendig. Fragt euch gegenseitig ab.

2 Berechne das Ergebnis.
Beispiel $6^2 = 6 \cdot 6 = 36$

a) 7^2 b) 11^2 c) 12^2
d) 15^2 e) $1{,}5^2$ f) $(-3)^2$

3 Berechne das Ergebnis mit dem Taschenrechner.

a) 2^2; 20^2; 200^2
b) 3^2; $0{,}3^2$; $0{,}03^2$
c) Was fällt dir bei a) bis b) auf?

4 Notiere die Rechnungen ① und ② im Heft.
① Quadriere eine beliebige Zahl und berechne das Ergebnis.
② Ziehe aus dem Ergebnis die Wurzel.
Beschrifte deine Rechnungen ① und ② mit folgenden Begriffen:
Schreibe die Begriffe Radikand, Wert der Quadratwurzel, die Wurzel ziehen, quadrieren.

5 Berechne den Wert der Quadratwurzel. Notiere den Rechenweg.
Beispiel $\sqrt{25} = 5$, denn $5 \cdot 5 = 5^2 = 25$

a) $\sqrt{81}$ b) $\sqrt{121}$ c) $\sqrt{289}$
d) $\sqrt{900}$ e) $\sqrt{0{,}49}$ f) $\sqrt{1{,}44}$

6 Berechne den Wert der Quadratwurzel im Kopf. Notiere das Ergebnis im Heft und überprüfe das Ergebnis mit deinem Taschenrechner.

a) $\sqrt{16}$ b) $\sqrt{1600}$ c) $\sqrt{0{,}16}$
d) $\sqrt{160\,000}$ e) $\sqrt{0{,}0016}$ f) $\frac{1}{\sqrt{16}}$

7 ▼ Berechne den Wert der Quadratwurzel mit dem Taschenrechner. Runde das Ergebnis.
Beispiel $\sqrt{12} = 3{,}46410... \approx 3{,}46$

a) $\sqrt{6}$ b) $\sqrt{600}$ c) $\sqrt{60\,000}$
d) $\sqrt{3{,}75}$ e) $\sqrt{(-2{,}4) \cdot (-3{,}1)}$ f) $\sqrt{0{,}07}$

8 Gegeben ist eine Folge von Quadratwurzeln.
$\sqrt{36}$, $\sqrt{3600}$, $\sqrt{360\,000}$, ...

a) Berechne den Wert der Quadratwurzeln. Was fällt dir auf?
b) Ergänze die nächsten beiden Quadratwurzeln und berechne sie.

9 ▼ Entscheide, ob es stimmt oder nicht. Begründe.

a) Niran schreibt: $\sqrt{0} = 0$
b) Sascha schreibt: $\sqrt{-16} = -4$
c) Amany schreibt: $15^2 = 125$

10 Welchen Rechenweg wählst du? Vergleiche und begründe deine Wahl.
Lea: $6 \cdot \sqrt{9} + 4 \cdot \sqrt{9} = 10 \cdot \sqrt{9} = 10 \cdot 3 = 30$
Ali: $6 \cdot \sqrt{9} + 4 \cdot \sqrt{9} = 6 \cdot 3 + 4 \cdot 3 = 18 + 12 = 30$

11 ▼ Die Figur besteht aus mehreren Quadraten. Der Flächeninhalt der Figur ist gegeben. Berechne die Seitenlänge eines Quadrats.

a) $A = 100\text{ cm}^2$ b) $A = 294\text{ m}^2$

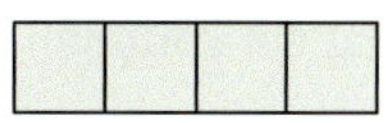
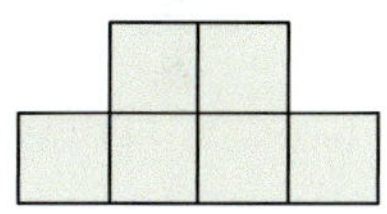

12 Ein rechteckiges Feld ist 4 m breit und 16 m lang. Ein quadratisches Blumenbeet hat den gleichen Flächeninhalt wie das Feld.

a) Berechne die Seitenlänge des Blumenbeets.
b) Die Stadtentwicklung plant das Blumenbeet zu vergrößern. Passe die Seitenlängen so an, dass das Blumenbeet quadratisch bleibt und um 36 m^2 größer wird.

Hinweis zu **7**: $\sqrt{12}$ ist eine reelle Zahl, denn 3,464101615… endet nicht und die Ziffern nach dem Komma wiederholen sich nicht regelmäßig.

Sprachhilfe zu **9b**: negative Vorzeichen; minus mal minus; …

Tipp zu **11**: Wenn du aus einer Flächeneinheit die Wurzel ziehst, dann erhältst du eine Längeneinheit.

Werte von Potenzen und Wurzeln bestimmen

Vorrangregeln: Es gilt Klammer vor Potenz vor Punkt vor Strich.

Julia kennt Potenzen mit einer positiven Basis.
Nun lernt Julia das Rechnen mit Potenzen, wenn die Basis negativ ist.
Julias Mathelehrerin schreibt zwei Terme an die Tafel.
Julia meint: „Das ist doch dasselbe!“ Was meinst du?

Beachte die Klammern:
$(-5)^4 = ?$
$-5^4 = ?$

die Potenz – potenzieren

Merke $a^0 = 1$.

W Für Potenzen mit einer positiven oder negativen Basis gilt: $a^n = \underbrace{a \cdot a \cdot a \cdot \ldots \cdot a}_{n\text{-mal}}$

Wenn du eine **negative Basis** a (a < 0) **potenzierst**, dann musst du die negative Basis in Klammern setzen.

negative Basis a = −5
Du musst Klammern setzen:
$(-5)^4 = (-5) \cdot (-5) \cdot (-5) \cdot (-5) = 625$

Wenn die Basis a negativ ist, dann kann der Wert der Potenz positiv oder negativ sein.

Achtung a = 5 mit „−“ davor:
$-5^4 = -(5 \cdot 5 \cdot 5 \cdot 5) = -625$

- **n gerade:** Der Wert der Potenz ist positiv.

n = 4:
$(-5)^4 = \underbrace{(-5) \cdot (-5) \cdot (-5) \cdot (-5)}_{4\text{-mal}} = 625$

- **n ungerade:** Der Wert der Potenz ist negativ.

n = 3:
$(-5)^3 = \underbrace{(-5) \cdot (-5) \cdot (-5)}_{3\text{-mal}} = -125$

Verwende auf deinem Taschenrechner die Taste y^x *oder* ^ *oder* $x^■$.

► **Aufgabe** Berechne den Wert der Potenz.
a) $(-3)^2$ b) $(-4)^3$ c) -3^2 d) -4^3

► 1 ► 1 ► 1

Ein Würfel hat ein Volumen von 125 cm³. Wie lang ist eine Kante x?

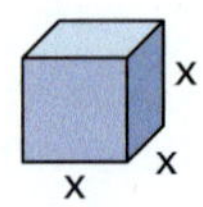

$\sqrt[3]{a}$, sprich dritte Wurzel aus a oder Kubikwurzel aus a

W **Die n-te Wurzel ziehen**
Wenn du die n-te Wurzel aus einer Zahl a ≥ 0 ziehst, dann suchst du diejenige Zahl x, für die gilt: $\underbrace{x \cdot x \cdot \ldots \cdot x}_{n\text{-mal}} = x^n = a$.

$\sqrt[n]{a} = x$ mit $n \geq 2$ und $\underbrace{x \cdot x \cdot \ldots \cdot x}_{n\text{-mal}} = x^n = a$.

Das Wurzelziehen (Radizieren) ist die Umkehrung des Potenzierens.

Es gilt: $\sqrt[n]{b^n} = b$

gegeben: Würfel mit V = 125 cm³
gesucht: Kantenlänge x
Suche diejenige Zahl x, für die gilt:
$\underbrace{x \cdot x \cdot x}_{3\text{-mal}} = x^3 = 125$.

$\sqrt[3]{125} = 5$ denn $5^3 = \underbrace{5 \cdot 5 \cdot 5}_{3\text{-mal}} = 125$

Sprich:
Die dritte Wurzel aus 125 ist 5.
Die Kantenlänge beträgt 5 cm.

$\sqrt[3]{8} = \sqrt[3]{2^3} = 2$

potenzieren

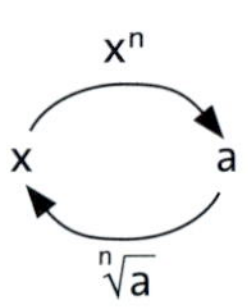

n-te Wurzel ziehen

Benutze zum Beispiel Shift *und das Zeichen* $\sqrt[y]{x}$ *auf deinem Taschenrechner.*

► **Aufgabe** Bestimme den Wert der Wurzel.
a) $\sqrt[4]{16}$ b) $\sqrt[3]{27}$ c) $\sqrt[3]{64}$ d) $\sqrt[5]{100\,000}$

► 8 ► 11 ► 8

1 Vervollständige die Tabelle in deinem Heft.

Tipp:
Exponent
Potenz $a^n = a \cdot a \cdot a \cdot a \cdot \ldots \cdot a$ (n-mal)
Basis

	Beispiel	a)	b)	c)	d)
Basis	5	2	6		(–3)
Exponent	3		3		4
Potenz	5^3	2^5		$(-9)^3$	

2 Ordne jedem Produkt die Potenz passend zu. Schreibe jedes Produkt als Potenz.

Beispiel $2 \cdot 2 \cdot 2$ → 2^3 $2 \cdot 2 \cdot 2 = 2^3$
Produkt Potenz

Produkte: $1 \cdot 1 \cdot 1 \cdot 1 \cdot 1$ $4 \cdot 4 \cdot 4$ $(-3) \cdot (-3) \cdot (-3) \cdot (-3) \cdot (-3)$ $(-2) \cdot (-2) \cdot (-2)$

Potenzen: $(-3)^5$ 1^5 4^3 $(-2)^3$

3 Ist das Vorzeichen vom Wert der Potenz positiv oder negativ? Begründe. Antworte wie im Beispiel.

Beispiel $(-2)^3 = -8$
Der Exponent 3 ist eine ungerade Zahl. Deshalb ist der Wert der Potenz negativ.

a) $(-3)^4 = \square 81$ b) $(-1)^7 = \square 1$
c) $(-5)^3 = \square 125$ d) $(-10)^6 = \square 1\,000\,000$

▸ 4

4 Wie viele gleiche Faktoren sind im Produkt enthalten? Zähle zuerst nach. Schreibe dann das Produkt als Potenz.

Beispiel $\underbrace{2 \cdot 2 \cdot 2 \cdot 2}_{\text{4-mal}}$ Es gibt 4 gleiche Faktoren.

a) $5 \cdot 5$
b) $3 \cdot 3 \cdot 3 \cdot 3$
c) $(-2) \cdot (-2) \cdot (-2) \cdot (-2) \cdot (-2)$

5 Schreibe die Potenz als Produkt. Berechne dann den Wert der Potenz. Achte auf das Vorzeichen.

Beispiel $(-5)^4 = (-5) \cdot (-5) \cdot (-5) \cdot (-5) = 625$

a) $(-6)^2$ b) $(-3)^4$ c) $(-5)^3$ d) $(-10)^5$

6 Schreibe als Potenz und berechne. Berechne den Wert der Potenz.
a) 2 hoch 4.
b) Die Basis ist (–4) und der Exponent ist 2.
c) Die Zahl (–2) wird 3-mal multipliziert.

7 Joel sagt: *„Ich tippe immer die Klammern im Taschenrechner ein."*
Linus sagt: *„Ich lass die Klammer immer weg. Der Taschenrechner rechnet das trotzdem richtig."*
Rechne die Aufgaben ohne Taschenrechner. Entscheide dann, wer Recht hat. Erkläre.
① $(-2)^4$ und -2^4 ② $(-4)^2$ und -4^2
③ $(-1)^6$ und -1^6

Sprachhilfe: wenn – der Exponent – gerade – und – die Basis – negativ – ist – muss / muss man nicht – die Klammern – eintippen
denn – sonst – der Wert der Potenz – fälschlicherweise – positiv / negativ – ist

8 Berechne den Wert der Potenz. Bilde die Umkehraufgabe.

Beispiel $3^4 = 81$, Umkehraufgabe: $\sqrt[4]{81} = 3$

a) 2^3 b) 6^4 c) 11^2 d) 5^4

9 Ordne jeder Wurzel den Wert passend zu. Notiere dann die Rechnung mit Begründung im Heft.

Beispiel $\sqrt[3]{8}$ → 2
$\sqrt[3]{8} = 2$, denn $2 \cdot 2 \cdot 2 = 8$

$\sqrt[3]{1}$ $\sqrt[3]{64}$ $\sqrt[3]{512}$ $\sqrt[3]{1000}$ 1 4 8 10

▸ 12

10 Bestimme den Wert der Wurzel im Kopf.
a) $\sqrt{1}$ b) $\sqrt{25}$ c) $\sqrt{64}$ d) $\sqrt{100}$

11 Bestimme den Wert der Wurzel mit dem Taschenrechner.

Beispiel $\sqrt[4]{1296} = 6$,
denn $6 \cdot 6 \cdot 6 \cdot 6 = 6^4 = 1296$

a) $\sqrt[4]{16}$ b) $\sqrt[3]{216}$ c) $\sqrt[7]{128}$ d) $\sqrt[5]{100\,000}$

12 Ein Würfel hat ein Volumen von $64\,m^3$.
a) Berechne die Kantenlänge a des Würfels.
b) Berechne die Größe der Deckfläche.

Tipp: Berechne die Größe der Deckfläche mit der Formel $A = a^2$.

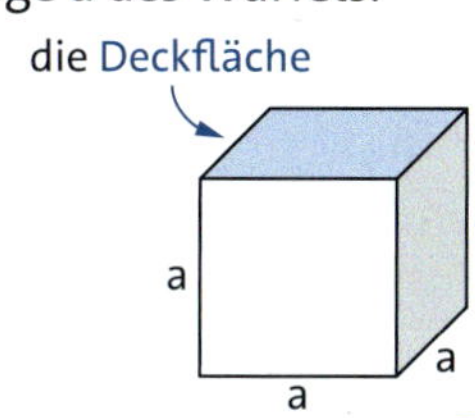

1 Übertrage die Aufgabe in dein Heft. Trage die Fachbegriffe in die Lücken passend ein.

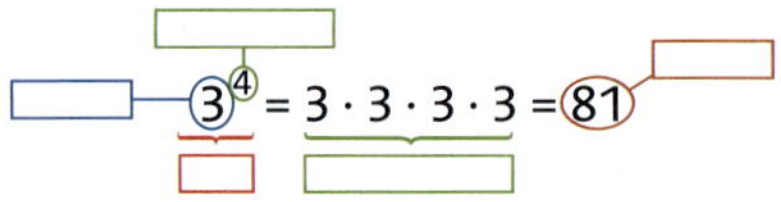

der Wert der Potenz | der Exponent | die Basis | die Faktoren | die Potenz

2 Ordne jedem Produkt die richtige Potenz zu. Notiere wie im Beispiel.
Beispiel $2 \cdot 2 \cdot 2 \cdot 2 = 2^4$

~~$2 \cdot 2 \cdot 2 \cdot 2$~~ | 4^3 | $(-5) \cdot (-5) \cdot (-5)$ | $5 \cdot 5 \cdot 5 \cdot 5$ | 5^4 | $4 \cdot 4 \cdot 4$ | $4 \cdot 4 \cdot 4 \cdot 4 \cdot 4$ | ~~2^4~~ | 4^5 | $(-5)^3$

3 Ist das Vorzeichen vom Wert der Potenz positiv oder negativ? Ergänze im Heft. Begründe.
a) $(-2)^3 = \square 8$
b) $-5^3 = \square 125$
c) $(-3)^4 = \square 81$
d) $-2^5 = \square 32$
e) $(-4)^5 = \square 1024$
f) $-7^4 = \square 2401$

4 ▼ Berechne den Wert der Potenz im Kopf.
a) $(-3)^2$
b) $(-5)^2$
c) $(-7)^2$
d) $(-2)^3$
e) $(-5)^3$
f) $(-1)^{10}$

► 4

5 ▼ Berechne mit dem Taschenrechner.
a) 5^4
b) 12^3
c) $1{,}3^5$
d) $(-6)^7$
e) $(-0{,}5)^4$
f) $\left(\frac{1}{4}\right)^3$

6 ▼ Berechne jeweils den Wert der Potenz und vergleiche das Vorzeichen.
a) $(-3)^2$ und -3^2
b) $(-5)^3$ und -5^3
c) $\left(\frac{1}{3}\right)^3$ und $\frac{1}{3^3}$
d) $\left(\frac{2}{3}\right)^4$ und $\frac{2}{3^4}$

7 Schreibt als Potenz. Findet mehrere Möglichkeiten.
a) 16
b) 81
c) 10 000
d) 256

8 Schreibe als Potenz und berechne.
a) 2 hoch 3
b) Die Basis ist 3 und der Exponent ist 4.
c) Der Faktor (–2) wird 4-mal mit sich selbst multipliziert.

9 Insa benötigt Blumenerde für ihre drei Blumentöpfe. Die Blumentöpfe haben die Form von Würfeln. Die Kantenlänge beträgt 12 cm. Berechne das gesamte Volumen der drei Blumentöpfe.

10 Berechne den Wert der Potenz. Notiere die Umkehraufgabe.
Beispiel $2^5 = 32$, Umkehraufgabe $\sqrt[5]{32} = 2$
a) 4^3
b) 5^4
c) 12^2
d) $\left(\frac{1}{3}\right)^3$

11 Ordne jeder Wurzel ihren Wert zu. Verwende die Kärtchen.
Beispiel $\sqrt[3]{216} = 6$, denn $\underbrace{6 \cdot 6 \cdot 6}_{\text{3-mal}} = 6^3 = 216$

$\sqrt[3]{1}$ | $\sqrt[3]{216}$ | $\sqrt[3]{64}$ | $\sqrt[3]{343}$ | $\sqrt[3]{729}$

9 | 7 | 6 | 1 | 4

12 Bestimme den Wert der Wurzel im Kopf.
a) $\sqrt{9}$
b) $\sqrt{25}$
c) $\sqrt{16}$
d) $\sqrt{49}$
e) $\sqrt{81}$
f) $\sqrt{121}$
g) $\sqrt{100}$
h) $\sqrt{169}$

► 9

13 Berechne mit dem Taschenrechner.
a) $\sqrt[3]{8}$
b) $\sqrt[4]{256}$
c) $\sqrt[3]{64}$
d) $\sqrt[4]{625}$
e) $\sqrt[3]{8000}$
f) $\sqrt[4]{810\,000}$
g) $\sqrt[3]{0{,}125}$
h) $\sqrt[4]{0{,}0081}$

14 Ergänze passend im Heft. Löse durch Probieren. Es kann mehrere Lösungen geben.
a) $2^{\square} = 4$
b) $\square^2 = 81$
c) $3^3 = \square$
d) $4^{\square} = 64$
e) $10^4 = \square$
f) $20^{\square} = 8000$
g) $0{,}2^3 = \square$
h) $\square^2 = 0{,}09$

15 Eine würfelförmige Kiste hat ein Volumen von $8000\,cm^3$. Der Boden der Kiste soll mit einer Folie beklebt werden. Berechne, wie viel cm^2 Folie benötigt wird.

Tipp zu **4**: Entscheide zuerst: ist der Exponent gerade, dann ist der Wert der Potenz positiv, oder ist der Exponent ungerade, dann ist der Wert der Potenz negativ. Potenziere dann im Kopf und setze das richtige Vorzeichen.

Tipp zu **5** und **6**: Beispiel: $\left(\frac{1}{5}\right)^2 = \frac{1^2}{5^2} = \frac{1}{5^2} = \frac{1}{25}$

1 Schreibe als Potenz. Achte auf die Klammern.
Beispiel $3 \cdot 3 \cdot 3 \cdot 3 \cdot 3 = 3^5$
a) $5 \cdot 5 \cdot 5 \cdot 5$
b) $(-r) \cdot (-r) \cdot (-r) \cdot (-r) \cdot (-r) \cdot (-r)$
c) $s \cdot s \cdot s \cdot s \cdot s \cdot s \cdot s \cdot s$
d) $4y \cdot 4y \cdot 4y \cdot 4y \cdot 4y$
e) $(-3) \cdot (-3) \cdot (-3) \cdot (-3) \cdot (-3) \cdot (-3) \cdot (-3)$
f) $\left(\frac{1}{4}\right) \cdot \left(\frac{1}{4}\right) \cdot \left(\frac{1}{4}\right) \cdot \left(\frac{1}{4}\right) \cdot \left(\frac{1}{4}\right) \cdot \left(\frac{1}{4}\right) \cdot \left(\frac{1}{4}\right) \cdot \left(\frac{1}{4}\right)$

2 Ist das Vorzeichen positiv oder negativ? Ergänze im Heft. Begründe.
a) $(-4)^3 = \square 64$
b) $-(4^4) = \square 256$
c) $-(-3)^3 = \square 27$
d) $-2^7 = \square 128$
e) $-(-5)^4 = \square 625$
f) $-4^7 = \square 16\,384$

3 Berechne den Wert der Potenz im Kopf.
a) $(-4)^2$
b) $(-6)^2$
c) $(-8)^2$
d) $(-3)^3$
e) $(-7)^3$
f) $(-1)^{101}$

4 ▼ Korrigiere falsche Ergebnisse im Heft.
a) $2^5 = 10$
b) $3^4 = 81$
c) $(-2)^2 = -4$
d) $4^0 = 0$
e) $10^3 = 1000$
f) $20^3 = 8000$

5 Schreibe als Potenz und berechne.
a) −3 hoch 4.
b) Die Basis ist 10 und der Exponent ist 6.
c) Der Faktor 5 wird 3-mal mit sich selbst multipliziert.

6 Luca soll $0{,}2^3$ berechnen.

$0{,}2^3 = ?$

Das kann ich auch ohne Taschenrechner berechnen.

$2 \cdot 2 \cdot 2 = 8$
Also: $\underbrace{0{,}2 \cdot 0{,}2 \cdot 0{,}2}_{\text{pro Faktor eine Nachkommastelle}} = \underbrace{0{,}008}_{\text{drei Nachkommastelle}}$

a) Erkläre in eigenen Worten, wie Luca rechnet.
b) Berechne auf diese Weise $0{,}3^3$ sowie $0{,}02^3$ und $1{,}1^2$.

7 ▼ Vergleiche und setze <, > oder = ein.
Beispiel $3^2 > 2^3$, denn $9 > 8$
a) $2^4 \square 4^2$
b) $3^6 \square 25^2$
c) $-2^4 \square (-2)^4$
d) $(-4)^3 \square -4^3$
e) $\left(\frac{1}{5}\right)^3 \square 0{,}2^3$
f) $\left(\frac{2}{3}\right)^3 \square \frac{2}{3^3}$

8 ▼ Bestimme im Kopf.
Notiere den Wert und begründe.
Beispiel zu a) $\sqrt[3]{64} = 4$, denn $4 \cdot 4 \cdot 4 = 4^3 = 64$
a) $\sqrt[3]{64}$
b) $\sqrt[3]{8000}$
c) $\sqrt[4]{0}$
d) $\sqrt[4]{1}$
e) $\sqrt[3]{27}$
f) $\sqrt[3]{0{,}027}$
g) $\sqrt[4]{\frac{1}{16}}$
h) $\sqrt[4]{\frac{16}{81}}$

9 Berechne den Wert der Wurzel mit dem Taschenrechner.
a) $\sqrt[3]{125}$
b) $\sqrt[3]{729}$
c) $\sqrt[3]{512}$
d) $\sqrt[4]{1331}$
e) $\sqrt[3]{8000}$
f) $\sqrt[4]{50\,625}$
g) $\sqrt[3]{0{,}064}$
h) $\sqrt[4]{0{,}0016}$

10 Berechne die Kantenlänge des Würfels.
a) $V = 1{,}728\,\text{cm}^3$
b) $V = 166{,}375\,\text{cm}^3$

11 Was gehört in die Lücken? Ergänze im Heft.
a) $\square^4 = 1296$
b) $4^5 = \square$
c) $10^4 = \square$
d) $10^{\square} = 10\,000\,000$
e) $(-1{,}5)^{\square} = -3{,}375$
f) $0{,}3^{\square} = 0{,}0081$
g) $\left(\frac{2}{5}\right)^4 = \square$
h) $\square^2 = 0{,}09$

12 Aus den Ziffern 0 und 1 sollen vierstellige Kombinationen gebildet werden, zum Beispiel 0000, 0100 oder 0110.
a) Wie viele solche Kombinationen gibt es?
b) Wie viele fünfstellige Kombinationen aus den Ziffern 0 und 1 gibt es?

Tipp zu **4**: Schaue zuerst, ob der Exponent gerade oder ungerade ist. So weißt du, ob der Wert der Potenz positiv oder negativ ist. Potenziere im Kopf und setze das richtige Vorzeichen davor.

Tipp zu **7** und **8**: $\left(\frac{1}{a}\right)^n = \frac{1^n}{a^n} = \frac{1}{a^n}$ und $\left(\frac{a}{b}\right)^n = \frac{a^n}{b^n}$ und $\sqrt[n]{\frac{1}{a}} = \frac{\sqrt[n]{1}}{\sqrt[n]{a}} = \frac{1}{\sqrt[n]{a}}$ und $\sqrt[n]{\frac{a}{b}} = \frac{\sqrt[n]{a}}{\sqrt[n]{b}}$

Zehnerpotenzen und die wissenschaftliche Schreibweise

Zehnerpotenzen mit positivem Exponenten

Zehnerpotenzen sind Potenzen mit der Basis 10.

$10^n = \underbrace{10 \cdot 10 \cdot 10 \cdot \ldots \cdot 10}_{n\text{-mal}} = 1\underbrace{000\ldots0}_{n\text{ Nullen}}$

$10^3 = \underbrace{10 \cdot 10 \cdot 10}_{3\text{-mal}} = 1\underbrace{000}_{3\text{ Nullen}}$

kürzer: $10^5 = 1\underbrace{00\,000}_{5\text{ Nullen}}$

Achtung: $10^0 = 1$

andersherum:
$1\underbrace{00\,000\,000}_{8\text{ Nullen}} = 10^8$

1 Schreibe als natürliche Zahl.
a) 10^2 b) 10^4 c) 10^1 d) 10^7

2 Schreibe als Zehnerpotenz.
a) $10 \cdot 10 \cdot 10 \cdot 10 \cdot 10 \cdot 10$ b) 1 000 000 000 c) 100

Fatma und Ela berechnen 2^{30} mit dem Taschenrechner.
Fatmas Taschenrechner zeigt das Ergebnis 1 073 741 824.
Ela wundert sich: Auf ihrem Display steht $1{,}073\,742 \cdot 10^9$.
Wenn ein Ergebnis zu viele Stellen für das Display hat,
dann zeigt der Taschenrechner diese Zahl in der **wissenschaftlichen Schreibweise** an.

Elas Display:

Fatmas Display:

Die wissenschaftliche Schreibweise
Die wissenschaftliche Schreibweise stellt sehr große und sehr kleine Zahlen übersichtlich dar.
Sie besteht aus einem **Faktor a** und einer **Zehnerpotenz**. Der **Faktor a** ist eine Zahl zwischen 1 und 10.

$\mathbf{a \cdot 10^n}$ mit $1 \le \mathbf{a} < 10$

Elas Display zeigt die wissenschaftliche Schreibweise. Diese kannst du als natürliche Zahl darstellen.

Darstellung von 2^{30} auf Elas Display:

$1{,}073\,742 \cdot 10^9$

$= 1{,}073\,742 \cdot 1\underbrace{000\,000\,000}_{9\text{ Nullen}}$

$= 1\,073\,742\,000$

Elas Display reicht nicht aus, um 1 073 741 824 darzustellen. Deshalb zeigt das Display den gerundeten Wert $1{,}073\,742 \cdot 10^9$ in der wissenschaftlichen Schreibweise an.

Fatmas Display zeigt eine große natürliche Zahl. Die kannst du in wissenschaftlicher Schreibweise darstellen, also wie auf Elas Display.

Darstellung von 2^{30} auf Fatmas Display:

$2^{30} = 1\,073\,741\,824$ (für Elas Display, runde auf Tausendstel)

$\approx 1\,\underbrace{073\,742\,000}$

Nach der ersten Ziffer gibt es noch 9 Stellen.

$= 1{,}073\,742 \cdot 10^9$

Nullen am Ende weglassen

Fatmas Display kann mehr Ziffern anzeigen. Daher wird der Wert 2^{30} exakt dargestellt.

3 Schreibe in der wissenschaftlichen Schreibweise. **Beispiel** $840\,000 = 8{,}4 \cdot 100\,000 = 8{,}4 \cdot 10^5$
a) 32 600 000 b) 5 750 000 c) 124 000

4 Schreibe die Zahl in der Dezimalschreibweise. **Beispiel** $7{,}491 \cdot 10^6 = 7{,}491 \cdot 1\,000\,000 = 7\,491\,000$
a) $2{,}8 \cdot 10^5$ b) $9{,}74 \cdot 10^3$ c) $23{,}194 \cdot 10^2$ d) $5{,}801 \cdot 10^4$

Zehnerpotenzen mit negativem Exponenten

Fabian und Abdel sollen untersuchen, wie man Zehnerpotenzen mit negativem Exponenten berechnet. Sie haben eine Reihe mit Aufgaben erhalten und sollen die fehlenden Ergebnisse angeben.
Abdel stellt fest:
„Der Exponent wird immer um 1 kleiner.
Das Ergebnis wird immer durch 10 geteilt.“

$10^3 = 10 \cdot 10 \cdot 10 = 1000$
$10^2 = 10 \cdot 10 = 100$
$10^1 = 10 = 10$
$10^0 = \quad = 1$
$10^{-1} = \frac{1}{10} = 0{,}1$
$10^{-2} = \frac{1}{10} \cdot \frac{1}{10} = \frac{1}{10^2} = 0{,}01$
$10^{-3} = ?$
$10^{-4} = ?$

(jeweils : 10)

Zehnerpotenzen mit negativem Exponenten
Zehnerpotenzen können auch einen negativen Exponenten haben.

$10^{-n} = \underbrace{\frac{1}{10} \cdot \frac{1}{10} \cdot \frac{1}{10} \cdot \ldots \cdot \frac{1}{10}}_{n\text{-mal}} = \underbrace{0{,}00\ldots01}_{n \text{ Stellen nach dem Komma}}$

negativer Exponent

$10^{-2} = \frac{1}{10^2} = \frac{1}{10} \cdot \frac{1}{10} = 0{,}01$
$10^{-5} = \frac{1}{10^5} = 0{,}000\,01$
$10^{-6} = \frac{1}{10^6} = 0{,}000\,001$
$0{,}001 = \frac{1}{10^3} = 10^{-3}$
$0{,}0001 = 10^{-4}$

Für die Zahlen in der wissenschaftlichen Schreibweise verwendet man besondere Namen.

Die Namen und Abkürzungen der großen Zehnerpotenzen

Zehnerpotenz	Zahlwort	Name	Abkürzung
10^1	Zehn	Deka	da
10^2	Hundert	Hekto	h
10^3	Tausend	Kilo	k
10^6	Million	Mega	M
10^9	Milliarde	Giga	G
10^{12}	Billion	Tera	T

Die Namen und Abkürzungen der kleinen Zehnerpotenzen

Zehnerpotenz	Zahlwort	Name	Abkürzung
10^{-1}	Zehntel	Dezi	d
10^{-2}	Hundertstel	Zenti	c
10^{-3}	Tausendstel	Milli	m
10^{-6}	Millionstel	Mikro	µ
10^{-9}	Milliardstel	Nano	n
10^{-12}	Billionstel	Pico	p

5 Welche Namen und Abkürzungen aus den Tabellen kennst du aus deiner Umwelt? Nenne Beispiele.

6 Schreibe in der Dezimalschreibweise und als Zehnerpotenz. Nenne auch den Namen der Abkürzung.
Beispiel ein Hundert: $100 = 10^2$
a) ein Tausend b) eine Milliarde c) eine Billiarde d) ein Zehntel e) ein Millionstel

7 Ordne die Zahlen der Größe nach. Beginne mit der kleinsten Zahl.

52 Tausendstel | 5,2 Trillionen | 5,2 Millionstel | 52 Tausend | 5,2 Millionen | 52 Billionstel

8 Notiert jeweils mehrere Zehnerpotenzen.
a) Tauscht eure Zehnerpotenzen aus und notiert die passenden Zahlwörter und Abkürzungen.
b) Kontrolliert gegenseitig eure Ergebnisse.

Kompetenz	▼
1 Ich kann eine Zahl quadrieren. → Lies auf **Seite 8** nach.	**1** Quadriere die Zahl. Berechne das Ergebnis. a) 3^2 b) 5^2 c) 9^2 d) 10^2
2 Ich kann Produkte als Potenzen schreiben und umgekehrt. → Lies auf **Seite 8** nach.	**2** Schreibe das Produkt als Potenz. Schreibe die Potenz als Produkt. Berechne den Term. a) $4 \cdot 4 \cdot 4$ b) $(-3) \cdot (-3) \cdot (-3) \cdot (-3) \cdot (-3)$ c) 3^4 d) $(-4)^3$
3 Ich kann den Wert von Quadratwurzeln berechnen. → Lies auf **Seite 8** nach.	**3** Berechne den Wert der Quadratwurzel. a) $\sqrt{4}$ b) $\sqrt{16}$ c) $\sqrt{36}$ d) $\sqrt{49}$
4 Ich kann den Wert der n-ten Wurzel bestimmen. → Lies auf **Seite 12** nach.	**4** Bestimme den Wert der n-ten Wurzel. a) $\sqrt[3]{27}$ b) $\sqrt[2]{64}$ c) $\sqrt[4]{10\,000}$ d) $\sqrt[5]{32}$
5 Ich kann Zehnerpotenz mit positiven und negativen Exponenten als Dezimalzahl schreiben. → Lies auf **Seite 16 und 17** nach.	**5** Berechne. Schreibe das Ergebnis in Dezimalschreibweise. a) 10^4 b) 10^6 c) 10^{-2} d) 10^{-5}
6 Ich kann Zahlen in wissenschaftlicher Schreibweise schreiben. → Lies auf **Seite 16 und 17** nach.	**6** Schreibe in wissenschaftlicher Schreibweise. a) 2 150 000 000 b) 15 Millionen c) 0,054 d) 0,000 32
7 Ich kann eine Zahl in wissenschaftlicher Schreibweise als Zahl in Dezimalschreibweise schreiben. → Lies auf **Seite 16 und 17** nach.	**7** Schreibe in Dezimalschreibweise. a) $1{,}5 \cdot 10^3$ b) $3{,}1 \cdot 10^4$ c) $0{,}007 \cdot 10^5$

→ Lösungen auf Seite 206

1 Quadriere die Zahl. Berechne das Ergebnis.

a) 6^2 b) 8^2 c) 9^2 d) $1{,}4^2$

1 Quadriere die Zahl. Berechne das Ergebnis. Beachte das Vorzeichen.

a) 13^2 b) $(-25)^2$ c) $0{,}4^2$ d) $1{,}2^2$

2 Schreibe das Produkt als Potenz. Schreibe die Potenz als Produkt. Berechne den Term.

a) $4 \cdot 4 \cdot 4$ b) $(-3) \cdot (-3) \cdot (-3)$

c) $\left(\frac{2}{3}\right)^3$ d) $(-2)^5$

2 Schreibe das Produkt als Potenz. Schreibe die Potenz als Produkt. Berechne den Term.

a) $0{,}2 \cdot 0{,}2 \cdot 0{,}2 \cdot 0{,}2$ b) $5a \cdot 5a \cdot 5a \cdot 5a$

c) $(-0{,}4)^2$ d) $\left(\frac{4}{5}\right)^3$

3 Berechne den Wert der Quadratwurzel.

a) $\sqrt{25}$ b) $\sqrt{81}$ c) $\sqrt{100}$ d) $\sqrt{169}$

3 Berechne den Wert der Quadratwurzel.

a) $\sqrt{144}$ b) $\sqrt{0{,}36}$ c) $\sqrt{2{,}25}$ d) $-\sqrt{64}$

4 Bestimme den Wert der n-ten Wurzel.

a) $\sqrt[3]{64}$ b) $\sqrt[4]{81}$

c) $\sqrt[5]{100\,000}$ d) $\sqrt[4]{160\,000}$

4 Bestimme den Wert der n-ten Wurzel.

a) $\sqrt[3]{125}$ b) $\sqrt[3]{0{,}08}$

c) $\sqrt[7]{\frac{1}{10\,000\,000}}$ d) $\sqrt[6]{\frac{1}{64}}$

5 Berechne.
Schreibe das Ergebnis in Dezimalschreibweise.

a) 10^7 b) 10^9 c) 10^{-6} d) 10^{-10}

5 Berechne.
Schreibe das Ergebnis in Dezimalschreibweise.

a) 10^8 b) 10^{11} c) 10^{-7} d) 10^{-12}

6 Schreibe in wissenschaftlicher Schreibweise.

a) 3 490 000 000 b) 25 Millionen

c) 0,000 034 d) 0,000 006 1

6 Schreibe in wissenschaftlicher Schreibweise.

a) 3 490 000 000 b) 4,2 Millionen

c) 0,000 002 24 d) 6 Millionstel

7 Schreibe in Dezimalschreibweise.

a) $1{,}2 \cdot 10^4$

b) $2{,}1 \cdot 10^{-5}$

c) $0{,}004 \cdot 10^6$

7 Schreibe in Dezimalschreibweise.

a) $0{,}0145 \cdot 10^5$

b) $3{,}45 \cdot 10^{-6}$

c) $0{,}016 \cdot 10^4$

→ Lösungen auf Seite 207

Reelle Zahlen

Elias und Alexandra berechnen $\sqrt{3}$. Elias Taschenrechner zeigt als Ergebnis die ersten fünf und Alexandras Taschenrechner zeigt die ersten sieben Nachkommastellen an.

① 

② 

1 Quadriere das Ergebnis in ① und ②.
Beschreibe, was dir auffällt.

2 Recherchiert den Wert von $\sqrt{3}$ im Internet. Gebt „Wurzel aus 3" in das Suchfeld ein.
Ihr erhaltet einen Wert mit mehr Nachkommastellen. Quadriert nun den Wert aus dem Suchfeld.
Was fällt euch auf? Stellt eine Vermutung auf, warum die Suche keinen genauen Wert von $\sqrt{3}$ ausgibt.

Die rationalen Zahlen sind alle Zahlen, die man als Bruch schreiben kann.
Bei der Umwandlung von Brüchen in Dezimalzahlen gibt es zwei Fälle:
1. Fall: Ein Bruch ist eine endliche Dezimalzahl.
Beispiel $\frac{1}{2} = 1 : 2 = 0{,}5$
2. Fall: Ein Bruch ist eine unendliche, periodische Dezimalzahl.
Beispiel $\frac{1}{3} = 1 : 3 = 0{,}3333... = 0{,}\overline{3}$ Lies: null Komma Periode drei.

Es gibt aber auch Zahlen, die man nicht als Bruch schreiben kann.
Beispiel $\sqrt{3} = 1{,}732\,050\,807\,568\,877...$

Reele Zahlen
Die Menge der **irrationalen Zahlen** bilden zusammen mit den **rationalen Zahlen** $\mathbb{Q}$ die Menge der **reellen Zahlen** $\mathbb{R}$.

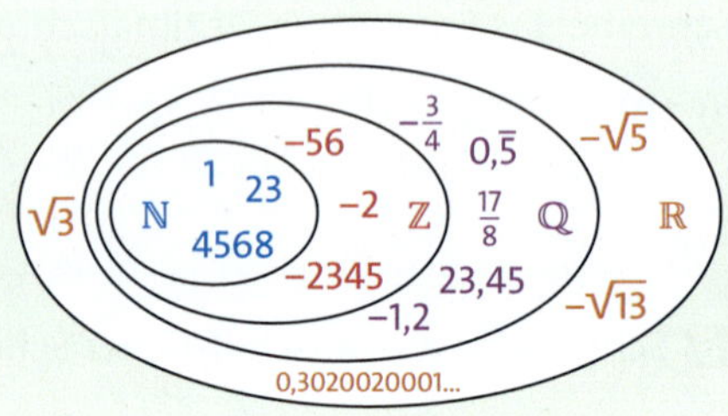

$\sqrt{5}$ ist eine irrationale Zahl, denn 2,236 067 977 499 8… endet nicht und ist nicht periodisch.

$\frac{1}{4}$ ist eine rationale Zahl, denn $\frac{1}{4}$ ist ein Bruch und damit rational.

$0{,}\overline{512}$ ist eine rationale Zahl, denn die Dezimalzahl ist periodisch.
0,3456 ist eine rationale Zahl, denn 0,3456 hört nach der vierten Nachkommastelle auf.

3 Entscheide, ob die Zahl rational oder irrational ist. Begründe deine Entscheidung.

$\sqrt{12}$	$\frac{2}{5}$	$-\sqrt{19}$	$-\frac{3}{4}$	$0{,}\overline{5}$	0,68	$\sqrt{49}$

4 Gib jeweils eine Zahl zwischen 2 und 3 mit folgenden Eigenschaften an.
a) Die Zahl ist eine endliche Dezimalzahl.
b) Die Zahl ist eine periodische Dezimalzahl.
c) Die Zahl ist eine Dezimalzahl, die nicht endet und nicht periodisch ist.

Vermischte Übungen

1 Quadriere die Zahl.

Beispiel Quadriere die Zahl 3, also $3^2 = 3 \cdot 3 = 9$

a) 5 b) (−3) c) 0,2
d) (−0,4) e) $\left(\frac{1}{3}\right)$ f) $\left(-\frac{2}{5}\right)$

2 Berechne die Quadratwurzel im Kopf.

a) $\sqrt[2]{36}$ b) $\sqrt[2]{64}$ c) $\sqrt[2]{121}$
d) $\sqrt[2]{0{,}04}$ e) $\sqrt[2]{\frac{1}{25}}$ f) $\sqrt[2]{9^2}$

3 Schreibe als Potenz. Berechne den Wert der Potenz.

Beispiel 5; Exponent: 3
$5^3 = 125$

a) 3; Exponent: 4 b) (−2); Exponent: 7
c) 5; Exponent: 3 d) (−4); Exponent: 6
e) 0,1; Exponent: 5 f) $\left(-\frac{1}{4}\right)$; Exponent: 5

4 Berechne den Wert der Potenz.

Beispiel b^4 mit $b = 2$
$2^4 = 2 \cdot 2 \cdot 2 \cdot 2 = 16$

a) x^3 mit $x = 1; (-2); 0{,}5$
b) a^5 mit $x = 0; (-1); \left(\frac{1}{3}\right)$
c) t^2 mit $t = (-5); 1{,}2; 15$

5 Vergleiche und setze <, > oder = ein.

a) $5 \cdot 2 \,\square\, 5^2$ b) $3 \cdot 3 \,\square\, 3^2$
c) $(-3) \cdot 5 \,\square\, (-3)^5$ d) $4^0 \,\square\, 1^4$

6 Berechne. Welche Aufgaben kannst du, ohne zu rechnen, lösen?

a) $\sqrt[4]{8^4}$ b) $\sqrt[2]{4^4}$ c) $\sqrt[15]{1}$ d) $(-6)^4$

7 Vervollständige die Tabelle im Heft.
Schreibe das Produkt aus Faktoren in die linke Spalte der Tabelle und in die rechte Spalte passend das Produkt aus Potenzen.

Beispiel $2 \cdot 2 \cdot 2 \cdot 4 \cdot 4 = 2^3 \cdot 4^2$

	Produkt aus Faktoren	Produkt aus Potenzen
a)	$4 \cdot 4 \cdot 4 \cdot 4 \cdot 3 \cdot 3$	
b)	$(-2) \cdot (-2) \cdot 5 \cdot 5 \cdot 5 \cdot 5$	
c)		$10^3 \cdot 7^3$
d)		$\left(\frac{1}{2}\right)^5 \cdot \left(\frac{2}{5}\right)^5$

8 Gegeben sind Kärtchen mit Termen.

a) Berechne die Werte von Wurzeln und Potenzen.
b) Ordne die Werte der Größe nach. Beginne mit dem kleinsten. Die Buchstaben ergeben ein Lösungswort.

$\sqrt[3]{512}$ Ⓔ | $\sqrt[4]{10000}$ Ⓘ | 3^3 Ⓣ | $\sqrt[2]{1600}$ Ⓖ
$0{,}3 \cdot 10^2$ Ⓐ | $6{,}25 \cdot 10^{-3}$ Ⓕ | $0{,}5^4$ Ⓡ

9 Die Fläche eines Würfels ist $625\,\text{cm}^2$ groß.

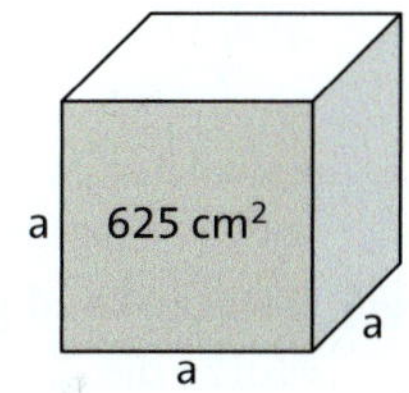

a) Berechne die Kantenlänge a des Würfels.

Tipp: Löse die Gleichung $a^2 = 625\,\text{cm}^2$.
Das positive Ergebnis ist die Lösung.

b) Berechne das Volumen V des Würfels.

10 Berechne. Beachte dabei die Vorrangregeln: Klammer vor Potenz vor Punkt vor Strich.

a) $3 \cdot 72$ b) $(5 \cdot 2)^2$ c) $6 \cdot (-5)^2$ d) $-6 \cdot 5^2$

11 Schreibe als Term und berechne den Wert der Potenz.

a) Quadriere 7 und addiere 2.
b) Addiere 2 und 4. Potenziere dann mit 3.
c) Potenziere (−2) mit 5.
Addiere das Doppelte von 4.

12 Agneta hat 2 Kinder.
Jedes Kind hat 2 Kinder.
Das sind die Enkel von Agneta.
Jeder Enkel hat 2 Kinder.
Das sind die Urenkel von Agneta.

a) Wie viele Enkel hat Agneta?
b) Die Anzahl der Enkel kannst du mit 2^2 berechnen. Begründe.
c) Wie viele Urenkel hat Agneta?
d) Schreibe die Anzahl der Urenkel als Potenz. Wie viele Urenkel hat Agneta? Berechne den Wert der Potenz.

Tipp: Die Basis der Potenz ist 2.

e) Berechne mit Hilfe von d) die Anzahl der Kinder der Urenkel.

Vermischte Übungen

1 Ordne jedem Kärtchen mit einem Produkt das Kärtchen mit einer Potenz passend zu.

$a \cdot a \cdot b \cdot b \cdot a \cdot b \cdot b$ | $b \cdot a \cdot ba \cdot ab \cdot b$ | $a \cdot b \cdot b \cdot a \cdot a$ | $a \cdot b \cdot b \cdot a \cdot b$ | $a \cdot (ab)^2 \cdot b^2$ | a^3b^2 | a^2b^3 | a^3b^4

2 Ergänze die Lücken im Heft.
Berechne im Kopf, wenn möglich.

a) $\sqrt[5]{32} = \square$ b) $(\square 5^3) = -125$
c) $\sqrt[3]{\square} = 8$ d) $6^{\square} = 216$
e) $\sqrt[\square]{49} = 7$ f) $-5^4 = \square$

3 Vervollständige die Potenz in der Gleichung. Nutze die Zahlen auf den Kärtchen. Bei einigen Potenzen sind zwei Zahlen möglich.

a) $\square^2 = 81$ b) $\square^3 = -64$ c) $\square^5 = -32$
d) $\square^6 = 64$ e) $\square^2 = 121$ f) $\square^4 = 256$

(–9) | 4 | 2 | (–11) | –8 | 9 | (–2) | –4

4 Ordne die Potenzen der Größe nach. Beginne mit der kleinsten Potenz. Verwende <.

a) $(-3)^2$ | 5^3 | -3^2 | -3^5 | 5^0
b) -2^7 | -7^2 | $(-2)^7$ | 7^2 | $(-7)^2$

► 5

5 Gegeben ist ein Würfel.
Berechne die fehlende Größe im Heft.

	Volumen V	Kantenlänge a
a)	64 mm³	□ mm
b)	□ m³	11 m
c)	9261 cm³	□ cm
d)	□ mm³	3,5 cm
e)	0,008 m³	□ cm
f)	□ dm³	0,4 m

6 Die Terme unterscheiden sich um einen Faktor. Vereinfache die Potenz und bestimme den Faktor.

Beispiel $4 \cdot x^2$ und $(4 \cdot x)^2$
$(4 \cdot x)^2 = 16x^2$ und $16 : 4 = 4$
Also unterscheiden sich die beiden Terme um den Faktor 4.

a) $2 \cdot a^3$ und $(2a)^3$ b) $b \cdot 3^2$ und $(b \cdot 3)^2$

7 Jeweils zwei Kärtchen passen zusammen. Ein Kärtchen bleibt übrig.

$\sqrt[4]{64}$ | 3^4 | 5^4 | $\sqrt[4]{4^3}$ | 9^2 | $\sqrt[3]{64}$ | 2^2

a) Ordne Terme einander zu.
b) Stelle für das übriggebliebene Kärtchen einen passenden Term auf.
c) Notiert jeweils einen Term ins Heft. Tauscht dann eure Hefte und findet einen passenden Term. Tauscht eure Hefte wieder zurück und kontrolliert eure Lösungen gegenseitig.

8 Schreibe in Dezimalschreibweise.

a) $4 \cdot 10^3$ b) $2 \cdot 10^{11}$ c) $2{,}13 \cdot 10^5$
d) $1{,}03 \cdot 10^8$ e) $4{,}2 \cdot 10^{-3}$ f) $5{,}1 \cdot 10^{-5}$

9 Nala und Iman erhalten nicht die gleichen Lösungen. Finde und erkläre den Fehler. Schreibe die richtige Lösung ins Heft.

Nalas Lösungen:	Imans Lösungen:
a) $-3^4 = 81$	$-3^4 = -81$
b) $\sqrt{0{,}16} = 0{,}04$	$\sqrt{0{,}16} = 0{,}4$
c) $2 \cdot 3^3 = 54$	$2 \cdot 3^3 = 6^3 = 216$

► 10

10 Ist die Gleichung richtig oder falsch? Notiere bei falschen Gleichungen eine mögliche richtige Gleichung..

a) $2 \cdot 3^2 = 36$ b) $(-2)^5 = -32$
c) $3 + 3 + 3 = 3^3$ d) $-2^6 = -64$
e) Findet weitere Beispiele für richtige und falsche Gleichungen und tauscht euch aus. Notiert, welche Fehler gemacht wurden.

11 Auf einem Ball startet ein Paar den Tanz. Nach dem ersten Tanz suchen sich die beiden Tanzenden jeweils eine neue Person aus dem Publikum für den zweiten Tanz. In der dritten Runde wählen die vier Tanzenden dann wieder jeweils eine neue Person. Wie viele Personen tanzen in der 5. Runde? Wie viele Personen tanzen in der 7. Runde?

1 Schreibe als Potenz oder als Produkt.
a) $x \cdot y \cdot x \cdot x \cdot y \cdot x \cdot y$ b) $x \cdot x \cdot y \cdot y \cdot x \cdot y$
c) $xy \cdot xy \cdot x$ d) xy^4
e) x^3y^4 f) $(xy)^2$

2 Entscheide und begründe zuerst, ob der Wert der Potenz positiv oder negativ ist. Berechne dann den Wert der Potenz.
a) $(-3)^4$ b) $(-8)^2$ c) -2^6 d) $(-4)^3$
e) $(-2)^3$ f) -5^5 g) $(-2)^7$ h) -6^4

3 Berechne das Volumen V oder die Kantenlänge a des Würfels. Schreibe das Ergebnis in der Einheit, die in Klammern steht.
a) $V = 373{,}248\,dm^3$ (m) b) $a = 15\,cm$ (dm^3)
c) $V = 175{,}616\,cm^3$ (m) d) $a = 3{,}7\,dm$ (m^3)
e) $V = 0{,}027\,cm^3$ (mm) f) $a = 0{,}08\,m$ (dm^3)

4 Ergänze die Tabelle im Heft.

	Potenz	Umkehraufgabe
Beispiel	$2^8 = 256$	$\sqrt[8]{256} = 2$
a)	$7^3 =$	
b)		$\sqrt[4]{16} = 2$
c)	$12^3 =$	
d)		$\sqrt[3]{125} =$

5 Vergleiche und setze <, > oder = ein.
a) $4^3 \square 3^4$ b) $(-1)^6 \square -1^6$ c) $4^5 \square 5^4$
d) $-2^4 \square 2^4$ e) $\left(\frac{3}{4}\right)^4 \square \frac{3}{4^4}$ f) $0{,}1^5 \square 0{,}01^6$

6 Übertrage und ergänze die Tabelle im Heft.

	wissenschaftliche Schreibweise	Dezimal-schreibweise
a)	$1{,}42 \cdot 10^3$	
b)	$7{,}1 \cdot 10^{-4}$	
c)		3 640 000 000
d)		0,000 004 6

7 Wählt eine Karte und multipliziert die Zahl darauf so oft mit sich selbst, bis ihr über die Zahl 2000 kommt. Wer näher an der 2000 liegt, darf zuerst eine neue Karte auswählen.

2 3 4 5 6
7 8 9 10

8 Schreibe in der Dezimalschreibweise.
a) $2{,}2 \cdot 10^4$ b) $3{,}1523 \cdot 10^7$
c) $6{,}2 \cdot 10^{-5}$ d) $10{,}03 \cdot 10^{-9}$

9 Schreibe in der wissenschaftlichen Schreibweise.
a) 3 Billionen b) 521 Millionen
c) 35 Milliarden d) 1,2 Billiarden
e) 0,000 001 932 8 f) 0,082 11
g) 332 750 000 000 h) 109 300

10 Stelle eine Gleichung auf und löse sie.
a) Das Quadrat einer Zahl ergibt 81.
b) Die Summe aus der dritten Potenz einer Zahl und 9 ergibt 36.
c) Das Dreifache der vierten Potenz einer Zahl ergibt das Quadrat von 7 vermindert um 1.

11 Berechne den Wert der Terme. Erkläre die unterschiedlichen Ergebnisse.
a) -5^4 und $(-5)^4$ b) $\frac{3^3}{4}$ und $\left(\frac{3}{4}\right)^3$
c) $6 \cdot 4^2$ und $(6 \cdot 4)^2$ d) $4 + 2^5$ und $(4 + 2)^5$

12

Ein Bienenvolk hat etwa $3 \cdot 10^4$ Bienen.

Eine Biene fliegt in ihrem Leben ungefähr 800 km.

Zehn Bienen wiegen zusammen 1 g.

Für 500 g Honig legen Bienen $1{,}2 \cdot 10^8$ km zurück.

Eine Biene legt in einem Flug 2 km zurück.

a) Wie viele Bienen gibt es in einem Bienenvolk? Schreibe als natürliche Zahl.
b) Berechne, wie viel Kilogramm ein Bienenvolk wiegt.
c) Berechne, wie viele Bienenflüge für 500 g Honig benötigt werden.
d) Wie viel Honig erzeugt eine Biene im Durchschnitt in ihrem Leben?
e) Sind die Ergebnisse plausibel? Begründe.
f) Recherchiert weitere Informationen zum Thema Bienen und Honig. Präsentiert eure Ergebnisse.

Die Welt der Medien

Die Schülerinnen und Schüler der Klasse 10a verwenden zu Hause und im Unterricht unterschiedliche Medien.

A Ayla und Lukas berechnen -3^6 mit ihren Taschenrechnern. Ayla erhält als Ergebnis −729 und Lukas erhält 729.
Wer hat das Ergebnis richtig berechnet?
Beschreibe den Fehler,
der aufgetreten ist.

B Emil stellt seinen Beitrag in den sozialen Medien ein und meint:
„Wenn mein Beitrag von 10 Leuten geteilt wird und jeder den Beitrag wieder mit 10 Leuten teilt, dann haben den Beitrag nach 5 Runden ungefähr 100 000 Menschen in Kaiserslautern gesehen."
Stimmt das?
Überprüfe Emils Aussage
mit einer Rechnung.
Tipp: Das Baumdiagramm dient zur Veranschaulichung. Jeder Kreis steht für eine Person. Ein Ast veranschaulicht das Weiterleiten an die nächste Person.

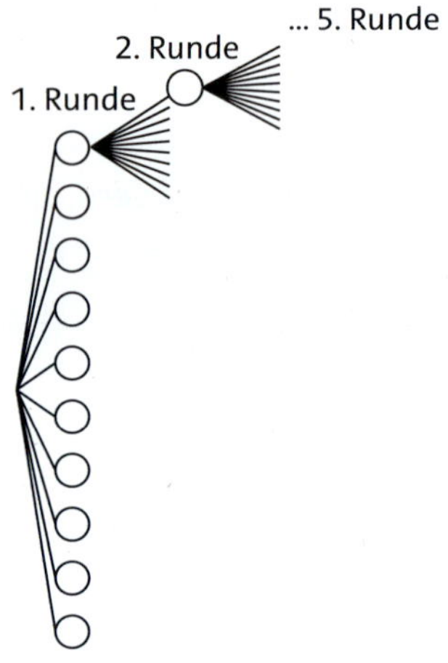

C Rechne um in die angegebene Einheit in der Klammer.
Nutze die wissenschaftliche Schreibweise.
Verwende die Angaben in der Pyramide.

a) 15 KB (MB)
b) 150 GB (MB)
c) 2,5 GB (TB)
d) 30 MB (KB)
e) 60 000 TB (MB)
f) 0,5 B (GB)

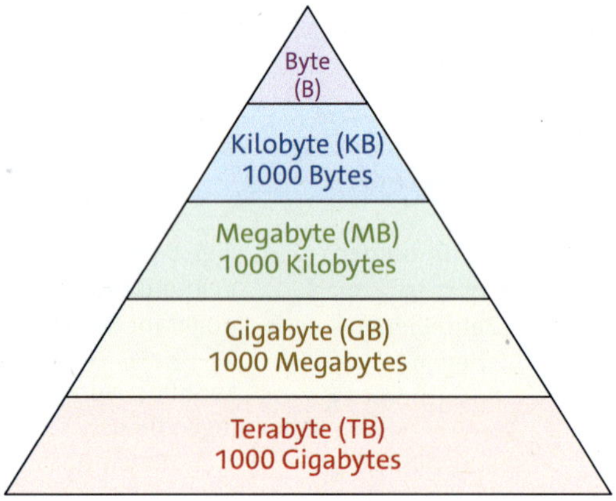

D Malik hat ein Buch mit Zahlenrätseln. Notiere die Aufgabe in dein Heft und berechne die Lösung.

a) Die Zahl ist der Wert von 3^3.
b) Die vierte Wurzel einer Zahl ist 4.
c) Die fünfte Potenz einer Zahl ist 32.
d) Eine Zahl wird 3-mal mit sich selbst multipliziert. Dann wird die sechste Wurzel gezogen. Das Ergebnis ist 4.

E Notiere zu der Taschenrechneranzeige eine mögliche Rechenaufgabe.

a) $3{,}5 \times 10^{12}$ b) $6{,}8 \times 10^{-8}$

1 Schreibe als Produkt. Berechne den Wert des Terms.

a) 5^3 b) $(-3)^3$ c) $(-4)^2$
d) $\left(\frac{1}{3}\right)^4$ e) 3^2

2 Ist das Vorzeichen vom Wert der Potenz positiv oder negativ? Ergänze im Heft.

a) $(-2)^3 = \square 8$ b) $(-3)^4 = \square 81$
c) $(-4)^2 = \square 16$ d) $-4^2 = \square 16$

3 Bestimme im Kopf und notiere den Wert der Wurzel.

a) $\sqrt[3]{8}$ b) $\sqrt[3]{125}$
c) $\sqrt[3]{0{,}001}$ d) $\sqrt[5]{10\,000}$

4 Schreibe in der wissenschaftlichen Schreibweise.

a) 170 b) 2150
c) 0,021
d) 0,003 14

5 Ordne die Zahlen der Größe nach. Beginne mit der kleinsten Zahl.

1700 | $1{,}3 \cdot 10^3$ | $0{,}12 \cdot 10^4$ | $18 \cdot 10^2$ | 1500

6 Ein Würfel hat ein Volumen von $125\,m^3$.

a) Berechne die Kantenlänge a.
b) Notiere das Volumen als Potenz von der Kantenlänge. Ergänze dazu die Terme:
$V_{Würfel} = \square m \cdot \square m \cdot \square m = (\square m)^{\square}$

1 Schreibe als Produkt. Berechne den Wert des Terms.

a) -3^4 b) $\left(\frac{1}{2}\right)^3$ c) $(-5)^2$ d) $(-2)^3$
e) Die Basis ist 4 und der Exponent ist 3.

2 Ist das Vorzeichen vom Wert der Potenz positiv oder negativ? Ergänze im Heft.

a) $(-5)^2 = \square 25$ b) $(-4)^3 = \square 64$
c) $-3^2 = \square 9$ d) $(-3)^2 = \square 9$

3 Bestimme im Kopf und notiere den Wert der Wurzel.

a) $\sqrt[3]{27}$ b) $\sqrt[4]{16}$
c) $\sqrt[4]{0{,}0001}$ d) $\sqrt[5]{32}$

4 Schreibe in der wissenschaftlichen Schreibweise.

a) 230 b) 0,034
c) 1290
d) 0,007 82

5 Ordne die Zahlen der Größe nach. Beginne mit der kleinsten Zahl.

3000 | $2{,}3 \cdot 10^3$ | $\frac{1}{10^{-4}}$ | $31 \cdot 10^2$ | $10 \cdot 10 \cdot 10$

6 Ein Würfel hat ein Volumen von $216\,cm^3$.

a) Berechne die Kantenlänge a.
b) Die Kantenlänge wird halbiert auf $\frac{1}{2}$a. Um welchen Faktor verändert sich das Volumen? Schreibe den Faktor als Potenz.

1 Schreibe als Produkt. Berechne den Wert des Terms.

a) -4^3 b) $\left(-\frac{1}{2}\right)^3$ c) $(-3)^4$ d) $(-2)^5$
e) Die Basis ist −1 und der Exponent ist 7.

2 Ist das Vorzeichen vom Wert der Potenz positiv oder negativ? Ergänze im Heft.

a) $(-4)^3 = \square 64$ b) $(-7)^3 = \square 343$
c) $-4^2 = \square 16$ d) $(-6)^2 = \square 36$

3 Bestimme im Kopf und notiere den Wert der Wurzel.

a) $\sqrt[5]{0{,}000\,01}$ b) $\sqrt[3]{64}$
c) $\sqrt[4]{81}$ d) $\sqrt[4]{160\,000}$

4 Schreibe in der wissenschaftlichen Schreibweise.

a) 351 000 b) 0,001 78
c) 2 387 000
d) 0,000 001 673

5 Ordne die Zahlen der Größe nach. Beginne mit der kleinsten Zahl.

1002 | 2^{10} | 10^3 | $9{,}8 \cdot 10^2$ | neunhundertneunzig

6 Berechne die Kantenlänge eines Würfels in cm. Das Volumen beträgt $0{,}343\,cm^3$. Um welchen Faktor verändert sich das Volumen, wenn sich die Kantenlänge des Würfels halbiert? Schreibe den Faktor als Potenz.

→ Lösungen auf Seite 207

Quadrieren und die Quadratwurzel ziehen → Seite 8

Wenn du eine Zahl a einmal mit sich selbst multiplizierst, dann **quadrierst** du die Zahl.
So quadrierst du: $a^2 = a \cdot a = q$

Die Umkehrung des Quadrierens ist das Ziehen der Quadratwurzel (kurz: Ziehen der Wurzel).
Beim Ziehen der Wurzel suchst du die Zahl a, die mit sich selbst multipliziert die Zahl q ergibt, also $a \cdot a = q$. Die Zahl q ist größer oder gleich 0.

$\sqrt{q} = a$, denn $a \cdot a = q$

$\sqrt{q} = a$
- a — der Wert der Quadratwurzel
- $\sqrt{}$ — die Quadratwurzel
- q — der Radikand

$10^2 = 10 \cdot 10 = 100$

$0{,}2^2 = 0{,}2 \cdot 0{,}2 = 0{,}04$

$\left(\frac{1}{2}\right)^2 = \frac{1}{2} \cdot \frac{1}{2} = \frac{1}{4}$

$(-3)^2 = (-3) \cdot (-3) = 9$

$\sqrt{9} = 3$ denn $3 \cdot 3 = 9$

$\sqrt{49} = 7$ denn $7 \cdot 7 = 49$

$\sqrt{0{,}16} = 0{,}4$ denn $0{,}4 \cdot 0{,}4 = 0{,}16$

Potenzen mit negativer Basis berechnen → Seite 12

Für Potenzen gilt: $a^n = \underbrace{a \cdot a \cdot a \cdot \ldots \cdot a}_{n\text{-mal}}$

Wenn du eine **negative Basis** a (a < 0) **potenzierst**, dann musst du die negative Basis in Klammern setzen.

Wenn die Basis a negativ ist, dann kann der Wert der Potenz positiv oder negativ sein.

- **n gerade:** Der Wert der Potenz ist positiv.
- **n ungerade:** Der Wert der Potenz ist negativ.

negative Basis a = −5
Du musst Klammern setzen:
$(-5)^4 = (-5) \cdot (-5) \cdot (-5) \cdot (-5) = 625$

Achtung a = 5 mit „–“ davor:
$-5^4 = -(5 \cdot 5 \cdot 5 \cdot 5) = -625$

n = 4:
$(-5)^4 = \underbrace{(-5) \cdot (-5) \cdot (-5) \cdot (-5)}_{4\text{-mal}} = 625$

n = 3:
$(-5)^3 = \underbrace{(-5) \cdot (-5) \cdot (-5)}_{3\text{-mal}} = -125$

Die n-te Wurzel ziehen → Seite 12

Wenn x die n-te Wurzel aus einer Zahl a ≥ 0 ist, dann gilt: $\underbrace{x \cdot x \cdot \ldots \cdot x}_{n\text{-mal}} = x^n = a$.

Du schreibst $\sqrt[n]{a} = x$ (Sprich: die n-te Wurzel aus a ist x.)

Das Wurzelziehen (Radizieren) ist die Umkehrung des Potenzierens. Es gilt: $\sqrt[n]{a^n} = a$

Welche Zahl x ergibt 8, wenn du sie 3-mal mit sich selbst multiplizierst?

$\sqrt[3]{8} = 2$, denn $2 \cdot 2 \cdot 2 = 2^3 = 8$.

Die dritte Wurzel aus 8 ist 2.

Pyramide

2

▶ Die Pyramiden von Gizeh in Ägypten gehören zu den ältesten Bauwerken.
Sie sind Grabstätten der Pharaonen.

Kennst du weitere Bauwerke oder Gegenstände in Form von Pyramiden?

Welche Gemeinsamkeiten und Unterschiede haben Pyramiden
mit anderen geometrischen Körpern?

In diesem Kapitel lernst du, ...

- die Eigenschaften von Pyramiden zu beschreiben,
- Schrägbilder von Pyramiden zu zeichnen,
- das Volumen von Pyramiden zu berechnen,
- den Mantelflächeninhalt und den Oberflächeninhalt von Pyramiden zu berechnen.

Kompetenz	Aufgabe	Lies und übe:

1 Ich kann Gleichungen durch Äquivalenzumformung lösen.

1 Löse die Gleichung durch Äquivalenzumformung.

Beispiel $3x + 9 = 30$

$$3 \cdot x + 9 = 30 \quad |-9$$
$$3 \cdot x = 21 \quad |:3$$
$$x = 7$$

a) $9x + 3 = 30$ b) $2x - 6 = 18$ c) $5 + 4x = 37$

→ Seite 195 Nr. 47

---

2 Ich kann den Flächeninhalt von Quadraten, Rechtecken und zusammengesetzten Figuren berechnen.

2 Berechne den Flächeninhalt A der Figur.

a) Quadrat mit a = 7 cm

b) Rechteck mit a = 4,5 cm; b = 3 cm

c)

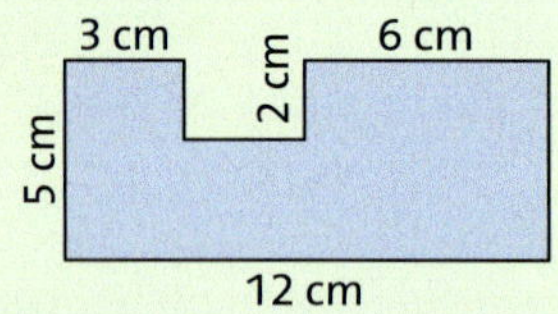

→ Seite 200 Nr. 68
→ Seite 201 Nr. 73

---

3 Ich kann den Flächeninhalt von Dreiecken berechnen.

3 Berechne den Flächeninhalt.

a)

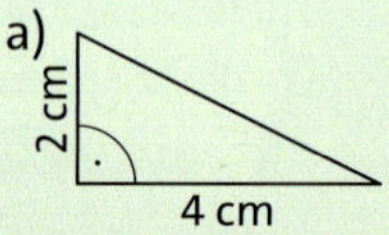

b)

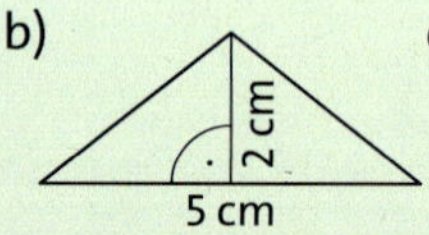

c)

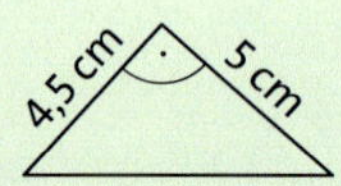

→ Seite 201 Nr. 72

---

4 Ich kann Seiten in rechtwinkligen Dreiecken beschriften und den Satz des Pythagoras nennen.

4 Übertrage das rechtwinklige Dreieck ins Heft.
Beschrifte die Seiten zusätzlich mit den Fachbegriffen Kathete und Hypotenuse.
Notiere den Satz des Pythagoras für das Dreieck.

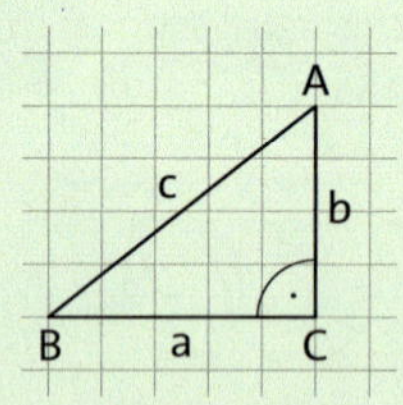

→ Seite 202 Nr. 74–76

---

5 Ich kann im rechtwinkligen Dreieck eine fehlende Länge mit dem Satz des Pythagoras berechnen.

5 Berechne mit dem Satz des Pythagoras die fehlende Länge im rechtwinkligen Dreieck. Vervollständige die Tabelle.

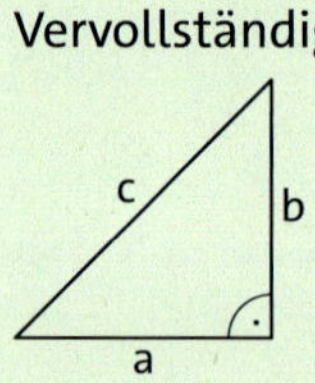

	a	b	c
a)	4 cm	3 cm	
b)	9 cm	12 cm	
c)	6 cm		7,5 cm
d)		10,5 cm	17,5 cm

→ Seite 202 Nr. 77–79

---

6 Ich kann die Flächendiagonale und die Raumdiagonale eines Körpers berechnen.

6 Wende den Satz des Pythagoras an.

a) Berechne die Länge der Flächendiagonale e.

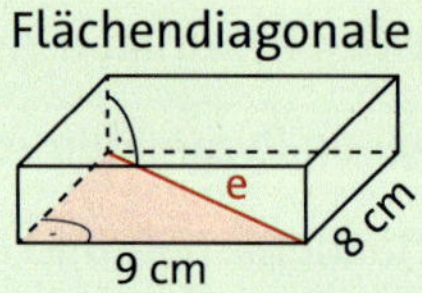

b) Berechne die Länge der Raumdiagonale d.

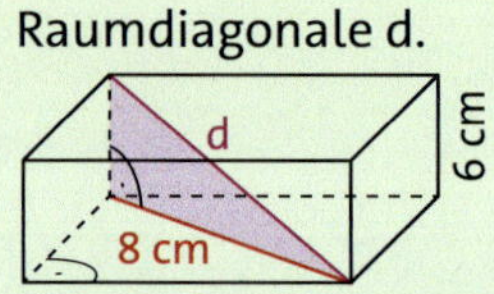

→ Seite 203 Nr. 80

Kompetenz	Aufgabe	Lies und übe:
7 Ich kann Schrägbilder von Würfeln und Quadern zeichnen.	**7** Zeichne das Schrägbild des Körpers. a) Würfel mit a = 6 cm b) Quader mit a = 5 cm, b = 8 cm und c = 4 cm	→ Seite 203 Nr. 81
8 Ich kann den Oberflächeninhalt von Würfeln und Quadern berechnen.	**8** Berechne den Oberflächeninhalt O des Körpers. a) Würfel mit a = 4 dm b) Quader mit a = 5 cm, b = 3 cm und c = 7 cm	→ Seite 203 Nr. 82
9 Ich kann das Volumen von Würfeln und Quadern berechnen.	**9** Berechne das Volumen V des Körpers. a) Würfel mit a = 3 m b) Quader mit a = 4 m, b = 9 m und c = 5 m	→ Seite 203 Nr. 83
10 Ich kann den Mantelflächeninhalt eines Prismas berechnen.	**10** Berechne den Mantelflächeninhalt M des Prismas. 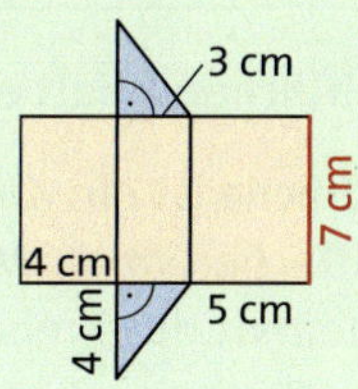	→ Seite 204 Nr. 84 – 85
11 Ich kann den Oberflächeninhalt eines Prismas berechnen.	**11** Berechne den Oberflächeninhalt O des Prismas mit dreieckiger Grundfläche. 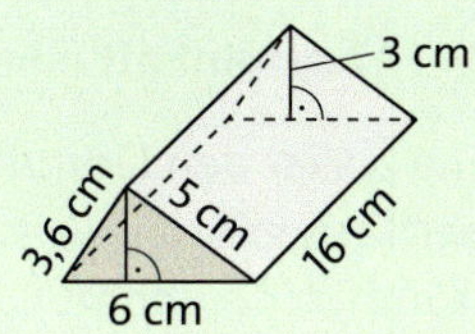	→ Seite 204 Nr. 86 – 87
12 Ich kann das Volumen eines Prismas berechnen.	**12** Berechne das Volumen V des Prismas mit dreieckiger Grundfläche. 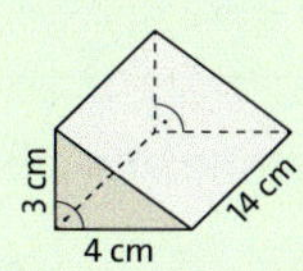	→ Seite 204, 205 Nr. 88, 89
13 Ich kann Sachaufgaben lösen.	**13** Timo und Alex bauen ein Zelt. Der Eingang ist ein gleichschenkliges Dreieck. Wie viel Material benötigen sie für die Zeltwände und den Boden? Welches Volumen hat das Zelt? 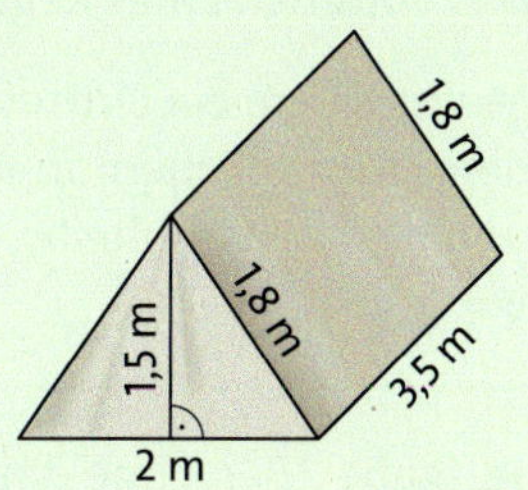	→ Seite 196 Nr. 48, 49, 52 → Seite 204, 205 Nr. 86 – 89

→ Lösungen auf Seite 206

Kegel (Wdh.)

Toni, Deniz und Sofia erinnern sich an die Lerninhalte zum Thema Kegel.

W

Einen Kegel beschreiben

Der **Kegel** ist ein Körper mit einer **Grund**fläche, einer **Mantel**fläche und einer Spitze.
Der Kegel ist deshalb ein **Spitzkörper**.
Die Grundfläche des Kegels ist ein Kreis. Die Mantelfläche ist gebogen.
Das **Netz eines Kegels** besteht aus der Grundfläche und der Mantelfläche.

▶ **Aufgabe** Nenne Beispiele für Kegel in deiner Umgebung. ▶ 1 ▶ 1 ▶ 1

Ein Kreisausschnitt ist ein Teil eines Kreises.

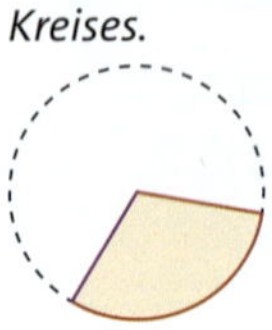

Die Mantellinie s ist der Radius des Kreisausschnitts.

W

Den Mantelflächeninhalt eines Kegels berechnen

Die **Mantelfläche** ist ein Kreisausschnitt.
Der **Mantelflächeninhalt M** ist der Flächeninhalt des Kreisausschnitts.
$\mathbf{M = \pi \cdot r \cdot s}$

Den Oberflächeninhalt eines Kegels berechnen

Berechne zuerst den Grundflächeninhalt $\mathbf{G} = \pi \cdot r^2$.
Der **Oberflächeninhalt O** ist die Summe aus dem Grundflächeninhalt G und dem Mantelflächeninhalt M.
$\mathbf{O = G + M}$

gegeben: $r = 3\,cm$, $s = 6\,cm$
gesucht: O

$M = \pi \cdot 3\,cm \cdot 6\,cm \approx 57\,cm^2$

$G = \pi \cdot (3\,cm)^2 \approx 28\,cm^2$

$O = 28\,cm^2 + 57\,cm^2 = 85\,cm^2$

▶ **Aufgabe** Berechne den Oberflächeninhalt O mit $r = 6\,cm$ und $s = 15\,cm$. ▶ 3 ▶ 3 ▶ 3

Das Volumen des Kegels ist ein Drittel des Volumens vom Zylinder.

W

Das Volumen eines Kegels

Multipliziere ein Drittel mit dem Grundflächeninhalt G und der Körperhöhe h_K.
$\mathbf{V = \frac{1}{3} \cdot G \cdot h_K}$

gegeben: $G = 9\,cm^2$; $h_K = 2\,cm$
gesucht: V

$V = \frac{1}{3} \cdot 9\,cm^2 \cdot 2\,cm = 6\,cm^3$

▶ **Aufgabe** Berechne das Volumen V mit $G = 12\,cm^2$ und $h_K = 3\,cm$. ▶ 7 ▶ 8 ▶ 8

1 Notiere, welche Körper Kegel sind.

①  ②  ③ 

④ 

2 Benenne die Teile des Kegels.
Ordne den Teilen ① bis ⑤ den Fachbegriff zu.

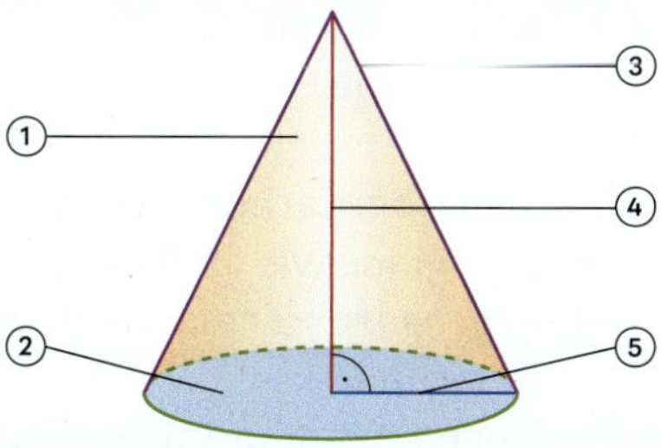

die Mantellinie	die Körperhöhe
die Grundfläche	der Radius
die Mantelfläche	

3 Berechne den Mantelflächeninhalt M des Kegels mit der Formel $M = \pi \cdot r \cdot s$.

a) 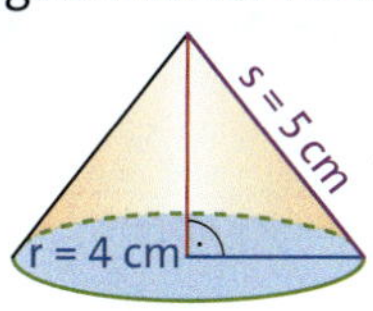

b) 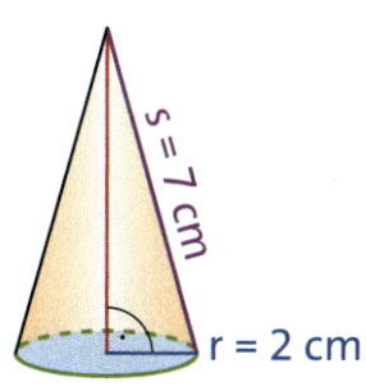

c) $r = 4\,cm$, $s = 6\,cm$ d) $r = 5\,cm$, $s = 7\,cm$

4 Berechne den Grundflächeninhalt G des Kegels mit der Formel $G = \pi \cdot r^2$.

a) $r = 4\,cm$ b) $r = 5\,cm$
c) $r = 12\,cm$ d) $r = 5{,}4\,cm$

► 3

5 Berechne den Grundflächeninhalt G des Kegels mit der Formel $G = \pi \cdot r^2$.

Beispiel *gegeben*: Durchmesser $d = 4\,cm$
gesucht: G

Gehe so vor:

① Berechne zuerst den Radius r.
$r = d : 2$
$r = 4\,cm : 2 = 2\,cm$

② Berechne dann den Grundflächeninhalt G.
$G = \pi \cdot r^2$
$G = \pi \cdot (2\,cm)^2 \approx 12{,}57$

a) $d = 6\,cm$ b) $d = 8\,cm$ c) $d = 10\,cm$

6 Berechne den Oberflächeninhalt O des Kegels.

Beispiel *gegeben*: $r = 2\,cm$, $s = 5\,cm$
gesucht: O

Gehe so vor:

① Berechne den Grundflächeninhalt G.
$G = \pi \cdot r^2$
$G = \pi \cdot (2\,cm)^2 \approx 12{,}57\,cm^2$

② Berechne den Mantelflächeninhalt M.
$M = \pi \cdot r \cdot s$
$M = \pi \cdot 2\,cm \cdot 5\,cm \approx 31{,}42\,cm^2$

③ Berechne den Oberflächeninhalt O.
$O = G + M$
$O = 12{,}57\,cm^2 + 31{,}42\,cm^2 \approx 43{,}99\,cm^2$

a) 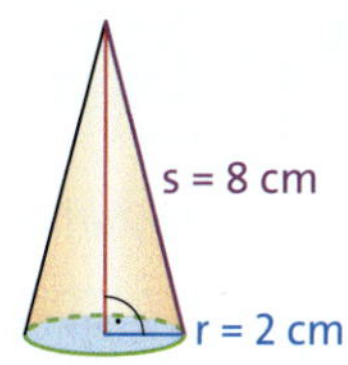

b) 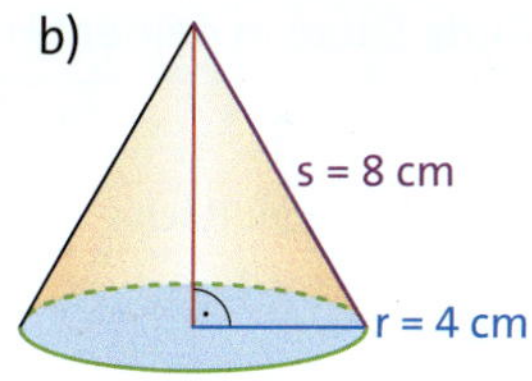

7 Berechne das Volumen V des Kegels.

Beispiel *gegeben*: $G = 5\,cm^2$, $h_K = 6\,cm$
gesucht: V
$V = \frac{1}{3} \cdot G \cdot h_K$
$V = \frac{1}{3} \cdot 5\,cm^2 \cdot 6\,cm = 10\,cm^3$

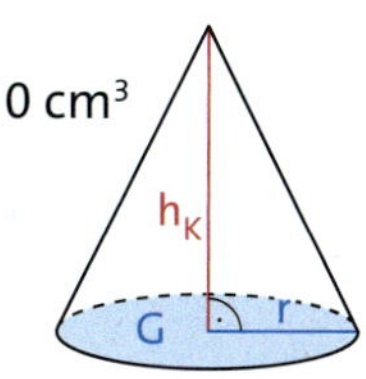

a) $G = 9\,cm^2$, $h_K = 7\,cm$
b) $G = 14\,cm^2$, $h_K = 12\,cm$
c) $G = 15\,dm^2$, $h_K = 9\,dm$
d) $G = 6\,m^2$, $h_K = 10\,m$

► 8

8 Berechne das Volumen V des Kegels.

a) $r = 4\,cm$, $h_K = 6\,cm$
b) $r = 6\,cm$, $h_K = 9\,cm$
c) $r = 5\,m$, $h_K = 12\,cm$
d) Erklärt euch gegenseitig, wie ihr das Volumen eines Kegels berechnet.

Sprachhilfe: Radius – Grundflächeninhalt – Körperhöhe – Kreis – Volumen

9 Der Becher hat die Form eines Kegels.
Schätze zuerst die Höhe und den Radius des Bechers.
Berechne dann, wie viel mℓ Wasser in den Becher passen.

Tipp: $1\,cm^3 = 1\,m\ell$

1 Ordne ① bis ⑤ den Fachbegriff zu. Verwende die Kärtchen.

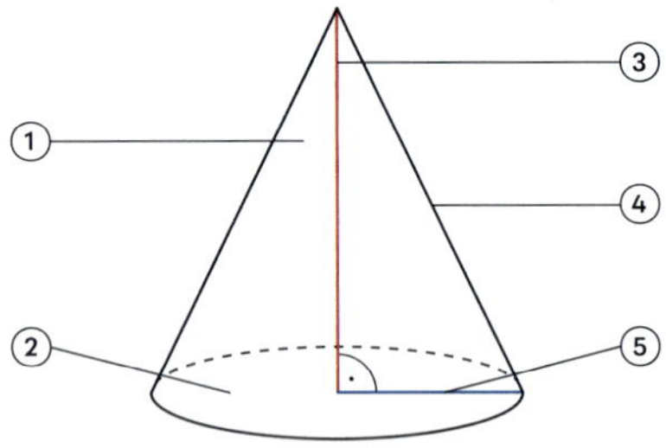

die Körperhöhe | die Seitenkante | der Radius | die Mantelfläche | die Grundfläche

2 Beschreibe die Eigenschaften des Kegels. Bilde Sätze in deinem Heft.

eine Spitze | die Grundfläche | die Mantelfläche | gebogen | ein Kreis | ein Spitzkörper

3 Berechne den Mantelflächeninhalt des Kegels.

a)

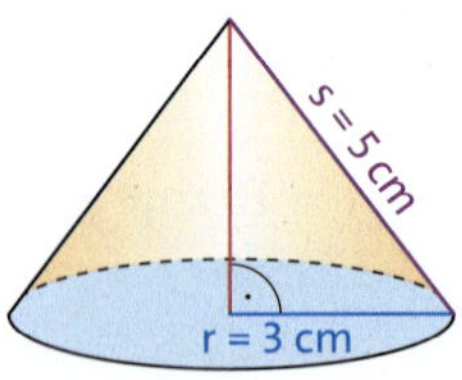

b)

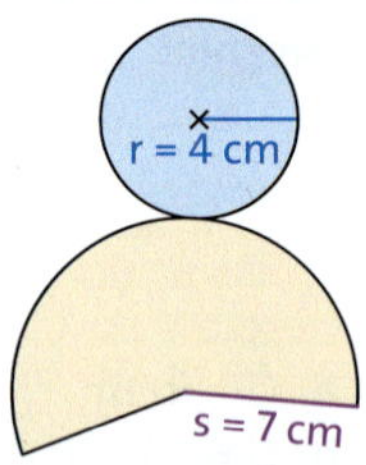

► 4

4 Eine kegelförmige Verpackung für Eiswaffeln hat folgende Maße: Radius r = 3 cm und Mantellinie s = 12 cm. Berechne, wie viel cm^2 Papier für eine solche Verpackung mindestens benötigt wird.

5 Berechne den Oberflächeninhalt des Kegels.

a)

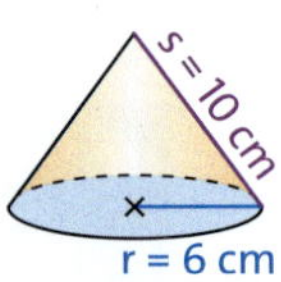

b)

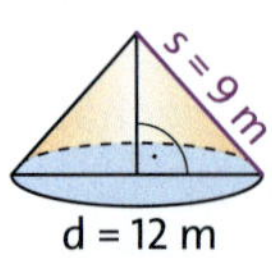

6 Berechnet jeweils den Oberflächeninhalt des Kegels. Überprüft gemeinsam eure Ergebnisse.

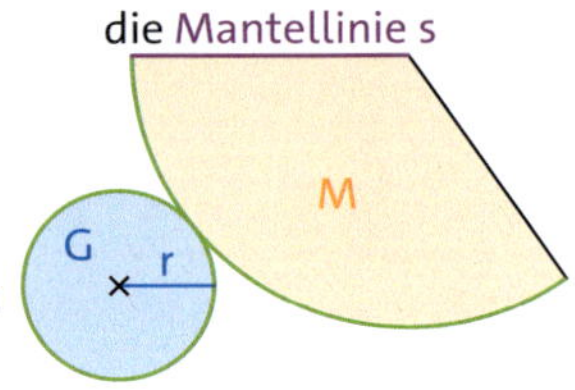

a) $G = 24{,}63\,cm^2$; $r = 2{,}8\,cm$; $s = 12\,cm$
b) $M = 81{,}43\,mm^2$; $d = 7{,}2\,mm$
c) $r = 3{,}7\,dm$; $s = 6{,}9\,dm$
d) $s = 5{,}6\,m$; $d = 8\,m$

7 Berechne den Oberflächeninhalt O des Kegels. Beginne wie im Beispiel.

Beispiel *gegeben*: $r = 3\,cm$, $h_K = 8\,cm$
gesucht: O

Berechne zuerst mit dem Satz des Pythagoras die Mantellinie s.

$s^2 = h_K{}^2 + r^2$
$s^2 = (8\,cm)^2 + (3\,cm)^2$
$s^2 = 64\,cm^2 + 9\,cm^2$
$s^2 = 73\,cm^2 \quad |\sqrt{\ }$
$s \approx 8{,}54\,cm$

a) $r = 4\,m$, $h_K = 5\,m$ b) $r = 5\,m$, $h_K = 12\,m$
c) $r = 12\,m$, $h_K = 8\,m$ d) $r = 16\,m$, $h_K = 24\,m$

► 7

8 Berechne das Volumen V des Kegels.

Beispiel *gegeben*: $r = 3\,cm$, $h_K = 4\,cm$
gesucht: V

$G = \pi \cdot r^2$
$= \pi \cdot (3\,cm)^2 \approx 28{,}27\,cm^2$
$V = \frac{1}{3} \cdot G \cdot h_k$
$= \frac{1}{3} \cdot 28{,}27\,cm^2 \cdot 4\,cm = 37{,}69\,cm^3$

a) $r = 4\,m$, $h_K = 6\,m$ b) $r = 3\,m$, $h_K = 5\,m$
c) $r = 12\,m$, $h_K = 9\,m$ d) $r = 26\,m$, $h_K = 18\,m$

9 Der Kegel aus Chilipulver hat einen Durchmesser von 10 cm und ist 15 cm hoch.

a) Berechne das Volumen V des Kegels.
b) Patricia möchte das Chilipulver vollständig in Dosen abfüllen. In eine Dose für Gewürze passen 45 mℓ. Berechne die Anzahl der Dosen.

1 Notiere die Fachbegriffe zu ① bis ⑤.

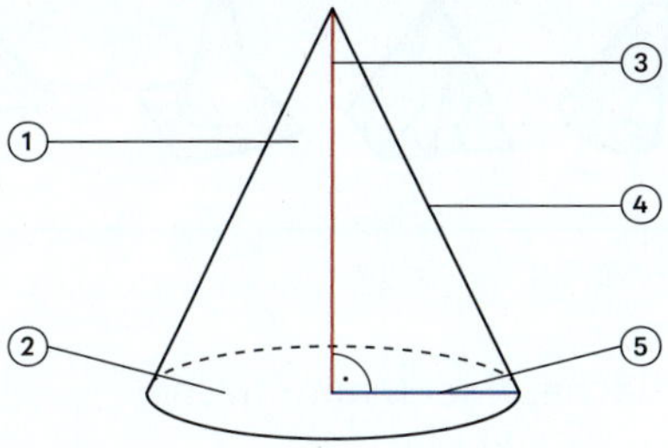

2 Beschreibe die Eigenschaften von Kegeln mit Hilfe der Fachbegriffe auf den Kärtchen.

eine Spitze | ein Kreis | gebogen

3 Berechne den Mantelflächeninhalt des Kegels.

a) $r = 1{,}5\,cm$

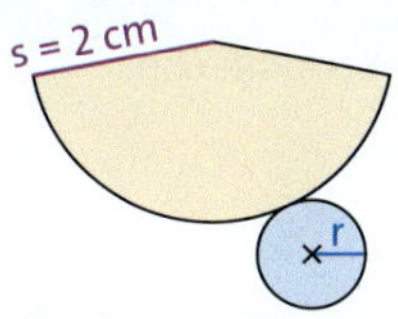

b) $d = 0{,}8\,dm$

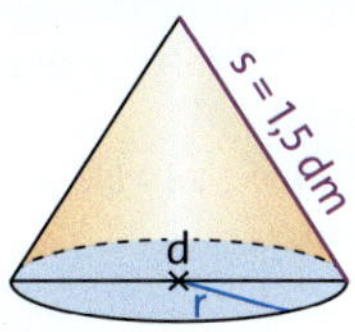

c) $r = 35\,mm$

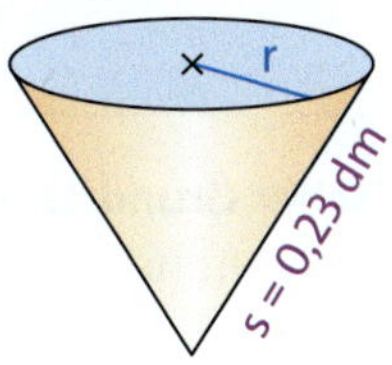

d) $d = 1{,}6\,cm$

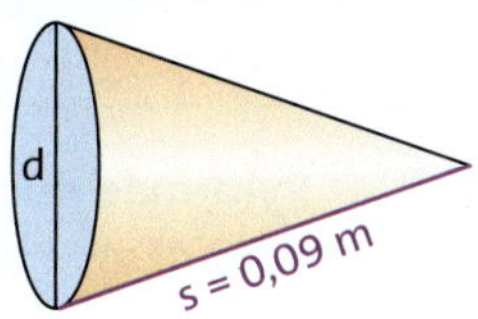

4 Berechne den Mantelflächeninhalt und den Oberflächeninhalt des Kegels.

a) $s = 5\,m$; $r = 3\,m$
b) $s = 5\,m$; $r = 6\,m$
c) $s = 5\,m$; $r = 9\,m$
d) $s = 5\,m$; $r = 12\,m$
e) Beschreibe, wie sich der Mantelflächeninhalt verändert.

5 Berechne den Mantelflächeninhalt des Kegels. Verwende den Satz des Pythagoras zur Berechnung der Mantellinie s.

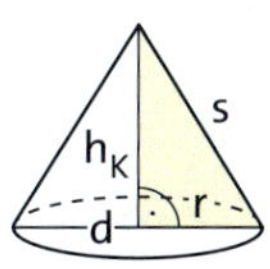

$s^2 = h_K^2 + r^2$

a) $h_K = 3\,m$; $r = 5{,}1\,m$
b) $h_K = 5\,m$; $r = 4{,}3\,m$
c) $h_K = 6{,}2\,m$; $d = 4{,}6\,m$
d) $h_K = 8{,}3\,m$; $r = 2{,}4\,m$

6 Berechne die Mantellinie s des Kegels. Setze zuerst die gegebenen Werte in die Formel für O ein. Stelle dann nach s um.

a) $r = 5\,m$; $O = 120\,m^2$
b) $r = 2{,}2\,m$; $O = 2500\,m^2$

$O = \pi \cdot r^2 + \pi \cdot r \cdot s$

7 Das ist das Netz einer Geschenktüte.

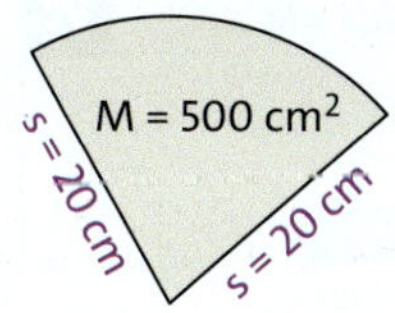

Sophie und Niko schätzen den Radius der Öffnung einer solchen Geschenktüte:
Sophie: *r = 7 cm* Niko: *r = 8 cm*
Überprüfe, ob Sophie oder Niko besser geschätzt hat. Stelle dazu die Formel $M = \pi \cdot r \cdot s$ nach r um. Setze dann die gegebenen Werte ein.

8 Berechne das Volumen des Kegels.

Beispiel *gegeben*: $d = 8\,cm$, $h_K = 5\,cm$
gesucht: V

① Berechne den Radius r.
$r = d : 2 = 8\,cm : 2 = 4\,cm$

② Berechne den Grundflächeninhalt G.
$G = \pi \cdot r^2$
$G = \pi \cdot (4\,cm)^2 \approx 50{,}27\,cm^2$

③ Berechne das Volumen V.
$V = \frac{1}{3} \cdot G \cdot h_K$
$V = \frac{1}{3} \cdot 50{,}27\,cm^2 \cdot 5\,cm \approx 83{,}78\,cm^3$

a) $d = 4\,m$, $h_K = 6\,m$
b) $d = 12\,m$, $h_K = 9\,m$
c) $d = 3\,m$, $h_K = 5\,m$
d) $d = 26\,m$, $h_K = 18\,m$

9 Der kegelförmige Kieshaufen hat einen Umfang von 14 m und eine Höhe von 2,1 m.

Berechne das Volumen des Kieshaufens. Beginne mit der Formel $u = 2 \cdot \pi \cdot r$ und stelle die Formel für u nach r um.

Pyramide beschreiben und ein Schrägbild zeichnen

Pyramiden benennt man nach der Form ihrer Grundflächen.

Schau dir die Gegenstände an. Finde Gemeinsamkeiten und Unterschiede.

Pyramide mit ...

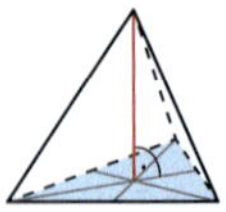

dreieckiger Grundfläche

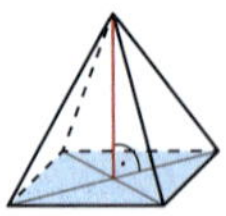

quadratischer Grundfläche

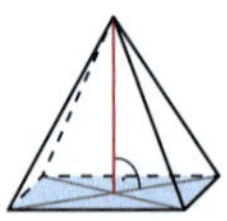

rechteckiger Grundfläche

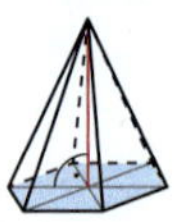

6-eckiger Grundfläche

W

Die Pyramide beschreiben

Die **Pyramide** ist ein Körper mit einer Grundfläche, einer Mantelfläche und einer **Spitze**. Die Pyramide ist deshalb ein **Spitzkörper**.

Die Grundfläche einer Pyramide besteht aus einem Vieleck.
Die Mantelfläche besteht aus dreieckigen Seitenflächen.

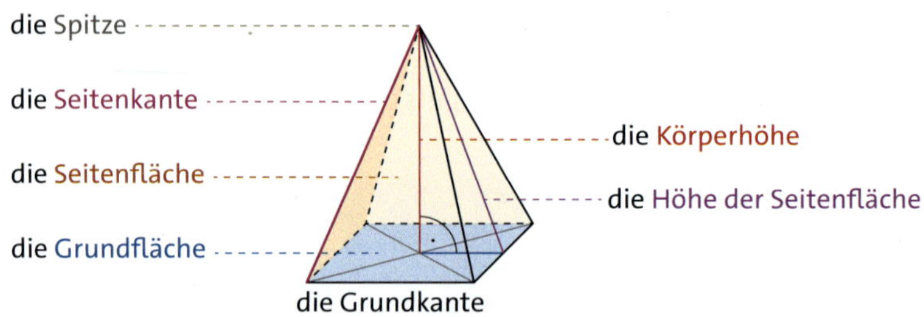

▶ **Aufgabe** Nenne Beispiele für Pyramiden in deiner Umgebung.

▶ 1 ▶ 1 ▶ 1

W

Mit einem **Schrägbild** kannst du eine Pyramide räumlich darstellen.

① Zeichne die Grundfläche.
Zeichne die vordere Grundkante.
Zeichne die Hälfte der Breite schräg nach hinten in einem 45° Winkel.

② Zeichne die Diagonalen in die Grundfläche ein.

③ Zeichne die Körperhöhe h_K.
Beginne im Schnittpunkt der Diagonalen.

④ Verbinde die Eckpunkte der Grundfläche zur Spitze der Pyramide.

Pyramide mit quadratischer Grundfläche
Grundkante a = 4 cm, Körperhöhe $h_K = 3$ cm

①

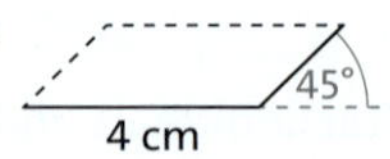

②

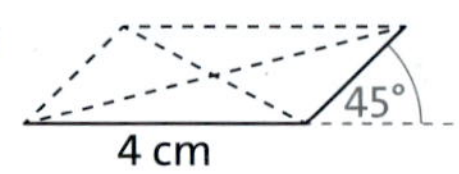

③

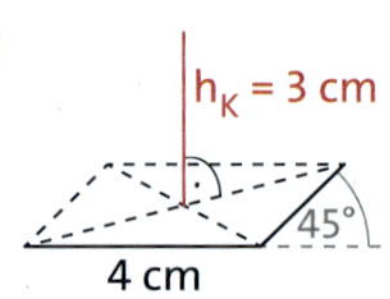

④

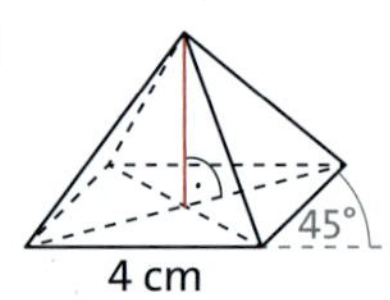

▶ **Aufgabe** Zeichne das Schrägbild einer quadratischen Pyramide mit a = 4 cm und $h_K = 5$ cm.

▶ 6 ▶ 5 ▶ 5

1 Notiere, was von ① bis ④ eine Pyramide ist.

① 
das Bauwerk

② 
die Eiswaffel

③ 
der Hut

④ 
die Verpackung

2 Benenne die Teile der Pyramide.
Ordne ① bis ⑥ den Fachbegriff zu.
Verwende die Kärtchen.

- die Grundfläche
- die Höhe der Seitenfläche
- die Seitenkante
- die Körperhöhe
- die Mantelfläche
- die Grundkante

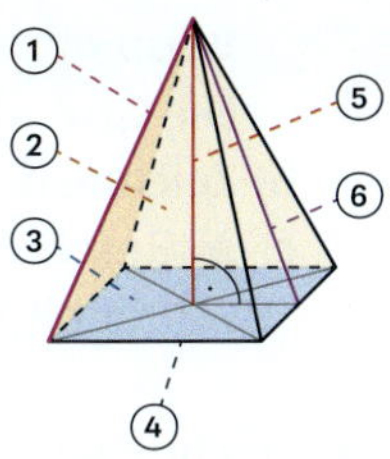

▸ 3

3 Beschreibe die Eigenschaften einer Pyramide.
Ergänze die Fachbegriffe im Heft.

Die Pyramide hat eine ________.
Eine Pyramide ist ein ________.
Die Grundfläche einer Pyramide besteht aus einem ________.
Die Mantelfläche der Pyramide besteht aus gleichschenkligen ________.

Vieleck | Dreiecke | Spitze | Spitzkörper

4 Erklärt euch gegenseitig, welche Körper Spitzkörper sind.

① 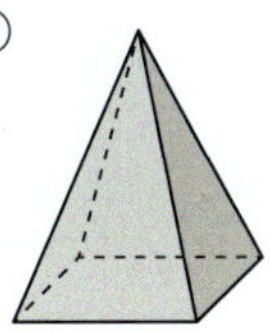

② 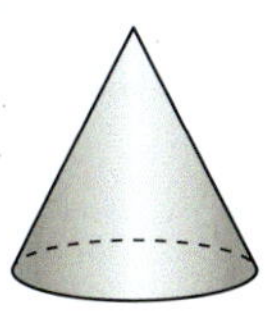

③

Sprachhilfe: Verwende: Spitze – Spitzkörper – Prisma – Quader – Pyramide – Kegel

5 Beschreibe die Eigenschaften der Pyramide.
Ergänze den Satz in deinem Heft.

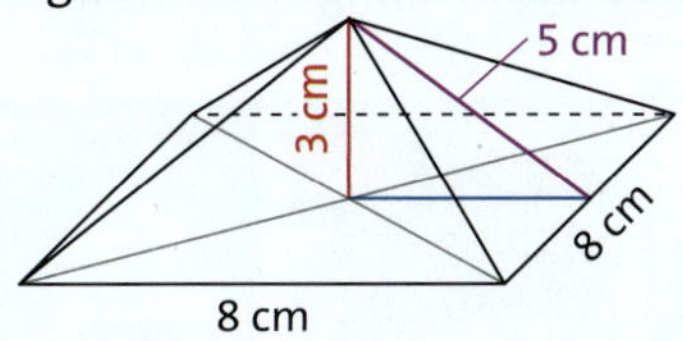

a) Die Körperhöhe h_K beträgt □ cm.
b) Die Grundkante ist □ cm lang.
c) Die Höhe der Seitenfläche beträgt □ cm.

6 Musa zeichnet das Schrägbild einer Pyramide mit quadratischer Grundfläche.
Die Pyramide hat die Grundkante a = 6 cm und die Körperhöhe $h_K = 8$ cm.
a) Ordne den Schritten die Abbildungen Ⓐ bis Ⓒ passend zu.
① Ich zeichne die Grundfläche.
② Ich zeichne die Körperhöhe.
③ Ich verbinde die Eckpunkte mit der Spitze.

Ⓐ 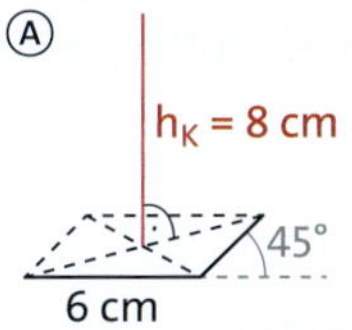

Ⓑ 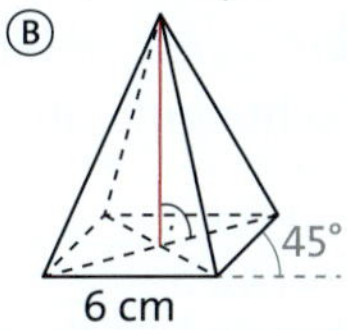

Ⓒ 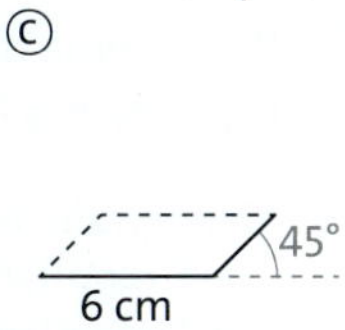

b) Erklärt euch die Schritte ① bis ③.

Sprachhilfe: Verwende: Breite – Hälfte – Diagonale – 45° – Winkel – Schnittpunkt – Spitze

7 Vervollständige das Schrägbild der Pyramide mit quadratischer Grundfläche mit der Körperhöhe $h_K = 5$ cm in deinem Heft.

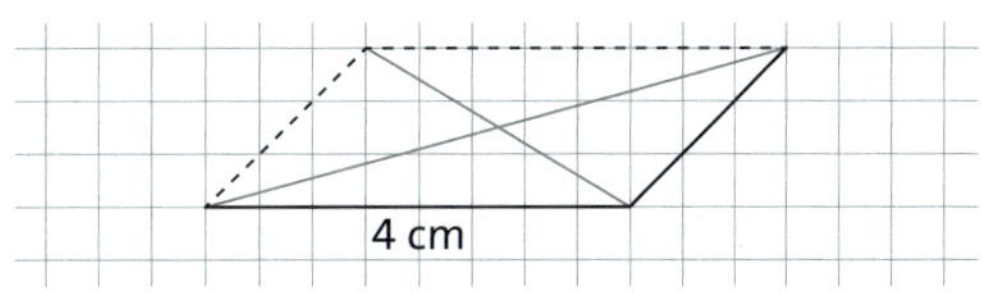

▸ 7

8 Zeichne das Schrägbild der Pyramide mit quadratischer Grundfläche.
a) a = 2 cm, $h_K = 3$ cm

Tipp: Beginne so:

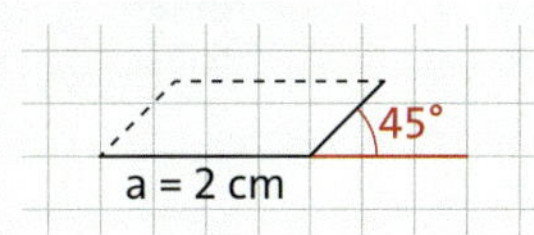

b) a = 6 cm, $h_K = 7$ cm
c) Vergleicht eure Schrägbilder.

1 Notiere, welche Gebäude Pyramiden sind. Begründe deine Entscheidung.

①  ②  ③ 

2 Ordne jeder Zahl das richtige Kärtchen zu. Ein Kärtchen bleibt übrig

- die Höhe der Seitenfläche
- die Seitenfläche
- die Grundkante
- die Höhe des Körpers
- die Grundfläche
- die Mantellinie
- die Seitenkante

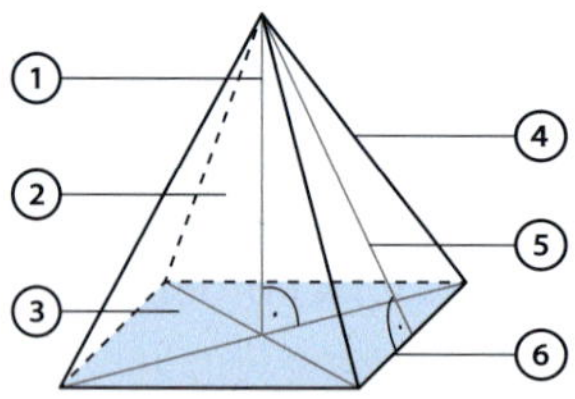

▶ 3

3 Beschreibe die Eigenschaften einer Pyramide. Ergänze die Fachbegriffe im Heft.

Eine Pyramide ist ein _______.
Die Grundfläche ist ein _______.
Die Seitenflächen sind gleichschenklige _______ und bilden zusammen die _______.
Die Seitenflächen haben einen gemeinsamen Eckpunkt, die _______.

4 Benenne die Pyramiden nach ihrer Grundfläche Verwende dazu die Kärtchen.

① 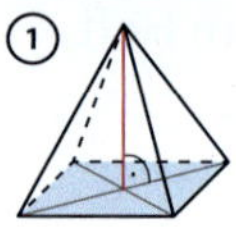 ② 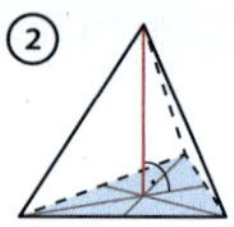 ③ 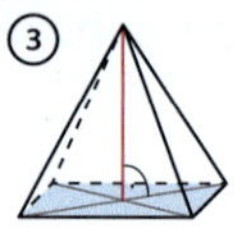 ④ 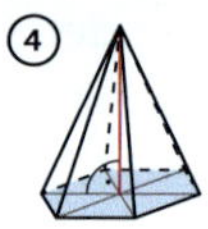

- Pyramide mit rechteckiger Grundfläche
- Pyramide mit quadratischer Grundfläche
- Pyramide mit dreieckiger Grundfläche
- Pyramide mit sechseckiger Grundfläche

5 Vervollständige das Schrägbild der Pyramide mit der Körperhöhe h_K im Heft.

a) $h_K = 4\,cm$ b) $h_K = 3\,cm$

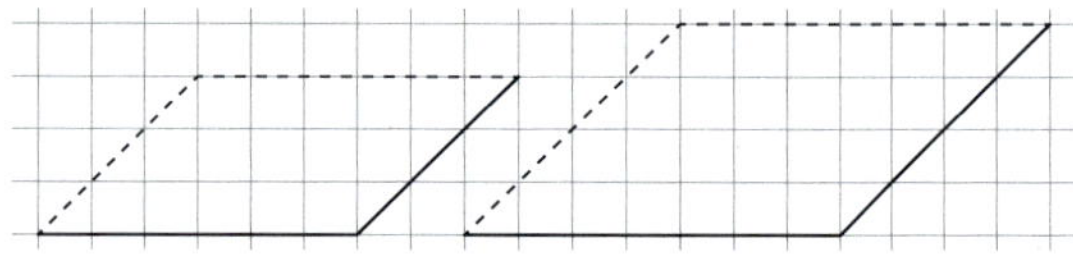

6 Gegeben sind die Pyramiden ① und ②.

① 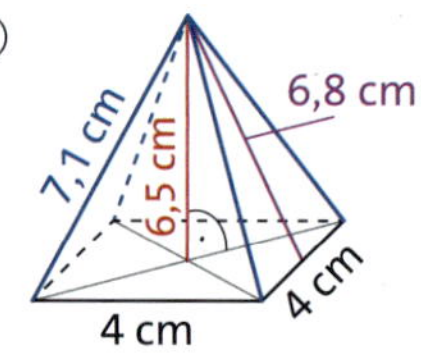

② 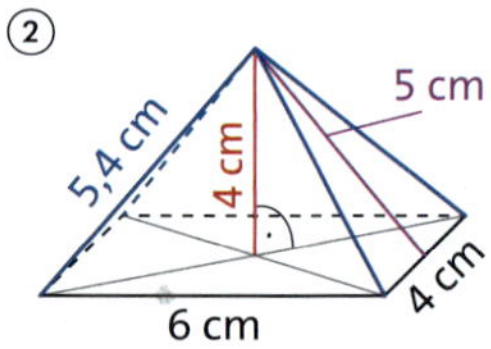

a) Formuliere passende Sätze wie im Beispiel.
Beispiel zu ①
Die Grundkante der Pyramide ist 4 cm lang.
b) Zeichne das Schrägbild von ① in dein Heft.
c) Beschreibt euch gegenseitig, wie ihr das Schrägbild einer Pyramide zeichnet.

7 Zeichne das Schrägbild einer Pyramide mit quadratischer Grundfläche.
a) $a = 4\,cm$; $h_K = 6\,cm$
b) $a = 5\,cm$; $h_K = 4\,cm$

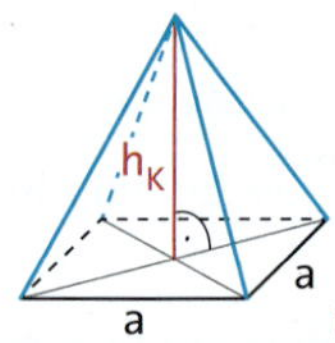

▶ 7

8 Zeichnet jeweils ein Schrägbild der Pyramide mit rechteckiger Grundfläche auf ein Blatt.
a) $a = 4\,cm$; $b = 2\,cm$; $h_K = 3\,cm$.

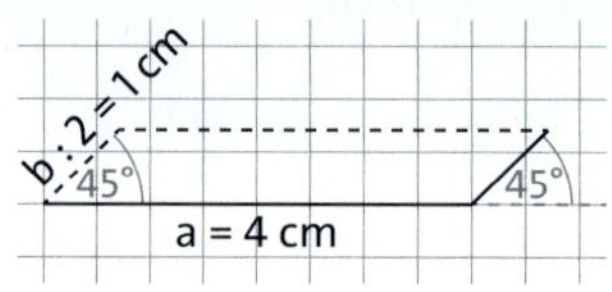

b) Überprüft eure Zeichnungen gegenseitig.

9 Die Pyramide ist 10 m hoch. Wie lang ist die Seitenkante? Zeichne zuerst das Schrägbild der Pyramide im Maßstab 1 : 100. Miss die Länge der Seitenkante.

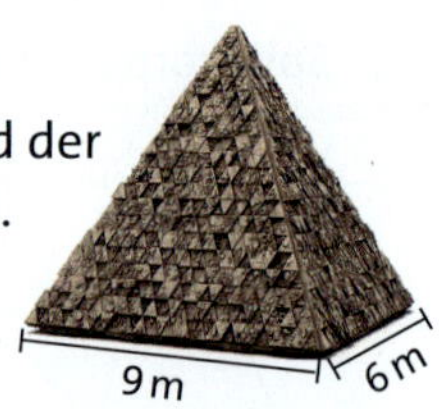

Sprachhilfe zu **1**: Verwende: Spitze – Grundfläche – Mantelfläche – Vieleck – Dreieck
Sprachhilfe zu **3**: Verwende: Dreiecke – Spitzkörper – Mantelfläche – Spitze – Vieleck
Sprachhilfe zu **6**: Verwende: Grundkante – 45° – Diagonalen – Körperhöhe – Schnittpunkt – Eckpunkt – Spitze
Hinweis zu **9**: Der Maßstab ist das Verhältnis von Längen in einer Zeichnung zu Längen in der Wirklichkeit.
Der Maßstab 1 : 100 bedeutet: 1 cm in der Zeichnung sind 100 cm in Wirklichkeit.

1 Nenne Gegenstände in Form einer Pyramide aus deiner Umgebung. Beschreibe Gemeinsamkeiten der Gegenstände.

2 Notiere zu der jeweiligen Zahl den Fachbegriff.

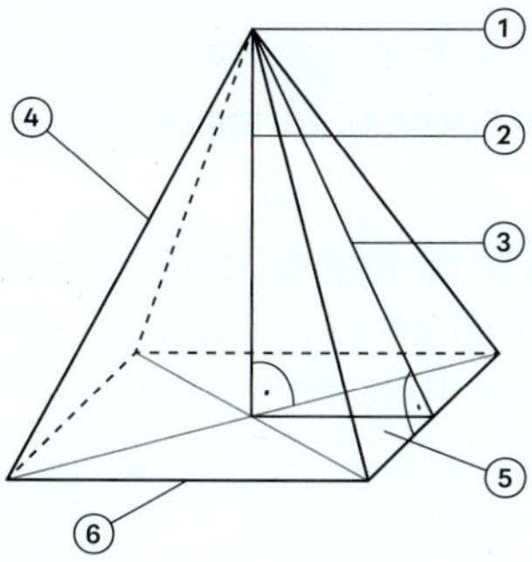

3 Pyramide oder Kegel?

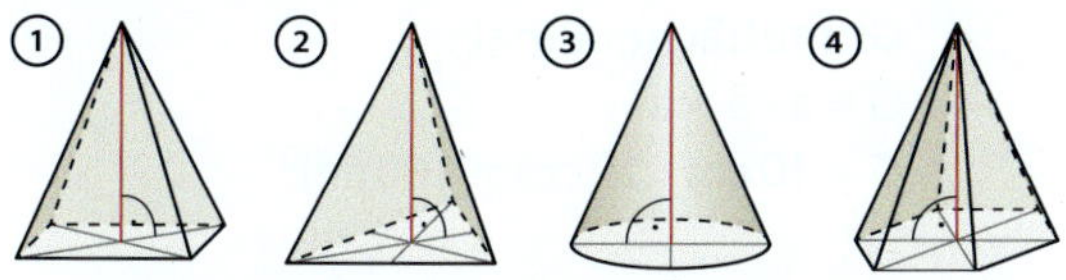

a) Entscheide, welcher Körper eine Pyramide oder ein Kegel ist. Begründe mit Hilfe ihrer Eigenschaften.
b) Benenne die Pyramiden nach ihrer Grundfläche.
c) Begründe, warum die Mantelfläche einer Pyramide aus gleichschenkligen Dreiecken besteht.

4 Überprüfe, welche Aussagen stimmen. Korrigiere die falschen Aussagen im Heft.

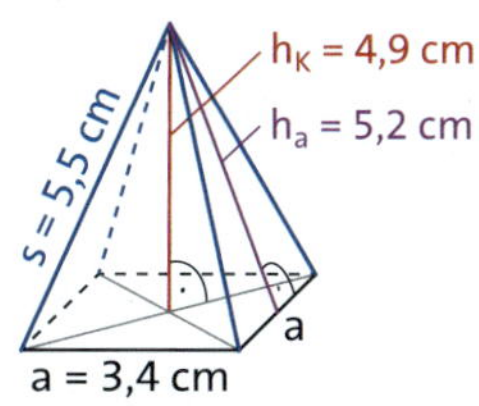

① Die Grundkante ist 3,4 cm lang.
② Die Körperhöhe beträgt 5,5 cm.
③ Die Seitenkante ist 5,2 cm lang.
④ Die Höhe der Seitenfläche beträgt 4,9 cm.

5 Zeichne das Schrägbild der Pyramide mit quadratischer Grundfläche in dein Heft. Entnimm die Angaben der Zeichnung.

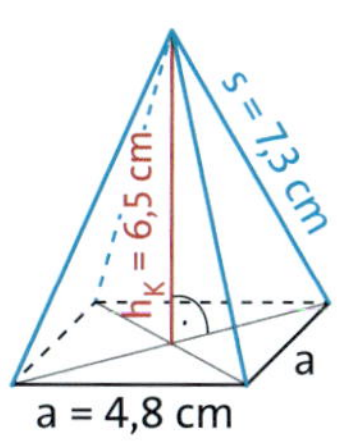

6 Ben zeichnet das Schrägbild einer Pyramide mit rechteckiger Grundfläche mit $a = 5\,cm$, $b = 7\,cm$ und der Körperhöhe $h_K = 5{,}5\,cm$.
a) Überlegt gemeinsam, was Ben beim Zeichnen beachten muss. Ergänzt die Sätze im Heft.
① Verdeckte Kanten werden …
② Die Kanten der Grundfläche, die …
③ Die Körperhöhe wird im ...
b) Zeichnet jeweils das Schrägbild der Pyramide auf ein Blatt.
c) Tauscht eure Blätter und vergleicht eure Zeichnungen.

7 Zeichne ein Schrägbild der Pyramide mit ...
a) quadratischer Grundfläche und $a = 3\,cm$, $h_K = 5\,cm$.
b) rechteckiger Grundfläche und $a = 3\,cm$, $b = 4\,cm$, $h_K = 6\,cm$.
c) Beschrifte deine Zeichnungen.
d) Beschreibt euch gegenseitig, wie ihr das Schrägbild einer Pyramide zeichnet.

8 Sema meint: „Das sind Schrägbilder derselben Pyramide!“

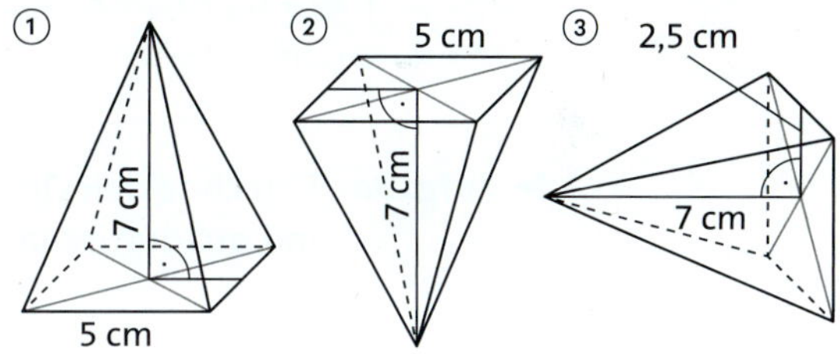

Begründe, ob Sema Recht hat.

9 Beim Zeichnen des Schrägbildes einer Pyramide mit quadratischer Grundfläche mit $a = 3{,}5\,cm$ und der Körperhöhe $h_K = 4\,cm$ sind Fehler passiert.

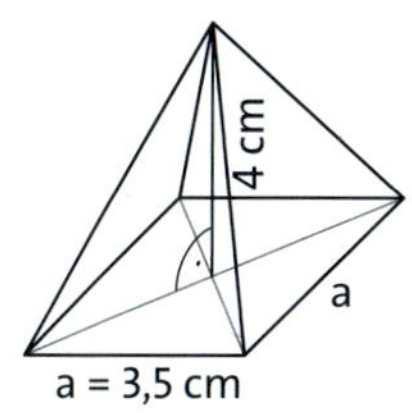

a) Beschreibe die Fehler.
b) Zeichne das Schrägbild richtig in dein Heft.
c) Tauscht eure Hefte und kontrolliert gegenseitig eure Zeichnungen.

Netz, Mantelflächeninhalt und Oberflächeninhalt von Pyramiden

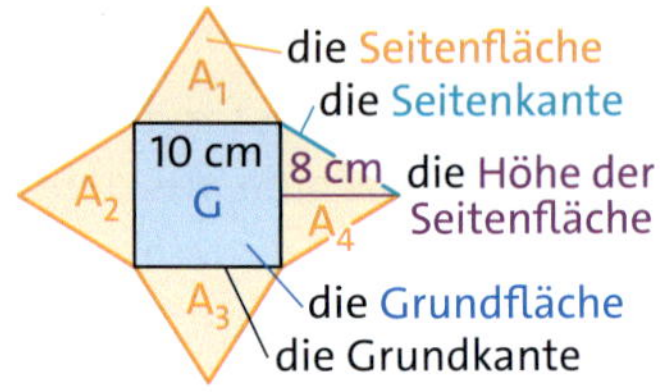

Emilie schneidet ein Pyramiden-Modell mit quadratischer Grundfläche an den Seitenkanten auf. Es entsteht das Netz der Pyramide. Aus wie viel cm^3 Pappe besteht das Modell?

W

Das **Netz einer Pyramide** besteht aus der Mantelfläche und der Grundfläche. Die Mantelfläche besteht aus dreieckigen Seitenflächen.

Der Mantelflächeninhalt M ist die Summe aller Seitenflächeninhalte.
$M = A_1 + A_2 + A_3 + \ldots$

Der **Oberflächeninhalt O** ist die Summe aus dem Grundflächeninhalt G und dem Mantelflächeninhalt M:
$O = G + M$

Gegeben ist eine Pyramide mit quadratischer Grundfläche mit a = 10 cm und $h_a = 8\,cm$.

Bei einer quadratischen Grundfläche sind die **Seitenflächeninhalte** gleich:
$A_1 = A_2 = A_3 = A_4 = A_{Dreieck}$
$A_{Dreieck} = \frac{a \cdot h_a}{2}$
$A_{Dreieck} = \frac{10\,cm \cdot 8\,cm}{2} = 40\,cm^2$

Mantelflächeninhalt
$M = A_1 + A_2 + A_3 + A_4 = 4 \cdot A_{Dreieck}$
$M = 4 \cdot 40\,cm^2 = 160\,cm^2$

Grundflächeninhalt
$G = a \cdot a = a^2$
$G = 10\,cm \cdot 10\,cm = 100\,cm^2$

Oberflächeninhalt
$O = G + M$
$O = 100\,cm^2 + 160\,cm^2 = 260\,cm^2$

Das Modell besteht aus $260\,cm^2$ Pappe.

▶ **Aufgabe** Berechne den Oberflächeninhalt O der Pyramide mit quadratischer Grundfläche mit a = 3 cm und $h_a = 4\,cm$.

▶ 1 ▶ 1 ▶ 1

In einer Pyramide gibt es viele rechtwinklige Dreiecke. Berechne fehlende Längen mit dem Satz des Pythagoras. Manchmal musst du zweimal den Pythagoras anwenden.

①
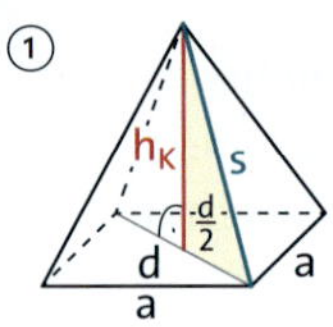

②
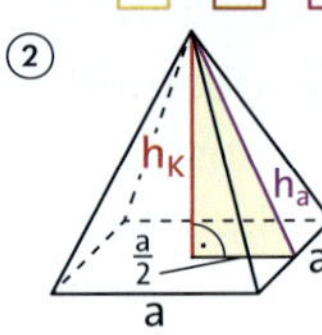

gegeben: Pyramide ① mit quadratischer Grundfläche mit a = 4 cm und s = 8 cm
gesucht: Körperhöhe h_K

Wenn du die Körperhöhe h_K berechnen möchtest, fehlt dir die Länge d. Berechne zuerst d, damit du dann h_K berechnen kannst.

Für Pyramide ① musst du zuerst d berechnen:
$d^2 = a^2 + a^2$
$d^2 = (4\,cm)^2 + (4\,cm)^2$
$d^2 = 16\,cm^2 + 16\,cm^2$
$d^2 = 32\,cm^2 \quad | \sqrt{\ }$
$d \approx 5{,}66\,cm$

Dann h_K berechnen:
$h_K^2 + \left(\frac{d}{2}\right)^2 = s^2 \quad | - \left(\frac{d}{2}\right)^2$
$h_K^2 = s^2 - \left(\frac{d}{2}\right)^2$
$h_K^2 \approx (8\,cm)^2 - \left(\frac{5{,}66}{2}\,cm\right)^2$
$h_K^2 \approx 64\,cm^2 - 8\,cm^2$
$h_K^2 \approx 56\,cm^2 \quad | \sqrt{\ }$
$h_K \approx 7{,}48\,cm$

Beispiel für ein weiteres rechtwinkliges Dreieck in einer Pyramide:
③
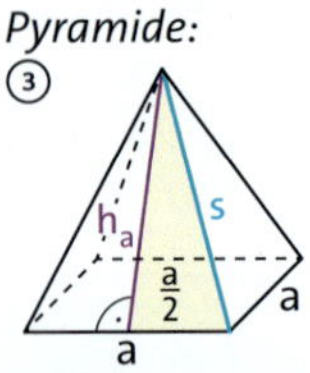

$h_a^2 = s^2 - \left(\frac{a}{2}\right)^2$

▶ **Aufgabe** Berechne in der Pyramide ② mit a = 5 cm und $h_K = 8\,cm$ die Höhe h_a der Seitenfläche.

▶ 6 ▶ 7 ▶ 6

1 Gegeben ist das Netz einer Pyramide.

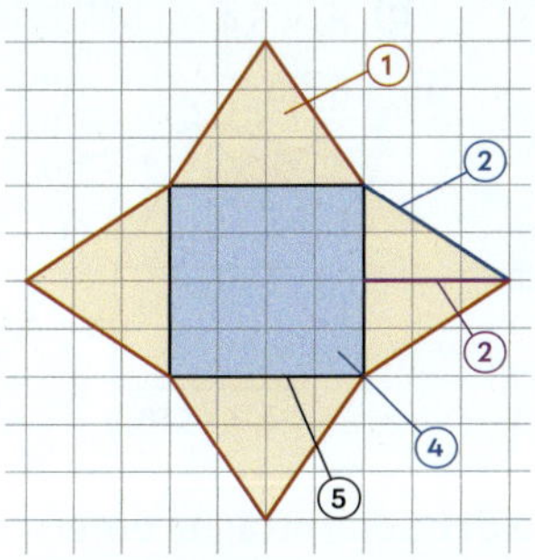

die Grundfläche

die Höhe der Seitenfläche

die Mantelfläche

die Grundkante

die Seitenkante

a) Übertrage das Netz der Pyramide mit quadratischer Grundfläche in dein Heft.
b) Ordne den Teilen ① bis ⑥ die Fachbegriffe zu.

2 Berechne den Mantelflächeninhalt M der Pyramide mit quadratischer Grundfläche.

Beispiel *gegeben*: a = 6 cm,
h_a = 8 cm
gesucht: M

Gehe so vor:
① Berechne den Flächeninhalt ADreieck der dreieckigen Seitenfläche.
$A_{Dreieck} = \frac{a \cdot h_a}{2} = \frac{6\,cm \cdot 8\,cm}{2} = 24\,cm^2$
② Berechne den Mantelflächeninhalt M.
$M = 4 \cdot A_{Dreieck} = 4 \cdot 24\,cm^2 = 96\,cm^2$

a) a = 2 cm, h_a = 3 cm
b) a = 5 cm, h_a = 4 cm
c) a = 4 cm, h_a = 6 cm

▸ 1

3 Beschreibt euch gegenseitig, wie ihr den Mantelflächeninhalt M einer Pyramide mit quadratischer Grundfläche berechnet.

Sprachhilfe: Verwende: Seitenflächeninhalt – Dreieck – Höhe der Seitenfläche – Grundkante – Mantelflächeninhalt – 4

4 Die Steinpyramide mit quadratischer Grundfläche hat die Grundkante a = 8 m. Die Höhe der Seitenfläche beträgt 10 m. Berechne den Mantelflächeninhalt M.

5 Berechne den Oberflächeninhalt O der Pyramide mit quadratischer Grundfläche.

Beispiel *gegeben*: a = 4 cm,
h_a = 3 cm
gesucht: M

Gehe so vor:
① Berechne den Grundflächeninhalt G.
$G = a \cdot a = 4\,cm \cdot 4\,cm = 16\,cm^2$
② Berechne den Flächeninhalt $A_{Dreieck}$ der dreieckigen Seitenfläche.
$A_{Dreieck} = \frac{a \cdot h_a}{2} = 4\,cm \cdot \frac{3\,cm}{2} = 6\,cm^2$
③ Berechne den Mantelflächeninhalt M.
$M = 4 \cdot A_{Dreieck} = 4 \cdot 6\,cm^2 = 24\,cm^2$
④ Berechne den Oberflächeninhalt O.
$O = G + M = 16\,cm^2 + 24\,cm^2 = 40\,cm^2$

a) a = 4 cm, h_a = 5 cm
b) a = 3 cm, h_a = 4 cm
c) a = 5 cm, h_a = 6 cm

6 Berechne die Höhe h_a der Seitenfläche der Pyramide mit quadratischer Grundfläche. mit a = 4 cm und h_K = 6 cm.

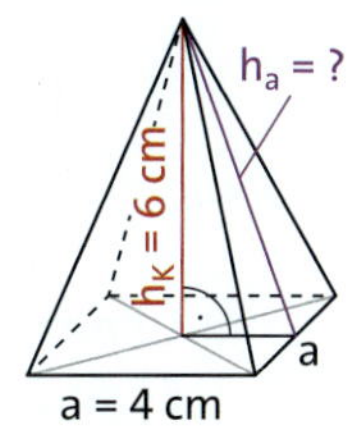

Beispiel *gegeben*: a = 5 cm,
h_K = 7 cm
gesucht: h_a

$h_a^2 = h_a^2 + \left(\frac{a}{2}\right)^2$

$h_a^2 = (7\,cm)^2 + \left(\frac{5\,cm}{2}\right)^2$

$h_a^2 = 55{,}25\,cm^2 \quad | \sqrt{}$

$h_a \approx 7{,}43\,cm$

▸ 7

7 Berechne die Körperhöhe h_K der Pyramide mit quadratischer Grundfläche. mit a = 5 cm und h_a = 7 cm.

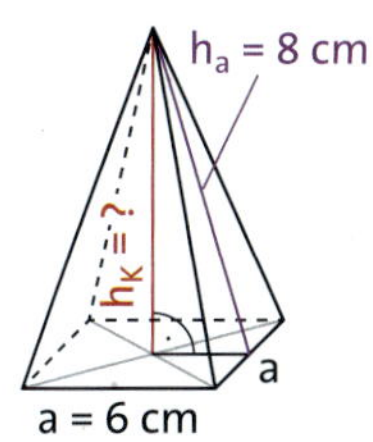

Beispiel *gegeben*: a = 6 cm,
h_a = 8 cm
gesucht: h_K

$h_a^2 = h_K^2 + \left(\frac{a}{2}\right)^2 \quad | -\left(\frac{a}{2}\right)^2$ *und die Seiten vertauschen*

$h_K^2 = h_a^2 - \left(\frac{a}{2}\right)^2$

$h_K^2 = (8\,cm)^2 - \left(\frac{6\,cm}{2}\right)^2$

$h_K^2 = 61\,cm^2 \quad | \sqrt{}$

$h_K \approx 7{,}81\,cm$

1 Welche Figur ist ein mögliches Netz einer Pyramide? Notiere im Heft.

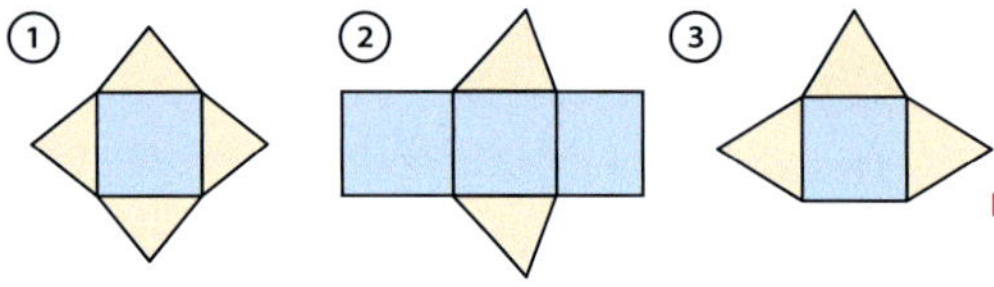

▶ 2

2 Gegeben ist das Netz einer Pyramide mit quadratischer Grundfläche. Berechne den Mantelflächeninhalt.

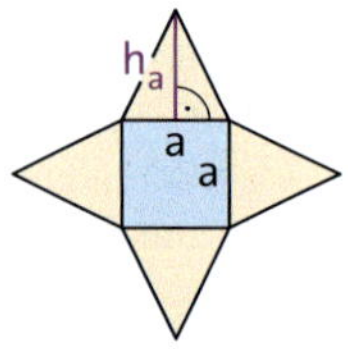

a) $a = 5\,cm$; $h_a = 4\,cm$ b) $a = 7\,cm$; $h_a = 5\,cm$

3 Die Zeichnung zeigt das unvollständige Netz einer Pyramide mit rechteckiger Grundfläche.

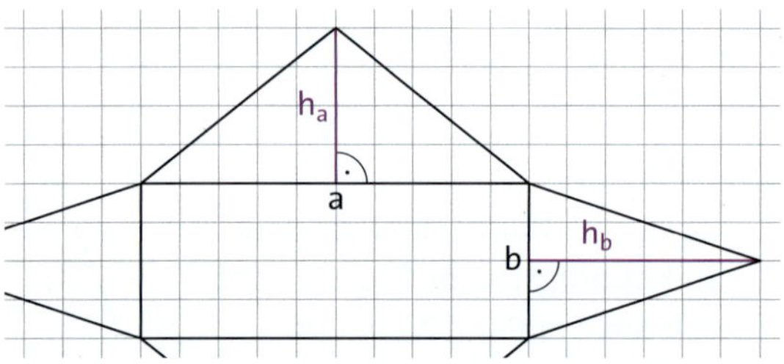

a) Übertrage die Zeichnung in dein Heft. Ergänze sie zu einem Netz einer Pyramide.
b) Färbe gleich große Seitenflächen in der gleichen Farbe. Schneide das Netz aus und falte es zu einer Pyramide.

4 Marcel berechnet den Mantelflächeninhalt der Pyramide. Er notiert:

gegeben: $a = 5\,cm$, $h_a = 2\,cm$, $b = 2\,cm$, $h_b = 3\,cm$
gesucht: M

$A_1 = \frac{a \cdot h_a}{2} = \frac{5\,cm \cdot 2\,cm}{2} = 5\,cm^2$

$A_2 = \frac{b \cdot h_b}{2} = \frac{2\,cm \cdot 3\,cm}{2} = 3\,cm^2$

$M = 2 \cdot A_1 + 2 \cdot A_2$

$M = \ldots$

Erklärt euch Marcels Rechnung und führt sie im Heft zu Ende.

5 Berechne den Mantelflächeninhalt der Pyramiden mit rechteckiger Grundfläche.
a) $a = 4\,cm$; $h_a = 3{,}4\,cm$; $b = 2\,cm$; $h_b = 3{,}8\,cm$
b) $a = 6\,m$; $h_a = 9{,}1\,m$; $b = 8\,m$; $h_b = 8{,}7\,m$

6 ▼ Berechne den Oberflächeninhalt der Pyramide.

a)

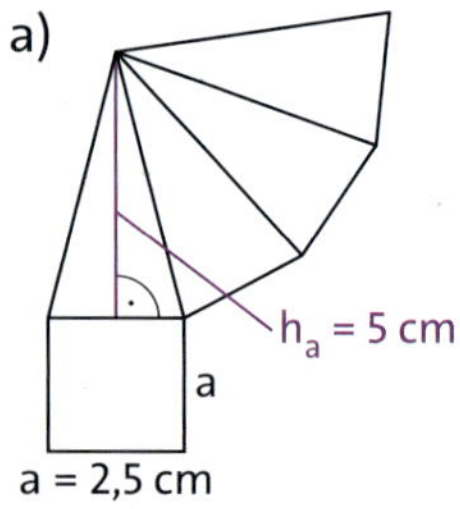

b)

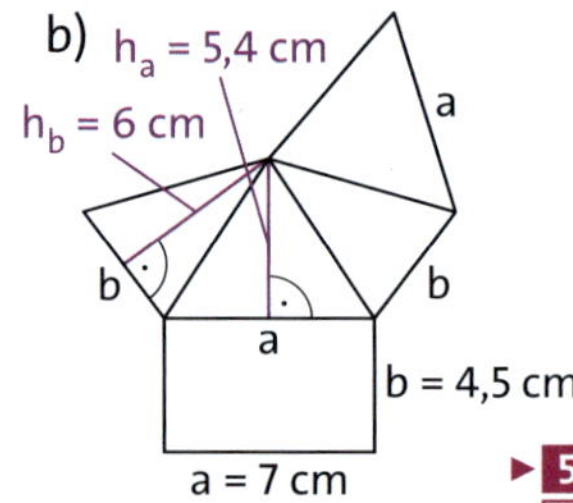

▶ 5

7 Berechne die Höhe der Seitenfläche einer Pyramide mit quadratischer Grundfläche. Fertige eine Skizze an. Markiere, was gegeben ist. Verwende den Satz des Pythagoras.

Beispiel *gegeben:* $a = 6\,cm$; $s = 5\,cm$
gesucht: Kathete h_a

$h_a^2 + \left(\frac{a}{2}\right)^2 = s^2 \quad \left| -\left(\frac{a}{2}\right)^2\right.$

$h_a^2 = s^2 - \left(\frac{a}{2}\right)^2$

$h_a^2 = (5\,cm)^2 - \left(\frac{6}{2}\,cm\right)^2$

$h_a^2 = 16\,cm^2 \quad |\sqrt{\ }$

$h_a = 4\,cm$

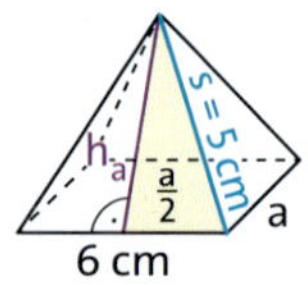

a) $a = 12\,m$; $s = 10\,m$ b) $a = 9\,m$; $s = 14\,m$

8 ▼ Berechne den Mantelflächeninhalt der Pyramide mit rechteckiger Grundfläche.
a) $a = 8\,m$; $b = 10\,m$; $s = 14\,m$
b) $a = 9\,m$; $b = 12\,m$; $s = 16\,m$

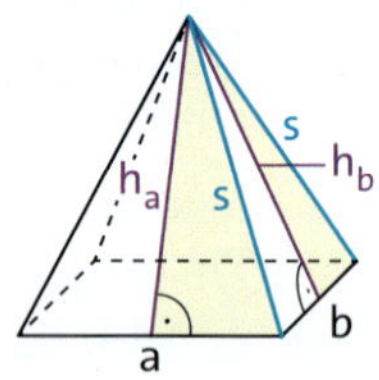

9 Das Dach eines Turms hat die Form einer Pyramide mit quadratischer Grundfläche. Entnimm die Maße der Zeichnung. Berechne die Höhe des Daches. Berechne zuerst die Länge d.

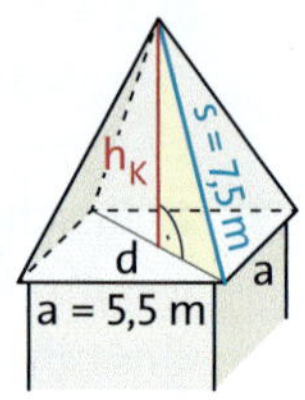

10 Das Dach hat die Form einer Pyramide mit quadratischer Grundfläche.

a) Die Höhe der Seitenfläche ist $h_a = 30\,m$. Schätze die Länge der Grundkante a.
b) Berechne den Mantelflächeninhalt mit deinem Schätzwert a.

Tipp zu **6**: Berechne zuerst G und M. Addiere beide Ergebnisse: O = G + M
Tipp zu **8**: Berechne zuerst die Katheten h_a und h_b mit Hilfe des Satzes des Pythagoras. Berechne danach A_1 und A_2.

1 Begründe, welches Netz sich nicht zu einer Pyramide zusammenfalten lässt. Erkläre, wie man das Netz korrigieren kann.

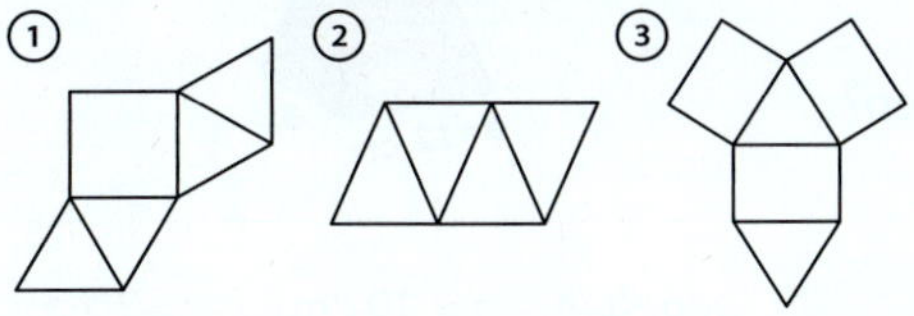

2 ▼ Berechne den Oberflächeninhalt der Pyramide mit quadratischer Grundfläche.

a) $a = 5\,cm$; $h_a = 4\,cm$

b) $a = 6\,cm$; $h_a = 7\,cm$

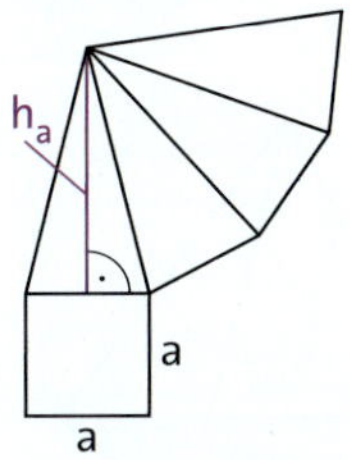

3 Florian berechnet den Mantelflächeninhalt der Pyramide. Er notiert:

gegeben: $a = 12\,cm$,
$h_a = 13\,cm$

gesucht: M

$M = 4 \cdot \frac{a \cdot h_a}{2} = 2 \cdot a \cdot h_a$

$M = \ldots$

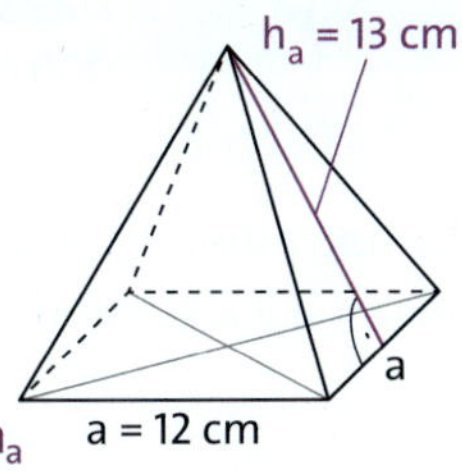

Erkläre Florians Rechenschritte.
Führe seine Rechnung im Heft zu Ende.

4 ▼ Eine Pyramide mit rechteckiger Grundfläche hat folgende Maße:

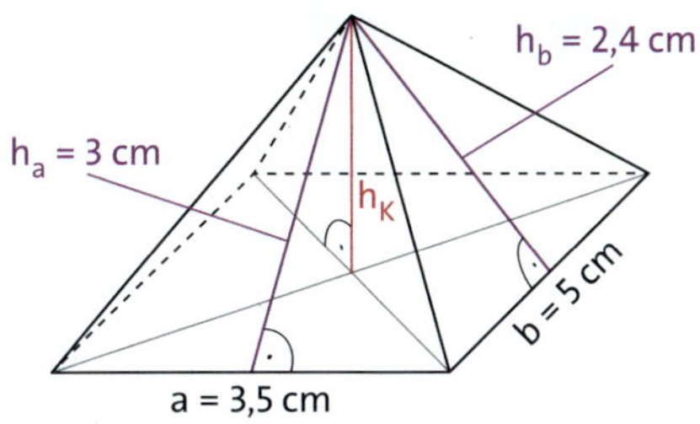

a) Skizziere ein Netz der Pyramide. Markiere die Grundfläche und die Mantelfläche in unterschiedlichen Farben. Beschrifte die gegebenen Längen in deiner Zeichnung.

b) Berechne den Grundflächeninhalt, den Mantelflächeninhalt und den Oberflächeninhalt.

5 👥 Berechnet jeweils den Oberflächeninhalt der Pyramide mit rechteckiger Grundfläche. Vergleicht dann eure Ergebnisse.

a) $a = 7\,cm$; $h_a = 12{,}5\,cm$; $b = 9\,cm$; $h_b = 12{,}2\,cm$

b) $a = 10\,m$; $h_a = 15{,}2\,m$; $b = 12\,m$; $h_b = 14{,}8\,m$

6 Berechne die Höhe der Dächer ① und ② mit dem Satz des Pythagoras.

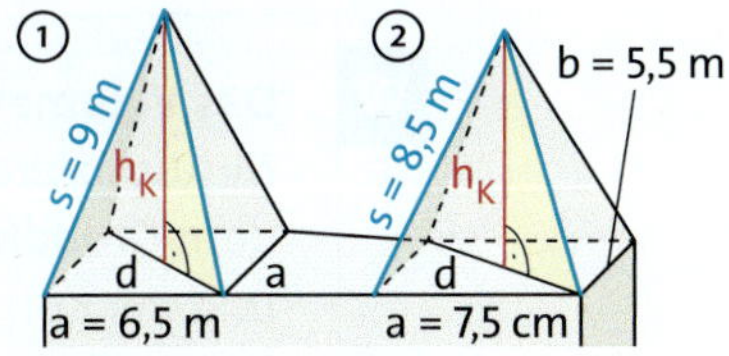

7 ▼ Ayla bastelt eine Verpackung für eine Glasfigur in Form eines Tetraeders. Ayla zeichnet das passende Netz auf Recycling-Karton.

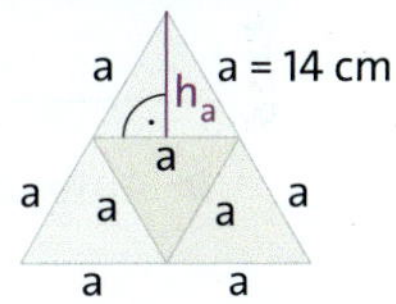

Berechne, wie viel cm^2 Recycling-Karton Ayla für die Verpackung benötigt. Berechne zuerst die Höhe der Seitenfläche h_a mit dem Satz des Pythagoras.

8 ▼ 👥 Kim und Tom wollen die Seitenflächen ihrer Modelle aus Holz anmalen. Tom behauptet: „Kim benötigt mehr Farbe als ich." Prüft durch eine Rechnung, ob Tom Recht hat.

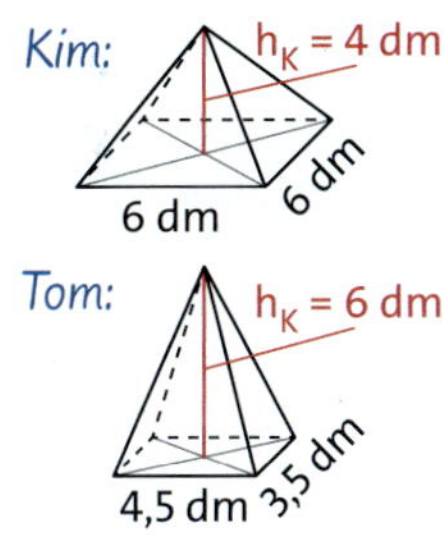

9 In Rom befindet sich die Cestius-Pyramide. Sie hat eine quadratische Grundfläche.

a) Schätze ihre Höhe und die Länge der Grundkante.

b) Recherchiere die Maße der Pyramide.

c) Berechne den Mantelflächeninhalt der Pyramide mit den Werten, die du recherchiert hast.

Tipp zu **2**: Berechne zuerst den Grundflächeninhalt G und den Mantelflächeninhalt M. Addiere beide Ergebnisse: O = G + M

Tipp zu **4b**: Für eine Pyramide mit rechteckiger Grundfläche gilt: $M = 2 \cdot \frac{a \cdot h_a}{2} + 2 \cdot \frac{b \cdot h_b}{2}$

Sprachhilfe zu **7**: Ein **Tetraeder** ist eine Pyramide, die aus vier gleichseitigen Dreiecken besteht.

Tipp zu **8**: Berechne die Höhen der Seitenflächen mit dem Satz des Pythagoras.

Volumen von Pyramiden

Jule möchte eine Kerzen aus Bienenwachs in Form einer Pyramide mit einer quadratischen Grundfläche gießen. Die Kerze soll 20 cm hoch sein. Wie kann Jule das Volumen der Kerze berechnen?

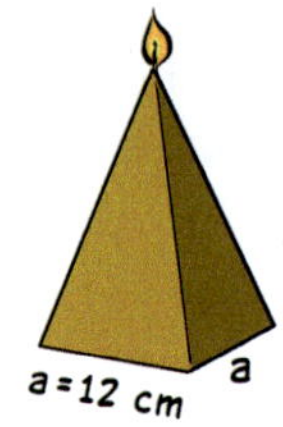

W

Das Volumen einer Pyramide berechnen
Multipliziere ein Drittel mit dem Grundflächeninhalt G und der Körperhöhe h_K.
Du erhältst das Volumen einer Pyramide:

$V_{Pyramide} = \frac{1}{3} \cdot G \cdot h_K$

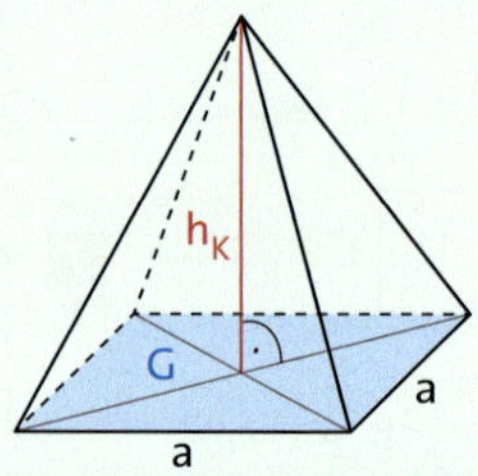

gegeben: $a = 12\,cm$; $h_K = 20\,cm$
gesucht: $V_{Pyramide}$

$G = a \cdot a = a^2$
$= 12\,cm \cdot 12\,cm = 144\,cm^2$

$V_{Pyramide} = \frac{1}{3} \cdot 144\,cm^2 \cdot 20\,cm$
$= 960\,cm^3$

Das Volumen der Kerze beträgt $960\,cm^3$.

▶ **Aufgabe** Aufgabe Berechne das Volumen einer Pyramide mit quadratischer Grundfläche mit $a = 8\,cm$ und $h_K = 10\,cm$.

▶ 1 ▶ 1 ▶ 1

Jule findet Bienenwachs in einem Bastelgeschäft. Das Bastelgeschäft gibt die Masse in Gramm an und nicht das Volumen in cm^3. Welche Packung muss Jule kaufen?

Die Masse m *eines Körpers wird umgangssprachlich auch Gewicht des Körpers genannt.*

Die Masse m eines Körpers berechnen
Du musst die Dichte des Materials kennen.
Das Symbol für die Dichte ist der griechische Buchstabe ρ (lies: Rho).

Multipliziere das **Volumen V** mit der **Dichte ρ** (lies: Rho) des Materials.
$m = V \cdot \rho$

Bienenwachs hat eine Dichte von ungefähr $0{,}96\,\frac{g}{cm^3}$.

gegeben: $V = 960\,cm^3$
$\rho = 0{,}965\,\frac{g}{cm^3}$
gesucht: m

$m = V \cdot \rho$
$m = 960\,cm^3 \cdot 0{,}96\,\frac{g}{cm^3} = 921{,}6\,g$

Jule muss die Packung mit 1000 g kaufen.
Denn sie benötigt ungefähr 921,6 g Bienenwachs für die Kerze.

▶ **Aufgabe** Berechne die Masse für eine Kerze aus Bienenwachs mit $V = 600\,cm^3$.

▶ 5 ▶ 5 ▶ 5

1 Berechne das Volumen V der Pyramide mit quadratischer Grundfläche.

Beispiel *gegeben*: $a = 3\,cm$,
$h_K = 5\,cm$
gesucht: V

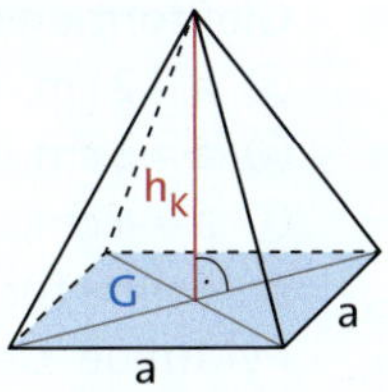

$G = a^2$
$G = (3\,cm)^2 = 9\,cm^2$
$V = \frac{1}{3} \cdot G \cdot h_K$
$V = \frac{1}{3} \cdot 9\,cm^2 \cdot 5\,cm = 15\,cm^3$

a) $a = 4\,cm$, $h_K = 6\,cm$
b) $a = 6\,cm$, $h_K = 8\,cm$

2 Berechne das Volumen V der Pyramide mit rechteckiger Grundfläche.

Beispiel *gegeben*: $a = 3\,cm$,
$b = 4\,cm$,
$h_K = 7\,cm$
gesucht: V

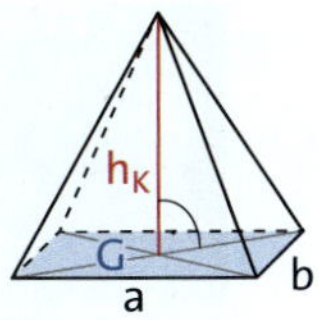

Gehe so vor:
① Berechne den Grundflächeninhalt G.
Die Grundfläche ist ein Rechteck.
$G = a \cdot b = 3\,cm \cdot 4\,cm = 12\,cm^2$
② Berechne das Volumen V.
$V = \frac{1}{3} \cdot G \cdot h_K = \frac{1}{3} \cdot 12\,cm^2 \cdot 7\,cm = 28\,cm^3$

a) $a = 4\,cm$, $b = 6\,cm$, $h_k = 5\,cm$
b) $a = 5\,cm$, $b = 9\,cm$, $h_k = 8\,cm$

▶ 3

3 Berechne das Volumen V der Pyramide. Runde auf Hundertstel.
a) $a = 5\,cm$, $h_k = 7\,cm$
b) $a = 7\,cm$, $b = 4\,cm$, $h_k = 10\,cm$

Sprachhilfe: Runde auf Hundertstel bedeutet: Rund auf die zweite Nachkommastelle.

4 Berechne die Körperhöhe h_k der Pyramide.

Beispiel *gegeben*: $V = 280\,cm^3$, $G = 36\,cm^2$
gesucht: h_k
$V = \frac{1}{3} \cdot G \cdot h_k \quad | \cdot 3$
$3 \cdot V = G \cdot h_k \quad | : G$
$h_k = \frac{3 \cdot V}{G}$
$h_k = \frac{3 \cdot 280\,cm^3}{36\,cm^2} \approx 23{,}33\,cm$

a) $V = 80\,cm^3$, $G = 9\,cm^2$
b) $V = 112\,cm^3$, $G = 25\,cm^2$

5 Berechne die Masse der Pyramide aus Marmor. Marmor hat eine Dichte von $\rho = 2{,}7\,\frac{g}{cm^3}$.

a) $V = 15\,cm^3$
b) $V = 63\,cm^3$

6 Berechne die Masse der Pyramide aus Glas. Glas hat eine Dichte von $\rho = 2{,}5\,\frac{g}{cm^3}$.

a) $G = 21\,cm^2$, $h_k = 8\,cm$
b) $G = 90\,cm^2$, $h_k = 10\,cm$

Gehe so vor:
① Berechne das Volumen V.
② Berechne die Masse m.

▶ 6

7 Soraya entwirft Anhänger aus Kupfer. Die Anhänger haben die Form von Pyramiden mit quadratischer Grundfläche. Berechne die Masse der Anhänger ① und ②.
Kupfer hat eine Dichte von ungefähr $\rho = 9\,\frac{g}{cm^3}$.

① $a = 8\,mm$, $h_k = 12\,mm$
② $a = 10\,mm$, $h_k = 20\,mm$

Gehe so vor:
① Rechne die Längen in cm um.
② Berechne den Grundflächeninhalt G.
③ Berechne das Volumen V.
④ Berechne die Masse m.

8 Die Pyramide des Eiskellers in Potsdam hat eine quadratische Grundfläche. Die Grundfläche der Pyramide ist $35\,m^2$ groß. Schätze zuerst die Höhe der Pyramide. Berechne dann das Volumen V der Pyramide.

Hinweis: Die Pyramide ist ungefähr 4-mal so hoch wie der Sockel.

1 Berechne das Volumen der Pyramide.
Beginne so: $G = a \cdot a$.

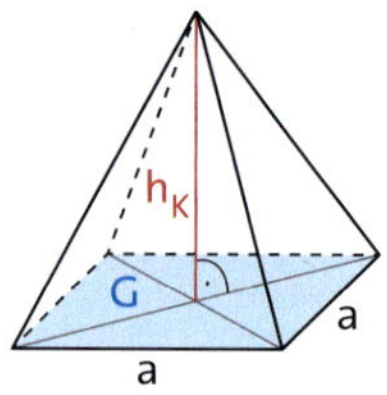

a) $a = 5\,cm$; $h_K = 7\,cm$
b) $a = 17{,}4\,cm$; $h_K = 20\,cm$
c) $a = 35{,}1\,dm$; $h_K = 44\,dm$
d) $a = 12\,m$; $h_K = 14{,}5\,m$

2 Berechne das Volumen der Pyramide.
Beginne so: $G = a \cdot b$.

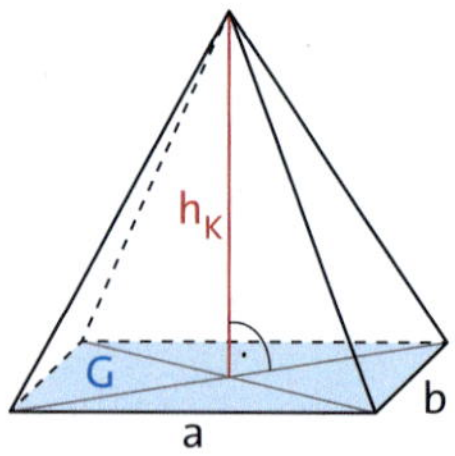

a) $a = 5{,}8\,cm$;
$b = 4{,}7\,cm$ und $h_K = 7\,cm$
b) $a = 14{,}1\,m$;
$b = 12{,}9\,m$ und $h_K = 18\,m$
c) $a = 333\,cm$;
$b = 24{,}7\,dm$ und $h_K = 50\,dm$

▶ 3

3 Eine Pyramide mit quadratischer Grundfläche hat ein Volumen V von $280\,cm^3$.
a) Die Grundkante a beträgt 6 cm.
Berechne die Körperhöhe h_k der Pyramide.
Beginne so: $V = \frac{1}{3} \cdot a^2 \cdot h_K$

$$280\,cm^3 = \frac{1}{3} \cdot (6\,cm)^2 \cdot h_K$$
$$280\,cm^3 = \square\,cm^2 \cdot h_K \quad |:\square\,cm^2$$
$$\square = h_K$$

b) Die Grundkante a beträgt 8 cm.
Berechne die Körperhöhe h_k der Pyramide.

4 Eine Pyramide mit quadratischer Grundfläche hat ein Volumen V von $350\,cm^3$.
a) Die Körperhöhe h_k beträgt 21 cm.
Berechne die Grundkante der Pyramide.
Beginne so und führe die Rechnung im Heft zu Ende:

$$V = \frac{1}{3} \cdot a^2 \cdot h_k$$
$$350\,cm^3 = \frac{1}{3} \cdot a^2 \cdot 21\,cm \quad |:21\,cm$$
$$\frac{350\,cm^3}{21\,cm} = \frac{1}{3} \cdot a^2 \quad |\cdot 3$$
$$\frac{350\,cm^3}{21\,cm} \cdot 3 = a^2 \quad |\sqrt{}$$
$$\sqrt{\square\,cm^2} = a$$
$$\square\,cm = a$$
$$a = \square\,cm$$

b) Die Körperhöhe h_k beträgt 27 cm.
Berechne die Grundkante der Pyramide.

5 Sophie und Emilie möchten Pyramiden aus Gips herstellen. Sie haben drei pyramidenförmige Gießformen mit quadratischer Grundfläche:
① $a = 2\,cm$, $h_K = 5\,cm$,
② $a = 3\,cm$, $h_K = 7\,cm$,
③ $a = 4\,cm$, $h_K = 9\,cm$.
Berechne für jede Gießform die Masse einer Pyramide. Der Gips hat eine Dichte von $2{,}2\,\frac{g}{cm^3}$.

6 Die Pyramide von Prinz Albert in Balmoral hat eine quadratische Grundfläche mit $a = 12{,}5\,m$. Die Pyramide ist ungefähr 12 m hoch und besteht aus Granit.

a) Berechne das Volumen der Pyramide.
b) Granit hat eine Dichte von $2{,}7\,\frac{g}{cm^3}$.
Berechne die Masse der Pyramide.

▶ 7

7 ▼ Das Salzkorn hat die Form einer Pyramide mit quadratischer Grundfläche mit $a = 12\,mm$ und $h_K = 10\,mm$.

Salz hat eine Dichte von $2{,}16\,\frac{g}{cm^3}$.
Berechne zuerst die Masse eines Salzkorns.
Berechne dann, wie viele Salzkörner eine Tüte mit 500 g Salz enthält.

8 ▼ Die Pyramide mit quadratischer Grundfläche besteht aus Glas.
Glas hat eine Dichte von $2{,}5\,\frac{g}{cm^3}$.

a) Schätzt die Höhe und die Länge der Grundkante.
Berechnet dann die Masse der Pyramide.
b) Beschreibt euch gegenseitig, wie ihr vorgegangen seid.

Sprachhilfe zu **7**: Ein Salzkorn ist das kleinste Stück Salz.
Sprachhilfe zu **8b**: Länge – Finger – Grundkante – Körperhöhe – Volumen – Grundflächeninhalt

1 Berechne das Volumen der Pyramide. Verwende die Kärtchen.

G = a · b G = a · a

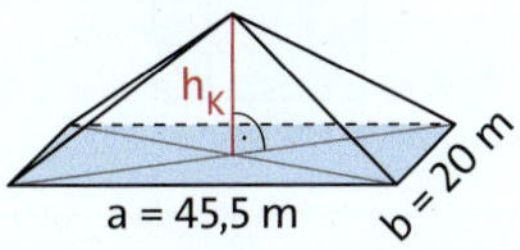

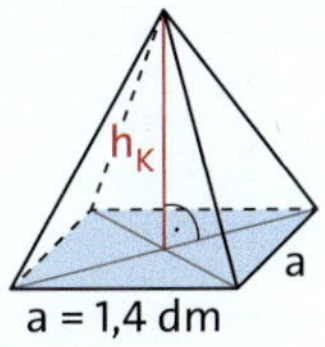

a) $h_K = 9\,m$ b) $h_K = 6{,}8\,dm$
c) a = 68 m; b = 56,5 m; $h_K = 44\,m$
d) a = 225 dm; b = 198 dm; $h_K = 28\,m$

2 ▼ Berechne das Volumen einer Pyramide mit quadratischer Grundfläche.
Die Grundkante ist a = 6 m und die Höhe der Seitenfläche ist $h_a = 5\,m$.

3 Berechne die fehlenden Längen der Pyramide.
Beispiel *gegeben:* Pyramide mit quadratischer Grundfläche mit a = 6 cm, V = 240 cm³
gesucht: h_K
① Notiere die Formel:
$V_{Pyramide} = \frac{1}{3} \cdot G \cdot h_K$
② Setze die gegebenen Werte ein:
$240\,cm^3 = \frac{1}{3} \cdot 6\,cm \cdot 6\,cm \cdot h_K$
$240\,cm^3 = 12\,cm^2 \cdot h_K$ $|\,:12\,cm^2$
$20\,cm = h_K$

a) Pyramide mit quadratischer Grundfläche
gegeben: a = 8 m; V = 300 m³ *gesucht:* h_K
b) Pyramide mit quadratischer Grundfläche
gegeben: V = 540 dm³; $h_K = 51{,}66\,dm$
gesucht: a
c) Pyramide mit rechteckiger Grundfläche
gegeben: V = 480 cm³; b = 10,5 cm; $h_K = 25{,}3\,cm$ *gesucht:* a

4 Lena hat die Seitenlänge einer Pyramide ausgerechnet. Finde in ihrer Rechnung den Fehler und korrigiere ihn.
gegeben: V = 180 cm³, $h_K = 21\,cm$
gesucht: a
$V = \frac{1}{3} \cdot a^2 \cdot h_K$
$180 = \frac{1}{3} \cdot 21^2 \cdot h_K$
$80 = 7 \cdot a^2$ $|\,:7$
$25{,}71 = a^2$ $|\,\sqrt{}$
$5{,}1 = a$

5 Susanne und Hakan sind in einer Kreativ AG. Sie möchten aus Gips Pyramiden mit quadratischer Grundfläche gießen. Die Dichte des Gips beträgt $2{,}3\,\frac{g}{cm^3}$.

① ② ③ ④ ⑤

a) Die Seitenlänge der Grundfläche nimmt um 1 cm und die Höhe um 10 mm ab. Ergänze die Werte für die anderen drei Pyramiden im Heft.
b) Berechne das Volumen in cm³ für jede Pyramide.
c) Stelle eine Vermutung auf, ob 750 g Gips für diese 5 Pyramiden ausreichen.
d) Überprüfe deine Vermutung aus c). Berechne, wie viel Gramm Gips Susanne und Hakan für diese 5 Pyramiden insgesamt benötigen.

6 Die Grundfläche einer quadratischen Pyramide aus Aluminium hat einen Umfang von 128 mm. Sie ist 4,3 cm hoch. Berechne das Volumen und die Masse der Pyramide.
Aluminium hat eine Dichte von $2{,}7\,\frac{g}{cm^3}$.

7 Untersuche das Volumen einer Pyramide mit quadratischer Grundfläche, wenn sich ihre Höhe von 3 Metern halbiert oder verdoppelt. Formuliere jeweils einen Merksatz.

8 Der Eingang zum Louvre Museum in Paris führt durch eine quadratische Pyramide aus Glas.
Die Grundkante ist ungefähr 35 m lang.

a) Schätze die Höhe der Pyramide. Berechne das Volumen mit deinem Schätzwert.
b) Recherchiere im Internet die Höhe dieser Pyramide. Berechne damit das Volumen. Vergleiche mit deinem Ergebnis aus a).

Hinweis zu **2**: Berechne zuerst die Körperhöhe h_K mit dem Satz des Pythagoras.

Zusammengesetzte Körper und Differenzkörper

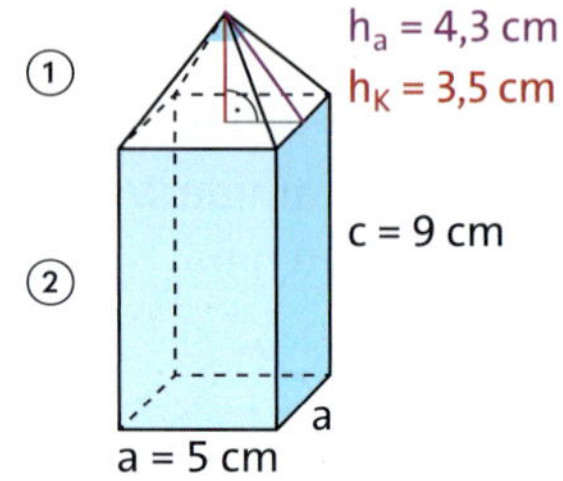

Nasrin schaut sich eine Stiftebox für kleine Buntstifte an.
Die Stiftebox ist aus zwei Körpern zusammengesetzt:
aus einer Pyramide mit quadratischer Grundfläche ①
und einem Quader ②.
Wie kann Nasrin das Volumen und den Oberflächeninhalt berechnen?

Für das **Volumen** eines zusammengesetzten Körpers addierst du das Volumen der einzelnen Körper V_1 bis V_n:
$V = V_1 + V_2 + \ldots + V_n$

Für den **Oberflächeninhalt** eines zusammengesetzten Körpers addierst du alle Flächeninhalte A_1 bis A_n der sichtbaren Flächen:
$O = A_1 + A_2 + \ldots + A_n$

gegeben: Stiftebox
① Pyramide mit quadratischer Grundfläche
a = 5 cm, $h_K = 3{,}5$ cm, $h_a = 4{,}3$ cm
② Quader mit a = 5 cm, b = a,
c = 9,5 cm

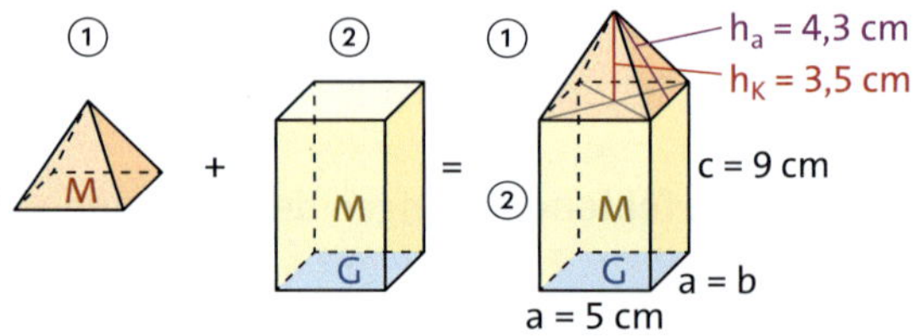

gesucht: Volumen und Oberflächeninhalt der Stiftebox

Das Volumen berechnen

① $V_{Pyramide} = \frac{1}{3} \cdot G \cdot h_K$
$= \frac{1}{3} \cdot a^2 \cdot h_K$
$= \frac{1}{3} \cdot (5\,\text{cm})^2 \cdot 3{,}5\,\text{cm}$
$\approx 29{,}17\,\text{cm}^3$

② $V_{Quader} = a \cdot b \cdot c$
$= a^2 \cdot c$
$= (5\,\text{cm})^2 \cdot 9{,}5\,\text{cm}$
$= 237{,}5\,\text{cm}^3$

gesamt: $V = V_{Pyramide} + V_{Quader}$
$= 29{,}17\,\text{cm}^3 + 237{,}5\,\text{cm}^3$
$= 266{,}67\,\text{cm}^3$

Den Oberflächeninhalt berechnen

① $A_1 = M_{Pyramide}$
$= 4 \cdot a \cdot \frac{h_a}{2}$
$= 4 \cdot 5\,\text{cm} \cdot \frac{4{,}3\,\text{cm}}{2}$
$= 43\,\text{cm}^2$

② $A_2 = G_{Quader} + M_{Quader}$
$= a^2 + (4 \cdot a \cdot c)$
$= (5\,\text{cm})^2 + (4 \cdot 5\,\text{cm} \cdot 9{,}5\,\text{cm})$
$= 215\,\text{cm}^2$

gesamt: $O = A_1 + A_2$
$= 43\,\text{cm}^2 + 215\,\text{cm}^2$
$= 258\,\text{cm}^2$

Das Volumen beträgt ungefähr $266{,}67\,\text{cm}^3$ und der Oberflächeninhalt $258\,\text{cm}^2$.

1 Beschreibe, aus welchen Körpern der zusammengesetzte Körper besteht.

a) 
b) 
c) 

2 Berechne das Volumen und den Oberflächeninhalt des Körpers. Die Maße sind in cm.

a) 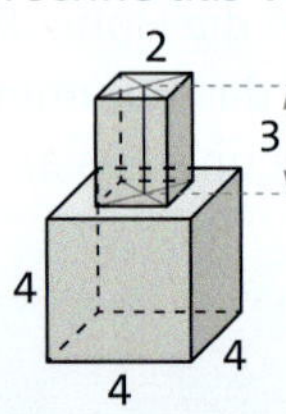

b) 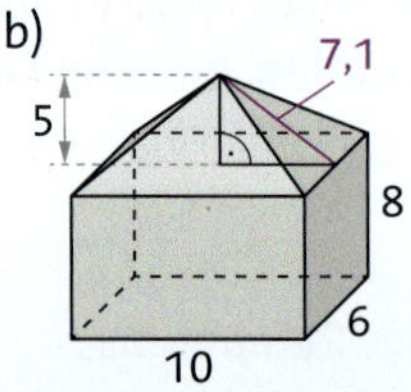

c) 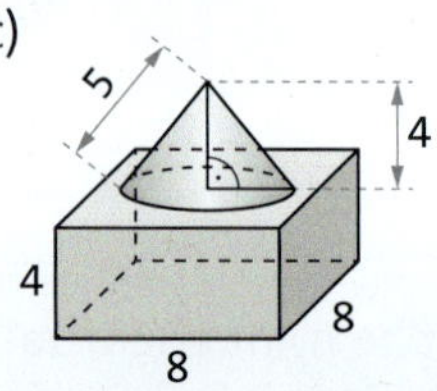

Nasrin meint: „Bei dieser Blumenvase ist aus einem Quader eine Pyramide entfernt worden." Julia fragt Nasrin: „Wie groß ist das Volumen und der Oberflächeninhalt der Vase?"

Wenn man aus einem Körper einen kleinen Körper entfernt, dann entsteht ein Differenzkörper.

Ausgangskörper – kleiner Körper = Differenzkörper

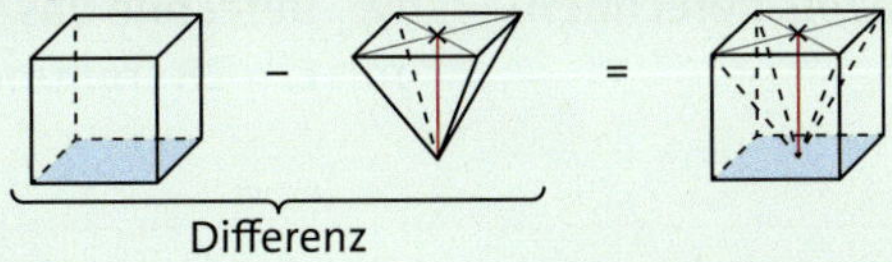

Für das **Volumen** subtrahierst du vom Volumen V_1 des Ausgangskörpers das Volumen V_2 des kleinen Körpers:

$V = V_1 - V_2$

Für den **Oberflächeninhalt** addierst du alle Flächeninhalte, die du anmalen kannst:

$O = A_1 + A_2 + \ldots + A_n$

gegeben: Blumenvase ① Quader mit a = 20 cm, b = 20 cm, c = 25 cm
② Pyramide mit a = 20 cm, b = 20 cm, h_K = 24 cm, h_a = 26 cm

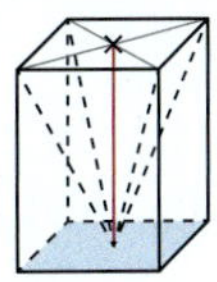

gesucht: Volumen und Oberflächeninhalt der Vase

Das Volumen berechnen

Volumen subtrahieren:

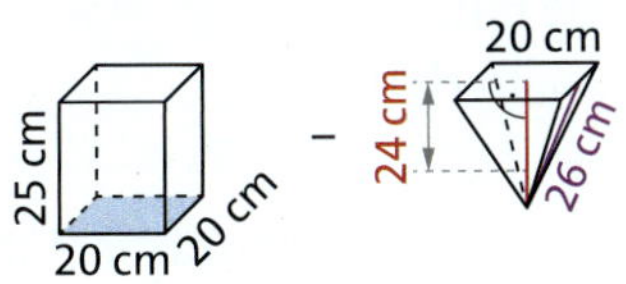

① $V_{Quader} = a \cdot b \cdot c$
$= 20\,cm \cdot 20\,cm \cdot 25\,cm$
$= 10\,000\,cm^3$

② $V_{Pyramide} = \frac{1}{3} \cdot a \cdot b \cdot h_K$
$= \frac{1}{3} \cdot 20\,cm \cdot 20\,cm \cdot 24\,cm$
$= 3200\,cm^3$

gesamt:
$V = V_{Quader} - V_{Pyramide}$
$= 10\,000\,cm^3 - 3200\,cm^3 = 6800\,cm^3$

Den Oberflächeninhalt berechnen

Flächen addieren:

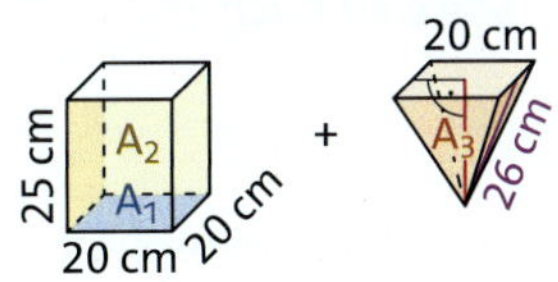

① $A_1 = G_1 = (20\,cm)^2 = 400\,cm^2$

② $A_2 = M_1 = 4 \cdot b \cdot c$
$= 4 \cdot 20\,cm \cdot 25\,cm$
$= 2000\,cm^2$

③ $A_3 = M_2 = 4 \cdot a \cdot \frac{h_a}{2}$
$= 4 \cdot 10\,cm \cdot \frac{26\,cm}{2} = 3440\,cm^2$

gesamt:
$O = A_1 + A_2 + A_3$
$= 400\,cm^2 + 2000\,cm^2 + 1040\,cm^2 = 3440\,cm^2$

Das Volumen beträgt ungefähr 6800 cm³ und der Oberflächeninhalt 3440 cm².

3 Gegeben ist ein Differenzkörper. Beschreibe, wie der Differenzkörper entstanden ist. Benenne den Ausgangskörper und den entfernten Körper. Berechne dann das Volumen und den Oberflächeninhalt des Differenzkörpers.

a)

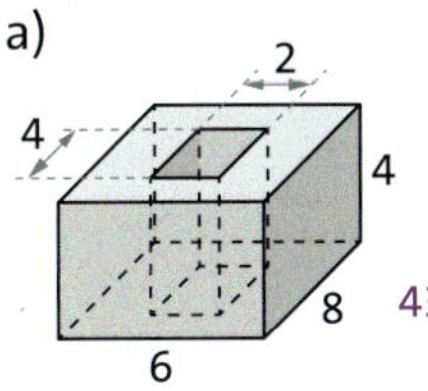

b)

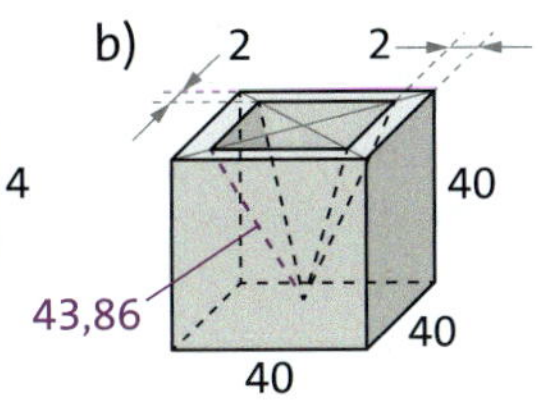

c)

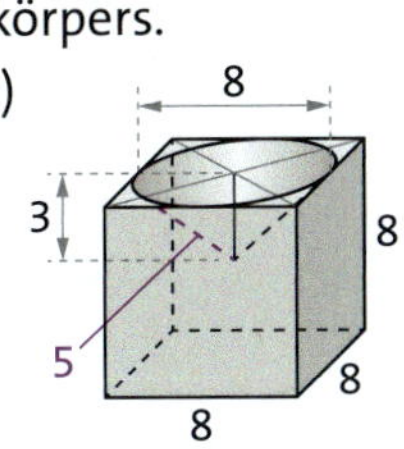

Die Maße sind in cm.

Kompetenz	▼
1 Ich kann den Oberflächeninhalt eines Kegels berechnen. → Lies auf **Seite 30** nach.	**1** Berechne den Oberflächeninhalt des Kegels mit $r = 5\,cm$ und $s = 8\,cm$. 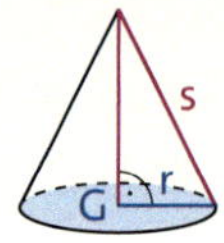
2 Ich kann das Volumen eines Kegels berechnen. → Lies auf **Seite 30** nach.	**2** Berechne das Volumen des Kegels mit $G = 28\,cm^2$ und $h_K = 6\,cm$.
3 Ich kann die Eigenschaften von Pyramiden beschreiben. → Lies auf **Seite 34** nach.	**3** Ergänze den Text in deinem Heft. *Pyramiden sind ____.* *Die Grundfläche einer Pyramide ist ein ____.* *Die Mantelfläche einer Pyramide besteht aus mehreren gleichschenkligen ____.* Vieleck · Dreiecken · Spitzkörper
4 Ich kann Schrägbilder von Pyramiden zeichnen. → Lies auf **Seite 34** nach.	**4** Vervollständige das Schrägbild der quadratischen Pyramide mit $h_K = 5\,cm$ im Heft. 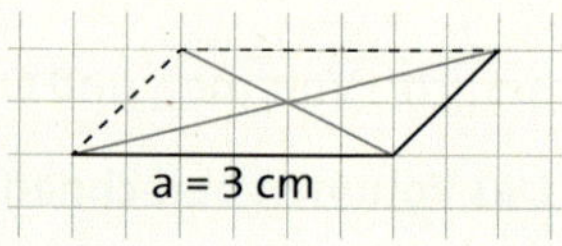
5 Ich kann den Oberflächeninhalt einer Pyramide berechnen. → Lies auf **Seite 38** nach.	**5** Berechne den Oberflächeninhalt der Pyramide mit quadratischer Grundfläche mit $a = 5\,cm$ und $h_a = 8\,cm$. 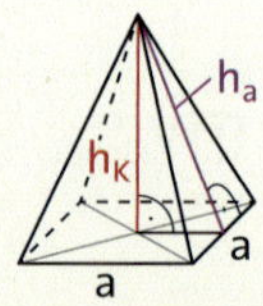
6 Ich kann in einer Pyramide fehlende Längen mit dem Satz des Pythagoras berechnen. → Lies auf **Seite 38** nach.	**6** Berechne in der Pyramide mit $a = 6\,cm$ und $h_K = 8\,cm$ die Höhe h_a der Seitenfläche. 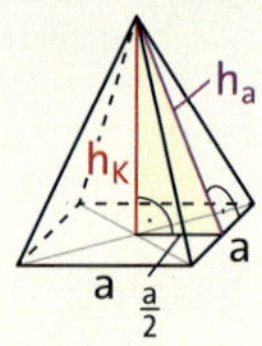
7 Ich kann das Volumen einer Pyramide berechnen. → Lies auf **Seite 42** nach.	**7** Berechne das Volumen der Pyramide mit quadratischer Grundfläche mit $G = 81\,m^2$ und $h_K = 9\,m$.
8 Ich kann Sachaufgaben mit Pyramiden lösen. → Lies auf **Seite 38** und **42** nach.	**8** Das Zelt hat die Form einer Pyramide mit quadratischer Grundfläche. Berechne das Volumen des Zelts. 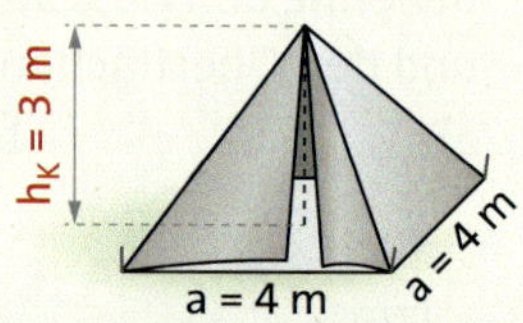

→ Lösungen auf Seite 206

1 Berechne den Oberflächeninhalt des Kegels mit r = 4,5 m und s = 6,8 m.

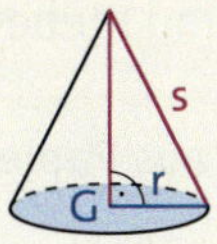

2 Berechne das Volumen des Kegels mit r = 3 cm und h_K = 8 cm.

3 Vervollständige den Satz in deinem Heft.
Pyramiden sind Körper mit einer ______.
Die ______ einer Pyramide besteht aus mehreren gleichschenkligen Dreiecken.

Kreis | Spitze | Mantelfläche

4 Vervollständige das Schrägbild der Pyramide mit h_K = 3 cm im Heft.

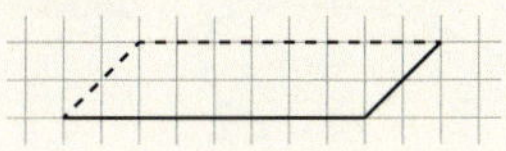

5 Berechne den Oberflächeninhalt der Pyramide mit quadratischer Grundfläche mit a = 3,5 dm und h_a = 5 dm

6 Berechne in der Pyramide mit quadratischer Grundfläche mit a = 8 cm und h_K = 5 cm die Höhe h_a der Seitenfläche.
Fertige zunächst eine Skizze an.

7 Berechne das Volumen der Pyramide mit quadratischer Grundfläche mit a = 4,2 m und h_K = 7,3 m

8 Hakan fertigt ein Schmuckstück aus Silber in Form einer Pyramide mit quadratischer Grundfläche mit a = 6 cm und h_K = 8 cm an.
Silber hat die Dichte $\rho = 10{,}5\,\frac{g}{cm^3}$.
Berechne die Masse des Schmuckstücks.

---

1 Berechne den Oberflächeninhalt des Kegels mit r = 4,5 cm und s = 68 mm.

2 Berechne das Volumen des Kegels mit d = 5,2 m und h_K = 4,6 m.

3 Beschreibe die Gemeinsamkeiten und die Unterschiede von Pyramiden und Kegeln.
Verwende dabei die Fachbegriffe.

die Mantelfläche | die Grundfläche | die Spitze

4 Zeichne das Schrägbild der Pyramide mit rechteckiger Grundfläche mit a = 4 cm, b = 5 cm und h_K = 6,5 cm.

5 Berechne den Oberflächeninhalt der Pyramide mit quadratischer Grundfläche mit a = 8,4 m und h_a = 50 dm.

6 Berechne in der Pyramide mit quadratischer Grundfläche mit a = 14 dm und s = 9 dm die Höhe h_a der Seitenfläche.
Fertige zunächst eine Skizze an.

7 Berechne das Volumen der Pyramide mit rechteckiger Grundfläche mit a = 5 dm, b = 7,5 dm und h_K = 6,5 dm

8 Anja hat eine Schachtel in Form einer Pyramide mit quadratischer Grundfläche.
Sie ist 5 cm breit und 0,6 dm hoch. Wie viel mℓ Farbe benötigt Anja für die Oberfläche, wenn sie für 1 cm^2 Fläche 1 mℓ Farbe verbraucht?

→ Lösungen auf Seite 207

Körpermodelle basteln

Ein Körpermodell ist ein geometrischer Körper, den du basteln kannst.
Du benötigst Papier, Stifte, ein Geodreieck, einen Zirkel und Kleber für die Körpermodelle.

1 Stelle eine Pyramide mit quadratischer Grundfläche aus Papier her:
1. Zeichne die quadratische Grundfläche.
   Zeichne dann die Mantelfläche mit den Klebelaschen.
2. Schneide das Modell mit den Klebelaschen aus.
3. Falte die Klebelaschen nach oben.
4. Klebe die Pyramide an den Klebelaschen zusammen.

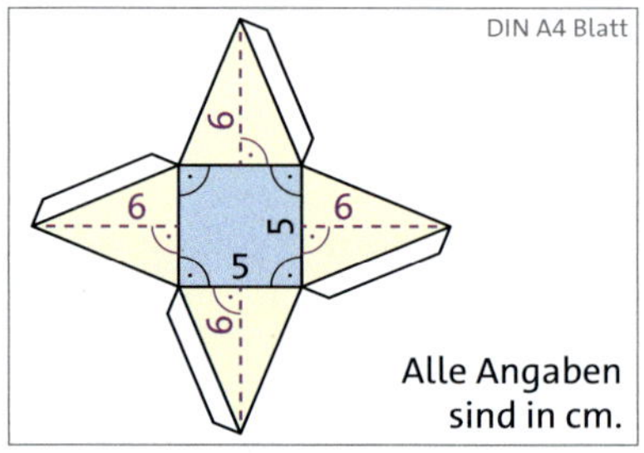

2 Stelle eine Pyramide mit rechteckiger Grundfläche aus Papier her:
1. Zeichne die rechteckige Grundfläche.
   Zeichne dann die Mantelfläche mit den Klebelaschen.
2. Schneide das Modell mit den Klebelaschen aus.
3. Falte die Klebelaschen nach oben.
4. Klebe die Pyramide an den Klebelaschen zusammen.

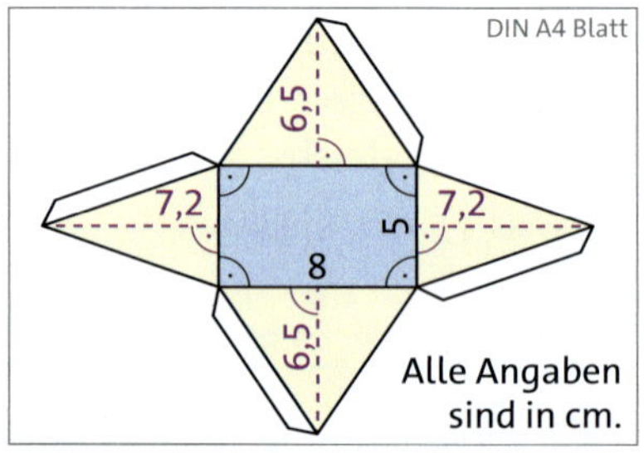

3 Stelle einen Kegel aus Papier her:
1. Zeichne die Grundfläche.
   Zeichne dann die Mantelfläche mit den Klebelaschen.
2. Schneide die einzelnen Teile mit den Klebelaschen aus.
3. Falte die Klebelaschen nach oben.
4. Klebe die Mantelfläche zu einem Kegel zusammen.
   Klebe die Grundfläche an die Mantelfläche.

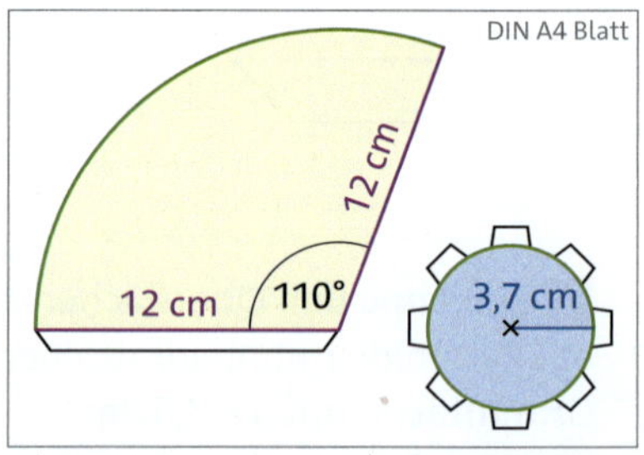

4 Übertrage die Netze ① und ② auf ein Blatt Papier. Schneide die Netze aus.

a) Welches Netz kannst du zu einer Pyramide falten? Begründe.

①

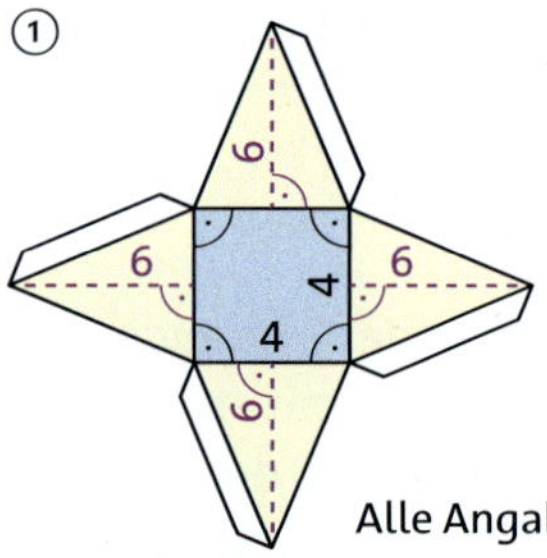

②

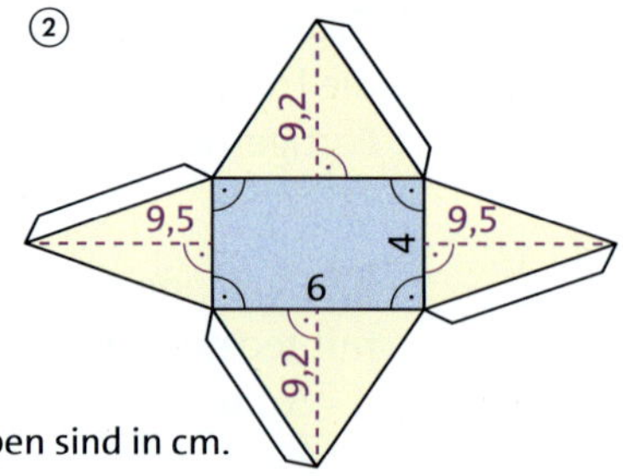

Alle Angaben sind in cm.

Sprachhilfe: Verwende: Spitze – Höhe der Seitenfläche – Grundkante – Seitenkante – gleich – lang – unterschiedlich – kurz

b) Welches Netz kannst du zu einem Kegel falten? Begründe.

①

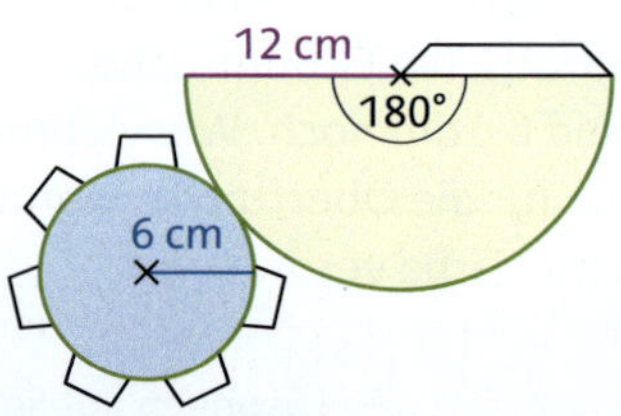

②

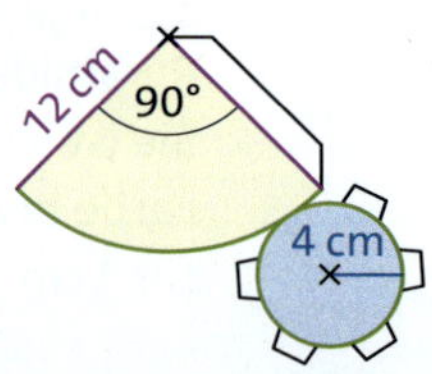

Sprachhilfe: Verwende: Umfang – Grundfläche – Kreis – Winkel – Kreisausschnitt – groß – klein – kurz – lang – gleich – unterschiedlich

Vermischte Übungen

1 Erstellt eine Mind-Map zum Thema Pyramiden. Zeichnet die Pyramide ab und notiert dazu die Fachbegriffe und Formeln.

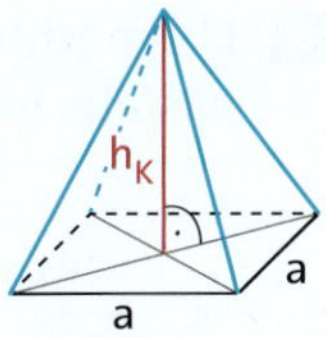

2 Berechne den Mantelflächeninhalt der Pyramide mit quadratischer Grundfläche.

Beispiel *gegeben*: a = 4 cm, h_a = 5 cm
gesucht: M

$M = 4 \cdot \frac{a \cdot h_a}{2} = 4 \cdot \frac{4\,cm \cdot 5\,cm}{2} = 40\,cm^2$

a) a = 8 cm und h_a = 1 cm
b) a = 5 cm und h_a = 6 cm
c) a = 4 cm und h_a = 7 cm
d) a = 12 cm und h_a = 18 cm

3 Berechne das Volumen der Pyramide mit quadratischer Grundfläche. Runde auf eine Nachkommastelle.

a)

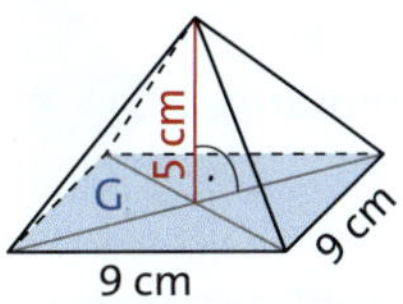

b)

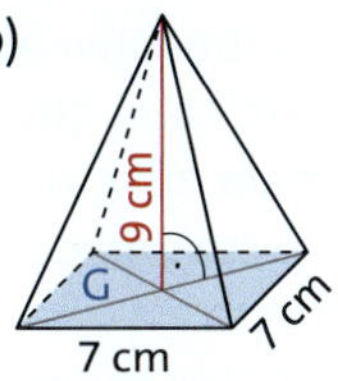

▶ 4

4 Berechne das Volumen des Kegels. Runde auf eine Nachkommastelle.

a)

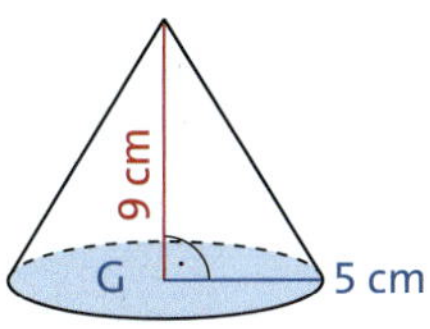

b)

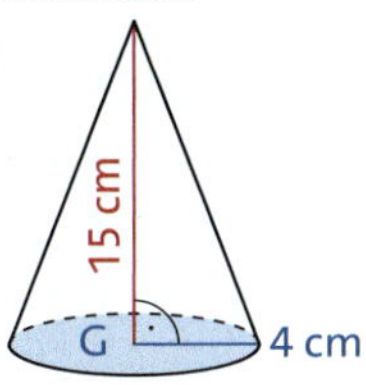

5 Eine Firma stellt Verpackungen in Form einer Pyramide mit quadratischer Grundfläche her. Berechne, wie viel cm² Pappe die Firma für die Verpackung mindestens benötigt.

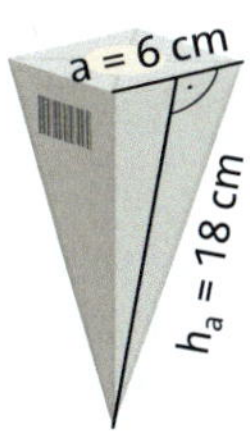

Gehe so vor:
① Berechne den Grundflächeninhalt G.
② Berechne den Mantelflächeninhalt M.
③ Berechne den Oberflächeninhalt O.

6 Eine Firma stellt Pommestüten her. Die Pommestüten haben die Form eines Kegels. Berechne, wie viel cm² Papier die Firma für eine Pommestüte mindestens benötigt.

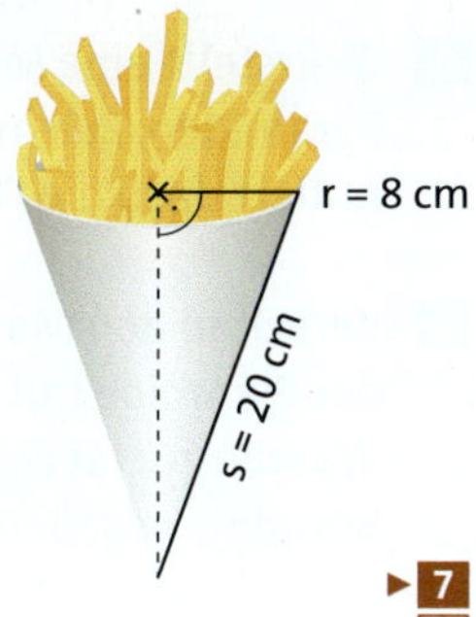

▶ 7

7 Eine quadratische Pyramide aus Glas hat einen Grundflächeninhalt von G = 49 cm² und eine Körperhöhe von h_K = 9 cm.
a) Berechne das Volumen der Pyramide.
b) Glas hat eine Dichte von $2{,}5\,\frac{g}{cm^3}$. Berechne die Masse der Pyramide.

Tipp: Multipliziere das Volumen mit $2{,}5\,\frac{g}{cm^3}$.

8 Matteo bastelt aus Pappe das Modell eines Turms. Wie viel cm² Pappe benötigt Matteo? Berechne den Oberflächeninhalt des Modells.

Gehe so vor: Addiere den Mantelflächeninhalt der Pyramide und fünf Seitenflächen des Würfels.

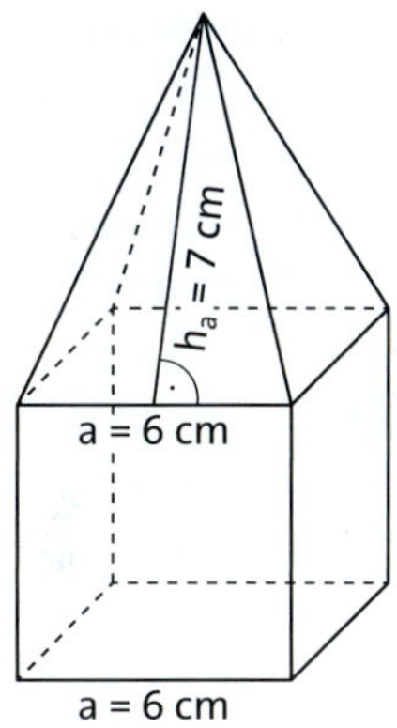

9 Dalia stellt im Wahlpflichtkurs Technik eine Holzvase für Trockenblumen her.
a) Berechne das Volumen der beiden Teilkörper.

Tipp: Die beiden Teilkörper sind ein Quader und eine Pyramide.

b) Berechne das Volumen des Differenzkörpers.

Tipp: Subtrahiere vom Volumen des Quaders das Volumen der Pyramide.

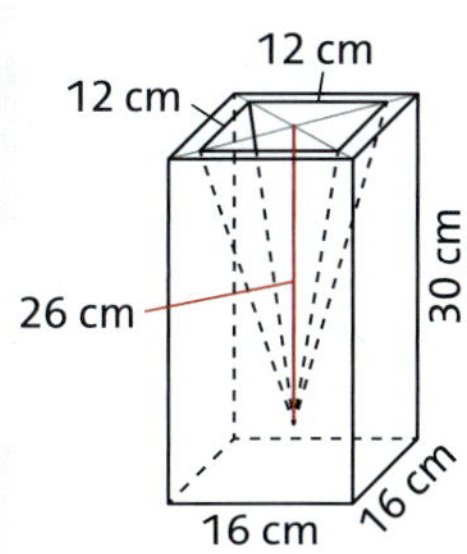

Vermischte Übungen

1 Erstellt eine Mind-Map zum Thema Pyramiden. Zeichnet eine Pyramide und notiert dazu die Fachbegriffe und Formeln.

2 Berechne den Mantelflächeninhalt der Pyramide mit quadratischer Grundfläche. Wandle zuerst in Meter um.

Beispiel *gegeben*: quadratische Pyramide mit $a = 120\,cm$, $h_a = 4\,m$

gesucht: M

$a = 120\,cm = 1{,}2\,m$

$M = 4 \cdot \frac{a \cdot h_a}{2} = 4 \cdot \frac{1{,}2\,m \cdot 4\,m}{2} = 9{,}6\,m^2$

a) $a = 180\,cm$ und $h_a = 6\,m$
b) $a = 260\,cm$ und $h_a = 3\,m$
c) $a = 810\,cm$ und $h_a = 4\,m$
d) $a = 70\,cm$ und $h_a = 2\,m$

3 Eine Parfumflasche hat die Form einer Pyramide mit quadratischer Grundfläche. Die Länge der Grundkante beträgt 4,5 cm und die Höhe 6 cm. Wie viele mℓ Parfum passen in die Flasche. Berechne.

► 4

4 Die Kegel ①, ② und ③ haben den Radius r = 3 cm.

a) Berechne das Volumen der Kegel.
① $h_K = 4\,cm$ ② $h_K = 8\,cm$ ③ $h_K = 12\,cm$

b) Vergleicht die Ergebnisse. Beschreibt, was euch auffällt.

die Körperhöhe | das Volumen | verdoppelt | verdreifacht

5 Gegeben ist eine Pyramide mit quadratischer Grundfläche mit $a = 4\,cm$ und $h_K = 6{,}5\,cm$.

a) Zeichne das Schrägbild der Pyramide. Trage dann die gegebenen Werte ein.
b) Berechne die Höhe der Seitenfläche h_a.
c) Berechne die Länge der Seitenkante s.

6 Elif möchte ihrem Bruder eine Schultüte basteln. Im Internet findet sie zwei Modelle.

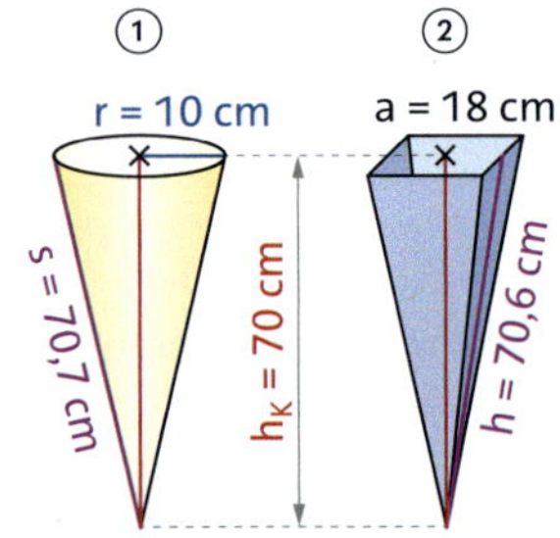

a) Welche Schultüte hat ein größeres Volumen? Schätze.
b) Überprüfe deine Schätzung mit einer Rechnung. Wandle dein Ergebnis in dm^3 um.
c) Wie viel Pappe benötigt Elif für die Schultüten? Berechne. Formuliere einen Antwortsatz.

► 7

7 Ein Briefbeschwerer hat die Form einer quadratischen Pyramide mit einer Kantenlänge von 7,5 cm und eine Höhe von 10 cm.
Der Briefbeschwerer besteht aus Marmor. Marmor hat eine Dichte von $2{,}6\,\frac{g}{cm^3}$.
Berechne die Masse des Briefbeschwerers.

8 Mats bastelt ein Oktaeder.

a) Berechne das Volumen des Oktaeders.
b) Berechne, wie viel cm^2 Papier Mats für den Oktaeder benötigt.

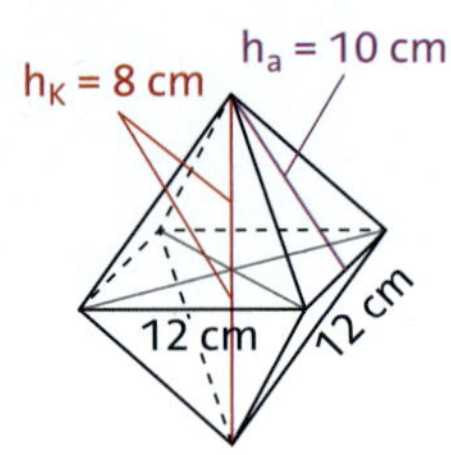

9 Eine blaue Verpackung hat die Form einer abgeschnittenen Pyramide. Berechne das Volumen der blauen Verpackung.

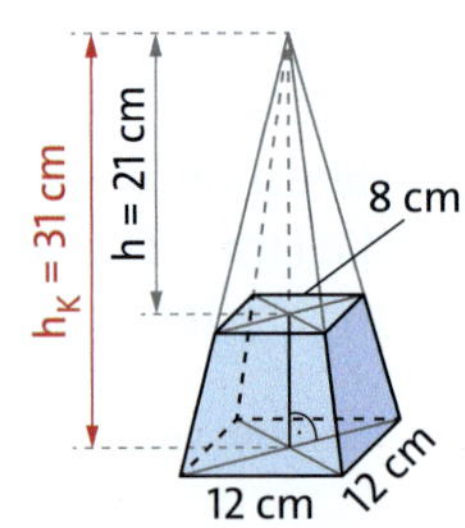

Sprachhilfe zu **8**: Ein Oktaeder besteht aus zwei quadratischen Pyramiden.

Vermischte Übungen ☒

1 Erstellt ein Plakat zum Thema Pyramiden. Zeichnet auf das Plakat eine Pyramide und notiert dazu alle Begriffe und Formeln. Präsentiert euer Plakat in der Klasse.

2 Berechne den Mantelflächeninhalt der quadratischen Pyramide wie im Beispiel. Wandle zuerst in die passende Einheit um.

Beispiel *gegeben*: quadratische Pyramide mit $a = 10{,}2\,dm$, $h_a = 6\,m$

gesucht: M

$a = 10{,}2\,dm = 1{,}02\,m$

$M = 4 \cdot \frac{a \cdot h_a}{2} = 4 \cdot \frac{1{,}02\,m \cdot 6\,m}{2} = 12{,}24\,m^2$

a) $a = 34{,}6\,dm$ und $h_a = 9\,m$
b) $a = 763{,}2\,dm$ und $h_a = 5\,m$
c) $a = 80{,}4\,dm$ und $h_a = 4\,m$
d) $a = 5{,}31\,dm$ und $h_a = 8\,m$

3 Untersuche, wie sich das Volumen einer Pyramide mit quadratischer Grundfläche verändert, wenn sich …
a) die Länge der Grundkante verdoppelt,
b) die Länge der Grundkante verdreifacht,
c) die Körperhöhe verdoppelt,
d) die Körperhöhe verdreifacht.

4 Berechne die gesuchte Größe des Kegels.
a) $r = 2{,}2\,cm$; $h_K = 5{,}1\,cm$, gesucht: V
b) $r = 3{,}7\,mm$; $V = 177{,}8\,mm^3$, gesucht: h_K
c) $h_K = 11{,}7\,m$; $V = 823{,}8\,m^3$, gesucht: r

5 Gegeben ist eine Pyramide mit rechteckiger Grundfläche mit $a = 4{,}5\,cm$, $b = 3\,cm$ und der Körperhöhe $h_K = 5{,}5\,cm$.
a) Zeichne das Schrägbild der Pyramide. Beschrifte das Schrägbild mit den gegebenen Werten.
b) Berechne die Höhe der Seitenfläche h_a.
c) Berechne die Länge der Seitenkante s.
d) Berechne den Oberflächeninhalt.

6 Fertigt einzeln Skizzen von Pyramiden auf einem Blatt an. Beschriftet eure Skizzen mit Angaben für die Längen der Seiten und für die Höhen.
Formuliert eigene Fragen zum Volumen oder zum Oberflächeninhalt.
Tauscht die Blätter und löst die Aufgaben.
Überprüft gemeinsam eure Ergebnisse.

7 Lian gießt eine Kerze in Form eines Kegels aus Wachs ①. Kübra gießt eine Kerze in Form einer Pyramide aus Wachs ②. Beide Kerzen sind 12 cm hoch.

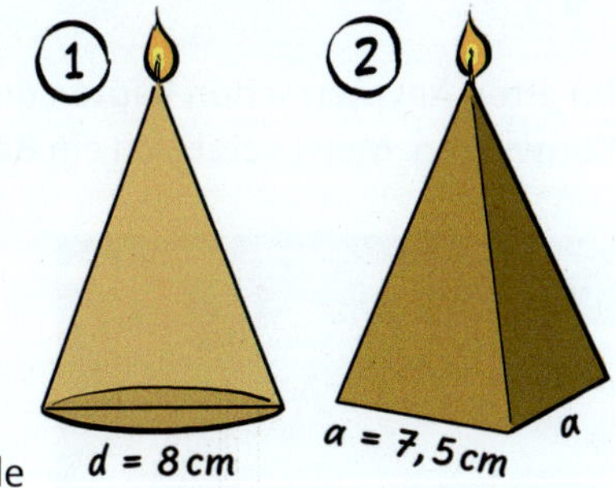

a) Wer hat mehr Wachs verbraucht? Schätze. Berechne anschließend.
b) Wachs hat eine Dichte von $0{,}95\,\frac{g}{cm^3}$. Berechne die Masse der beiden Kerzen.

8 Ein Tetraeder aus Stahl hat eine Höhe von 15 mm. Die Länge jeder Kante beträgt 18 mm.

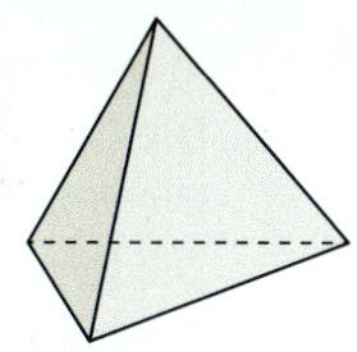

a) Zeichne das Netz des Tetraeders im Maßstab 2 : 1.
b) Berechne die Höhe der Seitenfläche h_a.
c) Berechne den Oberflächeninhalt des Tetraeders.
d) Berechne das Volumen des Tetraeders.
e) Stahl hat eine Dichte von $7{,}8\,\frac{g}{cm^3}$. Berechne die Masse des Tetraeders.

9 Linus baut Körpermodelle. Anschließend klebt er zwei Modelle zusammen.

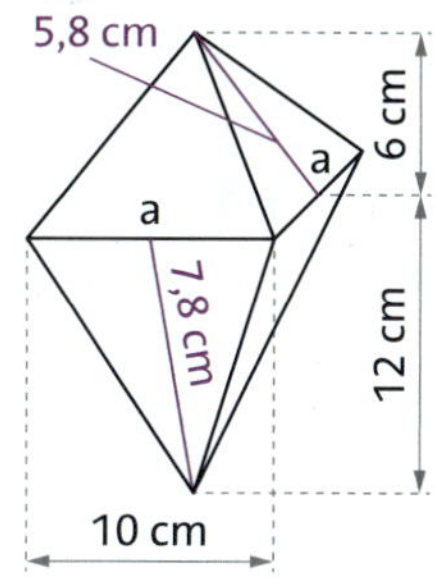

a) Welches Volumen hat der zusammengesetzte Körper?
b) Wie viel Papier hat Linus für den zusammengesetzten Körper benötigt?

10 Familie Demir baut einen gläsernen Wintergarten an ihrem Haus an. Wie viel m^2 Glas benötigt Familie Demir für ihren Wintergarten? Berechne.

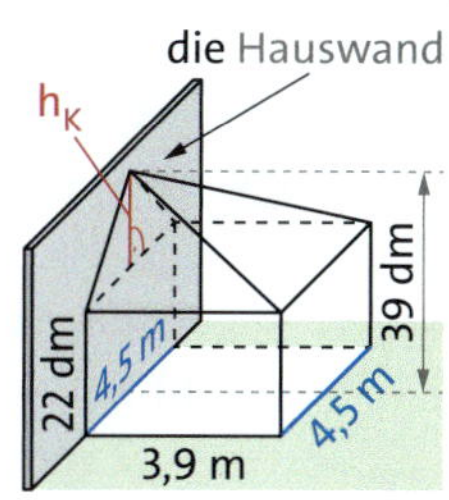

Pyramiden als Bauwerke

Im alten Ägypten schon bauten die Menschen Pyramiden. Auch heute zählen Pyramiden zu beliebten Bauwerken. Meist setzt sich ein Bauwerk noch aus weiteren geometrischen Körpern zusammen.

① Pyramide in Memphis
$h_a \approx 133{,}06\,m$ und $a = 180\,m$

② Pyramide in Nürnberg
$h_a \approx 48{,}37\,m$ und $a = 48\,m$

Die Pyramide in Memphis hat eine 10-mal größere Mantelfläche aus Glas als die Pyramide in Nürnberg.

aus einem Reiseblog

A Das Tropenhaus im Botanischen Garten in Sydney hat die Form einer Pyramide. Die Grundfläche ist $400\,m^2$ groß. Die Höhe beträgt 18 m. Die Pyramide wird umweltfreundlich beheizt. Berechne, wie viel m^3 erwärmt werden.

B Überprüfe rechnerisch die Aussage aus dem Reise-Blog für beide Pyramiden mit quadratischer Grundfläche. Berechne und vergleiche dazu den Mantelflächeninhalt von ① und ②.

C Die Stein-Pyramide in Leipzig ist 6 m hoch. Die Grundfläche ist ein Quadrat mit $a = 5{,}4\,m$. Berechne, aus wie vielen Steinen die Pyramide ungefähr besteht. Ein Stein hat ein Volumen von ungefähr $87{,}5\,dm^3$.

D Die sichtbare Oberfläche einer Pyramide von Meroe ist zu 60 % mit Lehm bedeckt. Die Länge der Grundkante a der Pyramide beträgt 9 m. Die Pyramide ist 29 m hoch. Berechne die Größe der Oberfläche, die noch mit Lehm bedeckt ist.
Tipp: Berechne die Höhe der Seitenfläche h_a mit dem Satz des Pythagoras.

E Eine Stadt plant ein Gebäude für eine freie Fläche.

a) Beschreibt, aus welchen geometrischen Körpern die Modelle ① bis ③ zusammengesetzt sind.
b) Entwerft ein Gebäude. Es sollte aus mindestens 2 verschiedenen geometrischen Körpern bestehen.
c) Beschriftet euer Gebäude mit passenden Maßen. Stellt 2 passende Fragen. Zum Beispiel: Wie viel Material in m^2 wird für die gesamte Oberfläche des Gebäudes benötigt? Berechnet und präsentiert vor der Klasse.

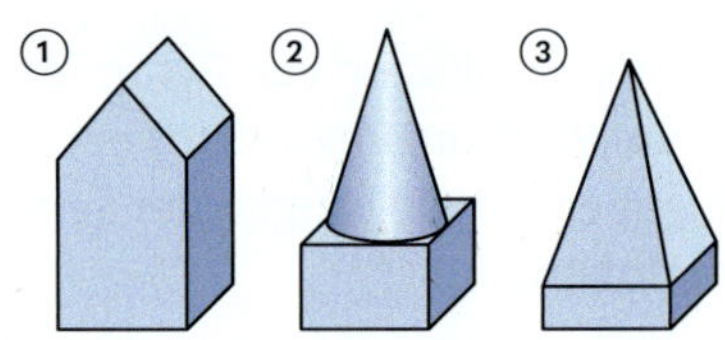

1 Zeichne das Schrägbild einer Pyramide mit quadratischer Grundfläche mit a = 4 cm und h_K = 6 cm. Berechne das Volumen der Pyramide.

2 Gegeben ist eine Pyramide mit quadratischer Grundfläche mit a = 6 cm und h_a = 4 cm. Berechne den Oberflächeninhalt.

3 Entscheide, ob das Volumen oder der Oberflächeninhalt gesucht ist.

a) Wie viel cm^3 Luft befinden sich in einem Zelt?

b) Wie viel cm^2 Papier benötigt Moritz für eine Verpackung?

4 Berechne das Volumen des zusammengesetzten Körpers.

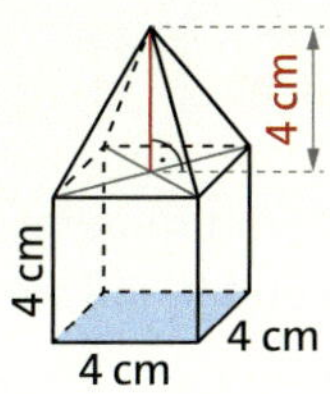

5 Eine Pyramide aus Kupfer hat einen Grundflächeninhalt von 36 cm^2. Kupfer hat eine Dichte von 8,9 $\frac{g}{cm^3}$. Berechne die Masse der Pyramide.

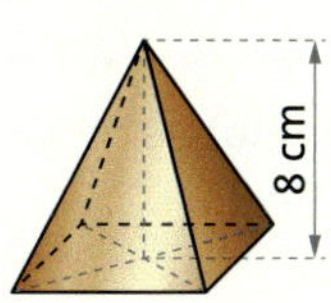

1 Zeichne das Schrägbild einer Pyramide mit quadratischer Grundfläche mit a = 6 cm und h_K = 7,5 cm. Berechne das Volumen der Pyramide.

2 Gegeben ist eine Pyramide mit quadratischer Grundfläche mit a = 8 m und h_K = 10 m. Berechne mit dem Satz des Pythagoras die Höhe der Seitenfläche h_a. Berechne dann den Oberflächeninhalt.

3 Entscheide, ob das Volumen oder der Oberflächeninhalt gesucht ist.

a) Wie viele Bonbons passen in eine Verpackung?

b) Wie viel Farbe benötigt Jannik zum Bemalen der Verpackung?

4 Berechne das Volumen des zusammengesetzten Körpers.

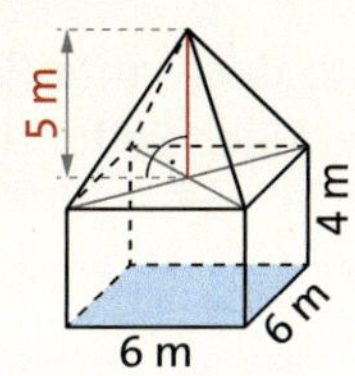

5 Eine Pyramide aus Marmor hat eine quadratische Grundfläche. Marmor hat eine Dichte von 2,6 $\frac{g}{cm^3}$. Berechne die Masse der Pyramide.

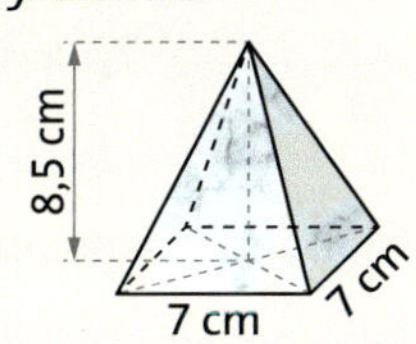

1 Zeichne das Schrägbild einer Pyramide mit rechteckiger Grundfläche mit a = 65 mm, b = 5 cm und h_K = 0,7 dm. Berechne das Volumen der Pyramide.

2 Gegeben ist eine Pyramide mit rechteckiger Grundfläche mit a = 12 m, b = 9 m sowie h_a = 8,3 cm und h_K = 7 m. Fertige eine Skizze an. Berechne mit dem Satz des Pythagoras die Höhe der Seitenfläche h_b. Berechne dann den Oberflächeninhalt.

3 Entscheide, ob das Volumen oder der Oberflächeninhalt gesucht ist.

a) Wie viel Liter Saft passen in den Becher?

b) Wie viel Material wird für das Eindecken des Dachs benötigt?

4 Berechne das Volumen des zusammengesetzten Körpers.

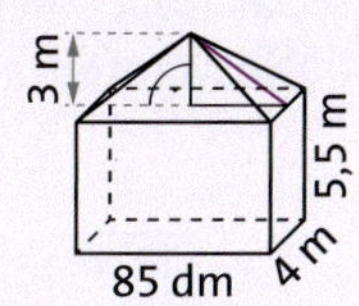

5 Die Sandburg hat eine quadratische Grundfläche. Der Sand hat eine Dichte von 1,5 $\frac{g}{cm^3}$. Berechne die Masse der Sandburg.

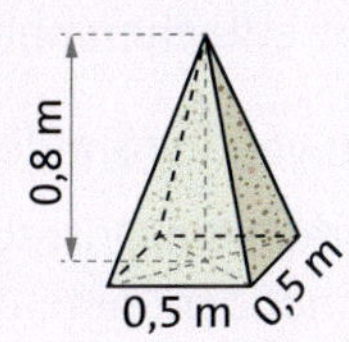

→ Lösungen auf Seite 207

Pyramide beschreiben und ein Schrägbild zeichnen

→ Seite 34

Die **Pyramide** ist ein Körper mit einer Grundfläche, einer Mantelfläche und einer Spitze.
Die Pyramide ist deshalb ein Spitzkörper.

Die Grundfläche einer Pyramide besteht aus einem Vieleck.
Die Mantelfläche besteht aus gleichschenkligen Dreiecken, den dreieckigen Seitenflächen.
Mit einem **Schrägbild** kannst du eine Pyramide räumlich darstellen. Gehe so vor:

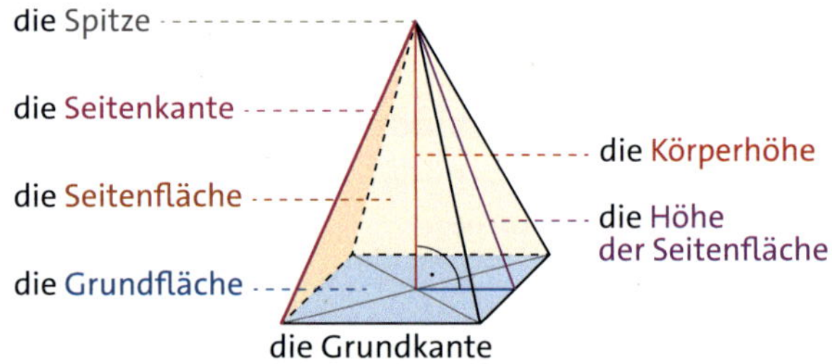

Pyramide mit quadratischer Grundfläche
Grundkante a = 4 cm und Körperhöhe $h_K = 3$ cm

① Zeichne die Grundfläche.
Zeichne die vordere Grundkante.
Zeichne die Hälfte der Breite schräg nach hinten in einem 45° Winkel.

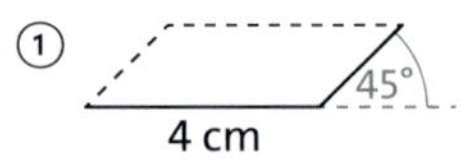

② Zeichne die Diagonalen in die Grundfläche ein.

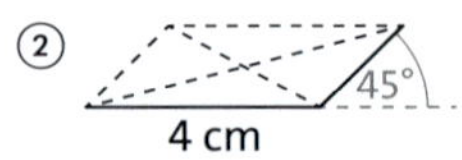

③ Zeichne die Körperhöhe h_K.
Beginne im Schnittpunkt der Diagonalen.

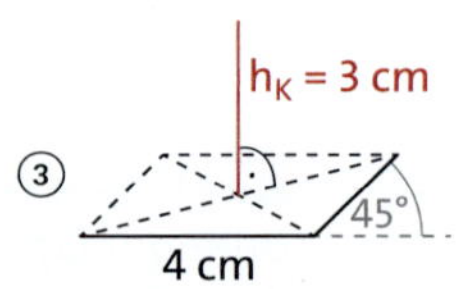

④ Verbinde die Eckpunkte der Grundfläche zur Spitze der Pyramide.

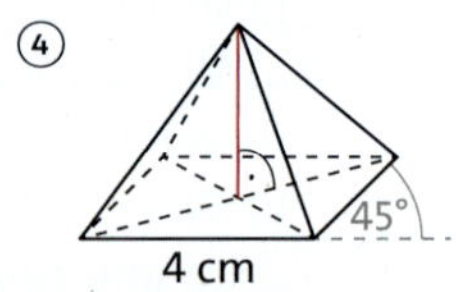

Netz, Mantelflächeninhalt und Oberflächeninhalt von Pyramiden

→ Seite 38

Das Netz einer Pyramide besteht aus der Mantelfläche und der Grundfläche.
Die Mantelfläche besteht aus dreieckigen Seitenflächen.

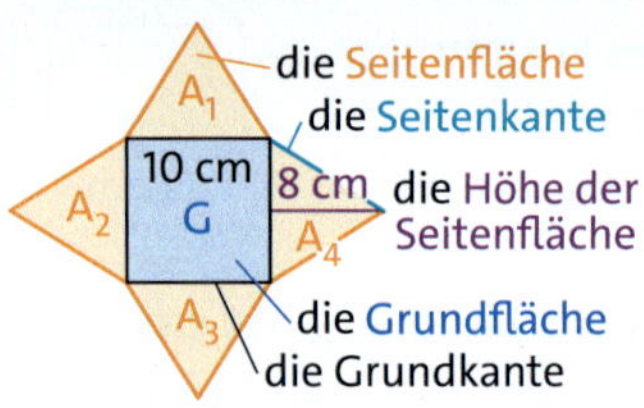

Der **Mantelflächeninhalt M** ist die Summe aller Seitenflächen: $M = A_1 + A_2 + A_3 + \dots$

Den **Oberflächeninhalt O** ist die Summe aus dem Grundflächeninhalt G und dem Mantelflächeninhalt M: $O_{Pyramide} = G + M$

gegeben: Pyramide mit quadratischer Grundfläche
a = 4 cm und $h_a = 3$ cm
gesucht: $O_{Pyramide}$

$A_1 = A_2 = A_3 = A_4 = A_{Dreieck}$

$A_{Dreieck} = \frac{a \cdot h_a}{2} = \frac{4\,cm \cdot 3\,cm}{2} = 6\,cm^2$

$M = A_1 = A_2 = A_3 = A_4 = A_{Dreieck}$

$M = 4 \cdot 6\,cm^2 = 24\,cm^2$

$G = A_{Quadrat} = a \cdot a = a^2 = 4\,cm \cdot 4\,cm = 16\,cm^2$

$O_{Pyramide} = G + M = 16\,cm^2 + 24\,cm^2 = 40\,cm^2$

Volumen von Pyramiden und Kegeln

→ Seite 42

Multipliziere ein Drittel mit dem Grundflächeninhalt G und der Körperhöhe h_K.
$V = \frac{1}{3} \cdot G \cdot h_K$

gegeben: Pyramide mit quadratischer Grundfläche
a = 12 cm; $h_K = 20$ cm
gesucht: $V_{Pyramide}$

$G = a \cdot a = a^2 = 12\,cm \cdot 12\,cm = 144\,cm^2$

$V_{Pyramide} = \frac{1}{3} \cdot 144\,cm^2 \cdot 20\,cm = 960\,cm^3$

Quadratische Funktionen und Gleichungen

3

▶ Ein durchhängendes Seil kann durch eine bogenförmige Linie beschrieben werden.
Eine solche bogenförmige Linie heißt Parabel.

Wo hast du noch solche bogenförmigen Linien in deiner Umgebung gesehen?
Beschreibe die Form der Parabel.
Welche Eigenschaften kannst du an dieser Parabel noch erkennen?

In diesem Kapitel lernst du, …

- Normalparabeln zu erkennen,
- gestreckte, gestauchte und verschobene Parabeln zu erkennen,
- die Nullstellen einer rein quadratischen Funktion zeichnerisch zu bestimmen,
- rein quadratische Gleichungen zu lösen.

<table>
<tr><th>Kompetenz</th><th>Aufgabe</th><th>Lies und übe:</th></tr>
<tr><td>1 Ich kann achsensymmetrische Figuren erkennen und die Symmetrieachsen einzeichnen.</td><td>1 Übertrage die achsensymmetrische Figur ins Heft. Zeichne alle Symmetrieachsen ein.
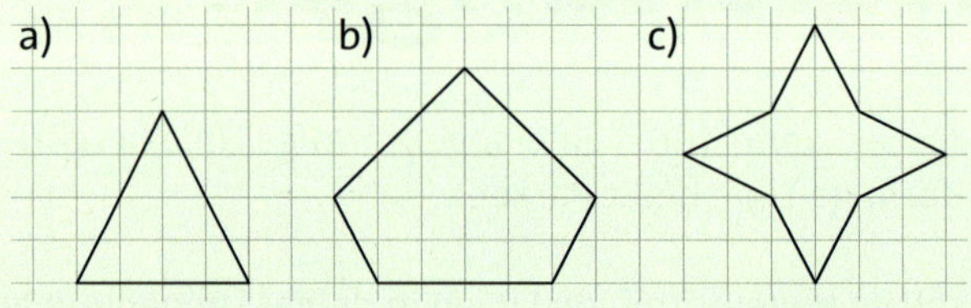
</td><td>→ Seite 200 Nr. 66–67</td></tr>
<tr><td>2 Ich kann Punkte in einem Koordinatensystem ablesen, die Koordinaten dazu notieren und die Punkte an der Symmetrieachse spiegeln.</td><td>2 Übertrage das Koordinatensystem mit den Punkten in dein Heft.
a) Notiere die Koordinaten der Punkte A bis F.
b) Spiegle die Punkte B, C, D und E an der y-Achse. Verbinde alle Punkte zu einem Stern.
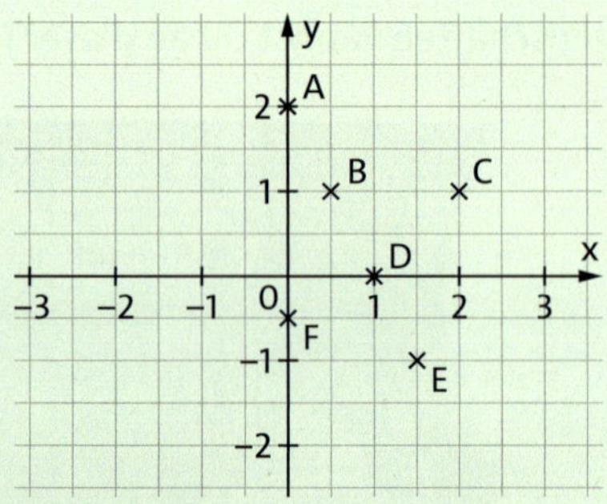
</td><td>→ Seite 199 Nr. 65
→ Seite 200 Nr. 66–67</td></tr>
<tr><td>3 Ich kann mit rationalen Zahlen rechnen.</td><td>3 Berechne. Achte besonders auf die Vorzeichen.
a) $(-15) + 26$ b) $(-32) - 12$ c) $1{,}6 - (-7)$
d) $(-3) \cdot (-14)$ e) $(-4) \cdot 12$ f) $90 : (-10)$</td><td>→ Seite 191 Nr. 26–29</td></tr>
<tr><td>4 Ich kenne die Fachbegriffe beim Quadrieren und Ziehen der Wurzel.</td><td>4 Übertrage die Rechnungen ① und ② ins Heft:
① $\sqrt{25} = 5$ ② $1{,}5^2 = 2{,}25$
Ordne die Fachbegriffe passend zu:
die Wurzel ziehen, quadrieren, Radikand, Basis, Exponent, Wert der Quadratwurzel, Wert der Potenz.</td><td>→ Seite 192 Nr. 31</td></tr>
<tr><td>5 Ich kann eine Zahl und ihre Gegenzahl quadrieren.</td><td>5 Ordne jeder Zahl und ihrer Gegenzahl ihr Quadrat passend zu. Verwende die Kärtchen.
Notiere wie im Beispiel.
Beispiel $2^2 = 4$ und $(-2)^2 = 4$
<table>
<tr><td>2</td><td>−2</td><td>9</td><td>−9</td><td>1,1</td><td>−1,1</td></tr>
<tr><td>5</td><td>−5</td><td>0,5</td><td>−0,5</td><td>7</td><td>−7</td></tr>
<tr><td>4</td><td>49</td><td>25</td><td>1,21</td><td>81</td><td>0,25</td></tr>
</table></td><td>→ Seite 192 Nr. 32–33</td></tr>
<tr><td>6 Ich kann den Wert von Quadratwurzeln bestimmen.</td><td>6 Bestimme das Ergebnis ohne Taschenrechner.
a) $\sqrt{25}$ b) $\sqrt{9}$ c) $\sqrt{100}$
d) $\sqrt{144}$ e) $\sqrt{6{,}25}$ f) $\sqrt{\frac{4}{9}}$</td><td>→ Seite 192 Nr. 34</td></tr>
</table>

Kompetenz	Aufgabe	Lies und übe:

7 Ich kann Gleichungen durch Äquivalenzumformungen lösen.

7 Löse die Gleichung durch Äquivalenzumformungen. Überprüfe deine Lösung mit Hilfe einer Probe.

Beispiel

$4x - 18 = -3x + 17 \quad | +18 \quad | +3x$

$7x = 35 \quad | :7$

$x = 5 \quad L = \{5\}$

Probe: $4 \cdot 5 - 18 = -3 \cdot 5 + 17$

$2 = 2$ ✓

a) $7x - 8 = 2x + 7$ b) $9x + 12 = 4x + 52$

→ Seite 195 Nr. 47

8 Ich kann entscheiden, ob eine Zuordnung eindeutig ist.

8 Ist die Zuordnung eindeutig und somit eine Funktion?

a) *Anzahl → Preis*

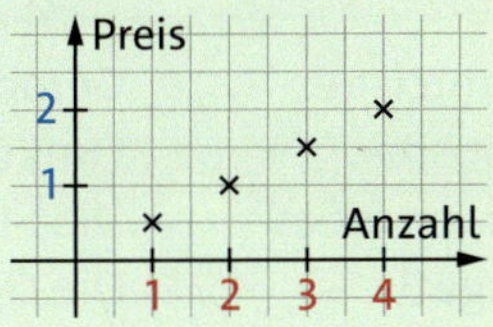

b) *Tag → Wetter*

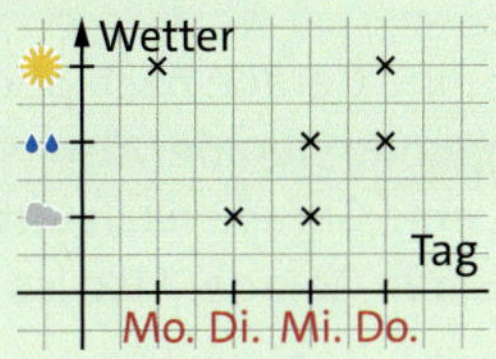

→ Seite 198 Nr. 60–61

9 Ich kenne die Darstellungsformen für Funktionen.

9 Funktionen kannst du mit einer Funktionsgleichung, mit Hilfe einer Wertetabelle oder als Graph darstellen. Ordne ① bis ④ den Fachbegriff zu.

die Funktionsgleichung | der Graph | die Wertetabelle | die Nullstelle

①

x	−1	0	1	2	3
y	0,5	1	1,5	2	2,5

③ $y = 0{,}5x + 1$

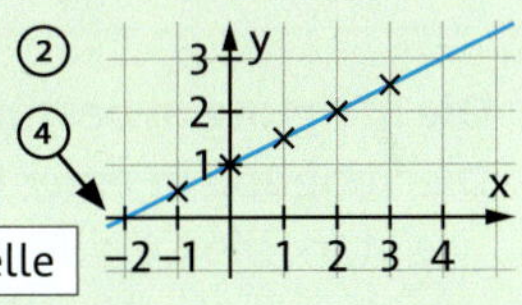

→ Seite 197 Nr. 59

10 Ich kann zu einem x-Wert den y-Wert berechnen.

10 Gegeben ist $y = 3x - 5$. Berechne den y-Wert von f für …

Tipp: Für y kannst du auch f(x) (sprich: f von x) schreiben.

① $x = 2$ ② $x = 6$ ③ $x = -2$ ④ $x = 0{,}5$.

Beispiel für $x = 4$: $y = f(4) = 3 \cdot 4 - 5 = 7$

→ Seite 199 Nr. 64

11 Ich kann eine Wertetabelle zu einer linearen Funktion erstellen.

11 Gegeben ist die Funktionsgleichung $y = 5x - 10$. Ergänze die Wertetabelle im Heft.

Beispiel $y = 5 \cdot (-3) - 10 = -25$

x	−3	−2	−1	0	1	2	3	4
y	−25							

→ Seite 194 Nr. 43
→ Seite 199 Nr. 64

12 Ich kann Sachaufgaben lösen.

12 Ben macht eine Fahrradtour. Nach 10 km macht Ben eine Pause von 30 Minuten. Nach weiteren 20 km kommt Ben am Ziel an. In einer Stunde ohne Pause legt Ben eine Strecke von 25 km zurück. Wie lange ist Ben unterwegs?

→ Seite 196 Nr. 51

→ Lösungen auf Seite 212 und 213

Lineare Funktionen (Wdh.)

Toni, Deniz und Sofia erinnern sich an die Lerninhalte zum Thema lineare Funktionen.

Die Funktionsgleichung der Form **y = mx + b** *wird auch Geradengleichung genannt.*

m und b werden Parameter genannt.

W

Lineare Funktionen

Wenn der Graph einer Funktion eine Gerade ist, dann heißt die Funktion linear.
Eine lineare Funktion hat die **Funktionsgleichung**:

y = mx + b

die **Steigung** (m) — der **y-Achsenabschnitt** (b)

Die Gerade einer linearen Funktion schneidet die y-Achse immer im Punkt P(0 | b).

Verläuft eine Gerade **nach oben**, dann ist es eine **steigende** Gerade. Also ist m positiv.
Verläuft eine Gerade **nach unten**, dann ist es eine **fallende** Gerade. Also ist m negativ.

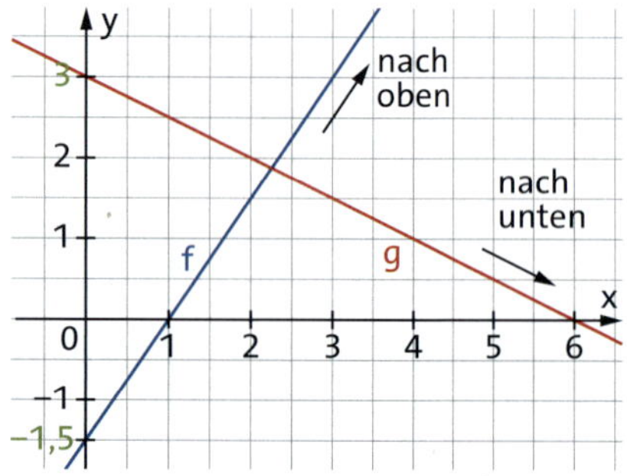

Gerade f: m = 1,5   b = −1,5
Funktionsgleichung: y = 1,5x − 1,5
Die Steigung m ist positiv.
Die Gerade f ist eine steigende Gerade.

▶ **Aufgabe** Notiere für die Gerade g den y-Achsenabschnitt.
Gib an, ob die Steigung von g positiv oder negativ ist.

▶ 1 ▶ 1 ▶ 1

Um den Breitenunterschied und den Höhenunterschied zu bestimmen, kannst du oft die Kästchen abzählen.

W

Die Steigung m bestimmen

Die Steigung m einer Geraden gibt an, wie stark die Gerade steigt oder fällt.
Die Steigung m bestimmst du mit dem Steigungsdreieck.

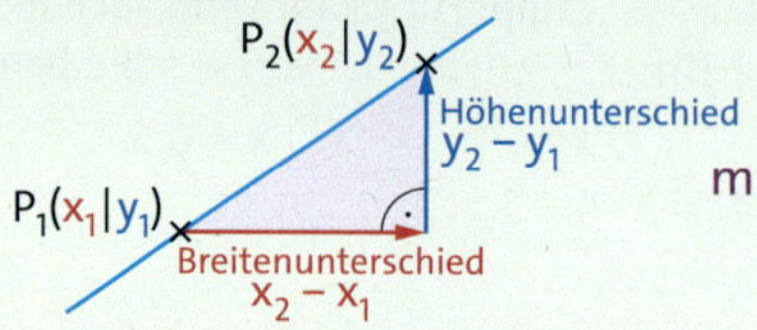

$m = \frac{y_2 - y_1}{x_2 - x_1}$

Wähle zwei Punkte $P_1(x_1 | y_1)$ und $P_2(x_2 | y_2)$ auf der Geraden g.

Berechne: $m = \frac{y_2 - y_1}{x_2 - x_1}$ $\left(\frac{\text{Höhenunterschied}}{\text{Breitenunterschied}}\right)$

Oft kannst du die Steigung direkt ablesen. Gehe beim Graphen eine Einheit nach rechts, dann ist m der Höhenunterschied.

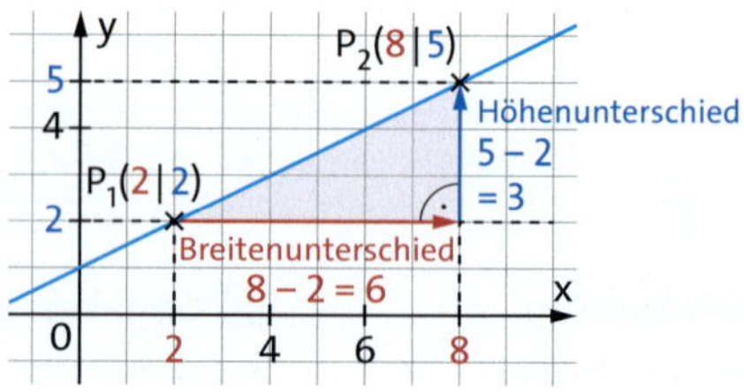

$m = \frac{5 - 2}{8 - 2} = \frac{3}{6} = \frac{1}{2}$

Bei positiver Steigung ist m > 0.

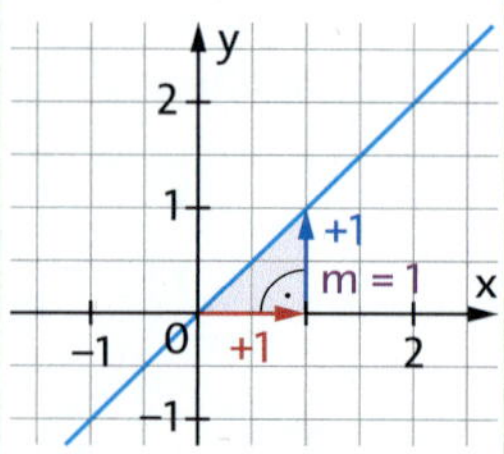

Bei negativer Steigung ist m < 0.

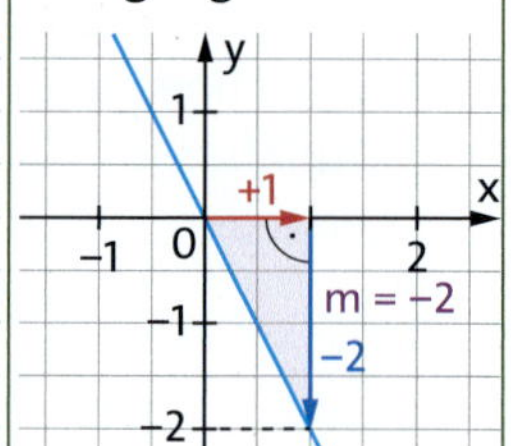

▶ **Aufgabe** Durch die beiden Punkte P_1 und P_2 verläuft eine Gerade.
Berechne die Steigung m der Geraden.
a) $P_1(1 | 2)$; $P_2(5 | 4)$ b) $P_1(-2 | 7)$; $P_2(4 | -5)$

▶ 5 ▶ 5 ▶ 6

Üben

1 Bestimme den y-Achsenabschnitt b und die Steigung m aus der Funktionsgleichung.

Beispiel Für die Funktionsgleichung $y = -x + 0{,}5$ ist $b = 0{,}5$ und $m = -1$.

a) $y = -x + 1{,}5$ b) $y = 4x + 2$

2 Bestimme die Funktionsgleichung $y = mx + b$.

Beispiel Für $m = 3$ und $b = -2$ ist die Funktionsgleichung $y = 3x - 2$.

a) $m = -2$; $b = 1$ b) $m = 0{,}5$; $b = -5$

c) $m = 1$; $b = 2$ d) $m = -1$; $b = 0$

3 Gegeben ist die Funktionsgleichung $y = -4x - 2$. Ergänze die Wertetabelle im Heft.

Beispiel $y = -4 \cdot (-3) - 2 = 10$

x	−3	−2	−1	0	1	2	3	4
y	10							

4 Gib an, ob die Steigung positiv oder negativ ist.

a) b)

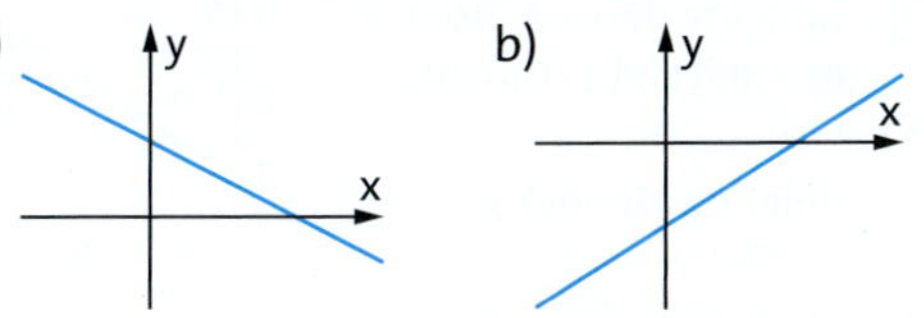

▶ 2

Hinweis:
Verläuft eine Gerade **nach oben**, dann ist es eine **steigende** Gerade. Also ist die Steigung m positiv.
Verläuft eine Gerade **nach unten**, dann ist es eine **fallende** Gerade. Also ist die Steigung m negativ.

5 Bestimme die Steigung der Geraden.

Beispiel

Gehe so vor:
① Starte im Schnittpunkt der Geraden mit der y-Achse.
② Gehe 1 Einheit nach rechts.
③ Gehe bis zur Geraden. Die Anzahl der Einheiten ist m. Gehst du nach unten, ist m negativ.

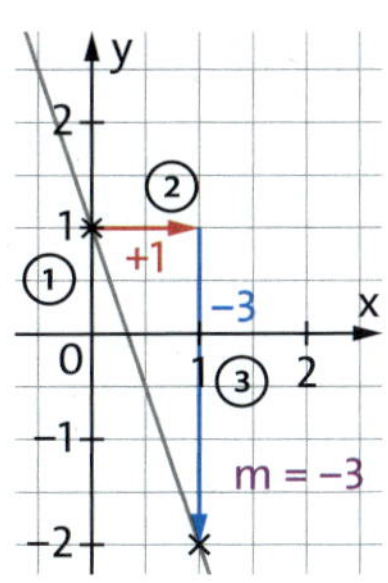

a) b) c)

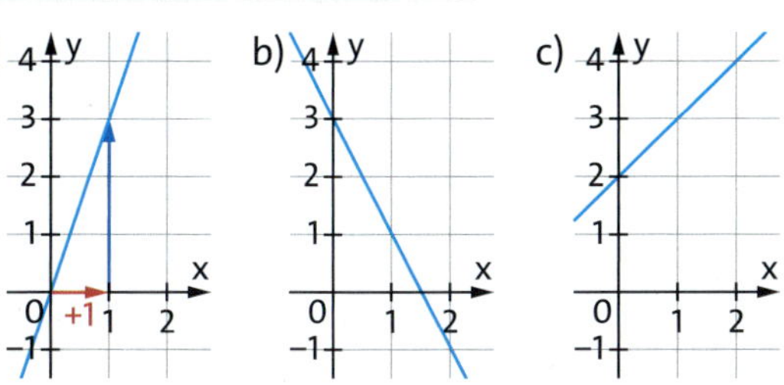

6 Berechne die Steigung m mit Hilfe der Formel $m = \frac{\text{Höhenunterschied}}{\text{Breitenunterschied}}$.
Lies die Werte aus dem Steigungsdreieck ab.

Beispiel

a) b) c)

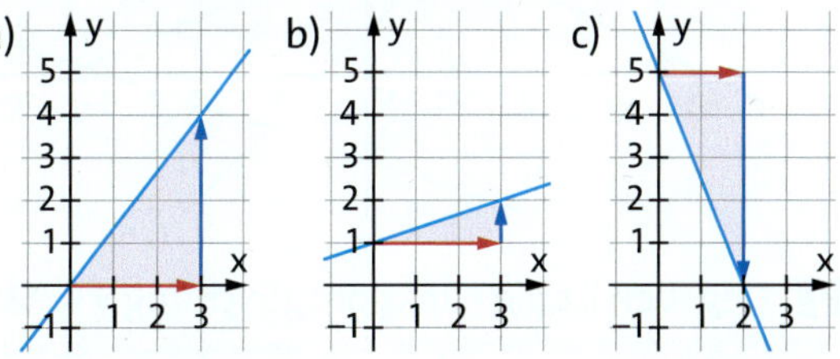

7 Berechne die Steigung m mit Hilfe der Formel $m = \frac{y_2 - y_1}{x_2 - x_1}$. Verwende dazu die Koordinaten der eingezeichneten Punkte.

Beispiel

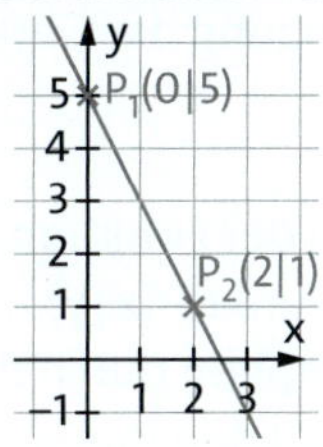

$P_2(2\,|\,1)$; $P_1(0\,|\,5)$

$m = \frac{1-5}{2-0} = \frac{-4}{2} = -2$

a) b) c)

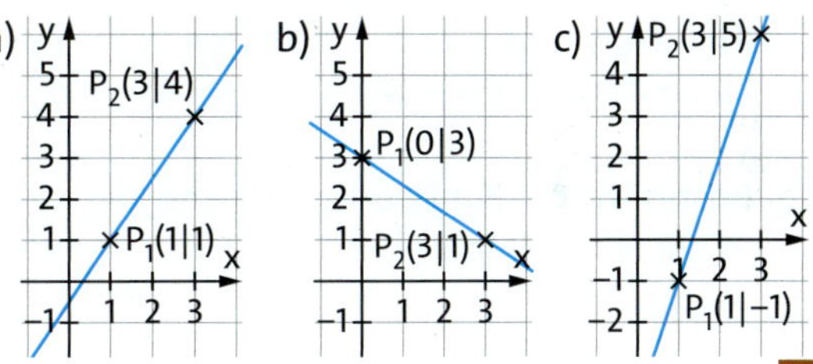

▶ 5

8 Die Wertetabelle stellt eine lineare Funktion dar. Zeichne den zugehörigen Graphen in ein Koordinatensystem in dein Heft.

x	−2	−1	0	1	2	3	4
y	5	3,5	2	0,5	−1	−2,5	−4

9 Theas Baum ist 60 cm hoch. Der Baum wächst jedes Jahr um 30 cm. Thea stellt eine Funktionsgleichung für das Wachstum des Baumes auf: $y = 30x + 60$

a) Erkläre, wofür der y-Achsenabschnitt 60 und die Steigung 30 stehen.
b) Wie hoch ist der Baum nach 5 Jahren?

1 Notiere den y-Achsenabschnitt b. Begründe.
Beispiel a) b = 2, weil die Gerade die y-Achse im Punkt P(0|2) schneidet.

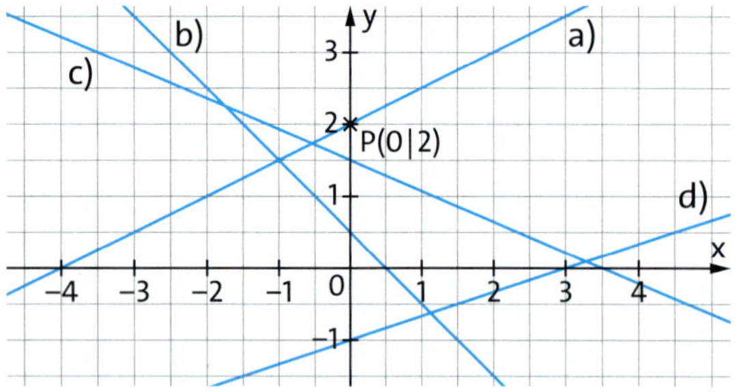

2 Gegeben ist die Funktionsgleichung y = –2x – 1.

x	–2	–1	0	1	2
y				–3	

a) Ergänze die Wertetabelle im Heft.
b) Zeichne den Graphen der Funktion.
c) Notiere, ob die Steigung der Geraden positiv oder negativ ist.

3 Zeichne den Graphen der Funktion.
Berechne dafür den Punkt P(x|y).
Zeichne dann den Graphen durch den y-Achsenabschnitt und den Punkt P.
a) x = 4; y = –x + 2;
b) x = 2; y = 2x – 1
c) x = 4; y = 1,25x – 2
d) x = 2; y = 3,5x – 1

4 Bestimme die Funktionsgleichung in der Form y = mx + b.
Beispiel a) m = 1; b = –0,5; y = x – 0,5

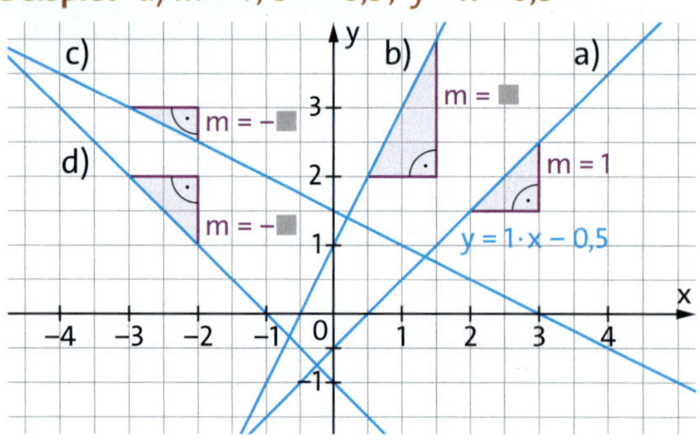

Prüfe jeweils, ob der Punkt P(30|–31) die Funktionsgleichung erfüllt.
Setze dafür x = 30 in die Funktionsgleichung ein und prüfe, ob y = –31 ist.

► 4

5 Bestimme die Steigung der Geraden.
Beispiel Gerade g: $m = \frac{y_2 - y_1}{x_2 - x_1} = \frac{4 - 0}{1 - 0} = \frac{4}{1} = 4$

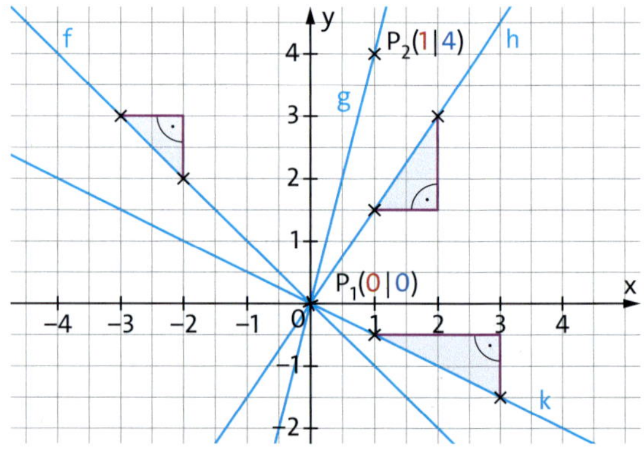

6 Zeichne den Graphen der Funktion mit Hilfe eines Steigungsdreiecks.

Gehe so vor:
① Zeichne ein Koordinatensystem.
② Markiere den y-Achsenabschnitt b bei P(0|b).
③ Zeichne das **Steigungsdreieck** an die Markierung:
– den Wert des Nenners nach rechts
– den Wert des Zählers nach oben/unten
④ Zeichne die Gerade durch die beiden Punkte.

Beispiel $y = \frac{2}{3}x + 1$
b = 1 → P(0|1)
$m = \frac{2}{3}$

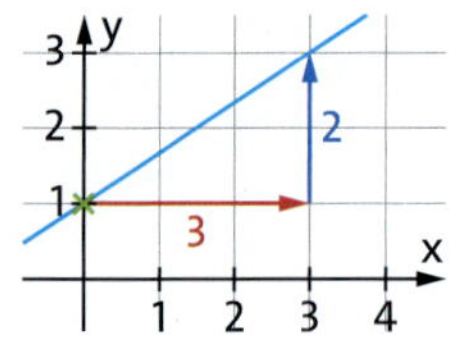

a) $y = \frac{4}{3}x - 1$
b) $y = \frac{3}{2}x + 2$
c) $y = -\frac{3}{4}x + 3$
d) $y = -\frac{2}{5}x + 4$

► 7

7 Maya wechselt das Wasser in ihrem Aquarium.
Darin sind 56 Liter Wasser.
In einer Minute fließen 4 Liter Wasser ab.

a) Maya stellt die Funktionsgleichung auf:
y = –4x + 56
Erkläre, wofür die Variablen x und y stehen.
b) Zeichne den Graphen. An welcher Stelle schneidet die Gerade die x-Achse?
c) Nach wie vielen Minuten ist das Aquarium leer?

Tipp für **7b**: Wähle 1 cm für 1 Minute für die Einteilung der x-Achse. Wähle 1 cm für 4 Liter auf der y-Achse.
Die y-Achse sollte 15 cm lang sein. Für die Steigung gehe 1 cm nach rechts und 1 cm nach unten.

1 Finja und Celine notieren jeweils eine Funktionsgleichung zu der Geraden.

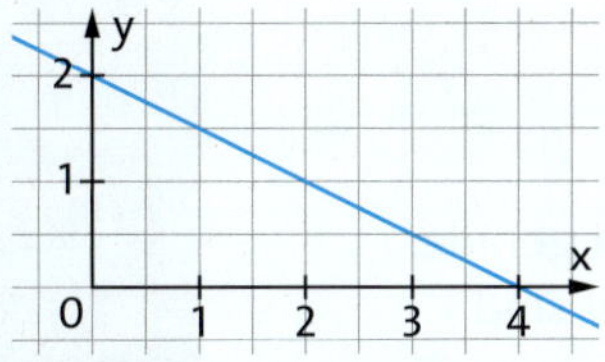

Finja: *$y = -0{,}5x + 4$* Celine: *$y = -0{,}5x + 2$*

a) Welche Funktionsgleichung ist richtig?

b) Beschreibe den Fehler.

c) Prüfe, ob der Punkt P(−6 | 5) die Funktionsgleichung erfüllt.

2 Gegeben sind die Funktionsgleichungen ① $y = 3x + 4$ und ② $y = \frac{1}{3}x - 4$.

a) Ergänze jeweils zu ① und zu ② die Wertetabelle im Heft.

x	−3	−2	−1	0	1	2	3
y							

+□ +□ +□ +□ +□ +□

b) Ergänze jeweils die Pfeile und fülle die Platzhalter aus. Stehen die grauen Platzhalter für den Parameter m oder b? Erkläre.

c) Zeichne die Graphen der Funktionen.

3 Berechne einen Punkt P, der auf der Geraden liegt. Zeichne eine Gerade durch den Punkt P und den y-Achsenabschnitt der Funktion.

a) $y = 0{,}8x - 2$ Setze $x = 5$ ein.

b) $y = 0{,}25x + 1$ Setze $x = -4$ ein.

c) $y = 0{,}4x - 2$ Setze ein beliebiges x ein.

4 Ordne den Geraden die Funktionsgleichung zu.

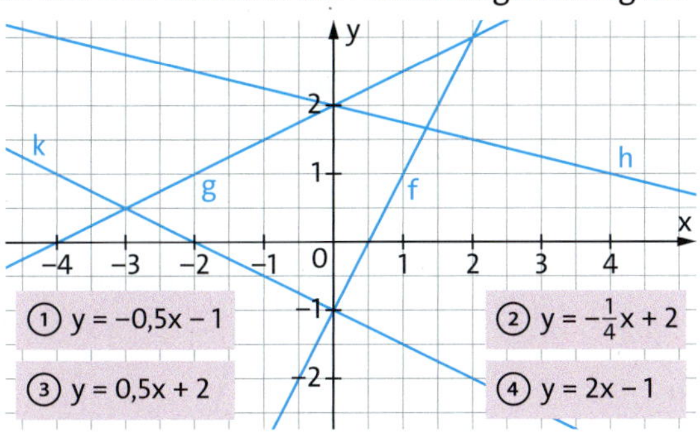

5 Stimmt es oder nicht? Begründe.

a) Die Gerade durch die Punkte $P_1(-4 | 2)$ und $P_2(-3 | 3)$ ist fallend.

b) Die Gerade durch die Punkte $P_1(3 | 5)$ und $P_2(5 | 6)$ ist steigend.

c) Die Gerade durch den Ursprung mit Steigung $m = 2$ hat die Funktionsgleichung $y = 2x + 6$.

6 Lies die markierten Punkte ab. Berechne die Steigung m mit der Formel $m = \frac{y_2 - y_1}{x_2 - x_1}$.

Beispiel A (2 | 1), B (0 | 2), $m = \frac{2-1}{0-2} = -\frac{1}{2}$

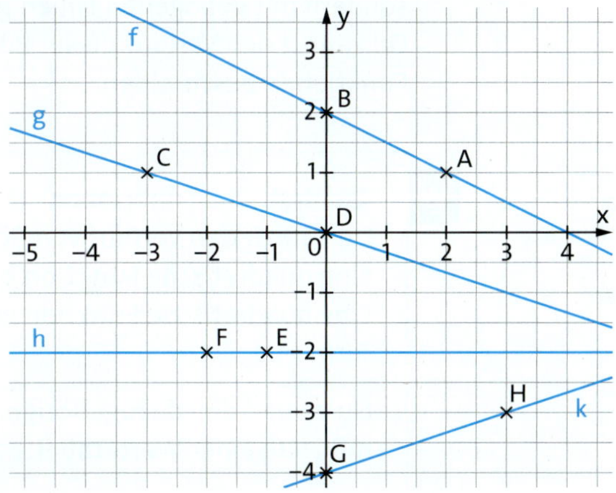

7 Zeichne die Graphen der Funktionen in einem Koordinatensystem. Teile die beiden Achsen von − 8 bis 8 ein. Beschreibe das Muster.

① $y = 2x + 1$ ② $y = 2x - 1$

③ $y = -2x + 1$ ④ $y = -2x - 1$

8 Mark sagt: „Der Punkt P(−1 | −5) liegt auf der Geraden der Funktion $y = -x - 6{,}5$.“

a) Zeichne die Gerade und den Punkt P in ein Koordinatensystem. Begründe mit Hilfe der Zeichnung, dass die Aussage nicht stimmt.

b) Passe die x-Koordinate des Punkts P so an, dass der Punkt P auf der Geraden liegt.

c) An welcher Stelle schneidet die Gerade die x-Achse?

9 Riccis Fallschirm öffnet sich 1800 m über dem Boden. Pro Minute sinkt Ricci um 240 m.

a) Bestimme die Funktionsgleichung, die den Fallschirmsprung beschreibt.

b) Berechne die Flughöhe nach 2,5 Minuten.

c) Zeichne den Graphen. Überlege dir vorher eine sinnvolle Einteilung der Achsen. Wann erreicht Ricci den Boden?

d) Warum ist es nicht sinnvoll, den y-Wert für $x = -1$ zu berechnen?

Quadratische Funktionen und die Normalparabel

Einige Gebäude haben Dächer, die nicht gerade, sondern mit gebogenen Linien gestaltet sind. Du kannst den Verlauf dieser Bögen durch Funktionen beschreiben.

Anstelle von $f(x) = 2x^2 + 1$ *kannst du auch* $y = 2x^2 + 1$ *schreiben.*

W

Quadratische Funktionen
Du kannst den Verlauf von Bögen durch eine **quadratische Funktion** beschreiben. Eine quadratische Funktion enthält den Term $\mathbf{x^2}$.

Du kannst den dazugehörigen Graphen mit Hilfe einer **Wertetabelle** zeichnen.

Der dazugehörige Graph heißt Parabel. Die Parabel ist **nach oben offen** oder **nach unten offen**.

Der tiefste oder der höchste Punkt einer Parabel heißt **Scheitelpunkt S**.

Alle Parabeln haben eine Symmetrieachse und sind deshalb **achsensymmetrisch**.

Funktionsgleichung $f(x) = 2x^2 + 1$
Die Funktion f ist eine quadratische Funktion. Denn f enthält x^2.

Wertetabelle

x	−1	0	1
y = f(x)	3	1	3

Rechnung für $x = -1$
$y = 2 \cdot (-1)^2 + 1$
$= 3$

Graph

Die Parabel ist nach oben offen.

Scheitelpunkt S(0|1)

die Symmetrieachse

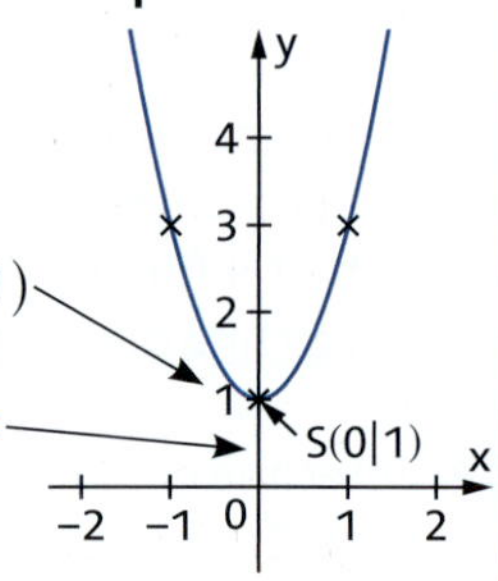

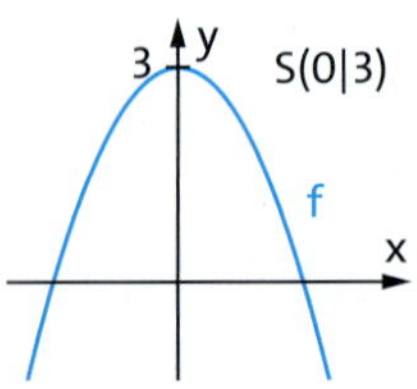

Die Parabel ist ***nach unten offen.***

▶ **Aufgabe** Ist f eine quadratische Funktion? Begründe.
a) $f(x) = 3x^2 + 1$ b) $f(x) = \frac{1}{2}x^2 + 5$ c) $f(x) = 2x - 5$

▶ 1 ▶ 1 ▶ 1

Was ist die einfachste quadratische Funktion? Wie heißt der dazugehörige Graph?

Die Normalparabel
Die einfachste quadratische Funktion hat die Funktionsgleichung
$\mathbf{f(x) = x^2}$ oder $y = x^2$.
Der dazugehörige Graph heißt Normalparabel.

Die Normalparabel ist nach oben offen. Der tiefste Punkt der Normalparabel ist der Scheitelpunkt S(0|0).

Die Symmetrieachse der Normalparabel ist die y-Achse.

Funktionsgleichung $f(x) = x^2$

Wertetabelle

x	−2	−1	0	1	2
y = f(x)	4	1	0	1	4

Graph

Die Normalparabel ist **nach oben offen.**

die Symmetrieachse

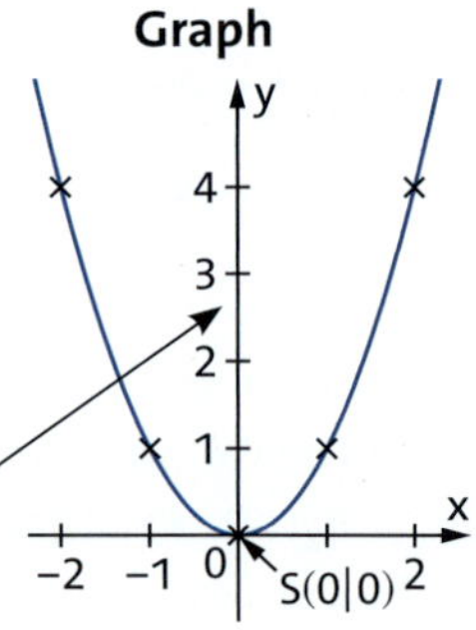

▶ **Aufgabe** Übertrage die Wertetabelle in dein Heft. Ergänze sie für die x-Werte −3 und 3. Zeichne dann die Normalparabel.

▶ 6 ▶ 5 ▶ 5

1 Was ist eine quadratische Funktion?
Ergänze den Lückentext im Heft.
Eine quadratische Funktion enthält den Term __.
Der dazugehörige Graph heißt ________.
Die Parabel ist nach _____ oder nach _____ geöffnet. Der tiefste oder höchste Punkt der Parabel ist der ___________.

Sprachhilfe: Verwende: Scheitelpunkt – Parabel – oben – unten – x^2

2 Welche der Funktionen ist eine quadratische Funktion?

Der Funktionsterm enthält $\mathbf{x^2}$.

Beispiel
der Funktionsterm
① $y = 2\mathbf{x^2} + 1$ ist **eine** quadratische Funktion.
② $y = 2x + 1$ ist **keine** quadratische Funktion.

a) $y = 3x + 8$
b) $y = -3x^2$
c) $y = 7 - x^2$
d) $y = 5x^2 - 2$

Tipp: Prüfe, ob der Funktionsterm $\mathbf{x^2}$ enthält oder nicht.

3 Gehört der Graph zu einer quadratischen Funktion?

①
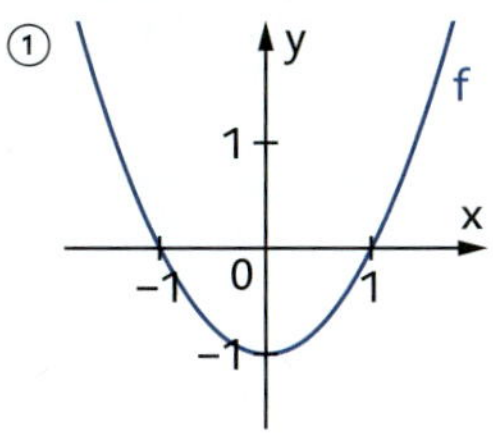

②
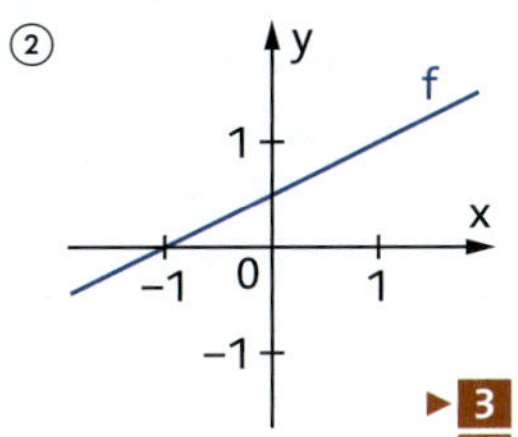

▶ 3

Tipp: Prüfe, ob der Graph eine Parabel ist.

4 Ergänze die Wertetabelle zur abgebildeten Parabel im Heft. Lies dazu zu den x-Werten die zugehörigen y-Werte ab.

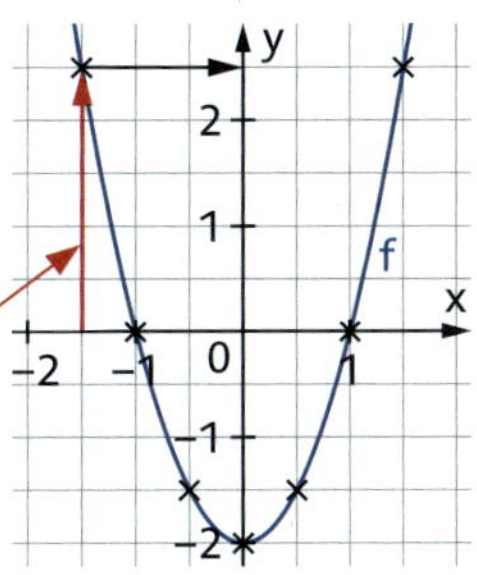

x	–1,5	–1	–0,5	0	0,5	1	1,5
y	2,5						

▶ 4

5 Die Wertetabelle gehört zur Funktionsgleichung $y = x^2 - 4$.
Berechne die fehlenden y-Werte und vervollständige die Wertetabelle im Heft.
Setze dazu die x-Werte in die Funktionsgleichung ein. **Beispiel** $y = (-3)^2 - 4 = 5$

x	–3	–2	–1	0	1	2	3
y	5						5

6 Gegeben ist $y = x^2$.
a) Ordne die Fachbegriffe auf den Kärtchen den Teilen der Zeichnung ① bis ③ zu.

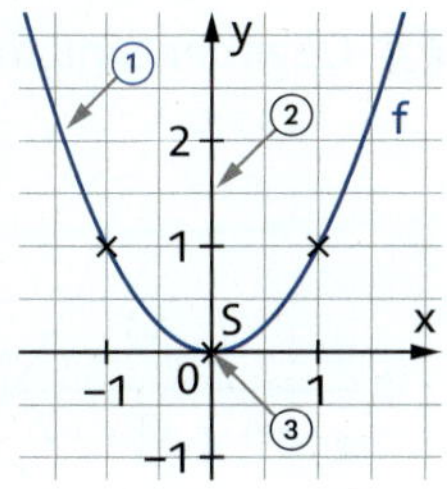

der Scheitelpunkt

die Normalparabel

die Symmetrieachse

b) Ergänze die Wertetabelle im Heft.
Lies dazu die y-Werte aus der Zeichnung ab.

x	–2	–1	0	1	2
y	4				4

▶ 5

7 Zeichne die Normalparabel.
Die Funktionsgleichung ist $y = x^2$.

Gehe so vor:
① Erstelle eine Wertetabelle für die x-Werte: –3, –2, –1, 0, 1, 2 und 3.
② Berechne die y-Werte und trage sie in die Wertetabelle ein.
③ Trage die Wertepaare als Punkte in ein Koordinatensystem ein.
④ Verbinde die Punkte zu einer Normalparabel.

8 Überprüfe rechnerisch, ob der Punkt P auf der Normalparabel liegt.

Gehe so vor:
① Setze den x-Wert in $y = x^2$ ein.
② Berechne den y-Wert.
③ Vergleiche den **berechneten y-Wert** mit dem gegebenen y-Wert.

Beispiel P(–3 | –9)
① $\mathbf{y} = f(-3) = (-3)^2$
② $(-3)^2 = \mathbf{9}$
③ **9** ist ungleich –9.
Also liegt der Punkt P nicht auf der Normalparabel.

a) P(–8 | –64) b) P(2,5 | 6,25) c) P(–5 | –25)
d) Notiere drei weitere Punkte, die auf der Normalparabel liegen.

1 Ist f eine quadratische Funktion? Begründe.

Beispiel ① $f(x) = x^2 - 3$
② $f(x) = 4x - 2$

① f **ist** eine quadratische Funktion, denn f **enthält x^2**.

② f ist **keine** quadratische Funktion, denn f **enthält kein x^2**.

a) $f(x) = 2x^2 + 5$ b) $f(x) = -3x + 1$
c) $f(x) = -x^2$ d) $f(x) = -4 + 0{,}5x$

2 Gegeben sind die Graphen von Funktionen.

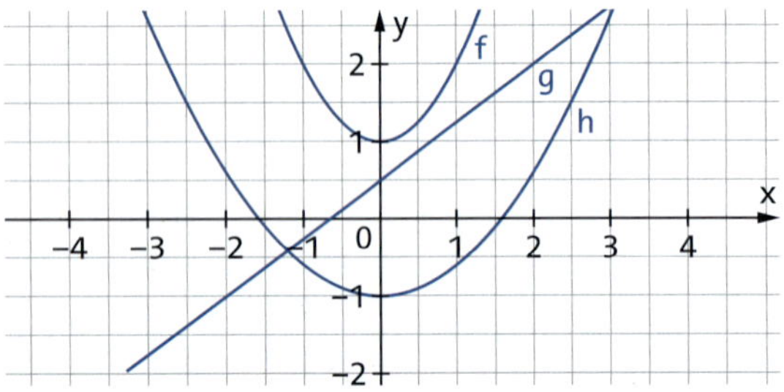

a) Notiere, welche Graphen Parabeln sind.

b) Ordne jeder Parabel aus a) den Scheitelpunkt zu.

S(0|1) S(0|−1)

▸ 3

3 Ordne jeder Parabel f, g und h die richtige Wertetabelle ① bis ④ zu. Überprüfe dazu, ob alle Wertepaare Punkte der Parabel sind. Eine Wertetabelle bleibt übrig.

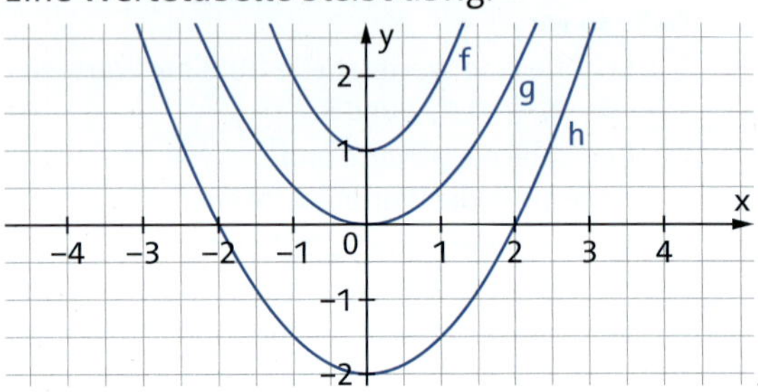

①

x	−1	0	1
y	−1,5	−2	−1,5

②

x	−1	0	1
y	0,5	0	0,5

③

x	−1	0	1
y	1,5	−2	1,5

④

x	−1	0	1
y	2	1	2

4 Gegeben ist $f(x) = 0{,}5x^2 - 3$.
Ergänze die Wertetabelle im Heft.

x	−2	−1	0	1	2	3	4
f(x)	−1						

Beispiel $x = -2$:
$y = f(-2) = 0{,}5 \cdot (-2)^2 - 3 = -1$

5 Gegeben ist die einfachste quadratische Funktion mit der Funktionsgleichung $f(x) = x^2$.

a) Erstelle eine Wertetabelle von −3 bis 3 mit einer Schrittweite von 0,5 im Heft. Berechne die y-Werte und trage sie in die Wertetabelle ein.

b) Zeichne ein Koordinatensystem. Trage die Wertepaare als Punkte ein. Verbinde die Punkte zu einer Normalparabel.

c) Beschreibe die Normalparabel. Verwende die Fachbegriffe.

der Scheitelpunkt die Symmetrieachse

▸ 5

6 Der Punkt P liegt auf der Normalparabel mit der Funktionsgleichung $f(x) = x^2$.
Berechne den fehlenden y-Wert.

Beispiel P(−4|□)
für $x = -4$ in $f(x) = x^2$ einsetzen:
$y = f(-4) = (-4)^2 = 16$

a) P(−9|□) b) P(7|□) c) P(0,5|□)
d) P(−0,2|□) e) P(1,5|□) f) P(−12|□)

7 Überprüfe rechnerisch, ob der Punkt P auf, oberhalb oder unterhalb der Normalparabel mit der Funktionsgleichung $f(x) = x^2$ liegt.

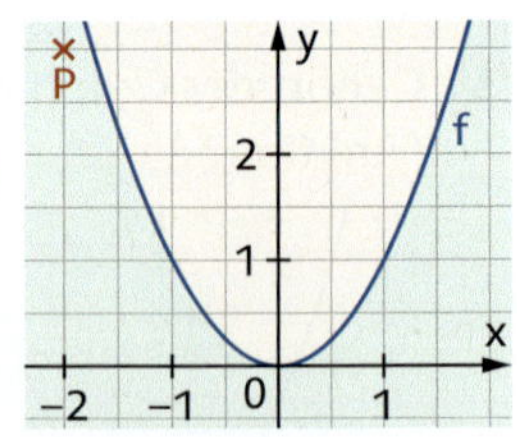

Beispiel P(−2|3)
$y = f(-2) = (-2)^2 = 4$ 3 ist kleiner als 4.
Der Punkt P liegt unterhalb der Normalparabel.

a) P(1,5|2,25) b) P(−0,1|0,02)
c) P(−2,2|4,4) d) P(0,4|0,16)
d) Überprüft gemeinsam eure Ergebnisse.

8 Lucia zeichnet mit Hilfe einer Wertetabelle die Normalparabel.

x	1	2	3
y	1	4	9

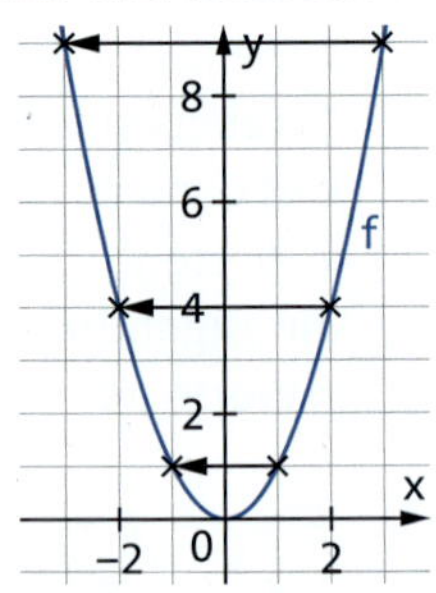

Warum benötigt Lucia nur die positiven x-Werte? Erklärt euch gegenseitig Lucias Vorgehensweise beim Zeichnen der Normalparabel.

Üben ☒

1 Ist f eine quadratische Funktion? Begründe.

Beispiel $f(x) = 0{,}5x - 3$
f ist **keine** quadratische Funktion, denn der Funktionsterm enthält kein x^2.

a) $f(x) = 0{,}25x^2 - 3$ b) $f(x) = 8 + 3x^2$

c) $f(x) = \frac{1}{3}x - \frac{3}{8}$ d) $f(x) = 4x^2 + 3x^3$

2 Gegeben sind die Graphen von Funktionen.

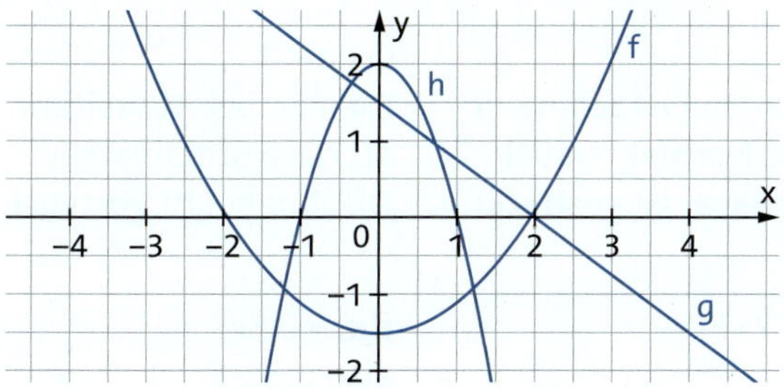

a) Notiere, welche Graphen Parabeln sind.
b) Notiere für jede Parabel den Scheitelpunkt.

3 Gegeben sind zwei Parabeln f und h.

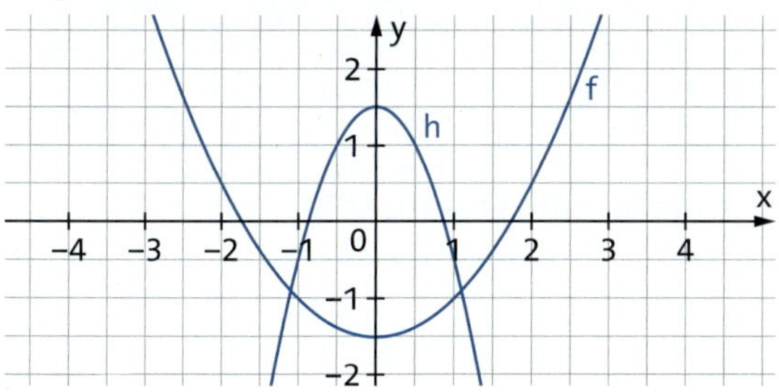

①

x	−1,5	−1	−0,5	0	0,5
y		−0,5			

②

x	−2	−1	0	1	2
y	0,5			0	

a) Ordne den Parabeln f und h die richtige Wertetabelle zu.
b) Ergänze die Wertetabellen passend zu den Parabeln im Heft.
Lies dazu die y-Werte an der Parabel ab.
c) Markiere das Wertepaar des Scheitelpunkts in deiner Wertetabelle.

4 Gegeben sind die Funktionsgleichungen $f(x) = -3x^2 + 4$ und $g(x) = 0{,}5x^2 - 2$.
a) Erstelle eine Wertetabelle von −2 bis 2 mit einer Schrittweite von 1 im Heft.
b) Zeichne ein Koordinatensystem in dein Heft. Trage die Wertepaare als Punkte ein. Verbinde die Punkte jeweils zu einer Parabel.
c) Markiere den Scheitelpunkt für jede Parabel.

5 Lucas hat die Normalparabel gezeichnet.

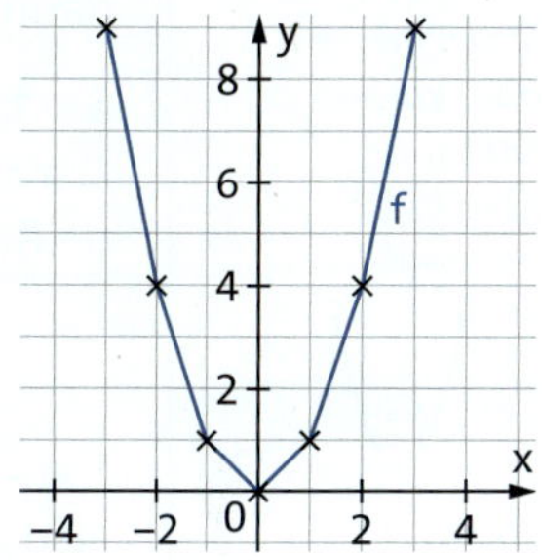

a) Beschreibe Lucas Fehler.
b) Zeichne die Normalparabel richtig in dein Heft. Erstelle zuerst eine Wertetabelle von −3 bis 3 mit einer Schrittweite von 0,5 im Heft. Berechne die y-Werte und trage sie in die Wertetabelle ein.

6 Die Punkte A bis C liegen auf der Normalparabel mit der Funktionsgleichung $f(x) = x^2$.
a) Berechne die fehlenden y-Werte.
① A(−3,5 | □) ② B$\left(\frac{1}{4} \middle| □\right)$ ③ C(−0,9 | □)
b) Notiere jeweils drei weitere Punkte, die auf der Normalparabel liegen.
c) Notiere zwei Punkte, die oberhalb der Normalparabel liegen und zwei Punkte, die unterhalb der Normalparabel liegen.

7 P(□ | 9) liegt auf der Normalparabel.
a) Nicolas sagt: „Zum Punkt P gibt es zwei zugehörige x-Werte −3 und 3."
Erklärt euch, warum Nicolas Recht hat.
b) Shirin meint: „Bei einer Normalparabel gibt es für jeden y-Wert ungleich 0 immer zwei zugehörige x-Werte." Hat Shirin Recht? Begründet.

8 Gegeben ist $f(x) = x^2$. Entscheide, ob die Aussagen wahr oder falsch sind. Begründe.
① Der Graph zu f heißt Parabel.
② Der Punkt P(−4,5 | −20,25) liegt auf der Normalparabel.

Tipp zu **1d**: Wenn der Funktionsterm außer x^2 auch x^3, x^4, … enthält, dann ist es keine quadratische Funktion.

Gestreckte Parabel und gestauchte Parabel

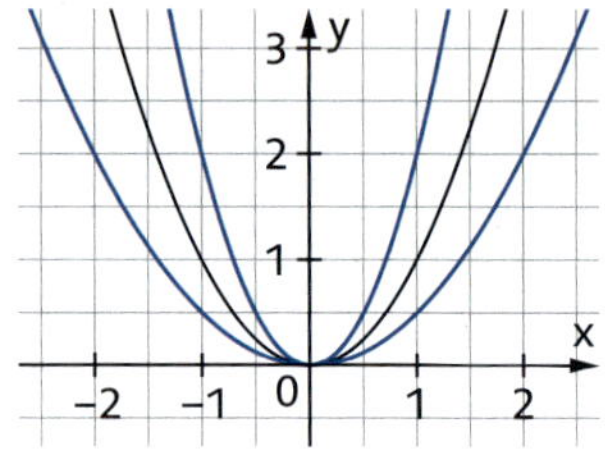

Manche Parabeln verlaufen schmaler oder breiter als die Normalparabel. Man kann an der Funktionsgleichung erkennen, wie eine Parabel verläuft.

Der Parameter a wird auch Streckfaktor a oder kurz Faktor a genannt.

strecken
gestreckt
die Streckung

stauchen
gestaucht
die Stauchung

W Wenn der Parameter a in der Funktionsgleichung $f(x) = ax^2$ **größer als 0** ist, dann ist die Parabel **nach oben offen**. Es gibt drei Fälle:

a = 1
Der dazugehörige Graph heißt **Normalparabel.**

$f(x) = x^2$
also $a = 1$,
denn $f(x) = x^2 = 1 \cdot x^2$

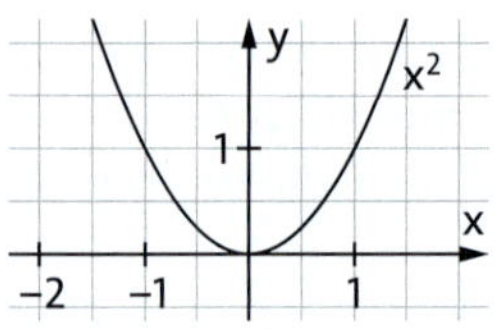

a > 1
Die Parabel ist **schmaler** als die Normalparabel: Die Parabel ist **gestreckt**.

$f(x) = 2x^2$
also $a = 2$

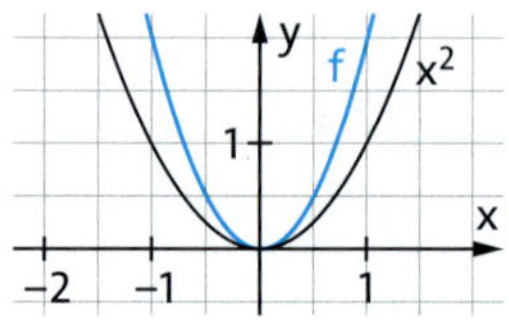

0 < a < 1
Die Parabel ist **breiter** als die Normalparabel: Die Parabel ist **gestaucht**.

$f(x) = 0{,}5x^2$
also $a = 0{,}5$

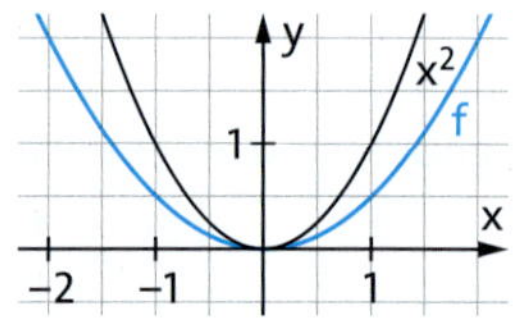

▶ **Aufgabe** Entscheide, ob die Parabel f gestreckt oder gestaucht ist.
a) $f(x) = 3x^2$ b) $f(x) = 0{,}8x^2$ c) $f(x) = 2{,}5x^2$

Wie verläuft eine Parabel, wenn der Parameter a kleiner als 0 ist?

W Wenn der Parameter a in der Funktionsgleichung $f(x) = ax^2$ **kleiner als 0** ist, dann ist die Parabel **nach unten offen**.

a = −1
Die **Normalparabel** ist an der x-Achse gespiegelt.

$f(x) = -x^2$
also $a = -1$,
denn $f(x) = -x^2 = -1 \cdot x^2$

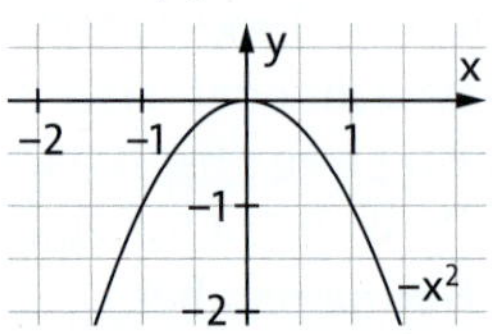

a < −1
Die Parabel ist **nach unten offen** und **gestreckt.**

$f(x) = -2x^2$
also $a = -2$

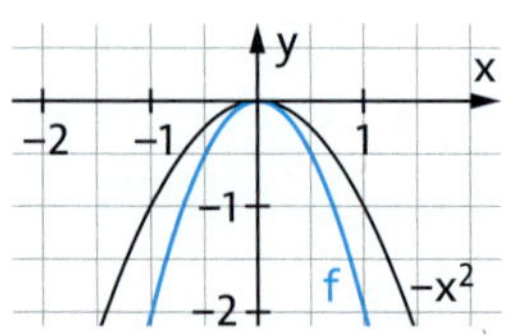

−1 < a < 0
Die Parabel ist **nach unten offen und gestaucht.**

$f(x) = -0{,}5x^2$
also $a = -0{,}5$

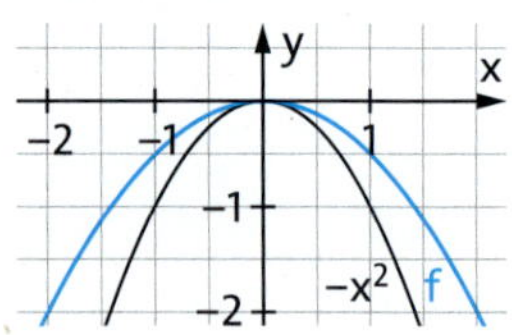

Streckung oder Stauchung sind Veränderungen der Normalparabel. Eine solche Veränderung nennt man ***Transformation****.*

▶ **Aufgabe** Entscheide, ob die Parabel f nach oben oder nach unten offen ist.
a) $f(x) = 4x^2$ b) $f(x) = -5x^2$ c) $f(x) = -3{,}5x^2$

1 Welche Parabel f ist schmaler und welche ist breiter als die **Normalparabel $y = x^2$**? Notiere.

① 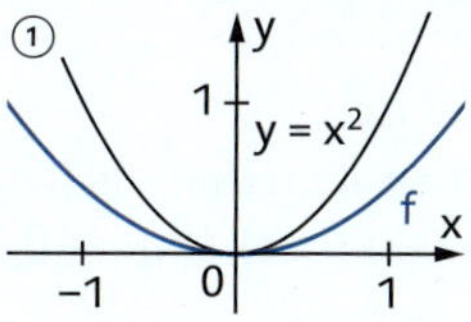

② 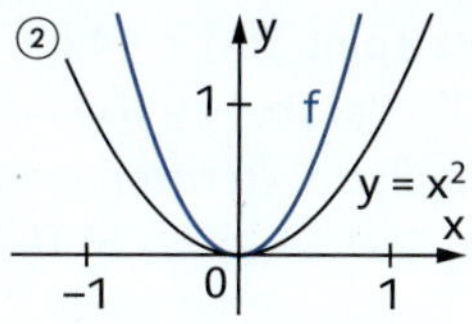

Sprachhilfe: Verwende: die Parabel f – als die Normalparabel – ist – schmaler / breiter

2 Welche Parabel f ist gestreckt und welche Parabel f ist gestaucht? Notiere im Heft.

① 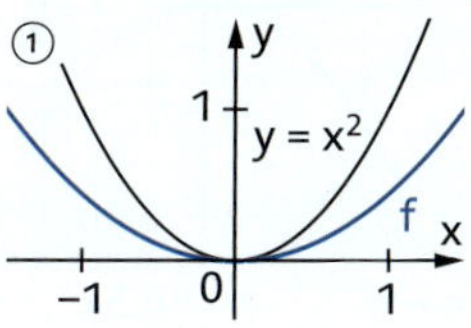

② 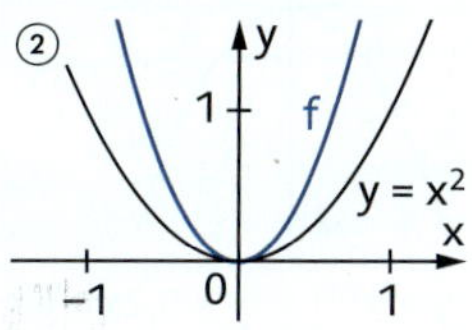

Tipp: Wenn die Parabel f schmaler als die **Normalparabel** ist, dann ist f gestreckt. Wenn die Parabel f breiter als die **Normalparabel** ist, dann ist f gestaucht.

3 Welche Parabel f ist gestreckt und welche Parabel f ist gestaucht?

Beispiel *gegeben*: $f(x) = 5x^2$

Gehe so vor:
① Notiere den Wert für a.
② Betrachte den Wert für a.
$a > 0$: Wenn a größer als 1 ist, dann ist die Parabel **gestreckt**.
$0 < a < 1$: Wenn a größer als 0 und kleiner als 1 ist, dann ist die Parabel **gestaucht**.

① $a = 5$
② $5 > 1$
Die Parabel f ist gestreckt.

a) $f(x) = 2x^2$ b) $f(x) = 3x^2$ c) $f(x) = 0{,}4x^2$

4 Ordne jeder Parabel eine Funktionsgleichung zu. Vervollständige dann zu jeder Parabel die beiden Sätze im Heft.

a) 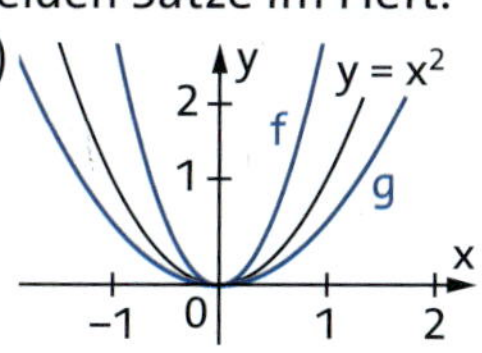

$y = 0{,}6x^2$ | $y = 2{,}5x^2$

b) 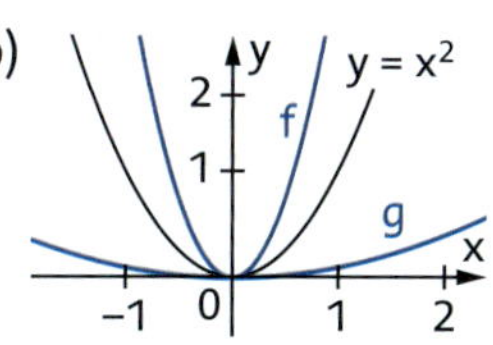

$y = 0{,}1x^2$ | $y = 3x^2$

Die Parabel ____ ist ____ als die Normalparabel.
Somit gehört zur Parabel ____ die Funktionsgleichung ____, weil a = ____ ist.

▶ 4

5 Gegeben ist die Funktionsgleichung $y = 2x^2$.

a) Ergänze die Wertetabelle im Heft.

Beispiel $y = 2 \cdot (-2)^2 = 8$

x	−2	−1	−0,5	0	0,5	1	2
y	8						

b) Erstelle ein Koordinatensystem. Die x-Achse geht von −2 bis 2, die y-Achse von 0 bis 8. Zeichne mit Hilfe der Wertetabelle aus a) die Parabel zu $y = 2x^2$ ein.

c) Ist die Parabel gestreckt oder gestaucht?

6 Welche Parabel f ist nach oben offen und welche Parabel f ist nach unten offen?

Beispiel *gegeben*: $f(x) = -2x^2$

Gehe so vor:
① Notiere den Wert für a.
② Betrachte den Wert für a.
$a > 0$: Wenn a größer als 0 ist, dann ist die Parabel **nach oben offen**.
$a < 0$: Wenn a kleiner als 0 ist, dann ist die Parabel **nach unten offen**.

① $a = -2$
② $-2 < 0$
Die Parabel ist nach unten offen.

a) $f(x) = 3x^2$ b) $f(x) = -0{,}5x^2$ c) $f(x) = -x^2$

7 Welche Parabel und welche Funktionsgleichung gehören zusammen? Ordne die Kärtchen richtig zu.

a) 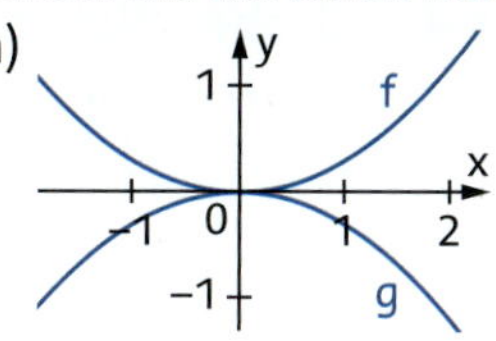

$y = 0{,}3x^2$ | $y = -0{,}3x^2$

b) 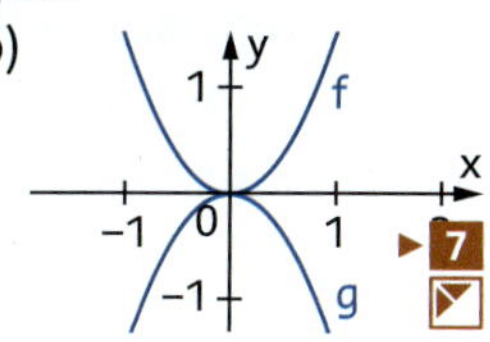

$y = 1{,}5x^2$ | $y = -1{,}5x^2$

▶ 7

8 Die Parabel f ist nach unten offen. Ist die Parabel gestreckt oder gestaucht?

a) $f(x) = -7x^2$ b) $f(x) = -3{,}5x^2$ c) $f(x) = -0{,}6x^2$

Tipp: $a < -1$: Wenn a kleiner als −1 ist, dann ist die Parabel **gestreckt**.
$-1 < a < 0$: Wenn a größer als −1 und kleiner als 0 ist, dann ist die Parabel **gestaucht**.

9 Welche Funktionsgleichung beschreibt ungefähr den Bogen der Brücke?

$y = 0{,}12x^2$

$y = -0{,}12x^2$

1 Welche Parabel ist gestreckt und welche ist gestaucht? Vervollständige je einen Satz für die Parabel g und die Parabel h.
Verwende die Kärtchen.

gestaucht | h | g | gestreckt | schmaler | breiter

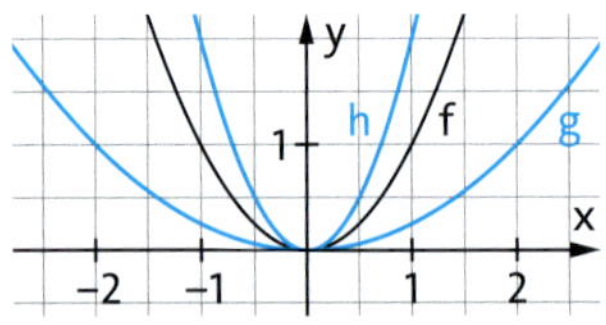

Die Parabel __ ist ______, weil die Parabel _________ als die Normalparabel f ist.

2 Begründe, ob die Parabel f gestreckt oder gestaucht ist. Wähle für die Begründung das passende Kärtchen.

..., weil a = □ größer als 0 und kleiner als 1 ist.

..., weil a = □ größer als 1 ist.

Beispiel $f(x) = 3x^2$. Die Parabel zu $f(x) = 3x^2$ ist gestreckt, weil $a = 3$ größer als 1 ist.

a) $f(x) = 2x^2$ b) $f(x) = 0{,}3x^2$ c) $f(x) = 1{,}5x^2$

3 Ordne jeder Parabel eine Funktionsgleichung richtig zu. Bestimme dazu den Parameter a der Parabel. Gehe so vor:

① Starte in S(0|0).
② Gehe 1 Einheit nach rechts.
③ Gehe bis zur Parabel nach oben. Notiere a.

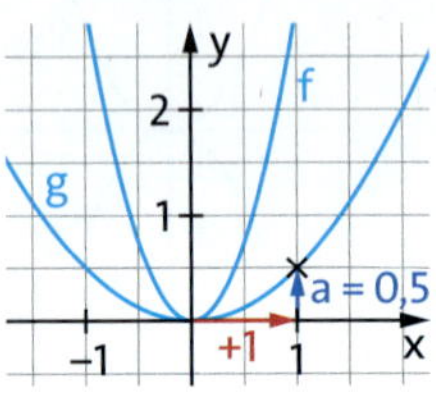

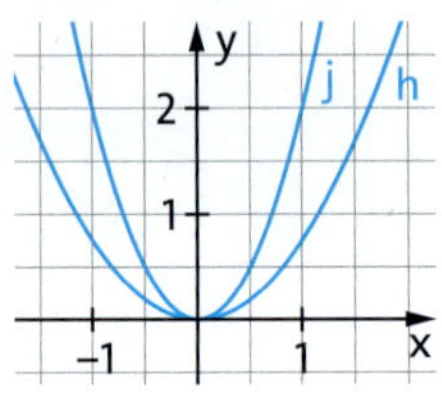

$y = 2x^2$ | $y = 0{,}75x^2$ | $y = 0{,}5x^2$ | $y = 3x^2$

Beispiel zu g: $a = 0{,}5$
Zur Parabel g gehört $y = 0{,}5x^2$.

► 3 ☒

4 ▼ Gegeben sind $f(x) = x^2$ und $g(x) = 0{,}2x^2$.

a) Erstelle jeweils eine Wertetabelle für f und g mit den x-Werten −5; −4; −3; ...; 3; 4; 5.
b) Zeichne beide Parabeln f und g in ein gemeinsames Koordinatensystem.
c) Beschreibe die Parabel g im Vergleich zur Normalparabel f. *Die Parabel g ist _____ als die Normalparabel f. Die Parabel g ist _____.*

5 Entscheide, ob die Parabel zu f nach unten offen oder nach oben offen ist. Begründe.

Beispiel $f(x) = -4x^2$
Die Parabel zu $f(x) = -4x^2$ ist nach unten offen, weil $a = -4$ kleiner als 0 ist.

a) $f(x) = -2x^2$ b) $f(x) = 0{,}5x^2$ c) $f(x) = -0{,}2x^2$

6 Welche Parabel und welche Funktionsgleichung gehören zusammen? Ordne die Kärtchen richtig zu.

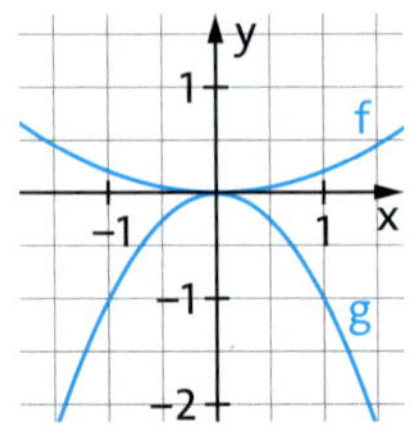

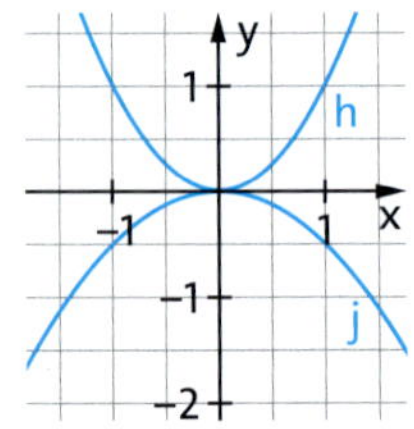

$y = x^2$ | $y = 0{,}2x^2$ | $y = -x^2$ | $y = -0{,}5x^2$

► 3 ☒

7 Beschreibe die Parabel zu f.
Verwende: gestreckt oder gestaucht, nach oben offen oder nach unten offen.

Beispiel $f(x) = -4x^2$
Die Parabel zu $f(x) = -4x^2$ ist gestreckt und nach unten offen.

a) $f(x) = 5x^2$ b) $f(x) = -0{,}1x^2$ c) $f(x) = -2{,}5x^2$

8 Der Punkt P liegt auf einer Parabel mit der Funktionsgleichung $f(x) = ax^2$.
Bestimme a und die Funktionsgleichung.

Beispiel P(−2|12)
$12 = a \cdot (-2)^2$
$12 = a \cdot 4 \quad |:4$
$a = 3$ und $f(x) = 3x^2$

a) P(3|18) b) P(−1|5) c) P(4|−16)

9 ▼ Das Stahlseil hat ungefähr die Form einer Parabel mit $f(x) = 0{,}003x^2$. In welcher Höhe ist das Stahlseil am Pfeiler befestigt? Berechne.

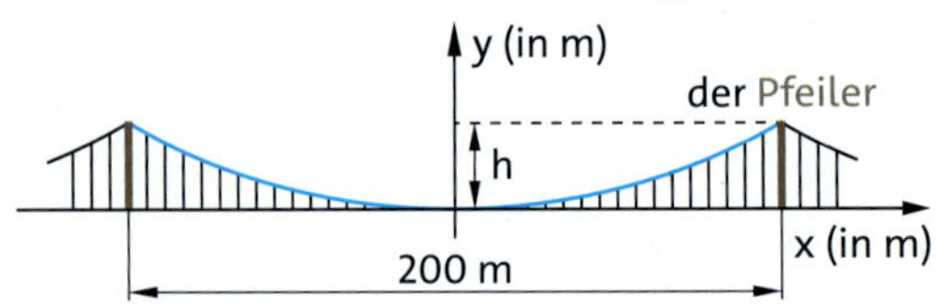

Sprachhilfe zu **4c**: Verwende: schmaler oder breiter / gestaucht oder gestreckt
Hinweis zu **9**: Berechne den y-Wert zum x-Wert $x = \frac{200}{2}$ m.

1 Welche Parabel ist gestreckt?
Welche Parabel ist gestaucht? Begründe.

a)

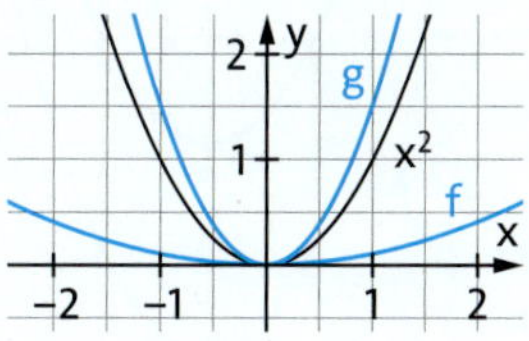

b)

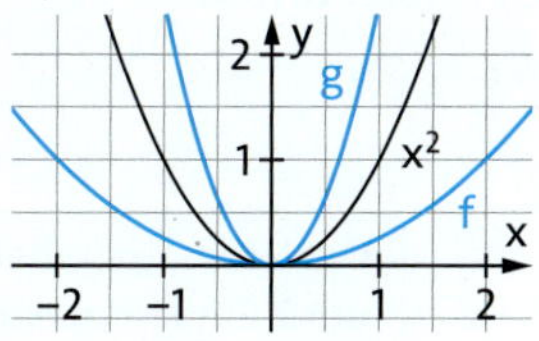

2 Begründe, ob die Parabel f gestreckt oder gestaucht ist.

Beispiel $f(x) = 5x^2$
Die Parabel zu $f(x) = 5x^2$ ist gestreckt, weil $a = 5$ größer als 1 ist.

a) $f(x) = 3x^2$ b) $f(x) = 1{,}2x^2$ c) $f(x) = 0{,}2x^2$

3 An einer Parabel kannst du den Parameter a ablesen und die Funktionsgleichung aufstellen. Bestimme die Funktionsgleichung zu jeder Parabel.

Beispiel

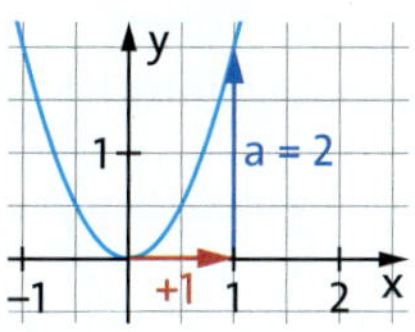

Gehe 1 Einheit nach rechts und 2 Einheiten nach oben: a = 2
$y = 2x^2$

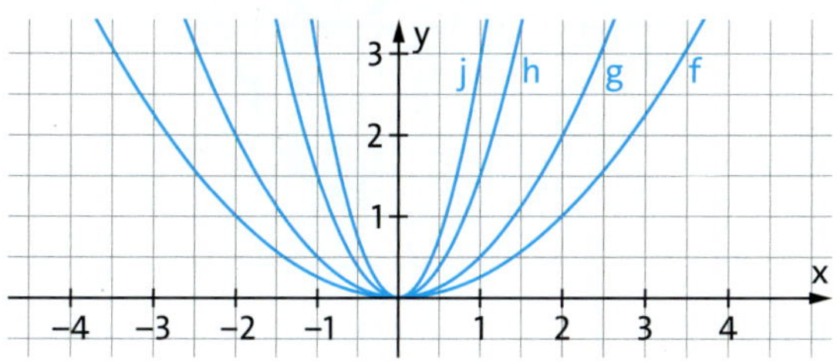

4 Gegeben sind vier Wertetabellen zu $f(x) = ax^2$.

①

x	0	1	2
y	0	3	12

②

x	0	1	2
y	0	0,2	0,8

③

x	−3	−2	−1
y	0,9	0,4	0,1

④

x	−3	−2	−1
y	13,5	6	1,5

a) Gehört die jeweilige Wertetabelle zu einer gestreckten oder gestauchten Parabel? Erstelle zuerst eine Wertetabelle zur Normalparabel $f(x) = x^2$. Vergleiche dann die y-Werte.
b) Erkläre, wie du in ① bis ④ den Parameter a ablesen kannst. Bestimme für ① bis ④ den Parameter a und die dazugehörige Funktionsgleichung.

5 Entscheide, ob die Parabel f gestreckt oder gestaucht ist und nach unten offen oder nach oben offen ist. Begründe.

Beispiel $f(x) = -0{,}2x^2$
Die Parabel f ist gestaucht und nach unten offen, weil $a = -0{,}2$ größer als −1 und kleiner als 0 ist.

a) $f(x) = -3x^2$ b) $f(x) = 3{,}5x^2$ c) $f(x) = -0{,}9x^2$

6 Notiere zu jeder Parabel eine Funktionsgleichung. Bestimme jeweils den Parameter a. Gehe so wie in Aufgabe 3 vor.

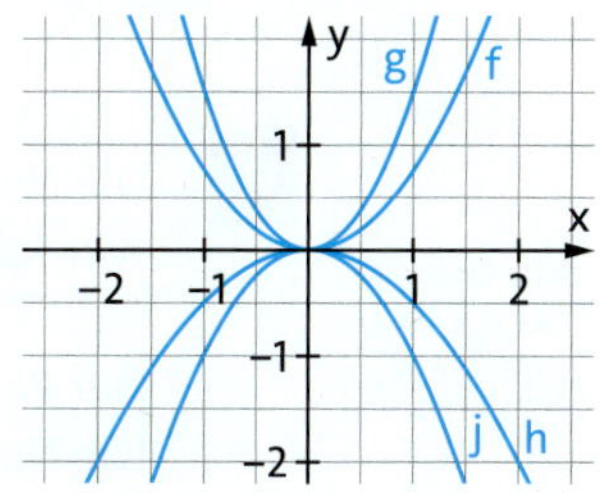

7 Eine Parabel mit der Funktionsgleichung $f(x) = ax^2$ verläuft durch $P(-3|-18)$. Vicky möchte den Parameter a berechnen und stellt die Gleichung auf: $-18 = a \cdot (-3)^2$

a) Erklärt euch Vickys Gleichung.
b) Führe Vickys Rechnung im Heft zu Ende.
c) Eine andere Parabel mit der Funktionsgleichung $g(x) = ax^2$ verläuft durch den Punkt $P(5|8{,}75)$. Berechne a. Notiere die Funktionsgleichung.

8 Gehört der Punkt P zur Funktion?

a) Überprüfe die Aussagen ① und ② rechnerisch. Setze dazu den x-Wert in die Funktionsgleichung ein.
① $P(-6|-5{,}4)$ gehört zu $f(x) = -0{,}15x^2$.
② $P(0{,}25|9)$ gehört zu $f(x) = 12x^2$.
b) Karlo sagt: „Der Punkt $P(-2|-4)$ liegt nicht auf der Normalparabel.“ Erkläre ohne Rechnung, warum Karlos Aussage richtig ist.

9 Das Stahlseil hat ungefähr die Form einer Parabel mit $f(x) = ax^2$. Bestimme den Parameter a. Notiere dazu den x-Wert und den y-Wert von P. Setze den x-Wert und den y-Wert in $f(x) = ax^2$ ein.

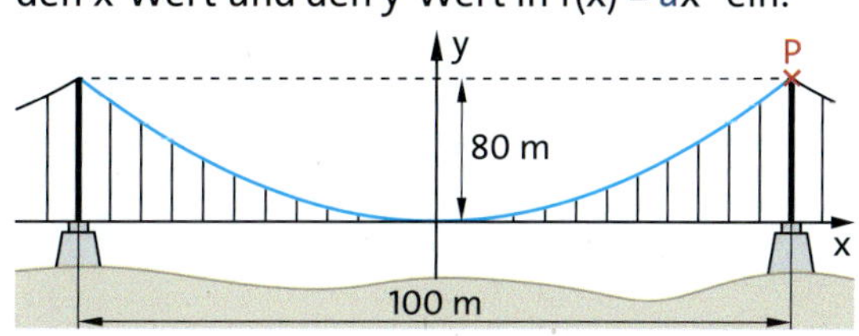

Nach oben oder nach unten verschobene Parabeln

Eine Normalparabel kann nach oben oder nach unten verschoben sein. Wie kannst du das an der Funktionsgleichung erkennen?

x	–2	–1	0	1	2
$f(x) = x^2$	4	1	0	1	4
$g(x) = x^2 + 2$	6	3	2	3	6

+ 2

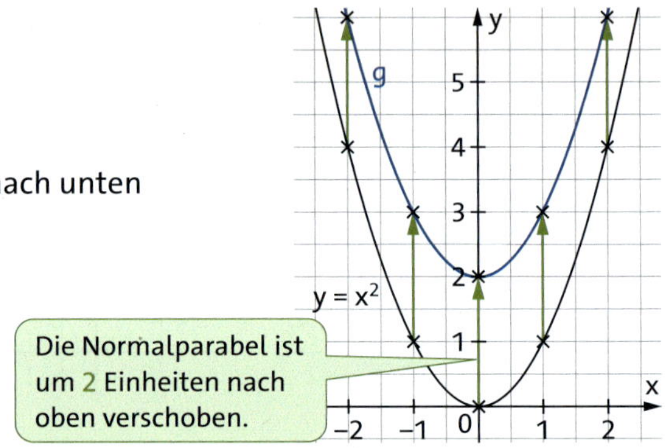

Anstelle von $f(x) = x^2 + e$ schreibt man auch $f(x) = x^2 + c$.

W Die Normalparabel kann entlang der **y-Achse nach oben** oder **nach unten** verschoben werden. In der Funktionsgleichung $f(x) = x^2 + e$ ist e der y-Achsenabschnitt.

e > 0	e < 0
Der Parameter e ist größer als 0. Die Normalparabel ist um e Einheiten **nach oben** verschoben.	Der Parameter e ist kleiner als 0. Die Normalparabel ist um e Einheiten **nach unten** verschoben.

Die Parabel mit $f(x) = x^2 + e$ hat den y-Achsenabschnitt e und den Scheitelpunkt S(0 | e).

$g(x) = x^2 + 2$ e = 2 ist größer als 0.
Die Normalparabel ist um 2 Einheiten **nach oben** verschoben.
Der y-Achsenabschnitt ist 2.

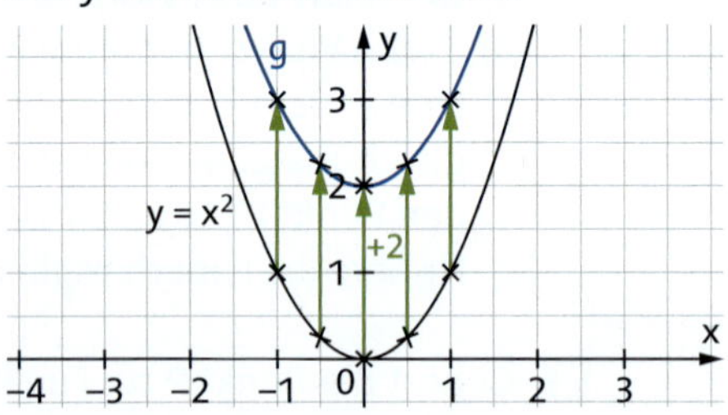

$h(x) = x^2 - 2$ e = –2 ist kleiner als 0.
Die Normalparabel ist um 2 Einheiten **nach unten** verschoben.
Der y-Achsenabschnitt ist –2.

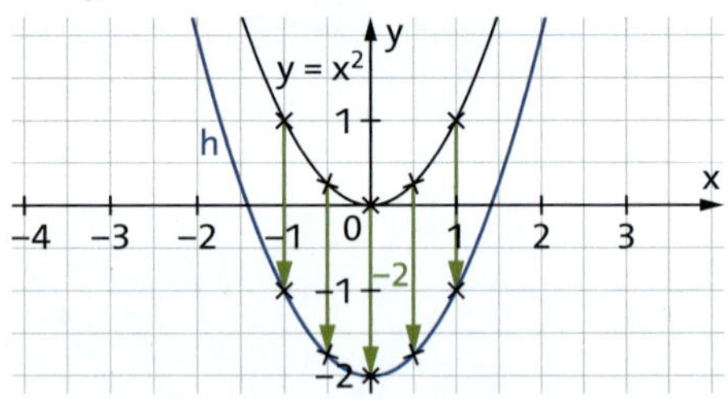

Verschiebungen sind Veränderungen der Normalparabel. Eine solche Veränderung nennt man ***Transformation.***

▶ **Aufgabe** Wird die Normalparabel nach unten oder nach oben verschoben? Begründe.
a) $f(x) = x^2 - 1$ b) $f(x) = x^2 + 3$ c) $f(x) = x^2 - 0{,}5$ ▶ 1 ▶ 1 ▶ 1

Eine gestreckte oder gestauchte Parabel kann nach oben oder nach unten verschoben sein.

Alle Parabeln mit $f(x) = ax^2 + e$ sind achsensymmetrisch zur y-Achse. Der Scheitelpunkt ist S(0 | e).

W In der Funktionsgleichung $f(x) = ax^2 + e$ erkennst du am Parameter …

- a, ob die Parabel **gestreckt** oder **gestaucht** sowie **nach oben offen** oder **nach unten offen** ist,
- e, ob die Parabel **nach oben** oder **nach unten** verschoben ist. Der Parameter e ist der y-Achsenabschnitt der Parabel.

$f(x) = 0{,}5x^2 + 2$
a = 0,5 ist größer als 0 und kleiner als 1.
Die Parabel f ist **gestaucht** und nach **oben offen.**

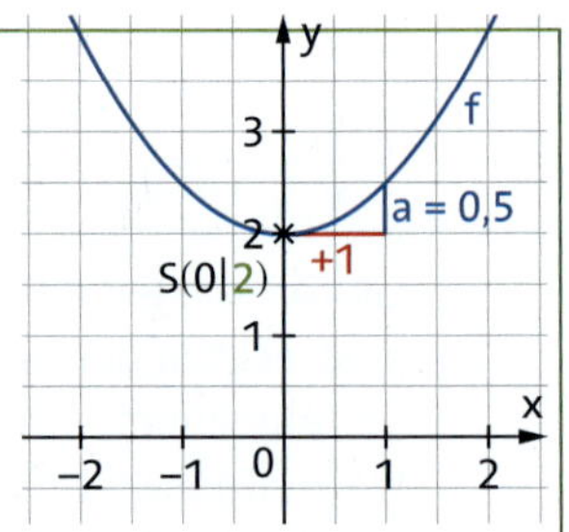

e = 2 ist größer als 0. Die Parabel ist um 2 Einheiten **nach oben** verschoben.

▶ **Aufgabe** Beschreibe, wie die Parabel f zu $f(x) = -0{,}5x^2 + 5$ aus der Normalparabel entsteht. ▶ 5 ▶ 5 ▶ 5

1 René verschiebt die **Normalparabel $y = x^2$**.
Hat René die Normalparabel nach unten oder nach oben verschoben?
Ordne den y-Achsenabschnitt e passend zu.

① 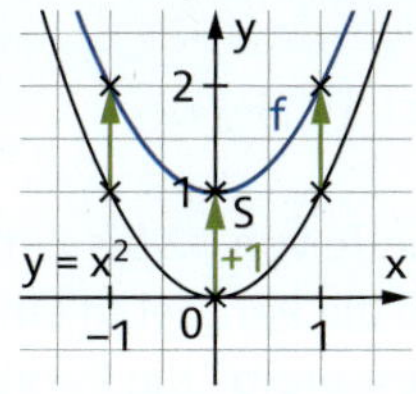

② 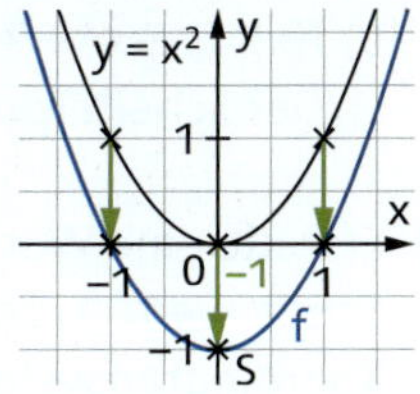

e = 1	e = −1

2 Ordne jeder verschobenen Normalparabel f den Scheitelpunkt $S(0|e)$ passend zu.

① 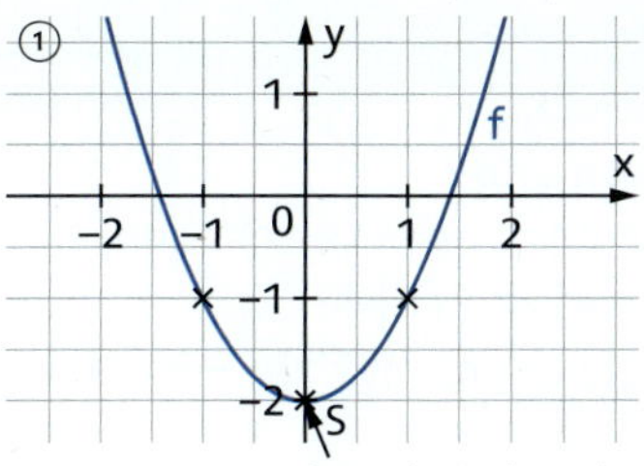

Tipp: Wenn eine Parabel nach oben offen ist, dann heißt der tiefste Punkt **Scheitelpunkt S.**

② 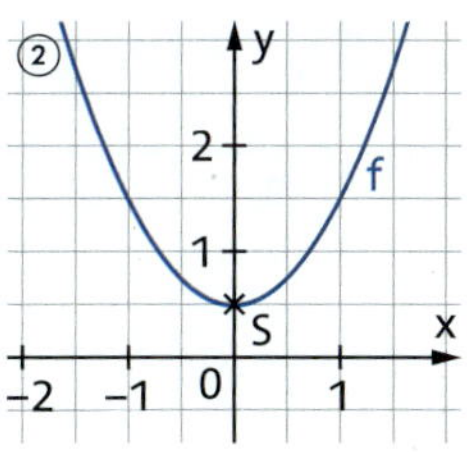

③ 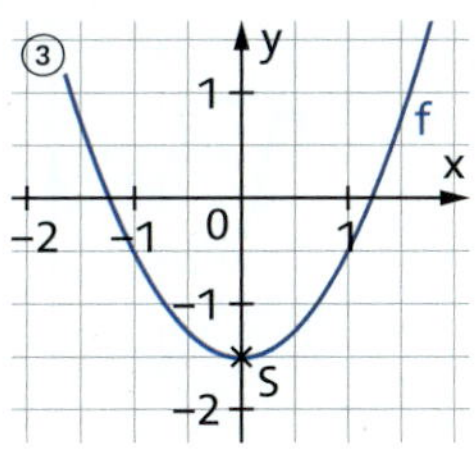

$S(0\|-1{,}5)$	$S(0\|0{,}5)$	$S(0\|-2)$

3 Beschreibe, wie die Parabel f aus der Normalparabel $y = x^2$ entstanden ist. Notiere den y-Achsenabschnitt e und den Scheitelpunkt S.

Beispiel

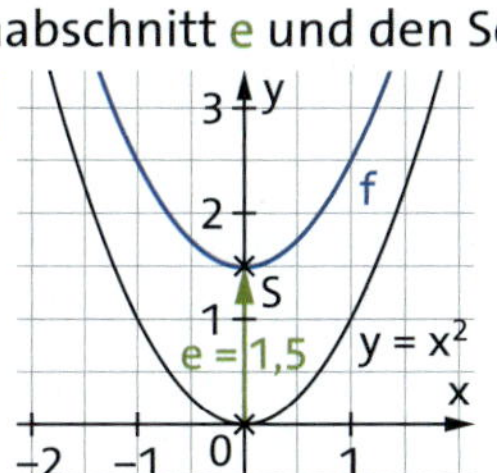

Die Normalparabel ist um 1,5 Einheiten nach **oben verschoben**.
Also ist $e = 1{,}5$ und $S(0|1{,}5)$.

a) 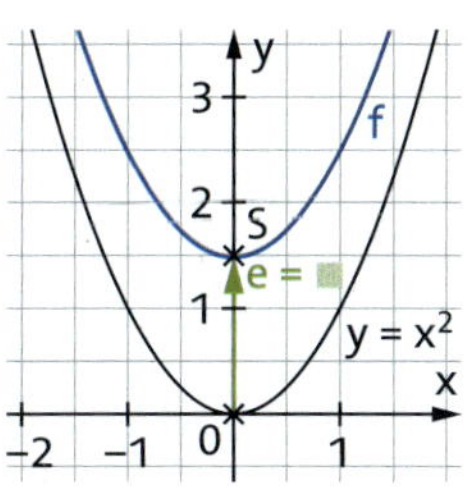

b) 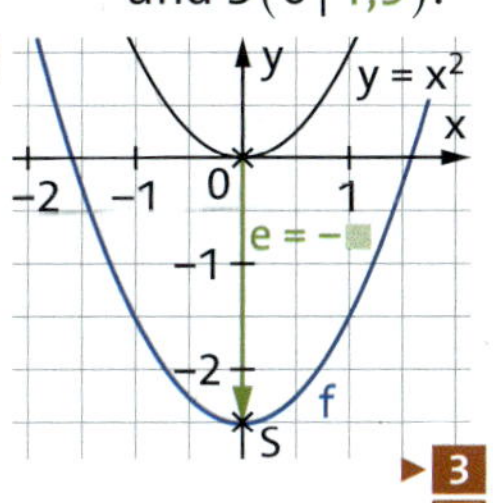

▸ 3

4 Welche Parabel f gehört zu welcher Funktionsgleichung? Ordne die Kärtchen richtig zu.
Ein Kärtchen bleibt übrig.

① 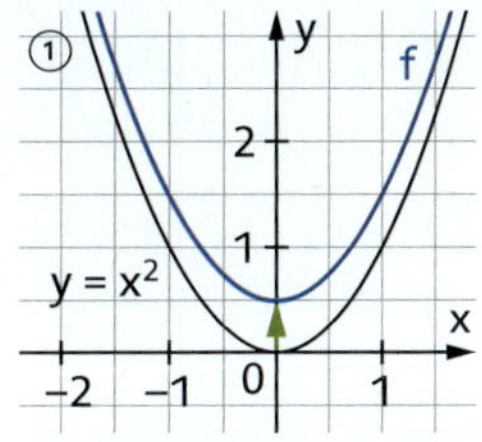

② 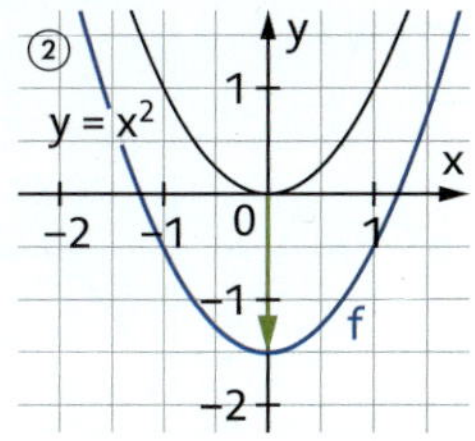

③ 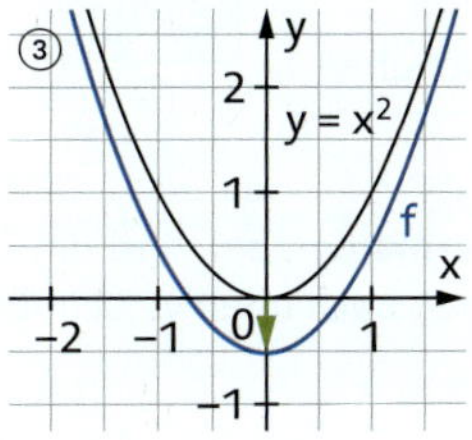

$y = x^2 - 0{,}5$	$y = x^2 + 1{,}5$	$y = x^2 + 0{,}5$	$y = x^2 - 1{,}5$

Gehe so vor:
1. Bestimme den y-Achsenabschnitt e.
2. Notiere den Wert für e in $y = x^2 + e$.

▸ 3

5 Beschreibe, wie die Parabel f aus der **Normalparabel $y = x^2$** entsteht.
Notiere dann den Scheitelpunkt S.

Beispiel Die Parabel f ist nach oben offen und schmaler als die **Normalparabel**.
Also ist die Parabel f gestreckt.
Die Parabel f ist um 1 Einheit nach oben verschoben.
Der Scheitelpunkt ist $S(0|1)$.

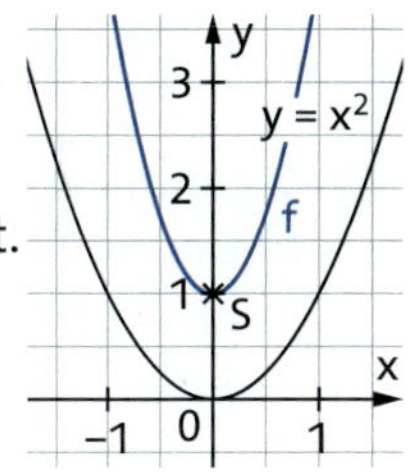

a) 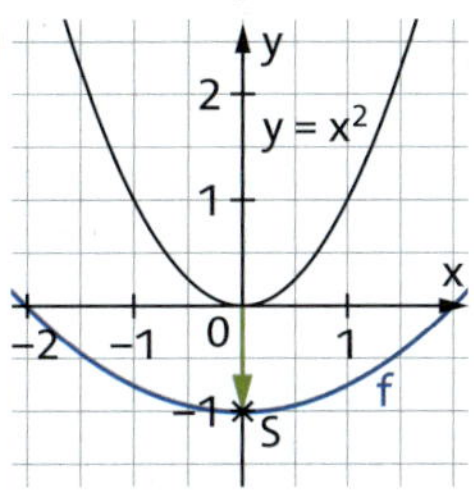

b) 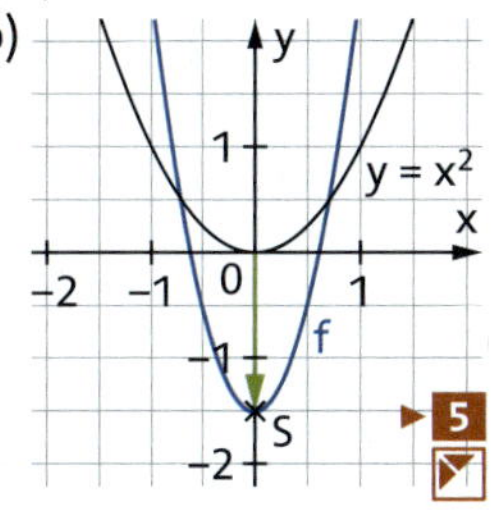

▸ 5

6 Zeichne mit Hilfe der Wertetabelle die zugehörige Parabel in ein Koordinatensystem.
Beschreibe die Parabel. Notiere den y-Achsenabschnitt und den Scheitelpunkt.

x	−2	−1	0	1	2
y	6	0	−2	0	6

Tipp: Beschreibe, ob die Parabel gestreckt oder gestaucht ist und ob sie nach oben oder nach unten verschoben ist.

1 Ordne jeder verschobenen Normalparabel den y-Achsenabschnitt e, Scheitelpunkt S und die Beschreibung passend zu.

①
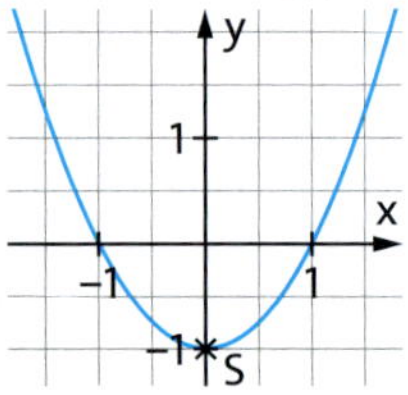

②
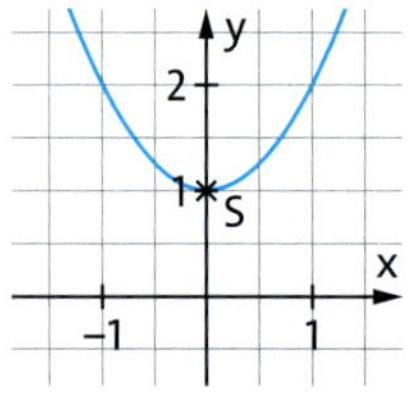

Die Normalparabel wird um 1 Einheit **nach unten** verschoben.

S(0|1)

e = −1

S(0|−1)

Die Normalparabel wird um 1 Einheit **nach oben** verschoben.

e = 1

2 Gegeben sind drei Parabeln.

a) Beschreibe, wie die Parabeln g und h aus der Normalparabel f entstanden sind. Bestimme dazu jeweils den Parameter e.

b) Notiere den Scheitelpunkt der Parabeln g und h.

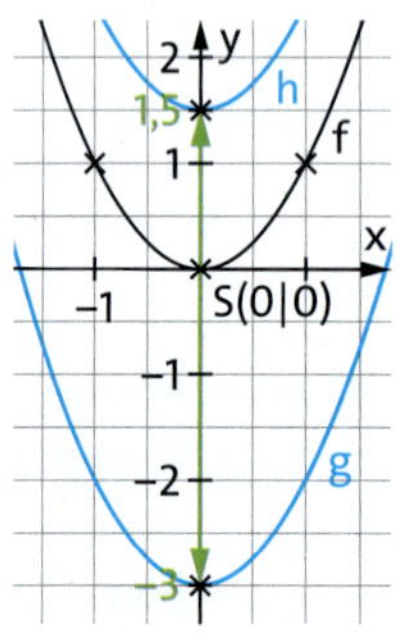

3 Ergänze die Lücken passend im Heft.

a) Die Normalparabel wird um 6 Einheiten **nach oben** verschoben. Der Scheitelpunkt ist S(0|□). Die Funktionsgleichung ist $f(x) = x^2 + \square$.

b) Die Normalparabel wird um 8 Einheiten **nach unten** verschoben. Der Scheitelpunkt ist S(□|−□). Die Funktionsgleichung ist $f(x) = \square^2 - \square$.

▶ 4

4 Zeichne die Wertepaare als Punkte in ein Koordinatensystem. Verbinde die Punkte zu einer verschobenen Normalparabel. Notiere den Scheitelpunkt, den y-Achsenabschnitt und die Funktionsgleichung.

a)

x	−2	−1	0	1	2
f(x)	5	2	1	2	5

b)

x	−2	−1	0	1	2
f(x)	3	0	−1	0	3

c)

x	−2	−1	0	1	2
f(x)	1	−2	−3	−2	1

5 Bestimme den Scheitelpunkt. Ergänze dazu die Lücken passend im Heft.

a) $f(x) = 3x^2 - 5$
Der Scheitelpunkt ist S(□|−□).

b) $f(x) = -\frac{1}{4}x^2 + 7$
Der Scheitelpunkt ist S(□|□).

▶ 6

6 Erstelle eine Wertetabelle von −2 bis 2 mit Schrittweite 1. Zeichne die Parabel in ein Koordinatensystem. Beschreibe die Parabel.

a) $f(x) = 2x^2 + 1$ b) $f(x) = -0{,}5x^2 - 1$

7 Beschreibe die Parabel. Notiere den Scheitelpunkt und die Funktionsgleichung.

Beispiel
Die Parabel ist
mit a = −3 gestreckt,
nach unten offen und
um 4 Einheiten nach oben verschoben.
Der Scheitelpunkt ist S(0|4).
Die Funktionsgleichung ist $f(x) = -3x^2 + 4$.

a)
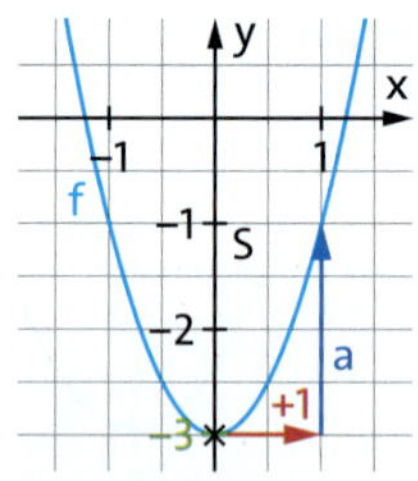

b)
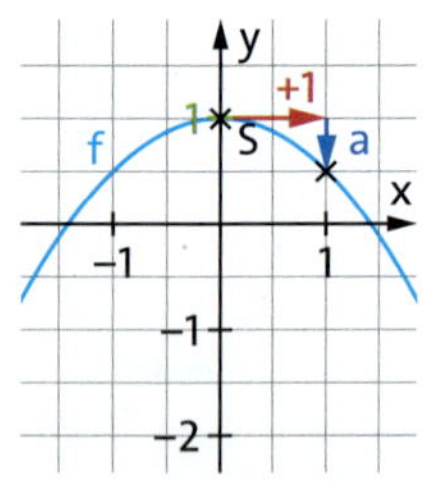

8 Notiere die Funktionsgleichung zu ① und ②.

① Die Normalparabel f wird mit a = 2 gestreckt und um 3 Einheiten nach oben verschoben.

② Die Normalparabel g wird mit a = −0,5 gestaucht und um 4 Einheiten nach unten verschoben.

9 Notiere die Funktionsgleichung. Erstelle dazu eine Wertetabelle und zeichne den Graphen.

a) Die Normalparabel wird mit a = 2 gestreckt. Der Scheitelpunkt ist S(0|−3).

b) Die Normalparabel wird an der x-Achse gespiegelt und um 4 Einheiten nach oben verschoben.

c) Überprüfe zeichnerisch, ob der Punkt P(1|2) auf der Parabel aus a) liegt.

1 Timo und Marja zeichnen eine nach unten oder nach oben verschobene Normalparabel. Beschreibe jeweils Timos Parabel g und Marjas Parabel h. Bestimme den Parameter e.

Timo: ①

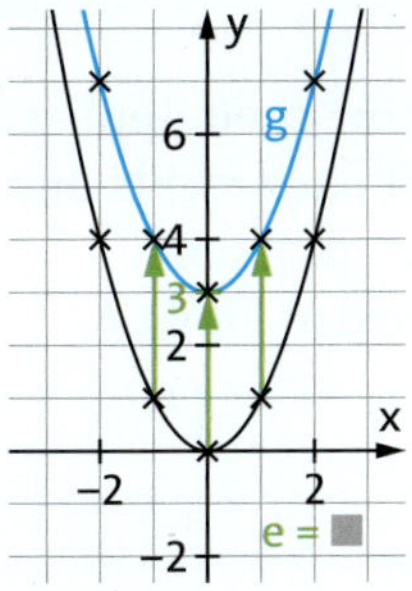

Marja: ②

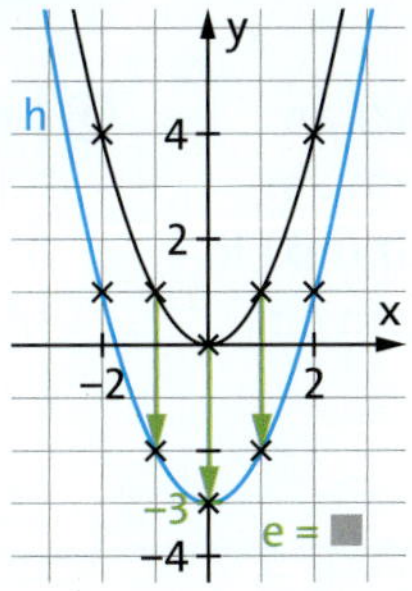

2 Notiere den Scheitelpunkt und die Funktionsgleichung zu jeder verschobenen Normalparabel.

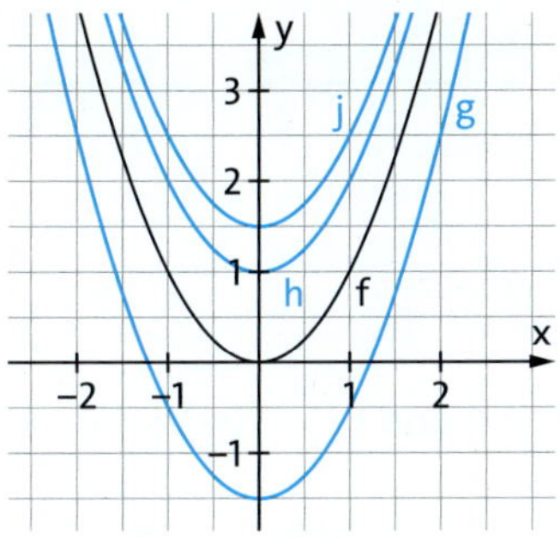

3 Notiere den Scheitelpunkt passend zur Funktionsgleichung. Beschreibe, wie die Normalparabel verschoben wird.

Beispiel $f(x) = x^2 - 5$
Der Scheitelpunkt ist $S(0|-5)$.
Die Normalparabel wird um 5 Einheiten nach unten verschoben.

a) $f(x) = x^2 - 7$
b) $f(x) = x^2 + 9$
c) $f(x) = x^2 + 5{,}5$
d) $f(x) = x^2 - 4{,}5$

4 Ergänze die Tabelle im Heft.

Funktionsgleichung	Scheitelpunkt	Verschiebe die Normalparabel um …
$y = x^2 + 5$	S(0|□)	□ Einheiten nach ____.
y = ______	S(□|□)	9 Einheiten nach oben.
$y = x^2 - 8$	S(□|−□)	□ Einheiten nach ____.

5 ▼ Erstelle eine Wertetabelle von −2 bis 2 mit Schrittweite 0,5. Zeichne dann die Parabel in ein Koordinatensystem. Beschreibe die Parabel.
a) $f(x) = 2x^2 - 3$
b) $f(x) = -0{,}5x^2 + 2\frac{1}{2}$

6 Ergänze die Tabelle im Heft.

f(x) = …	gestreckt	gestaucht	Öffnung	S
$3x^2 + 2$	ja	nein	oben offen	S(0|2)
$-2x^2 + 1$				
$\frac{1}{2}x^2 - 4$				
$-5x^2 - 9$				

7 ▼ Beschreibe die Parabel. Notiere den Scheitelpunkt, den y-Achsenabschnitt und die Funktionsgleichung. Bestimme zuerst die Parameter a und e.

a)
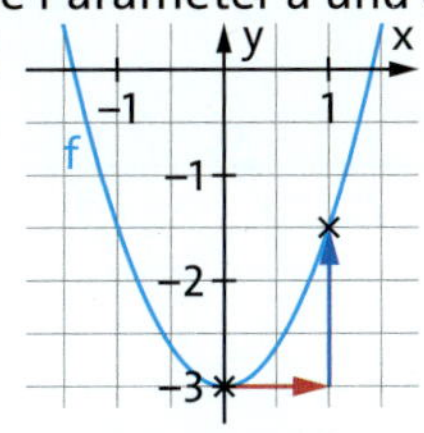

b)
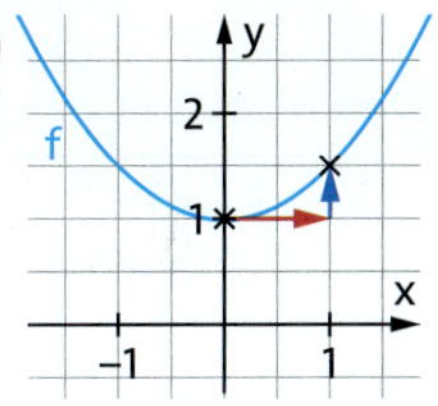

c)
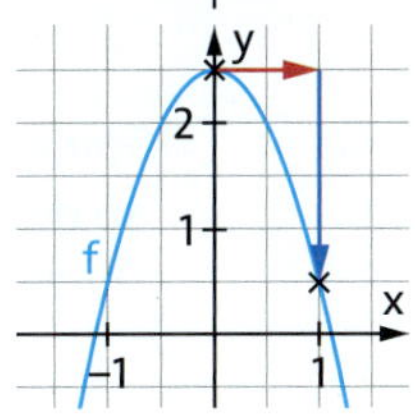

d)
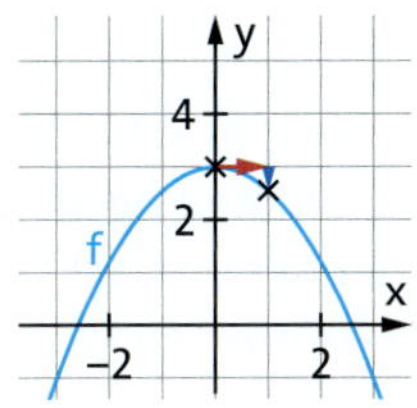

8 Notiere die Funktionsgleichung zu ① und ②.

① Die Normalparabel f wird mit a = 2,5 gestreckt und um 4 Einheiten nach oben verschoben.

② Die Normalparabel g wird mit a = – 0,2 gestaucht und um 12 Einheiten nach unten verschoben.

9 Eine Parabel hat den Scheitelpunkt $S(0|8)$ und verläuft durch den Punkt $P(2|0)$. Adem möchte die Funktionsgleichung der Parabel bestimmen. Adem notiert:

S(0|8), also ist: $f(x) = a \cdot x^2 + 8$
P(2|0) einsetzen: $f(2) = a \cdot 2^2 + 8$
$0 = 4 \cdot a + 8$ ....

a) Führe Adems Rechenweg zu Ende. Berechne a. Notiere die Funktionsgleichung f(x).
b) Zeichne die Parabel f.
c) Überprüfe zeichnerisch, ob der Punkt $Q(-1|6)$ auf der Parabel f liegt.

Sprachhilfe zu **5** und **7**: Verwende: mit ■ gestreckt / gestaucht – um ■ Einheiten nach unten / oben verschoben

Parabeln mit dem Fünf-Punkte-Verfahren zeichnen

Mit dem Fünf-Punkte-Verfahren kannst du Parabeln zeichnen.
Ausgehend vom Scheitelpunkt benötigst du 4 weitere Punkte, die auf der Parabel liegen.

Wenn du eine **verschobene Normalparabel (a = 1)** zeichnen sollst, gehe so vor:
Beispiel $f(x) = x^2 - 2$

① Zeichne ein Koordinatensystem.

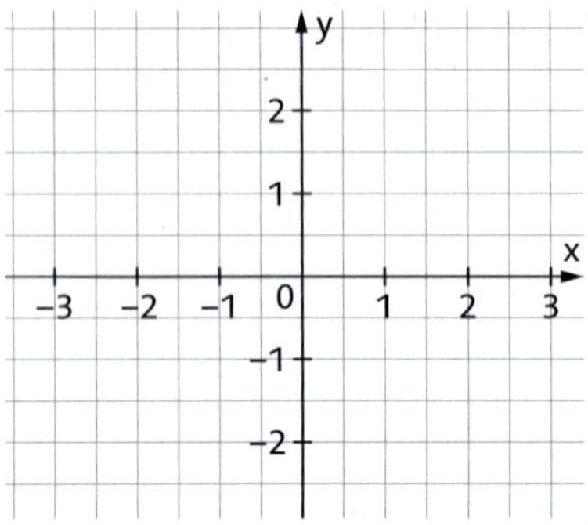

② Lies den Scheitelpunkt an der Scheitelpunktform ab. Zeichne den Scheitelpunkt in ein Koordinatensystem ein.

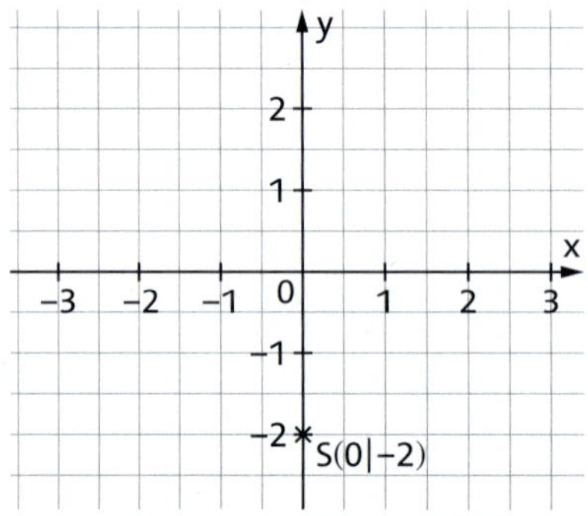

③ Gehe vom Scheitelpunkt aus 1 Einheit nach rechts und 1 Einheit nach oben. Markiere den Punkt A.

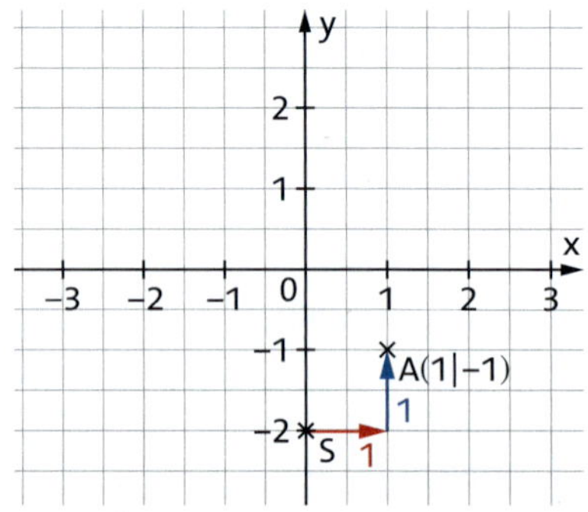

④ Gehe vom Scheitelpunkt aus 2 Einheiten nach rechts und 4 Einheiten nach oben. Markiere den Punkt B.

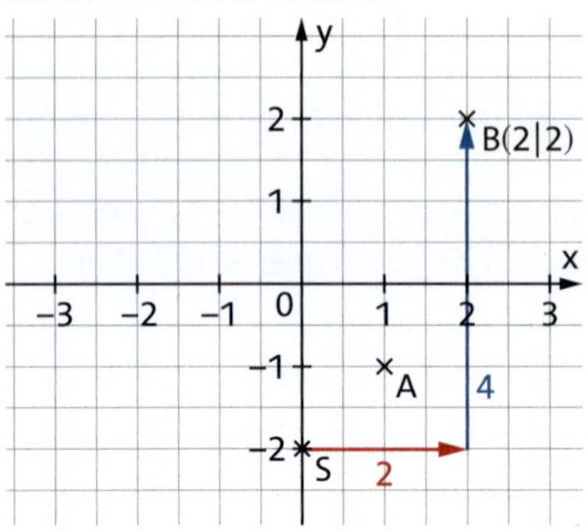

⑤ Spiegele die Punkte A und B an der y-Achse. Du erhältst die Punkte A′ und B′.

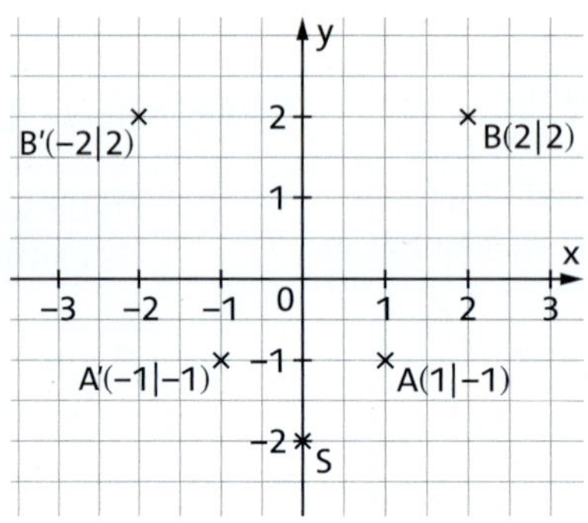

⑥ Verbinde die fünf Punkte zu einer verschobenen Normalparabel.

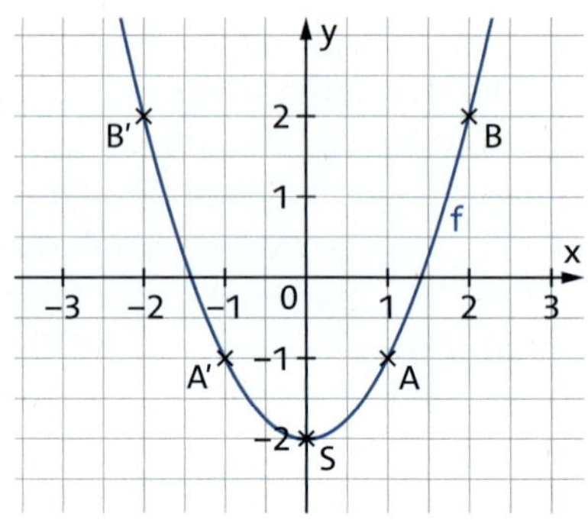

1 Erklärt euch gegenseitig das Vorgehen im Beispiel. Beantwortet dazu gemeinsam die beiden Fragen.

Ⓐ Wenn ich 1 Einheit vom Scheitelpunkt nach rechts gehe, warum muss ich dann 1 Einheit nach oben gehen?

Ⓑ Wenn ich 2 Einheiten vom Scheitelpunkt nach rechts gehe, warum muss ich dann 4 Einheiten nach oben gehen?

2 Zeichne wie im Beispiel die verschobene Normalparabel mit dem Fünf-Punkte-Verfahren.
a) $f(x) = x^2 - 3$ b) $f(x) = x^2 + 1$ c) $f(x) = x^2 - 3$ d) $f(x) = x^2 + 3$

3 Gegeben ist $f(x) = -x^2 - 2$. Die Parabel f soll gezeichnet werden.
a) Überlegt euch, wie ihr das Vorgehen im Beispiel anpassen müsst.
b) Zeichnet nach unten offene und verschobene Normalparabeln zu den Funktionsgleichungen auf den Kärtchen. Präsentiert euer Vorgehen und eure Graphen in der Klasse.

$f(x) = -x^2 + 3$ $f(x) = -x^2 + 2$ $f(x) = -x^2 + 4$ $f(x) = -x^2 - 1$

Wenn du eine **verschobene Parabel** (a ungleich 1) zeichnen sollst, gehe so vor.
Beispiel $f(x) = 0{,}5x^2 - 2{,}5$ mit $a = 0{,}5$

① Zeichne ein Koordinatensystem.

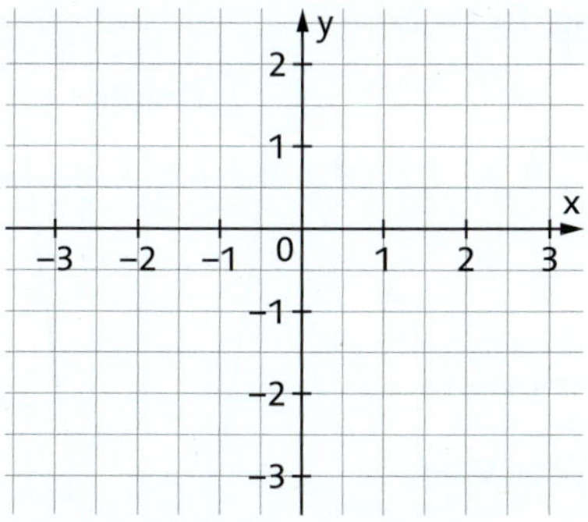

② Lies den Scheitelpunkt an der Funktionsgleichung ab. Zeichne den Scheitelpunkt in das Koordinatensystem ein.

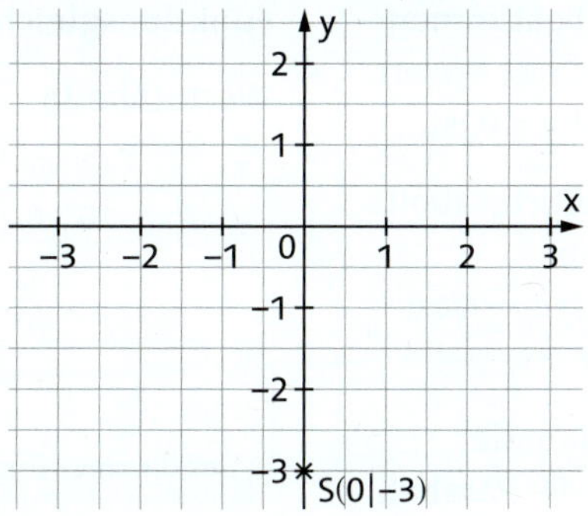

③ Gehe vom Scheitelpunkt aus 1 Einheit nach rechts und a Einheiten nach oben. Markiere den Punkt A.

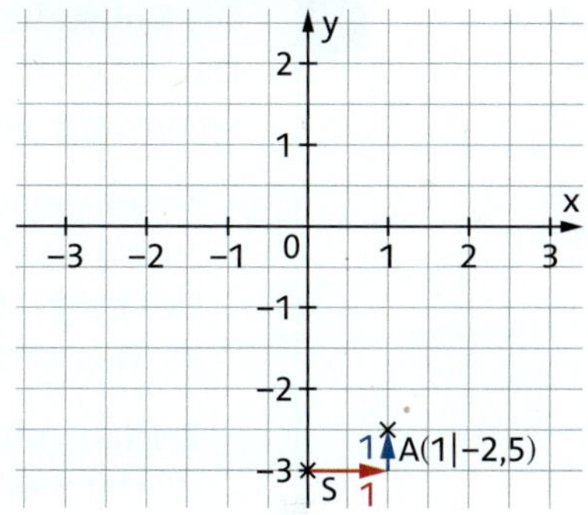

④ Gehe vom Scheitelpunkt aus 2 Einheiten nach rechts und $a \cdot 4$ Einheiten nach oben. Markiere den Punkt B.

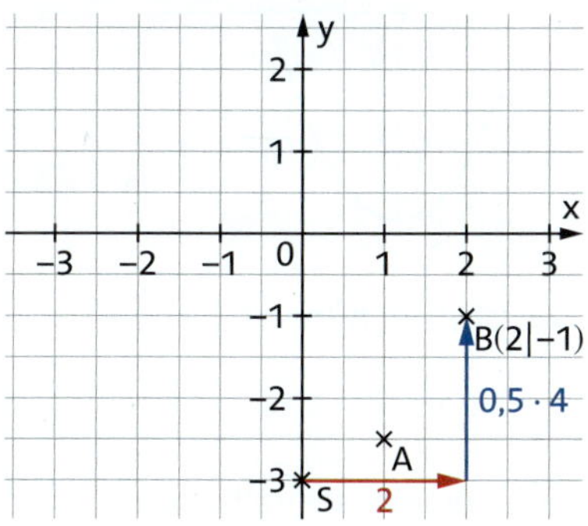

⑤ Spiegele die Punkte A und B an der y-Achse. Du erhältst die Punkte A′ und B′.

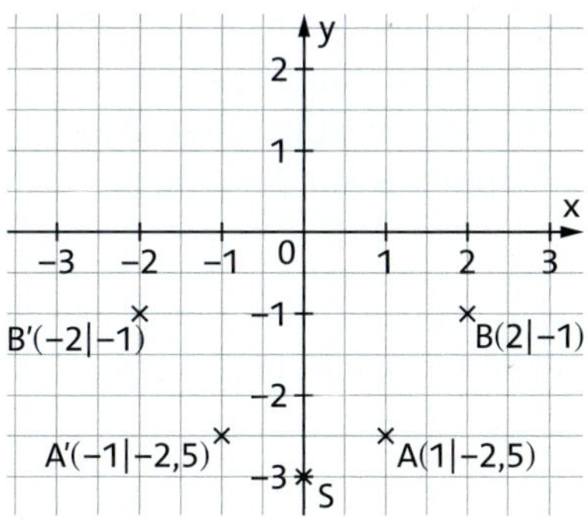

⑥ Verbinde die fünf Punkte zu einer Parabel.

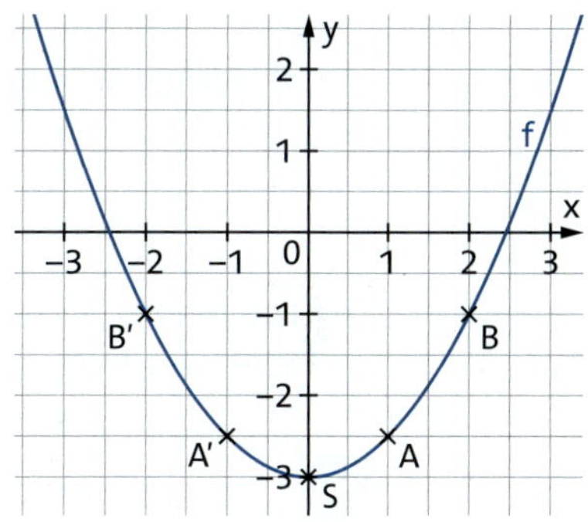

4 Erklärt euch gegenseitig das Vorgehen im Beispiel und die Aussagen auf den Kärtchen.

① Wenn ich 1 Einheit vom Scheitelpunkt nach rechts gehe, dann muss ich $a \cdot 1 = a$ Einheit nach oben gehen.

② Wenn ich 2 Einheiten vom Scheitelpunkt nach rechts gehe, dann muss ich $a \cdot x^2 = a \cdot 4$ Einheiten nach oben gehen.

5 Zeichne die Parabeln wie im Beispiel mit dem Fünf-Punkte-Verfahren.
a) $f(x) = 0{,}5x^2 + 3$ b) $f(x) = 2x^2 - 3$ c) $f(x) = 4x^2 + 1$ d) $f(x) = 1{,}5x^2 - 2$

6 Gegeben ist $f(x) = -0{,}5x^2 - 2{,}5$. Der Graph zu f soll gezeichnet werden.
a) Überlegt euch, wie ihr das Vorgehen im Beispiel anpassen müsst.
b) Zeichnet nach unten offene und verschobene Normalparabeln zu den Funktionsgleichungen auf den Kärtchen. Präsentiert euer Vorgehen und eure Graphen in der Klasse.

① $f(x) = -1{,}5x^2 + 3$ ② $f(x) = -0{,}5x^2 + 2$ ③ $f(x) = -4x^2 + 2$ ④ $f(x) = -3x^2$

Nullstellen von quadratischen Funktionen zeichnerisch bestimmen

Leo soll die Schnittpunkte von $f(x) = 2x^2 - 8$ mit der x-Achse zeichnerisch bestimmen.
Wie kann Leo vorgehen?

Die Funktionsgleichung der Form $y = ax^2 + e$ *heißt* ***rein quadratisch***.

W

Die **Nullstellen bestimmen**:
Die Nullstelle ist der x-Wert, wenn der y-Wert $y = 0$ ist.

- Erstelle eine **Wertetabelle** zu $f(x) = ax^2 + e$.
  Lies bei $y = 0$ den x-Wert ab. Das ist die Nullstelle.
- Zeichne mit Hilfe der Wertetabelle die **Parabel**.
  Der Schnittpunkt mit der x-Achse ist $P(x|0)$.
  Der x-Wert des Schnittpunkts P heißt Nullstelle.

Funktionsgleichung $f(x) = 2x^2 - 8$

Wertetabelle

x	−3	−2	−1	0	1	2	3
y = f(x)	10	0	−6	−8	−6	0	10

Nullstellen:
$x_1 = -2$ und $x_2 = 2$.
Der dazugehörige y-Wert ist 0.

Nullstellen

Graph

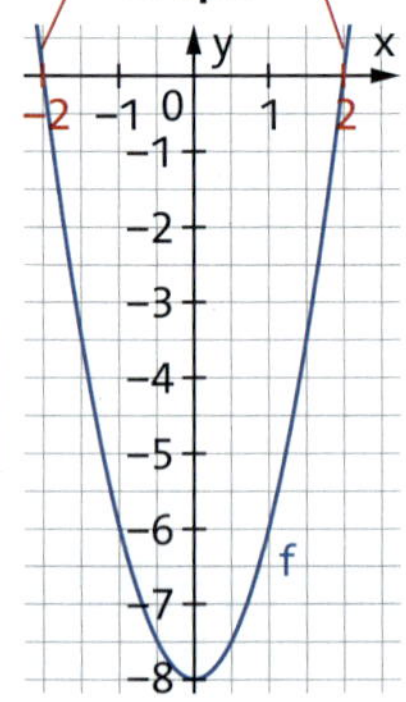

Nullstellen: $x_1 = -2$ und $x_2 = 2$.
Schnittpunkte mit der x-Achse: $P_1(-2|0)$ und $P_2(2|0)$.

Wenn a = 1 ist, dann nennt man die Funktionsgleichung $f(x) = x^2 + e$ *die Normalform.*

▶ **Aufgabe** Gegeben ist die Parabel zu $f(x) = x^2 - 1$.
Notiere die beiden Nullstellen und die Schnittpunkte mit der x-Achse

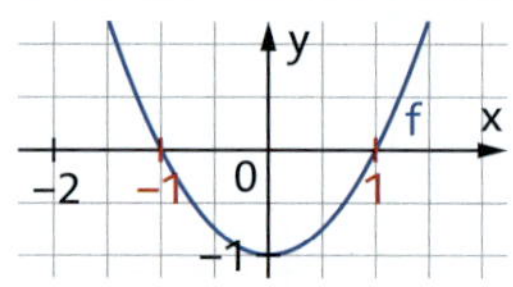

▶ 1 ▶ 1 ▶ 1

Leo meint: „Eine Parabel muss nicht immer genau zwei Nullstellen haben."
Wie viele Nullstellen kann eine Parabel haben?

W

Eine Parabel kann zwei Nullstellen, eine Nullstelle oder keine Nullstelle haben.

$f(x) = 2x^2 - 2$

Wertetabelle

x	−2	−1	0	1	2
y = f(x)	6	0	−2	0	6

Graph

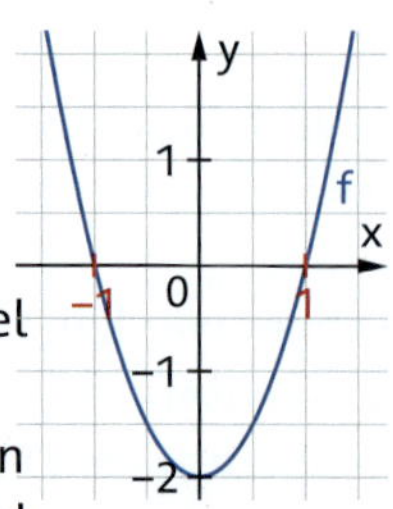

Die Parabel hat **zwei** Nullstellen $x_1 = -1$ und $x_2 = 1$.

$f(x) = 2x^2$

Wertetabelle

x	−2	−1	0	1	2
y = f(x)	8	2	0	2	8

Graph

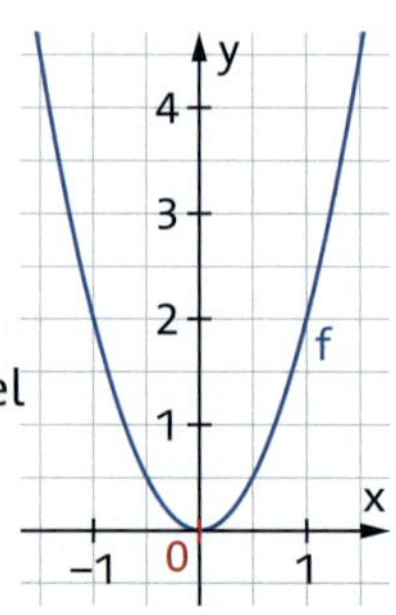

Die Parabel hat **eine** Nullstelle $x = 0$.

$f(x) = 2x^2 + 2$

Wertetabelle

x	−2	−1	0	1	2
y = f(x)	10	4	2	4	10

Graph

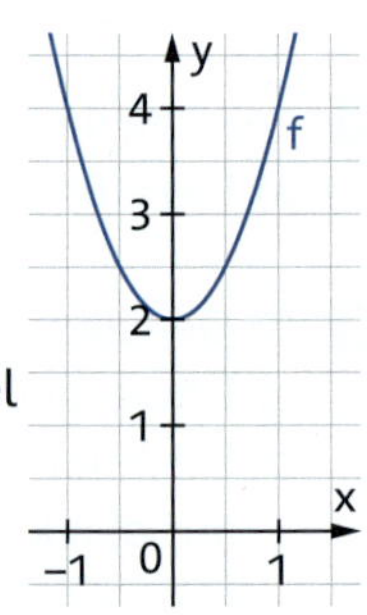

Die Parabel hat **keine** Nullstelle.

▶ **Aufgabe** Ergänze die Wertetabelle zu $f(x) = x^2 - 4$. Notiere die Nullstellen.

x	−3	−2	−1	0	1	2	3
y = f(x)							

▶ 5 ▶ 5 ▶ 6

1 Ergänze den Lückentext im Heft.
Die □-Werte der Schnittpunkte eines Graphen mit der x-Achse heißen ________.
Die Nullstellen der Parabel sind $x_1 = -□$ und $x_2 = □$. Die Schnittpunkte mit der x-Achse sind $P_1(-□|0)$ und $P_2(□|0)$.

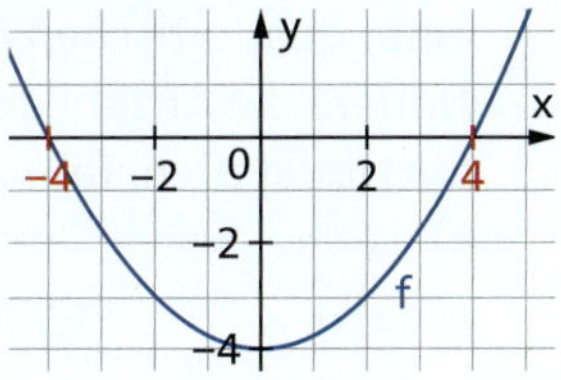

2 Notiere zu den Parabeln ① bis ④ die Nullstellen. Die Kärtchen helfen dir dabei.

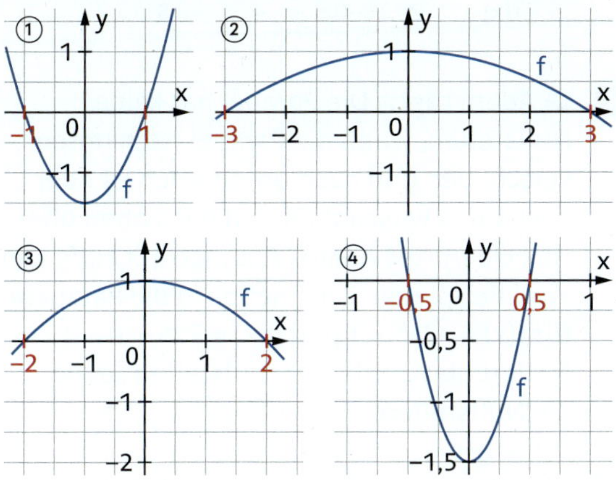

$x_1 = -3$ und $x_2 = 3$

$x_1 = -1$ und $x_2 = 1$

$x_1 = -0{,}5$ und $x_2 = 0{,}5$

$x_1 = -2$ und $x_2 = 2$

Sprachhilfe: Die Parabel ① hat die Nullstellen $x_1 = -■$ und $x_2 = ■$.

▶ 3

3 Erstelle jeweils eine Wertetabelle für die Parabeln ① bis ④ aus Aufgabe 2. Trage die Wertepaare der Schnittpunkte mit der x-Achse und das Wertepaar des Scheitelpunkts ein.

Beispiel Wertetabelle zur Parabel ①

x	−1	0	1
y	0	−1,5	0

4 Ergänze die Schnittpunkte mit der x-Achse.

Beispiel Nullstellen: $x_1 = -0{,}5$ und $x_2 = 0{,}5$.
Schnittpunkte mit der x-Achse:
$P_1(-0{,}5|0)$ und $P_2(0{,}5|0)$

a) Nullstellen: $x_1 = -4$ und $x_2 = 4$.
Schnittpunkte mit der x-Achse:
$P_1(□|□)$ und $P_2(□|□)$

b) Nullstellen: $x_1 = -4{,}5$ und $x_2 = 4{,}5$.
Schnittpunkte mit der x-Achse:
$P_1(□|□)$ und $P_2(□|□)$

5 Gegeben ist die Wertetabelle einer quadratischen Funktion. Notiere die Nullstellen.

a)

x	−2	−1	0	1	2
y	−1,5	0	0,5	0	−1,5

b)

x	−2	−1	0	1	2
y	−3	0	1	0	−3

▶ 6

6 Sonja sagt: „Die Parabel hat genau eine Nullstelle, wenn der Scheitelpunkt der Parabel auf der x-Achse liegt."
Überprüft Sonjas Aussage. Zeichnet dazu die Parabeln für $f(x) = -2x^2$ und $g(x) = 2x^2$ mit Hilfe einer Wertetabelle von −2 bis 2.
Notiert die Nullstellen.

7 Ergänze die Wertetabelle für die Parabel im Heft:
Notiere den Scheitelpunkt und die Nullstellen.

x	−2	−1	0	1	2
y					

Beispiel Graph

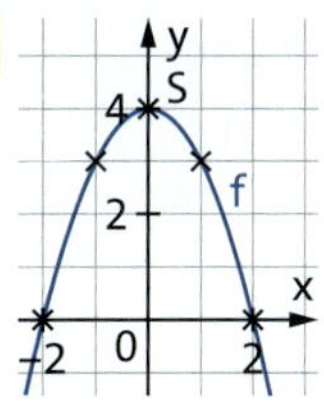

Wertetabelle

x	−2	−1	0	1	2
y	0	3	4	3	0

Scheitelpunkt: $S(0|4)$
Nullstellen: $x_1 = -2$, $x_2 = 2$

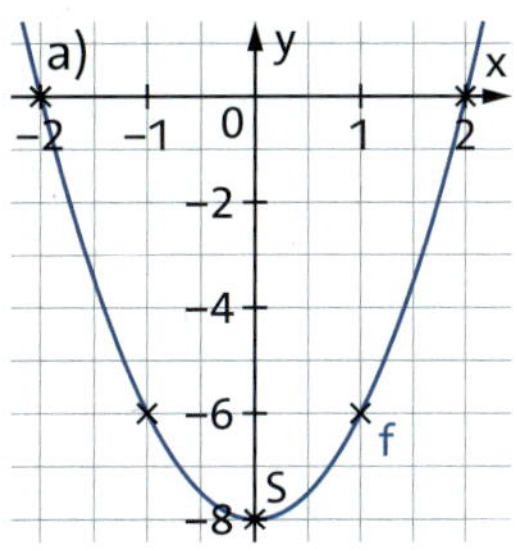

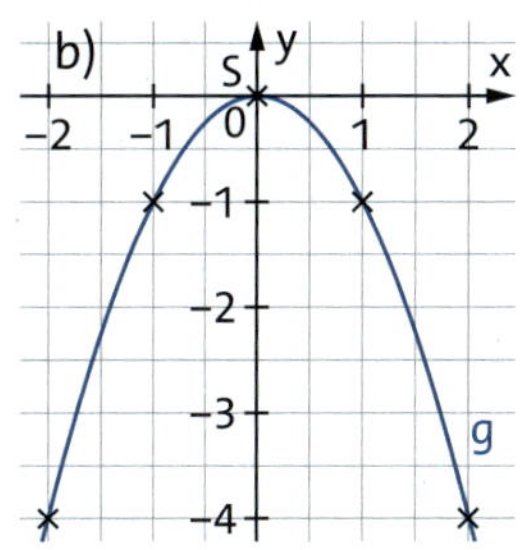

8 Sandro wirft einen Ball. In welcher Entfernung landet der Ball? Lies dazu die Nullstelle ab. Notiere die Weite in Metern.

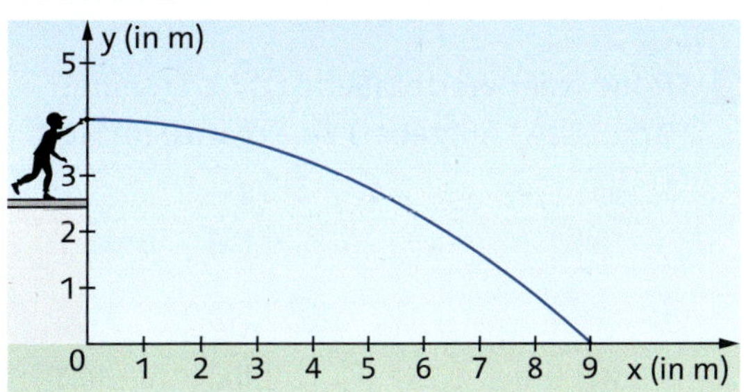

1 Beschreibe den Zusammenhang zwischen einer Nullstelle und dem dazugehörigen Schnittpunkt mit der x-Achse. Verwende die Kärtchen.

Der Schnittpunkt mit der x-Achse ist ...

Der x-Wert ist ... | Der y-Wert ist ...

immer 0. | die Nullstelle. | $P(x|0)$.

2 Gegeben sind die Nullstellen einer Parabel. Notiere die dazugehörigen Schnittpunkte mit der x-Achse.

Beispiel Nullstellen: $x_1 = -1{,}5$ und $x_2 = 1{,}5$
Schnittpunkte mit der x-Achse:
$P_1(-1{,}5|0)$ und $P_2(1{,}5|0)$

a) Nullstellen: $x_1 = -3$ und $x_2 = 3$
b) Nullstellen: $x_1 = -2{,}5$ und $x_2 = 2{,}5$
c) Nullstellen: $x_1 = -1{,}4$ und $x_2 = 1{,}4$

► 3

3 Gegeben ist eine Parabel. Notiere die Nullstellen und die Schnittpunkte mit der x-Achse.

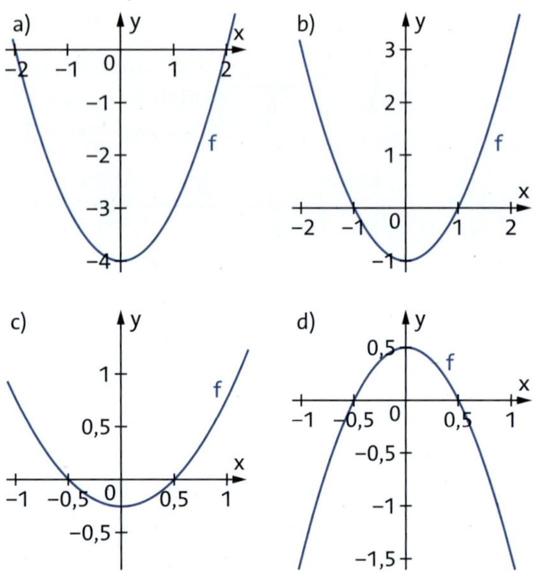

4 Ordne jeder Wertetabelle ① bis ④ eine Parabel aus Aufgabe 3 zu. Ergänze im Heft.

①

x	−2	0	2
f(x)		−4	

②

x		0	
f(x)	0	−1	0

③

x		0	
f(x)	0	−0,25	0

④

x		0	
f(x)	0	0,5	0

5 Gegeben ist die Wertetabelle einer quadratischen Funktion f. Notiere die Anzahl der Nullstellen sowie die Nullstellen, falls es Nullstellen gibt.

a)

x	−2	−1	0	1	2
f(x)	0	1,5	2	1,5	0

b)

x	−2	−1	0	1	2
f(x)	4	2,5	2	2,5	4

c)

x	−2	−1	0	1	2
f(x)	2	0,5	0	0,5	2

d)

x	−2	−1	0	1	2
f(x)	2	−0,5	4	−0,5	2

6 Adem sagt: „Die Parabel hat keine Nullstellen, wenn die Parabel nach unten verschoben und nach unten offen ist oder nach oben verschoben und nach oben offen ist.“ Überprüft Adems Aussage mit Hilfe von zwei Beispielen. Zeichnet dazu die Parabeln für $f(x) = -2x^2 - 1$ und $g(x) = 2x^2 + 1$. Notiert die Anzahl der Nullstellen sowie die Nullstellen.

► 7

7 Erstelle zu jeder Parabel eine Wertetabelle für die x-Werte −2, −1, 0, 1 und 2. Notiere den Scheitelpunkt, die Nullstellen sowie die Schnittpunkte mit der x-Achse.

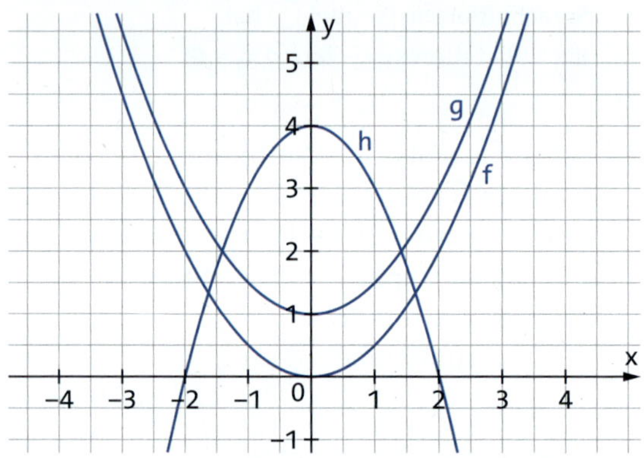

8 Bestimme in Metern, wie weit Isabells Ball von der Plattform entfernt landet. Erkläre.

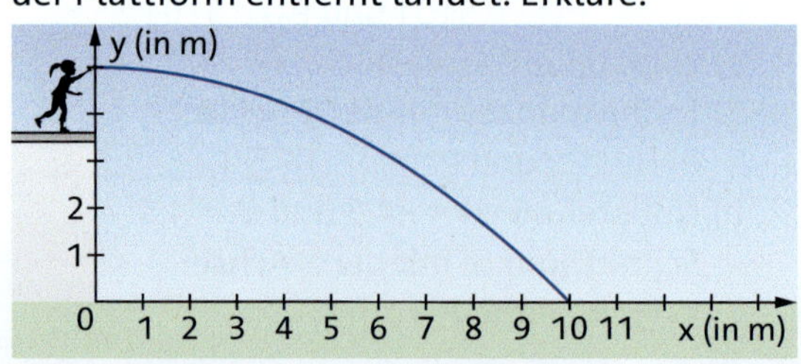

1 Erläutere den Zusammenhang zwischen einer Nullstelle und dem dazugehörigen Schnittpunkt mit der x-Achse am Beispiel $f(x) = -4x^2 + 4$. Verwende die Kärtchen.

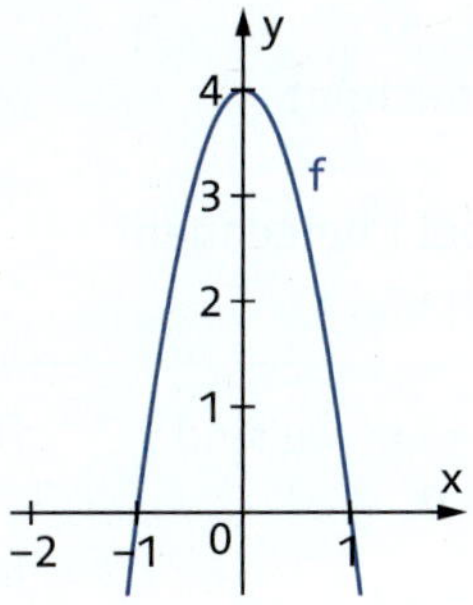

Der Schnittpunkt mit der x-Achse ist ...

Der x-Wert ist ... | Der y-Wert ist ...

immer 0. | P(x|0). | die Nullstelle.

2 Eine Parabel hat zwei Schnittpunkte mit der x-Achse. Notiere die beiden Nullstellen.

a) $P_1(-4|0)$ und $P_2(4|0)$
b) $P_1(-3{,}5|0)$ und $P_2(3{,}5|0)$
c) $P_1(-1{,}2|0)$ und $P_2(1{,}2|0)$
d) $P_1(-0{,}45|0)$ und $P_2(0{,}45|0)$

3 Erkläre, warum der Punkt $P(2|4)$ auf der Normalparabel liegt. Bestimme alle Nullstellen der Parabel.

4 Notiere die Nullstellen, die Schnittpunkte mit der x-Achse sowie den Scheitelpunkt des Graphen.

a)
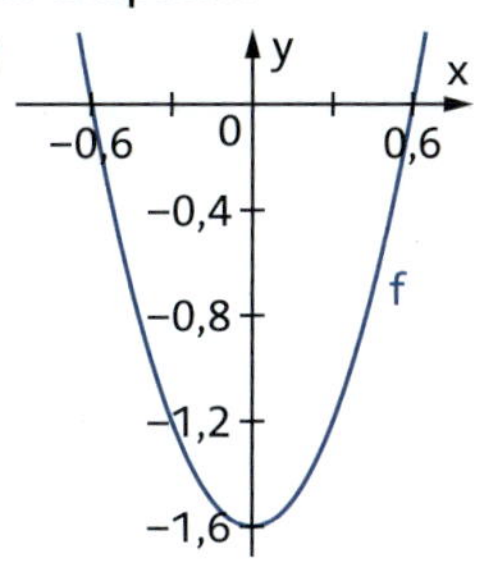

b)
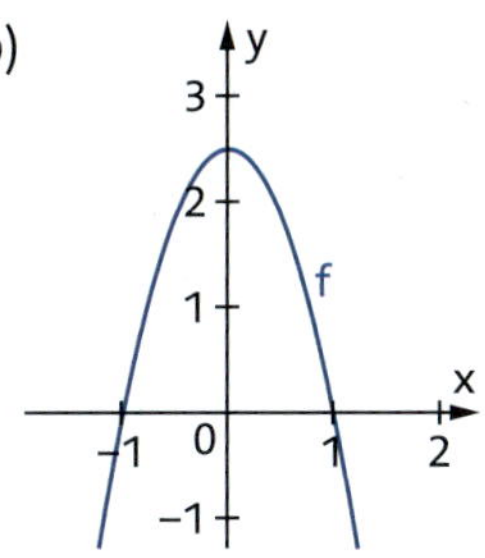

c)
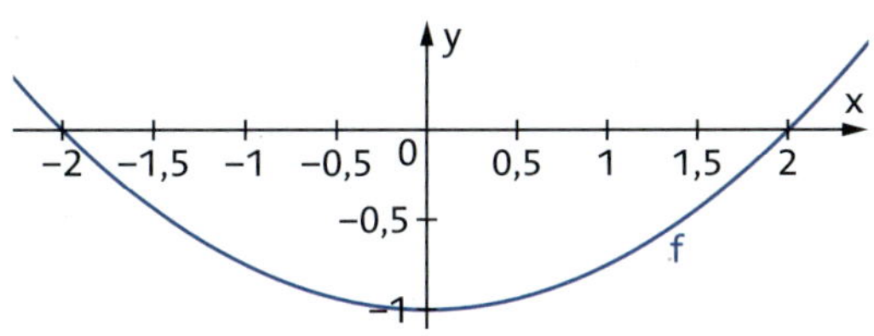

d)
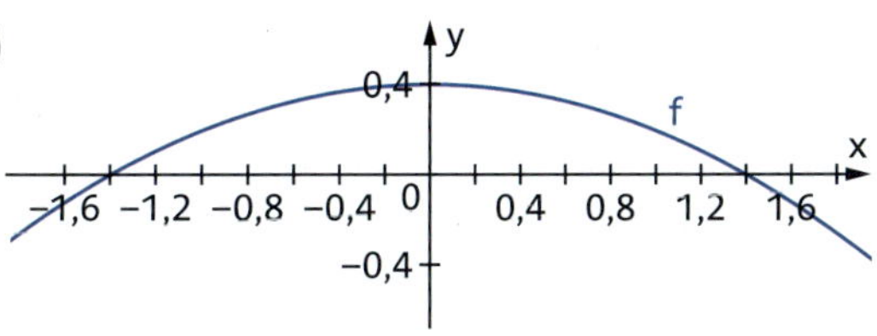

5 Ordne jeder Wertetabelle ① bis ④ eine Parabel aus Aufgabe 4 zu. Ergänze im Heft.

①

x	–1	0	1
f(x)		2,5	

②

x		0	
f(x)	0	0,4	0

③

x		0	
f(x)	0	–1,4	0

④

x		0	
f(x)	0	–1	0

6 Gegeben ist die Wertetabelle einer quadratischen Funktion f. Notiere die Anzahl der Nullstellen sowie die Nullstellen. Überprüfe die Nullstellen zeichnerisch.

a)

x	–2	–1	0	1	2
f(x)	3	0	1	0	3

b)

x	–2	–1	0	1	2
f(x)	0	–3	–4	–3	0

c)

x	–2	–1	0	1	2
f(x)	0	3	4	3	0

7 Tim sagt: „Eine Parabel hat zwei Nullstellen, wenn sie nach oben verschoben und nach unten offen ist oder nach unten verschoben und nach oben offen ist.“ Überprüft Tims Aussage mit Hilfe von zwei Beispielen. Zeichnet dazu die Parabeln für $f(x) = -2x^2 + 1$ und $g(x) = 2x^2 - 1$. Notiert die Anzahl der Nullstellen sowie die Nullstellen.

8 Entscheide, ob die Aussage wahr oder falsch ist. Korrigiere falsche Aussagen.

a) Amalia sagt: „Die Parabel zu $f(x) = x^2 + 3$ hat eine Nullstelle.“
b) Fuat meint: „Die Parabel zu $f(x) = -x^2$ hat genau eine Nullstelle $x = 0$.“
c) Sonja sagt: „Die Parabel zu $f(x) = -2x^2 + 8$ hat zwei Nullstellen $x_1 = -1$ und $x_2 = 5$.“

9 Der Bogen einer Brücke hat ungefähr die Form einer Parabel.

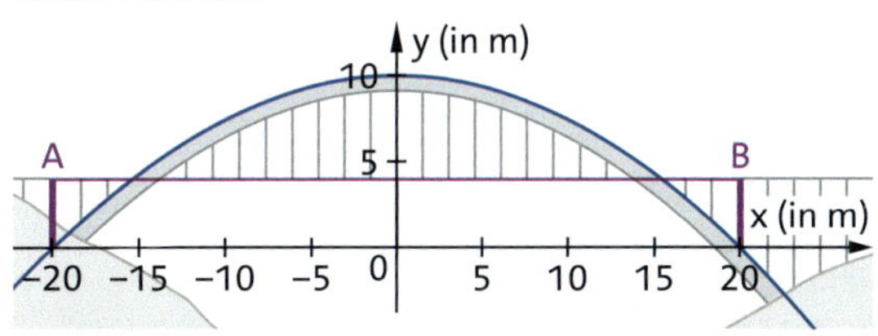

Bestimme die Länge der Brücke in Metern zwischen den beiden Stützpfeilern A und B.

Rein quadratische Gleichungen lösen

Mey hat die Parabel zu $f(x) = 2x^2 - 2$ gezeichnet.
Sie kann die Nullstellen ablesen.
Wie kann Mey die Nullstellen der Parabel f berechnen?

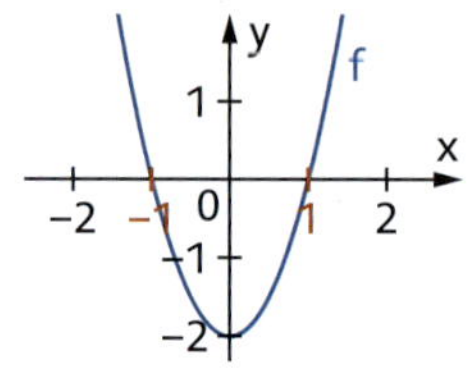

Bei einer Nullstelle ist der y-Wert immer null.

Um eine quadratische Gleichung in ihre Normalform zu bringen, teilst du beide Seiten der Gleichung durch a. Dadurch wird der Faktor vor dem x^2 zu 1.

Für $x_1 = \sqrt{1}$ und $x_2 = -\sqrt{1}$ kannst du auch kurz $x_{1/2} = \pm\sqrt{1}$ schreiben.

W

Die Nullstellen einer Parabel zu $f(x) = ax^2 + e$ sind die Lösungen der Gleichung $\mathbf{ax^2 + e = 0}$.

Wenn die Variable x nur als x^2 vorkommt, heißt die Gleichung $\mathbf{ax^2 + e = 0}$ **rein quadratische Gleichung**.

So löst du eine rein quadratische Gleichung:

1. Forme die rein quadratische Gleichung so um, dass $\mathbf{x^2}$ allein auf einer Seite der Gleichung steht.
2. Ziehe, wenn möglich, auf beiden Seiten die Wurzel. Berechne alle Lösungen.
3. Notiere die Lösungsmenge L. Ordne x_1 und x_2 in L der Größe nach. Beginne mit der kleinsten Zahl.

$f(x) = 2x^2 - 2$

Die Gleichung $2x^2 - 2 = 0$ ist eine rein quadratische Gleichung, weil die Variable x nur als x^2 vorkommt.

$2x^2 - 2 = 0$	$\mid +2$
$2x^2 = 2$	$\mid :2$
$x^2 = 1$	$\mid \sqrt{\ }$
$x_1 = \sqrt{1}$	$x_2 = -\sqrt{1}$
$x_1 = 1$	$x_2 = -1$

$L = \{-1; 1\}$

Also sind die Nullstellen der Parabel $x_1 = 1$ und $x_2 = -1$.

▶ **Aufgabe** Löse die rein quadratische Gleichung $2x^2 - 8 = 0$. ▶ 1 ▶ 1 ▶ 1

Eine Parabel kann **zwei Nullstellen**, **eine** oder **keine Nullstelle** haben. Also überlegt Mey, wie sie die Anzahl der Lösungen einer rein quadratischen Gleichung ermitteln kann.

W

Eine Parabel kann zwei Nullstellen, eine Nullstelle oder keine Nullstelle haben.

Die Parabel zu $f(x) = x^2 - 1$ hat **zwei Nullstellen**:

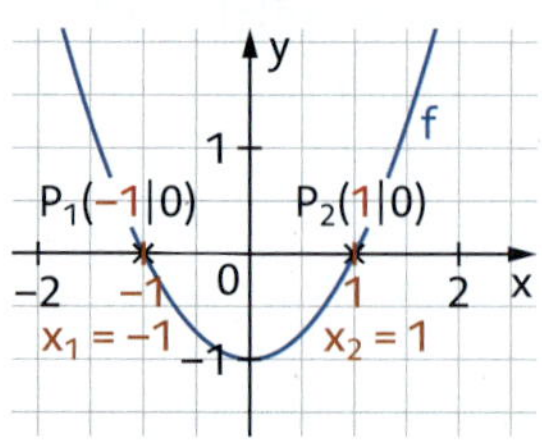

$x^2 - 1 = 0 \quad \mid +1$
$x^2 = 1 \quad \mid \sqrt{\ }$
$x_1 = \sqrt{1} = 1 \qquad x_2 = -\sqrt{1} = -1$

Die Gleichung $x^2 - 1 = 0$ hat **zwei Lösungen**: $L = \{-1; 1\}$.

Die Parabel zu $f(x) = x^2$ hat **eine Nullstelle**:

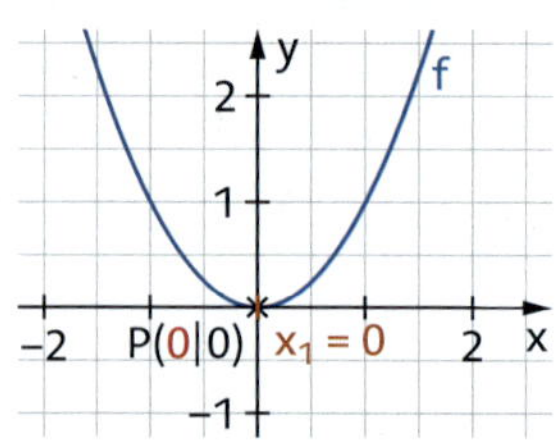

$x^2 = 0 \quad \mid \sqrt{\ }$
$x_1 = \sqrt{0} = 0 \qquad x_2 = -\sqrt{0} = 0$

Die Gleichung $x^2 = 0$ hat **eine Lösung**: $L = \{0\}$.

Die Parabel zu $f(x) = x^2 + 1$ hat **keine Nullstelle**:

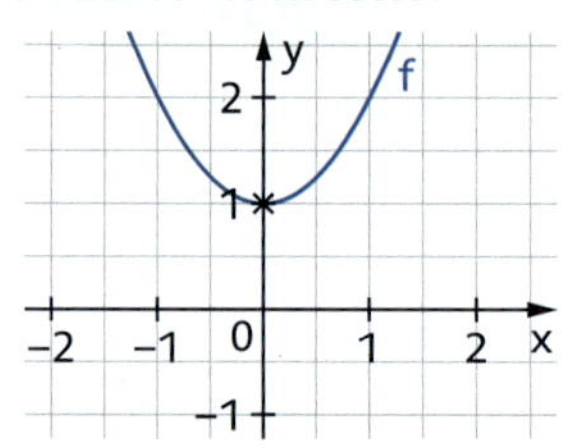

$x^2 + 1 = 0 \quad \mid -1$
$x^2 = -1 \quad \mid \sqrt{\ }$

Die Gleichung $x^2 + 1 = 0$ hat **keine Lösung**: $L = \{\ \}$.

Ist in der Gleichung x^2 = Zahl, die Zahl …
- *positiv, gibt es **zwei Lösungen**, z. B. $x^2 = 4$*
- *null, gibt es **eine Lösung**.*
- *negativ, gibt es **keine Lösung**, z. B. $x^2 = -3$*

▶ **Aufgabe** Notiere ohne zu rechnen, wie viele Lösungen die Gleichungen ① bis ④ haben.
① $x^2 = 9$ ② $x^2 = -4$ ③ $x^2 = 0$ ④ $x^2 - 0{,}5 = 0$ ▶ 5 ▶ 5 ▶ 6

1 Ist die Gleichung eine rein quadratische Gleichung? Begründe.
a) $x^2 + 1 = 0$ b) $2x - 10 = 8$ c) $0{,}5x^2 = 10$

Sprachhilfe: Die Gleichung ist eine / keine rein quadratische Gleichung – die Variable x nur als x^2 / x vorkommt – weil

2 x_1 und x_2 sind Lösungen der Gleichung. Führe für x_1 und x_2 die Probe durch.
a) $x^2 = 16$ Lösungen: $x_1 = 4$, $x_2 = -4$
Probe für $x_1 = 4$: $\square^2 = 16$; $\square = 16$ ✓
Probe für $x_2 = -4$: $(-\square)^2 = 16$; $\square = 16$ ✓
b) $3x^2 - 3 = 0$ Lösungen: $x_1 = 1$; $x_2 = -1$
Probe für $x_1 = 1$: $3 \cdot \square^2 - \square = 0$; $\square = 0$ ✓
Probe für $x_2 = -1$: $3 \cdot (-\square)^2 - \square = 0$; $\square = 0$ ✓

3 Löse die Gleichung ohne Taschenrechner.
Beispiel $x^2 = 25$ $|\sqrt{\ }$
$x_1 = \sqrt{25}$ und $x_2 = -\sqrt{25}$
$x_1 = 5$ und $x_2 = -5$

a) $x^2 = 36$ b) $x^2 = 49$ c) $x^2 = 121$

4 Löse die Gleichung ohne Taschenrechner.
Beispiel $x^2 = 0{,}16$ $|\sqrt{\ }$
$x_1 = \sqrt{0{,}16}$ und $x_2 = -\sqrt{0{,}16}$
$x_1 = 0{,}4$ und $x_2 = -0{,}4$

a) $x^2 = 0{,}25$ b) $x^2 = 0{,}36$ c) $x^2 = 0{,}49$ ▸ 4

5 Forme die Gleichung zuerst um. Löse die Gleichung. Führe die Probe durch. Notiere auch die Lösungsmenge.
Beispiel
$2x^2 = 18$ $|:2$
$x^2 = 9$ $|\sqrt{\ }$
$x_1 = \sqrt{9}$ und $x_2 = -\sqrt{9}$
$x_1 = 3$ und $x_2 = -3$
Probe für $x_1 = 3$: $2 \cdot 3^2 = 18$; $2 \cdot 9 = 18$; $18 = 18$ ✓
Probe für $x_2 = -3$: $2 \cdot (-3)^2 = 18$; $2 \cdot 9 = 18$; $18 = 18$ ✓ $L = \{-3; 3\}$

a) $4x^2 = 100$ b) $3x^2 = 192$
c) $2x^2 = 242$ d) $2{,}5x^2 = 250$
e) $-4x^2 = -144$ f) $-x^2 = -0{,}64$

6 Erkläre, warum die Gleichung keine Lösung hat. Forme die Gleichung zuerst um.
Beispiel $2x^2 + 20 = 0$ $|-20$
$2x^2 = -20$ $|:2$
$x^2 = -10$
Die Zahl -10 ist negativ, also hat die Gleichung $2x^2 + 2 = 0$ keine Lösung.

a) $2x^2 + 32 = 0$ b) $8x^2 + 72 = 0$ ▸ 7

7 Löse die Gleichung. Notiere die Anzahl der Lösungen und die Lösungsmenge.
Beispiel $-2x^2 + 8 = -24$ $|-8$
$-2x^2 = -32$ $|:(-2)$
$x^2 = 16$ $|\sqrt{\ }$
$x_1 = 4$ und $x_2 = -4$
Die Gleichung hat zwei Lösungen.
$L = \{-4; 4\}$

a) $x^2 + 3 = 12$ b) $x^2 + 1 = 50$
c) $x^2 + 19 = 100$ d) $3x^2 + 108 = 300$
e) $-4x^2 + 20 = -80$ f) $-6x^2 - 16 = -232$

8 Asam berechnet die Nullstellen der Funktion $f(x) = 0{,}5x^2 - 8$. Berechne wie Asam die Nullstellen der quadratischen Funktion $f(x) = 0{,}5x^2 - 18$.

$0{,}5x^2 - 8 = 0$ $|+8$
$0{,}5x^2 = 8$ $|:0{,}5$
$x^2 = 16$ $|\sqrt{\ }$
$x_1 = 4$ und $x_2 = -4$
Die Nullstellen sind $x_1 = 4$ und $x_2 = -4$.

9 Gegeben sind zwei Gleichungen
Ⓐ $x^2 - 2{,}25 = 0$ Ⓑ $x^2 - 0{,}25 = 0$
und die Parabeln f und g.

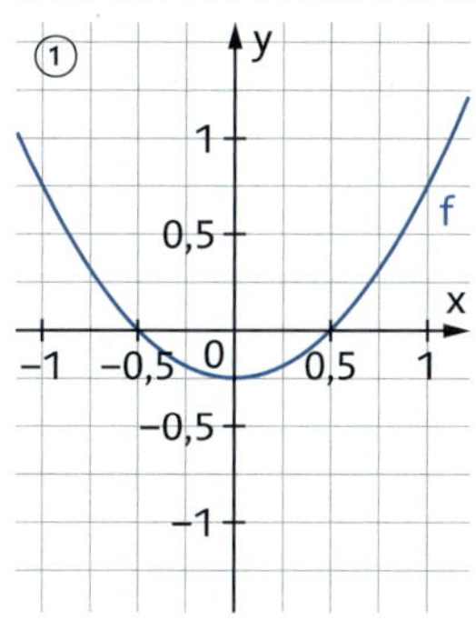

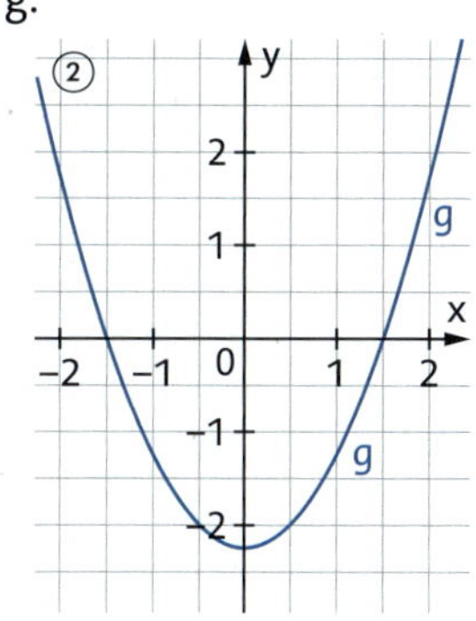

a) Entscheide, welche Gleichung zu welcher Parabel gehört.
b) Überprüfe deine Entscheidung aus a): Berechne dafür die Nullstellen. Löse dazu die Gleichungen Ⓐ und Ⓑ. Verwende einen Taschenrechner.

1 Ist die Gleichung eine rein quadratische Gleichung? Begründe.
a) $2x^2 + 8 = 0$ b) $2x - 10 = 8$
c) $0{,}5x^2 = 50$ d) $3x^2 + 4x - 2 = 0$

2 x_1 und x_2 sind Lösungen der Gleichung. Führe für x_1 und x_2 die Probe durch.
a) $3x^2 - 12 = 0$ Lösungen: $x_1 = 2$, $x_2 = -2$
Probe für $x_1 = 2$: $3 \cdot \square^2 - 12 = 0$; $\square = 0$ ✓
Probe für $x_2 = -2$: $3 \cdot (-\square)^2 - 12 = 0$; $\square = 0$ ✓
b) $4x^2 - 4 = 0$ Lösungen: $x_1 = 1$, $x_2 = -1$
Probe für $x_1 = 1$: $4 \cdot \square^2 - \square = 0$; $\square = 0$ ✓
Probe für $x_2 = -1$: $4 \cdot (-\square)^2 - \square = 0$; $\square = 0$ ✓
c) $5x^2 - 45 = 0$ Lösungen: $x_1 = 3$, $x_2 = -3$
Probe für $x_1 = 3$: $\square \cdot \square^2 - \square = 0$; $\square = 0$ ✓
Probe für $x_2 = -3$: $\square \cdot (-\square)^2 - \square = 0$; $\square = 0$ ✓

3 Löse die Gleichung ohne Taschenrechner. Erkläre deine Vorgehensweise.
Beispiel $x^2 = 1{,}96 \quad |\sqrt{\ }$
$x_1 = \sqrt{1{,}96}$ und $x_2 = -\sqrt{1{,}96}$
$x_1 = 1{,}4$ und $x_2 = -1{,}4$
a) $x^2 = 64$ b) $x^2 = 100$
c) $x^2 = 169$ d) $x^2 = 1{,}21$
e) $x^2 = 1{,}44$ f) $x^2 = 0{,}04$

► 4

4 Forme die Gleichung zuerst um. Löse die Gleichung. Führe die Probe durch. Notiere auch die Lösungsmenge.
Beispiel $3x^2 = 147 \quad |:3$
$x^2 = 49 \quad |\sqrt{\ }$
$x_1 = \sqrt{49}$ und $x_2 = -\sqrt{49}$
$x_1 = 7$ und $x_2 = -7$
Probe für $x_1 = 7$ und $x_2 = -7$:
$3 \cdot 7^2 = 147$ $3 \cdot (-7)^2 = 147$
$3 \cdot 49 = 147$ $3 \cdot 49 = 147$
$147 = 147$ ✓ $147 = 147$ ✓ $L = \{-7; 7\}$
a) $4x^2 = 900$ b) $6x^2 = 486$
c) $2x^2 = 512$ d) $2{,}1x^2 = 758{,}1$
e) $-3x^2 = -363$ f) $-x^2 = -0{,}81$
g) $\frac{1}{2}x^2 = 72$ h) $\frac{7}{4}x^2 = 63$

5 Welche quadratische Gleichung hat zwei Lösungen, eine Lösung, keine Lösung? Forme die Gleichung wie im Beispiel um. Formuliere einen passenden Satz.
Beispiel $5x^2 + 15 = 0 \quad |:5$
$x^2 + 3 = 0 \quad |-3$
$x^2 = -3 \quad |\sqrt{\ }$
Die Gleichung $5x^2 + 15 = 0$ hat keine Lösung.
a) $x^2 + 2 = 0$ b) $x^2 - 1 = 0$
c) $0{,}6x^2 = 0$ d) $x^2 - 9 = 0$
e) $4x^2 - 16 = 0$ f) $x^2 + 25 = 0$

► 6

6 Löse die Gleichung. Führe die Probe durch. Notiere die Lösungsmenge.
a) $x^2 - 44 = 125$ b) $x^2 + 39 = 264$
c) $x^2 + 31 = 152$ d) $2x^2 + 128 = 520$
e) $-3x^2 - 302 = -545$ f) $2{,}5x^2 - 286 = 714$

7 Vereinfache die Terme. Löse die Gleichung. Runde auf die zweite Nachkommastelle. Ordne die Lösungsmenge passend zu.
Beispiel $-3x^2 + 2 - 4x^2 = -18 + 6$
$-7x^2 + 2 = -12 \quad |-2$
$-7x^2 = -14 \quad |:(-7)$
$x^2 = 2 \quad |\sqrt{\ }$
$x_1 \approx 1{,}41$ und $x_2 \approx -1{,}41$
$L = \{-1{,}41; 1{,}41\}$
a) $3{,}6x^2 - 6 - 4 = -1$
b) $-3x^2 + 4 - 2x^2 = -14$
c) $-2x^2 - 2x^2 - 5{,}8 = -12 - 1$
d) $11x^2 - 10 + 7x^2 - 17 = -47 + 110$

$L = \{-2{,}24; 2{,}24\}$ $L = \{-1{,}34; 1{,}34\}$
$L = \{-1{,}90; 1{,}90\}$ $L = \{-1{,}58; 1{,}58\}$

► 8

8 Merle berechnet die Nullstellen von $f(x) = 0{,}5x^2 - 2$.
Sie notiert: $0{,}5x^2 - 2 = 0 \quad |+2$
...
a) Erklärt euch Merles Rechnung und führt sie im Heft zu Ende.
b) Berechne wie Merle die Nullstellen der quadratischen Funktionen.
① $f(x) = x^2 - 49$ ② $g(x) = 3x^2 - 12$
③ $h(x) = 10x^2 - 90$ ④ $j(x) = -0{,}25x^2 + 9$

Sprachhilfe zu **1**: Verwende: ist **eine/keine** rein quadratische Gleichung – die Variable x nur als x^2/x vorkommt
Hinweis zu **7**: Verwende bei gerundeten Zahlen das Ungefährzeichen ≈ statt des Gleichheitszeichens =.

1 Ist die Gleichung eine rein quadratische Gleichung? Begründe.

a) $\frac{1}{4}x^2 - 5 = 0$ b) $2x - 8 = -9$
c) $3x + 7 - 4x = 12$ d) $4x^2 - 16x = -1$

2 Überprüfe mit Hilfe einer Probe, ob x_1 und x_2 die Lösungen der Gleichung sind.

Beispiel $4x^2 - 4 = 0$ $x_1 = 1$; $x_2 = -1$

Probe für $x_1 = 1$: $4 \cdot 1^2 - 4 = 0$; $4 - 4 = 0$; $0 = 0$ ✓

Probe für $x_2 = -1$: $4 \cdot (-1)^2 - 4 = 0$; $4 - 4 = 0$; $0 = 0$ ✓

a) $2x^2 - 0{,}5 = 0$ $x_1 = 0{,}5$; $x_2 = -0{,}5$
b) $2x^2 - 32 = 0$ $x_1 = 4$; $x_2 = -4$
c) $4x^2 - 9 = 0$ $x_1 = 1{,}5$; $x_2 = -1{,}5$

3 Löse die Gleichung ohne Taschenrechner.

Beispiel $x^2 = \frac{4}{25}$ $\mid \sqrt{\ }$

$x_1 = \sqrt{\frac{4}{25}} = \frac{2}{5}$; $x_2 = -\sqrt{\frac{4}{25}} = -\frac{2}{5}$

a) $x^2 = 81$ b) $x^2 = 196$ c) $x^2 = 0{,}09$
d) $x^2 = 0{,}16$ e) $x^2 = \frac{1}{4}$ f) $x^2 = \frac{81}{256}$

4 Forme die Gleichung zuerst um. Löse die Gleichung ohne Taschenrechner.

Beispiel $-3x^2 = -48$ $\mid :(-3)$
$x^2 = 16$ $\mid \sqrt{\ }$
…

a) $4x^2 = 400$ b) $5x^2 = 605$
c) $x^2 - 289 = 0$ d) $-x^2 = -0{,}01$
e) $10x^2 - 16{,}9 = 0$ f) $-\frac{1}{2}x^2 + 72 = 0$

5 Forme die Gleichung zuerst um. Löse die Gleichung. Führe die Probe durch. Notiere die Lösungsmenge.

Beispiel $0{,}5x^2 - 50 = 150$ $\mid +50$
$0{,}5x^2 = 200$ $\mid :0{,}5$
$x^2 = 400$ $\mid \sqrt{\ }$
…

a) $4x^2 - 49 = 0$ b) $2x^2 - 882 = 0$
c) $2x^2 + 8 = 520$ d) $-3x^2 - 30 = -1617$
e) $3x^2 + 2{,}48 = 17$ f) $-2x^2 - 4{,}48 = -24{,}96$

6 Notiere, welche Gleichungen keine Lösung haben. Begründe deine Entscheidung.

① $x^2 = 36$ ② $x^2 = -81$ ③ $x^2 + 6 = 0$

7 Überprüfe rechnerisch, ob die quadratische Gleichung zwei Lösungen, eine oder keine Lösung hat. Notiere die Lösungsmenge.

L = {□; □} L = {0} L = { }

a) $x^2 - 289 = 0$ b) $3x^2 - 15 = -15$
c) $x^2 - 265 = -264$ d) $2x^2 - 80{,}5 = -40$

8 Vereinfache die Terme. Löse die Gleichung. Runde auf die zweite Nachkommastelle.

Beispiel $14x^2 - 17{,}5x^2 = 4{,}5x^2 - 3{,}6$
$-3{,}5x^2 = 4{,}5x^2 - 3{,}6$ $\mid -4{,}5x^2$
…

a) $17x^2 - 21{,}2 - 12{,}5x^2 = 2{,}5x^2$
b) $-5x^2 + 50 - 7x^2 - 2{,}6 = -9x^2$
c) $-12{,}8 + 12{,}6x^2 - 15{,}7 = -2{,}2x^2 - 5 + 12{,}5x^2$

9 Kian zeichnet die Parabel zu $f(x) = 0{,}25x^2 - 1$.

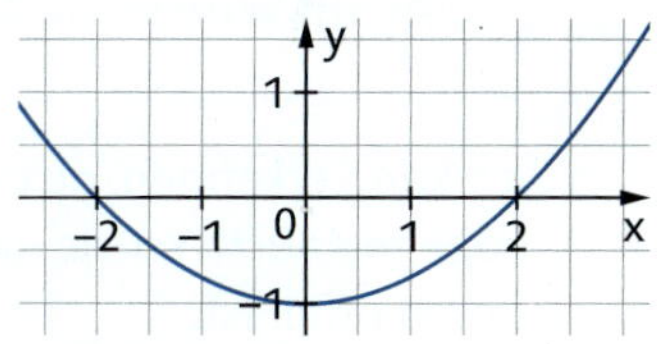

a) Lies alle Nullstellen ab. Notiere die Nullstellen im Heft.
b) Kian berechnet die Nullstellen der Parabel f mit der Gleichung $0{,}25x^2 - 1 = 0$.
① Führe die Rechnung von Kian zu Ende.
② Erkläre den Zusammenhang zwischen der Anzahl der Lösungen der quadratischen Gleichung und den Nullstellen der Parabel.
c) Finde zeichnerisch jeweils eine rein quadratische Gleichung mit …

Ⓐ Lösungen: −1 und 1 Ⓑ keiner Lösung

10 Berechne die Nullstellen der Funktion.

a) $f(x) = 0{,}3x^2 - 4{,}8$ b) $f(x) = 2{,}5x^2 - 0{,}625$
c) $f(x) = -0{,}01x^2 + 4$ d) $f(x) = -5x^2 + 0{,}3125$

11 Ordne ① und ② jeweils eine Gleichung passend zu. Löse die Gleichungen.

① Quadriere die Zahl x und addiere 12. Du erhältst 208.
② Vervierfache das Quadrat der Zahl x und addiere 12. Du erhältst 208.

$4x^2 + 12 = 208$ $x^2 + 12 = 208$ $2x^2 - 12 = 208$

Sprachhilfe zu **1**: Die Gleichung ist eine/keine rein quadratische Gleichung, weil die Variable x nur als x² / x vorkommt.
Sprachhilfe zu **6**: Verwende die Wörter: Wert unter der Wurzel – negativ – keine Lösung

Zwischentest

Kompetenz	▼

1 Ich kann den Graphen einer linearen Funktion zeichnen.

→ Lies auf **Seite 60** nach.

1 Zeichne den Graphen der linearen Funktion. Verwende den y-Achsenabschnitt b und das Steigungsdreieck.
a) $y = x - 1$ b) $y = -2x + 2$

2 Ich kann entscheiden und begründen, ob eine Funktion quadratisch ist.

→ Lies auf **Seite 64** nach.

2 Entscheide, ob die Funktion quadratisch ist.
a) $y = x^2 - 7$ b) $y = x + 7$

3 Ich kann eine Wertetabelle zu einer quadratischen Funktion erstellen und die dazugehörige Parabel zeichnen.

→ Lies auf **Seite 64** nach.

3 Ergänze die Wertetabelle für $y = x^2 - 5$ im Heft. Zeichne dann die Parabel.

x	−3	−2	−1	0	1	2	3
y	4	−1					

4 Ich kann erkennen, ob eine Parabel gestreckt oder gestaucht sowie nach oben oder nach unten offen ist.

→ Lies auf **Seite 68** nach.

4 Notiere, ob die Parabel gestreckt oder gestaucht ist und ob sie nach oben oder nach unten offen ist.
a) $y = 2x^2$ b) $y = -0{,}5x^2$

5 Ich kann erkennen, um wie viele Einheiten eine Parabel verschoben ist.

→ Lies auf **Seite 72** nach.

5 Notiere, um wie viele Einheiten die Parabel nach oben oder nach unten verschoben ist.
a) $y = x^2 - 5$ b) $y = x^2 + 9$
c) $y = x^2 + 3$ d) $y = -x^2 - 3$

6 Ich kann Nullstellen einer Parabel zeichnerisch oder mit Hilfe einer Wertetabelle bestimmen.

→ Lies auf **Seite 78** nach.

6 Notiere die Nullstellen der Parabel.

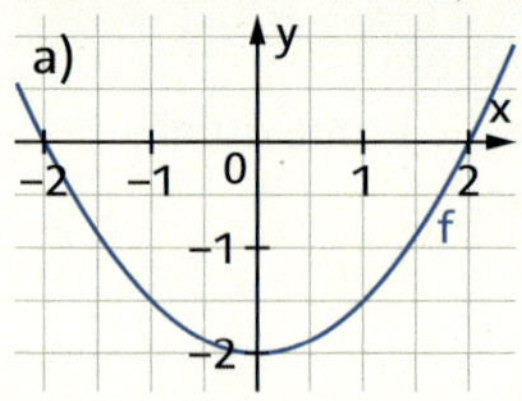

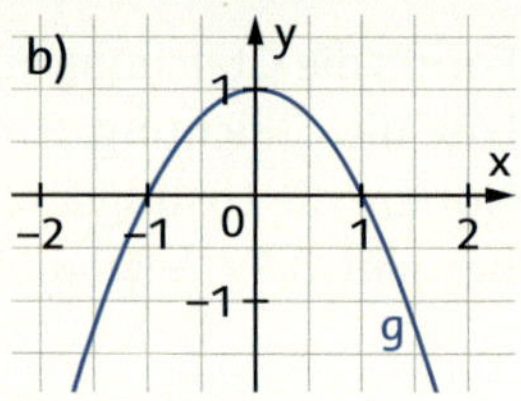

7 Ich kann rein quadratische Gleichungen lösen.

→ Lies auf **Seite 82** nach.

7 Löse die rein quadratische Gleichung.
a) $2x^2 = 242$ b) $5x^2 - 125 = 0$

→ Lösungen auf Seite 213

1 Zeichne den Graphen der linearen Funktion mit dem y-Achsenabschnitt und ...
a) einem Steigungsdreieck. $y = 2x + 1$
b) einem weiteren Punkt P(2 | □). $y = 0{,}5x + 3$

2 Entscheide, ob die Funktion quadratisch ist. Begründe.
a) $f(x) = x^2 - 7$ b) $f(x) = 3x$

3 Ergänze die Wertetabelle zu $f(x) = 2x^2 - 5$ im Heft. Zeichne dann die dazugehörige Parabel.

x	−2	−1	0	1	2
f(x)	3				

4 Notiere, ob die Parabel gestreckt oder gestaucht, nach oben oder nach unten offen ist.
a) $f(x) = 2x^2 - 4$ b) $f(x) = -0{,}25x^2 - 1$

5 Notiere, um wie viele Einheiten die Parabel nach oben oder nach unten verschoben ist.
a) $f(x) = -3x^2 - 5$ b) $f(x) = -2{,}5x^2 + 4$
c) $f(x) = 2x^2 + 2{,}5$ d) $f(x) = 1{,}5x^2 - 2$

6 Notiere die Nullstellen der Parabel.

a)

x	−4	−3	−2	−1	0	1	2	3	4
f(x)	15	8	3	0	−1	0	3	8	15

b)

x	−4	−3	−2	−1	0	1	2	3	4
f(x)	7	0	−5	−8	−9	−8	−5	0	7

7 Löse die rein quadratische Gleichung.
a) $5x^2 = 720$ b) $3x^2 - 243 = 0$

1 Zeichne den Graphen mit ...
a) dem y-Achsenabschnitt und dem Steigungsdreieck. $y = \frac{3}{2}x + 2$
b) einer anderen Möglichkeit. $y = 3x - 1$

2 Entscheide, ob die Funktion quadratisch ist. Begründe.
a) $f(x) = -x^3 + 5x^2 - 4$ a) $f(x) = -x^2 + 1$

3 Ergänze die Wertetabelle zu $f(x) = 0{,}5x^2 - 1{,}5$ im Heft. Zeichne dann die dazugehörige Parabel.

x	−2	−1	0	1	2
f(x)					

4 Notiere, ob die Parabel gestreckt oder gestaucht, nach oben oder nach unten offen ist.
a) $f(x) = -0{,}1x^2 + 10$ b) $f(x) = 1{,}25x^2 - 12{,}5$

5 Notiere, um wie viele Einheiten die Parabel nach oben oder nach unten verschoben ist.
a) $f(x) = 4x^2 + 8{,}3$ b) $f(x) = -2{,}1x^2 - 9$
c) $f(x) = -2x^2 + 1{,}1$ d) $f(x) = 4{,}5x^2 - 3{,}7$

6 Notiere die Nullstellen der Parabel. Erkläre.

a)

x	−4	−3	−2	−1	0	1	2	3	4
f(x)	−14	0	10	16	18	16	10	0	−14

b)

x	−4	−3	−2	−1	0	1	2	3	4
f(x)	0	3,5	6	7,5	8	7,5	6	3,5	0

7 Löse die rein quadratische Gleichung.
a) $4x^2 = 2304$ b) $\frac{1}{6}x^2 - 1014 = 0$

→ Lösungen auf Seite 214 und 215

Quadratische Funktionen mit einer dynamischen Geometrie-Software erkunden

Manche Parabeln sind besonders schwer von Hand zu zeichnen.
Mit einer dynamischen Geometrie-Software kannst du solche Parabeln zeichnen.
Wenn du in das Eingabefeld zum Beispiel **y = 2.5 x²** eingibst, zeichnet die Software die dazugehörige Parabel.

So gibst du **hoch** 2 ein: Drücke auf die **Hütchen-Taste** und dann auf die Taste mit der 2.

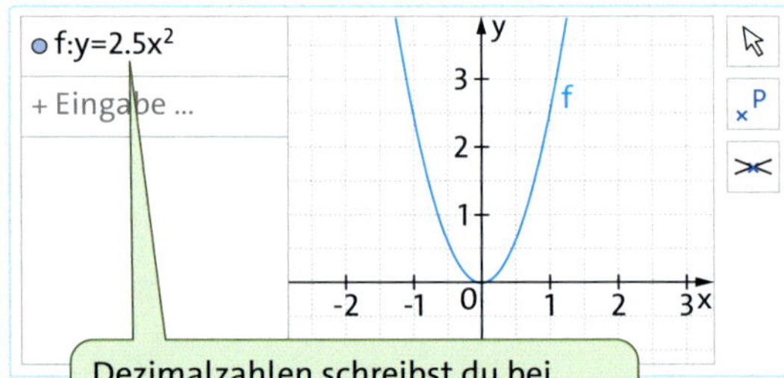

Dezimalzahlen schreibst du bei manchen DGS und Taschenrechnern mit Punkt statt mit Komma.

1 Zeichne die Parabeln zu den Funktionsgleichungen mit einer DGS.
① $f(x) = 2x^2 + 1$ ② $f(x) = -0{,}04x^2$ ③ $f(x) = 0{,}32x^2 + 1$ ④ $f(x) = 6x^2$ ⑤ $f(x) = -101x^2 + 1$

Mit einer DGS kannst du die Eigenschaften der Parabeln untersuchen:
Du kannst untersuchen, ob die Parabel ...
- gestreckt oder gestaucht,
- nach unten offen oder nach oben offen,
- nach oben oder nach unten verschoben ist.

Ein wichtiges Werkzeug hierbei ist der **Schieberegler**.

2 Manchmal erstellen sich die Schieberegler automatisch. So kannst du die Schieberegler für die Parameter a und e selbst erstellen:

1. Klicke auf das Symbol „Erstelle Schieberegler": Klicke dann einmal auf die Zeichenfläche. Es erscheint ein Menü.

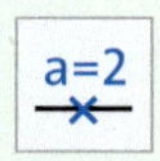

2. Nimm die gewünschten Einstellungen vor. Du kannst den Namen, den Bereich oder die Schrittweite anpassen. Der erste Schieberegler hat automatisch den Namen a.
3. Klicke auf „Erstelle Schieberegler". Trage für den zweiten Schieberegler den Namen e ein.

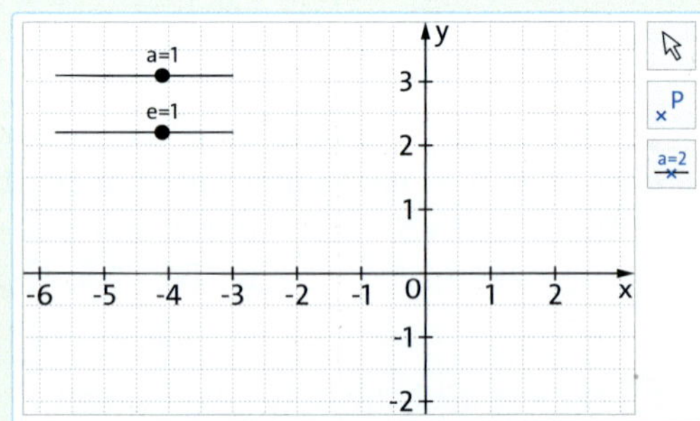

3 Gib die Funktionsgleichung $f(x) = x^2 + e$ in das Eingabefeld ein und drücke auf die Enter-Taste.

Die Grundeinstellung der zwei Schieberegler ist 1. Deshalb ist die Funktionsgleichung $f(x) = 1 \cdot x^2 + 1$.
Verändere den Graphen mit Hilfe der zwei Schieberegler.
Gehe so vor: Verschiebe den Kreis eines Schiebereglers mit der Maus jeweils nach links oder nach rechts.

4 Verwende die zwei Schieberegler für die Parameter a und e sowie die Funktionsgleichung $f(x) = a \cdot x^2 + e$ aus Aufgabe 3.
Untersuche mit einer DGS, wie sich die Parabel f für verschiedene Parameter a und e verändert.
Ergänze die Tabelle im Heft.

Parameter	Schieberegler	Beschreibung
a > 0	nach rechts verschieben	Die Parabel ist nach oben offen.
a < 0		
e > 0		
e < 0		

1 Bestimme die Funktionsgleichung y = mx + b.

Tipp: Lies zuerst den y-Achsenabschnitt b ab und bestimme die Steigung m.

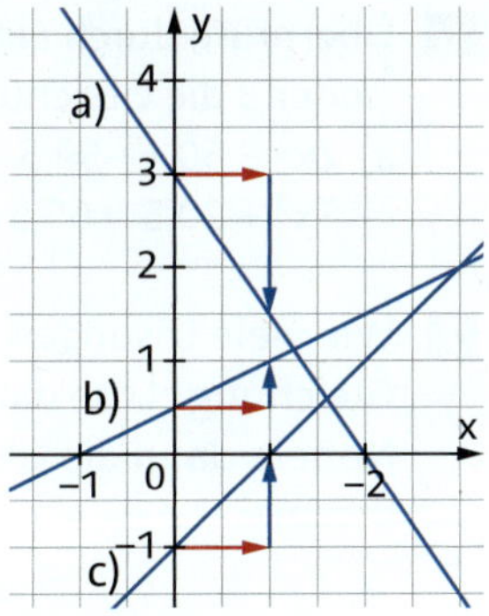

2 Zeichne die Gerade in ein Koordinatensystem. Nutze dafür einen weiteren Punkt oder ein Steigungsdreieck.

a) $y = -x$ b) $y = 2x$ c) $y = -3x$

d) $y = 2x - 1$ e) $y = -x + 5$ f) $y = -2x + 2$

► 3

3 Beschreibe, um wie viele Einheiten die Normalparabel nach oben oder nach unten verschoben ist.

a)

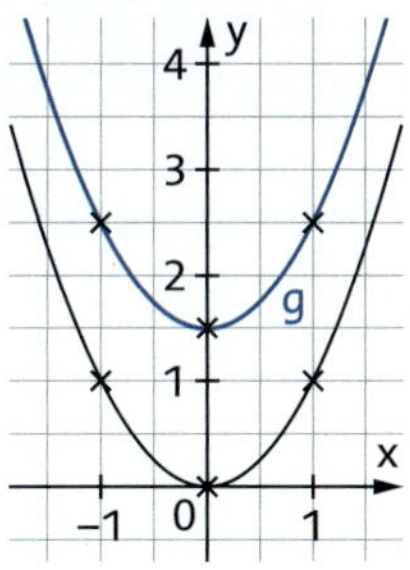

b)

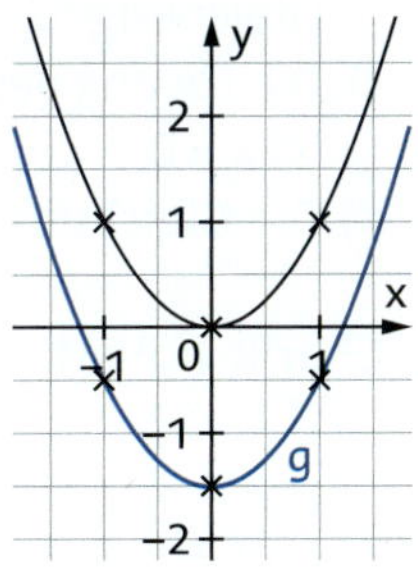

Sprachhilfe: Die Normalparabel ist um ■ Einheiten nach oben / nach unten verschoben.

4 Mit welchem Faktor ist die Parabel gestreckt oder gestaucht? Notiere im Heft.

a)

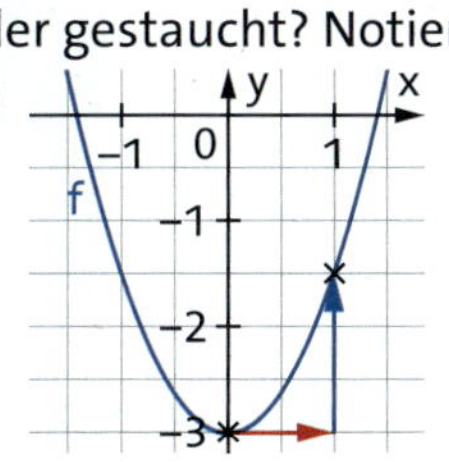

b)

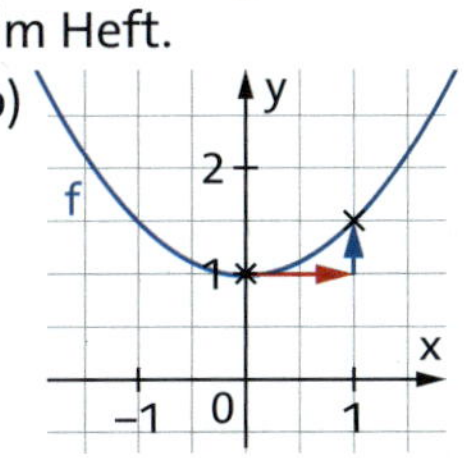

Sprachhilfe: Die Parabel ist mit dem Faktor ■ gestreckt/gestaucht.

5 Ergänze die Wertetabelle der quadratischen Funktion $f(x) = -0{,}5x^2 + 4{,}5$ im Heft. Lies die Nullstellen mit Hilfe der Wertetabelle ab.

x	−4	−3	−2	−1	0	1	2	3	4
f(x)									

6 Zeige durch Einsetzen, dass die Zahlen 3 und −3 keine Lösungen der Gleichung sind.

Beispiel $x^2 - 21 = 4$

Probe für $x_1 = 3$:
$2 \cdot 3^2 - 21 = 4$
$2 \cdot 9 - 21 = 18$
$-3 = 4$ *f*

Probe für $x_2 = -3$:
$2 \cdot (-3)^2 - 21 = 4$
$2 \cdot 9 - 21 = 18$
$-3 = 4$ *f*

a) $5x^2 = 7$ b) $x^2 - 9 = 1$ c) $2x^2 + 18 = 37$

7 Löse die rein quadratische Gleichung. Überprüfe die Lösung mit einer dynamischen Geometrie-Software.

a) $x^2 - 64 = 0$ b) $5x^2 - 180 = 0$

c) $2x^2 - 98 = 0$ d) $4x^2 - 144 = 0$

► 7

8 Löse die Gleichung. Wie viele Lösungen gibt es? Notiere die Lösungsmenge.

Beispiel $-x^2 = 4 \quad |:(-1)$
$x = -4 \quad |\sqrt{\ }$
Die Gleichung hat keine Lösung: L = { }.

a) $x^2 + 10 = 10$ b) $8x^2 = 72$

c) $3x^2 - 12 = -9$ d) $4x^2 + 12 = 3x^2 + 6$

9 Rebecca und Tim formen die rein quadratische Gleichung $\frac{1}{2}x^2 + 3 = 21$ um:

Rebecca:
$\frac{1}{2}x^2 + 3 = 21 \quad |-3$
$\frac{1}{2}x^2 = 18 \quad |\cdot 2$
$x^2 = 36$

Tim:
$\frac{1}{2}x^2 + 3 = 21 \quad |\cdot 2$
$x^2 + 6 = 42 \quad |-6$
$x^2 = 36$

a) Vergleicht die beiden Rechenwege.
b) Führt einen Rechenweg im Heft zu Ende.
c) Löst jeweils die Gleichungen mit dem Vorgehen eurer Wahl.
① $\frac{1}{2}x^2 - 6 = 15$ ② $\frac{1}{3}x^2 - 4 = 44$

10 Ein Basketball ist 19,6 m über dem Boden und fällt senkrecht nach unten. Für den zurückgelegten Weg gilt ungefähr: $y = 4{,}9x^2$. Dabei ist x die Fallzeit in Sekunden und y ist der zurückgelegte Weg in Metern. Wann erreicht der Basketball den Boden? Berechne die Zeit in Sekunden.

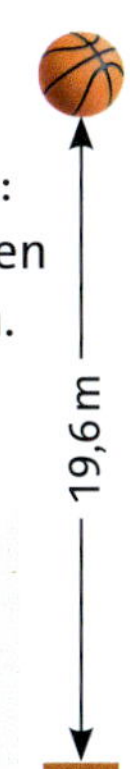

Gehe so vor: ① Stelle die passende Gleichung auf: $4{,}9x^2 =$ ■.
② Löse die Gleichung aus ①.
③ Formuliere einen Antwortsatz.

1 Zeichne den Graphen der Funktion ins Heft. Teile die y-Achse von −8 bis 8 ein.
a) $y = 3x + 1$ b) $y = 3x - 1$
c) $y = -4x + 2$ d) $y = -4x - 2$

2 Tim kauft T-Shirts. Jedes T-Shirt kostet 3 €. Für die Einkaufstasche aus recyceltem Stoff bezahlt Tim 1 €.
a) Ergänze die Wertetabelle im Heft.

Anzahl der T-Shirts	0	1	2	3	4	5	6	7	8
Gesamtpreis (in €)									

b) Ordne der Funktion *Anzahl der T-Shirts → Gesamtpreis (in €)* die richtige Funktionsgleichung zu:

① $y = 5x + 1$ ② $y = 3x + 1$

3 Beschreibe für jede Parabel, um wie viele Einheiten die Normalparabel nach oben oder nach unten verschoben ist. Notiere auch den Scheitelpunkt zu jeder Parabel.

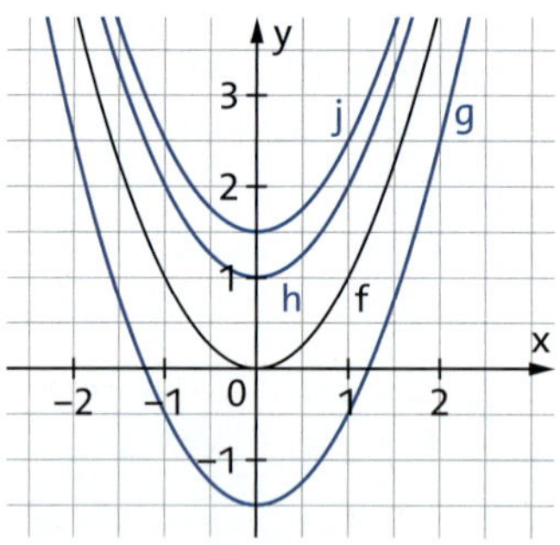

► 3

4 Mit welchem Faktor ist die Parabel gestreckt oder gestaucht? Notiere im Heft.
a)
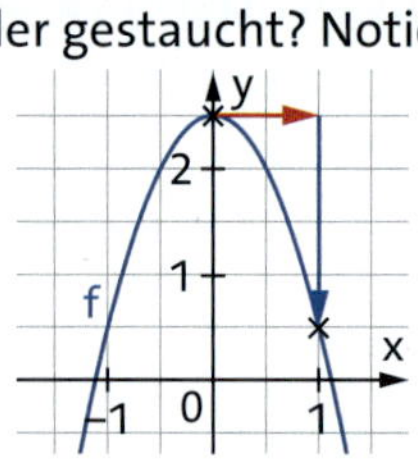

b)
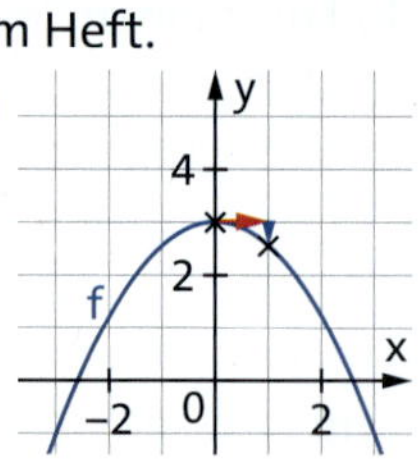

5 Gegeben ist die Funktionsgleichung $f(x) = 0{,}5x^2 - 8$.
a) Erstelle eine Wertetabelle für die x-Werte −5 bis 5 mit der Schrittweite 1.
b) Bestimme die Nullstellen mit Hilfe der Wertetabelle aus a).
c) Überprüfe die Nullstellen mit einer dynamischen Geometrie-Software.

6 Überprüfe durch Einsetzen, welche der Zahlen $\frac{1}{2}$ oder 3 die Gleichung löst.
a) $2x^2 - 60 = -59{,}5$ b) $8x^2 + 2 = 74$
c) $5x^2 + 20{,}5 = 65{,}5$ d) $-100 = 2x^2 - 100{,}5$

7 Wie viele Lösungen hat die rein quadratische Gleichung? Löse dazu zuerst die Gleichung. Notiere dann die Lösungsmenge.

Beispiel $-x^2 = 4 \quad | :(-1)$
$x = -4 \quad | \sqrt{}$
Die Gleichung hat keine Lösung: $L = \{\ \}$.

a) $x^2 - 289 = 0$ b) $5x^2 = 45$
c) $3x^2 - 12 = -9$ d) $4x^2 + 12 = 3x^2 + 6$
e) $0{,}5x^2 + 6 = 2 - 0{,}5x^2 + 4$

► 7

8 Ist die Aussage richtig oder falsch? Korrigiere falsche Aussagen im Heft.
a) $x_1 = -10$ und $x_2 = 10$ sind die Lösungen der Gleichung $x^2 = -100$.
b) Die Lösungsmenge der rein quadratischen Gleichung $5x^2 - 20 = 0$ ist $L = \{-2, 0\}$.
c) Die Lösung der Gleichung $x^2 + 25 = 25$ ist $x = 0$.
d) Die Gleichung $2x^2 + 1 = 0$ hat keine Lösung.

9 Charlie notiert:
$-9x^2 = -27 \quad | :(-9)$
$x^2 = 3 \quad | \sqrt{}$
$x_1 \approx -1{,}73 \quad x_2 \approx 1{,}73$
Überprüfe Charlies Lösungen mit einer Probe. Was fällt dir auf? Beschreibe.

10 Ben lässt einen Ball aus 122,5 m Höhe senkrecht nach unten fallen. Für den zurückgelegten Weg gilt ungefähr: $s(t) = 4{,}9\,t^2$.
t ist die Fallzeit in Sekunden (in s) und s(t) ist der zurückgelegte Weg in m.

a) Berechne, welchen Weg der Ball nach 1,5 s; 3 s und 4,5 s zurücklegt.
b) Berechne die Fallzeit des Balls.
c) Recherchiere im Internet die Höhe des Burj Khalifa. Wie lang fällt ein Ball vom höchsten Punkt des Turms?

Sprachhilfe zu **8**: Verwende: die Lösungen – auf 2 Nachkommastellen gerundet – beide Seiten der Gleichung – ungleich

Vermischte Übungen ☒

1 Die Geradengleichungen sind falsch. Korrigiere die Fehler im Heft.

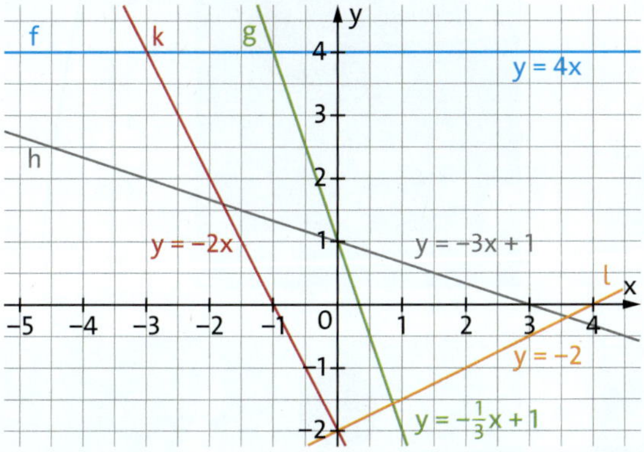

2 Beschreibe für jede Parabel, um wie viele Einheiten die Normalparabel nach oben oder nach unten verschoben ist. Notiere auch den Scheitelpunkt zu jeder Parabel.

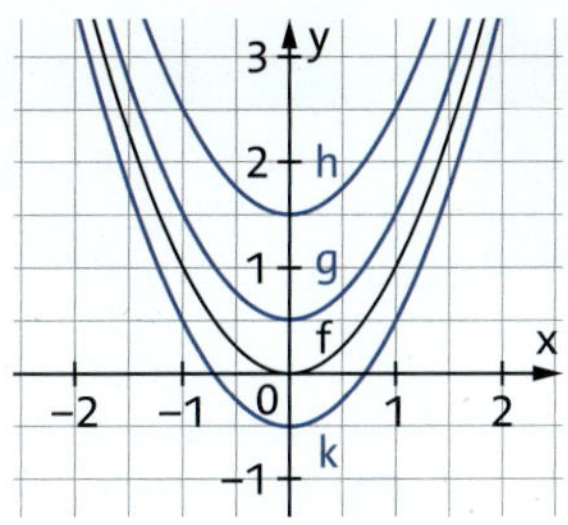

3 Mit welchem Faktor sind die Parabeln ① und ② gestreckt oder gestaucht? Notiere im Heft. Notiere auch den Scheitelpunkt.

①

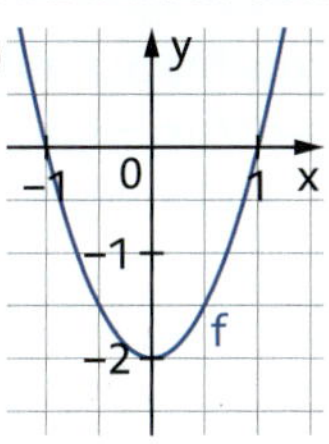

②

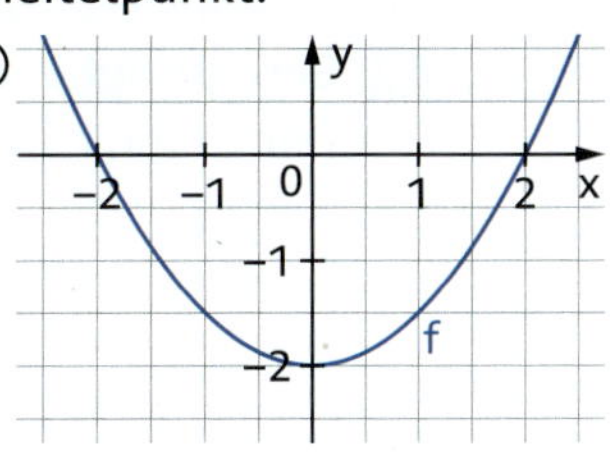

4 Gegeben ist die Funktionsgleichung $f(x) = -\frac{1}{2}x^2 + 8$.

a) Erstelle eine Wertetabelle für die x-Werte −5 bis 5 mit der Schrittweite 1.

b) Bestimme die Nullstellen mit Hilfe der Wertetabelle aus a).

c) Überprüfe die Nullstellen zeichnerisch. Zeichne dazu die Parabel in einem geeigneten Koordinatensystem.

d) Überprüfe mit einer dynamischen Geometrie-Software, ob die Funktion $g(x) = 0{,}5\,x^2 - 8$ die gleichen Nullstellen hat wie f(x). Begründe.

5 Löse die rein quadratische Gleichung durch systematisches Probieren. Die Lösungen sind ganze Zahlen und liegen zwischen −3 und 3.

a) $10x^2 = 90$

b) $5x^2 - 15 = 10$

c) $2x^2 - 100 = -98$

d) $2x^2 - 46 = x^2 - 42$

6 Wie viele Lösungen hat die Gleichung? Begründe. Löse die Gleichung, falls möglich.

a) $4x^2 + 10 = 0$

b) $-4x^2 - 4 = -4$

c) $0{,}5x^2 - 6 = 0$

d) $3x^2 + 46 = -9x^2 + 238$

7 Ist die Aussage richtig oder falsch? Begründe, wenn die Aussage richtig ist. Notiere ein Gegenbeispiel, wenn die Aussage falsch ist.

a) Kira sagt: „Jede rein quadratische Gleichung hat genau eine Lösung."

b) Louis meint: „Wenn eine quadratische Funktion keine Nullstelle hat, dann hat auch die dazugehörige quadratische Gleichung keine Lösung."

8 Alisa und Kevin überlegen, wie sie die Gleichung $x^2 - 4 = 0$ graphisch lösen können.
Alisa sagt: „Ich zeichne die Parabel $f(x) = x^2 - 4$ und lese die Nullstellen ab."
Kevin meint: „Ich forme zuerst um: $x^2 = 4$. Dann zeichne ich die Normalparabel $f(x) = x^2$ und die Gerade $g(x) = 4$. Die x-Werte der beiden Schnittpunkte sind die Lösungen der Gleichung."

a) Überprüfe die beiden Aussagen graphisch. Du kannst eine dynamische Geometrie-Software nutzen.

b) Löse die Gleichungen ① bis ④ wie Kevin.

① $x^2 - 1 = 0$

② $x^2 - 9 = 0$

③ $-2x^2 + 8 = 0$

④ $-0{,}5x^2 + 2 = 0$

9 Der Bogen einer Hängebrücke erfüllt ungefähr die Funktionsgleichung $f(x) = -0{,}015x^2 + 54$. Berechne den Abstand zwischen den Pfeilern p_1 und p_6. Erkläre dein Vorgehen.

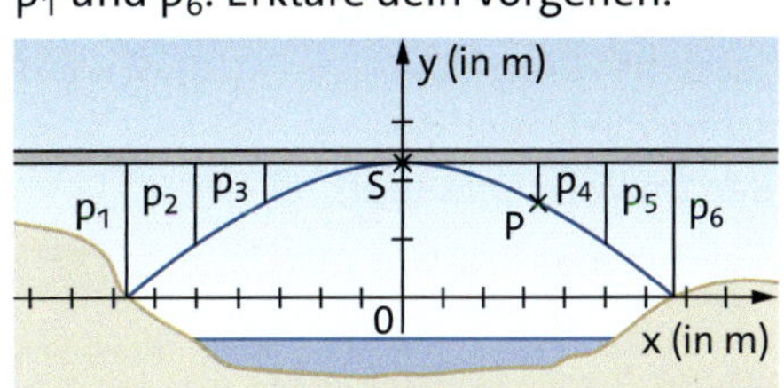

Jugend trainiert für das Sportfest

Letice und ihre Freunde Timo, Saskia, Ben, Christina trainieren für das Sportfest. Sie haben unter anderem die drei Disziplinen: Sprung vom Zehn-Meter-Turm, Ballwurf und 800-Meter-Lauf zur Auswahl.

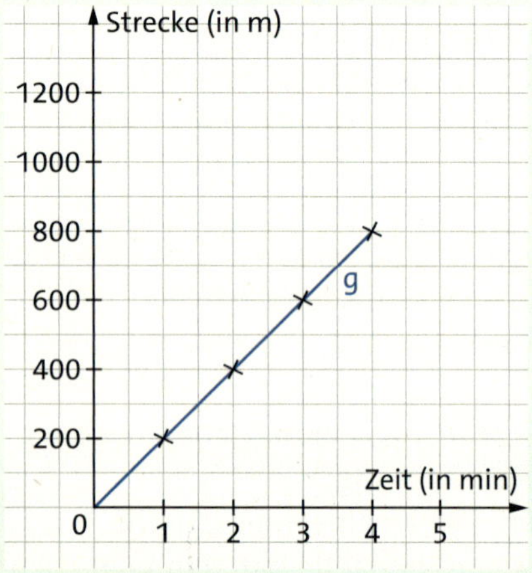

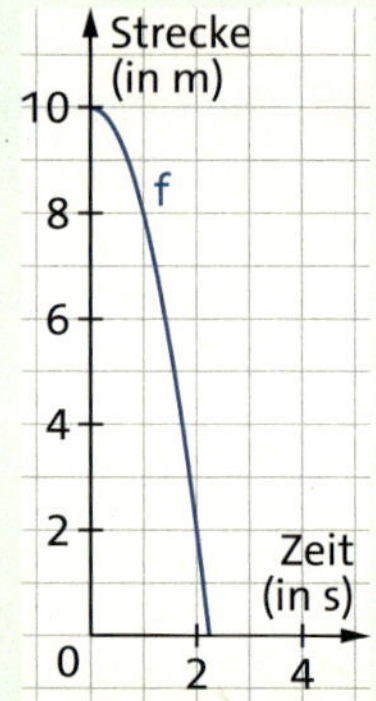

A Christina trainiert für einen 800-Meter-Lauf. Sie läuft 800 m in einem gleichmäßigen Tempo. Christinas Laufzeiten sind in einem Graphen dargestellt.

a) Wie heißt die Funktion zum Graphen g? Notiere im Heft.

b) Begründe, warum der Graph g zu einer linearen Funktion gehört.

B Ergänze die Wertetabelle zum Graphen g für Christinas Laufzeiten im Heft.

x (Zeit in min)	0	1	2	3	4
y (Strecke in m)	0	200			

C Mit welcher Geschwindigkeit läuft Christina? Lies dazu die Steigung aus dem Graphen g ab. Notiere auch die Funktionsgleichung für g.

D Ben springt vom Zehn-Meter-Turm. Der Graph f stellt den Zusammenhang zwischen Bens Fallzeit und Bens Höhe dar. Beschreibe die Bedeutung der Nullstelle von f.

E Ben springt vom Zehn-Meter-Turm. Die Funktionsgleichung $f(x) = -2x^2 + 10$ beschreibt den Zusammenhang zwischen Bens Fallzeit und Bens Höhe. x ist Bens Fallzeit in s und f(x) ist Bens Höhe in m. Berechne die Dauer in s, bis Ben im Wasser landet.

F Timo wirft den Ball. Die Funktionsgleichung $f(x) = -0{,}0009x^2 + 1{,}9$ beschreibt ungefähr die Flugbahn des Balls. x ist die Entfernung vom Abwurfpunkt in m und f(x) ist die Flughöhe in m.

a) Berechne, in wie viel Metern Entfernung der Ball auf dem Boden aufkommt.

b) Berechne, in welcher Entfernung der Ball 1,09 m über dem Boden ist. Löse dazu die Gleichung $1{,}09 = -0{,}0009x^2 + 1{,}9$.

c) Überprüfe deine Lösung aus b) mit einer dynamischen Geometrie-Software.

1 Bestimme die Funktionsgleichungen.

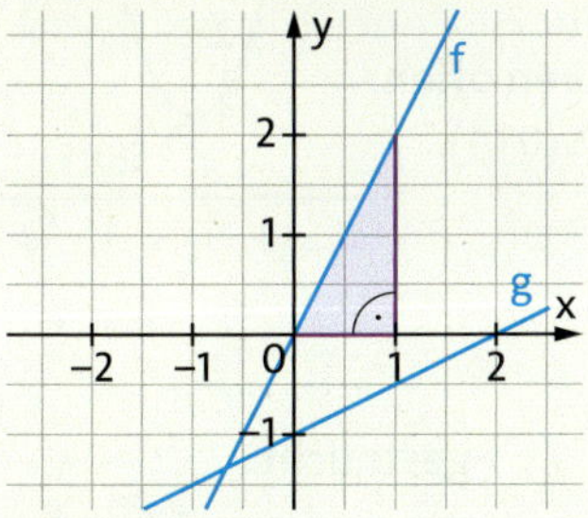

2 Ergänze die Wertetabelle zu $f(x) = x^2 - 4$ im Heft. Zeichne die Parabel.

x	−3	−2	−1	0	1	2	3
y			−3	−4			

3 Notiere, ob die Parabel gestreckt oder gestaucht, nach oben oder nach unten offen ist.

a) $y = 2x^2 - 0{,}4$
b) $y = 0{,}2x^2 + 4$

4 Beschreibe, wie die Normalparabel verschoben ist. Notiere den Scheitelpunkt.

a) $y = x^2 + 7$
b) $y = x^2 - 9$

5 Notiere die Nullstellen von f.

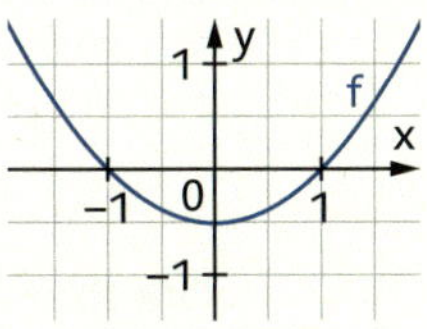

6 Berechne die Nullstellen der quadratischen Funktion.

a) $f(x) = x^2 - 25$
b) $g(x) = 2x^2 - 18$

7 Berechne in cm, wie lang die Seite x der Schokoladentafel ist. Löse dazu die Gleichung $x^2 = 64\,cm^2$.

1 Bestimme die Funktionsgleichungen.

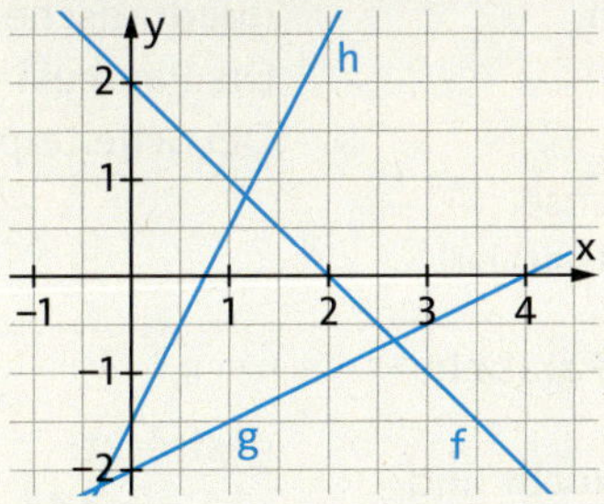

2 Gegeben ist $f(x) = -x^2 + 2$. Erstelle dazu eine Wertetabelle von −3 bis 3 mit Schrittweite 1. Zeichne die Parabel f und markiere den Scheitelpunkt.

3 Notiere, ob die Parabel gestreckt oder gestaucht, nach oben oder nach unten offen ist.

a) $f(x) = -2{,}2x^2 + 0{,}4$
b) $f(x) = \frac{1}{8}x^2 + 4$

4 Beschreibe die Parabel f. Notiere den Scheitelpunkt.

a) $f(x) = x^2 + 0{,}5$
b) $f(x) = -x^2 - 1{,}2$

5 Notiere die Nullstellen von f.

x	−2	−1	0	1	2
f(x)	12	0	−4	0	12

6 Berechne die Nullstellen der quadratischen Funktion.

a) $f(x) = x^2 - 36$
b) $g(x) = 3x^2 - 48$

7 Eine quadratische Geburtstagskarte hat einen Flächeninhalt von $169\,cm^2$. Berechne die Seitenlänge der Geburtstagskarte. Fertige zuerst eine Skizze an.

1 Bestimme die Funktionsgleichungen.

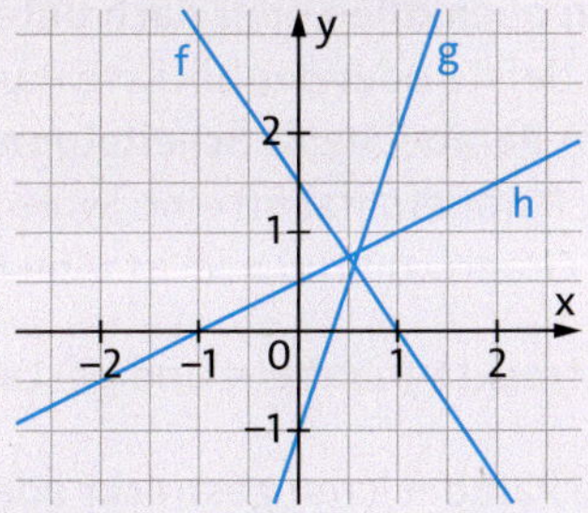

2 Zeichne die Parabel zu $f(x) = 0{,}5x^2 - 2$. Verwende das Fünf-Punkte-Verfahren oder erstelle eine passende Wertetabelle.

3 Notiere, ob die Parabel gestreckt oder gestaucht, nach oben oder nach unten offen ist.

a) $f(x) = \frac{3}{5}x^2 - \frac{4}{3}$
b) $f(x) = -\frac{5}{3}x^2 + \frac{3}{4}$

4 Beschreibe die Parabel f. Notiere den Scheitelpunkt.

a) $f(x) = \frac{2}{5}x^2 + 7{,}5$
b) $f(x) = -\frac{1}{3}x^2$

5 Notiere die Nullstellen von f.

x	−2	−1	0	1	2
f(x)	0	12	16	12	0

6 Berechne die Nullstellen der quadratischen Funktion.

a) $f(x) = x^2 - \frac{4}{9}$
b) $g(x) = 5x^2 - 1{,}25$

7 Ein quadratisches Grundstück hat einen Flächeninhalt von $462{,}25\,m^2$. Berechne die Seitenlänge des Grundstücks. Fertige zuerst eine Skizze an.

→ Lösungen auf Seite 215 und 216

Die quadratische Funktion und die Normalparabel → Seite 64

Eine quadratische Funktion enthält den Term x^2.
Der Graph heißt Parabel. Die Parabel ist **nach oben offen** oder **nach unten offen**.
Der tiefste oder der höchste Punkt einer Parabel heißt **Scheitelpunkt S**.
Alle Parabeln haben eine Symmetrieachse.
Der Graph von $f(x) = x^2$ ist eine Normalparabel.

$f(x) = 2x^2 + 1$
Die Funktion ist eine quadratische Funktion.
Die Parabel ist **nach oben offen**.
Der Scheitelpunkt ist $S(0\,|\,1)$.

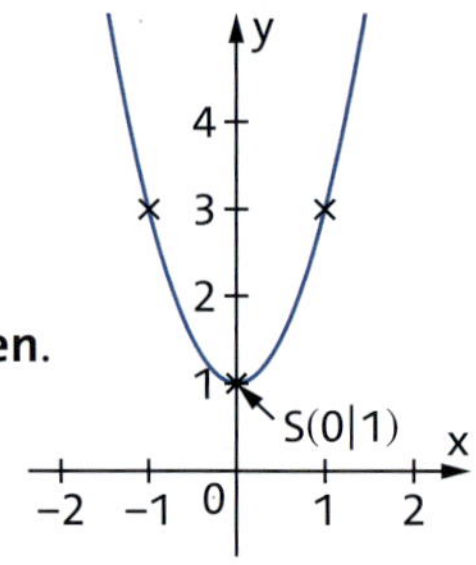

Gestreckte Parabeln und gestauchte Parabeln → Seite 68

Eine Parabel kann **gestreckt** oder **gestaucht** und **nach oben** oder **nach unten offen** sein.
In der Funktionsgleichung $\mathbf{f(x) = ax^2}$ erkennst du das am Parameter **a**. Die Parabel ist für ...

- $a > 1$ **gestreckt** und **nach oben offen**,
- $a < -1$ **gestreckt** und **nach unten offen**,
- $0 < a < 1$ **gestaucht** und **nach oben offen**,
- $-1 < a < 0$ **gestaucht** und **nach unten offen**.

Die Parabel für $a = 1$ heißt **Normalparabel**.

gestreckt: **gestaucht:**

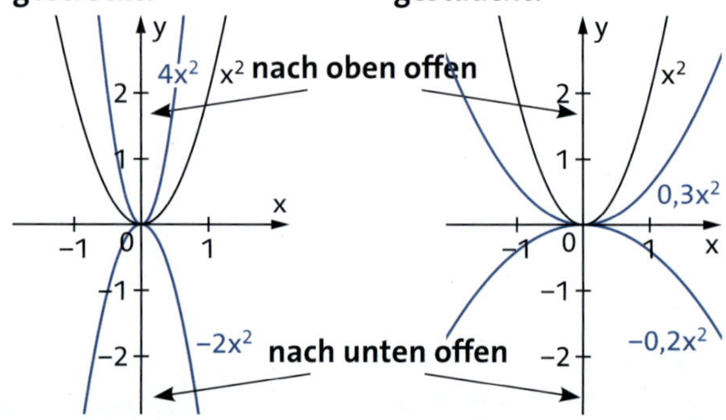

Nach oben oder nach unten verschobene Parabeln → Seite 72

Eine Parabel kann entlang der **y-Achse nach oben** oder **nach unten** verschoben sein.
In der Funktionsgleichung $\mathbf{f(x) = ax^2 + e}$ erkennst du das am Parameter e. Die Parabel ist für ...

- **e > 0** um e Einheiten **nach oben** verschoben,
- **e < 0** um e Einheiten **nach unten** verschoben.

Verschiebung, Streckung und Stauchung sind Veränderungen der Normalparabel. Diese Veränderungen nennt man Transformation.

nach oben verschoben: **nach unten verschoben:**

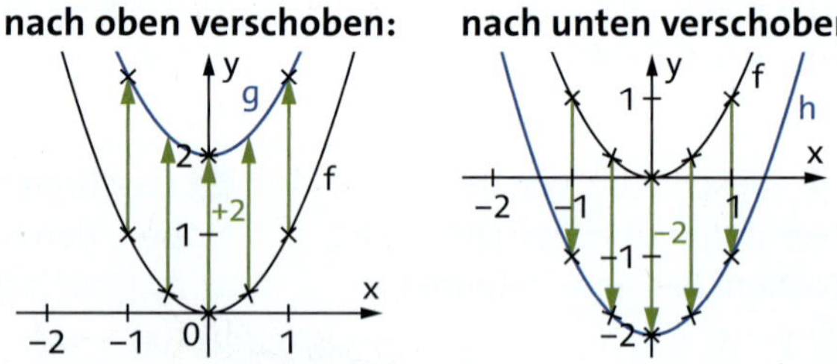

Nullstellen von quadratischen Funktionen zeichnerisch bestimmen → Seite 78

Der x-Wert des Schnittpunkts mit der x-Achse heißt Nullstelle. Bei einer Nullstelle ist der y-Wert immer 0. Du kannst eine Nullstelle an der Parabel oder in einer Wertetabelle ablesen.
Eine Parabel kann **zwei** Nullstellen, **eine** Nullstelle oder **keine** Nullstelle haben.

$f(x) = 2x^2 - 2$

Wertetabelle **Graph**

x	−2	−1	0	1	2
y = f(x)	6	0	−2	0	6

Die Parabel hat **zwei** Nullstellen $x_1 = -1$ und $x_2 = 1$.

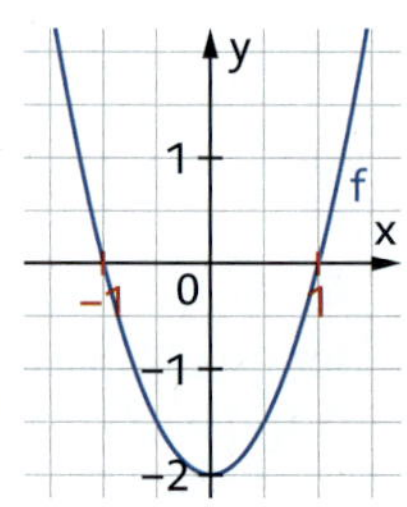

Rein quadratische Gleichungen lösen → Seite 82

Die Nullstellen einer Parabel zu $f(x) = ax^2 + e$ sind die Lösungen der Gleichung $\mathbf{ax^2 + e = 0}$.

Wenn die Variable x nur als x^2 vorkommt, heißt die Gleichung **rein quadratische Gleichung**.
Die Lösungsmenge L enthält alle Lösungen.

$f(x) = 2x^2 - 2$

$$2x^2 - 2 = 0 \quad |+2$$
$$2x^2 = 2 \quad |:2$$
$$x^2 = 1 \quad |\sqrt{\ }$$
$$x_1 = \sqrt{1} \qquad x_2 = -\sqrt{1}$$
$$x_1 = 1 \qquad x_2 = -1$$
$$L = \{-1; 1\}$$

Kugel

▶ Kugelformen begegnen uns zum Beispiel im Sport oder in Spielen.
Welche Spiele kennst du, für die man eine Kugel oder einen Ball braucht?

Was ist der Unterschied zwischen Kugeln und Bällen?
Gibt es Bälle, die keine Kugeln sind?

Wie kannst du die geometrische Form einer Kugel beschreiben?

In diesem Kapitel lernst du, …

- die Kugel und ihre Eigenschaften zu beschreiben,
- das Volumen einer Kugel zu berechnen,
- den Oberflächeninhalt einer Kugel zu berechnen,
- das Volumen und den Oberflächeninhalt von zusammengesetzten Körpern und von Differenzkörpern zu berechnen.

Kompetenz	Aufgabe	Lies und übe:
1 Ich kann Radius und Durchmesser unterscheiden.	**1** Betrachte einen Kreis. a) Gegeben ist ein Kreis mit dem Radius r = 2 cm. Berechne den Durchmesser d eines Kreises. b) Gegeben ist ein Kreis mit dem Durchmesser d = 6 m. Berechne den Radius r.	→ Seite 200 Nr. 69
2 Ich kann den Umfang eines Kreises berechnen.	**2** Berechne den Umfang u des Kreises. a) r = 3 cm b) r = 4,2 m c) d = 34 mm d) d = 2,9 km	→ Seite 200 Nr. 70
3 Ich kann den Flächeninhalt eines Kreises berechnen.	**3** Berechne den Flächeninhalt A des Kreises. a) r = 2 cm b) r = 5,2 m c) d = 56 mm d) d = 1,9 km	→ Seite 205 Nr. 90
4 Ich kann das Volumen eines Prismas berechnen.	**4** Berechne das Volumen V. a) Würfel mit a = 4,3 cm 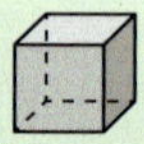 b) Quader mit a = 3 cm; b = 6 cm; c = 4,8 cm 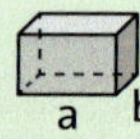 c) Dreiecksprisma mit a = 22 m; h_a = 12 m; h_K = 48 m 	→ Seite 203 Nr. 83
5 Ich kann den Oberflächeninhalt eines Würfels und eines Quaders berechnen.	**5** Berechne den Oberflächeninhalt O. a) Würfel mit a = 3,7 cm b) Quader mit a = 6 cm; b = 7 cm; c = 5,7 cm	→ Seite 203 Nr. 82
6 Ich kann das Volumen eines Zylinders berechnen.	**6** Berechne das Volumen V des Zylinders. 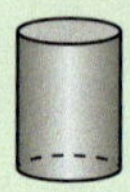 a) r = 7 cm; h_K = 18 cm b) d = 4,6 m; h_K = 13 m	→ Seite 205 Nr. 91
7 Ich kann den Oberflächeninhalt eines Zylinders berechnen.	**7** Berechne den Oberflächeninhalt O des Zylinders. a) r = 16 cm; h_K = 47 cm b) d = 8,6 m; h_K = 2,5 m	→ Seite 205 Nr. 90
8 Ich kann das Volumen eines Kegels berechnen.	**8** Berechne das Volumen V des Kegels. 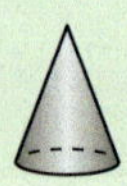 a) r = 5 cm; h_K = 6,8 cm b) d = 7,6 m; h_K = 1,9 m	→ Seite 205 Nr. 93
9 Ich kann den Oberflächeninhalt eines Kegels berechnen.	**9** Berechne den Oberflächeninhalt O des Kegels. a) r = 5 cm; s = 4,9 cm b) d = 2,4 m; h_s = 1,9 m	→ Seite 205 Nr. 92

Kompetenz	Aufgabe	Lies und übe:
10 Ich kann Größen umrechnen.	**10** Rechne in die nächstgrößere und in die nächstkleinere Einheit um. a) 4,5 m b) 0,004 dm c) 3,405 cm d) 3,7 dm^2 e) 7 ha f) 34 m^2 g) 47 cm^3 h) 0,61 dm^3 i) 460 000 m^3	→ Seite 190 Nr. 14–22
11 Ich kann Werte von Termen berechnen und Gleichungen lösen.	**11** Berechne die gesuchte Größe. Stelle dafür die Formel nach der gesuchten Größe um. a) Volumen eines Quaders: $V = a \cdot b \cdot c$ *gegeben*: $V = 75\,cm^3$, $a = 5\,cm$, $c = 10\,cm$; *gesucht*: b b) Kreisumfang: $u = 2 \cdot \pi \cdot r$ *gegeben*: $u = 25\,m$; *gesucht*: r c) Flächeninhalt eines Kreises: $A = \pi \cdot r^2$ *gegeben*: $A = 10\,mm^2$; *gesucht*: r	→ Seite 194, 195 Nr. 43–44
12 Ich kann Aufgaben zur Prozentrechnung lösen.	**12** Berechne den … a) Prozentwert: 10 % von 200 € b) prozentualen Anteil (Prozentsatz): 5 von 36 c) Grundwert: 14 km sind 25 % d) prozentualen Anstieg: von 10 m auf 15 m	→ Seite 193, 194 Nr. 36–41
13 Ich kann einen Prozentsatz in einem Kreisdiagramm schätzen und begründen.	**13** Schätze den Prozentsatz, der im Kreisdiagramm dunkel dargestellt ist. Begründe deine Angabe. a) 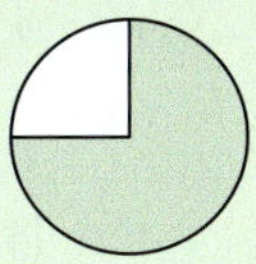 b) 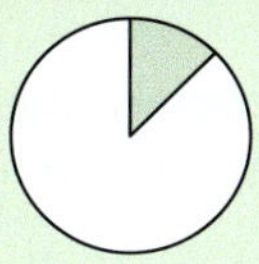 c) 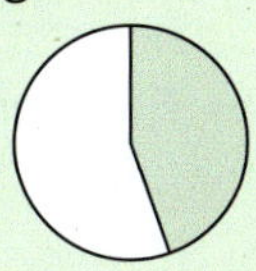	→ Seite 187, 188 Nr. 4
14 Ich kann das Volumen und den Oberflächeninhalt eines Differenzkörpers berechnen.	**14** Das ist ein Differenzkörper. a) Benenne die Teilkörper b) Berechne den Radius. c) Berechne das Volumen. d) Berechne den Oberflächeninhalt. 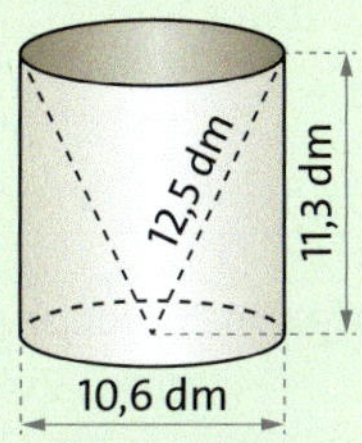	→ Seite 205 Nr. 94, 95
15 Ich kann Sachaufgaben zu zusammengesetzten Körpern lösen.	**15** Das Lager für Weizen besteht aus einem Zylinder und einem Kegel. 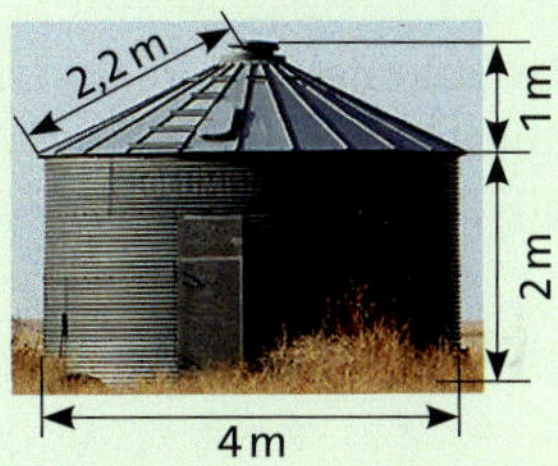 a) Wie viel m^3 Weizen passen in das Lager? b) Dach, Wände und Boden sollen von innen gestrichen werden. Wie viele m^2 Fläche sind das?	→ Seite 196, 197 Nr. 52, 54 → Seite 205 Nr. 94, 95

→ Lösungen auf Seite 216 und 217

Oberflächeninhalt und Volumen von Zylindern (Wdh.)

Toni, Deniz und Sofia erinnern sich an die Lerninhalte zum Thema Zylinder.

*Die **Grundfläche** und **Deckfläche** sind deckungsgleich.*

W

Einen Zylinder beschreiben
Ein Zylinder ist ein Körper mit einem Kreis als **Grund**fläche und **Deck**fläche.
Die Kreise sind **gleich groß** und **parallel** zueinander.
Die Mantelfläche ist ein Rechteck.
Sie ist so lang wie der Umfang u der beiden Kreise und so breit wie die Körperhöhe h_K.
Alle Flächen zusammen ergeben die **Oberfläche**.

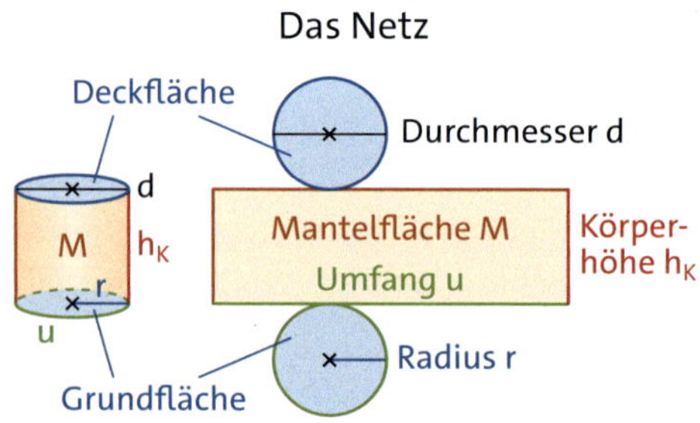

▶ **Aufgabe** Gegeben ist ein Zylinder mit $r = 2{,}5\,cm$, $u = 15{,}7\,cm$ und $h_K = 10\,cm$. Zeichne dann das Netz.

▸1 ▸1 ▸1

W

Den Mantelflächeninhalt M berechnen

Berechne zuerst den Umfang $u = 2 \cdot \pi \cdot r$
Multipliziere dann den Umfang u der Grundfläche mit der Körperhöhe h_K.
$M = u \cdot h_K$

Den Oberflächeninhalt O berechnen
Berechne zuerst den Grundflächeninhalt G $= \pi \cdot r^2$
Addiere 2-mal den Grundflächeninhalt G und den Mantelflächeninhalt M.
$O = 2 \cdot G + M$

gegeben: $r = 5\,cm$; $h_K = 39{,}5\,cm$
gesucht: M, O

$u = 2 \cdot \pi \cdot r$
$u = 2 \cdot \pi \cdot 5\,cm \approx 31{,}42\,cm$
$M = u \cdot h_K$
$M = 31{,}42\,cm \cdot 39{,}5\,cm \approx 1241{,}09\,cm^2$

$G = \pi \cdot r^2$
$G = \pi \cdot (5\,cm)^2 \approx 78{,}54\,cm^2$
$O = 2 \cdot G + M$
$O = 2 \cdot 78{,}54\,cm^2 + 1241{,}09\,cm^2$
$O \approx 1398{,}17\,cm^2$
Leia braucht ungefähr $1399\,cm^2$ Metall.

▶ **Aufgabe** Berechne den Mantelflächeninhalt und den Oberflächeninhalt eines Zylinders mit $r = 2\,cm$ und $h_K = 26\,cm$.

▸3 ▸3 ▸3

W

Das Volumen V berechnen
Multipliziere den Grundflächeninhalt G mit der Körperhöhe h_K des Zylinders.
$V = G \cdot h_K$ mit $G = \pi \cdot r^2$
$V = \pi \cdot r^2 \cdot h_K$

gegeben: $r = 4\,cm$; $h_K = 12\,cm$
gesucht: V

$V = \pi \cdot r^2 \cdot h_K$
$V = \pi \cdot (4\,cm)^2 \cdot 12\,cm \approx 603{,}19\,cm^3$
Das Volumen der großen Säule beträgt ungefähr $603{,}19\,cm^3$.

▶ **Aufgabe** Berechne das Volumen der kleinen Säule und der mittleren Säule.
a) $r = 4\,cm$ und $h_K = 6\,cm$ b) $r = 4\,cm$ und $h_K = 9\,cm$

▸7 ▸7 ▸8

Üben

1 Ordne die Fachbegriffe zu.

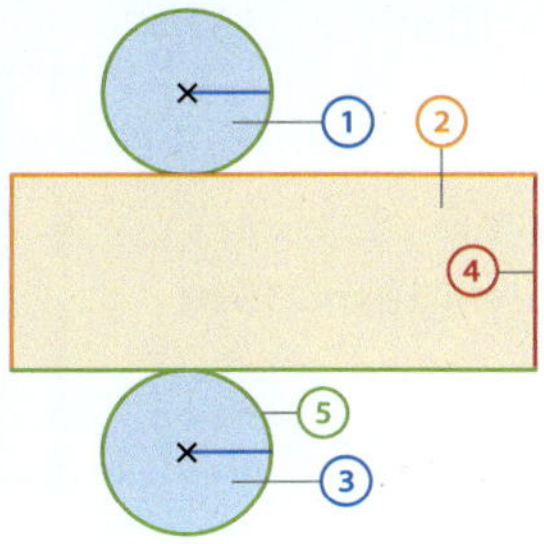

- die Deckfläche
- die Mantelfläche
- die Grundfläche
- der Umfang der Grundfläche
- die Körperhöhe

2 Zeichne das Netz des Zylinders.

Beispiel $r = 1\,cm$; $h_K = 3\,cm$

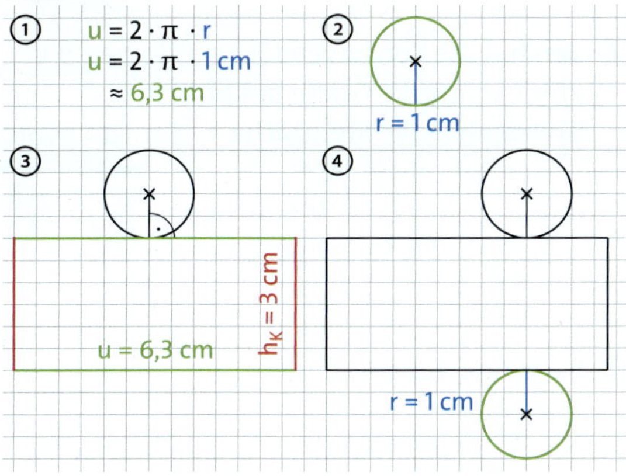

a) $r = 3\,cm$; $h_K = 5\,cm$ b) $r = 2\,cm$; $h_K = 4\,cm$

3 Berechne den Mantelflächeninhalt M des Zylinders mit der Formel $M = u \cdot h_K$.

a) $u = 5\,cm$; $h_K = 9\,cm$
b) $u = 7\,cm$; $h_K = 1{,}5\,cm$
c) $u = 10{,}5\,mm$; $h_K = 6{,}5\,mm$

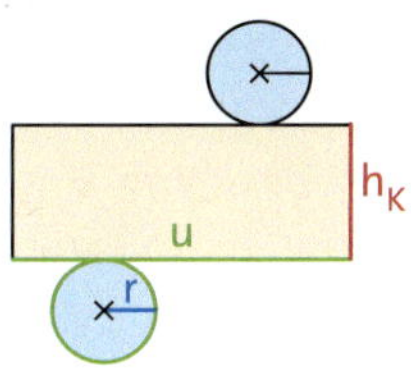

4 Berechne den Mantelflächeninhalt des Zylinders mit der Formel $M = u \cdot h_K$.

Beispiel *gegeben:* $r = 3\,cm$; $h_K = 15\,cm$
gesucht: M

Gehe so vor:

① Berechne den Umfang u.
$u = 2 \cdot \pi \cdot r$ $u = 2 \cdot \pi \cdot 3\,cm \approx 18{,}85\,cm$

② Berechne den Mantelflächeninhalt M.
$M = u \cdot h_K$ $M = 18{,}85\,cm \cdot 15\,cm \approx 282{,}75\,cm^2$

a) $r = 9\,cm$; $h_K = 12\,cm$ b) $r = 4\,cm$; $h_K = 23\,cm$ c) $r = 2{,}5\,cm$; $h_K = 47\,cm$

▶ 4

5 Berechne den Oberflächeninhalt des Zylinders mit der Formel $O = 2 \cdot G + M$.

Beispiel *gegeben:* $r = 5\,cm$; $h_K = 14\,cm$
gesucht: O

Gehe so vor:

① Berechne den Grundflächeninhalt G.
$G = \pi \cdot r^2$ $G = \pi \cdot (5\,cm)^2 \approx 78{,}54\,cm^2$

② Berechne den Umfang u.
$u = 2 \cdot \pi \cdot r$ $u = 2 \cdot \pi \cdot 5\,cm \approx 31{,}42\,cm$

③ Berechne den Mantelflächeninhalt M.
$M = u \cdot h_K$ $M = 31{,}42\,cm \cdot 14\,cm \approx 439{,}88\,cm^2$

④ Berechne den Oberflächeninhalt O.
$O = 2 \cdot G + M$
$O = 2 \cdot 78{,}54\,m^2 + 439{,}88\,m^2 \approx 596{,}96\,cm^2$

a) $r = 2\,cm$; $h_K = 21\,cm$ b) $r = 3\,cm$; $h_K = 8\,cm$ c) $r = 1{,}5\,cm$; $h_K = 38\,cm$

6 Berechne den Oberflächeninhalt O des Zylinders mit der Formel.

a) $r = 2\,cm$; $h_K = 12\,cm$
b) $r = 2{,}5\,cm$; $h_K = 5{,}7\,cm$

Tipp: Berechne zuerst den Umfang, den Mantelflächeninhalt und den Grundflächeninhalt.

▶ 6

7 Berechne das Volumen V des Zylinders mit der Formel $V = G \cdot h_K$. Übertrage die Tabelle in dein Heft und trage deine Ergebnisse ein.

	G	h_K	V
a)	$7{,}07\,m^2$	2 m	
b)	$38{,}48\,dm^2$	8,7 dm	
c)	$55{,}42\,mm^2$	5,6 mm	

6 Berechne das Volumen des Zylinders.

Beispiel *gegeben:* $r = 2\,cm$;
$h_K = 5\,cm$
gesucht: V

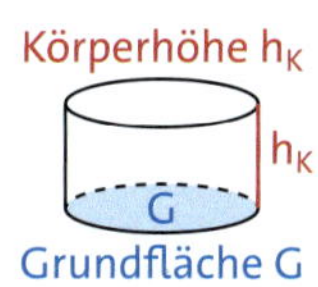

Gehe so vor:

① Berechne den Grundflächeninhalt G.
$G = \pi \cdot r^2$
$G = \pi \cdot (2\,cm)^2 \approx 12{,}57\,cm^2$

② Berechne das Volumen V.
$V = G \cdot h_K$
$V = 12{,}57\,cm^2 \cdot 5\,cm \approx 62{,}85\,cm^3$

a) $r = 3\,m$; $h_K = 7\,m$ b) $r = 45\,mm$; $h_K = 5\,mm$ c) $r = 9{,}6\,cm$; $h_K = 11{,}7\,cm$

1 Gegeben ist das Netz eines Zylinders.

a) Übertrage das Netz in dein Heft.

b) Kennzeichne die Grundfläche, die Deckfläche, die Mantelfläche, die Körperhöhe, den Radius und den Umfang mit den entsprechenden Farben.

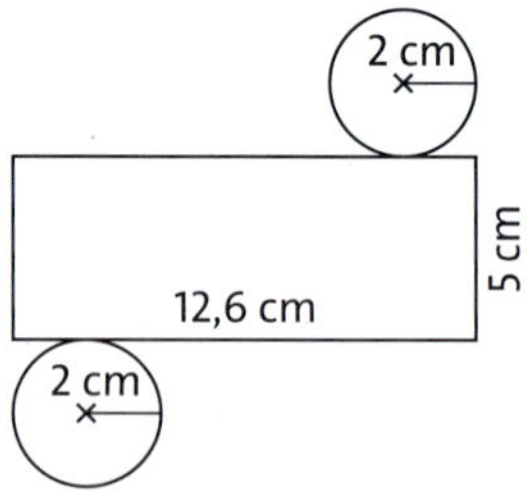

c) Beschreibe den Zylinder. Nutze die Kärtchen.

die Länge | der Kreis | die Breite | der Umfang | das Rechteck | der Abstand | deckungsgleich | parallel

2 Zeichne das Netz des Zylinders. Berechne zuerst den Umfang des Zylinders.

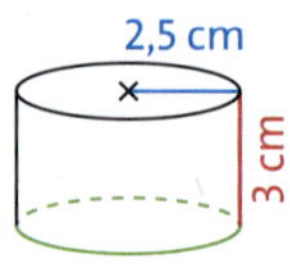

3 Berechne den Mantelflächeninhalt M des Zylinders mit der Formel.

Beispiel *gegeben:* $r = 3{,}5\,\text{cm}$; $h_K = 30\,\text{cm}$
gesucht: M

$M = u \cdot h_K = 2 \cdot \pi \cdot r \cdot h_K$
$= 2 \cdot \pi \cdot 3{,}5\,\text{m} \cdot 30\,\text{m}$
$\approx 659{,}73\,\text{m}^2$

a) $r = 5\,\text{m}$; $h_K = 8\,\text{m}$

b) $r = 2{,}5\,\text{cm}$; $h_K = 12{,}5\,\text{cm}$

c) $r = 0{,}75\,\text{m}$; $h_K = 3\,\text{m}$

Schätze, welche Maße aus a), b) oder c) zur weißen Plakatfläche der **Litfaßsäule** passen.

▶ 6

4 Die Rinde einer Korkeiche wird bis zu einer Höhe von 2,30 m geerntet. Wie viel m² Rinde kann man von einem Baum mit einem Durchmesser von 1,60 m ernten? Berechne.

▶ 6

5 Berechne den Oberflächeninhalt des Zylinders.

Beispiel *gegeben:* $r = 10\,\text{m}$; $h_K = 15\,\text{m}$
gesucht: O

$O = 2 \cdot G + M$
$= 2 \cdot \pi \cdot r^2 + 2 \cdot \pi \cdot r \cdot h_K$
$= 2 \cdot \pi \cdot (10\,\text{m})^2 + 2 \cdot \pi \cdot 10\,\text{m} \cdot 15\,\text{m}$
$\approx 1570{,}8\,\text{m}^2$

a) $r = 2\,\text{m}$; $h_K = 9\,\text{m}$

b) $r = 2{,}6\,\text{cm}$; $h_K = 13{,}5\,\text{cm}$

c) $r = 1{,}5\,\text{dm}$; $h_K = 4\,\text{dm}$

d) Schätze, welche Maße aus a), b) oder c) zur Getränkedose passen.

▶ 8

6 Ben hat die Konservendose ausgemessen.

a) Berechne die Größe des Etiketts.

b) Berechne die Stellfläche der Konservendose.

c) Aus wie viel cm² Weißblech besteht die Dose? Berechne.

▶ 7

7 Berechne das Volumen des Zylinders.

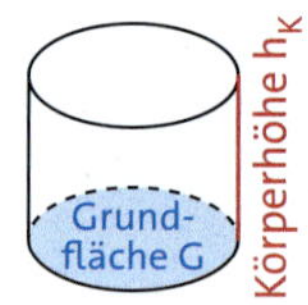

a) $G = 201{,}06\,\text{m}^2$; $h_K = 7\,\text{m}$

b) $G = 4{,}52\,\text{cm}^2$; $h_K = 1{,}8\,\text{cm}$

c) $G = 907{,}92\,\text{dm}^2$; $h_K = 36\,\text{dm}$

d) Überprüfe deine Ergebnisse mit einer Tabellenkalkulation.

8 Berechne das Volumen des Zylinders.

Beispiel *gegeben:* $r = 2\,\text{cm}$; $h_K = 6\,\text{cm}$
gesucht: V

$V = \pi \cdot r^2 \cdot h_K$
$V = \pi \cdot (2\,\text{m})^2 \cdot 6\,\text{m} \approx 75{,}42\,\text{m}^3$

a) $r = 3\,\text{m}$; $h_K = 4\,\text{m}$

b) $r = 14\,\text{mm}$; $h_K = 56\,\text{mm}$

c) $d = 12\,\text{cm}$; $h_K = 25\,\text{cm}$

▶ 9

9 Gegeben ist ein Zylinder.
Berechne den Mantelflächeninhalt M, den Oberflächeninhalt O und das Volumen V.
Ergänze die Tabelle im Heft.

	r (in cm)	h_K (in cm)	M (in cm²)	O (in cm²)	V (in cm³)
a)	4	8			
b)	2	21			
c)	5,5	16			

Sprachhilfe zu 3d: An eine Litfaßsäule können Plakate geklebt werden. Sie wurde von Ernst Litfaß erfunden.

1 Mia fehlt eine Angabe für das Netz eines Zylinders.
a) Berechne die fehlende Größe.
b) Übertrage die Zeichnung in dein Heft und vervollständige das Netz.

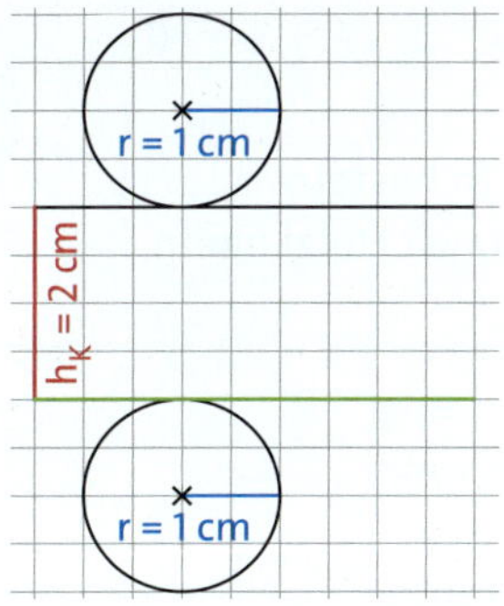

2 Zeichne das Netz eines Zylinders mit $h_K = 5$ cm und u = 12,57 cm in dein Heft.

3 Berechne den fehlenden Wert.
Runde auf die zweite Nachkommastelle.

	G	M	O
a)	24,63 m^2	131,95 m^2	□ m^2
b)	162,86 cm^2	□ cm^2	841,44 cm^2
c)	□ cm^2	281,49 cm^2	793,59 cm^2

4 Berechne den Mantelflächeninhalt.
a) u = 31 m; $h_K = 3$ m
b) u = 25,13 cm; $h_K = 10$ m
c) r = 2 dm; $h_K = 15$ dm
d) r = 3 mm; $h_K = 8$ mm

5 Berechne den Oberflächeninhalt des Zylinders.

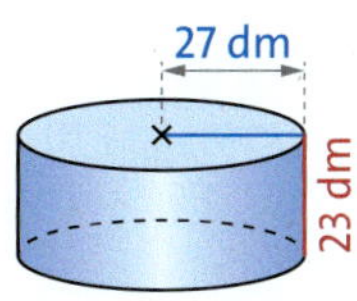

6 Achim möchte seine Spardose mit goldener Folie bekleben. Er hat insgesamt 228 cm^2 Folie.
a) Reicht die Folie? Schätze.
b) Wie viel cm^2 Folie benötigt Achim, um die Spardose vollständig zu bekleben? Berechne.

7 Vervollständige die Tabelle in deinem Heft.

	r	h_K	M	O
a)	7 cm	12 cm		
b)	17,6 mm	2,8 mm		
c)	6 m		376,99 m^2	
d)		5 m	125,66 m^2	

8 Welcher der beiden Zylinder hat das größere Volumen? Schätze zuerst. Berechne dann das Volumen.

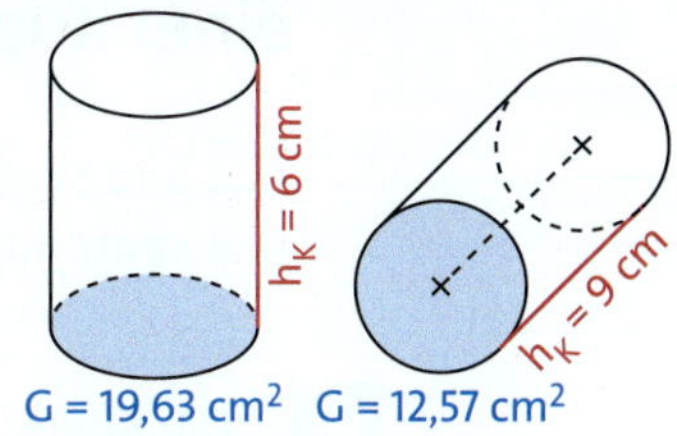

9 Berechne das Volumen des Zylinders.

Beispiel *gegeben:* r = 8 m; $h_K = 12$ dm = 1,2 m
gesucht: V
$V = \pi \cdot r^2 \cdot h_K$
$V = \pi \cdot (8\,m)^2 \cdot 1{,}2\,m \approx 241{,}27\,m^3$

a) d = 14 mm; $h_K = 5,8$ mm
b) r = 1,24 m; $h_K = 1,83$ m
c) d = 22 m; $h_K = 0,075$ km

10 Der Pool hat eine Tiefe von 1,60 m und einen Durchmesser von 3,40 m.

a) Berechne, wie viele Liter Wasser in den Pool passen? In 1 m^3 passen 1000 ℓ.
b) Der Pool ist nur bis zu der Höhe von 20 cm unter der Kante befüllt. Wie viele Liter Wasser sind im Pool? Berechne.
c) Als Antoni in den Pool steigt und unter Wasser taucht, steigt der Wasserstand um 1 cm. Berechne das Volumen von Antoni.

11 ▼ Der Holzklotz hat die Maße $h_K = 0,8$ m und d = 0,44 m.

a) Wie groß ist die Fläche, die von Rinde bedeckt war?
b) Wie groß ist die Fläche, auf der man Holz hacken kann?
c) Wie schwer ist der Holzklotz? Das Holz hat eine Dichte von 550 $\frac{kg}{m^3}$. Berechne zuerst das Volumen des Holzklotzes.

12 Ergänze die Tabelle im Heft.

	r (in cm)	h_K (in cm)	M (in cm^2)	O (in cm^2)	V (in cm^3)
a)		4,5	226,19		
b)	3		207,35		

Tipp zu **11**: Die Masse berechnest du mit der Formel $m = V \cdot \rho$

Volumen und Oberflächeninhalt einer Kugel

Alia und Sergio wollen Weihnachtskugeln basteln.
Alia kauft durchsichtige Kugeln. Sergio kauft Holzkugeln.

*Das Wort **gekrümmt** bedeutet **gebogen**.*

W **Die Kugel**
Eine Kugel ist ein geometrischer Körper mit einer **gekrümmten** Oberfläche.
Die Kugel hat keine Ecken und keine Kanten.
Alle Punkte auf der Oberfläche haben den gleichen **Abstand zum Mittelpunkt M** der Kugel.
Dieser Abstand ist der **Radius r** der Kugel.

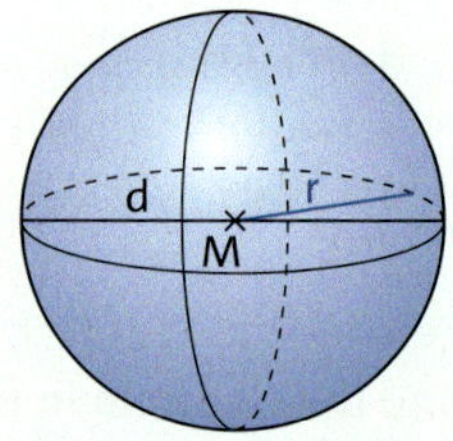

► **Aufgabe** Notiere zwei Beispiele für Kugeln aus deiner Umwelt. ► 1 ► 1 ► 1

Alia möchte eine durchsichtige Kugel vollständig mit künstlichem Schnee füllen.
Die Kugel hat den Radius r = 4 cm.
Wie viel cm^3 künstlichen Schnee benötigt Alia ungefähr?

Die Mehrzahl von Volumen ist auch Volumen.

Die Mehrzahl von Radius ist Radien.

W **Das Volumen berechnen**
Das **Volumen V_{Kugel}** einer Kugel berechnest du mit dem Radius r.

$V_{Kugel} = \frac{4}{3} \cdot \pi \cdot r^3$

gegeben: Kugel mit r = 4 cm
gesucht: V_{Kugel}

$V_{Kugel} = \frac{4}{3} \cdot \pi \cdot r^3$

$V_{Kugel} = \frac{4}{3} \cdot \pi \cdot (4\,cm)^3 \approx 268{,}08\,cm^3$

Alia benötigt ungefähr 268,08 cm^3 künstlichen Schnee.

► **Aufgabe** Berechne das Volumen einer Kugel mit einem Radius r = 6 cm. ► 3 ► 3 ► 2

Sergio möchte die Oberfläche der Holzkugel bemalen.
Die Holzkugel hat den Durchmesser d = 5 cm.
Wie viel cm^2 bemalt Sergio ungefähr?

Der Radius ist die Hälfte des Durchmessers: r = d : 2.

W **Den Oberflächeninhalt berechnen**
Den **Oberflächeninhalt O_{Kugel}** einer Kugel berechnest du mit dem Radius r.

$O_{Kugel} = 4 \cdot \pi \cdot r^2$

gegeben: Holzkugel mit d = 5 cm,
also r = 2,5 cm
gesucht: O_{Kugel}

$O_{Kugel} = 4 \cdot \pi \cdot r^2$

$O_{Kugel} = 4 \cdot \pi \cdot (2{,}5\,cm)^2 \approx 78{,}54\,cm^2$

Sergio bemalt ungefähr 78,54 cm^2.

► **Aufgabe** Berechne den Oberflächeninhalt O einer Kugel mit einem Radius von r = 8 cm. ► 7 ► 6 ► 5

1 Nenne zwei Gegenstände aus deiner Umwelt in Form einer Kugel.
Sammelt eure Ergebnisse in eurer Klasse.

2 Vervollständige die Sätze im Heft.
Die Kugel hat eine _____ Oberfläche.
Die Kugel hat _____ Ecken und _____ Kanten.
Der Abstand von einem Punkt auf der Oberfläche zum Mittelpunkt M ist der _____ der Kugel.

Sprachhilfe: Radius r – keine – gekrümmte

3 Ordne den drei Gegenständen im Heft einen Radius und ein Volumen zu.

① die Erbse

r ____
V ____

② die Wassermelone

r ____
V ____

③ die Erde:

r ____
V ____

Radius: 1 mm | 6371 km | 1,2 dm

7,2 dm^3 | 4,2 mm^3 | 1 083 206 917 000 km^3

4 Beide Körper sind gleich hoch. Schätze, welcher Körper das größere Volumen hat. Begründe.
einen Radius und ein Volumen zu.

① der Zylinder

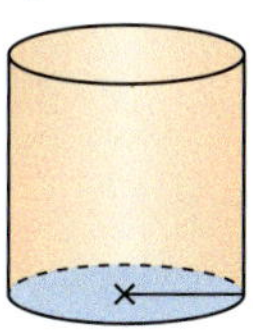

3 cm

② die Kugel

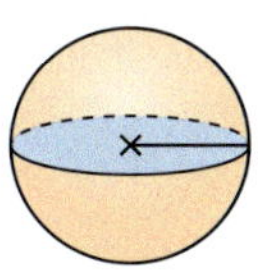

3 cm

5 Berechne das Volumen V der Kugel mit der Formel $V = \frac{4}{3} \cdot \pi \cdot r^3$.

Beispiel *gegeben:* r = 2 cm,
gesucht: V
$V = \frac{4}{3} \cdot \pi \cdot 2\,cm^3 \approx 33{,}5\,cm^3$

a) r = 3 cm b) r = 3,5 cm
c) r = 12 dm d) r = 20 mm

6 Berechne das Volumen V der Kugel.
Bestimme zuerst den Radius r.

a) d = 8 cm b) d = 3 mm
c) d = 15 m d) d = 2,6 cm

▶ 4

7 Berechne den Oberflächeninhalt O der Kugel mit der Formel $O = 4 \cdot \pi \cdot r^2$.

Beispiel *gegeben:* r = 5 cm,
gesucht: O
$O = 4 \cdot \pi \cdot (5\,cm^2) \approx 314{,}2\,cm^2$

a) r = 6 cm b) r = 4 mm
c) r = 12 dm d) r = 4,8 m

8 Berechne den Oberflächeninhalt O der Kugel mit der Formel $O = 4 \cdot \pi \cdot r^2$.
Bestimme zuerst den Radius r.

a) d = 14 cm b) d = 10 mm
c) d = 22 m d) d = 6,6

▶ 8

9 Die Pralinen haben einen Radius von r = 2 cm.
Wie viel cm^2 sind bei einer Praline vollständig mit Kokosraspeln bedeckt?

10 Eine Bowlingkugel hat einen Durchmesser von d = 22 cm.

a) Berechne den Radius der Bowlingkugel.
b) Berechne das Volumen.
c) Berechne den Oberflächeninhalt.

11 Die Öl-Tanks haben einen Radius von r = 110 dm.

a) Welchen Oberflächeninhalt hat ein Tank?
b) Welches Volumen hat ein Tank?
c) Wie viel Liter Öl passen in einen Tank?

Gehe so vor:
① Du hast das Volumen eines Tanks in dm^3 berechnet.
② Das Volumen hat die Einheit dm^3.
Um das Volumen in Liter l anzugeben, musst du in diesem Fall nicht rechnen, denn $1\,dm^3 = 1\,l$.

1 Notiere fünf Gegenstände aus deiner Umwelt. Sie sollen die Form einer Kugel haben.

2 Notiere im Heft, ob die Aussage wahr oder falsch ist. Korrigiere eine falsche Aussage.
a) Ronan sagt: „Die Kugel ist eine geometrische Fläche."
b) Antonia sagt: „Die Kugel hat eine Mantelfläche und eine Grundfläche."
c) Marcel meint: „Der Radius einer Kugel ist vom Mittelpunkt zu jedem Punkt auf der Oberfläche der Kugel gleich."

3 Berechne das Volumen der Kugel.
a) $r = 7\,cm$ b) $r = 2\,mm$
c) $r = 10\,dm$ d) $d = 8\,km$
e) $d = 3{,}6\,m$ f) $d = 8{,}4\,mm$

▸ 3

4 Ein Basketball hat einen Radius von $r = 12\,cm$. Der Korb hat einen Durchmesser von $d = 45\,cm$.

a) Berechne das Volumen des Basketballs.
b) Welches Volumen kann ein Basketball haben, der gerade noch durch den Korb passt?

5 Betrachte die vier Gegenstände.
① der Basketball ② die Murmel

③ der Stecknadelkopf ④ der Gymnastikball

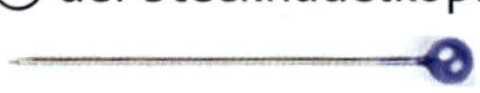

a) Ordne den Gegenständen den passenden Radius zu.

| 1 mm | 0,8 cm | 3,8 dm | 0,1 dm |

b) Ordne den Gegenständen die Einheit für das Volumen passend zu.

| mm^3 | cm^3 | dm^3 | dm^3 |

c) Berechne jeweils das Volumen.

6 Suyi untersucht die Formel für den Oberflächeninhalt einer Kugel.

1. Suyi schält eine Orange und hebt die Schalen auf.
2. Sie halbiert die geschälte Orange.
3. Sie markiert mit der halben Orange mehrere Kreise auf einem Blatt.
4. Sie deckt die Kreise mit den Schalen ab.

a) Beschreibt euch gegenseitig Suyis Experiment. Wie viele Kreise kann Suyi mit den Schalen abdecken?
b) Ergänzt die Formel im Heft.
O_{Kugel} = Anzahl der Kreise · A_{Kreis} = ...
c) Führt Suyis Experiment zu Hause durch. Fertigt Skizzen mit einer Beschreibung an. Präsentiert eure Ergebnisse in der Klasse.

7 Berechne den Oberflächeninhalt der Kugel.
a) $r = 2\,mm$ b) $r = 7\,cm$
c) $r = 10\,dm$ d) $r = 3{,}5\,m$
e) $d = 8\,mm$ f) $d = 6{,}4\,cm$

▸ 7

8 Seifenblasen haben oft die Form einer Kugel. Der Radius der kleinen Seifenblase beträgt 2 cm und der Radius der großen Seifenblase beträgt 6 cm.

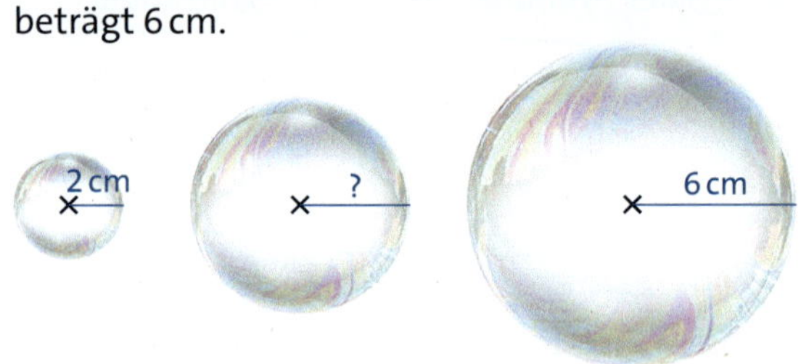

a) Schätze den Radius der Seifenblase in der Mitte.
b) Berechne das Volumen für jede Seifenblase.
c) Berechne den Oberflächeninhalt in cm^2 für jede Seifenblase.
d) Berechne, wie viel cm^3 Luft in allen drei Seifenblasen zusammen eingeschlossen ist.

Tipp zu 8d: Addiere die Volumen der drei Seifenblasen zusammen.

1 Notiere ein Beispiel für eine Kugel, passend zur Maßeinheit des Radius.
a) mm b) cm c) m d) km

2 Berechne das Volumen der Kugel.
e) $r = 42\,cm$ f) $r = 76\,dm$
g) $r = 0{,}3\,km$ h) $d = 6{,}44\,m$
i) $d = 0{,}5\,dm$ j) $d = 127{,}6\,mm$

3 Das Volumen der Kugel wird mit Wasser bestimmt.

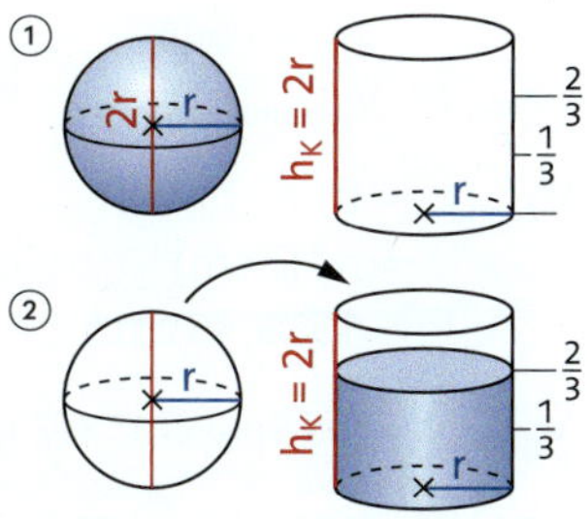

a) Beschreibt den Versuch. Lest die Füllhöhe in ② ab.
b) Entwickelt die Formel für das Volumen der Kugel:

$V_{Kugel} = V_{Zylinder} \cdot \text{Füllhöhe}$
$= \pi \cdot r^2 \cdot h_K \cdot \text{Füllhöhe}$
Setzt für $h_K = 2r$ ein: $= \pi \cdot r^2 \cdot \square \cdot \text{Füllhöhe}$
Setzt die Füllhöhe ein: = …
Fasst zusammen: = …

4 ▼ Die Teekanne hat die Form einer Kugel mit dem Radius $r = 7\,cm$. Berechne, ob ein Liter Tee in die Teekanne passt. Schätze zuerst.

5 Berechne den Oberflächeninhalt der Kugel.
k) $r = 3\,cm$ l) $r = 2{,}8\,dm$ m) $r = 12\,mm$
n) $r = 31{,}5\,m$ o) $d = 24\,cm$ p) $d = 3\,m$

6 ▼ Berechne den Radius der Kugel.
q) $O = 40{,}72\,dm^2$ r) $O = 10{,}18\,m^2$
s) $O = 900\,km^2$ t) $O = 112{,}63\,cm^2$

7 Antonia besprüht Kugeln mit Farbe aus einer Dose. Jede Kugel hat einen Durchmesser von $d = 16\,mm$. Eine Dose enthält 400 mℓ Farbe. 1 mℓ reicht für $25\,cm^2$. Berechne die Anzahl der Kugeln, für die die Farbe aus einer Dose ausreicht.

8 ▼ Eine Kugel hat einen Radius von $r = 8\,dm$.
a) Berechne den Oberflächeninhalt.
b) Berechne den Oberflächeninhalt einer Kugel mit dem doppelten Radius.
c) Murat meint: „Der Oberflächeninhalt einer Kugel mit dem doppelten Radius 2r ist 4-mal so groß wie der Oberflächeninhalt der Kugel mit dem Radius r.“
Begründe Murats Aussage mit Hilfe der Formel für den Oberflächeninhalt.

9 Die Erdoberfläche ist zu 71 % mit Wasser bedeckt. Der Radius der Erde beträgt 6371 km. Berechne, wie viel km^2 der Erdoberfläche mit Wasser bedeckt sind.

10 Beim Aquazorbing kann sich Sandro in einem Ball aus Plastik auf dem Wasser bewegen.

a) Schätze den Radius des Balls.
b) Berechne, wie viel m^3 Luft in dem Ball sind.
c) Berechne für die Hülle, wie viel m^2 Plastik ungefähr nötig sind.

11 Zeichnet die Dominosteine ab. Erstellt mindestens 4 weitere Steine. Schreibt immer links den Radius oder den Durchmesser einer Kugel und auf einem anderen Stein rechts den zugehörigen Oberflächeninhalt oder das Volumen. Nun könnt ihr spielen: Legt immer zwei Dominosteine aneinander, bei denen die linke Seite zur rechten Seite gehört.

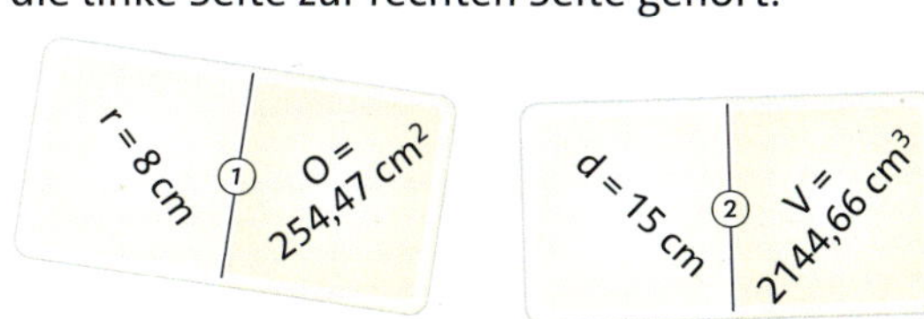

Tipp zu **4**: $1\,cm^3 = 1$ mℓ
Tipp zu **6**: Stelle die Formel für den Oberflächeninhalt nach dem Radius um.
Tipp zu **8**: Setze 2r für den Radius in die Formel für den Oberflächeninhalt einer Kugel ein.

Zusammengesetzte Körper und Differenzkörper

An der Goethe-Schule schnitzen Fabian und Tina Figuren aus Holz. Fabian setzt seine Figur ① aus einem Zylinder und einer Halbkugel zusammen. Tina schnitzt für ihre Figur ② aus einem Würfel eine Halbkugel heraus. Wie groß ist das Volumen der Figuren ① und ②?

①
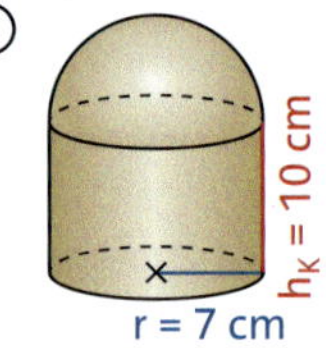

②
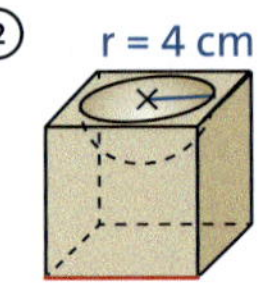

*Das Volumen einer **Halbkugel** ist die **Hälfte** des Volumens einer **Kugel**:*

$V_{Halbkugel} = \frac{1}{2} \cdot V_{Kugel}$
$= \frac{1}{2} \cdot \frac{4}{3} \cdot \pi \cdot r^3$
$= \frac{2}{3} \cdot \pi \cdot r^3$

W

Für das **Volumen** eines **zusammengesetzten Körpers** addierst du das Volumen der einzelnen Teilkörper V_1 bis V_n:

$V_{gesamt} = V_1 + V_2 + \ldots V_n$

gegeben: $r = 7\,cm$, $h_K = 10\,cm$
gesucht: V_{gesamt}

①
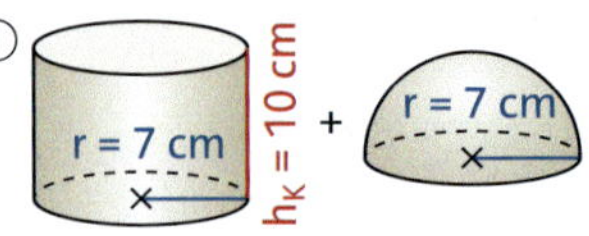

$V_{Zylinder} = \pi \cdot r^2 \cdot h_K$
$= \pi \cdot (7\,cm)^2 \cdot 10\,cm$
$\approx 1539{,}38\,cm^3$

$V_{Halbkugel} = \frac{1}{2} \cdot \frac{4}{3} \cdot \pi \cdot r^3$
$= \frac{2}{3} \cdot \pi \cdot (7\,cm)^3$
$\approx 718{,}38\,cm^3$

$V_{gesamt} \approx 1539{,}38\,cm^3 + 718{,}38\,cm^3 = 2257{,}76\,cm^3$

Das Volumen von ① beträgt ungefähr $2257{,}76\,cm^3$.

Für das **Volumen** eines **Differenzkörpers** subtrahierst du vom Volumen des Ausgangskörpers das Volumen des kleinen Körpers.

$V_{gesamt} = V_1 - V_2$

gegeben: $r = 4\,cm$, $a = 10\,cm$
gesucht: V_{gesamt}

②
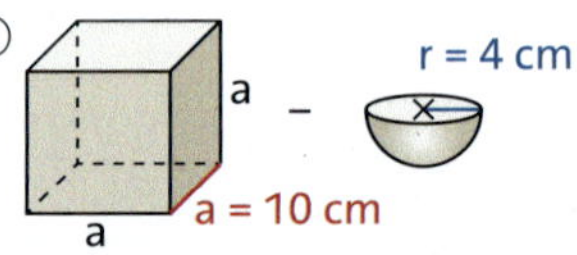

$V_{Würfel} = a^3$
$= (10\,cm)^3$
$= 1000\,cm^3$

$V_{Halbkugel} = \frac{2}{3} \cdot \pi \cdot r^3$
$= \frac{2}{3} \cdot \pi \cdot (4\,cm)^3$
$\approx 134{,}04\,cm^3$

$V_{gesamt} \approx 1000\,cm^3 - 134{,}04\,cm^3 = 865{,}96\,cm^3$

Das Volumen von ② beträgt ungefähr $865{,}96\,cm^3$.

③
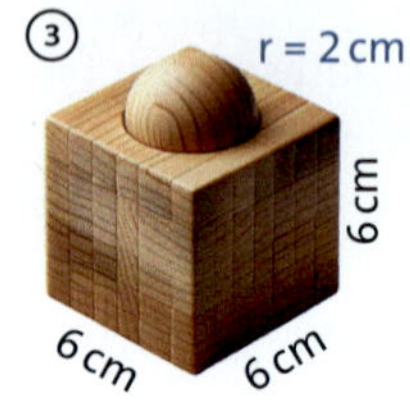

► **Aufgabe** Notiere, aus welchen Teilkörpern der zusammengesetzte Körper ③ besteht. Berechne das Volumen des zusammengesetzten Körpers.

1 ► 1 ► 1

Tina bemalt die Oberfläche der Figur ②. Wie viel cm^2 bemalt Fabian ungefähr?

*$M_{Halbkugel}$ steht für die Hälfte des Oberflächeninhalts einer **ganzen Kugel**:*

$M_{Halbkugel} = \frac{1}{2} \cdot O_{Kugel}$
$= \frac{1}{2} \cdot 4 \cdot \pi \cdot r^2$
$= 2 \cdot \pi \cdot r^2$

W

Für den **Oberflächeninhalt** eines **zusammengesetzten Körpers** oder eines **Differenzkörpers** addierst du die Flächeninhalte A_1 bis A_n aller äußeren Flächen:

$O_{gesamt} = A_1 + A_2 + \ldots + A_n$

Alle Teilflächen der Figur ② sind:

$O_{Würfel} - A_{Kreis} = 6 \cdot a^2 - \pi \cdot r^2$
$= 6 \cdot (10\,cm)^2 - \pi \cdot (4\,cm)^2$
$= 549{,}73\,cm^2$

$M_{Halbkugel} = \frac{1}{2} \cdot 4 \cdot \pi \cdot r^2$
$= 2 \cdot \pi \cdot (4\,cm)^2 = 100{,}53\,cm^2$

$O_{gesamt} \approx 549{,}73\,cm^2 + 100{,}53\,cm^2 = 650{,}26\,cm^2$

Tina bemalt ungefähr $650{,}26\,cm^2$.

④
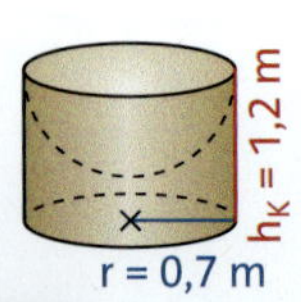

► **Aufgabe** Für den Differenzkörper ④ wurde aus einem Zylinder eine Halbkugel herausgeschnitzt. Benenne alle äußeren Teilflächen des Differenzkörpers. Berechne den Oberflächeninhalt.

6 ► 5 ► 5

1 Das ist ein zusammengesetzter Körper.
a) Notiere die Teilkörper.
b) Beschreibe, wie du das Volumen V berechnen kannst.

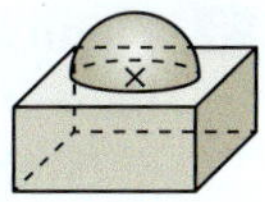

Sprachhilfe: Volumen – zusammengesetzte Körper – Halbkugel – Würfel – addieren

2 Berechne das Volumen V der Halbkugel. Übertrage und ergänze die Rechnung im Heft.

$V_{Halbkugel} = \frac{1}{2} \cdot V_{Kugel}$

$V_{Halbkugel} = \frac{1}{2} \cdot \frac{4}{3} \cdot \pi \cdot r^3.$

$V_{Halbkugel} = \frac{2}{3} \cdot \pi \cdot (\square\,cm)^3 \approx \square\,cm^3$

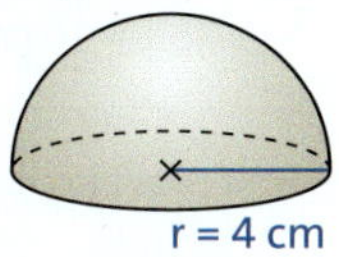

3 Betrachte den zusammengesetzten Körper.
a) Notiere die Teilkörper.
b) Berechne das Volumen V.

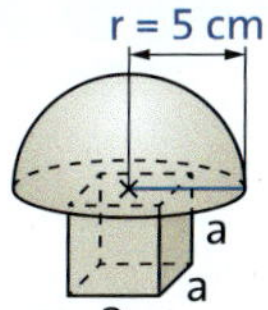

Gehe so vor:
① Berechne das Volumen V der Halbkugel.
$V_{Halbkugel} = \frac{2}{3} \cdot \pi \cdot r^3$
② Berechne das Volumen V des Quaders.
$V = a^3$
③ Addiere die Ergebnisse aus ① und ②.
$V_{gesamt} = V_{Halbkugel} + V_{Würfel}$

▶ 4

4 Betrachte den Differenzkörper.
a) Notiere die Teilkörper.
b) Beschreibe, wie du das Volumen berechnen kannst.

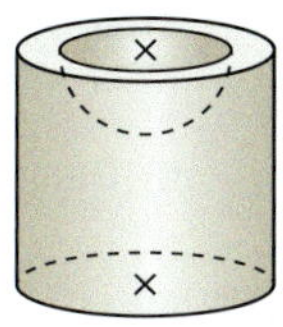

Sprachhilfe: Differenzkörper – Zylinder– Halbkugel – Volumen – subtrahieren

5 Berechne das Volumen des Differenzkörpers. Notiere zuerst die Teilkörper.

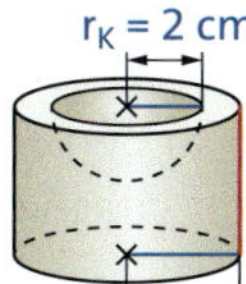

Gehe so vor:
① Berechne das Volumen V des Zylinders:
$V_{Zylinder} = \pi \cdot r^2 \cdot h.$
② Berechne das Volumen der Halbkugel:
$V_{Halbkugel} = \frac{1}{2} \cdot \frac{4}{3} \cdot \pi \cdot r^3.$
③ Addiere die Ergebnisse aus ① und ②.
$V_{gesamt} = V_{Zylinder} - V_{Halbkugel}$

6 Eine kugelförmige Melone wurde halbiert.
a) Gib die Form der Schnittfläche an.
b) Die Schale der halben Melone stellt die Mantelfläche dar. Beschreibe die gesamte Oberfläche der halben Melone.

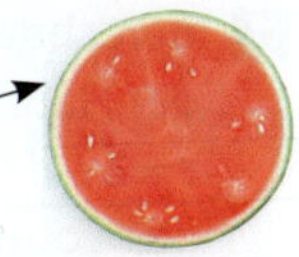

Sprachhilfe: halbe Melone – Oberfläche – Kreisfläche – Mantelfläche – Halbkugel

▶ 6

7 Berechne den Oberflächeninhalt der Halbkugel. Übertrage und ergänze die Rechnung im Heft.

$M_{Halbkugel} = \frac{1}{2} \cdot O_{Kugel}$

$= \frac{1}{2} \cdot 4 \cdot \pi \cdot r^2$

$= 2 \cdot \pi \cdot (\square\,cm)^2 \approx \square\,cm^2$

$A_{Kreis} = \pi \cdot r^2$

$= \pi \cdot (\square\,cm)^2 \approx \square\,cm^2$

$O_{Halbkugel} = M_{Halbkugel} + A_{Kreis} \approx \square\,cm^2 + \square\,cm^2 ...$

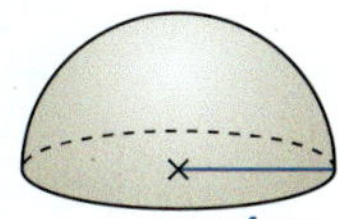

8 Berechne den Oberflächeninhalt der Halbkugel mit r = 6 cm.

9 Berechne den Oberflächeninhalt des des zusammengesetzten Körpers.

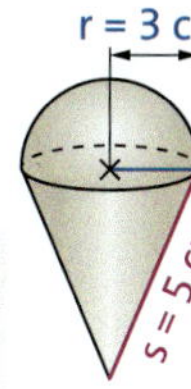

Gehe so vor:
① Berechne den Mantelflächeninhalt der Halbkugel: $M_{Halbkugel} = 2 \cdot \pi \cdot r^2$
② Berechne den Mantelflächeninhalt des Kegels: $M_{Kegel} = \pi \cdot r \cdot s$
③ Berechne $O_{gesamt} = M_{Halbkugel} + M_{Kegel}$

10 Nida schnitzt aus einem Würfel eine Halbkugel heraus. Es entsteht ein Differenzkörper Berechne den Oberflächeninhalt.

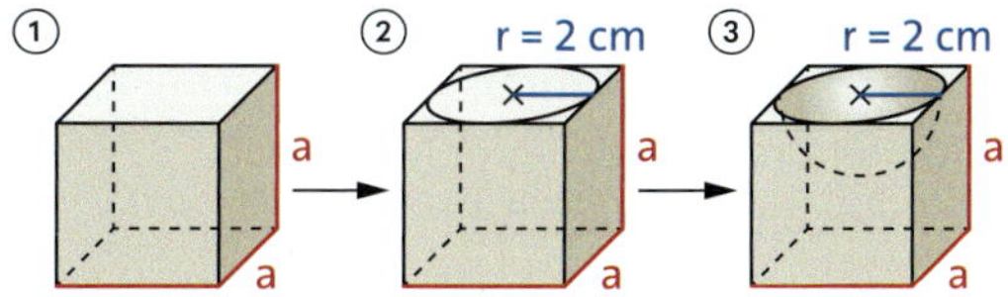

Gehe so vor:
① Berechne $O_{Würfel} - A_{Kreis} = 6 \cdot a^2 - \pi \cdot r^2$
② Berechne $M_{Halbkugel} = 2 \cdot \pi \cdot r^2$
③ Für O_{gesamt} addiere die Ergebnisse aus ① und ②.

1 Berechne das Volumen der Halbkugel mit dem Radius r = 2 cm. Berechne dafür das Volumen der ganzen Kugel und teile es durch 2.

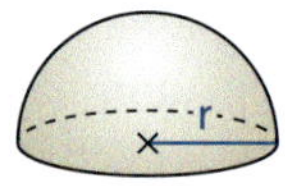

2 ▼ Berechne das Volumen eines Regentropfens mit einem Durchmesser von 1,6 mm. Runde auf Hundertstel.

3 ▼ Gegeben sind die Körper ① und ②.

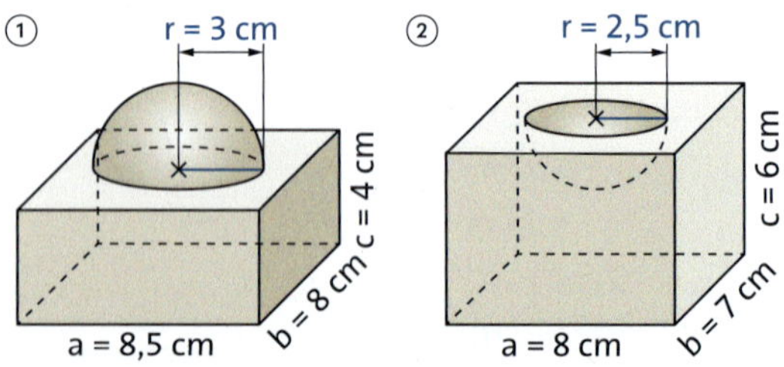

a) Notiere, wie die Körper ① und ② entstanden sind.
b) Beschreibe, wie du das Volumen der Körper ① und ② berechnen kannst.
c) Ergänze im Heft die Formeln für das Volumen der Körper ① und ②.
Volumen des Körpers ①:
$V = V_{Quader} +$ ________ = ...
Volumen des Körpers ②:
$V = V_{Quader} -$ ________ = ...
d) Berechne das Volumen der Körper.

► 4

4 ▼ Eine Melone hat ungefähr die Form einer Kugel mit einem Radius von 9,5 cm. Aus der Melone schneidet Marcelo $\frac{1}{4}$ heraus. Berechne das Volumen von den restlichen $\frac{3}{4}$ der Melone. Runde auf Hundertstel.

5 Wenn du eine Orange halbierst, dann entstehen ungefähr zwei Halbkugeln.

a) Notiere die Form der **Schnittfläche**.
b) Beschreibe den gesamten Oberflächeninhalt einer halben Orange.
c) Berechne den Oberflächeninhalt einer halben Orange mit dem Radius r = 5 cm.

6 ▼ Berechne den Oberflächeninhalt.

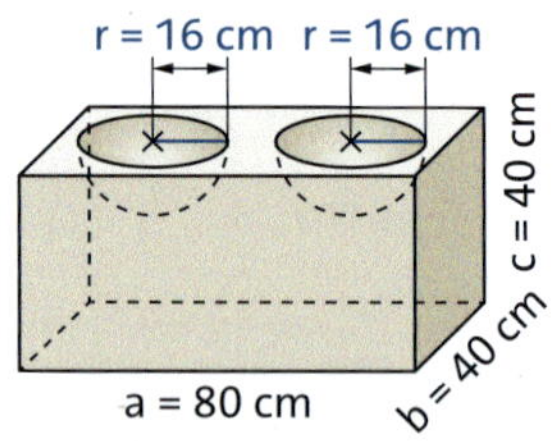

► 6

7 Der Kuchen besteht aus einem Keksboden und einer Puddingmasse.

a) Notiere, aus welchen geometrischen Teilkörpern der Kuchen besteht.
b) Berechne den gesamten Oberflächeninhalt des Kuchens ohne Erdbeere. Der Radius für den Boden und den Pudding beträgt r = 4 cm. Der Keksboden hat eine Höhe von $h_K = 1$ cm.
c) Berechne das Volumen des Kuchens.

8 ▼ Der Grill auf dem Foto hat die Form einer offenen Halbkugel.

a) Schätze den Radius des Grills mit Hilfe der Armlänge.
b) Berechne das Volumen des Grills.
c) Berechne die Größe der **Grillfläche**.

Tipp zu **2** und **4**: Wenn du auf Hundertstel runden sollst, dann runde auf die zweite Nachkommastelle.
Sprachhilfe zu **3b**: Verwende die Fachbegriffe: subtrahieren – zusammengesetzter Körper – Differenzkörper – addieren – Teilkörper
Tipp zu **6b**: Denke daran, dass du 2-mal den Flächeninhalt des Kreises abziehen musst.
Sprachhilfe zu **8c**: Die **Grillfläche** hat ein Gitter. Darauf grillt man Fleisch, Fisch und Gemüse.

1 Berechne das Volumen der Halbkugel mit dem Radius r = 7 cm.

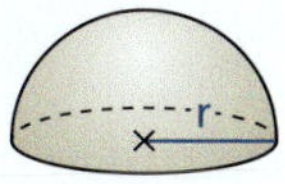

2 ▼ Beschreibe, wie du das Volumen von zusammengesetzten Körpern berechnen kannst. Was ändert sich bei der Vorgehensweise, wenn du das Volumen von Differenzkörpern berechnest? Was bleibt gleich?

3 Berechne das Volumen des Körpers. Notiere zuerst, aus welchen Teilkörpern der Körper besteht.

a)

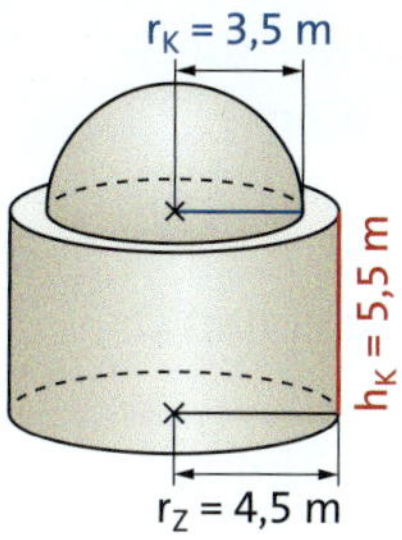

b)

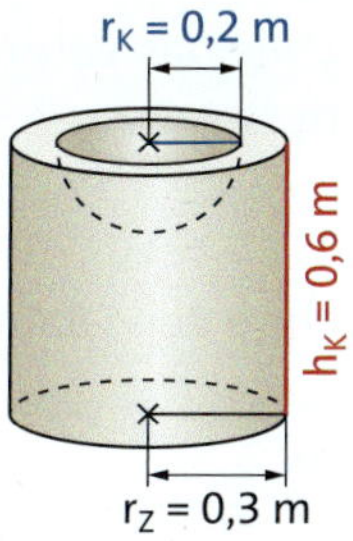

4 Das Innere einer Kokosnuss besteht aus weißem Fruchtfleisch. Der Außenradius beträgt $r_{außen} = 8$ cm. Der Innenradius beträgt $r_{innen} = 5$ cm. Berechne das Volumen des Fruchtfleischs einer ganzen Kokosnuss.

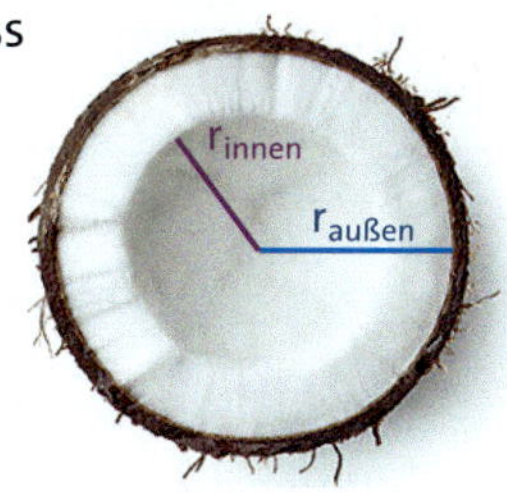

5 Berechne den Oberflächeninhalt des Körpers. Notiere zuerst, aus welchen Teilkörpern der Körper besteht.

a)

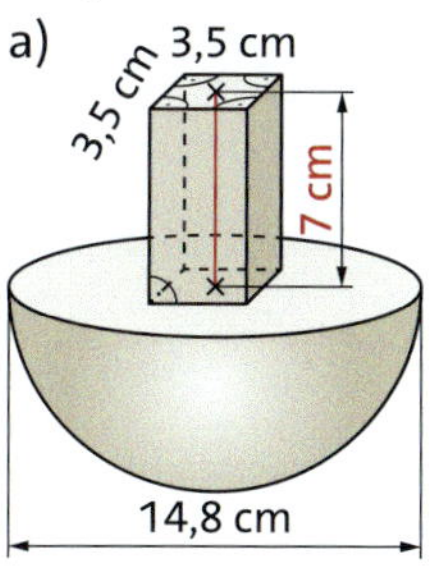

b)

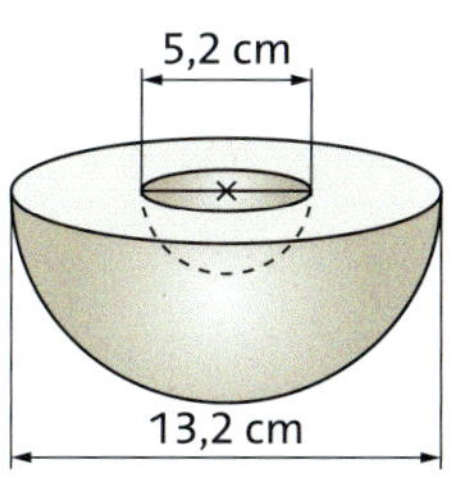

6 ▼ Der Anhänger einer Halskette besteht aus einem Kegel und einer Halbkugel und soll mit Blattgold umhüllt werden. Berechne, wie viel cm² Blattgold benötigt werden. Beschreibe dein Vorgehen.

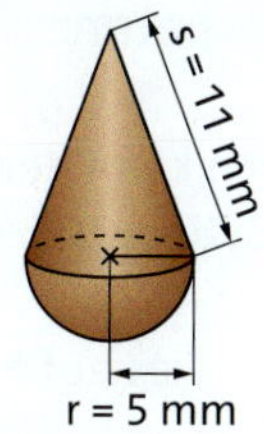

7 Aus einer Halbkugel mit r = 12 cm wird in der Mitte ein Zylinder entfernt. Der Zylinder hat einen halb so großen Radius wie die Halbkugel und eine Körperhöhe von $h_K = 8$ cm. Berechne den Oberflächeninhalt des Differenzkörpers. Beschrifte zuerst deine eigene Skizze mit Maßen.

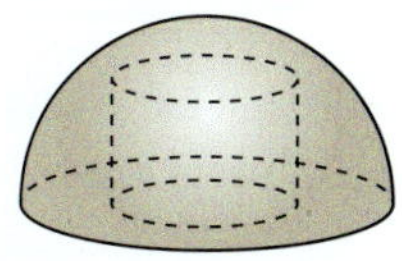

8 Eine Nashi-Birne hat ungefähr die Form einer Kugel.

a) Welche Form hat die Schnittfläche einer halben Nashi-Birne?
b) Eine halbe Nashi-Birne wird noch einmal halbiert. Welche Form haben die Schnittflächen?
c) Die Nashi-Birne hat den Radius r = 6 cm. Berechne den Oberflächeninhalt einer viertel Nashi-Birne.

9 ▼ Von dem Gebäude auf der Insel Santorini sollen die Kuppel und die Fassade in der Form eines regelmäßigen Sechsecks neu gestrichen werden. Schätze den Durchmesser der Kuppel. Berechne, wie viel m² neu gestrichen werden.

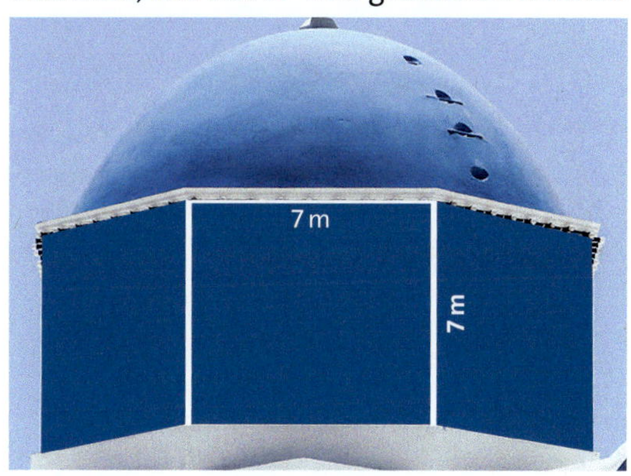

Sprachhilfe zu **2**: Verwende: subtrahieren – zusammengesetzter Körper – Differenzkörper – addieren – Teilkörper
Sprachhilfe zu **6**: Verwende: der Oberflächeninhalt – der Mantelflächeninhalt des Kegels – die Halbkugel
Tipp zu **9**: Für die Fassade reicht es aus, den Mantelflächeninhalt zu berechnen. Der Radius der Kuppel ist um 1 m kürzer als eine Kante der Fassade.

Kompetenz	▼

1 Ich kann den Oberflächeninhalt eines Zylinders berechnen.

→ Lies auf **Seite 98** nach.

1 Berechne zuerest den Mantelflächeninhalt des Zylinders. Berechne dann den Oberflächeninhalt.

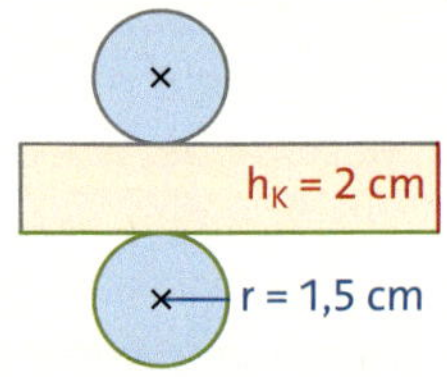

2 Ich kann das Volumen eines Zylinders berechnen.

→ Lies auf **Seite 98** nach.

2 Berechne das Volumen V des Zylinders.

	r	G	h_K	V
a)	3 m	☐	6 m	☐
b)	4 dm	☐	8 dm	☐

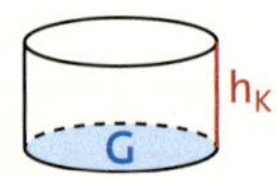

3 Ich kann das Volumen einer Kugel berechnen.

→ Lies auf **Seite 102** nach.

3 Berechne das Volumen V der Kugel.
a) r = 3 cm b) r = 7 m

4 Ich kann den Oberflächeninhalt einer Kugel berechnen.
→ Lies auf **Seite 102** nach.

4 Berechne den Oberflächeninhalt O der Kugel.
a) r = 2 cm b) r = 5 mm

5 Ich kann das Volumen eines zusammengesetzten Körpers berechnen.

→ Lies auf **Seite 106** nach.

5 Betrachte den zusammengesetzten Körper.
a) Notiere die Teilkörper.
b) Berechne das Volumen.

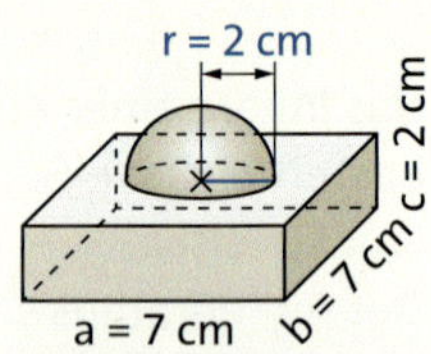

6 Ich kann das Volumen eines Differenzkörpers berechnen.

→ Lies auf **Seite 106** nach.

6 Betrachte den Differenzkörper.
a) Notiere die Teilkörper.
b) Berechne das Volumen.

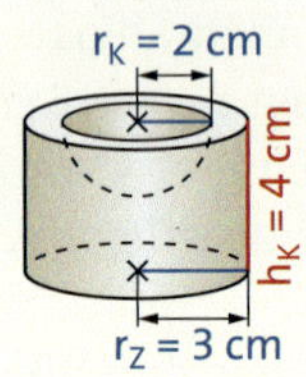

7 Ich kann den Oberflächeninhalt eines zusammengesetzten Körpers berechnen.

→ Lies auf **Seite 106** nach.

7 Berechne den Oberflächeninhalt O des zusammengesetzten Körpers.

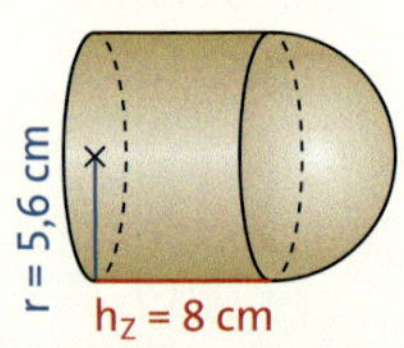

8 Ich kann den Oberflächeninhalt eines Differenzkörpers berechnen.

→ Lies auf **Seite 106** nach.

8 Berechne den Oberflächeninhalt O des Differenzkörpers.

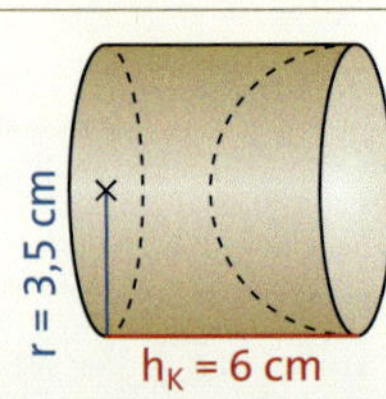

→ Lösungen auf Seite 217 und 218

1 Berechne den Oberflächeninhalt des Zylinders. Berechne zuerst den Mantelflächeninhalt.

a) $r = 3\,m$; $h_K = 4\,m$
b) $r = 2\,cm$; $h_K = 3{,}5\,cm$

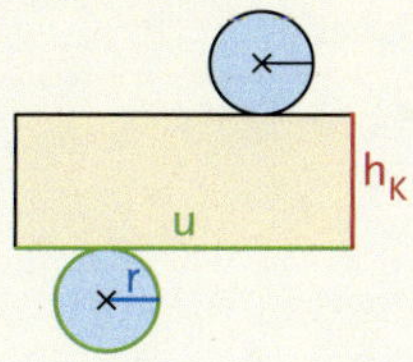

2 Berechne das Volumen des Zylinders.

a) $r = 4\,cm$; $h_K = 1{,}2\,cm$
b) $r = 2{,}8\,m$; $h_K = 12{,}4\,m$

3 Berechne das Volumen der Kugel.

a) $r = 4\,cm$ b) $r = 2{,}8\,mm$
c) $d = 18\,dm$ d) $d = 0{,}6\,m$

4 Berechne den Oberflächeninhalt der Kugel.

a) $r = 6\,cm$ b) $r = 39\,mm$
c) $d = 16\,dm$ d) $d = 0{,}8\,km$

5 Notiere die Teilkörper. Berechne das Volumen des zusammengesetzten Körpers..

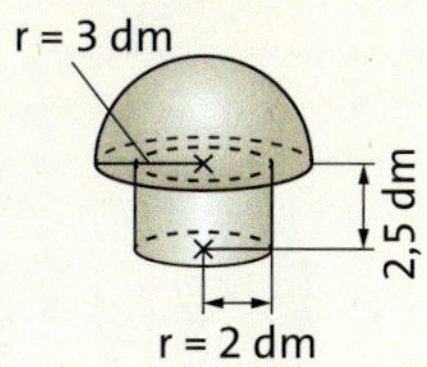

6 Notiere die Teilkörper. Berechne das Volumen des Differenzkörpers.

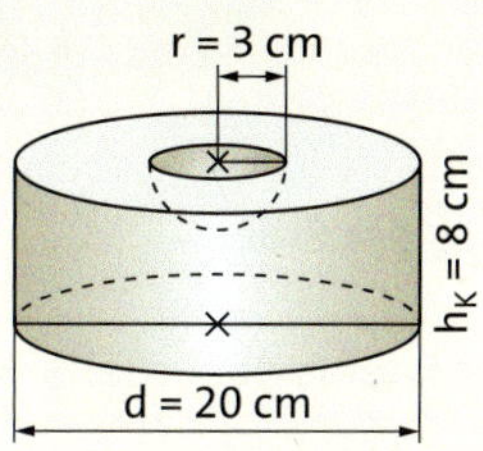

7 Notiere die Teilkörper. Berechne den Oberflächeninhalt des zusammengesetzten Körpers.

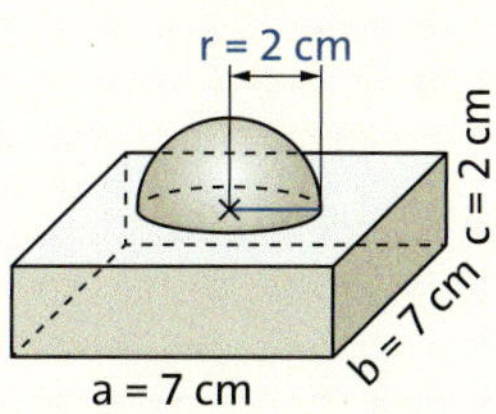

8 Notiere die Teilkörper. Berechne den Oberflächeninhalt des Differenzkörpers.

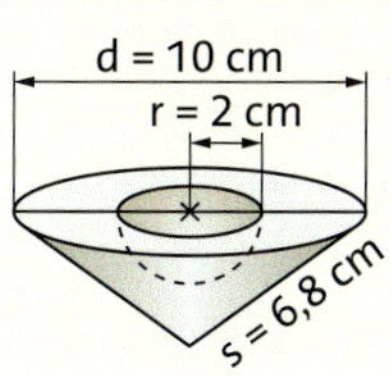

1 Vervollständige die Tabelle im Heft.

	r	h_K	M	O
a)	4 cm	7 cm		
b)	3,8 m		$119{,}38\,m^2$	
c)		6 dm	$150{,}8\,dm^2$	

2 Berechne das Volumen des Zylinders.

a) $r = 4{,}8\,cm$; $h_K = 2{,}4\,cm$
b) $r = 2{,}8\,dm$; $h_K = 0{,}14\,m$

3 Berechne das Volumen der Kugel.

a) $r = 7{,}2\,cm$ b) $r = 0{,}04\,km$
c) $d = 29\,dm$ d) $d = 16{,}44\,m$

4 Berechne den Oberflächeninhalt der Kugel.

a) $r = 3{,}4\,cm$ b) $r = 1{,}05\,dm$
c) $d = 15\,mm$ d) $d = 1{,}4\,dm$

5 Berechne das Volumen des zusammengesetzten Körpers.

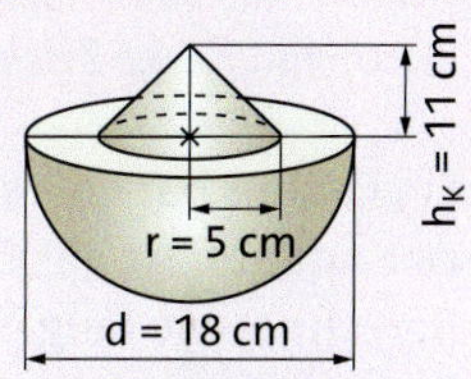

6 Eine Glasschüssel ist ein Differenzkörper. Berechne das Volumen des Glases.

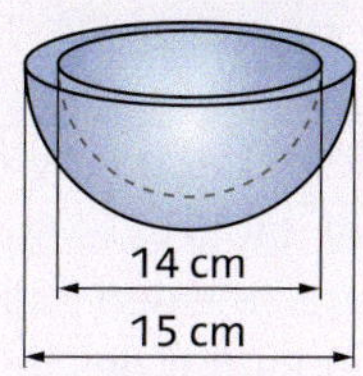

7 Berechne den Oberflächeninhalt des zusammengesetzten Körpers

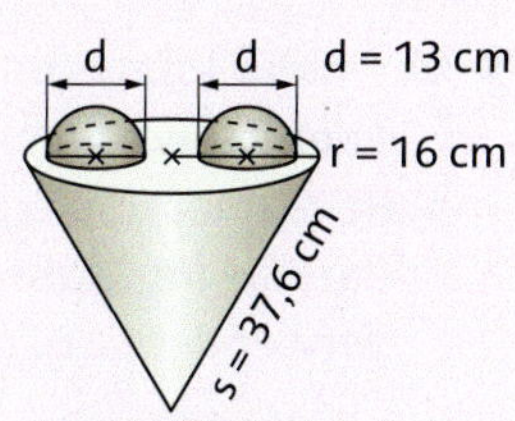

8 Berechne den Oberflächeninhalt des Differenzkörpers.

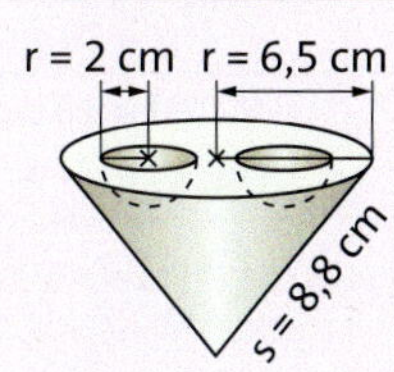

→ Lösungen auf Seite 218–220

Die Weltkarte der Erde im Atlas und auf dem Globus

Eine Methode zur Herstellung eines Globus ist die **Handkaschierung**.

Bei der **Handkaschierung** werden einzelne Teile in Form von Kugel-Zweiecken bedruckt. (Bild 1 und Bild 2) So ist es möglich, eine Fläche, zum Beispiel eine Weltkarte aus einem Atlas, in eine Kugelform zu bringen.

Die Zweiecke werden ausgeschnitten und auf die Kugel geklebt. (Bild 3)

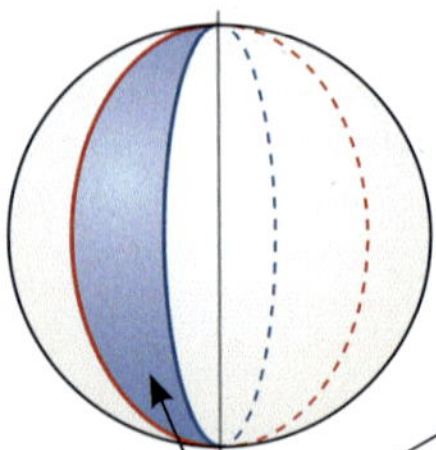

Bild 1:
das **Kugel-Zweieck**
kurz: das **Zweieck**

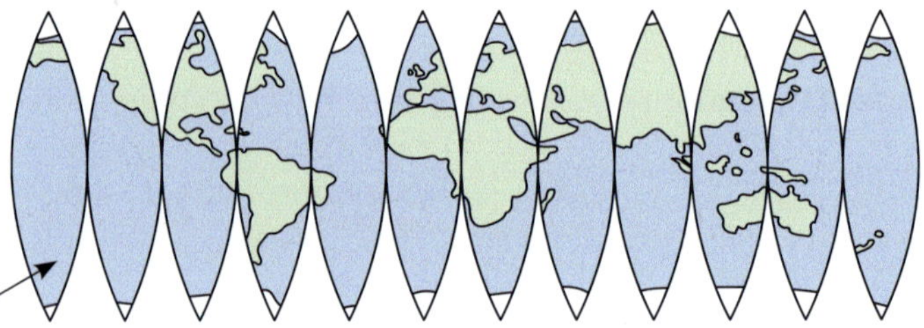

Bild 2:
die Weltkarte der Erde auf 12 Zweiecken

Bild 3:
Simone beklebt eine Kugel mit Zweiecken.

1 Vergleiche den Umfang einer Kugel mit dem Umfang eines zugehörigen Zweiecks.
Ergänze den Satz im Heft.
Der Umfang einer Kugel und der Umfang eines Zweiecks sind ___________.

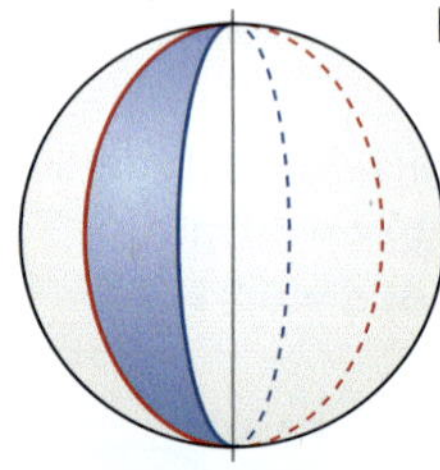

2 Ein Globus hat einen Durchmesser von d = 36 cm.
Der Äquator ist der Großkreis in der Mitte des Globus.
Berechne, wie lang der Äquator auf dem Globus ist.
Tipp: Verwende die Formel für den Umfang einer Kugel:
$u_{Kugel} = \pi \cdot d$.

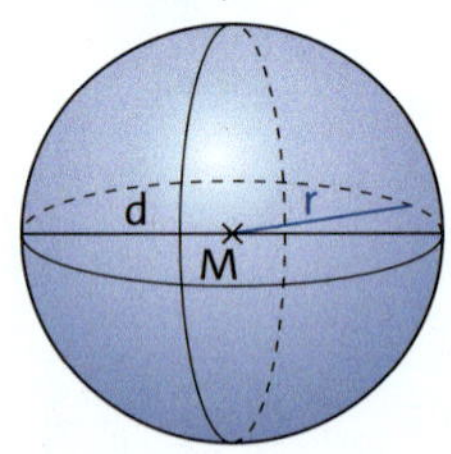

3 Der Radius der Erde beträgt r = 6371 km.
a) Der Radius des Mondes beträgt nur 27 % des Radius der Erde.
Berechne den Radius des Mondes.
b) Der Radius des Jupiters ist 11-mal so groß, wie der Radius der Erde.
Berechne den Radius des Jupiters.

4 Einen Globus gibt es auch zum Beispiel für Planeten wie den Mond oder den Jupiter.
a) Berechnet und ergänzt die fehlenden Größen in der Tabelle so, dass sie im Größenverhältnis zum Globus der Erde passen.
Verwendet dazu die Ergebnisse aus Aufgabe 3.

Globus der Erde	Globus des Monds	Globus des Jupiters
r = 18 cm	r = □ cm	r = □ cm
d = 36 cm	d = □ cm	d = □ cm
$O = 4 \cdot \pi \cdot r^2$ = □ cm^2	O = □ cm^2	O = □ cm^2
$V = \frac{4}{3} \cdot \pi \cdot (18\,cm)^3$ = □ cm^3	V = □ cm^2	V = □ cm^2

b) Entscheidet, ob der Globus in euren Klassenraum passt.
Begründet.

1 Berechne das Volumen V der Kugel.
Runde auf Hundertstel. Achte auf die Einheit.

Beispiel *gegeben:* Kugel mit $r = 3{,}8\,mm$
gesucht: V_{Kugel} mit $V_{Kugel} = \frac{4}{3} \cdot r^3$
$V_{Kugel} = \frac{4}{3} \cdot \pi \cdot (3{,}8\,mm)^3 \approx 229{,}85\,mm^3$

a) $r = 6\,mm$ b) $r = 3{,}5\,cm$
c) $r = 85\,dm$ d) $r = 0{,}2\,km$

2 Berechne den Oberflächeninhalt O der Kugel.
Runde auf Hundertstel. Achte auf die Einheit.

Beispiel *gegeben:* Kugel mit $r = 5{,}3\,dm$
gesucht: O_{Kugel} mit $O_{Kugel} = 4 \cdot \pi \cdot r^2$
$O_{Kugel} = 4 \cdot \pi \cdot (5{,}3\,dm)^2 \approx 352{,}99\,dm^2$

a) $r = 17\,dm$ b) $r = 3{,}8\,m$
c) $r = 10{,}4\,mm$ d) $r = 0{,}2\,km$

▶ 3

3 Der goldene Globus hat die Form einer Kugel und einen Radius von $r = 23{,}5\,cm$.

a) Berechne das Volumen des Globus.
b) Berechne die Masse des Globus.
Gold hat eine Dichte von $19{,}32\,\frac{g}{cm^3}$.

Gehe so vor:
Multipliziere das Volumen des Globus mit der Dichte: $m = V_{Kugel} \cdot \rho$

4 Kette hat die Form einer Kugel und einen Radius von $r = 4\,mm$.

a) Aus wie vielen Perlen besteht die Kette?
Schätze zuerst und zähle dann nach.
b) Berechne das Volumen einer Perle.
c) Berechne den Oberflächeninhalt einer Perle.
Ergänze den Satz im Heft:
Alle Perlen der Kette ergeben ein Volumen von $\square\,cm^3$ und einen Oberflächeninhalt von $\square\,cm^2$.

Tipp:
Multipliziere die Anzahl der Perlen jeweils mit dem Volumen und mit dem Oberflächeninhalt einer Perle.

5 Eine Orange hat die Form einer Kugel.

a) Berechne das Volumen und den Oberflächeninhalt der Orange.
b) Berechne den Oberflächeninhalt einer halben Orange.
c) Die Orange wurde geviertelt, also in 4 gleich große Stücke geteilt.
Berechne das Volumen eines Viertels.

▶ 8

6 Der Wasser-Speicher besteht aus einem Zylinder und einer Halbkugel.
Der Zylinder hat eine Höhe von $h_K = 20\,m$.
Die Halbkugel hat einen Radius von $r = 3\,m$.
Berechne, wie viel ℓ Wasser in den Speicher passen.

Gehe so vor:
① Berechne das Volumen des Zylinders:
$V_{Zylinder} = \pi \cdot r^2 \cdot h$
② Rechne das Volumen erst in die Einheit dm^3 und dann in ℓ um: $1\,m = 1000\,dm^3 = 1000\,ℓ$

7 Berechne das Volumen des Differenzkörpers.

Gehe so vor:
① Berechne
$V_{Kegel} = \frac{1}{3} \cdot \pi \cdot r^2$
② Rechne
$V_{Halbkugel} = \frac{2}{3} \cdot \pi \cdot r^3$
③ Subtrahiere 2-mal das Volumen der Halbkugel vom Volumen des Kegels.

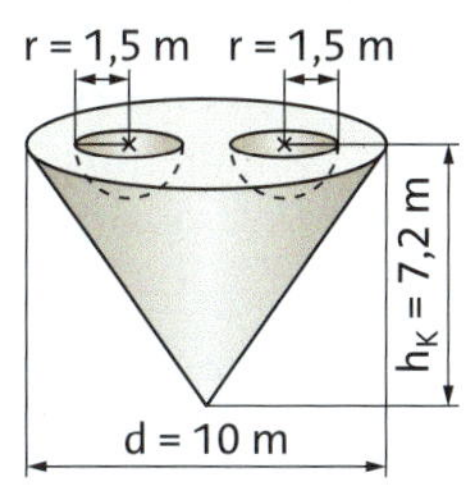

8 Hassan ist 1,80 m groß und jongliert auf einer Kugel.
Stelle Berechnungen zur Kugel an.

a) Schätze den Durchmesser.
b) Berechne den Radius.
c) Berechne das Volumen.
d) Berechne den Oberflächeninhalt.

1 Berechne das Volumen der Kugel.
a) r = 5 mm b) r = 4,3 dm
c) r = 2,7 cm d) d = 8 m
e) d = 0,8 km f) d = 8,8 cm

2 Berechne den Oberflächeninhalt der Kugel.
a) r = 12 mm b) r = 7,5 dm
c) r = 7,6 cm d) d = 12,4 m
e) d = 1,12 km f) d = 20,8 cm

3 Frau Sandhorn-Aytkü kauft eine Lampe mit einem Sockel in der Form einer Kugel. Der Sockel hat einen Radius von r = 16 cm. Berechne das Volumen des Sockels in cm^3.

4 ▼ Eine Vase hat die Form einer Kugel mit dem Radius r = 12 cm. Die Vase wird zu 90 % mit Wasser gefüllt.
Wie viel ℓ Wasser sind in der Vase?
Berechne zuerst das Volumen der Vase in cm^3.
Bestimme 90 % vom Volumen.
Wandle das Ergebnis in ℓ um.
▶ 6

5 ▼ Eine Kugel aus Schokolade mit r = 1 cm wird mit einer quadratischen Folie umwickelt.

a) Berechne den Flächeninhalt, den eine Folie mindestens haben muss.
b) In einem Beutel sind 20 Kugeln. Berechne, wie viel cm^2 Folie für 20 Kugeln mindestens benötigt werden.

6 In einem Park wachsen 22 Buchsbäume. Gärtnerin Lilly soll die Buchsbäume beschneiden. Jeder Buchsbaum soll die Form einer Kugel mit einem Radius von r = 0,25 m erhalten. Berechne, wie viel m^2 Lilly beschneiden muss.

7 Jede Kugel hat den Durchmesser d = 8 cm. Die Pyramide steht auf einer quadratischen Grundfläche.

a) Ermittle, aus wie vielen Kugeln die Pyramide besteht.
b) Berechne ungefähr das Volumen der Pyramide. Erkläre dein Vorgehen.

8 Die Tasse mit d = 11 cm hat ungefähr die Form einer Halbkugel. Die Tasse ist zu 80 % mit Tee gefüllt.
Berechne, wie viel mℓ Tee in der Tasse sind.
▶ 8

9 Der zusammengesetzte Körper besteht aus mehreren Teilkörpern.
a) Benenne die Teilkörper.
b) Berechne das Volumen.
c) Berechne den Oberflächeninhalt.

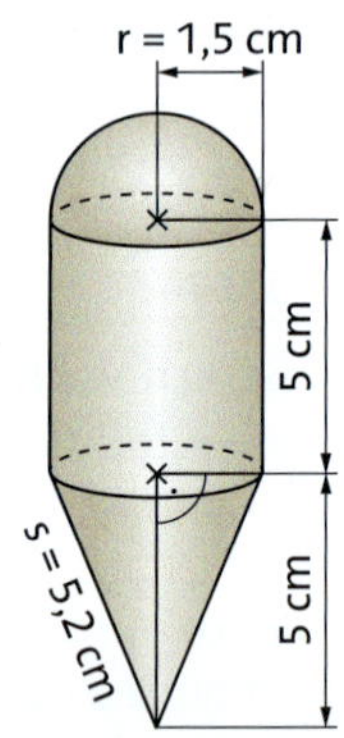

10 Die Abbildung zeigt einen Differenzkörper.
a) Benenne die Teilkörper.
b) Berechne das Volumen.
c) Berechne den Oberflächeninhalt.

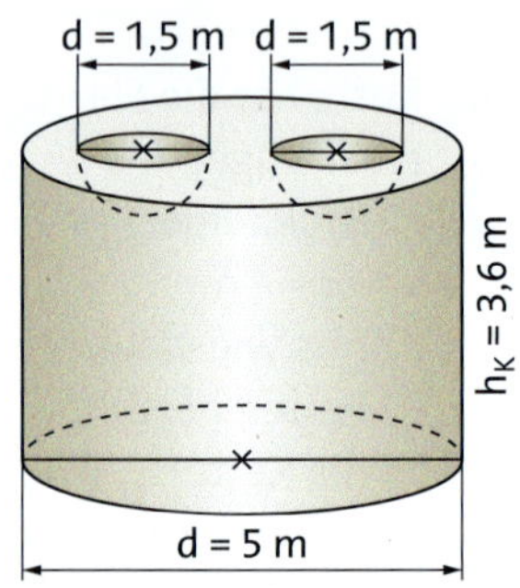

11 ▼ Ein goldener Anhänger besteht aus einem Zylinder mit Körperhöhe $h_K = 0,5$ cm und einer Halbkugel. Beide Teilkörper haben den gleichen Radius r = 0,4 cm. Die Dichte von Gold beträgt ungefähr $\rho = 19,32 \frac{g}{cm^3}$.
Berechne die Masse des Anhängers.
Fertige zuerst eine Skizze an.

Tipp zu **4**: $1000\,cm^3 = 1\,dm^3 = 1\,\ell$
Tipp zu **5**: Der Flächeninhalt der Folie entspricht ungefähr dem Oberflächeninhalt einer Kugel aus Schokolade.
Tipp zu **11**: Für die Masse verwende die Formel $m = V \cdot \rho$.

1 Der Radius einer Kugel aus Glas beträgt 11 cm und der Radius einer Kugel aus Messing 7 cm. Die Dichte von Glas ist $2{,}5\,\frac{g}{cm^3}$ und die Dichte von Messing $8{,}4\,\frac{g}{cm^3}$. Welche Kugel hat eine größere Masse? Stelle eine Vermutung auf. Überprüfe deine Vermutung mit einer Rechnung.

2 Welche Kugel hat das größte Volumen?
① r = 6,7 cm ② u = 49 cm ③ $O = 437{,}4\,cm^2$
Begründe mit einer Rechnung.

3 Ergänze die Tabelle im Heft.

	r	V_{Kugel}	O_{Kugel}
a)	4 cm	□ cm^3	□ cm^2
b)	3,8 dm	□ dm^3	□ dm^2
c)	□ cm	24,43 cm^3	□ cm^2

4 Die Schneekugel hat das Volumen $V_{Kugel} = 905\,cm^3$. Bestimme die ungefähre Höhe des Weihnachtsbaums im Inneren der Schneekugel.

5 Eine Kugel aus Glas fasst genau 1 Liter. Berechne den Oberflächeninhalt der Kugel.

6 Dana balanciert auf einer Halbkugel. Welches Volumen und welchen Oberflächeninhalt hat die Halbkugel? Schätze den Radius und berechne.

7 Der Radius des Monds beträgt ungefähr 1737,4 km und der Radius der Erde ungefähr 6371 km.

a) Berechne das Volumen und den Oberflächeninhalt vom Mond und von der Erde.
b) Diskutiert und überprüft, ob auf dem Foto das Verhältnis zwischen Erde und Mond der Wirklichkeit entsprechend abgebildet ist.

8 ▼ Die Halle des Tropical Islands in Brandenburg ist 360 m lang, 210 m breit und 105 m hoch.

a) Beschreibe, aus welchen Teilkörpern die Halle besteht. Fertige eine Skizze vom Grundriss an und beschrifte sie mit den gegebenen Werten.
b) Berechne den Flächeninhalt der Bodenfläche. Berechne zuerst, wie groß der Radius der Halbkreise ist.
c) Markus findet im Internet, dass die äußere Hülle der Halle knapp $119\,000\,m^2$ groß ist und über $5\,000\,000\,m^3$ Luft beheizt werden. Überprüfe rechnerisch die beiden Werte.
d) Recherchiert nach berühmten Gebäuden mit Kuppeln in der Form einer Halbkugel. Überprüft die angegebenen Werte für den Oberflächeninhalt und das Volumen.

9 Die Zylinder in ① bis ③ haben den Radius r = 3 cm und die Höhe $h_K = 7\,cm$.

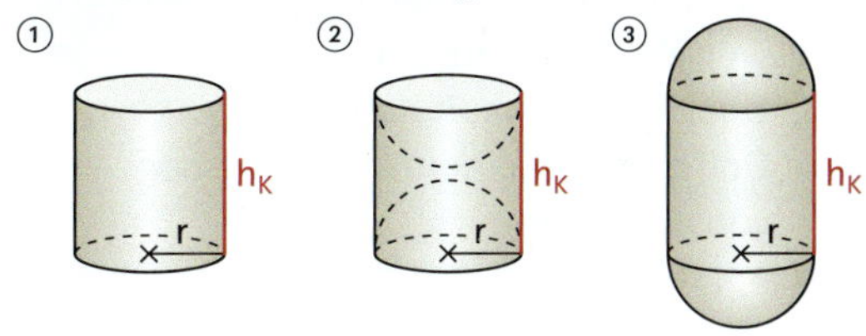

a) Beschreibe, wie sich das Volumen und der Oberflächeninhalt der beiden Körper ② und ③ im Vergleich zum Zylinder verändert. Begründe, ohne zu rechnen.
b) Berechne das Volumen von Körper ① bis ③.
c) Beschreibe, wie du den Oberflächeninhalt von ② und ③ am schnellsten berechnest.
d) Berechne den Oberflächeninhalt für ① bis ③.

10 Eine Kuppeltorte hat die Form einer Halbkugel und einen Durchmesser von 24 cm. Jana teilt die Kuppeltorte in 12 gleich große Stücke. 5 Stücke bleiben als Rest übrig.
a) Berechne das Volumen des Rests.
b) Berechne die Masse eines Tortenstücks. $1\,cm^3$ der Torte wiegt 0,7 g.

Tipp zu **8a**: Die Breite der Halle ist der jeweilige Durchmesser der drei Teilkörper.

Tag der offenen Tür im Jugendclub

Die Jugendlichen treffen Vorbereitungen für den Tag der offenen Tür im Jugendclub. Sie wollen ihren Jugendclub verschönern. An dem Tag selbst wollen die Jugendlichen Spiele, Musik und Snacks anbieten.

A Die Jugendlichen bauen eine Kegelbahn auf. Die Kugel zum Kegeln hat den Radius r = 8 cm. Berechne das Volumen.

B Die Jugendlichen bauen einen Billardtisch auf. Eine Billardkugel hat den Durchmesser d = 5,7 cm. Berechne das Volumen der Billardkugel.

C Im Garten können Golfbälle mit dem Schläger in ein Netz geschlagen werden. Berechne den Oberflächeninhalt des Golfballs mit einem Durchmesser von d = 43 mm.

D Thea bemalt die Sitzplätze im Außenbereich. Jeder Sitzplatz hat die Form einer Halbkugel. Berechne den Mantelflächeninhalt eines Sitzplatzes.

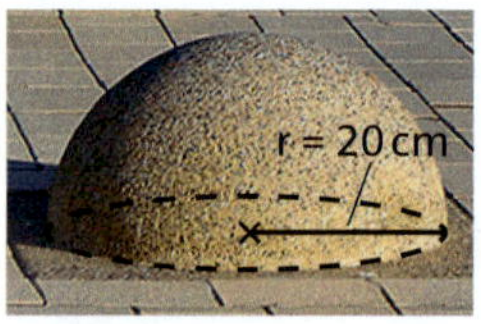

E Sami und Vinh füllen einen Automaten mit runden Kaugummis. Jeder Kaugummi hat den Radius r = 9 mm. Berechne, wie viele Kaugummis etwa in den Automaten passen. Vernachlässige die Zwischenräume.

F Rebecca bemalt einen Sitz aus Beton. 100 mℓ Farbe reichen für 1 m^2. Berechne, wie viel mℓ Farbe Rebecca braucht.

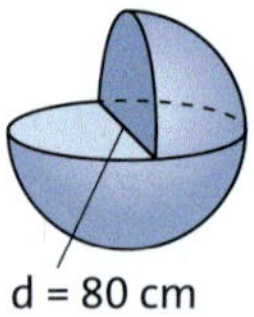

Abschlusstest

1 Berechne das Volumen eines Fußballs mit dem Radius r = 11 cm.

2 Berechne den Oberflächeninhalt des Fußballs mit Radius r = 11 cm.

3 Ein Mülleimer hat die Form eines Zylinders, auf dem sich eine Halbkugel befindet. Berechne das Volumen.

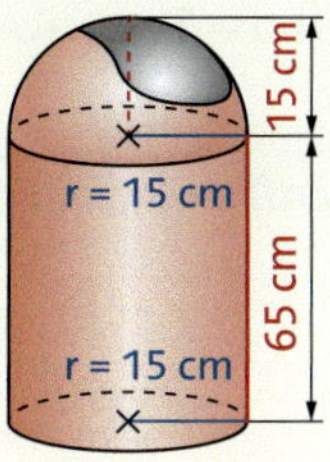

4 Berechne das Volumen des Differenzkörpers.

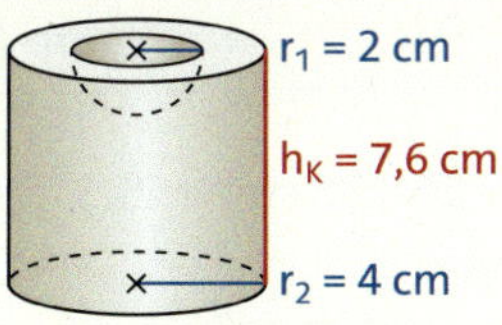

5 Berechne den Oberflächeninhalt des zusammengesetzten Körper

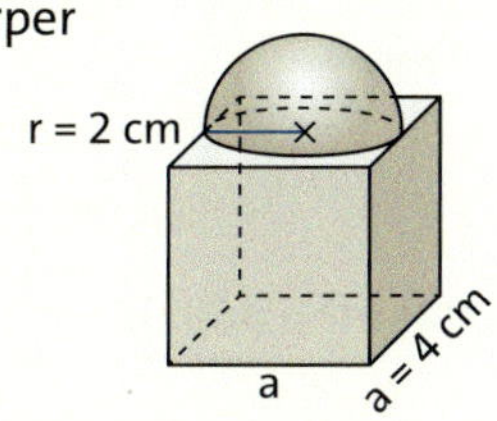

6 Berechne den Oberflächeninhalt der Halbkugel.

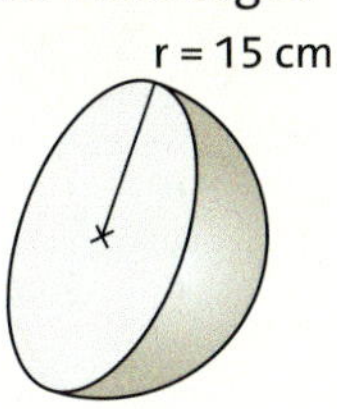

1 Berechne das Volumen einer Eiskugel mit dem Radius r = 3 cm.

2 Eine Praline in der Form einer Kugel hat einen Radius von r = 1,2 cm. Berechne den Oberflächeninhalt.

3 Ein Glascontainer hat die Form eines Zylinders, auf dem sich eine Halbkugel befindet. Berechne das Volumen.

4 Berechne das Volumen des Differenzkörpers.

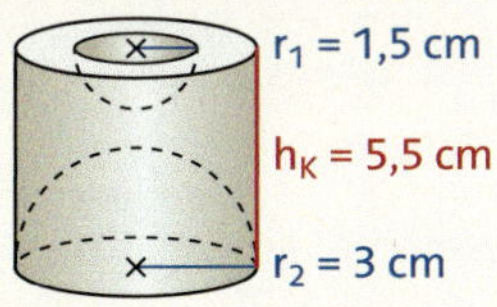

5 Berechne den Oberflächeninhalt des zusammengesetzten Körpers.

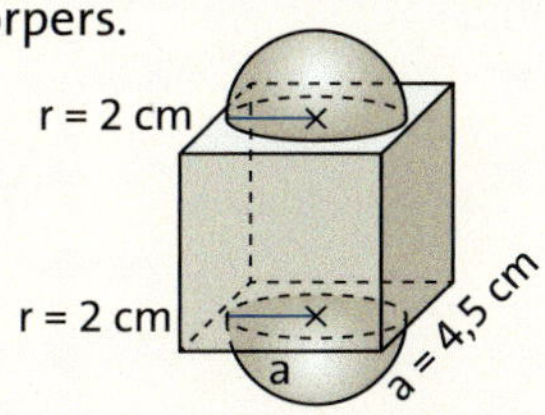

6 Berechne den Oberflächeninhalt des Differenzkörpers.

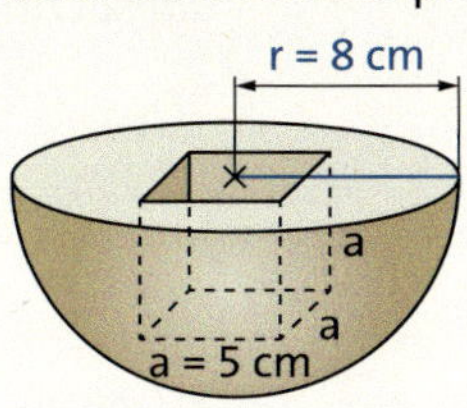

1 Berechne das Volumen eines Tischtennisballs mit dem Durchmesser d = 40 mm.

2 Ein Globus in der Form einer Kugel hat einen Durchmesser von d = 11 cm. Berechne den Oberflächeninhalt.

3 Beschreibe, aus welchen Teilkörpern der alte Wasserspeicher besteht. Berechne das Volumen.

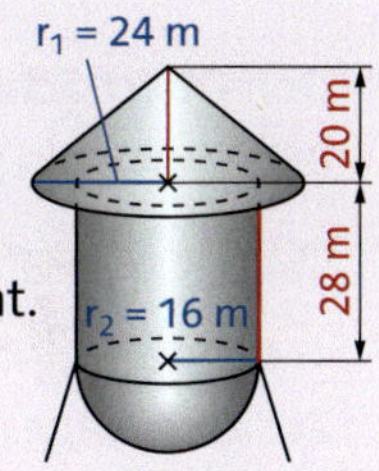

4 Berechne das Volumen des Differenzkörpers.

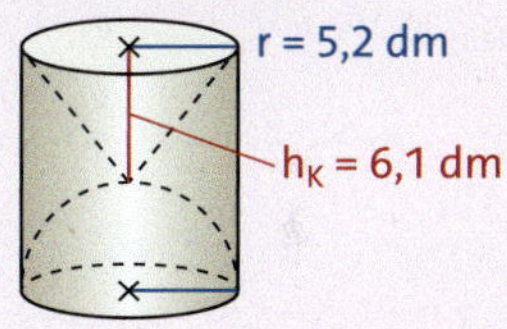

5 Berechne den Oberflächeninhalt des zusammengesetzten Körpers.

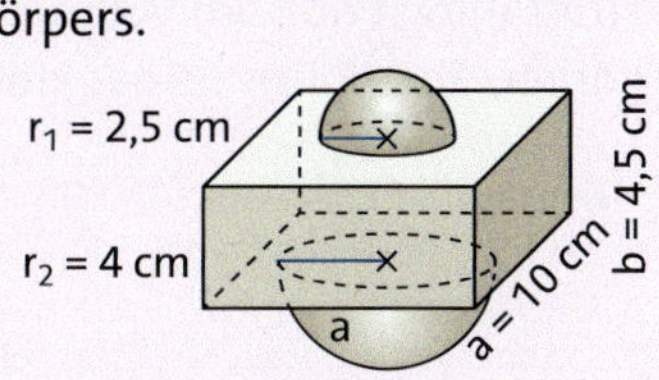

6 Berechne den Oberflächeninhalt des Differenzkörpers. Die Halbkugeln sind gleich groß.

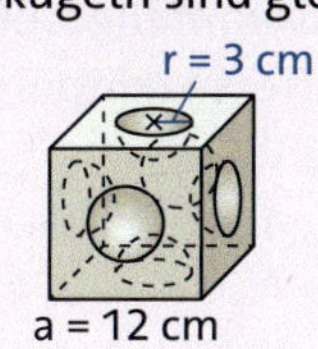

→ Lösungen auf Seite 220–222

Volumen und Oberflächeninhalt einer Kugel

→ Seite 102

Eine **Kugel** ist ein geometrischer Körper mit einer gekrümmten Oberfläche.
Die Kugel hat keine Ecken und keine Kanten.
Alle Punkte auf der Oberfläche der Kugel haben den gleichen Abstand zum Mittelpunkt M.
Dieser Abstand ist der Radius r der Kugel.

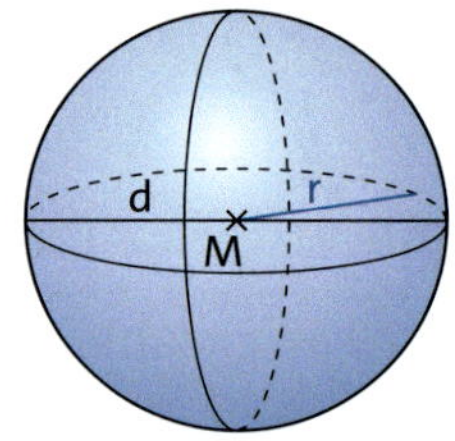

Das **Volumen V_{Kugel}** einer Kugel berechnest du mit dem Radius r.

$V_{Kugel} = \frac{4}{3} \cdot \pi \cdot r^3$

gegeben: Kugel mit r = 4 cm
gesucht: V_{Kugel}

$V_{Kugel} = \frac{4}{3} \cdot \pi \cdot (4\,cm)^3 \approx 268{,}08\,cm^3$

Den **Oberflächeninhalt O_{Kugel}** einer Kugel berechnest du mit dem Radius r.

$O_{Kugel} = 4 \cdot \pi \cdot r^2$

gegeben: Kugel mit d = 5 cm, also r = 2,5 cm
gesucht: O_{Kugel}

$O_{Kugel} = 4 \cdot \pi \cdot (2{,}5\,cm)^2 \approx 78{,}54\,cm^2$

Zusammengesetzte Körper und Differenzkörper

→ Seite 106

Für das **Volumen** eines **zusammengesetzten Körpers** addierst du das Volumen der einzelnen Teilkörper V_1 bis V_n.

$V_{gesamt} = V_1 + V_2 + \dots V_n$

gegeben: r = 7 cm, h_K = 10 cm
gesucht: V_{gesamt}

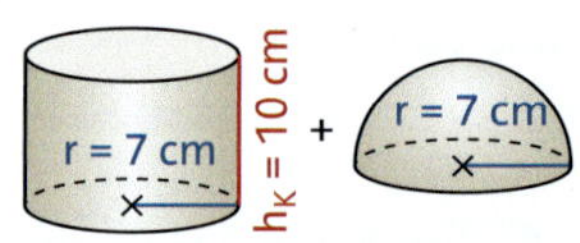

$V_{Zylinder} = \pi \cdot r^2 \cdot h_K = \pi \cdot (7\,cm)^2 \cdot 10\,cm \approx 1539{,}38\,cm^3$

$V_{Halbkugel} = \frac{1}{2} \cdot \frac{4}{3} \cdot \pi \cdot r^3 = \frac{2}{3} \cdot \pi \cdot (7\,cm)^3 \approx 718{,}38\,cm^3$

$V_{gesamt} \approx 1539{,}38\,cm^3 + 718{,}38\,cm^3 = 2257{,}76\,cm^3$

Für das **Volumen** eines **Differenzkörpers** subtrahierst du vom Volumen des Ausgangskörpers das Volumen des kleinen Körpers.

$V_{gesamt} = V_1 - V_2$

gegeben: r = 4 cm, a = 10 cm
gesucht: V_{gesamt}

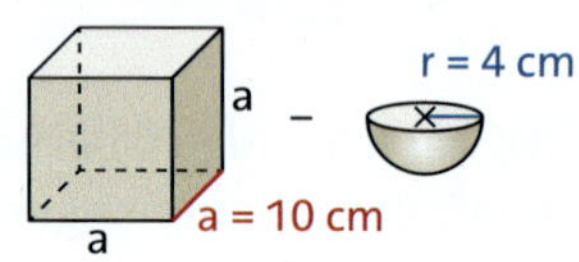

$V_{Würfel} = a^3 = (10\,cm)^3 = 1000\,cm^3$

$V_{Halbkugel} = \frac{2}{3} \cdot \pi \cdot r^3 = \frac{2}{3} \cdot \pi \cdot (4\,cm)^3 \approx 134{,}04\,cm^3$

$V_{gesamt} \approx 1000\,cm^3 - 134{,}04\,cm^3 = 865{,}96\,cm^3$

Für den **Oberflächeninhalt** eines **zusammengesetzten Körpers** oder eines **Differenzkörpers** addierst du alle Flächeninhalte A_1 bis A_n aller Teilflächen.
$O_{gesamt} = A_1 + A_2 + \dots + A_n$

gegeben: r = 7 cm, h_K = 10 cm
gesucht: O_{gesamt}

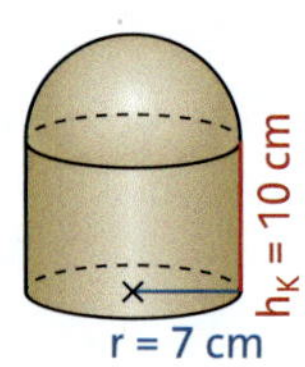

$O_{gesamt} = A_{Halbkugel} + A_{Zylinder} = \frac{1}{2} \cdot O_{Kugel} + G + M = \frac{1}{2} \cdot 4 \cdot \pi \cdot r^2 + \pi \cdot r^2 + 2 \cdot \pi \cdot r \cdot h_K$

$O_{gesamt} = 2\pi \cdot (7\,cm)^2 + \pi \cdot (7\,cm)^2 + 2\pi \cdot 7\,cm \cdot 10\,cm \approx 307{,}88\,cm^2 + 593{,}76\,cm^2 = 901{,}64\,cm^2$

Wachstum

5

► Im Schul-Labor findet eine Projektwoche statt.
Paula, Hugo und Chloé legen zwei verschiedene Biokulturen in je einer Petrischale an.
Zu Beginn sind zwei Bakterien in jeder Petrischale.
Die Anzahl der Bakterien der ersten Biokultur verdoppelt sich nach einer Stunde.
Die Anzahl der Bakterien der zweiten Biokultur wächst pro Stunde um 2 Bakterien.

Wie viele Bakterien der ersten und der zweiten Biokultur gibt es nach einer Stunde, nach 2 Stunden und nach 3 Stunden?
Welche Bakterienkultur wächst schneller?

In diesem Kapitel lernst du, ...

- lineares und quadratisches Wachstum voneinander zu unterscheiden,
- Zinseszinsen zu berechnen,
- exponentielles Wachstum zu erkennen,
- in Wachstumsprozessen den Wachstumsfaktor und weitere Werte zu berechnen.

Kompetenz	Aufgabe	Lies und übe:
1 Ich kann Brüche mit dem Nenner 100 als Prozentzahl schreiben.	**1** Schreibe den Bruch als Prozentzahl. **Beispiel** $\frac{3}{100} = 3\,\%$ a) $\frac{7}{100}$ b) $\frac{54}{100}$ c) $\frac{138}{100}$	→ Seite 189 Nr. 9, 10
2 Ich kann Brüche, Dezimalzahlen und Prozentzahlen ineinander umrechnen.	**2** Bruch, Dezimalzahl und Prozentzahl: Immer drei Kärtchen passen zusammen. Ordne zu. $\frac{65}{100}$ $\frac{8}{20}$ $\frac{1}{2}$ $\frac{3}{4}$ $\frac{1}{25}$ 0,5 0,65 0,75 0,04 0,4 65 % 40 % 50 % 75 % 4 %	→ Seite 189 Nr. 11, 12, 13
3 Ich kenne die Fachbegriffe der Prozentrechnung.	**3** Ergänze die Fachbegriffe der Prozentrechnung: Prozentsatz p %, Prozentwert W, Grundwert G. Das Ganze ist der ________. Ein Teil des Ganzen ist der __________. Ein Anteil ist der ____________.	→ Seite 193 Nr. 35
4 Ich kann den Prozentsatz, den Prozentwert und den Grundwert mit der Formel berechnen.	**4** Berechne mit der Formel … a) den Prozentwert: 60 % von 1200 m b) den Prozentsatz: 40 € von 200 € c) den Grundwert: 4 % sind 70 g	→ Seite 193 Nr. 37, 39 → Seite 194 Nr. 41
5 Ich kann in einer Sachaufgabe die Fachbegriffe der Prozentrechnung zuordnen.	**5** Ordne die Fachbegriffe Grundwert G, Prozentwert W und Prozentsatz p %, den passenden Angaben zu. a) 15 von 500 Laptops sind defekt. Das sind 3 %. b) 16 Karten sind rot. Das sind 50 % der 32 Karten. c) 3 % von 200 Akkus sind defekt. Das sind 6 Akkus.	→ Seite 193 Nr. 35
6 Ich kann Sachaufgaben zur Prozentrechnung lösen.	**6** Löse die Sachaufgabe. Formuliere einen Antwortsatz. a) Lian möchte für 365 € ein neues Fahrrad kaufen. Er bekommt 20 % Rabatt. Wie viel Geld spart er? b) Yusuf hat 162 Karten gesammelt. Das sind 72 % aller Karten. Wie viele Karten gibt es insgesamt? c) Milla hat in der Mathematikarbeit 46 von 50 Punkten. Wie viel Prozent sind das?	→ Seite 193 Nr. 36, 37, 38, 39 → Seite 194 Nr. 40, 41 → Seite 196 Nr. 50, 53

Kompetenz	Aufgabe	Lies und übe:
7 Ich kenne die Fachbegriffe der Zinsrechnung.	**7** Carlo hat ein Sparkonto mit **300 €**, das zu **2,5 %** verzinst wird. Nach einem Jahr erhält er **7,50 €**. Ordne die Fachbegriffe Kapitel K, Zinsen Z und Zinssatz p % zu. Erkläre die einzelnen Fachbegriffe.	→ Seite 194 Nr. 42
8 Ich kann Gleichungen durch Äquivalenzumformungen lösen.	**8** Löse die Gleichung durch Äquivalenzumformungen. a) $4x = 21 + x$ b) $9x + 8 = 2x + 57$ c) $5x - 9 = 31$ d) $7x - 4 = 0{,}5x + 54{,}5$	→ Seite 195 Nr. 47
9 Ich kann entscheiden und begründen, ob eine Funktion linear oder quadratisch ist.	**9** Entscheide, ob die zugehörige Funktion linear, quadratisch oder keins von beidem ist. Begründe. a) $y = 3x + 4$ b) $y = x^2$ c) $y = x^2 - 3$ d) 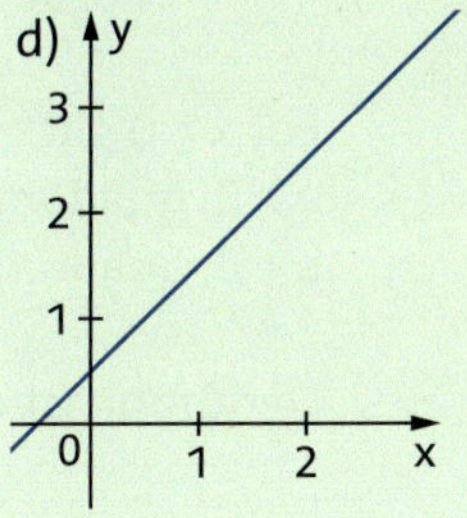 e) f) 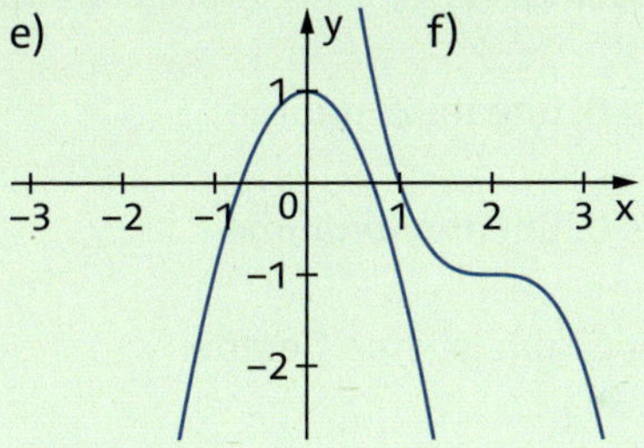	→ Seite 199 Nr. 62, 63 → Seite 64
10 Ich kann eine Wertetabelle zu einer Funktion erstellen.	**10** Gegeben sind die Funktionsgleichungen ① und ②: ① $y = -3x + 4$ und ② $y = 2x^2 + 3$. Erstelle jeweils für ① und ② eine Wertetabelle von −3 bis 3 mit Schrittweite 1 im Heft.	→ Seite 199 Nr. 64 → Seite 64
11 Ich kann zu einer Sachaufgabe die lineare Funktionsgleichung bestimmen.	**11** Johanna will vor dem Winter das Wasser aus dem Pool ablassen. Im Pool sind 2250 Liter Wasser. Pro Minute lässt sie 150 Liter ablaufen.  a) Wie viel Liter Wasser sind nach 3, 6, 9, 12 und 15 Minuten noch im Pool? Erstelle eine Wertetabelle und zeichne den Graphen. b) Bestimme die Funktionsgleichung. c) Ergänze die Funktionsgleichung $y = -■\, x + ■$.	→ Seite 196 Nr. 54

→ Lösungen auf Seite 222 und 223

Lineares und quadratisches Wachstum

Luca und Maxi bepflanzen den Schulgarten.
Luca baut Karotten an und Maxi baut Bohnen an.
Zu Beginn ist jede Pflanze 1 cm groß.
Die Karottenpflanzen wachsen jede Woche um 2 cm.
Die Bohnenpflanzen sind nach 1 Woche 1,5 cm hoch,
nach 2 Wochen 3 cm, nach 3 Wochen 5,5 cm, ….

*Wachstum ist in der Wirklichkeit meist **beschränkt**. In der Mathematik rechnet man oft so, als wäre das Wachstum nicht beschränkt.*

W

Wachstum bezeichnet in der Mathematik die Zunahme oder die Abnahme eines Anfangswerts abhängig von der Zeit.

Lineares Wachstum liegt vor, wenn du das Wachstum darstellen kannst durch eine Funktionsgleichung der Form $y = m \cdot x + b$.
Der Anfangswert b wächst in gleich großen Zeitabschnitten um denselben Wert m.
Dieser Wert heißt Änderungsrate m.

$m > 0$: lineare Zunahme

$m < 0$: lineare Abnahme

Der Graph ist eine **Gerade**.

Quadratisches Wachstum liegt vor, wenn du das Wachstum darstellen kannst durch eine Funktionsgleichung der Form $y = ax^2 + e$ $(a \neq 0)$.
Der Anfangswert ist e.

Für $x > 0$ gilt:
$a > 0$: quadratische Zunahme
$a < 0$: quadratische Abnahme

Der Graph ist eine **Parabel**.

Luca:
Anfangswert $b = 1$; $m = 2$

Funktionsgleichung: $y = 2x + 1$ $(x \geq 0)$

x ist die Anzahl der Wochen und
y ist die Höhe der Pflanze in cm.

+1 +1 +1

x	0	1	2	3
y	1	3	5	7

+2 +2 +2

Der Anfangswert $b = 1$ nimmt um dieselbe Änderungsrate $m = 2$ zu.

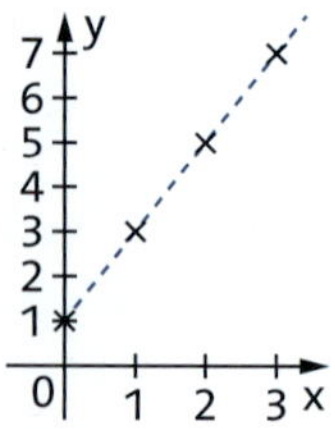

Maxi:
Anfangswert $e = 1$; $a = 0{,}5$

Funktionsgleichung: $y = 0{,}5x^2 + 1$ $(x \geq 0)$

x ist die Anzahl der Wochen und
y ist die Höhe der Pflanze in cm.

x	0	1	2	3
y	1	1,5	3	5,5

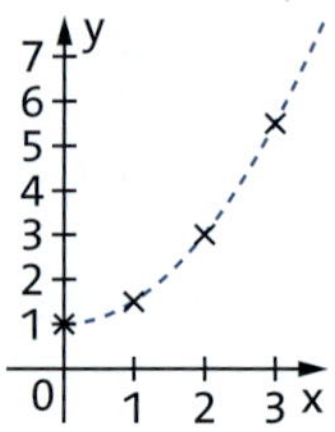

Wenn die x-Werte nur einzelne Zahlen sind, dann besteht der Graph nur aus einzelnen Punkten. Die gestrichelten Werte zwischen den Punkten gehören nicht zum Graphen.

▶ **Aufgabe** Pflanze A ist zu Beginn 2 cm hoch und wächst pro Woche um 3 cm.
Pflanze B ist zu Beginn 1 cm hoch, nach 1 Woche 2 cm,
nach 2 Wochen 5 cm und nach 3 Wochen 10 cm.
a) Erstelle für jede Pflanze eine Wertetabelle und zeichne den Graphen.
b) Wo liegt ein lineares Wachstum vor? Wo liegt ein quadratisches Wachstum vor? Begründe.

▶ 1 ▶ 1 ▶ 1

Üben

1 Luca hat am Anfang 3 € in seiner Spardose. Er wirft jede Woche 2 € ein.

a) Notiere den Anfangswert b und die Änderungsrate m.
b) Stelle die Funktionsgleichung $y = m \cdot x + b$ auf.
c) Notiere, ob ein lineares Wachstum oder ein quadratisches Wachstum vorliegt.
d) Übertrage die Wertetabelle in dein Heft und berechne die fehlenden Werte.

+1 +1 +1 +1

x	Zeit (in Wochen)	0	1	2	3	4
y	Betrag (in €)	3	5			

+2 +2 +2 +2

2 Im Tank von einem Auto sind 51 ℓ Benzin. Das Auto verbraucht 3 ℓ Benzin pro Stunde.
a) Liegt eine Zunahme oder eine Abnahme vor?
b) Ergänze die Funktionsgleichung $y = \square \cdot x + b$.

Gehe so vor:
① Notiere den Anfangswert b und die Änderungsrate m.
② Beachte: Bei einer Abnahme ist m negativ.
③ Setze die Werte für b und m in $y = mx + b$ ein.

c) Übertrage die Wertetabelle in dein Heft und berechne die fehlenden Werte.

+1 +1 +1 +1

x	Zeit (in h)	0	1	2	3	4
y	Benzin (in ℓ)	51	48			

−3 −3 −3 −3

d) Zeichne den Graphen. Wähle auf der y-Achse 1 cm für 10 ℓ.

▸ 2

3 Talitha trainiert immer 10 Minuten am Tag. Sie möchte ab jetzt pro Tag mehr trainieren. Am 1. Tag trainiert sie 11 min, am 2. Tag 14 min, am 3. Tag 19 min, am 4. Tag 26 min.
a) Ergänze die Wertetabelle in deinem Heft.

x	Tag	0	1	2	3	4
y	Zeit (in min)	10				

b) Notiere zuerst den Anfangswert b. Ergänze die Funktionsgleichung $y = x^2 + \square$.
c) Zeichne den Graphen. Wähle auf der y-Achse 1 cm für 5 min. Beschreibe den Graphen.
d) Begründe, dass ein quadratisches Wachstum vorliegt.
e) Diskutiert, wie lange Talitha weiter so trainieren kann.

4 Gegeben sind vier Funktionsgleichungen.
① $y = -3x + 5$ ② $y = 2x + 3$
③ $y = x^2 + 2$ ④ $y = -x^2 + 1$
Entscheidet jeweils, ob ein lineares Wachstum oder ein quadratisches Wachstum vorliegt. Erklärt, woran ihr das erkennt.

Sprachhilfe: Das Wachstum ist linear – Das Wachstum ist quadratisch – in der Funktionsgleichung – nur x – x^2

5 Berechne die fehlenden Werte im Heft.
a) lineare Zunahme um 5

x	0	1	2	3	4	5
y	5					

+5 +5

b) lineare Abnahme um 10

x	0	1	2	3	4	5
y	100					

−10 −10

c) quadratische Zunahme: Addiere immer x^2 zum Anfangswert, also erst 1, dann 4, dann 9, ...

x	0	1	2	3	4	5
y	10					

▸ 4

6 Notiere zuerst für jede der Beschreibungen ① bis ③ den Anfangswert und die Änderungsrate, wenn es möglich ist.
Ordne dann jeder Beschreibung ① bis ③ eine Funktionsgleichung zu.
Entscheide jeweils, ob ein lineares oder ein quadratisches Wachstum vorliegt.
① Nuri hat am Anfang 200 € und spart jeden Monat 10 €.
② Ein Feuer nimmt am Anfang eine Fläche von 200 m² ein. Nach 10 min sind es 300 m², nach 20 min sind es 600 m², nach 30 min 1100 m² und nach 40 min 1800 m².
③ Frau Baki fährt mit dem Auto in eine Stadt, die 200 km entfernt ist. Pro Stunde kommt sie der Stadt 80 km näher.

$y = -5x^2 + 200$ $y = x^2 + 200$ $y = -80x + 200$ $y = 10x + 200$

Tipp: So kannst du prüfen, ob du die richtige Gleichung gewählt hast: Setze die gegebenen Werte ein. Ergibt sich eine wahre Aussage?

1 Lineare Zunahme oder lineare Abnahme?

① Ein Pilot gewinnt ab einer Höhe von 10 m jede Sekunde 3 m an Höhe.

② Ein Pilot verliert ab einer Höhe von 40 m jede Sekunde 2 m an Höhe.

a) Entscheide, ob ① und ② eine lineare Zunahme oder eine lineare Abnahme beschreiben. Begründe.

b) Ordne ① und ② eine passende Gerade zu. Begründe.

c) Notiere jeweils die Funktionsgleichung für ① und ②.

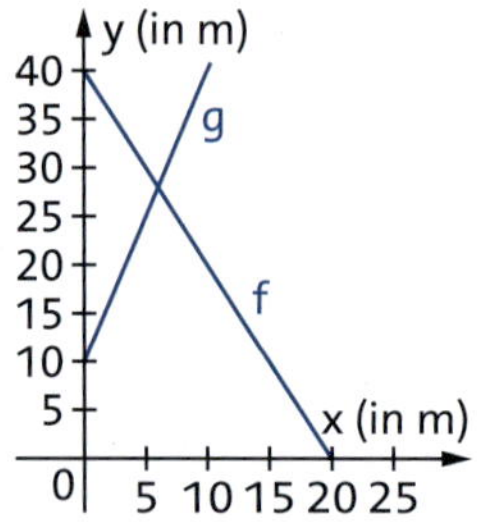

2 Gegeben sind vier Funktionsgleichungen:

① $y = 10x + 100$ ② $y = 15x + 100$

③ $y = 20x + 100$ ④ $y = 25x + 100$

a) Erklärt euch gegenseitig, warum jede Funktionsgleichung ① bis ④ eine lineare Zunahme beschreibt.

b) Stellt eine Vermutung auf, bei welcher linearen Zunahme in ① bis ④ der Anfangswert am schnellsten wächst.

c) Überprüft eure Vermutung aus b) mit einer dynamischen Geometrie-Software. ► 2

3 Berechne die fehlenden Werte im Heft.

a) lineare Zunahme um 15 € pro Tag

+1 +1 +1 +1

Zeit (in Tagen)	0	1	2	3	4
Betrag (in €)	10				

+15 +□ +□ +□

b) lineare Abnahme um 0,2 Liter pro Stunde

Zeit (in Stunden)	0	1	2	3	4
Menge (in Liter)	1				

−0,2 −0,2 −0,2 −0,2

c) quadratische Zunahme um 1, um 4, um 9, um 16

Zeit (in Wochen)	0	1	2	3	4
Anzahl Personen	8			17	

+1 +4 +□ +□

4 Entscheide, ob in ① bis ③ das Wachstum linear oder quadratisch ist. Begründe.

① Jedes Jahr wird eine Kugel Eis um 20 ct teurer.

② In einer Stadt leben nach 1 Jahr 100 Einwohner mehr, nach 2 Jahren 400 mehr und nach 3 Jahren 900 mehr.

③ Eine Kerze brennt pro Stunde gleichmäßig um 1 cm ab. ► 4

5 Die Funktionsgleichung $y = x^2 + 2$ beschreibt das Wachstum einer Pflanze. x ist die Zeit in Wochen und y ist die Höhe der Pflanze in cm.

a) Erstelle eine Wertetabelle von 0 bis 4 mit Schrittweite 1. Zeichne den Graphen.

b) Erklärt euch gegenseitig, warum ein quadratisches Wachstum vorliegt. Betrachtet, wie viel die Pflanze gewachsen ist.

6 Gegeben sind drei Funktionsgleichungen: $y = 2x + 1$, $y = 2x^2 + 1$ und $y = -2x + 7$

Ordne zuerst jeder Funktionsgleichung einen Graphen zu. Notiere dann die Wachstumsart.

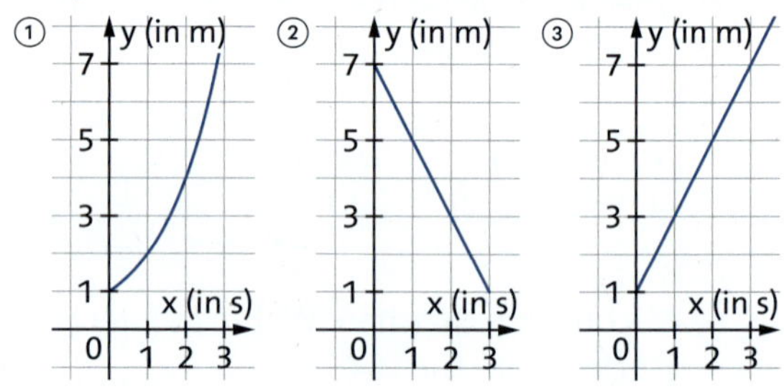

7 Ein Handy kostet neu 350 €. Jedes Jahr nimmt der Wert des Handys ab.

① Der Wert nimmt um 50 € pro Jahr ab.

② Die Gleichung $y = -25x^2 + 350$ beschreibt, wie der Wert des Handys abnimmt.

a) Notiere jeweils die Wachstumsart.

b) Bestimme für ① die Funktionsgleichung. x steht für die Zeit in Jahren und y für den Wert des Handys in €.

c) Haltet ihr es für realistisch, wie der Wert des Handys bei ① und ② abnimmt?

Sprachhilfe zu **1**: Bei einer linearen Zunahme/Abnahme – steigt/fällt

Sprachhilfe zu **4**: Das Wachstum ist linear – in gleich großen Zeitabschnitten – um denselben Wert – wächst

Sprachhilfe zu **6** und **7**: **Wachstumsarten** sind lineare und quadratische Zunahmen oder Abnahmen.

1 Nach dem Einsatz eines Mittels gegen Blattläuse sinkt die Zahl der Blattläuse pro Stunde.

Zeit (in Stunden)	0	1	2	3
Anzahl Blattläuse	1000	800		

a) Vervollständige die Wertetabelle für eine lineare Abnahme im Heft.
b) Bestimme die Funktionsgleichung.
c) Zeichne den Graphen der linearen Abnahme in ein Koordinatensystem.

2 ▼ Prüfe, ob das Wachstum linear oder quadratisch ist. Begründe.
Notiere eine passende Funktionsgleichung der Form $f(x) = m \cdot x + b$ oder $f(x) = a \cdot q^x$.

Beispiel

+1 +1

x	0	1	2
f(x)	5	30	18

·6 ·6

Der Anfangswert a = 5 wächst in gleichen Zeitabschnitten um denselben Wert m = 6.
Also ist es ein lineares Wachstum.
Funktionsgleichung: $f(x) = 6 \cdot x + 5$

a)

x	0	1	2
f(x)	4	16	64

b)

x	0	1	2
f(x)	25	20	15

c)

x	0	1	2
f(x)	0,5	0,75	1

d)

x	0	1	2
f(x)	90	30	10

3 Entscheide, ob das Wachstum linear oder quadratisch ist. Begründe.
Notiere die Änderungsrate m, wenn möglich.

Beispiel Eine 25 cm lange Wunderkerze brennt pro Sekunde um 2 cm ab.
Das Wachstum ist **linear**, weil die Wunderkerze jede Sekunde um 2 cm abbrennt.
Also ist m = −2.

① Die Anzahl der Bakterien beträgt am Anfang 20, nach 1 Minute 21, nach 2 Minuten 24 und nach 3 Minuten 29.
② Ein Ballon verliert pro Stunde 10 ml Luft.
③ Clement lernt jeden Tag 20 neue Vokabeln.
④ Sara lässt einen Stein aus 200 cm Höhe fallen. Nach 0,1 s sind es insgesamt 5 cm weniger Höhe, nach 0,2 s 20 cm, nach 0,3 s 45 cm und nach 0,4 s 80 cm weniger.

4 Ewa vergrößert schrittweise die Seitenlänge a = 2 cm eines Quadrats um 1 cm.
Ewa überlegt: „Wie verändert sich der Flächeninhalt A des Quadrats?“ Ewa notiert:

x	*0*	*1*	*2*	*3*	*4*
a (in cm)	*2*	*3*			
A (in cm²)	*4*				

a) Vervollständigt die Wertetabelle.
b) Beschreibt euch gegenseitig, wie sich der Flächeninhalt A des Quadrats verändert.
c) Ewa notiert die Funktionsgleichung, die das Wachstum beschreibt: $A(x) = (x + 2)^2$ mit $x \geq 0$
Stimmt das? Beschreibt euch, wie ihr Ewas Funktionsgleichung überprüfen könnt.
d) Berechnet jeweils den Flächeninhalt für ein Quadrat nach 20 und nach 40 Schritten. Kontrolliert eure Ergebnisse.

5 ▼ Entscheide zuerst, welche Funktionsgleichung zu welchem **Wachstumsprozess** gehört.
Ordne ① bis ④ den passenden Graphen zu.
Begründe deine Zuordnung.

① $y = -0{,}5x^2 + 6$ ② $y = -0{,}5 \cdot x + 5{,}5$
③ $y = x^2 + 1$ ④ $y = \frac{1}{5}x + \frac{3}{2}$

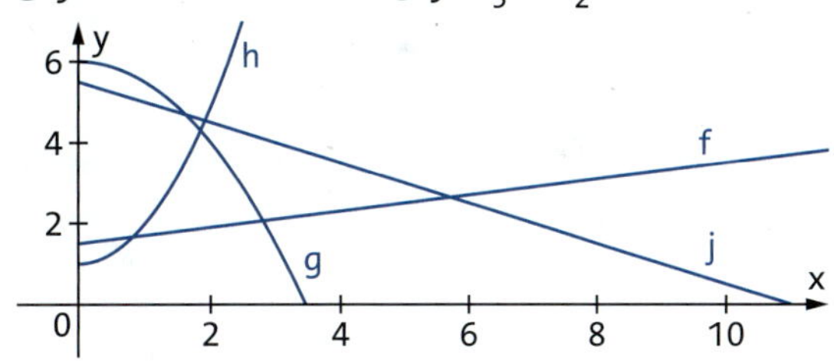

6 Frau Rodriguez baggert Erde aus einem $180\,m^2$ großen Teich. Dadurch vergrößert sich der Teich pro Woche um $20\,m^2$.
Während der Arbeiten beobachtet sie eine Algenart, die sich schnell vermehrt.
Die Algenfläche, die am Anfang $5\,m^2$ groß ist, nimmt nach 1 Woche $15\,m^2$ ein, nach 2 Wochen $45\,m^2$, nach 3 Wochen $95\,m^2$ ...
a) Bestimme für jeden der beiden Wachstumsprozesse eine Funktionsgleichung.
b) Ermittle mit einer DGS, nach wie vielen Wochen der ganze Teich mit Algen bedeckt ist.

Tipp zu **2**: Statt y = ... kannst du eine Funktionsgleichung auch notieren als f(x) = ...
Sprachhilfe zu **5**: **Wachstumsprozesse** sind lineare und quadratische Zunahmen oder Abnahmen.

Zinsrechnung und Zinseszinsen

Leyla arbeitet in den Ferien in einer Bäckerei.
Sie verdient 500 €. Das Geld will sie bei einer Bank anlegen.
Die Bank A bietet einen Zinssatz von 2 % an.
Die Bank B bietet Leyla 9 € Zinsen im Jahr an.
Welche Bank sollte Leyla wählen?

W

Die Zinsen mit der Formel berechnen
Du kannst die Zinsen Z, den Zinssatz p % oder das Kapital K mit der Formel berechnen.

Zinsen = Kapital · Zinssatz

$Z = K \cdot p\,\%$

$Z = K \cdot \frac{p}{100}$

gegeben: Kapital K = 500 €; p % = 2 %
gesucht: Zinsen Z bei Bank A

$Z = K \cdot \frac{p}{100}$

$Z = 500\,€ \cdot \frac{2}{100} = \frac{500\,€ \cdot 2}{100} = \frac{1000\,€}{100} = 10\,€$

gegeben: Kapital K = 500 €; Zinsen Z = 9 €
gesucht: Zinssatz p % bei Bank B

$Z = K \cdot p\,\%$

$9\,€ = 500\,€ \cdot p\,\% = 10\,€ \quad | : 500\,€$

$\frac{9\,€}{500\,€} = p\,\% \quad$ | *Seiten vertauschen*

$p\,\% = \frac{9\,€}{500\,€} = \frac{18}{1000} = 1{,}8\,\%$

Leyla sollte Bank A wählen. Dort bekommt sie einen Zinssatz von 2 %, also 10 € Zinsen. Bank B zahlt nur einen Zinssatz von 1,8 %. Das sind nur 9 € Zinsen.

Für K oder p % kannst du die Formel passend umstellen:
$K = Z : p\,\%$
$K = Z : \frac{p}{100}$
$K = Z \cdot \frac{100}{p}$
oder
$p\,\% = Z : K$

▶ Aufgabe Berechne den fehlenden Wert.
a) *gegeben*: Kapital K = 800 €; Zinssatz p % = 3 %; *gesucht*: Zinsen Z
b) *gegeben*: Kapital K = 1500 €; Zinsen Z = 36 €; *gesucht*: Zinssatz p %

▸ 1 ▸ 1 ▸ 1

Leyla hebt die Zinsen von dem Konto nicht ab. Sie spart 3 Jahren für den Führerschein. Der Zinssatz ist 2 % im Jahr. Auf wie viel € ist das Kapital nach 3 Jahren gewachsen?

W

Zinseszinsen berechnen
Nach 1 Jahr beträgt das Endkapital:

$K_1 = K + Z \quad$ Setze $Z = K \cdot p\,\%$ ein.
$\quad = K + K \cdot p\,\% \quad$ Klammere K aus.
$\quad = K \cdot (1 + p\,\%)$

1 + p % ist der Wachstumsfaktor q.

Nach 2 Jahren beträgt das Endkapital:
$K_2 = K_1 \cdot (1 + p\,\%)$

Nach 3 Jahren beträgt das Endkapital:
$K_3 = K_2 \cdot (1 + p\,\%)$ ...

gegeben: Kapital K = 500 €; p % = 2 %
gesucht: Kapital nach 3 Jahren
Wachstumsfaktor q = 1 + p %:

$q = 1 + 2\,\% = 1 + \frac{2}{100} = 1 + 0{,}2 = 1{,}02$

+1   +1   +1

Anzahl Jahre	0	1	2	3
Kapital (in €)	500	510	520,20	530,60

·1,02   ·1,02   ·1,02

Nach 3 Jahren ist das Kapital auf 530,60 € gewachsen.

▶ Aufgabe Mats legt 700 € zu einem Zinssatz von 3 % im Jahr an.
Auf wie viel € ist das Kapital nach 3 Jahren gewachsen?

▸ 8 ▸ 7 ▸ 6

1 Berechne die Zinsen Z mit der Formel.

Beispiel *gegeben*: K = 100 €; p % = 2 %

gesucht: Zinsen Z

$Z = 100\,€ \cdot \frac{2}{100} = \frac{100\,€ \cdot 2}{100} = \frac{200\,€}{100} = 2\,€$

a) Kapital K = 400 €; Zinssatz p % = 1 %
b) Kapital K = 600 €; Zinssatz p % = 4 %
c) Kapital K = 800 €; Zinssatz p % = 5 %
d) Kapital K = 1000 €; Zinssatz p % = 2,5 %

2 Berechne die Zinsen Z nach einem Jahr.

a) Evelina hat 2600 € gespart. Sie legt das Geld zu einem Zinssatz von 2 % an.
b) Frau Engel legt 4500 € zu einem Zinssatz von 1 % an.
c) Florim eröffnet ein Sparkonto über 420 € zu einem Zinssatz von 2 %.
d) Rita legt bei der Bank 550 € zu einem Zinssatz von 4 % an.

Gehe so vor:
① Notiere die gegebenen Werte:
K = ■ € und p% = ■ %
② Notiere, was gesucht ist: Zinsen Z
③ Berechne die Zinsen mit der Formel.
④ Formuliere einen Antwortsatz.

3 Berechne den Zinssatz p % mit der Formel.

Beispiel *gegeben*: K = 1100 €; Z = 11 €

gesucht: Zinssatz p %

$p\,\% = 11\,€ : 1100\,€ = \frac{11\,\not{€}}{1100\,\not{€}} = 0{,}01 = 1\,\%$

a) Kapital K = 600 €; Zinsen Z = 6 €
b) Kapital K = 1200 €; Zinsen Z = 24 €
c) Kapital K = 1500 €; Zinsen Z = 15 €
d) Kapital K = 4000 €; Zinsen Z = 60 €

4 Berechne den Zinssatz p %.

a) Clara hat bei der Bank 200 € angelegt. Nach einem Jahr erhält sie 2 € Zinsen.
b) Für 800 € zahlt die Bank 16 € Zinsen.
c) Für 2000 € erhält Ali nach 1 Jahr 80 € Zinsen.
d) Für 1250 € zahlt die Bank 12,50 € Zinsen.

Gehe so vor:
① Notiere die gegebenen Werte:
K = ■ € und Z = ■ €
② Notiere, was gesucht ist: Zinssatz p %
③ Berechne den Zinssatz mit der Formel.
④ Formuliere einen Antwortsatz.

5 Berechne das Kapital K mit der Formel.

Beispiel *gegeben*: Z = 350 €; p % = 5 %

gesucht: Kapital K

$K = Z \cdot \frac{100}{5} = \frac{\overset{70}{\not{350}\,€} \cdot 100}{\not{5}} = 7000\,€$

a) Zinsen Z = 36 €; Zinssatz p % = 3 %
b) Zinsen Z = 240 €; Zinssatz p % = 4 %
c) Zinsen Z = 550 €; Zinssatz p % = 1 %

► 5

6 Berechne das Kapital K.

a) Laura legt ihr Geld zu einem Zinssatz von 2 % an. Nach einem Jahr erhält sie 24 € Zinsen.
b) Asil erhält 15 € Zinsen. Die Bank hat ihm einen Zinssatz von 1 % angegeben.
c) Niko erhält 21 € Zinsen nach einem Jahr bei einem Zinssatz von 3 %.
d) Alisa erhält 14 € Zinsen nach einem Jahr bei einem Zinssatz von 2 %.

Gehe so vor:
① Notiere die gegebenen Werte:
Z = ■ € und p % = ■ %
② Notiere, was gesucht ist: Kapital K
③ Berechne das Kapital K mit der Formel.
④ Formuliere einen Antwortsatz.

7 Ergänze die Tabelle im Heft.

	Kapital K	Zinsen Z	Zinssatz p %
a)	1300 €		1 %
b)	1800 €	36 €	
c)		20 €	4 %

► 7

8 Berechne den Wachstumsfaktor q.

Beispiel *gegeben*: p % = 5 %

gesucht: Wachstumsfaktor q

q = 1 + 5 % = 1 + 0,05 = 1,05

a) p % = 1 % b) p % = 3 % c) p % = 4 %

9 Ein Kapital von 200 € wächst um 2 % im Jahr. Auf wie viel € ist das Kapital nach 4 Jahren gewachsen?
Berechne zuerst den Wachstumsfaktor q.
Ergänze dann die Tabelle im Heft.

(+1 +1 +1 +1)

Anzahl der Jahre	0	1			
Kapital (in €)	200				

(· 1,02 · 1,02 · 1,02 · 1,02)

1 Berechne die fehlende Größe.
Nutze $Z = K \cdot \frac{p}{100}$; $p\% = K : Z$ oder $K = Z : \frac{100}{p}$.
a) K = 2000 €; p % = 4 %; Z = □ €
b) K = 80 €; p % = 3,5 %; Z = □ €
c) K = 2500 €; Z = 55 €; p % = □ %
d) K = 725 €; Z = 58 €; p % = □ %
e) p % = 5 %; Z = 625 €; K = □ €
f) p % = 4,5 %; Z = 22,50 €; K = □ €

2 Wenn du dir bei der Bank Geld leihst, dann nimmst du einen Kredit auf.
Ein Kredit ist geliehenes Kapital.
Berechne den **Kredit** K mit der Formel K = Z : p %. Runde, falls nötig.
a) Cem hat vor einem Jahr einen Kredit zu einem Zinssatz von 4,5 % aufgenommen. Cem muss 100 € Zinsen zahlen.
b) Anja kauft ein Smartphone. Sie wählt die Zahlweise „später bezahlen" zu einem Zinssatz von 0,5 %. Nach einem Jahr zahlt sie 1,70 € Zinsen.

3 Ein E-Roller kostet 2400 €. Der Online-Händler bietet an, erst nach einem Jahr zu bezahlen. Dafür verlangt er 96 € Zinsen.
Carries Vater meint:
„Das entspricht einem Zinssatz von 3 %."
Überprüfe die Aussage mit einer Rechnung.

4 Emilie möchte sich ein E-Bike für 1500 € kaufen, um zu ihrer Arbeit zu fahren.
Sie vergleicht verschiedene Angebote.

Fahrradladen RADO
Zahle
12 Monate lang
130 € pro Monat.

Kreis-Bank
Kredit mit Zinssatz 3,8 %

Internet-Bank
Kredit mit Zinssatz 3,5 % und einer Gebühr in Höhe von 25 €

Für welches Angebot sollte sich Emilie entscheiden?

► 4

5 Marie möchte eine Popcorn-Maschine kaufen und nimmt einen Kredit auf.
Der Zinssatz beträgt 2,5 % im Jahr. Marie will weniger als 6 € Zinsen in einem Jahr zahlen.
Berechne, wie viel € die Maschine kosten darf.

6 Formuliert eigene Sachaufgaben zu Zinsen, Kapital und Zinssatz.
Löst gemeinsam eure Sachaufgaben.
Präsentiert die Aufgaben in der Klasse.

7 Berechne den Wachstumsfaktor q.
Beispiel *gegeben:* p % = 1,5 %
gesucht: Wachstumsfaktor q
q = 1 + 1,5 % = 1 + 0,015 = 1,015
a) p % = 1,4 % b) p % = 3,2 % c) p % = 4,1 %

► 7

8 Lisa spart Geld für eine Reise.
Sie hat 500 € auf einem Konto mit einem Zinssatz von 2,5 %. Berechne, wie viel € sie nach 4 Jahren auf ihrem Konto hat.
Ergänze dazu die Wertetabelle im Heft.

+1 +1 +1 +1

Anzahl Jahre	0	1			
Kapital (in €)	500				

·1,025 ·1,025 ·1,025 ·1,025

9 Herr Fuchs hat an seinem 102. Geburtstag 1000 € für seine Urenkel angelegt.
Das Geld wird mit 4 % im Jahr verzinst.

a) Berechne den Wachstumsfaktor q = 1 + p %.
b) Berechne, wie viel € es nach 5 Jahren sind. Erstelle dazu eine Wertetabelle.

10 Emma möchte sich in 5 Jahren ein neues Fahrrad für 700 € kaufen. Sie legt 600 € auf einem Konto mit einem Zinssatz von 3,5 % im Jahr an.

a) Berechne, wie viel Geld sie nach 5 Jahren auf ihrem Konto haben wird.
Beschreibe dein Vorgehen.
b) Reicht das Geld für das neue Fahrrad?
Formuliere einen Antwortsatz.

1 Berechne die fehlende Größe.

a) K = 2600 €; p % = 6 %; Z = □ €
b) p % = 5 %; Z = 625 €; K = □ €
c) p % = 1,5 %; K = 15 000 €; Z = □ €
d) Z = 550 €; K = 25 000 €; p % = □ %
e) p % = 4,5 %; Z = 22,50 €; K = □ €
f) K = 725 €; Z = 58 €; p % = □ %

2 Julian erhält 345,45 € Zinsen zu einem Zinssatz von 5 %.

a) Berechne das Kapital.
b) Berechne Julians Kontostand am Ende des Jahres.
c) Berechne Julians Kontostand am Ende des zweiten Jahres, wenn er die Zinsen nicht abhebt.

3 Berechne den Zinssatz p % mit der Formel. Schätze zuerst. Runde auf Hundertstel.

	Kapital K	Zinsen Z
a)	535,50 €	112,65 €
b)	855,70 €	27,86 €
c)	546,40 €	28,32 €
d)	190 500 €	2539,37 €

4 Frau Stern legt 1000 € für ein Jahr zu 0,45 % an.

a) Berechne die Zinsen. Schätze zuerst.
b) Berechne das Kapital nach einem Jahr.
c) Frau Stern will eine neue Waschmaschine für 1099 € kaufen. Wie hoch müsste der Zinssatz sein, damit das Kapital nach einem Jahr reicht? Berechne.

5 Überprüfe die Aussage mit einer Rechnung. Korrigiere, wenn es nötig ist.

a) Svenja meint: „Wenn ich 1000 € zu einem Zinssatz von 5 % im Jahr anlege, dann betragen meine Zinsen 50 €."
b) Mia sagt: „Mein Onkel legt 10 000 € an. Nach einem Jahr bekommt er 1 € Zinsen. Das entspricht einem Zinssatz von 0,1 %."

6 Berechne den Wachstumsfaktor q.

Beispiel *gegeben:* p % = 1,5 %
gesucht: Wachstumsfaktor q
q = 1 + 1,15 % = 1 + 0,0115 = 1,0115

a) p % = 1,24 % b) p % = 2,25 % c) p % = 3,41 %

7 Tobi spart Geld für eine Reise nach Italien. Er hat 250 € auf seinem Konto zu einem Zinssatz von 2,5 % im Jahr. Berechne, wie viel € er nach 5 Jahren auf seinem Konto hat. Ergänze dazu die Tabelle im Heft.

	+□	+□	+□	+□	+□
Anzahl Jahre	0					
Kapital (in €)						
	·□	·□	·□	·□	·□

8 Anna hat 600 € gespart, um ein Laptop zu kaufen. Sie legt das Geld auf ein Sparkonto mit einem jährlichen Zinssatz von 4,75 %. Berechne, wie viel € Anna nach 3 Jahren auf ihrem Sparkonto haben wird. Reicht das Geld für das Laptop?

9 ▼ Mesut legt sein Geld für 4 Jahre auf einem **Festgeldkonto** an. Zu Beginn liegt der Zinssatz bei 1,05 %. Der Zinssatz steigt jedes Jahr um 0,4 %. Ergänze die Tabelle im Heft.

Anzahl Jahre	Kapital K	Zinssatz p%	Zinsen Z	Endkapital
1	200 €	1,05 %	2,10 €	202,10 €
2		1,45 %		
3				
4				

10 Johan meint: „Statt eine Tabelle auszufüllen, kann ich das Kapital nach 5 Jahren mit der Formel berechnen: $K_5 = K \cdot (1 + p\,\%)^5$."

a) Überprüft die Aussage mit eigenen Beispielen.
b) Wie lautet die Formel für das Kapital nach n Jahren? Notiert die Formel im Heft und überprüft mit einer Recherche im Internet.

Sprachhilfe zu **9**: Ein **Festgeldkonto** ist ein Konto zum Sparen, bei dem man nicht jeden Tag Geld abheben kann.

Das exponentielle Wachstum

In einem See wachsen Seerosen. Zu Beginn sind es 5 Blüten.
Die Anzahl der Blüten verdoppelt sich pro Tag.
Wie viele Blüten sind nach 4 Tagen auf dem See?

Exponent – exponentiell

W

Exponentielles Wachstum liegt vor, wenn du einen Anfangswert a in gleich großen Zeitabschnitten immer wieder mit demselben Faktor q multiplizierst.
Der Faktor q ist der Wachstumsfaktor.

Es gibt zwei Fälle:

- Ist $q > 1$, dann liegt eine **exponentielle Zunahme** vor. Die Werte nehmen zu.
- Ist $0 < q < 1$, dann liegt eine **exponentielle Abnahme** vor. Die Werte nehmen ab.

gegeben: $a = 5$; die Anzahl der Blüten verdoppelt sich pro Tag, also $q = 2$
gesucht: die Anzahl der Blüten nach 4 Tagen

Der Wachstumsfaktor $q = 2$ ist größer als 1.
Es liegt eine **exponentielle Zunahme** vor.
Die Anzahl der Blüten nimmt zu.

+1 +1 +1 +1

Zeit (in Tagen)	0	1	2	3	4
Anzahl der Blüten	5	10	20	40	80

·2 ·2 ·2 ·2

Nach 4 Tagen sind 80 Blüten auf dem See.

▶ **Aufgabe** Wenn nicht genug Nährstoffe im See sind, dann halbiert sich die Anzahl der Blüten pro Tag. Ergänze die Wertetabelle im Heft.

+1 +1 +1 +1

Zeit (in Tagen)	0	1	2	3	4
Anzahl der Blüten	48				

·0,5 ·0,5 ·0,5 ·0,5

▶ 1 ▶ 1 ▶ 1

In einem See leben 400 Fische. Aufgrund von Wasserverschmutzung und Fischfang nimmt die Anzahl der Fische pro Jahr um 20 % ab. Wie viele Fische leben nach 2 Jahren im See?

$p\,\% = \frac{p}{100}$

W

Den Wachstumsfaktor q aus p % berechnen
Wenn ein exponentielles Wachstum um p % gegeben ist, dann gilt für …

- eine exponentielle Zunahme um p %:
  $q = 1 + p\,\% = 1 + \frac{p}{100}$ und
- eine exponentielle Abnahme um p %:
  $q = 1 - p\,\% = 1 - \frac{p}{100}$.

Der Prozentsatz p % heißt die Wachstumsrate.

gegeben: $a = 400$;
Abnahme um p % = 20 % pro Jahr
gesucht: die Anzahl der Fische nach 2 Jahren

Den Wachstumsfaktor q berechnen:

$q = 1 - 20\,\% = 1 - \frac{20}{100} = 1 - 0{,}2 = 0{,}8$

+1 +1

Zeit (in Jahren)	0	1	2
Anzahl der Fische	400	320	256

·0,8 ·0,8

Nach 2 Jahren leben 256 Fische im See.

▶ **Aufgabe** Berechne die Anzahl der Fische nach 5 Jahren. Runde sinnvoll.

▶ 4 ▶ 4 ▶ 4

1 Ergänze die Fachbegriffe zum exponentiellen Wachstum im Heft.

Exponentielles Wachstum liegt vor, wenn du einen ________________ in gleich großen ________________ mit demselben ________________ multiplizierst.
Eine exponentielle __________ liegt vor, wenn 0 < q < 1 ist. Dann nehmen die Werte ____. Eine exponentielle ________ liegt vor, wenn q > 1 ist. Dann nehmen die Werte ______.

2 Entscheide, ob eine exponentielle Zunahme oder eine exponentielle Abnahme vorliegt. Notiere dann den Wachstumsfaktor q.

a) Die Anzahl der Bienen **verdoppelt** sich jedes Jahr.
b) Merle isst jeden Tag **ein Drittel** vom Vorrat an Süßigkeiten.
c) Die Anzahl der Viren **vervierfacht** sich jede Woche.
d) Ein Akku verliert jeden Tag **die Hälfte** der Ladung.

Gehe so vor:
① Entscheide zuerst: Werden die Werte größer? Dann ist es eine Zunahme.
Werden die Werte kleiner? Dann ist es eine Abnahme.
② Notiere den Wachstumsfaktor q.
„Übersetze" dazu die Wörter in Zahlen.
Verdoppeln heißt $\cdot 2$. Die Hälfte heißt $\cdot \frac{1}{2}$.
Verdreifachen heißt $\cdot 3$. Ein Drittel heißt $\cdot \frac{1}{3}$.
Vervierfachen heißt $\cdot 4$.

3 Ein Liter Milch enthält 10 Bakterien. Die Bakterien verdoppeln sich jede Stunde.

a) Ergänze die Wertetabelle im Heft.

Zeit (in h)	0	1	2	3	4
Anzahl der Bakterien	10	20			

(Zeit: jeweils +1; Anzahl: jeweils $\cdot 2$)

b) Notiere den Anfangswert a und den Wachstumsfaktor q.

Tipp: Der Wachstumsfaktor q ist die Zahl, mit der du immer wieder multiplizierst.

▶ 4

4 Welcher Wachstumsfaktor gehört zu welchem Wachstum? Ordne zu und notiere im Heft.

exponentielle Abnahme um p %
$q = 1 - \frac{p}{100}$
$q = 1 + p\,\%$
$q = 1 - p\,\%$
$q = 1 + \frac{p}{100}$
exponentielle Zunahme um p %

5 Berechne den Wachstumsfaktor.
a) Zunahme um 20 % b) Zunahme um 25 %
c) Abnahme um 10 % d) Abnahme um 5 %

Gehe so vor:

① Zunahme um 15 %	② Abnahme um 15 %
$q = 1 + 15\,\%$	$q = 1 - 15\,\%$
$q = 1 + \frac{15}{100}$	$q = 1 - \frac{15}{100}$
$q = 1 + 0{,}15$	$q = 1 - 0{,}15$
$q = 1{,}15$	$q = 0{,}85$

6 Frau Koi hat 1000 € zu einem Zinssatz von 5 % im Jahr angelegt. Welches Endkapital erhält sie nach 3 Jahren?
a) Berechne den Wachstumsfaktor q.

Tipp: $q = 1 + 5\,\% = 1 + \frac{5}{100}$

b) Ergänze die Wertetabelle im Heft.

Zeit (in Jahren)	0	1	2	3
Kapital (in €)	1000			

(jeweils $\cdot \square$)

▶ 6

7 Ein Auto hat einen Wert von 20 000 €. Der Wert nimmt jedes Jahr um 10 % ab. Berechne den Wert nach 3 Jahren.
a) Berechne den Wachstumsfaktor q.

Tipp: $q = 1 - 10\,\% = 1 - \frac{10}{100}$

b) Ergänze die Wertetabelle im Heft.

Zeit (in Jahren)	0	1	2	3
Kapital (in €)	20 000			

(jeweils $\cdot \square$)

8 Dimitri hat einen Blog mit 10 000 Followern. Jede Woche wächst die Anzahl um 8 %. Berechne die Anzahl der Follower nach 1 Woche, nach 2 Wochen und nach 3 Wochen.

Sprachhilfe zu **1**: Verwende: Zeitabschnitten – Anfangswert – Zunahme – Abnahme – ab – Wachstumsfaktor – zu

1 Ordnet zuerst ① bis ④ ein Kärtchen Ⓐ bis Ⓓ passend zu.
Notiert dann jeweils vier Sätze.

① der Anfangswert
② der Faktor q
③ $q > 1$
④ $0 < q < 1$

Ⓐ der Wachstumsfaktor
Ⓑ exponentielle Abnahme
Ⓒ in gleich großen Zeitabschnitten mit demselben Faktor multiplizieren
Ⓓ exponentielle Zunahme

2 Notiere zuerst den Wachstumsfaktor q. Entscheide dann, ob eine exponentielle Zunahme oder eine exponentielle Abnahme vorliegt. Begründe deine Entscheidung.

Beispiel
Die Anzahl der Viren vervierfacht sich pro Tag.
Der Wachstumsfaktor ist $q = 4$.
Der Wachstumsfaktor $q = 4$ ist größer als 1.
Es liegt eine exponentielle Zunahme vor.

a) Die Anzahl der Viren verdoppelt sich pro Tag.
b) Die Anzahl der Frösche halbiert sich nach 3 Stunden.
c) Ein Computervirus infiziert pro Tag 3-mal so viele Computer wie am Vortag.

3 In einer Petrischale verdreifacht sich pro Stunde eine Bakterienart.

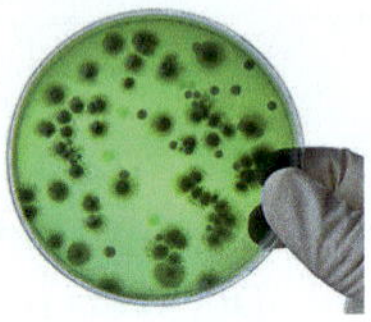

a) Ergänze die Wertetabelle im Heft.

Zeit (in Stunden)	0	1	2	3	4
Anzahl Bakterien	10	30			

(+1 → +1; ·3 → ·3)

b) Notiere den Anfangswert a und den Wachstumsfaktor q.

► 4 ☒

4 Berechne den Wachstumsfaktor q.

Beispiel Gegeben ist eine Zunahme um 25%.
Wachstumsfaktor: $q = 1 + 25\,\%$
$= 1 + \frac{25}{100} = 1{,}25$

a) Zunahme um 5%
b) Zunahme um 75%
c) Abnahme um 15%
d) Abnahme um 3%

5 Yannis legt 500 € zu einem Zinssatz von 4% im Jahr an. Welches Endkapital erhält Yannis nach 3 Jahren? Yannis notiert:

gegeben: a = 500 €,
prozentuale Zunahme um p % = 4 %
gesucht: das Endkapital nach 3 Jahren
q = 1 + 4 % = …

Zeit (in Jahren)	0	1	2	3
Kapital (in €)	500			

(·□ → ·□ → ·□)

a) Erkläre Jannis Vorgehen. Ergänze die Rechnung und die Wertetabelle im Heft. Runde auf Hundertstel, falls nötig.
b) Berechne, wie viel € es nach 5 Jahren sind.

6 Die Anzahl der Tiere einer bedrohten Tierart nimmt pro Jahr um 20% ab.
a) Berechne den Wachstumsfaktor q.
b) Ergänze die Wertetabelle im Heft.

Zeit (in Jahren)	0	1	2	3	4
Anzahl Tiere	1000				

(+1 → +1; ·□ → ·□)

► 7 ☒

7 Eine Eisfläche ist $10\,000\ km^2$ groß. Pro Jahr nimmt die Eisfläche um 2% ab. Wie groß ist die Eisfläche nach 3 Jahren?

Berechne zuerst den Wachstumsfaktor q.
Erstelle eine Wertetabelle bis zum 3. Jahr.

8 Thien kennt den Wachstumsfaktor $q = 1{,}23$ für eine exponentielle Zunahme.
Er will daraus p% berechnen. Thien notiert:

$1{,}23 = 1 + \frac{p}{100} \quad |-1$

$0{,}23 = \frac{p}{100}$

$23\,\% = p\,\%$

a) Erklärt euch Thiens Rechenschritte.
b) Berechnet jeweils p% wie Thien. Vergleicht eure Ergebnisse.
① $q = 1{,}56$ ② $q = 1{,}09$ ③ $q = 1{,}64$

9 ▼ Berechne p% für eine exponentielle Abnahme.
a) $q = 0{,}5$
b) $q = 0{,}91$
c) $q = 0{,}34$

Hinweis zu **9**: Setze q in die Formel $q = 1 - \frac{p}{100}$ ein. Stelle dann nach p um.

1 Notiere einen Merksatz zum exponentiellen Wachstum. Sortiere dazu die Satzteile.

Ein exponentielles Wachstum liegt vor, wenn du

- mit demselben Faktor q multiplizierst
- in gleich großen Zeitabschnitten
- einen Anfangswert a
- immer wieder
- Für $0 < q < 1$ ist es
- Für $q > 1$ ist es
- eine exponentielle Abnahme
- eine exponentielle Zunahme

2 Entscheide, ob eine exponentielle Zunahme oder eine exponentielle Abnahme vorliegt. Begründe deine Entscheidung mit dem Wachstumsfaktor.

a) Alle 4 Wochen verdoppelt sich die Anzahl der Milben.

b) Die Anzahl der Bakterien in einer Probe vervierfacht sich alle 90 Minuten.

c) Ein Mittel gegen Blattläuse verspricht, dass sich die Anzahl der Blattläuse pro Stunde halbiert.

3 Eine Softeisprobe enthält 60 Salmonellen. Die Anzahl der Salmonellen verdoppelt sich alle 20 Minuten.

a) Ergänze die Wertetabelle im Heft.

+20

Zeit (in Minuten)	0	20		
Anzahl Salmonellen	60			

·□

b) Begründe, dass eine exponentielle Zunahme vorliegt.

c) Nach wie vielen Minuten enthält die Softeisprobe 1920 Salmonellen?

4 Berechne den Wachstumsfaktor q.

a) Zunahme um 1,5 %

b) Zunahme um 0,2 %

c) Abnahme um 2 %

d) Abnahme um 2,5 %

5 Yulia hat nach ihrer Kommunion 550 € zu einem Zinssatz von 2,5 % im Jahr angelegt.

a) Berechne den Wachstumsfaktor.

b) Berechne Yulias Endkapital nach 5 Jahren. Runde auf Hundertstel, falls nötig.

c) Erkläre, welche Wachstumsart vorliegt.

6 Ein Frosch will einen 2,5 m breiten Fluss überqueren.
Beim ersten Sprung springt er 1,2 m weit.
Danach schafft er immer 40 % vom letzten Sprung.
Wie viele Sprünge braucht der Frosch, um den Fluss zu überqueren?

7 Gegeben sind vier Wachstumsfaktoren:
① $q = 9$ ② $q = 0{,}5$ ③ $q = 0{,}9$ ④ $q = 1{,}5$

a) Ordne jedem Wachstumsfaktor das passende Wachstum zu. Begründe.

- exponentielle Zunahme
- exponentielle Abnahme

b) Berechne jeweils die Wachstumsrate p %.

8 Ein Musikvideo verbreitet sich schnell in den sozialen Medien. Die Anzahl der Streams gibt an, wie oft das Musikvideo abgespielt wurde.

Zeit (in Wochen)	0	1	2	3
Anzahl Streams (in Millionen)	10	13	16,9	21,97

a) Karim sagt: „Die Anzahl der Streams wächst jede Woche um 30 %."
Stimmt Karims Aussage? Begründe.

b) Für die folgenden Wochen wächst die Anzahl der Streams immer um 30 % zur Vorwoche.
Berechne, nach wie vielen Wochen die Anzahl von 100 Millionen Streams überschritten wird.

9 Entscheidet, wer von euch beiden eine Aufgabe zu einer exponentiellen Zunahme und wer zu einer exponentiellen Abnahme formuliert. Tauscht eure Aufgaben und löst sie. Überprüft gemeinsam eure Ergebnisse.

Kompetenz	▼
1 Ich kann lineares und quadratisches Wachstum erkennen. → Lies auf **Seite 122** nach.	**1** Notiere für jeden Graphen, ob eine Zunahme oder eine Abnahme vorliegt. Welcher Graph stellt eine quadratische Zunahme dar? 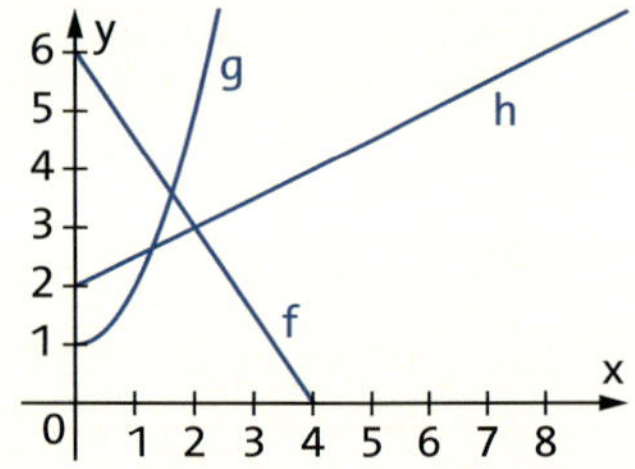
2 Ich kann die Zinsen, den Zinssatz und das Kapital mit der Formel berechnen. → Lies auf **Seite 126** nach.	**2** Berechne den fehlenden Wert mit der Formel.
3 Ich kann Sachaufgaben zu Zinseszinsen lösen. → Lies auf **Seite 126** nach.	**3** Frau Dogan legt 2000 € zu einem Zinssatz von 4 % im Jahr an. Ergänze die Wertetabelle im Heft.
4 Ich kenne die Fachbegriffe zum exponentiellen Wachstum. → Lies auf **Seite 130** nach.	**4** Aus anfangs 5 Seerosen sind nach 3 Wochen 4-mal so viele Seerosen geworden. Notiere den Anfangswert, den Wachstumsfaktor und die Zeit.
5 Ich kann den Wachstumsfaktor q berechnen. → Lies auf **Seite 130** nach.	**5** Berechne den Wachstumsfaktor q. Nutze q = 1 + p % oder q = 1 − p %. a) Zunahme um 20 % b) Zunahme um 15 % c) Abnahme um 50 %
6 Ich kann Sachaufgaben zu exponentiellem Wachstum lösen. → Lies auf **Seite 130** nach.	**6** Die Anzahl der Bakterien einer Bakterienart wächst pro Woche um 50 %. Am Anfang sind 60 Bakterien vorhanden. Berechne die Anzahl der Bakterien nach 2 Wochen.

Tabelle zu Aufgabe 2:

	Kapital K	Zinsen Z	Zinssatz p %
a)	120 €		13 %
b)	400 €	80 €	
c)		360 €	25 %

Tabelle zu Aufgabe 3:

Anzahl Jahre	0	1	2	3
Kapital (in €)	2000			

Pfeile: · 1,04 · □ · □

→ Lösungen auf Seite 223

1 Ordne jedem Graphen ① bis ③ je zwei Kärtchen passend zu.

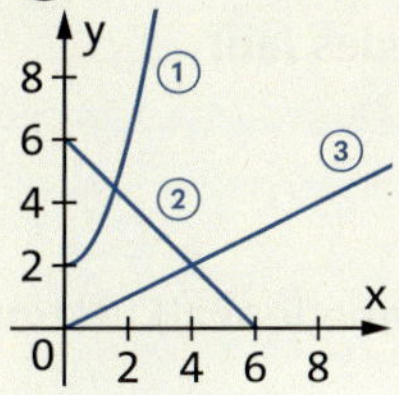

$f(x) = x^2 + 2$ | $g(x) = \frac{1}{2}x$ | $h(x) = -x + 6$

quadratische Zunahme | lineare Abnahme | lineare Zunahme

2 Berechne den fehlenden Wert im Heft.

	Kapital K	Zinsen Z	Zinssatz p %
a)	462 €		12,5 %
b)	3500 €	280 €	
c)		2,60 €	4 %

3 Herr Meyer eröffnet ein Konto mit einem Kapital von 3250 €. Der Zinssatz beträgt 3,5 %. Berechne zuerst den Wachstumsfaktor. Ergänze dann die Tabelle im Heft.

Anzahl Jahre	0	1	2	3
Kapital (in €)				

4 Ergänze die Fachbegriffe ① bis ③ im Heft.

Exponentielles Wachstum bedeutet:

Ich multipliziere einen ______ in gleich großen ______ immer wieder mit demselben ______.

① Zeitabschnitten ② Faktor ③ Anfangswert

5 Berechne den Wachstumsfaktor q.

a) Zunahme um 40 %
b) Zunahme um 2 %
c) Abnahme um 25 %

6 In einem Pool mit 30 000 ℓ Wasser befinden sich 50 g Chlor, um Keime und Bakterien abzutöten.
Der Chlorgehalt sinkt pro Stunde um 5 %.
Berechne den Chlorgehalt nach 3 Stunden.

---

1 Ordne jedem Graphen ① bis ④ eine passende Funktionsgleichung zu. Notiere dann die Wachstumsart.

$f(x) = -0{,}5x + 8$
$g(x) = 4 + 0{,}5 \cdot x$
$h(x) = -\frac{1}{4}x^2 + 6$
$k(x) = 0{,}5x^2 + 1$

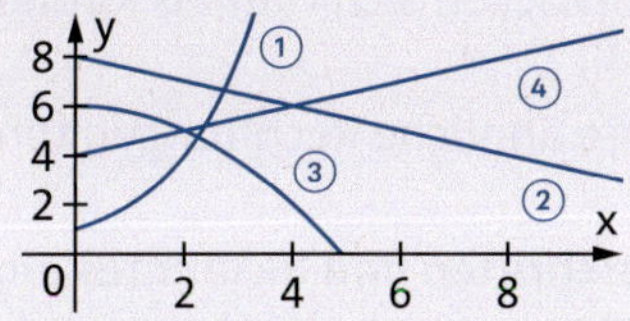

2 Berechne den fehlenden Wert im Heft.

a) Kapital K = 150 €; Zinsen Z = 87,50 €
b) Zinsen Z = 14,04 €; Zinssatz p% = 7,2 %
c) Kapital K = 1230 €; Zinssatz p% = 1,3 %
d) Zinsen Z = 12,99 €; Kapital K = 633,50 €

3 Maren legt 785 € zu einem Zinssatz von 3,2 % pro Jahr an.
Berechne, wie das Kapital in den nächsten 3 Jahren wächst.

4 Die Anzahl der Wölfe in Deutschland hat sich innerhalb von 5 Jahren von 180 Wölfen auf 540 Wölfe verdreifacht.
Beschreibe das Wachstum.
Verwende die Fachbegriffe auf den Kärtchen.

Wachstumsfaktor | Zunahme | Anfangswert

5 Berechne den Wachstumsfaktor q.

a) Die Anzahl der Bakterien wächst pro Stunde um 16 %.
b) Die Temperatur eines 90 °C heißen Tees kühlt pro Minute um 4 % ab.

6 Die Eisflächen in den Alpen bedecken eine Fläche von etwa 2000 m².
Pro Jahr werden die Eisflächen um ungefähr 2,5 % kleiner.
Berechne die Größe nach 4 Jahren.

→ Lösungen auf Seite 224

Zinseszinsen mit einer Tabellenkalkulation berechnen

Galina hat von ihren Großeltern 5000 € bekommen.
Zusammen mit ihrem Vater geht sie zu einer Bank und eröffnet ein Konto.
Der Zinssatz beträgt 3,5 % pro Jahr. Die Zinsen werden jedes Jahr auf das Konto gutgeschrieben und wieder mitverzinst.
Wie entwickelt sich Galinas Kapital?

Für viele ähnliche Rechnungen lohnt es sich, mit einer Tabellenkalkulation zu arbeiten.

① **Beschriften und Bekanntes eintragen**
- Trage die Begriffe in die erste und vierte Zeile ein.
- Trage die Werte ein: 5000 € in **A2** und 3,5 % in **B2**.
- Trage in **A5** eine 0 ein.
- Trage das Kapital auch in **B5** ein mit: =A2

	A	B
1	Kapital	Zinssatz
2	5.000 €	3,50%
3		
4	Anzahl der Jahre	Kapital am Jahresende
5	0	5.000,00 €

② **Das Kapital nach 1 Jahr berechnen**
- Trage in **A6** eine Formel ein, die die Jahre hochzählt: =A5+1
- Gib in **B6** die Formel für die Zinseszinsen ein: =B5*(1+B2)

	A	B
1	Kapital	Zinssatz
2	5.000 €	3,50%
3		
4	Anzahl der Jahre	Kapital am Jahresende
5	0	5.000,00 €
6	1	5.175,00 €
7		

③ **Das Kapital nach vielen Jahren berechnen**
- Fasse die Zelle **A6** unten rechts an und ziehe die Maus nach unten.
- Fasse die Zelle **B6** unten rechts an und ziehe die Maus nach unten.

	A	B
1	Kapital	Zinssatz
2	5.000 €	3,50%
3		
4	Anzahl der Jahre	Kapital am Jahresende
5	0	5.000,00 €
6	1	5.175,00 €
7	2	5.356,13 €
8	3	5.543,59 €
9	4	5.737,62 €
10	5	5.938,43 €

1 Untersuche mit einer Tabellenkalkulation, wie sich das Kapital entwickelt.
a) Martha eröffnet ein Konto mit 1500 € zu einem Zinssatz von 2,75 %. Sie legt das Geld für 8 Jahre an.
b) Jegor legt 2000 € für 6 Jahre an. Der Zinssatz beträgt 3,9 %.

2 Ein Kapital von 15 000 € wird zu einem Zinssatz von 2,8 % angelegt.
Bestimme mit einer Tabellenkalkulation, wann sich das Kapital verdoppelt hat.

3 Untersucht, was passiert, wenn ihr bei der Formel in der Zelle **B6** die Dollarzeichen $ weglasst und dann die Zelle mit der Maus nach unten zieht. Findet eine Erklärung.

4 Bestimme mit einer Tabellenkalkulation, nach wie vielen Jahren ein Kapital von 800 € ...
a) um 100 € gewachsen ist. b) um 200 € gewachsen ist. c) dreimal so hoch ist (2400 €).

Vermischte Übungen

1 Ordne jedem Graphen ein Kärtchen zu.

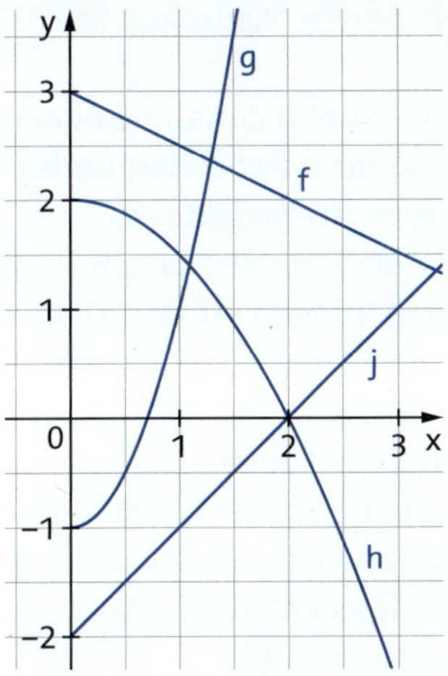

lineare Zunahme

lineare Abnahme

quadratische Zunahme

quadratische Abnahme

2 Berechne die fehlenden Werte im Heft.
Notiere, welche Wachstumsart vorliegt.

a)

x	0	1	2	3	4	5
y	20					

−2 −2 −2

b)

x	0	1	2	3	4	5
y	120					

−20 −20 −20

c)

x	0	1	2	3	4	5
y	96					

·1,5 ·1,5 ·1,5

d)

x	0	1	2	3	4	5
y	50					

+25 +25 +25

Sprachhilfe: Ein Wachstum kann linear, quadratisch oder exponentiell sein.
Es kann eine Zunahme oder eine Abnahme sein.

3 Sophie hat 1000 € zu einem Zinssatz von 4% im Jahr angelegt.
Berechne die Zinsen nach 1 Jahr.

4 Juri hat 800 € auf einem Sparkonto angelegt.
Nach einem Jahr erhält er 24 € Zinsen.
Berechne den Zinssatz p%.

Tipp: Notiere die Formel.
Setze die gegebenen Werte ein.

▸ 4

5 Erstelle eine Tabelle für die Werte am Anfang, nach 1 Tag, nach 2 Tagen und nach 3 Tagen.

Tipp: Notiere zuerst den Wachstumsfaktor q.

a) In einer Probe im Labor befinden sich am Anfang 500 Bakterien. Jeden Tag verdoppelt sich die Anzahl der Bakterien.
b) Ein Tank enthält am Anfang 1000 ℓ Wasser. Jeden Tag halbiert sich die Menge an Wasser im Tank.

6 Berechne den Wachstumsfaktor q.
a) exponentielle Zunahme um p % = 30 %
b) exponentielle Zunahme um p % = 8 %
c) exponentielle Abnahme um p % = 40 %
d) exponentielle Abnahme um p % = 6 %

7 Herr Novak eröffnet für seine Tochter ein Konto mit 500 €. Der Zinssatz beträgt 3 % im Jahr.
Wie viel € sind nach 4 Jahren auf dem Konto?
a) Berechne den Wachstumsfaktor q.
b) Ergänze die Wertetabelle im Heft.

Zeit (in Jahren)	0	1	2	3	4
Kapital (in €)	500				

·☐ ·☐ ·☐ ·☐

c) Formuliere einen Antwortsatz.

▸ 7

8 Memmet legt 2000 € zu einem Zinssatz von 4 % im Jahr auf einem Konto an.
Die Zinsen bleiben auf dem Konto und werden im nächsten Jahr mit verzinst.
a) Berechne, wie viel Geld Memmet nach 3 Jahren auf dem Konto hat.
b) Berechne die Zinsen, die Memmet insgesamt in den 3 Jahren erhalten hat.

9 Berechne die Werte nach 1 Jahr, nach 2 Jahren und nach 3 Jahren.
a) Am Anfang leben 15 000 Menschen in einer Stadt. Jedes Jahr wächst die Anzahl der Menschen um 4 %.
b) Am Anfang sind 800 g von einem radioaktiven Material vorhanden.
Jedes Jahr zerfallen 8 % von dem Material.

Gehe so vor:
① Entscheide: Zunahme oder Abnahme?
② Berechne den Wachstumsfaktor q.
③ Erstelle eine Wertetabelle und fülle sie aus.

1 Entscheide, ob das Wachstum linear oder quadratisch ist.
Notiere die Änderungsrate m, wenn möglich.

a)

Zeit (in Monaten)	0	1	2	3	4
Geld (in €)	10	20	30	40	50

b)

Zeit (in Minuten)	0	1	2	3	4
Höhe (in m)	0	10	40	90	160

c)

Zeit (in Stunden)	0	1	2	3	4
Masse (in g)	10	8	6	4	2

2 Berechne die Zinsen für ein Jahr.
Wähle nacheinander als Zinssatz:

1 % 2 % 2,5 %

a) K = 500 € b) K = 4000 €
c) K = 80 000 € d) K = 200 000 €

3 Berechne den Zinssatz p %.
a) Lara legt 350 € bei einer Bank an und erhält nach einem Jahr 7 € Zinsen.
b) Ali leiht sich 200 € von einer Bank. Er zahlt nach einem Jahr 18 € Zinsen.

► 4

4 Alma und Linus möchten 1000 € für 5 Jahre anlegen. Alma erstellt eine Wertetabelle:

Für dein Kapital erhältst du **1,5 %** Zinsen pro Jahr.

Jahr	0	1	2	3	4	5
Euro	1000	1015	...	...	...	...

a) Ergänze die Wertetabelle im Heft.
b) Untersuche mit einer Tabellenkalkulation, wie sich das Kapital über 20 Jahre entwickelt. Notiere das Kapital nach 20 Jahren.

5 20 Fliegen sind in einem Raum. Die Anzahl der Fliegen verdoppelt sich täglich. Berechne die Anzahl der Fliegen nach einer Woche. Erstelle dazu eine Wertetabelle.

6 Berechne den Wachstumsfaktor q.
Eine **Population** nimmt jeden Tag um ...
a) 20 % ab. b) 2,5 % zu. c) 2 % ab.

7 Ein Virus hat bereits 200 Menschen infiziert. Die Anzahl der infizierten Menschen wächst täglich um 2 %.
a) Liegt eine exponentielle Zunahme oder eine exponentielle Abnahme vor? Begründe.
b) Berechne den Wachstumsfaktor q.
c) Berechne, wie viele Menschen nach 3 Tagen und nach 5 Tagen infiziert sind.

8 Ihr braucht:
- einige DIN-A4-Blätter Papier
- ein Lineal oder ein Geodreieck zum Messen

a) Faltet ein Blatt Papier immer wieder in der Mitte. Wer schafft es am häufigsten?
b) Ergänzt die Tabelle im Heft.
Messt jeweils die Dicke, wenn möglich.
Vergleicht mit den berechneten Werten.

Anzahl der Faltungen	0	1	2	3
Anzahl der Schichten	1			
Dicke (in mm)	0,12			

c) Beschreibt, wie die Größen in der Tabelle wachsen.

► 7

9 In einem Experiment wächst die Anzahl der Bakterien pro Stunde um etwa 3 %. Um 8 Uhr sind es 1500 Bakterien. Wie viele Bakterien sind es ungefähr um 12 Uhr? Bestimme zuerst, wie viele Stunden vergangen sind.

10 Frau Lewin gewinnt in einer Quizshow 1 Million Euro. Frau Lewin gibt pro Jahr 15 % von ihrem Gewinn aus.
Schätze zuerst, nach wie vielen Jahren Frau Lewin ungefähr die Hälfte ihres Gewinns ausgegeben hat. Berechne dann.

11 Übertrage die Wertetabelle in dein Heft.

x	0	1	2	3	4	5	6
y	1						

·2 ·2

a) Ergänze die Wertetabelle im Heft.
b) Zeichne den Graphen. Wähle auf der y-Achse 1 cm für 10 Einheiten.
c) Beschreibe den Verlauf des Graphen.

Sprachhilfe zu **6**: Eine **Population** bezeichnet alle Lebewesen derselben Art in einem bestimmten Gebiet.

Vermischte Übungen

1 Entscheide und begründe, welche Art von Wachstum vorliegt.
Notiere dann die Funktionsgleichung.

a)

Zeit (in s)	0	1	2	3	4
Weg (in m)	5	6	9	14	21

b)

Zeit (in min)	0	1	2	3	4
Anzahl	2	4	8	16	32

c)

Zeit (in h)	0	1	2	3	4
Höhe (in m)	12	7	2	–3	–8

2 Berechne den fehlenden Wert im Heft.

	Kapital K	Zinsen Z	Zinssatz p%
a)	2450 €	50,75 €	
b)		138,15 €	4,5 %
c)	12 075 €		3,25 %

3 Eine Bank berechnet für einen Kredit nach einem Jahr 150 € Zinsen bei einem Zinssatz von 3 %. Wie hoch ist der Kredit?

4 Gegeben sind die Wachstumsfaktoren ① bis ⑤.

① q = 0,8 ② q = 1,6 ③ q = 0,35 ④ q = 0,01 ⑤ q = 1,48

a) Entscheide, ob die Wachstumsfaktoren ① bis ⑤ zu einer exponentiellen Abnahme oder zu einer exponentiellen Zunahme gehören. Begründe deine Entscheidung.
b) Berechne für ① bis ⑤ die Wachstumsrate.

5 Sofia und Ante sparen beide für ein eigenes Laptop. Ein Laptop kostet 1000 €.
Beide haben bereits 500 € gespart.
Sofia sagt: „Ich spare pro Monat 85 €.“
Ante meint. „Ich spare pro Monat 15 % von dem, was ich bereits gespart habe.“
a) Ergänze die Wertetabelle im Heft.

Monate	0	1	2	3	4	5	6
Sofias Geld (in €)	*500*						
Antes Geld (in €)	*500*						

b) Nach wie vielen Monaten kann sich Sofia das Laptop kaufen? Wann geht es bei Ante?

6 Familie Beck hat sich vorgenommen, den Stromverbrauch pro Jahr um 5 % zu senken. Zur Zeit verbrauchen sie 4200 kWh pro Jahr. Formuliert zwei Fragen und beantwortet sie.

7 Ein neues E-Bike hat einen Wert von 3500 €. Pro Jahr verliert das E-Bike 25 % seines Wertes.
a) Liegt eine exponentielle Zunahme oder eine exponentielle Abnahme vor? Begründe.
b) Schätze zuerst, nach wie vielen Jahren sich der Wert des E-Bikes halbiert hat. Berechne dann mit einer Tabellenkalkulation.

8 Der Graph zeigt die Menge an **Mikroplastik** im Meer für verschiedene Jahre.

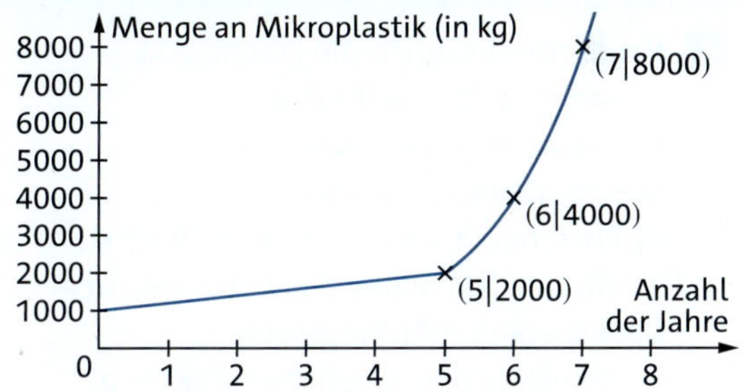

a) Beschreibe den Verlauf des Graphen.
b) Hanna sagt: „In den ersten 5 Jahren nimmt die Menge an Mikroplastik linear zu.“ Stimmt die Aussage von Hanna? Begründe. Notiere eine passende Funktionsgleichung.
c) Begründe, dass der Graph nach 5 Jahren exponentiell verläuft.
d) Ermittle die Menge an Mikroplastik, die voraussichtlich nach 10 Jahren im Meer sein wird.

9 Übertrage die Wertetabelle in dein Heft.

x	0	1	2	3	4	5	6
y	1						

a) Ergänze die Wertetabelle im Heft für ein exponentielles Wachstum, bei dem sich die y-Werte immer verdoppeln.
b) Zeichne den Graphen. Wähle auf der y-Achse 1 cm für 10 Einheiten.
c) Trage den Graphen von $y = x^2 + 1$ in das gleiche Koordinatensystem ein. Vergleiche das Wachstum der beiden Graphen.

Sprachhilfe zu **8**: **Mikroplastik** sind winzige Teilchen aus Kunststoff, die kleiner als 5 mm sind.

Projektwoche im Labor

In der Projektwoche forschen Paula, Hugo und Chloé zusammen im Labor ihrer Schule.

① Entwicklung der Schimmelpilze

Zeit (in Tagen)	1	2	3	4	5
Fläche des blauen Schimmelpilzes (in cm^2)	2	8	18	32	50
Fläche des weißen Schimmelpilzes (in cm^2)	2	4	6	8	10

②

● Die Ernährungsberatung von Dr. Elishak

https://naehrung.com/news/science/gehalt-vit-c-apfel

Direkt nach der Ernte hat ein Apfel den höchsten Gehalt an Vitamin C. Ein kleiner Apfel mit einer Masse von 100 g enthält durchschnittlich 7 mg Vitamin C. Am besten esst ihr den Apfel so frisch wie möglich. Nach der Ernte nimmt der Gehalt an Vitamin C pro Woche um ungefähr 5,4 % ab.

A Paula misst täglich die Fläche von Schimmelpilzen auf Käse. Paula hat ihre Messwerte in der Wertetabelle ① notiert.

a) Entscheide, ob ein lineares Wachstum oder ein quadratisches Wachstum vorliegt.

b) Notiere den Anfangswert a. Berechne den Wachstumsfaktor q, wenn es ein lineares Wachstum ist.

B Hugo untersucht die Milchsäurebakterien in Joghurt. Pro Stunde verdreifacht sich die Anzahl der Bakterien. Berechne, wie viele Bakterien nach 4 Stunden aus einer einzigen Bakterie entstanden sind. Erstelle eine Wertetabelle im Heft.

C Chloé stellt ein Glas mit 250 mℓ Wasser an das Fenster. Jeden Tag verdunstet 20 % des verbleibenden Wassers.

a) Berechne den Wachstumsfaktor q.

b) Entscheide und begründe, ob eine exponentielle Zunahme oder eine exponentielle Abnahme vorliegt.

c) Berechne, wie viel Wasser nach 5 Tagen noch im Glas ist.

D Paula und Hugo wollen den Gehalt von Vitamin C in einem Apfel und in Milch vergleichen.

a) Erstelle eine Wertetabelle für den Gehalt von Vitamin C in einem 100 g schweren Apfel. Berechne die Werte für die ersten 4 Wochen nach der Ernte.

b) Hugo stellt fest, dass der Gehalt von Vitamin C in der Milch abnimmt. Von anfangs 10 mg sind nach einer Stunde noch 9,5 mg vorhanden. Erstelle eine Wertetabelle und berechne die ersten 4 Werte.

c) Hugo will die Werte in den beiden Tabellen miteinander vergleichen. Erklärt, was daran falsch ist.

1 Ordne jedem Graphen ein Kärtchen und eine Tabelle zu.

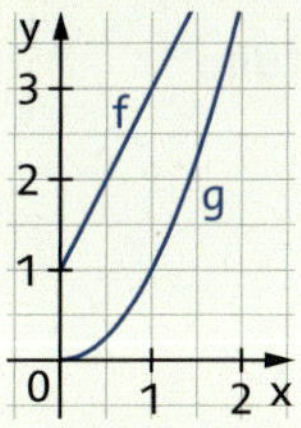

lineare Zunahme

quadratische Zunahme

①

Zeit	0	1	2	3
Anzahl	0	1	4	9

②

Zeit	0	1	2	3
Anzahl	1	3	5	7

2 Johanna kauft ein Fahrrad für 480 €. Sie will 12 Monate lang je 40 € zahlen. Dafür zahlt sie zusätzlich einen Zinssatz von 3 %. Berechne die Zinsen.

3 Gegeben ist der Wachstumsfaktor q. Entscheide, ob eine exponentielle Zunahme oder eine exponentielle Abnahme vorliegt.
Begründe deine Entscheidung mit Hilfe der Kärtchen.

$q > 1$ $0 < q < 1$

a) $q = 1{,}4$ b) $q = 0{,}2$ c) $q = \frac{3}{4}$

4 Ergänze die Tabelle im Heft.

Zeit (in h)	0	1	2	3
Anzahl	100			

$\cdot 1{,}05$ $\cdot 1{,}05$ $\cdot 1{,}05$

5 Lara sammelt für ein Tierheim. Am Anfang spenden 2 Personen. Pro Stunde verdreifacht sich die Anzahl. Lara sagt: „Nach 4 Stunden haben mehr als 150 Personen gespendet.“
Prüfe Lauras Aussage.

---

1 Notiere, ob ein lineares oder ein quadratisches Wachstum vorliegt.
Notiere auch, ob eine Zunahme oder Abnahme vorliegt.
a) Der Bremsweg eines Autos beträgt bei einer Geschwindigkeit von 20 $\frac{km}{h}$ etwa 4 m, bei 30 $\frac{km}{h}$ etwa 9 m, bei 40 $\frac{km}{h}$ etwa 16 m.
b) Der Wasserspiegel eines Sees sinkt im Jahr um 10 cm.

2 Mehmet hat 120 € zum Zinssatz von 1,8 % angelegt. Carlo hat 140 € zu 1,7 % angelegt. Wer erhält nach einem Jahr mehr Zinsen?

3 Die Tabellen beschreiben ein exponentielles Wachstum. Begründe, ob eine Zunahme oder eine Abnahme vorliegt. Ordne den Wachstumsfaktor zu:

$q = 0{,}2$ $q = 0{,}3$ $q = 3$ $q = 5$

a)

x	0	1	2	3	4
y	2	6	18	54	162

b)

x	0	1	2	3	4
y	250	50	10	2	0,4

4 Ergänze im Heft. Die Anzahl wächst exponentiell mit $q = 1{,}03$.

Zeit (in h)	0	1	2	3
Anzahl	500			

5 Ein Waldbrand hat eine Fläche von 800 Hektar erfasst. Pro Stunde wird die Fläche um 5 % größer.
Wie groß ist die Fläche nach 4 Stunden? Berechne zuerst den Wachstumsfaktor q.

---

1 Notiere für jeden Graphen, ob eine lineare Zunahme, eine lineare Abnahme oder eine quadratische Zunahme vorliegt.
Ordne dann eine Gleichung zu.

$f(x) = 0{,}25\,x^2$
$g(x) = 4x + 2$
$h(x) = -x + 4$

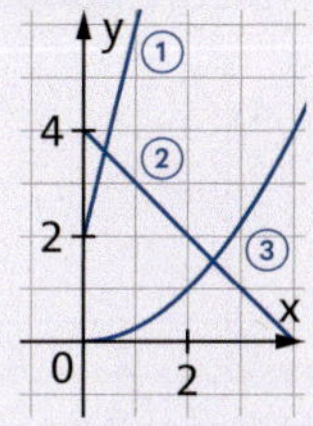

2 Maxi hat in den Ferien 1200 € verdient. Er zahlt die Hälfte auf sein Girokonto zu 0,2 % und den Rest auf ein Konto zu 2,35 % ein. Berechne die gesamten Zinsen.

3 Entscheide und begründe, ob ein exponentielles Wachstum vorliegt.
Notiere den Anfangswert a und den Wachstumsfaktor q, wenn möglich.

a)

x	0	1	2	3	4
y	8	12	18	27	40,5

b)

x	0	1	2	3	4
y	640	320	160	40	20

4 Ergänze im Heft für eine exponentielle Abnahme um 0,25%.

Zeit (in h)	0	1	2	3
Anzahl	450			

5 Die Masse eines radioaktiven Stoffs nimmt pro Stunde um 3 % ab.
Zu Beginn beträgt die Masse des Stoffs 10 g.
Berechne die vorhandene Masse nach 4 Stunden.

→ Lösungen auf Seite 225

Lineares und quadratisches Wachstum

→ Seite 122

Beim **Wachstum** untersuchst du, wie sich ein Anfangswert in gleich großen Zeitabständen verändert.

Die Funktionsgleichung $\mathbf{y = m \cdot x + b}$ beschreibt ein **lineares Wachstum**.
Der Anfangswert b wächst um denselben Wert m.
Dieser Wert heißt Änderungsrate m.
lineare Zunahme:

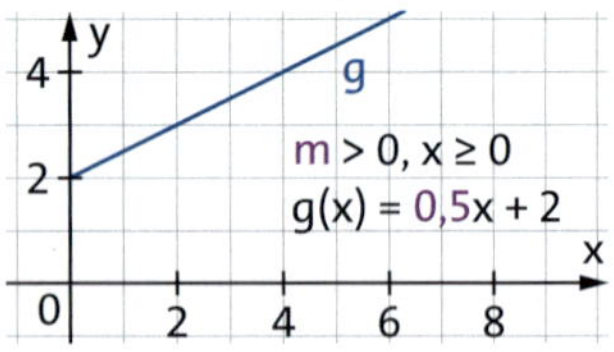

lineare Abnahme:

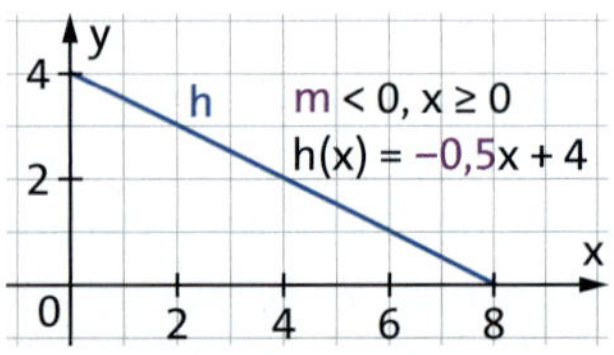

Die Funktionsgleichung $\mathbf{y = ax^2 + e}$ beschreibt ein **quadratisches Wachstum**.
Der Anfangswert ist e.
Der Graph ist eine Parabel.
quadratische Zunahme:

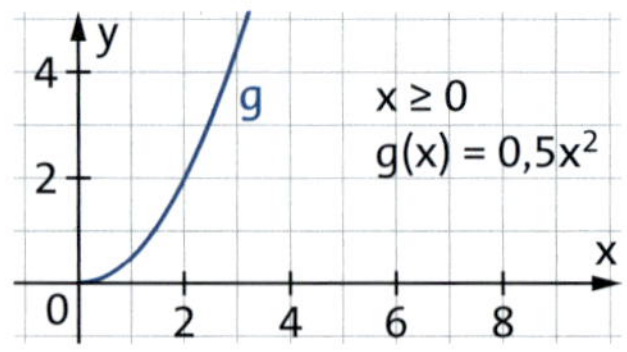

quadratische Abnahme:

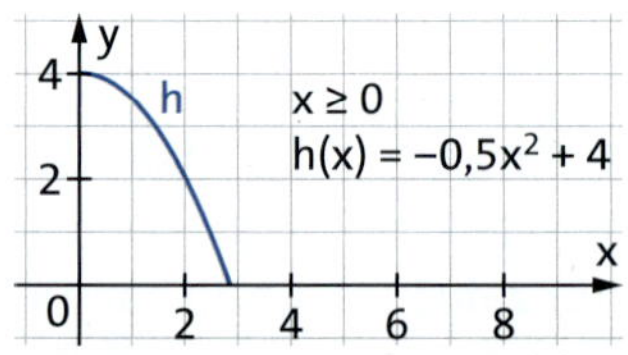

Zinsrechnung und Zinseszinsen

→ Seite 126

Mit der Formel Zinsen = Kapital · Zinssatz
$Z = K \cdot p\%$
kannst du die Zinsen Z, den Zinssatz p % oder das Kapital K berechnen.

gegeben: Kapital K = 500 €; Zinssatz p % = 2 %
gesucht: Zinsen Z bei Bank A

$Z = K \cdot \frac{p}{100}$

$Z = 500\,€ \cdot \frac{2}{100} = \frac{500\,€ \cdot 2}{100} = \frac{1000\,€}{100} = 10\,€$

Wenn du die Zinsen nicht abhebst, dann entstehen im nächsten Jahr **Zinseszinsen**. Es gilt:

Endkapital nach 1 Jahr $K_1 = K \cdot (1 + p\%)$
Endkapital nach 2 Jahren $K_2 = K_1 \cdot (1 + p\%)$
Endkapital nach 3 Jahren $K_3 = K_2 \cdot (1 + p\%)$
1 + p % heißt der **Wachstumsfaktor**.

gegeben: Kapital K = 500 €; Zinssatz p % = 2 %
gesucht: Endkapital K_3 nach 3 Jahren
Wachstumsfaktor 1 + 2 % = 1 + 0,2 = 1,02

Anzahl Jahre	0	1	2	3
Kapital (in €)	500	510	520,20	530,60

·1,02 ·1,02 ·1,02

Das exponentielle Wachstum

→ Seite 130

Ein **exponentielles Wachstum** liegt vor, wenn du einen **Anfangswert a** in **gleich großen Zeitabschnitten** immer wieder mit dem **Wachstumsfaktor q** multiplizierst.

Das **exponentielle Wachstum** ist
- eine **Zunahme**, wenn **q > 1** ist.
- eine **Abnahme**, wenn **0 < q < 1** ist.

Du berechnest den **Wachstumsfaktor q** so:
- bei einer Zunahme um p %: $\mathbf{q} = 1 + p\,\% = 1 + \frac{p}{100}$
- bei einer Abnahme um p %: $\mathbf{q} = 1 - p\,\% = 1 - \frac{p}{100}$

q > 1

+1 +1 +1 +1

Zeit	0	1	2	3	4
Anzahl	5	10	20	40	80

·2 ·2 ·2 ·2

0 < q < 1

+1 +1 +1 +1

Zeit	0	1	2	3	4
Anzahl	80	40	20	10	5

·0,5 ·0,5 ·0,5 ·0,5

Zunahme um 20 %: $q = 1 + 20\,\% = 1 + \frac{20}{100} = 1{,}2$

Abnahme um 20 %: $q = 1 - 20\,\% = 1 - \frac{20}{100} = 0{,}8$

Datenerhebungen hinterfragen

6

► Eine Tageszeitung veröffentlicht das Ergebnis einer Umfrage unter den Jugendlichen der 10. Klassen.

Beschreibe das Diagramm.
Worum geht es?
Wie ist die y-Achse beschriftet?
Was wollen die meisten Jugendlichen nach der 10. Klasse machen?
Wie groß ist der Anteil der Jugendlichen, die eine betriebliche Ausbildung machen wollen?
In welcher Art von Diagramm kannst du die Anteile noch darstellen?
Beschreibe Vorteile und Nachteile.

Dienstag — Ausgabe 48

NACHRICHTEN VON HEUTE

Die betriebliche Ausbildung ist bei den Jugendlichen der 10. Klassen sehr beliebt.

Wege nach der 10. Klasse

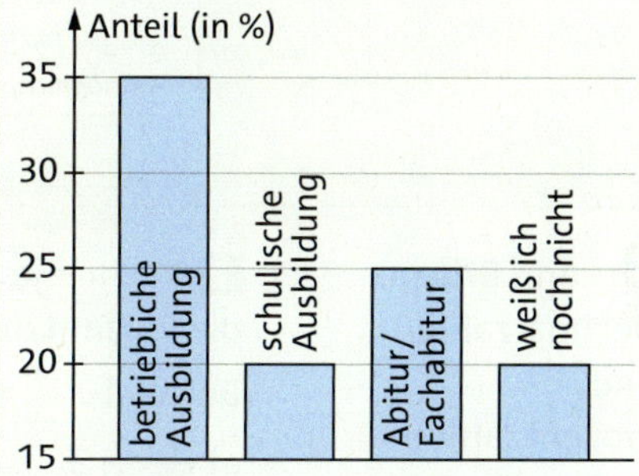

In diesem Kapitel lernst du, …

- Daten zu erheben und darzustellen,
- Manipulationen bei dem Erheben von Daten zu erkennen,
- Manipulationen bei der Darstellung von Daten zu erkennen.

Wiederholung

Kompetenz | **Aufgabe** | **Lies und übe:**

1 Ich kann Daten in einer Strichliste und in einer Häufigkeitstabelle darstellen.

1 Anja hat eine Umfrage gemacht. Ermittle die absolute Häufigkeit für jede Antwort. Stelle dazu die Daten in einer Strichliste dar und berechne die Summe.

Beispiel

Wie alt bist du?
15, 15, 16, 15, 16, 16, 15, 15, 15, 16, 16, 15

Wie alt bist du	Absolute Häufigkeit	
	Strichliste	Summe
15	𝍸 ǁ	7
16	𝍸	5

a) *Schaust du gerne Serien?*
ja, manchmal, ja, ja, ja, ja, manchmal, ja, manchmal, nein, ja, ja

b) *Wie lange am Tag schaust du Serien (in Minuten)?*
0, 60, 0, 30, 60, 90, 120, 30, 60, 90, 30, 60

→ Seite 186 Nr. 1

2 Ich kann Brüche, Dezimalzahlen und Prozentzahlen ineinander umrechnen.

2 Rechne jeweils den Bruch, die Dezimalzahl und die Prozentzahl in die beiden anderen Schreibweisen um.

Beispiel $\frac{1}{20} = 0{,}05 = 5\,\%$

a) $\frac{7}{10}$; $\frac{1}{4}$; $\frac{4}{5}$ b) 0,1; 0,6; 0,375 c) 50 %; 1 %; 75 %

→ Seite 189 Nr. 9, 10, 11, 12, 13

3 Ich kann Anteile als Bruch, Dezimalzahl, Prozentzahl und in Wortform angeben.

3 Es gehören immer ein Bruch, eine Dezimalzahl, eine Prozentzahl und eine Wortform zusammen. Notiere im Heft.

$\frac{3}{100}$ | $\frac{1}{5}$ | $\frac{1}{4}$ | $\frac{1}{1000}$ | $\frac{150}{300}$

0,001 | 0,03 | 0,5 | 0,2 | 0,25

3 % | 25 % | 50 % | 20 % | 0,1 %

die Hälfte | drei von hundert | 2 von 8 | jeder 5. | einer von tausend

→ Seite 189 Nr. 9, 10, 11, 12, 13

4 Ich kann den Flächeninhalt von Kreisen berechnen.

4 Miss den Radius des Kreises. Berechne dann den Flächeninhalt.

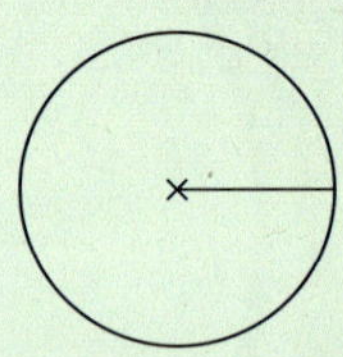

→ Seite 201 Nr. 71

5 Ich kann das Volumen von Quadern und Würfeln berechnen.

5 Miss die Kantenlängen des Quaders. Berechne dann das Volumen.
Tipp: In einem Schrägbild zeichnets du die Hälfte der Breite schräg nach hinten.

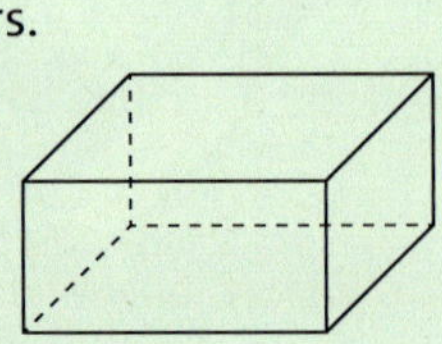

→ Seite 203 Nr. 82, 83

Kompetenz	Aufgabe	Lies und übe:

6 Ich kann Werte aus einem Säulendiagramm ablesen.

6 Gegeben ist ein Säulendiagramm.

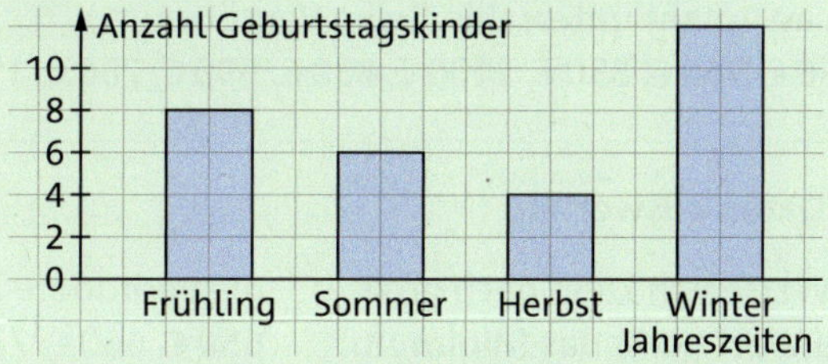

a) Beschreibe das Säulendiagramm. Worum geht es?
b) Wann haben die meisten Personen Geburtstag?
c) Wie viele Personen sind insgesamt in der Klasse?
d) Alicia sagt: „Im Frühling haben doppelt so viele Geburtstag wie im Herbst." Stimmt das? Begründe.

→ Seite 188 Nr. 5, 6

7 Ich kann Werte aus einem Liniendiagramm ablesen.

7 Gegeben ist ein Liniendiagramm.

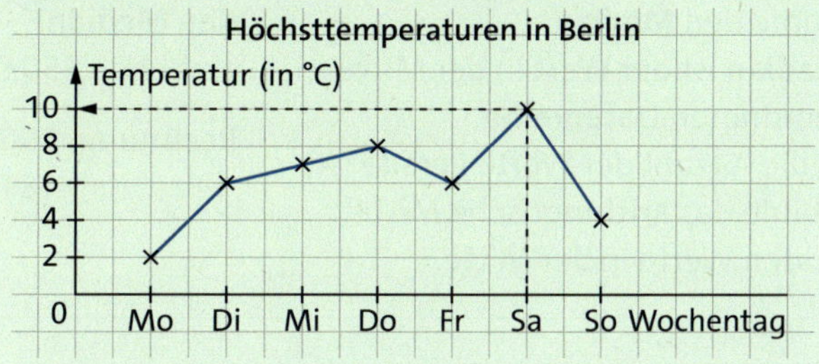

a) Beschreibe das Liniendiagramm. Worum geht es?
b) Wann wurde die niedrigste Temperatur gemessen?
c) An wie vielen Tagen wurde die Temperatur gemessen?
d) An welchen zwei Tagen wurde die gleiche Temperatur gemessen?

→ Seite 187 Nr. 3

8 Ich kann ein Säulendiagramm zeichnen.

8 Zeichne ein Säulendiagramm zu den Noten der letzten Mathearbeit.

Note	1	2	3	4	5	6
Anzahl	2	4	12	6	5	1

→ Seite 188 Nr. 5, 6

9 Ich kann Informationen aus einem Text entnehmen und die Sachaufgabe lösen.

9 Bei der Mathearbeit konnte man maximal 40 Punkte erreichen. Wenn man mindestens 20 Punkte erreicht, dann bekommt man mindestens die Note 3. Wenn man 90 % oder mehr der maximalen Punktezahl erreicht, dann bekommt man die Note 1.

Die erreichten Punktezahlen:
36, 24, 22, 38, 40, 28, 24, 35, 7, 26, 21, 30, 31, 5, 29, 20, 13, 19, 25, 20, 3, 27, 10, 26, 17, 11, 15, 15, 22, 22, 8

a) Wie viele Personen bekommen die Note 1, 2 oder 3?
b) Wie viele Personen bekommen die Note 1?

→ Seite 196 Nr. 48–55

→ Lösungen auf Seite 226

Daten auswerten (Wdh.)

Toni, Deniz und Sofia informieren sich über verschiedene Ausbildungsberufe und vergleichen die **Ausbildungsvergütungen**. Die Betriebe bieten Auszubildenden für Lagerlogistik im 1. Jahr unterschiedliche Vergütungen:
650 €, 730 €, 1050 €, 960 €, 850 €, 1100 €, 830 €, 990 €, 780 €, 1160 €, 960 €, 660 €

W So kannst du **Daten auswerten**:

- Ordne alle Werte von klein nach groß. Der kleinste Wert heißt das **Minimum**. Der größte Wert heißt das **Maximum**.

  die geordnete Datenreihe:
  650 €, 660 €, 730 €, 780 €, 830 €, 850 €, 960 €, 960 €, 990 €, 1050 €, 1100 €, **1160 €**

- Berechne die **Spannweite**. Ziehe vom Maximum das Minimum ab.

  die **Spannweite**: 1160 € – 650 € = 510 €

- Berechne das **arithmetische Mittel**. Dividiere die Summe aller Werte durch die Anzahl aller Werte.

  das **arithmetische Mittel**:
  $\frac{\textit{Summe aller Werte}}{\textit{Anzahl aller Werte}} = \frac{10\,720\,\text{€}}{12} \approx 893\,\text{€}$

*Das **arithmetische Mittel** nennt man auch den **Durchschnitt**.*

- Bestimme den **Median**. Der **Median** ist der Wert in der Mitte der geordneten Datenreihe. Wenn die Anzahl der Werte gerade ist, dann bilde das arithmetische Mittel der beiden Werte in der Mitte.

  den **Median**:
  zwischen 850 € und 960 €, also 905 €

  Rechnung: 850 € + 960 € = 1810 €
  1810 € : 2 = 905 €

▶ **Aufgabe** Das sind mögliche Vergütungen in Maurer/-innen Ausbildungen im 1. Jahr: 880 €, 915 €, 900 €, 910 €, 895 €, 910 €, 930 €, 935 €. Werte die Daten aus. ▸1 ▸1 ▸1

Das sind mögliche Vergütungen in Elektroniker/-innen Ausbildungen im 1. Jahr:
800 €, 880 €, 1000 €, 850 €, 880 €, 940 €, 960 €, 830 €, 960 €, 800 €, 1050 €, 950 €, 900 €, 1100 €.
Toni sagt: „Eine Vergütung von 960 € kommt in Lagerlogistik Ausbildungen gleich häufig vor, wie in Elektroniker/-innen Ausbildungen." Sofia sagt: „Du kannst das so nicht vergleichen."

W Die **absolute Häufigkeit** ist eine Anzahl. Sie gibt an, wie häufig etwas vorkommt.
Die **relative Häufigkeit** ist der Anteil an der Gesamtzahl.
Rechne so: Dividiere die absolute Häufigkeit durch die Gesamtzahl.

Fachkraft für Lagerlogistik
absolute Häufigkeit für 960 €: 2
relative Häufigkeit für 960 €:
$\frac{2}{12} = \frac{1}{6} \approx 0{,}17 \approx 17\,\%$

Elektroniker/in
absolute Häufigkeit für 960 €: 2
relative Häufigkeit für 960 €:
$\frac{2}{14} = \frac{1}{7} \approx 0{,}14 \approx 14\,\%$

Wenn du bei unterschiedlichen Gesamtzahlen vergleichen willst, wo etwas häufiger vorkommt, dann vergleiche die relativen Häufigkeiten.

▶ **Aufgabe** Das sind mögliche Vergütungen in Bäckereifachverkäufer/-innen Ausbildungen im 1. Jahr: 710 €, 955 €, 680 €, 800 €, 790 €, 820 €, 655 €, 960 €. Bestimme die absolute und die relative Häufigkeit für 960 €. ▸7 ▸7 ▸5

1 Die Klasse 10 a arbeitet mit Tablets. Die Schülerinnen und Schüler schreiben die Akkustände ihrer Tablets an die Tafel.

17 %	54 %	33 %	24 %	100 %
99 %	81 %	46 %	42 %	9 %

a) Notiere die Ergebnisse in einer Reihe.
b) Ordne die Ergebnisse der Größe nach. Beginne mit dem kleinsten Wert.
c) Bestimme das Minimum, das Maximum und die Spannweite.

2 Berechne das arithmetische Mittel.
Beispiel 2 h, 1 h, 1 h, 4 h, 3 h, 1 h

Gehe so vor:	
① Bestimme die Anzahl der Werte.	Es sind 6 Werte.
② Addiere alle Werte.	2 h + 1 h + 1 h + 4 h + 3 h + 1 h = 12 h
③ Dividiere die Summe der Werte durch die Anzahl.	12 h : 6 = 2 h

a) 10 min, 5 min, 15 min, 10 min
b) 5 kg, 2 kg, 4 kg, 6 kg, 3 kg

▸ 3

3 Kira hat die Jugendlichen in den Klassen 10 a und 10 b befragt: Wie viel Geld gibst du pro Woche für Süßigkeiten aus?
10 a: 2 €, 5 €, 2 €, 3 €, 4 €, 2 €, 9 €, 5 €
10 b: 3 €, 1 €, 4 €, 2 €, 2 €, 6 €, 5 €, 1 €, 2 €, 4 €
a) Kira berechnet das arithmetische Mittel für die Klasse 10 a.
Sie gibt in den Taschenrechner ein:
2 + 5 + 2 + 3 + 4 + 2 + 9 + 5 : 8 = 27,625
Beschreibe, was Kira falsch gemacht hat.
Rechne richtig in deinem Heft.
b) Berechne das arithmetische Mittel für die 10 b. Vergleiche mit der 10 a.

Sprachhilfe: Die Ausgaben für Süßigkeiten sind in der Klasse ______ im arithmetischen Mittel um □ € höher als in der Klasse ______ .

4 Der Preis für Kopfhörer ändert sich im Internet jeden Tag.
Berechne die Spannweite, den Median und das arithmetische Mittel.

Montag: 13 €
Dienstag: 11 €
Mittwoch: 15 €
Donnerstag: 15 €
Freitag: 16 €

▸ 5

5 Taros Oma schreibt jeden Tag auf, wie viel Wasser sie pro Tag trinkt.
1,2 ℓ 0,9 ℓ 1 ℓ 0,5 ℓ 1,5 ℓ 0,8 ℓ 1,1 ℓ
Taro behauptet: „Der Median ist 0,5 ℓ“.
a) Beschreibe Taros Fehler. Vervollständige den Antwortsatz: Taro hat vergessen, zuerst …
b) Bestimme den Median richtig.

6 Für die letzten fünf Saisons hat die Fußballspielerin Fatima notiert, wie viele Tore sie jeweils in der Saison geschossen hat. In der 3. Saison war Fatima verletzt.

a) Berechne das arithmetische Mittel.
b) Bestimme den Median.
c) Vergleiche das arithmetische Mittel und den Median.
Beschreibe, wie sich die 6 Tore aus der 3. Saison auf das arithmetische Mittel auswirken.

7 Wie viele Jugendliche einer Schule sprechen außer Deutsch noch eine 2. Sprache fließend?

	Kästner-Schule	Goethe-Schule	Schiller-Schule
Anzahl der Jugendlichen mit einer 2. Sprache	36	22	40
Gesamtanzahl der Jugendlichen	300	200	400

a) Berechne für jede Schule die relative Häufigkeit in Prozent.
Beispiel Goethe-Schule
$\frac{22}{200} = \frac{22:2}{200:2} = \frac{\square}{100} = \square\,\%$
b) Vergleiche die Anteile der Schulen.

Sprachhilfe: der Anteil der Jugendlichen mit einer 2. Sprache – an der ________-Schule – größer / kleiner als – ist

▸ 8

8 Im Sportunterricht werfen Luisa, Jana und Tania auf den Basketballkorb.
Luisa: 7 Treffer bei 10 Würfen
Jana: 15 Treffer bei 25 Würfen
Tania: 12 Treffer bei 20 Würfen
Wer trifft am sichersten?
Berechne für die drei Schülerinnen die relative Häufigkeit der Treffer in Prozent.

1 Noura fragt ihre Mitschülerinnen und Mitschüler, wie viel Geld sie im Kiosk ausgeben.

0,40 € 3,40 € 1,80 € 0,50 €
7,20 € 0,70 € 1,50 € 1,30 € 2,10 €

a) Ordne die Werte der Größe nach.
b) Bestimme das Minimum und das Maximum.

2 Die Werte auf den Kärtchen gehören zu den Fachbegriffen.

4 m 3,1 m 4,9 m 3,6 m

Fachbegriffe:
Minimum,
Maximum,
Median,
arithmetisches Mittel

a) Ordne jedem Wert den richtigen Fachbegriff zu.
Die Datenreihe besteht aus 3 Werten.
b) Erkläre, wie du vorgegangen bist.

► 2 ☒

3 Dies ist das Ergebnis einer Klassenarbeit:

Note	1	2	3	4	5	6
Anzahl	2	4	5	6	2	1

Emilie berechnet das arithmetische Mittel so:
$(2 \cdot 1 + 4 \cdot 2 + 5 \cdot 3 + 6 \cdot 4 + 2 \cdot 5 + 1 \cdot 6) : 20$
a) Erkläre die Rechnung von Emilie.
b) Berechne das arithmetische Mittel wie Emilie.

4 Werte die Daten aus. Ermittle dafür das Minimum, das Maximum, die Spannweite, den Median und das arithmetische Mittel.
a) 50 cm, 15 cm, 90 cm, 25 cm, 5 cm, 6,5 cm, 22,7 cm
b) 71 kg, 60 kg, 81 kg, 64 kg, 56 kg, 69 kg, 50 kg, 75 kg, 68 kg, 62 kg

► 3 ☒

5 Artur und Paul haben 5 Tage hintereinander notiert, wie lange sie sich sportlich bewegt haben. Gesund ist es, sich 30 Minuten am Tag zu bewegen. Haben Artur und Paul das im Durchschnitt geschafft?
Artur: 40 min, 20 min, 25 min, 60 min, 15 min
Paul: 35 min, 50 min, 10 min, 40 min, 45 min
a) Berechne für beide Jungen das arithmetische Mittel.
b) Paul sagt: „Mein Median ist nur 10 min."
Erkläre, was Paul falsch gemacht hat.
c) Bestimme für beide Jungen den Median.

6 Die Klassen 10 a und 10 b backen Kekse und verpacken sie in Tüten. In welcher Klasse ist der Unterschied zwischen den Gewichten der Tüten am größten? Iwan wiegt die Tüten:

10 a: 180 g, 220 g, 190 g, 230 g, 170 g, 210 g, 190 g, 200 g, 170 g, 160 g
10 b: 220 g, 210 g, 160 g, 190 g, 210 g, 220 g, 200 g, 190 g, 200 g, 230 g

a) Bestimme jeweils die Spannweite.
b) Bestimme jeweils das arithmetische Mittel und den Median.
c) Vergleiche die Werte der Klassen.

7 An der Rhein-Schule und an der Weser-Schule kontrolliert die Polizei die Fahrräder.

	Rhein-Schule	Weser-Schule
kontrollierte Fahrräder	200	300
schlechte Beleuchtung	100	150
schlechte Bremsen	80	90
Klingel fehlt	60	60

a) Berechne für jede Schule die relativen Häufigkeiten für "schlechte Beleuchtung", "schlechte Bremsen" und "Klingel fehlt".
Gib die relativen Häufigkeiten als Bruch und in Prozent an.
b) Welche Schule hat den größeren Anteil an Fahrrädern mit ...
① einer schlechten Beleuchtung?
② schlechten Bremsen?
③ einer fehlenden Klingel?

► 6 ☒

8 An einer Schule gibt es 200 Personen.
Die Schulzeitung berichtet:

① Jede **vierte** Person kommt mit dem Bus.

② Jede **fünfte** Person ist in einem Sportverein.

③ Jede **zehnte** Person hat einen Minijob.

Für wie viele Personen trifft die Aussage jeweils zu? Berechne die absolute Häufigkeit.
Notiere die relative Häufigkeit zuerst als Bruch.

Beispiel
① „Jede **vierte** Person" bedeutet
„**eine** von **vier** Personen", also $\frac{1}{4}$ der Personen.
absolute Häufigkeit: $200 \cdot \frac{1}{4} = 50$
Antwort: 50 Personen kommen mit dem Bus.

1 Yusuf hat ein Hochbeet. Jeden Abend nimmt er Schnecken von den Salatblättern, damit sie den Salat nicht auffressen.
Danach notiert er die Anzahl der Schnecken.

Schnecken:
12, 8, 7,
9, 5, 13,
11, 5, 7,
6, 8, 14

a) Ordne die Ergebnisse von Yusuf.
b) Bestimme das Minimum, das Maximum, die Spannweite, den Median und das arithmetische Mittel.

2 Du siehst verschiedene Datenreihen.
① 2,6 kg, 3,1 kg, 3,8 kg, 4,0 kg, 2,2 kg, 2,9 kg, 3,6 kg, 3,2 kg, 2,8 kg
② 1,1 kg, 0,5 kg, 1,5 kg, 0,9 kg, 1,0 kg, 1,1 kg, 0,4 kg
③ 7,2 kg, 3,6 kg, 4,3 kg, 5,1 kg, 6,7 kg, 8,2 kg, 6,5 kg, 7,4 kg
a) Bestimme das Minimum, das Maximum, die Spannweite, den Median und das arithmetische Mittel für jede Datenreihe.
b) Ordne jedem Bild eine Datenreihe zu. Eine Datenreihe gehört zum Beispiel zu unterschiedlich schweren Broten. Erkläre, auf welche Werte du bei der Zuordnung geachtet hast.

3 Esra und Jule notieren, wie viele Minuten pro Tag sie Videos im Internet schauen.

	Mo	Di	Mi	Do	Fr	Sa
Mara	60	80	30	60	90	180
Jule	120	150	10	90	110	120

a) Berechne jeweils für Esra und für Jule das arithmetische Mittel.
b) Bestimme jeweils für Esra und für Jule den Median.
c) Streiche bei Esra und bei Jule jeweils den größten und den kleinsten Wert. Bestimme erneut jeweils das arithmetische Mittel und den Median. Vergleiche mit den Ergebnissen aus a) und b). Was fällt dir auf?

4 Das sind die Ergebnisse einer Mathearbeit in der 10 a und 10 b, bei der es insgesamt 30 Punkte gab:
10 a: 30, 4, 17, 18, 16, 19, 18, 3, 9, 24, 15, 20, 23, 21
10 b: 0, 4, 17, 8, 16, 29, 18, 30, 9, 4, 15, 27, 3, 10
a) Bestimme jeweils die Spannweite.
b) Bestimme für beide Klassen das arithmetische Mittel und den Median.
c) Osman sagt: „Wenn das arithmetische Mittel und der Median weit auseinanderliegen, dann liegen auch die Werte weit auseinander.“ Überprüfe die Aussage von Osman. Erkläre.

5 Hana, Jola und Zuri trainieren für einen Wettkampf im 50-m-Brustschwimmen. Die Trainerin hat in den letzten Wochen notiert, wie oft sie schneller als 45 Sekunden waren.

	Hana	Jola	Zuri
Schneller als 45 s	9	9	9
Anzahl der Versuche	15	12	10

Hana meint, dass alle drei gleich gut waren.
a) Erkläre Hana, was sie nicht beachtet hat.
b) Begründe, wer am zuverlässigsten schneller als 45 s schwimmt.

6 In einer Fußball-D-Jugend spielt der TSV Rot-Weiß gegen den SV Aktiv. Die Spieler von Rot-Weiß schießen 10-mal auf das Tor und treffen 3-mal. Die Spieler von Aktiv schießen 5-mal auf das Tor und treffen 2-mal. Diskutiert, welche Mannschaft besser ist. Beachtet Trefferquoten und Spielergebnis.

7 Die Schlagzeile in einer Zeitung lautet: „Jede vierte Person in Deutschland bewegt sich zu wenig.“
a) Berechne, wie viele Personen das in deiner Klasse wären. Runde, wenn nötig.
b) Cem meint: „Das wären in meiner Klasse 7 Personen.“ Wie groß ist seine Klasse?
c) Merle sagt: „In meiner Familie bewegen sich 4 von 12 Personen zu wenig.“ Begründe, dass die Aussage von Merle nicht zur Schlagzeile passt. Formuliere eine passende Schlagzeile zu Merles Aussage.

Daten erheben und manipulieren

● Erik und ★ Ava möchten wissen, ob die Schülerschaft mit dem Angebot des Schulkiosks zufrieden ist. Erik und Ava machen beide eine Umfrage. Die Ergebnisse der Umfragen unterscheiden sich. Woran kann das liegen?

● Eriks Ergebnis		
😊😊	卌 卌 卌 卌 卌 卌 卌 卌 卌	30 %
😊	卌 卌 卌 卌 卌 卌 卌 卌 卌 卌 卌 卌	40 %
🙁	卌 卌 卌 卌 卌 卌	20 %
🙁🙁	卌 卌 卌	10 %

★ Avas Ergebnis		
😊😊	|||	60 %
😊	||	40 %
🙁		0 %

die Erhebung – (Daten) erheben, Daten sammeln

W Eine **statistische Erhebung** ist eine Sammlung von **Daten** zu einer Fragestellung. **Daten** können Zahlen oder Merkmale sein. Daten gewinnt man durch eine **Umfrage**, eine **Zählung** oder eine **Messung**.

Überlege, welche Gruppe du befragen solltest. Triff im Fall einer großen Gruppe eine Auswahl.
Diese Auswahl heißt **Stichprobe**.

Die Schülerschaft ist eine große Gruppe.
● Erik wählt zufällig 5 Personen pro Klasse.
★ Ava wählt gezielt 5 Personen aus der Schulkiosk-AG.

*Von einer **repräsentativen Stichprobe** kannst du auf die gesamte Gruppe schließen.*

Eine Stichprobe ist **repräsentativ**, wenn sie ausreichend groß ist *und* wenn die Auswahl zufällig ist.
Eine nicht-repräsentative Stichprobe beeinflusst das Ergebnis einer Umfrage. Man sagt dann:
Das Ergebnis ist **manipuliert**.

● Eriks Stichprobe ist ausreichend groß und seine Auswahl ist zufällig.
Eriks Stichprobe ist repräsentativ.
★ Avas Stichprobe ist zu klein und ihre Auswahl ist nicht zufällig.
Avas Stichprobe ist nicht repräsentativ.
Also ist Avas Ergebnis manipuliert.

▶ **Aufgabe** Erik möchte wissen, ob die Schülerschaft mit der digitalen Ausstattung der Schule zufrieden ist.
Beschreibe eine repräsentative Stichprobe für Eriks Umfrage. ▶ 1 ▶ 1 ▶ 1

Einen Fragebogen mit vorgegebenen Antwortmöglichkeiten kann man gut auswerten. ● Erik und ★ Ava vergleichen ihre Fragebögen.

● Wie zufrieden bist du mit dem Angebot des Schulkiosks?
☐ 😊😊 ☐ 😊 ☐ 🙁 ☐ 🙁🙁

★ Viele kaufen bei uns jeden Tag leckere Dinge. Wie zufrieden bist du mit dem tollen Angebot des Schulkiosks? ☐ 😊😊 ☐ 😊 ☐ 🙁

*Ein **Fragebogen** ist **nicht neutral**, wenn die Frage eine Meinung enthält oder die Anzahl der Antwortmöglichkeiten ungleich verteilt ist.*

W **Daten mit einem Fragebogen erheben**
Formuliere die Fragen und die Antwortmöglichkeiten neutral.

● Eriks Fragebogen enthält eine neutrale Frage mit der gleichen Anzahl von Antwortmöglichkeiten für „zufrieden“ und „unzufrieden“.

Ein nicht-neutraler Fragebogen beeinflusst die Antworten.
Man sagt dann:
Das Ergebnis ist **manipuliert**.

★ Avas Fragebogen enthält ihre Meinung. Die Anzahl der Antwortmöglichkeiten für „zufrieden“ ist größer als für „unzufrieden“.

▶ **Aufgabe** Erstelle einen neutralen Fragebogen zu der Frage, ob die Schülerschaft mit der digitalen Ausstattung der Schule zufrieden ist. ▶ 5 ▶ 5 ▶ 4

1 Herr Lentfort führt eine Umfrage zur Zufriedenheit mit seinem Matheunterricht durch. Welche Personengruppe eignet sich für die Umfrage von Herrn Lentfort? Begründe.

Schüler und Schülerinnen von Herrn Lentfort	die anderen Lehrer und Lehrerinnen

2 Tarek macht eine Umfrage zur Beliebtheit von verschiedenen Sportarten an seiner Schule. Welche Stichprobe ist repräsentativ? Begründe.
① 10 Freunde von Tarek
② 30 zufällig ausgewählte Personen aus der Basketball-AG
③ 5 zufällig ausgewählte Personen aus jeder Klasse

Sprachhilfe: Die Stichprobe ☐ ist repräsentativ / nicht repräsentativ, weil – die Auswahl der Personengruppe – ist – groß genug / zu klein – zufällig / nicht zufällig

▸ 3

3 Lisa macht eine Umfrage zum Thema Schulweg. Sie hat in ihrer Klasse nur die Personen befragt, die außerhalb der Stadt wohnen. Erkläre, warum Lisas Ergebnis manipuliert ist.

Wie kommst du zur Schule?	
zu Fuß	
mit dem Fahrrad	||
mit dem Roller	||||
mit dem Bus	𝍸 ||||
anders	||

Sprachhilfe: Lisas Ergebnis – die Stichprobe – die Auswahl – manipuliert – repräsentativ – zufällig – nicht – weil – sind – ist

4 Ihr habt die Wahl zwischen drei Kopfhörer-Modellen. Die drei Modelle sind gleich teuer. Für welches Modell entscheidet ihr euch? Begründet eure Entscheidung.

★★★★☆
45 Bewertungen

★★★★★
1 Bewertung

★★★☆☆
125 Bewertungen

Sprachhilfe: Das ☐. Kopfhörer-Modell hat ☐ Bewertungen. Die Stichprobe ist ________, also __________ . Das ☐. Kopfhörer-Modell hat ☐ Sterne. Die Bewertung ist besser / schlechter als …

5 Murat macht in seiner Klasse eine Umfrage zur Zufriedenheit mit dem Mensa-Essen.

Ich finde die Portionen in der Mensa zu klein. Was findest du schlecht am Mensa-Essen?

a) Erkläre, warum die Frage nicht für einen Fragebogen geeignet ist.

Sprachhilfe: Die Frage ist nicht geeignet, denn … – die Frage – der Fragebogen – neutral – nicht– die Meinung von … – ist … formuliert – enthält

b) Korrigiere die Frage.

6 Die Frage ist neutral formuliert. Entscheide, ob auch die Antwortmöglichkeiten neutral formuliert sind. Begründe.

a) Welche Sportart magst du am liebsten?
○ Fußball
○ andere

b) Wie zufrieden bist du mit der Dauer der Schulpausen?
○ viel zu kurz
○ könnten länger sein
○ passt so

c) Wie oft nutzt du am Tag soziale Medien?
○ gar nicht ○ < 1 Stunde
○ 1–2 Stunden ○ > 2 Stunden

Sprachhilfe: Ja / Nein, denn der Fragebogen – enthält – gleich – mehr / weniger als – nur eine – alle möglichen – Antwortmöglichkeit(en) – Zeiten – für „zufrieden" / „unzufrieden"

▸ 6

7 Cem macht in seiner Klasse eine Umfrage.

höchstes Schwimmabzeichen	Anzahl
kein Schwimmabzeichen	|||
Seepferdchen	𝍸 |
Bronze (Freischwimmer)	𝍸 𝍸
Silber	𝍸
Gold	|

a) Beschreibt die Stichprobe von Cem. Ist die Stichprobe repräsentativ? Begründet.

Sprachhilfe: Cem hat ☐ Personen aus seiner Klasse befragt. Eine Klasse hat ungefähr eine Größe zwischen ☐ und ☐ Personen. Also ist die Stichprobe von Cem ____________, also ______.

b) Erstellt einen Fragebogen zu Cems Umfrage.
c) Führt die Umfrage in eurer Klasse durch. Sind eure Ergebnisse ähnlich zu dem Ergebnis von Cem?

1 Mira hat ein Café. Sie möchte eine Umfrage zur Zufriedenheit ihrer Kundschaft durchführen. Welche Gruppe von Personen eignet sich für die Umfrage von Mira am besten? Begründe.

- Personen, die jede Woche zum Frühstücken in ihr Café kommen
- Personen, die auf der Straße an ihrem Café vorbeilaufen
- Personen, die Mira zufällig aus der gesamten Kundschaft auswählt

2 Ole hat ein Fitnessstudio. Er möchte eine Umfrage zur Zufriedenheit seiner Kundschaft durchführen. Er hat zehn männliche Kunden befragt, mit denen er befreundet ist. Ist die Stichprobe repräsentativ? Begründe.

3 ▼ Alia möchte herausfinden, was Jugendliche am liebsten essen. Sie hat 10 Jugendliche in einer Pizzeria befragt: „Was ist dein Lieblingsessen?"

Ihr Ergebnis lautet: Pizza: 40 %, Nudeln: 40 %, Döner: 10 %, Burger: 10 %

Begründe, warum das Ergebnis von Alia nicht repräsentativ ist.

► 3 ⊠

4 ▼ Ava hat einen Beutel mit insgesamt 20 Münzen. Sie zieht eine Münze aus dem Beutel. Es ist eine 2-Euro-Münze. Ava sagt zu Nia: „Für 30 Euro gehören dir der Beutel und die Münzen." Ist die 2-Euro-Münze eine repräsentative Stichprobe für den Inhalt von Avas Beutel? Diskutiert, ob Nia das Angebot annehmen oder ablehnen sollte.

5 ▼ Lena möchte wissen, wie die Schülerinnen und Schüler ihrer Klasse am liebsten ihre Freizeit verbringen. Lena erstellt einen Fragebogen. Ist die Frage für den Fragebogen geeignet? Begründe.

a) Fernsehen in der Freizeit ist Zeitverschwendung. Stimmst du zu?
b) Was machst du am liebsten in deiner Freizeit?
c) Wie oft gehst du ins Kino?

► 5 ⊠

6 ▼ Mio braucht gute Rückmeldungen zu seiner Präsentation. Er erstellt einen Fragebogen für seine Mitschülerinnen und Mitschüler.

① Ich habe mir große Mühe gegeben, dir Windkraftwerke zu erklären.
Wie gut hast du das Thema verstanden?
O sehr gut O gut O weniger gut

② Gefällt dir das Design der Präsentation genauso gut wie mir?
O absolut O gefällt mir O naja

a) Erkläre, warum Mios Fragebogen nicht neutral ist.
b) Korrigiere Mios Fragebogen so, dass die Fragen und Antwortmöglichkeiten neutral formuliert sind.

7 Bei der Klassensprecherwahl soll jede Person genau einen Zettel mit einer Stimme in einen Hut werfen. Die Klassenlehrerin Frau Weingärtner notiert die Stimmen an der Tafel in einer Strichliste.

Cem	𝍸 II	Tom	III
Maik	𝍸 I	Mia	II
Carolin	𝍸 II	Jacob	𝍸 IIII
Jan	𝍸 𝍸 𝍸 𝍸 𝍸 𝍸 𝍸 𝍸 𝍸		

Frau Weingärtner lässt die Wahl wiederholen.
a) Erklärt euch Frau Weingärtners Entscheidung.
b) Überlegt gemeinsam, was die Klasse und Frau Weingärtner bei der Wiederholung der geheimen Wahl anders machen können.

Sprachhilfe zu **3**: der Ort – die Gruppe von Personen – zufällig / nicht zufällig – die Stichprobe – zu klein / zu groß
Tipp zu **4**: Man kann eine Stichprobe auch bei einer Überprüfung auswählen. Du wählst dann Dinge statt Personen aus.
Sprachhilfe zu **5**: die Frage – geeignet / nicht geeignet – neutral – etwas vorgeben – die Freizeitaktivität
Sprachhilfe zu **6**: zeigt – gibt … an – in der Frage – mehr / weniger – Auswahlmöglichkeiten für … als für … – seine Meinung

1 Nenne eine Gruppe von Personen, die sich für die Umfrage eignet. Begründe deine Auswahl.
a) Bist du mit dem Zustand der Mädchentoiletten zufrieden?
b) Brauchen wir mehr Fahrradständer an der Schule?
c) Brauchen wir mehr vegetarische Gerichte in der Mensa?

2 Sven hat 100 zufällig ausgewählte Jugendliche in einem Elektromarkt zum Thema „Hast du einen eigenen Computer?“ befragt. Als Ergebnis schreibt er in der Schülerzeitung: „90 % der Jugendlichen haben einen eigenen Computer.“ Was meinst du zu Svens Befragung? Begründe.

3 Eine Maschine sortiert 190 000 Eier pro Stunde. Dabei sortiert die Maschine 38 000 beschädigte Eier aus. Wie viele beschädigte Eier sind bei 1 520 000 Eiern zu erwarten?

4 Formuliere vier Antwortmöglichkeiten zu der Frage. Gib gleich viele Auswahlmöglichkeiten für „hilfreich“ und „nicht hilfreich“ an.

Wie hilfreich findest du eine Formelsammlung in Mathematik-Klassenarbeiten?
☐ ...

5 Tüley hält ein Referat. Danach möchte sie wissen, was gut gelaufen ist und was sie beim nächsten Mal besser machen kann. Formuliere für Tüleys Fragebogen drei Fragen und gib jeweils pro Frage vier Antwortmöglichkeiten an. Formuliere neutral.

6 Entscheide, ob der Fragebogen neutral ist oder nicht. Falls nicht, erkläre warum.

(A) Wir sollten uns alle mehr für die Umwelt einsetzen.
Wie häufig kaufst du neue Kleidung?
☐ nie ☐ eher selten
☐ fast nie ☐ manchmal
☐ selten ☐ häufig

(B) Was ist dein Lieblingsfach?
☐ Mathematik
☐ Physik
☐ Chemie
☐ Informatik
☐ Sport
☐ Deutsch

7 Herr Demir wählt aus jeder Schul-AG zufällig 10 Jugendliche aus und fragt sie, welche Note sie auf dem letzten Zeugnis in Mathematik hatten.

	Note in Mathematik					
	1	2	3	4	5	6
Schulchor	||	|||	|||	||		
Basketball-AG	|	|||	||||	||		
Physik-AG	||||	卌	|			

a) Berechne den Median und das arithmetische Mittel der Note in Mathematik für jede Gruppe.
b) Entscheide, ob die Note in Mathematik einen Einfluss auf die Wahl der Schul-AG hat oder nicht. Begründe deine Entscheidung.
c) Führt eine Umfrage dieser Art an eurer Schule durch. Präsentiert euer Ergebnis vor der Klasse.

8 Leo spielt mit seiner Mannschaft FC Wacker gegen den SC Lokomotive. Leos Vater ist Schiedsrichter und pfeift das Spiel.

FC Wacker		*SC Lokomotive*
4	*Tore*	*1*
8	*Ecken*	*2*
2	*Elfmeter*	*0*
1	*gelbe Karten*	*6*
0	*rote Karten*	*1*
5	*gepfiffene Fouls*	*25*

Die Spieler des SC Lokomotive beschweren sich nach dem Spiel: „Mit einem anderen Schiedsrichter hätten wir das Spiel sicher nicht verloren.“
Diskutiert die Aussage der Spieler.

Daten darstellen und manipulieren

Zufriedenheit mit dem Schulkiosk				
Antwort	😊😊	😊	☹	☹☹
Anteil	30 %	40 %	20 %	10 %

● Erik und ★ Ava stellen das Ergebnis der Umfrage in einem Säulendiagramm dar. Beide Säulendiagramme wirken unterschiedlich. Woran liegt das?

Zufriedenheit mit dem Schulkiosk

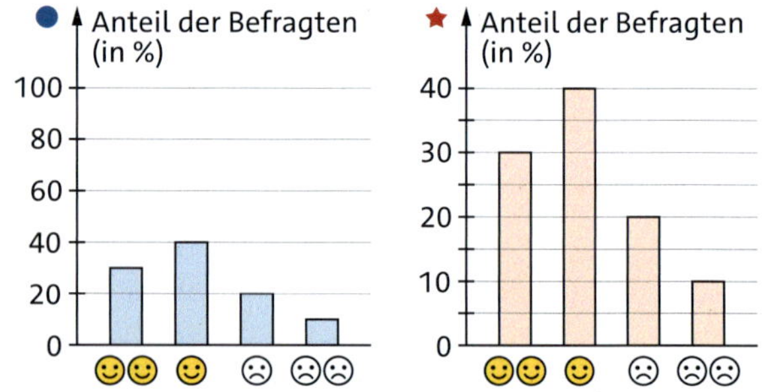

Eriks und Avas Säulendiagramme sind beide richtig. Avas Einteilung der y-Achse führt zu einer besseren Lesbarkeit.

W

Du kannst Daten in einem Diagramm mit y-Achse auf verschiedene Weise darstellen. Das Diagramm wirkt anders, je nachdem, ...
- bei welchem Wert die y-Achse beginnt,
- wie du die Achsen einteilst,
- ob du einen Teil oder alle Daten darstellst.

Die Unterschiede zwischen den Werten wirken in ★ Avas Diagramm größer als in ● Eriks Diagramm. ● Erik hat die y-Achse anders eingeteilt als ★ Ava. ● Erik hat die y-Achse in 20er-Schritten eingeteilt und das Maximum auf 100 % festgelegt.

► **Aufgabe** Beschreibe, wie ★ Ava die y-Achse eingeteilt hat. ▸1 ▸1 ▸1

■ Tom und ▲ Miu ermitteln pro Klassenstufe, wie viele der befragten Personen mit dem Angebot zufrieden sind. Sie stellen die Daten in zwei fehlerhaften Diagrammen dar.

Piktogramme sind Bilddiagramme, bei denen die Unterschiede durch die Größe der Flächeninhalte oder der Volumen dargestellt werden.

Kl.	■ Anteil	▲ Anzahl
5	96 %	24
6	92 %	23
7	92 %	23
8	40 %	10
9	60 %	15
10	40 %	10

■ Toms Kreisdiagramm

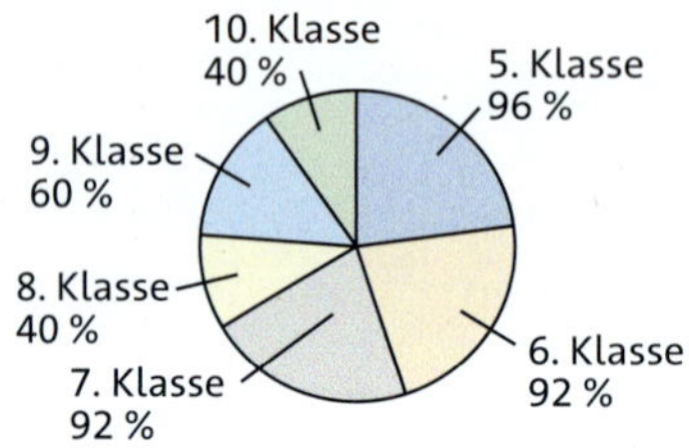

▲ Mius Piktogramm

W

Daten in Diagrammen sind fehlerhaft dargestellt, wenn zum Beispiel ...
- eine **Diagrammart** nicht geeignet ist,
- die Flächen oder die Körper nicht im richtigen Verhältnis dargestellt sind,
- ein Teil der Daten fehlt.

Die Fehler beeinflussen die Wirkung des Diagramms. Man sagt:
Die Darstellung der Daten ist **manipuliert**.

■ Tom: Ein Kreisdiagramm ist für diese Daten nicht geeignet, weil die Anteile zusammen mehr als 100 % ergeben.

▲ Miu: Der Flächeninhalt des großen Quadrats ist 4-mal so groß wie der Flächeninhalt des kleinen Quadrats. In den Klassen 5-7 gibt es aber nur 2-mal so viele zufriedene Personen wie in den Klassen 8–10.
Der Unterschied wirkt größer, als er ist.

► **Aufgabe** Korrigiere Toms Darstellung. Stelle dazu die Daten von ■ Tom aus der Tabelle in einem Säulendiagramm dar. ▸3 ▸5 ▸4

1 Yasin und Lina zeichnen jeweils ein Säulendiagramm zu ihren Handyzeiten pro Tag.

Wie viele Stunden pro Tag nutzt du dein Handy?

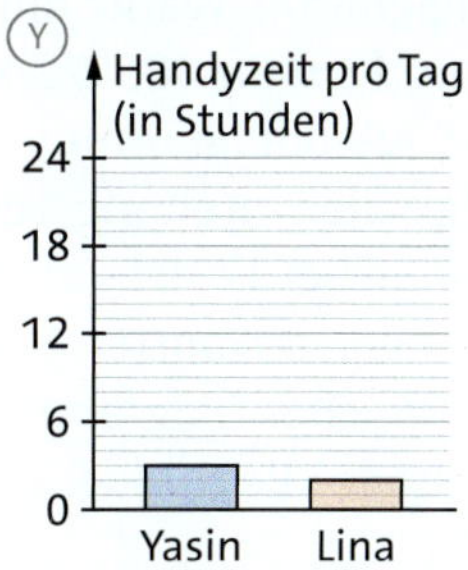

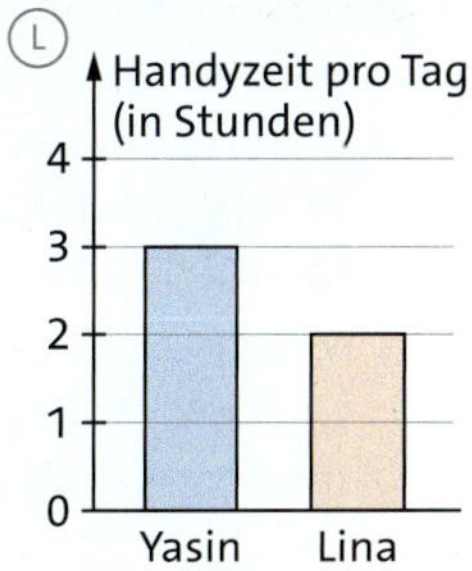

a) Beschreibe das Diagramm von Lina.

Beispiel

Gehe so vor:	**Das Diagramm von Yasin**
① Beschreibe, worum es geht.	Das Säulendiagramm zeigt, wie viele Stunden Yasin und Lina das Handy pro Tag nutzen.
② Lies, was an der y-Achse steht.	An der y-Achse stehen die Stunden pro Tag in 1er-Schritten. Die y-Achse beginnt bei 0 und endet bei 24.
③ Lies die Daten ab.	Yasin nutzt das Handy 3 Stunden pro Tag. Lina nutzt das Handy 2 Stunden pro Tag.
④ Beschreibe, was du gut erkennen kannst.	Ich kann gut erkennen, wie der Anteil der Handyzeit an der Stundenzahl von einem ganzen Tag ist.

b) Beschreibe die Wirkung der Diagramme.

Sprachhilfe: Im Diagramm von ____ haben die Säulen eine ____ Höhe. Die Säule von ____ / die Säulen wirkt / wirken ____.
unterschiedliche – ähnliche – klein – groß

2 Die Leiterin der Drogerie sagt: „Im letzten Monat haben wir doppelt so viele flüssige Seifen wie feste Seifen verkauft.“
Hat sie recht?
Beschreibe das Diagramm. Formuliere einen Antwortsatz.

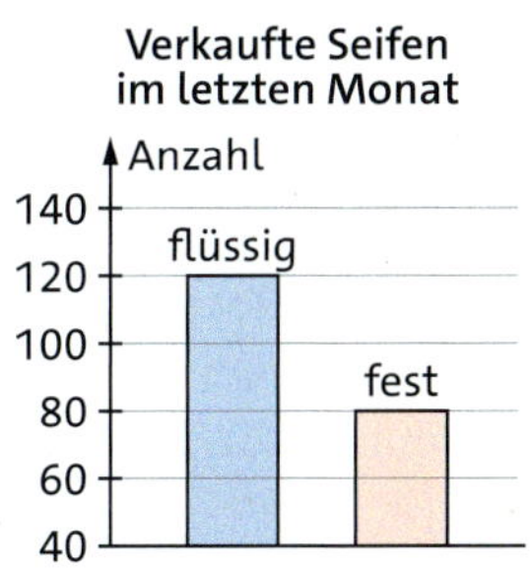

3 In den letzten 20 Jahren sind in Australien 713 Menschen durch den Einfluss von Tieren gestorben.

gestorben durch ...	**Anzahl der Toten**
Pferde	222
Hunde	82
Schlangen	50
Haie	39
Krokodile	25
andere	295

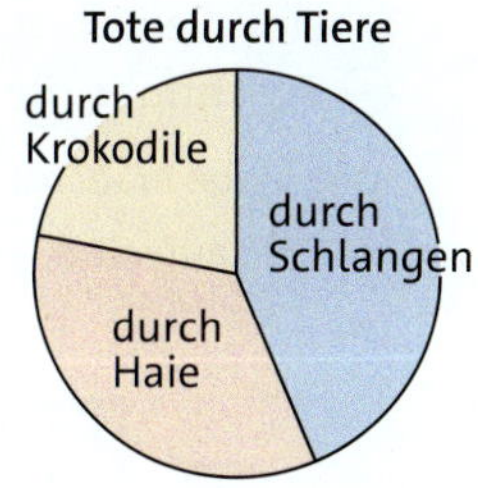

a) Beschreibe das Kreisdiagramm.

Sprachhilfe: Das Kreisdiagramm zeigt, wie groß der Anteil von ______, ______ und ______ ist, durch die ________ gestorben sind.
Den größten Anteil im ______ haben ______.

b) Beschreibe die Wirkung des Kreisdiagramms.

Sprachhilfe: Im Kreisdiagramm wirkt es so, als ob _____, _____ und _____ die einzigen _____ wären, durch die Menschen in _____ sterben.

c) Entscheide, ob die Darstellung im Kreisdiagramm manipuliert ist.

Sprachhilfe: In der Tabelle kann man sehen, dass ... . Deshalb ist die Darstellung im Kreisdiagramm manipuliert / nicht manipuliert.

► 6

4 Seitdem es eine Zuckersteuer gibt, enthält die Limonade von einer Marke in England halb so viel Zucker wie die gleiche Limonade in Deutschland.
Entscheide, welches Piktogramm zur Aussage passt. Begründe.

① **Zuckergehalt**

② **Zuckergehalt**

Sprachhilfe: Das Viereck für ________ besteht aus ☐-mal so vielen Quadraten wie das Viereck für ________. Der ________ ist in dem Piktogramm ☐ richtig / größer dargestellt. Das Piktogramm ☐ passt zur Aussage.

1 Vergleiche die beiden Diagramme. Gehe so vor:
① Beschreibe die Diagramme. Worum geht es?
② Beschreibe, wie die y-Achsen eingeteilt sind.
③ Lies die Daten aus den Diagrammen ab.
④ Beschreibe die Wirkung der Diagramme.

Wie lange brauchst du für die Hausaufgaben?

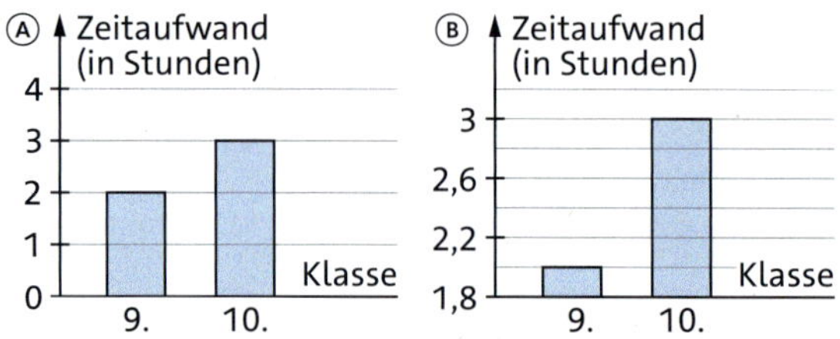

2 Der Vorstand des SC Wacker sagt: „Die Anzahl der Mitglieder sinkt seit Jahren sehr stark.“ Hat der Vorstand recht? Werte das Liniendiagramm aus. Gehe so vor:

Mitgliederzahlen des Fußballvereins „SC Wacker“

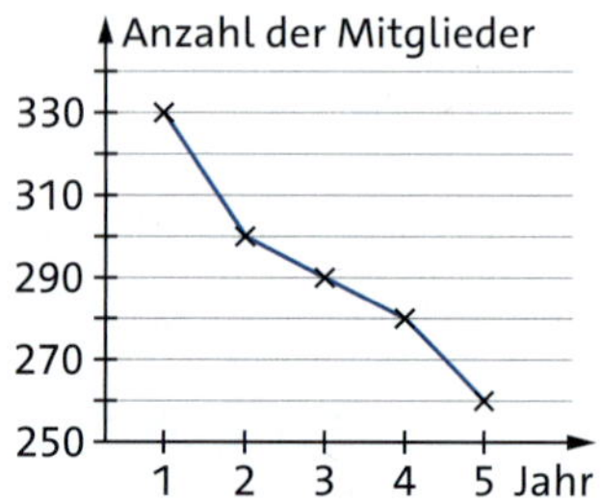

① Beschreibe das Diagramm. Worum geht es?
② Lies die Daten aus dem Diagramm ab.
③ Beschreibe, wie die y-Achse eingeteilt ist.
④ Beschreibe die Wirkung des Diagramms.
⑤ Berechne, wie stark die Mitgliederzahl von Jahr 1 bis Jahr 5 gesunken ist.
⑥ Beurteile die Aussage des Vorstands. ▸ 3 ☒

3 Die Leiterin eines großen Supermarktes möchte zeigen, dass der Gemüse-Umsatz in den letzten Jahren deutlich gestiegen ist.
Welches Diagramm unterstützt sie dabei?
Vergleiche die beiden Diagramme. Begründe.

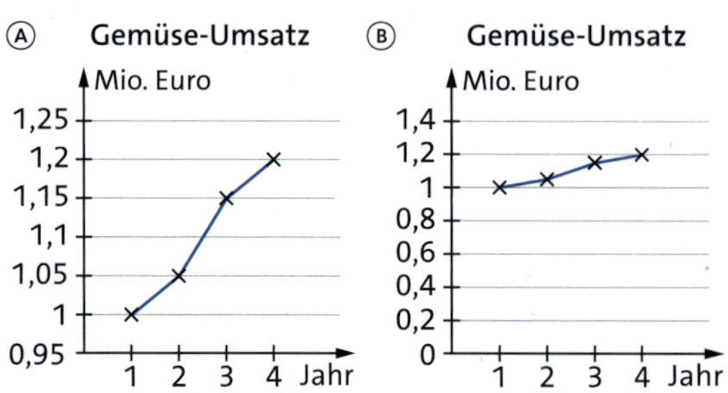

4 Jahr für Jahr verkauft Taner mehr **E-Bikes**.

Zeitraum	Jahr 1	Jahr 2	Jahr 3
Anzahl der E-Bikes	1800	2000	2200

a) Erstelle ein Säulendiagramm. Wähle auf der y-Achse die Einteilung 1 cm für 400 E-Bikes.
b) Erstelle ein zweites Säulendiagramm. Wähle auf der y-Achse die Einteilung 1 cm für 100 E-Bikes. Beginne bei 1700 E-Bikes.
c) Mia sagt: „Die Anzahl der verkauften E-Bikes ist stark gestiegen.“ Welches Diagramm unterstützt Mias Aussage? Begründe. ▸ 5 ☒

5 Marvin fragt eine repräsentative Gruppe aus den Klassenstufen 5 bis 13, ob sie regelmäßig Sport treiben. Marvin stellt das Ergebnis in einem Kreisdiagramm dar. Beschreibe den Fehler, den Marvin bei der Darstellung gemacht hat.

Klassen-stufe	**Anteil der Ja-Antworten**
5–7	60 %
8–10	70 %
11–13	50 %

Treibst du regelmäßig Sport?

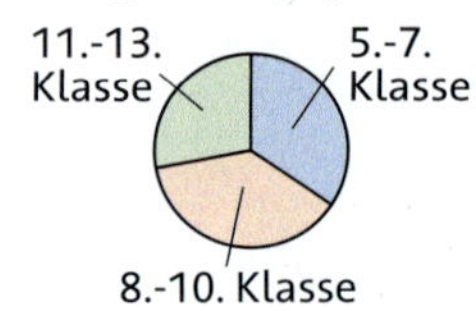

6 „Die Anzahl der gedruckten Zeitungen hat sich in den letzten 10 Jahren halbiert.“
Miss nach und entscheide, ob das Piktogramm in ① oder in ② diese Änderung richtig darstellt. Begründe. Berechne dafür die Flächeninhalte der Rechtecke. Vergleiche die Flächeninhalte.

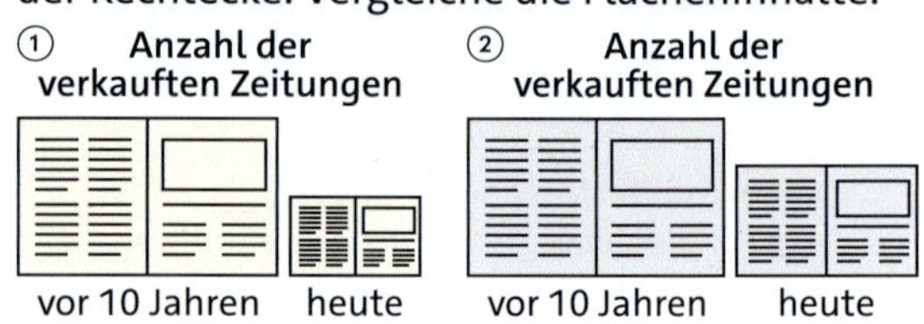

7 Eine Firma wirbt für einen Lippenbalsam mit dem Werbespruch: „Der Lippenbalsam mit nur 3 Zutaten!“ Begründe, dass das Kreisdiagramm manipuliert ist.

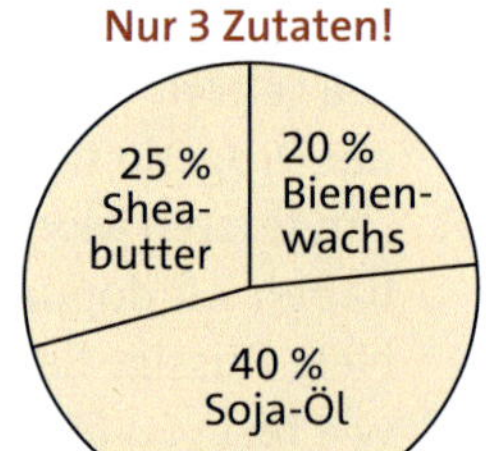

Sprachhilfe zu **1**: ④ Im Diagramm ■ wirkt es so, als ob … deutlich mehr / ähnlich viel Zeit für … brauchen als … .
Sprachhilfe zu **4**: Ein **E-Bike** ist ein Fahrrad mit einem Elektromotor.

1 Vergleiche die beiden Diagramme. Gehe so vor:
① Beschreibe die Diagramme. Worum geht es?
② Beschreibe, wie die y-Achsen eingeteilt sind.
③ Lies die Daten aus den Diagrammen ab.
④ Beschreibe die Wirkung der Diagramme.

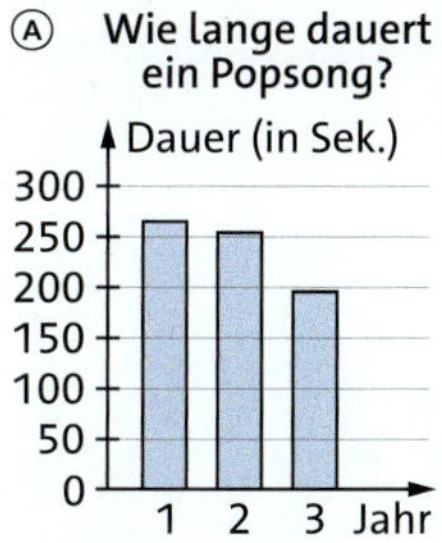

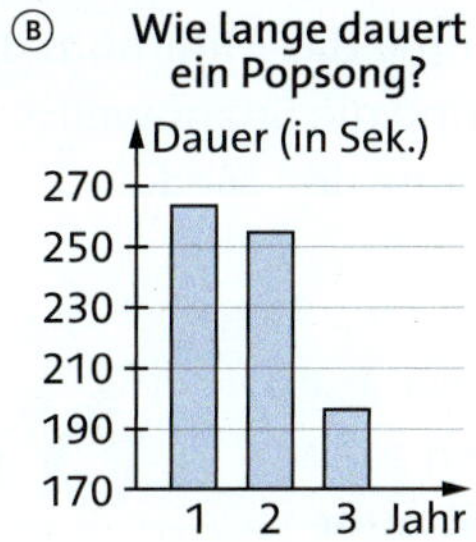

2 Eine Zeitung titelt: „Die Zahl der Jugendlichen sinkt seit ein paar Jahren drastisch.“ Erklärt euch gegenseitig, wie dieser Eindruck entsteht.

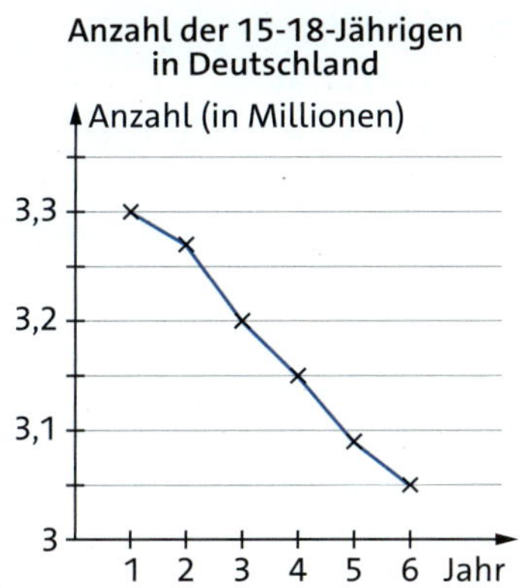

3 In Europa entsteht unterschiedlich viel Plastikmüll in einem Jahr pro Einwohner.

Land	Plastikmüll pro Einwohner
Belgien	32 kg
Frankreich	36 kg
Deutschland	40 kg
Polen	34 kg

a) Erstelle jeweils ein Säulendiagramm, das die Aussagen ① und ② unterstützt.

① Deutschland erzeugt mit Abstand am meisten Plastikmüll pro Einwohner.

② In Belgien, Frankreich, Deutschland und Polen entsteht nahezu gleich viel Plastikmüll pro Einwohner.

b) Beschreibe, wie du vorgegangen bist.

4 Merle fragt 28 Jugendliche in ihrer Klasse, mit wem sie Eis essen gehen. Die Jugendlichen konnten mehrere Antworten geben. Merle stellt das Ergebnis in einem Kreisdiagramm dar.

Personen	Anzahl	Anteil
Freunde	22	≈ 79 %
Eltern	12	≈ 43 %
Großeltern	5	≈ 18 %
andere	14	50 %
allein	6	≈ 21 %

a) Beschreibe Merles Fehler bei der Darstellung.
b) Korrigiere Merles Darstellung. Stelle dazu die Daten in einem Säulendiagramm dar.

5 Ein Stromanbieter bewirbt seinen Strom-Mix auf einem Flyer. Ist die Darstellung manipuliert? Begründe.

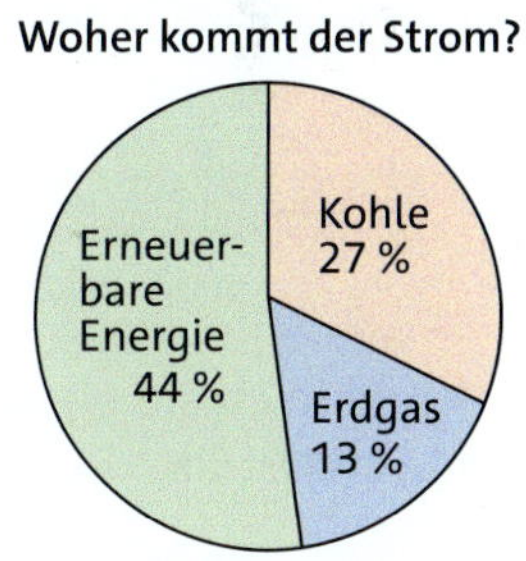

6 Levkes Fußballverein hat heute doppelt so viele Mitglieder wie vor 10 Jahren. Levke stellt die Veränderung in einem Piktogramm dar.

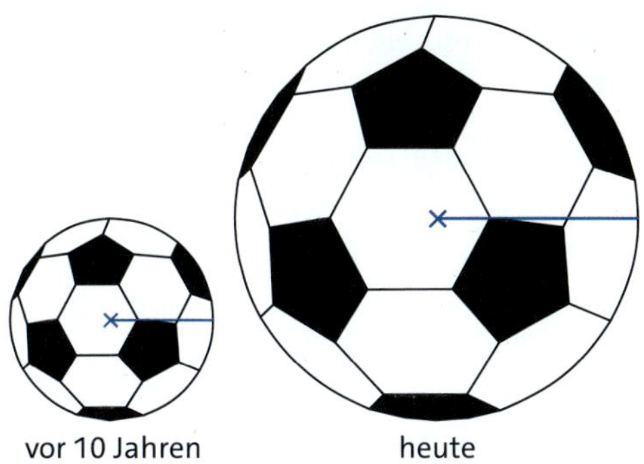

a) Begründe, dass die Darstellung von Levke nicht stimmt. Gib die Veränderung der Mitgliederzahl an, die Levke gezeichnet hat.
b) Zeige an zwei Beispielen: Levke muss den Radius um den Faktor 1,41 vergrößern, damit der Flächeninhalt verdoppelt wird.

Sprachhilfe zu **5**: **Erneuerbare Energien** werden zum Beispiel aus Wind, Wasser und Sonne gewonnen.
Tipp zu **6a**: Den Flächeninhalt von einem Kreis berechnest du mit $A = \pi \cdot r^2$.
Hilfe zu **6b**: Wähle selbst einen Radius und multipliziere ihn mit 1,41. Berechne dann die beiden Flächeninhalte.

Kompetenz	▼
1 Ich kann Daten auswerten. → Lies auf **Seite 146** nach.	**1** Anna misst an 7 Tagen, wie lange sie für ihren Heimweg braucht. Ihre Zeiten in Minuten: 12, 15, 15, 18, 24, 10, 20. Ordne die Daten der Größe nach. Bestimme das Minimum und das Maximum. Berechne die Spannweite. Bestimme den Median.
2 Ich kann absolute Häufigkeiten bestimmen und relative Häufigkeiten berechnen. → Lies auf **Seite 146** nach.	**2** Aus diesen Blumen sollen zwei Sträuße entstehen.  a) Bestimme für jeden Strauß die absolute Häufigkeit der Farbe Rot. b) Berechne die beiden relativen Häufigkeiten für die Farbe Rot als Bruch und in Prozent.
3 Ich kann erkennen, ob ein Fragebogen neutral formuliert ist. → Lies auf **Seite 150** nach.	**3** Der Fragebogen von Mei ist nicht neutral. Erkläre. Welchen Pausensnack magst du am liebsten? ○ Schokoriegel ○ Schokobonbon ○ Schokolinsen
4 Ich kann erkennen, ob das Ergebnis einer statistischen Erhebung manipuliert ist. → Lies auf **Seite 150** nach.	**4** Niklas fragt seine Freunde, wie gut sie sein Referat fanden. Begründe, warum das Ergebnis seiner Umfrage manipuliert ist. **Wie fandest du mein Referat?** sehr gut: 5 gut: 2
5 Ich kann Diagramme kritisch beurteilen. → Lies auf **Seite 154** nach.	**5** Milan sagt: „Am Freitag wurden doppelt so viele Brezeln verkauft wie am Donnerstag." Erkläre Milan, warum er nicht recht hat. 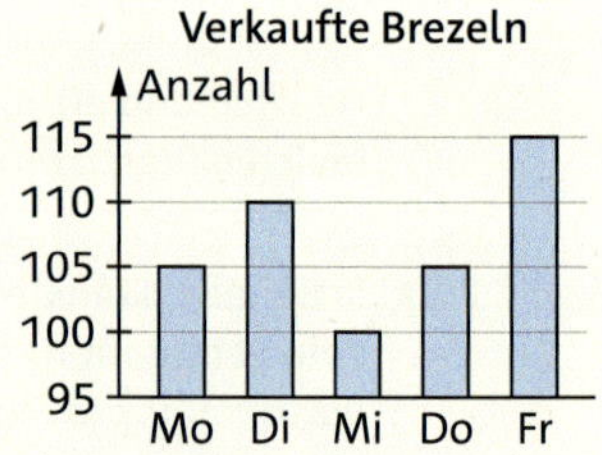

→ Lösungen auf Seite 226 und 227

1 Filip postet regelmäßig Bilder von seiner Katze. Er notiert die Anzahl der Herzen, die er pro Bild erhält: 53 ♥ 82 ♥ 46 ♥ 29 ♥ 57 ♥ 97 ♥ 65 ♥
Bestimme das Minimum und das Maximum.
Berechne die Spannweite.
Bestimme den Median.

2 Aise und Joel zählen die parkenden Autos in ihrer Straße und notieren, wie viele Autos davon rot sind.
Aise zählt 20 Autos, davon waren 4 Autos rot.
Joel notiert 3 rote Autos bei 10 Autos insgesamt.
a) Gib für Aise und für Joel die absolute Häufigkeit für die roten Autos an.
b) Berechne für Aise und für Joel die relative Häufigkeit der roten Autos. Vergleiche.

3 Erhältst du mit dem Fragebogen ein manipuliertes Ergebnis? Begründe.

Fußball ist die beliebteste Sportart in Deutschland. Welche Sportart magst du am liebsten?
O Fußball O andere

4 Hannes fragt seine Fußballfreunde, wie sie die Leistung ihrer Lieblingsmannschaft beurteilen. Ist das Ergebnis manipuliert? Begründe.

Wie zufrieden warst du mit dem Spiel?	
mega gut	3
stabil	9
gut	5
weniger gut	3

5 Beide Diagramme nutzen die gleichen Daten. Begründe, dass das Diagramm ① manipuliert ist.

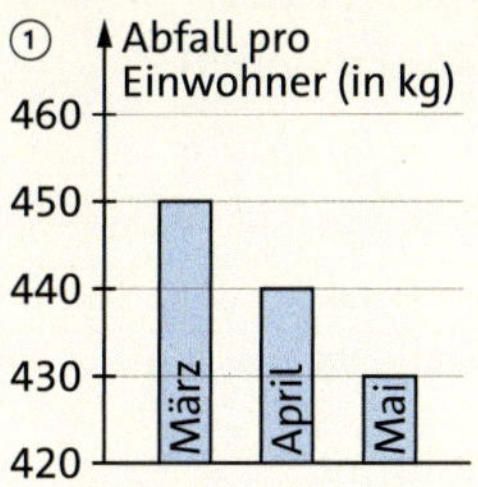

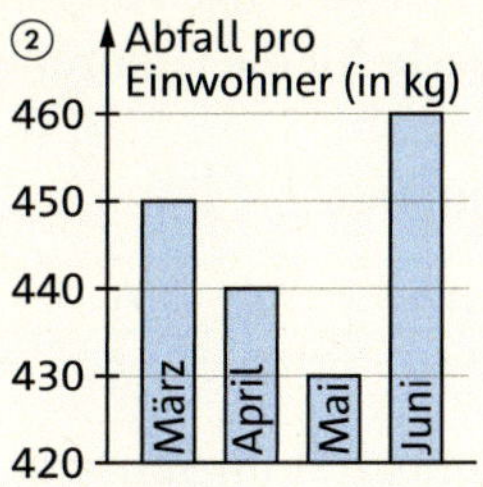

1 Lena arbeitet auf einem Reiterhof.
Sie kauft einmal im Monat Futter für die Pferde.
Lena notiert in jedem Monat den Preis:
270 €; 310 €; 380 €; 320 €; 290 €; 340 €
Bestimme das Minimum und das Maximum.
Berechne die Spannweite.
Bestimme den Median.
Berechne das arithmetische Mittel.

2 Juna wirft 15-mal eine Münze und erhält 6-mal „Zahl".

Emre wirft ebenfalls eine Münze, bei seinen Würfen beträgt die relative Häufigkeit für „Zahl" $\frac{3}{5}$.
a) Vergleiche die relativen Häufigkeiten miteinander.
b) Gib mehrere Möglichkeiten an, wie oft Emre geworfen haben könnte.

3 Begründe, ob du mit dem Fragebogen ein manipuliertes Ergebnis erhältst. Wenn ja, korrigiere den Fragebogen.

Findest du die Pausen auch viel zu kurz?
O Ja, viel zu kurz
O Könnten länger sein
O Passt so

4 Lea hat für die Umfrage aus jeder Klasse zufällig fünf Jugendliche ausgewählt. Ist das Ergebnis manipuliert? Begründe.

Bist du mit den Mädchentoiletten auch unzufrieden?	
ja	63
teils / teils	47
keine Angabe	120

5 Ein Blog berichtet: „Die Abholzung des Regenwalds in Brasilien ist auf ein Drittel gesunken im Vergleich zum Vorjahr." Nimm an, die Daten im Säulendiagramm sind richtig. Stimmt dann die Aussage? Erkläre.

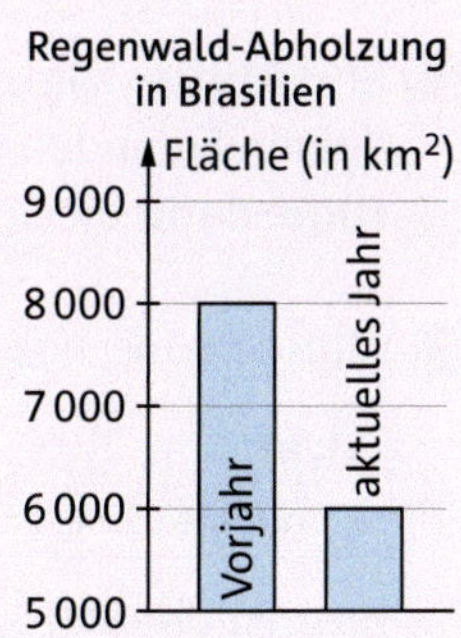

→ Lösungen auf Seite 227

Diagramme mit dem Computer manipulieren

Du kannst Diagramme auch mit einer **Tabellenkalkulation** am Computer manipulieren.
Jan hat drei Freunde zu ihrem Taschengeld befragt und will ein Säulendiagramm erstellen.
So manipulierst du die **y-Achse** von dem **Säulendiagramm**.

Die Tabelle anlegen

① Beschrifte dein Tabellenblatt und trage die Werte ein.

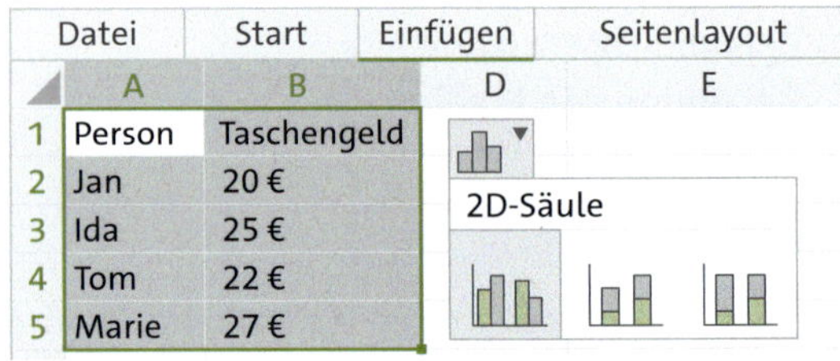

Das Diagramm erstellen

② Erstelle ein Säulendiagramm. Markiere dafür deine Tabelle. Klicke im Menüband auf „Einfügen" und dann auf das Symbol für ein Säulendiagramm.

Das Diagramm manipulieren

③ Klicke mit der rechten Maustaste auf die Zahlen an der y-Achse.

④ Klicke auf „Achse formatieren …". Am rechten Bildschirmrand öffnet sich der Bereich „Achse formatieren" und dort der Bereich „Achsenoptionen".

⑤ Falls noch nicht geschehen: Klicke auf das Symbol für drei Säulen und klappe den Bereich „Achsenoptionen" aus.

⑥ Ändere die Grenzen (Maximum und Minimum) und die Einheiten (Hauptstriche und Teilstriche) so, dass du die gewünschte Wirkung erzielst.

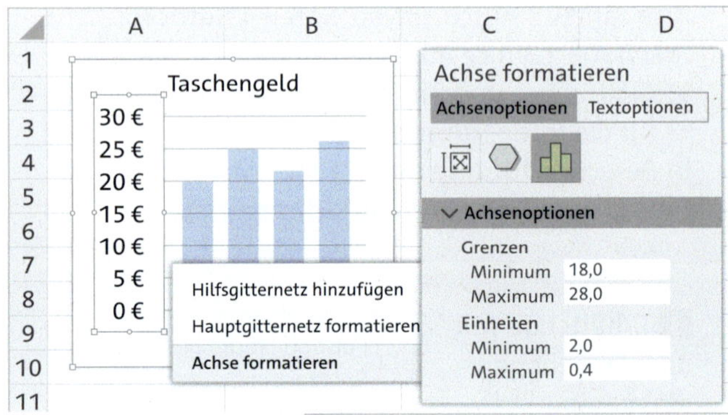

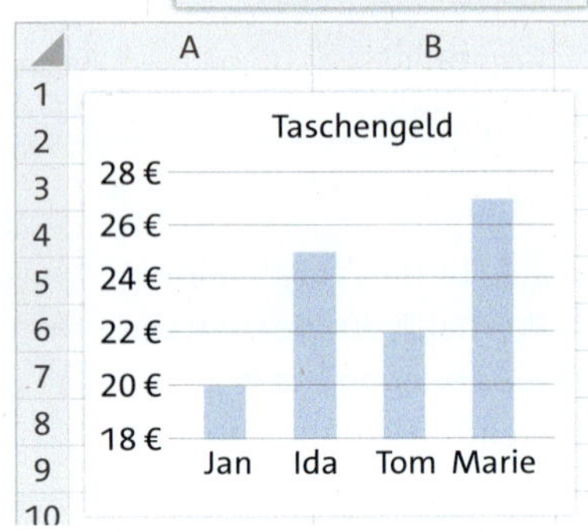

1 Jan möchte mehr Taschengeld bekommen.
Er sagt zu seiner Mutter:
„Meine Freunde bekommen viel mehr Taschengeld als ich."
Erstelle ein Diagramm, das die Aussage von Jan stützt.
Führe dafür die Schritte ① bis ⑥ aus. Wähle die Werte von oben für die Grenzen und die Einheiten.

2 Jans Mutter sagt: „Du bekommst fast genauso viel Taschengeld wie die anderen. Der Unterschied zu deinen Freunden ist gering." Erstelle ein Diagramm, das die Aussage von Jans Mutter stützt.
Führe dafür die Schritte ① bis ⑥ aus. Wähle andere Werte für die Grenzen und die Einheiten.

3 Alex und Josi haben einen Verkaufsstand auf dem Flohmarkt.

Monat	Jan	Feb	Mär	Apr	Mai	Jun	Jul	Aug	Sep	Okt	Nov	Dez
Einnahmen in €	85	90	80	75	75	45	40	40	50	75	80	95

Alex ist der Meinung, dass sich der Verkauf auf dem Flohmarkt im Sommer nicht lohnt.
Josi meint, der Verkauf lohnt sich das ganze Jahr.
a) Erstelle ein Diagramm, das die Aussage von Alex stützt.
b) Erstelle ein Diagramm, das die Aussage von Josi stützt.
c) Begründe, welches der beiden Diagramme dich mehr überzeugt.

Vermischte Übungen

1 Cynthia fragt alle Mädchen aus ihrer Klasse nach ihrer Lieblingssportart. Am häufigsten wird Turnen, Tanzen und Volleyball genannt. Das Ergebnis kannst du nicht auf die gesamte Klasse von Cynthia übertragen. Begründe.

2 Schreibe die relative Häufigkeit als Bruch. Rechne dann in Prozent um.

Beispiel 80 von 200 Schülern besuchen eine AG

$\frac{80}{200} = \frac{40}{100} = 40\,\%$

a) Bei 7 von 10 Schüssen trifft Simon ins Tor.
b) Unter den 100 Losen sind 24 Gewinne.
c) 15 Katzen von den 50 Katzen im Tierheim haben ein schwarzes Fell.

3 Sasha zählt, wie oft er sich heute in jeder Stunde gemeldet hat:

	D	Eng	Eng	Ma	Ma	Mu
Anzahl	2	12	3	5	9	5

a) Berechne das arithmetische Mittel.
b) Bestimme den Median.
c) Sasha will seinen Eltern zeigen, dass er sich ganz oft meldet. Sollte Sasha das arithmetische Mittel oder den Median nennen?

Sprachhilfe: Sasha sollte ________ nennen, weil ________ größer als ________ ist.

4 Ari findet zwei Diagramme im Internet. Ari sagt: „In bewachten Gewässern ertrinken genauso viele unter 50-Jährige wie in unbewachten Gewässern." Hat Ari recht?

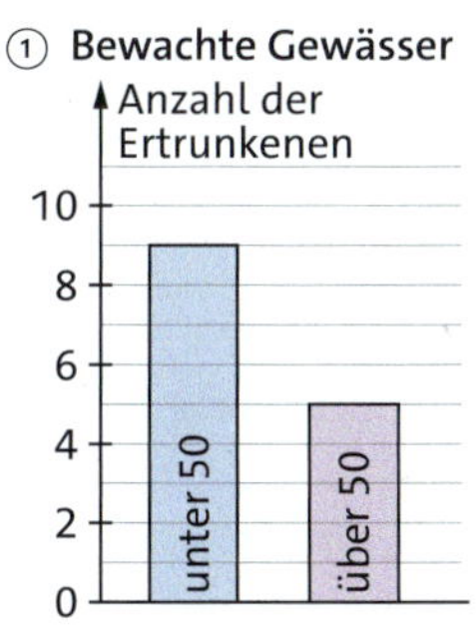

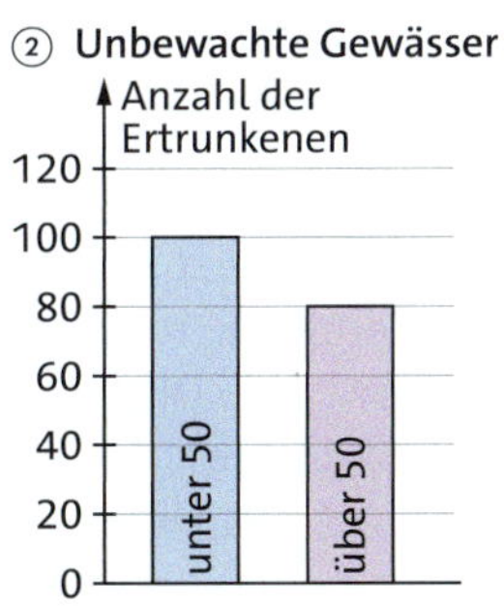

a) Beschreibe, worum es im Diagramm geht.
b) Lies, was an den y-Achsen steht.
c) Lies die Daten aus den Diagrammen ab. Wie viele unter 50-Jährige ertrinken
① in bewachten Gewässern?
② in unbewachten Gewässern?

► 4

5 Ben sieht im Internet ein Kreisdiagramm zu den beliebtesten Pizzasorten in Deutschland. Er sagt: „Mehr als ein Drittel der Deutschen isst am liebsten Salamipizza."
a) Hat Ben recht? Lies, was im Diagramm steht.
b) Was hat Ben nicht beachtet? Beschreibe den Fehler im Kreisdiagramm.

► 6

6 Der Fragebogen ist nicht neutral formuliert. Korrigiere den Fragebogen.

Wie viele Stunden verschwendest du täglich mit sozialen Medien?
- O 2–3 Stunden
- O 4–5 Stunden
- O mehr als 5 Stunden

7 Noemi hat eine Bäckerei. Sie stellt Simit (Sesamringe) her. Sie hat den Preis für ein Simit bei verschiedenen Bäckereien in einer Tabelle notiert.

Bäckerei	Noemi	Dilara	Azeez
Preis	1,20 €	1,60 €	1,50 €

a) Zeichne zu den Preisen ein Säulendiagramm. Wähle für die y-Achse 1 cm für 0,20 €.
b) Zeichne dazu ein zweites Säulendiagramm. Wähle für die y-Achse 1 cm für 1 €.
c) Noemi möchte mit einem Diagramm zeigen, dass der Preis für ein Simit bei ihr sehr klein ist. Welches Diagramm sollte Noemi wählen? Begründe.

Sprachhilfe: Im Diagramm aus ☐ wirken die Säulen ________. Im Diagramm aus ☐ wirkt die Säule für den Preis bei Noemi ________. Noemi sollte das Diagramm aus ☐ wählen.
ähnlich groß – deutlich kleiner

1 Milo fragt alle Personen in seinem Sportclub, ob sie gerne Sport machen und ob sie gerne Sport schauen. Das Ergebnis von Milos Befragung kannst du nicht auf die gesamte Bevölkerung übertragen. Begründe.

2 Das sind Darias Zeugnisnoten:

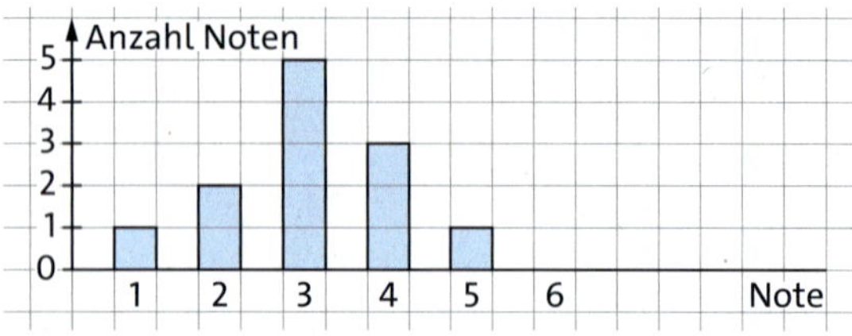

a) Gib für jede Note die absolute Häufigkeit an.
b) Bestimme für jede Note die relative Häufigkeit als Bruch.
c) Berechne Darias Notendurchschnitt.

3 Mia ist stolz auf ihr Zeugnis. Sie stellt ihre Noten in zwei Diagrammen dar.

① Mias Noten

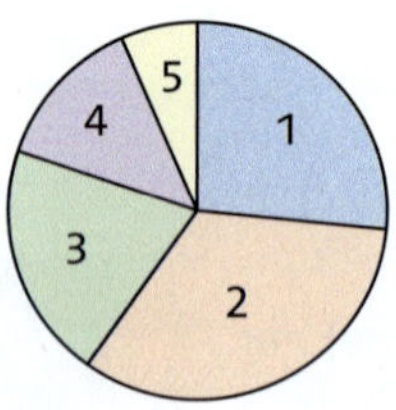

② Mias Noten

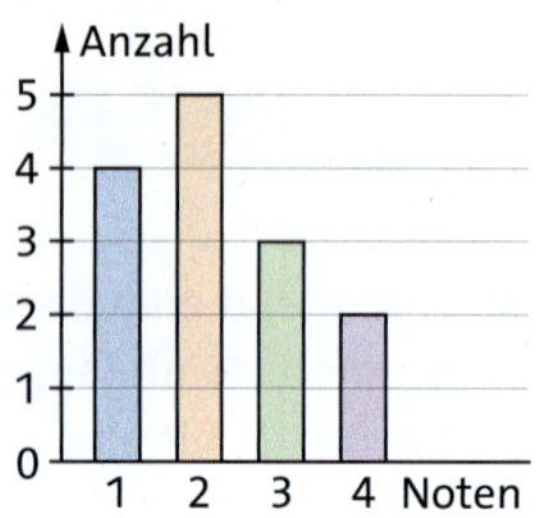

a) Nenne für ① und ② die **Diagrammart**.
b) Ein Diagramm hat Mia manipuliert. Welches? Beschreibe die Manipulation.
c) Lies die absoluten Häufigkeiten für die Noten ① bis ④ ab. Schätze die absolute Häufigkeit für die Note ⑤.

▶ 4

4 Asa, Ben, Can und Don spielen Fußball in einer Mannschaft. Sie notieren ihre Tore aus der letzten Saison. Cem sagt: „Wir sind alle ungefähr gleich gut."

Name des Spielers	Asa	Ben	Can	Don
Anzahl der Tore	15	11	10	13

Zeichne ein Säulendiagramm, das Cans Aussage stützt.

5 Ein Kinoticket kostet heute 6-mal mehr als vor 25 Jahren. Der Grund dafür ist die Inflation. Levke zeichnet für den Preis von vor 25 Jahren ein Rechteck.

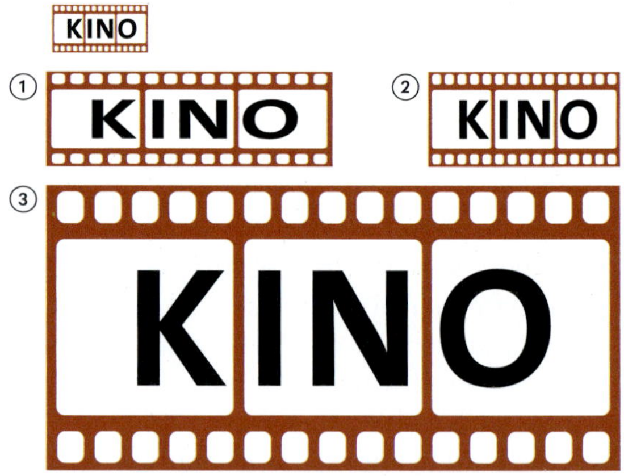

Erkläre, welches der Rechtecke ①–③ den Preis von heute passend zu Levkes Rechteck darstellt.

▶ 6

6 Tobis Freunde antworteten auf die Frage: „Wie lange spielst du täglich am Computer?"
30 min, 70 min, 60 min, 45 min, 120 min, 45 min, 140 min, 60 min, 30 min, 90 min
Ein Online-Portal schreibt: „Jugendliche sollen nicht länger als eine Stunde am Tag am Computer spielen."
a) Prüfe, ob diese Vorgabe im Durchschnitt eingehalten wird.
b) Wie viele der Freunde spielen länger als empfohlen? Ergänze die Wertetabelle in deinem Heft.

Spielzeit	bis zu 1 h	mehr als 1 h
Anzahl		
Anteil		

7 Wie viel Zeit verbringen Jugendliche mit sozialen Medien? Macht eine Umfrage zu dem Thema. Geht so vor:

① Einigt euch auf eine geeignete Stichprobe.
② Erstellt einen Fragebogen mit geeigneten Auswahlmöglichkeiten.
③ Kopiert eine ausreichende Anzahl von eurem Fragebogen und führt die Umfrage durch.
④ Tragt die Daten in einer Tabellenkalkulation ein. Erstellt ein Säulendiagramm, das die Daten neutral darstellt.
⑤ Präsentiert eure Ergebnisse vor der Klasse.

1 Eine Firma stellt eine Handcreme her. Sie wirbt mit dem Spruch „Die Handcreme mit nur 3 Inhaltsstoffen!“. Auf der Verpackung sind die Inhaltsstoffe abgedruckt. Inhalt: 43 % Kakaobutter, 20 % Mandelöl, 25 % Kokosöl. Begründe, dass die Firma die Käufer und Käuferinnen gezielt täuscht.

2 Ceylin und Mehmet sind nicht einer Meinung.

Das Ergebnis einer Umfrage sind nur aussagekräftig, wenn sehr viele verschiedene Menschen befragt werden.

Bei manchen Themen kommt es darauf an, eine bestimmte Gruppe zu befragen.

In manchen Fällen hat Ceylin recht, in anderen Fällen hat Mehmet recht. Nenne jeweils ein Beispiel für Ceylins und für Mehmets Aussage. Begründe.

3 Die 10 a und 10 b haben an einer Müll-Sammel-Aktion teilgenommen. Am Ende wiegen sie ihre Müllsäcke und werten die Daten aus. Ordne die richtige Datenreihe zu. Begründe. Zwei Kärtchen passen zu keiner Datenreihe.

Median: 2 kg

Spannweite: 2,4 kg

Spannweite: 2,5 kg

Median: 2,2 kg

Spannweite: 2,3 kg

Median: 2,1 kg

① 1,8 kg; 2,1 kg; 3 kg; 1,4 kg; 2,2 kg; 3,2 kg; 0,7 kg; 2,5 kg; 2,5 kg; 1,6 kg; 2,4 kg;

② 1,8 kg; 2,1 kg; 3 kg; 1,4 kg; 2,2 kg; 3,5 kg; 1,1 kg; 2,5 kg; 1,9 kg; 1,4 kg; 2,4 kg; 1,9 kg;

4 In der Zeitung ist im Artikel zum Thema „steigende Preise“ ein Piktogramm abgedruckt. Passt das Piktogramm zur Überschrift? Begründe. Berechne dazu jeweils das Volumen.

Der Preis für Butter hat sich verdoppelt

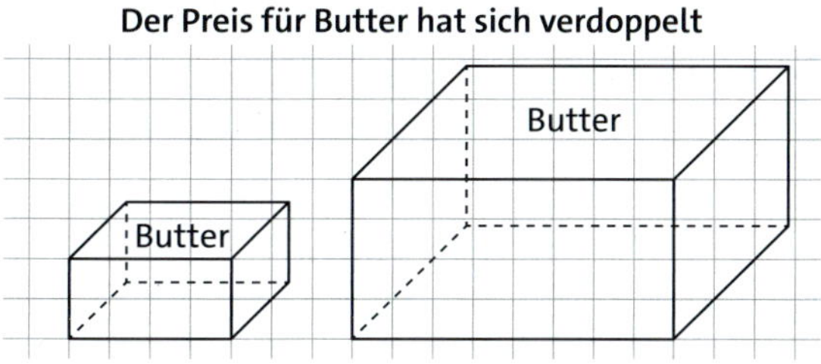

5 Ariane misst die Größe ihrer neuen Keimlinge.

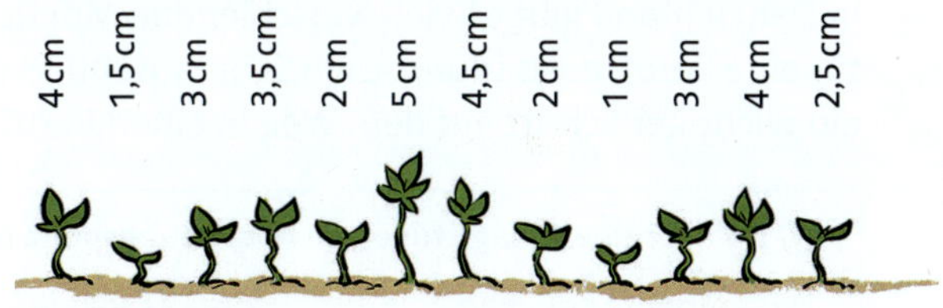

a) Wie hoch sind die Keimlinge durchschnittlich?

b) Teile die Höhen in vier sinnvolle Gruppen mit jeweils einer Spannweite von 1,5 cm ein. Bestimme für jede Gruppe die absolute und die relative Häufigkeit.

c) Stelle die absoluten Häufigkeiten in einem Säulendiagramm dar und die relativen Häufigkeiten in einem Kreisdiagramm. Verwende ein Tabellenkalkulationsprogramm.

6 Ein Politiker veröffentlicht kurz vor den Wahlen einen Post in den sozialen Netzwerken. Beurteile den Post kritisch. Beschreibe das Liniendiagramm und seine Wirkung. Erkläre die Darstellung mit der möglichen Absicht des Politikers.

Max Mustermann
@Maxmustermann

Nachhaltigkeit liegt uns sehr am Herzen: Durch die Anstrengungen unserer Partei ist der Anteil an ökologisch genutzen Flächen in den letzten Jahren stark gestiegen.

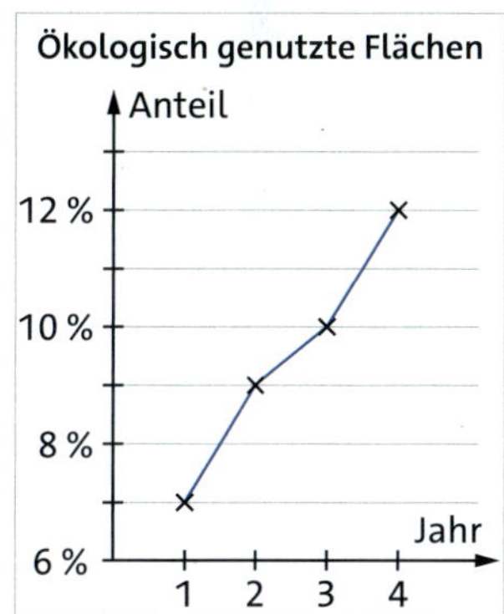

100 Retweets 56 Quote Tweets 800 Likes

7 Führt eine Umfrage zu einem selbstgewählten Thema durch. Erfasst die Daten mit einer Tabellenkalkulation. Erstellt damit ein Diagramm, das die Daten neutral darstellt. Präsentiert eure Ergebnisse der Klasse.

Berufsausbildung in Deutschland

In Deutschland gibt es viele verschiedene Möglichkeiten für eine Berufsausbildung. Dein Schulabschluss ist dabei ein wichtiger Schritt auf dem Weg in einen Beruf.

① *Was machst du nach der 10. Klasse?*

Berufliche Ausbildung:	𝍸 𝍸 𝍸 ||
Schulische Ausbildung:	𝍸 ||||
Oberstufe (Schule):	𝍸 𝍸 |||
Weiß ich noch nicht:	𝍸 𝍸 |

② Du hast eine Absage für einen Ausbildungsplatz bekommen?

Daran könnte es liegen: 40 % der Unternehmen nannten schlechte Mathe- oder Deutschnoten als Grund für eine Absage. 30 % gaben schlechte Sport- oder Kunstnoten als Grund an. Fehler in der Bewerbung waren mit 40 % ein weiterer Grund ...

Gründe für eine Absage

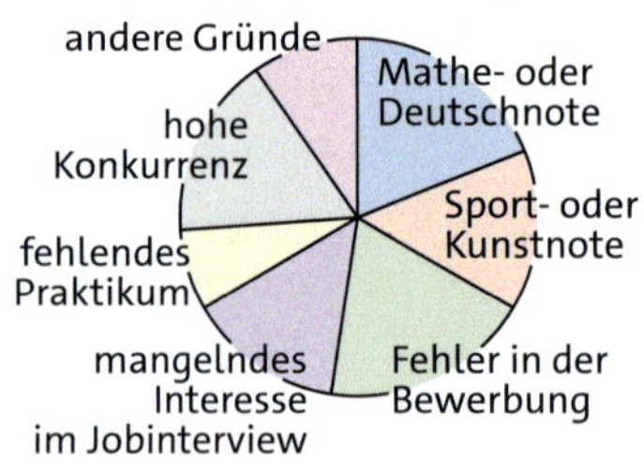

③ InnoByte Systems
4,8 ★★★★★
298 Bewertungen
5100 Mitarbeiter

④ TechNovus Solutions
4,2 ★★★★☆
1.375 Bewertungen
5100 Mitarbeiter

⑤ Wege nach der 10. Klasse

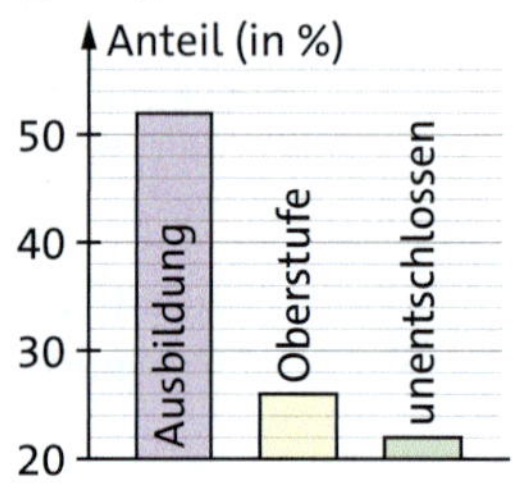

⑥ Gehälter von Zerspanungsmechanikern/ Zerspanungsmechanikerinnen

2600 €, 3400 €, 3000 €, 4500 €, 2900€, 3700 €, 4000 €, 3300 €

⑦ Gehälter von Altenpflegern/ Altenpflegerinnen

3310 €, 4000 €, 3490 €, 3900 €, 4400 €, 3700 €, 3850 €, 4200 €, 3620 €

⑧ Gehälter von Bürokauffrauen/ Bürokaufmännern

2500 €, 3800 €, 3200 €, 3100 €, 3060 €, 2780 €, 2800 €, 3500 €

A Wofür entscheiden sich die Schülerinnen und Schüler nach der 10. Klasse? Zeichne zu den Daten aus der Umfrage ① ein Säulendiagramm.

B Bei der Berufswahl spielt auch das Gehalt eine Rolle. In welchem der Berufe ⑥, ⑦ und ⑧ ...
a) liegt das Gehalt in allen Fällen über 2800 €?
b) liegt das Gehalt höchstens bei 3800 €?
c) ist die Spanne zwischen den Gehältern am größten?
d) hat man durchschnittlich das beste Gehalt?
e) würdest du eine Ausbildung machen, wenn für deine Entscheidung nur das Gehalt wichtig wäre. Begründe.

C Du möchtest eine Ausbildung machen. Im Internet findest du die Bewertungen der Unternehmen InnoByte Systems ③ und TechNovus Solutions ④. Welche Bewertung ist aussagekräftiger? Begründe.

D Wenn du die Prozentsätze in ② summierst, dann kommst du auf mehr als 100 %.
a) Erkläre, warum die Daten trotzdem richtig sein können.
b) Ist das Kreisdiagramm für die Darstellung der Daten geeignet? Begründe.

E Welche Wege wählen die Schülerinnen und Schüler nach der 10. Klasse?
a) Berechne für die Antworten aus der Umfrage ① die relativen Häufigkeiten.
b) Stelle die relativen Häufigkeiten in einem Säulendiagramm dar.
c) Vergleiche dein Diagramm mit dem Diagramm ⑤. Erkläre die Manipulation in ⑤.

1 Prija fragt in ihrer Klasse: „Wie zufrieden bist du mit deiner Mathenote?“
Welche Stichprobe ist geeignet?
① 15 zufällige Personen
② nur Personen mit der Note 1

2 Der Fragebogen ist nicht neutral formuliert.
Korrigiere den Fragebogen.

> Wir sollten für die Umwelt unseren Müll trennen.
> Trennst du deinen Müll?
> ☐ ja ☐ nein

3 Huong meint: „Im Oktober hat es doppelt so viel geregnet wie im September.“
Erkläre, warum Huong nicht recht hat.

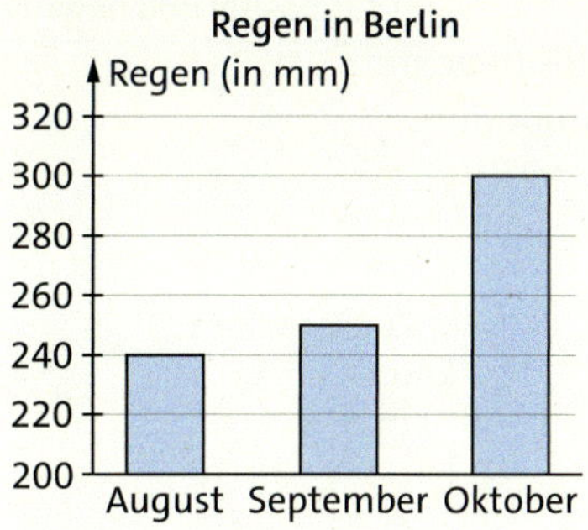

4 Ein **Mikrochip** funktioniert wie ein Gehirn für dein Handy.
Passt das Piktogramm zu der Aussage? Entscheide.
Aussage: „Heute können Mikrochips doppelt so viel speichern wie vor 2 Jahren.“

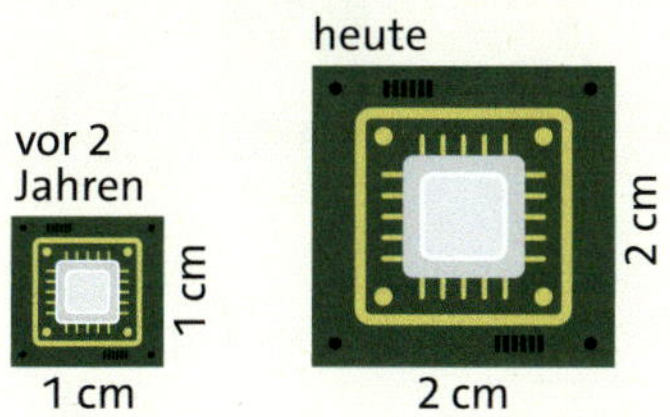

1 Nenne eine geeignete Stichprobe für die Umfrage: „Wie viel Taschengeld bekommst du im Monat?“
Begründe.

2 Beschreibe den Fehler.
Korrigiere den Fragebogen.

> Bewegung ist wichtig für einen gesunden Körper. Wie oft in der Woche machst du Sport?
> ☐ 1-mal ☐ 2-mal
> ☐ öfter als 2-mal

3 Idris vergleicht zwei Diagramme zu den Fettanteilen von Käse ① und Käse ②.
Sie sagt: „Der Fettanteil von Käse ① und Käse ② ist gleich.“
Begründe, warum das falsch ist.

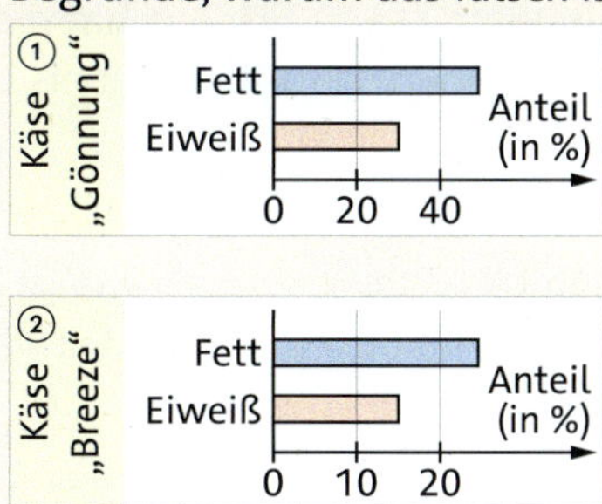

4 In einer Zeitung steht: „Heute nutzen doppelt so viele Personen ein Tablet wie vor 5 Jahren.“
Erkläre, ob das Piktogramm zur Aussage passt.

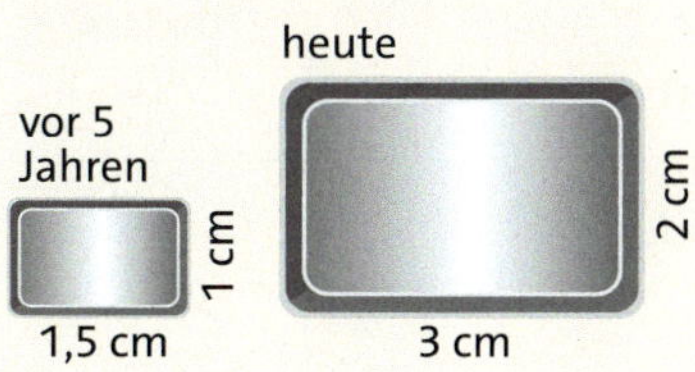

1 Nenne eine geeignete Stichprobe für die Umfragen. Begründe.
a) „Wie lang ist dein Schulweg?“
b) „Bist du in einem Verein?“

2 Begründe, warum du mit dem Fragebogen ein manipuliertes Ergebnis erhältst.
Korrigiere den Fragebogen.

> Bubble-Tea ist ungesund.
> Wie oft trinkst du Bubble-Tea?
> ☐ oft ☐ selten ☐ nie

3 Larissa möchte mit der Zunahme ihrer Reichweite ihre Freunde beeindrucken.
Erkläre, wie Larissa das Diagramm manipuliert hat.

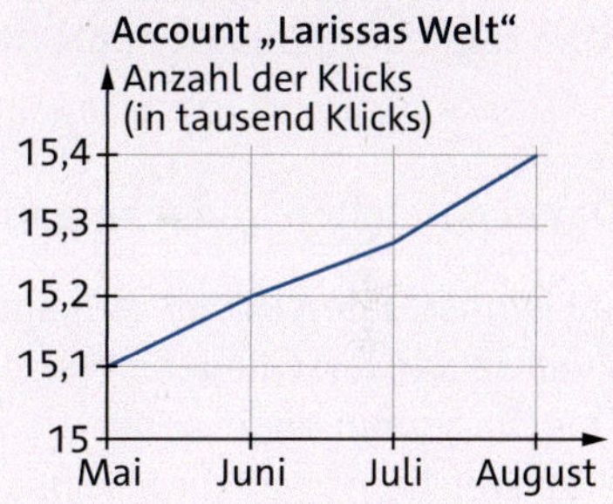

4 Aylin sagt: „In unserer Bäckerei wurden im November doppelt so viele Zimtrollen verkauft wie im Mai.“
Prüfe, ob das Piktogramm zur Aussage passt. Begründe.

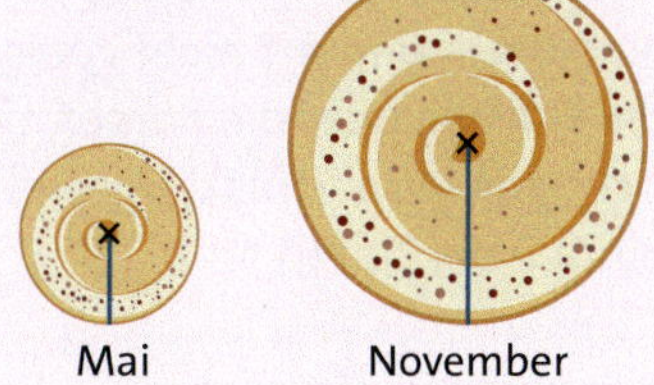

→ Lösungen auf Seite 227 und 228

Daten erheben und manipulieren → Seite 150

Eine **statistische Erhebung** ist eine Sammlung von **Daten**, die du durch eine **Umfrage**, eine **Zählung** oder eine **Messung** erhebst.

Überlege bei einer Umfrage, welche Gruppe du befragen solltest. Wähle dann eine **Stichprobe** aus. Eine Stichprobe ist **repräsentativ**, wenn sie groß genug ist und wenn die Auswahl zufällig ist.

Eine nicht-repräsentative Stichprobe beeinflusst das Ergebnis einer Umfrage.
Man sagt dann: Das Ergebnis ist **manipuliert**.

Einen Fragebogen mit vorgegebenen Antwortmöglichkeiten kann man gut auswerten. Formuliere die Fragen und die Antwortmöglichkeiten neutral.
Achte darauf, gleich viele positive wie negative Antwortmöglichkeiten zu nennen.

Ein nicht-neutraler Fragebogen beeinflusst die Antworten.
Man sagt dann: Das Ergebnis ist **manipuliert**.

<u>Umfrage: „Zufriedenheit mit dem Schulkiosk“</u>

Die gesamte Schülerschaft ist eine große Gruppe.
● Erik wählt zufällig 5 Personen pro Klasse aus.

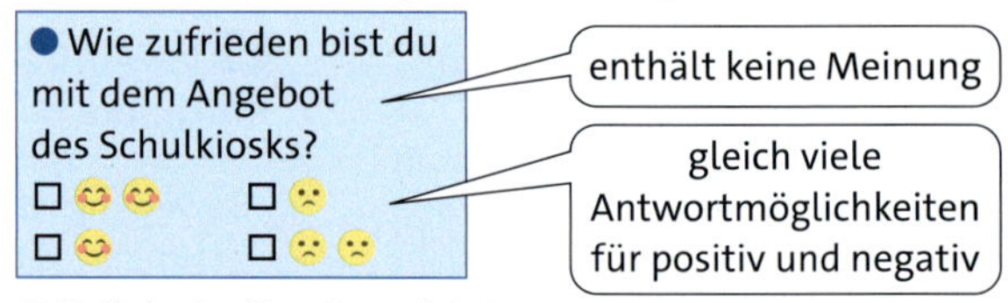

● Erik hat alles beachtet.
Sein Ergebnis ist nicht manipuliert.

★ Ava wählt gezielt 5 Personen aus der Schulkiosk-AG aus

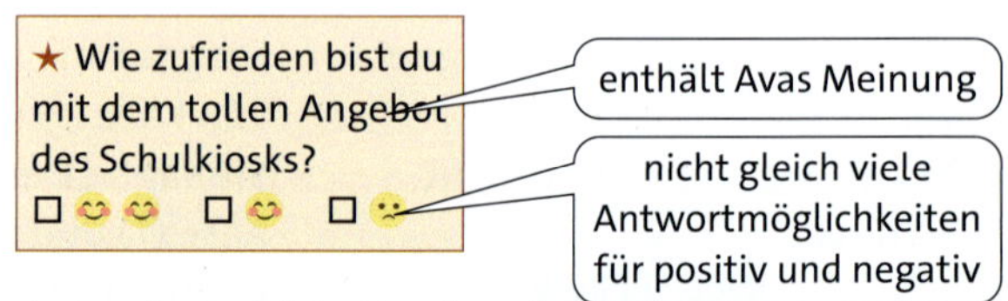

★ Ava hat nicht alles beachtet.
Ihr Ergebnis ist manipuliert.

Daten darstellen und manipulieren → Seite 154

Du kannst Daten in einem Diagramm mit y-Achse auf verschiedene Weise darstellen.
Das Diagramm wirkt anders, je nachdem ...
- ab welchem Wert die y-Achse beginnt,
- wie du die Achsen einteilst,
- ob du einen Teil der Daten oder alle Daten darstellst.

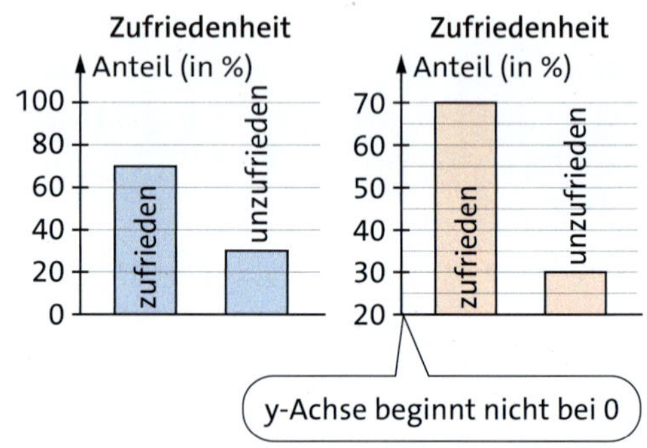

Daten in Diagrammen sind fehlerhaft dargestellt, wenn zum Beispiel ...
- eine **Diagrammart** nicht geeignet ist,
- die Flächen oder die Körper nicht im richtigen Verhältnis dargestellt sind,
- ein Teil der Daten fehlt.

Die Fehler beeinflussen die Wirkung des Diagramms.
Man sagt: Die Darstellung der Daten ist **manipuliert**.

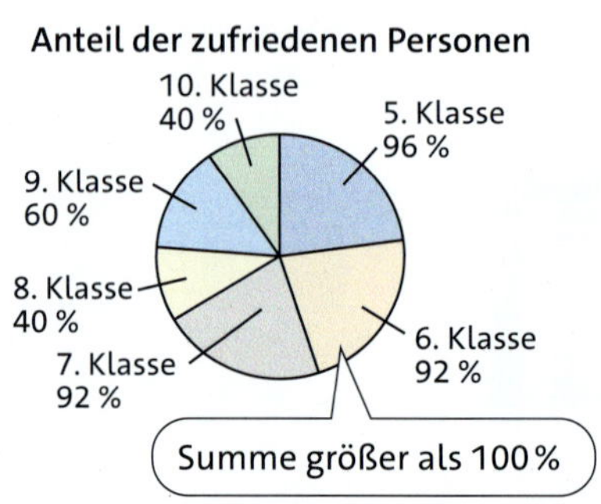

Vorbereitung auf die Abschlussprüfung

Am Ende der Jahrgangsstufe 10 erfolgt im Fach Mathematik eine zentrale Abschlussprüfung, die aus zwei Teilen besteht.
Teil 1: Es werden grundlegende Fähigkeiten überprüft.
Als Hilfsmittel sind nur Zirkel und Geodreieck zugelassen.
Teil 2: Du bearbeitest umfangreichere Aufgaben zu verschiedenen Themen und darfst auch deinen Taschenrechner und eine Formelsammlung nutzen.

Die Aufgaben hier stellen nur eine Auswahl dar.
Erkundige dich, welche Themen für deine Prüfung in Frage kommen.
Hilfreich ist ein regelmäßiges Training unter ähnlichen Bedingungen.
Rechne zum Beispiel Prüfungen aus den letzten Jahren auf Zeit.
Notiere die Themen, mit denen du nicht gut zurechtgekommen bist.
Kläre deine Fragen und übe diese Themen noch einmal besonders.

Teil 1: Aufgaben ohne Hilfsmittel

Zahl und Operation

1 Notiere die größte Zahl im Heft.

a) 2 22 -2 $(-2)^3$

b) $0{,}3$ $3-2$ -3 $(-3)^2$

c) $0{,}6$ $\frac{1}{6}$ $0{,}06$ $0{,}\overline{6}$

2 Notiere die kleinste Zahl im Heft.

a) $-\frac{1}{3}$ $-0{,}3$ -3 $-3\frac{1}{3}$

b) $\frac{1}{4}$ 4 $0{,}4$ 40

c) -5 $(-5)^2$ -5^2 $-\frac{1}{5}$

3 Ordne die Zahlen von groß nach klein.

a) 2^5 52 $2{,}5$ 5^2

b) $\frac{6}{100}$ $-0{,}6$ $\frac{1}{6}$ -6

c) $\frac{2}{5}$ $0{,}06$ $\frac{1}{4}$ $0{,}3$

4 Übertrage die Zahlengerade in dein Heft. Trage die Zahlen ein.

a) 

$0{,}5$; $-\frac{1}{2}$; $\frac{4}{5}$; $-\frac{2}{10}$

b) 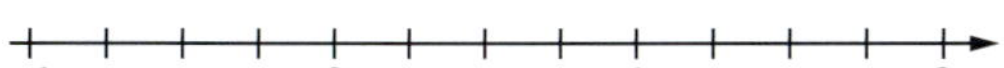

$-0{,}25$; $1\frac{3}{4}$; $\frac{4}{8}$; $1{,}5$

5 Zeichne die Figur ins Heft. Schraffiere den angegebenen Anteil der Gesamtfläche.

a) Rechteck 3×8 Kästchen: $\frac{3}{4}$

b) Rechteck 4×10 Kästchen: 40 %

6 Vergleiche. Setze im Heft <, > oder = ein.

a) $\frac{1}{6} \square \frac{1}{9}$; $\frac{3}{7} \square \frac{6}{7}$; $\frac{3}{5} \square 0{,}6$

b) $(-2)^3 \square 3^2$; $4^{-1} \square -\frac{1}{4}$; $\frac{11}{6} \square 1\frac{1}{6}$

c) $0{,}4 \square 4\,\%$; $1{,}2 \cdot 10^3 \square 1200$; $60\,\% \square \frac{3}{4}$

7 Notiere die richtige Lösung im Heft.

a) $\frac{3}{25} = \square$

3,25 %   12 %   28 %   75 %

b) $\sqrt{14} \approx \square$

2,7   3,2   3,7   4,2

c) $2{,}8 \cdot 10^{-4} = \square$

280 000   28 000   0,00028   0,0028

8 Notiere im Heft, welche vier mathematischen Ausdrücke den gleichen Wert haben.

25 % $2{,}5$ 2^{-5} $-0{,}5$ 4^{-1} $\frac{1}{4}$

$-\frac{1}{2}$ -2^{-1} $0{,}25$ 5 % $(-1)^2$ $-\frac{50}{100}$

9 Die Nachbarschaft „Gute Laune“ veranstaltet ein Grillfest.
Mohammed benutzt zur Planung ein Tabellenkalkulationsprogramm.

a) Gib an, in welcher Zelle der Einkaufspreis für eine Bratwurst steht.
b) Der Wert in Zelle B8 ist nicht mehr lesbar. Berechne den Wert für Zelle B8.
c) Entscheide, welche Formel in Zelle D5 steht.
=B5+C5 =B5*C5 =B5/C5
d) Gib an, was Mohammed mit der Formel „=SUMME(D5:D8)“ berechnet.
e) Gib an, in welcher Zelle die Formel „=B12*C12“ steht.
f) Entscheide, welche Formel in Zelle D16 steht.
=D15+B16 =D15*B16 =D15/B16

	A	B	C	D
1	**Planung Grillfest**			
2				
3	**Grillgut**	Anzahl	Einkaufspreis	Ges.-preis
4			(pro Stück)	
5	Krakauer	25	1,60 €	40,00 €
6	Bratwurst	16	1,40 €	22,40 €
7	Grillgemüse	22	1,50 €	33,00 €
8	Grillspieß	[redacted]	1,80 €	27,00 €
9			**Summe Grillgut:**	**122,40 €**
10	**Getränke**			
11	Wasser	3	4,50 €	13,50 €
12	Limonade	2	12,00 €	24,00 €
13			**Summe Getränke:**	**37,50 €**
14				
15			**Gesamtkosten:**	**159,90 €**
16	Personen	35	**Kosten/Person:**	**4,57 €**

10 Notiere das richtige Ergebnis im Heft.

a) $396 \cdot 524 =$
2 070 504 207 504 20 754 2754
b) $3891 + 27 + 8204 =$
10 221 10 212 12 021 12 122
c) $201\,880 : 98 =$
260 2060 20 060 20 600
d) $123{,}7 \cdot 48{,}5 =$
594,5 599,45 5994,5 5999,45

11 Berechne.

a) $10 + 4 \cdot 5$
b) $50 - (17 + 12)$
c) $0{,}4 \cdot 3$
d) $\frac{1}{2} : 3$
e) $4 \cdot 47 + 4 \cdot 53$
f) $0{,}6 : 0{,}02$
g) $-14 - 18$
h) $(-3) \cdot (-4) \cdot (-2)$
i) $\frac{2}{5} \cdot 2$
j) $1\frac{3}{4} - \frac{7}{8}$

12 Setze die Zahlenfolgen fort.

a) 6; 12; 18; 24; □; □
b) 7; 8; 10; 13; □; □
c) 3; 6; 12; 24; □; □
d) 1; 4; 13; 40; □; □

Größen und Messen

13 Wandle in die angegebene Einheit um.

a) 7 m = □ dm
b) 1,5 h = □ min
c) 2,5 kg = □ g
d) 0,7 cm = □ mm
e) 50 kg = □ t
f) $3\,dm^2 = \square\,cm^2$
g) $2\,l = \square\,dm^3$
h) 45 min = □ h

14 Entscheide, ob die Aussage wahr oder falsch ist. Korrigiere falsche Aussagen im Heft.

a) 0,3 mm = 3 cm
b) 0,6 kg = 6 g
c) 7,5 km = 7 500 m
d) $3\,m^2 = 300\,cm^2$
e) 2 cm 3 mm = 0,23 dm
f) 1 h = 3600 s

15 Notiere die passende Angabe im Heft.

a) Gewicht eines Elefanten:
36 kg 360 kg 3 600 kg 36 000 kg
b) Höhe einer Giraffe:
4 cm 4 dm 4 m 4 km

16 Schätze die Anzahl der Schokolinsen auf dem Bild. Beschreibe dein Vorgehen.

17 Zeichne.

a) ein Quadrat mit dem Umfang u = 10 cm
b) ein Rechteck mit dem Flächeninhalt $A = 8\,cm^2$
c) ein rechtwinkliges Dreieck mit dem Flächeninhalt $A = 7{,}5\,cm^2$

18 Entscheide und begründe, ob die Aussagen wahr oder falsch sind.
① Wenn man jede Seitenlänge eines Quadrats verdoppelt, dann verdoppelt sich der Umfang.
② Wenn man jede Seitenlänge eines Rechtecks verdoppelt, dann verdoppelt sich der Flächeninhalt.

19 Ein Quader ist 10 m lang, 4 m breit und 0,5 m hoch.
a) Berechne den Oberflächeninhalt.
b) Bestimme das Volumen.
c) Der Quader ist aus Beton. 1 m^3 Beton wiegt 2,5 t. Berechne die Masse des Quaders.

20 Ein Kreis hat einen Durchmesser von 10 cm. Gib an, welche Aussage zutrifft.
① Der Kreis hat einen Radius von 5 cm.
② Der Flächeninhalt des Kreises ist größer als der Flächeninhalt eines Quadrats mit der Seitenlänge a = 10 cm.

21 Berechne den Flächeninhalt der Figuren. Alle Maße sind in cm angegeben.
a)
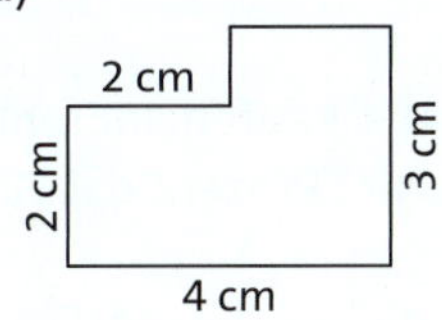

b)
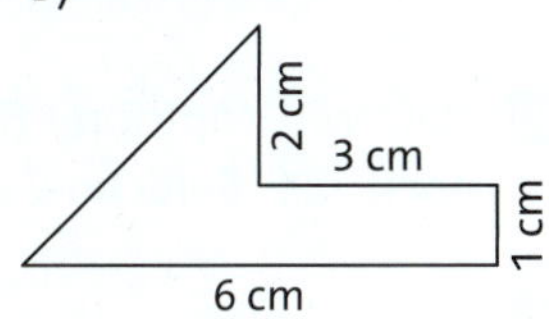

22 Betrachte das Dreieck.
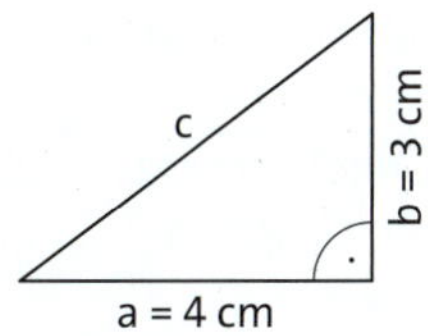

a) Zeige durch eine Rechnung, dass die Seite c 5 cm lang ist.
b) Berechne den Umfang des Dreiecks.
c) Berechne den Flächeninhalt des Dreiecks.

23 Marlo betrachtet das Dreieck aus Aufgabe 22. Er behauptet: „Der Satz des Pythagoras in dem Dreieck lautet $a^2 + b^2 = c^2$."
Ist die Aussage von Marlo richtig oder falsch? Begründe.

Strukturen und funktionaler Zusammenhang

24 Gib an, welcher Term zur Beschreibung passt.
a) Denke dir eine Zahl x aus. Multipliziere die Zahl mit 4 und addiere dann 5.
$4x + 5$ $\quad 5x + 4$ $\quad (x + 4) \cdot 5$ $\quad (x + 5) \cdot 4$
b) Denke dir eine Zahl x aus. Subtrahiere 6 und multipliziere das Ergebnis mit 7.
$(x : 6) \cdot 7$ $\quad 6x : 7$ $\quad (6 - x) \cdot 7$ $\quad (x - 6) \cdot 7$

25 Vereinfache den Term so weit wie möglich.
a) $6x + 3y - 2x - 5y$ b) $12 - 5x + 8x - 5$
c) $3 \cdot (2x + 4) + 5x$ d) $8x + 5 - (5x + 3)$

26 Bestimme den Wert des Terms für x = 5.
a) $3x$ b) $x - 3$
c) $4x + 1$ d) $2 \cdot (x - 5)$

27 Bestimme den Wert von x.
a) $5x = 20$ b) $x + 12 = 21$
c) $8x = 6x + 14$ d) $4x - 13 = 15$
e) $x - 17 = 4x + 7$ f) $2(x - 4) = 3{,}5x - 11$

28 Jakob ist drei Jahre älter als seine Schwester Emma. Zusammen sind sie 31 Jahre alt. Entscheide, ob die Aussagen wahr oder falsch sind.
① Du kannst Emmas Alter mit der Gleichung $x - (x - 3) = 31$ berechnen.
② Wenn du mit der Gleichung $x + (x + 3) = 31$ rechnest, dann steht x für das Alter von Emma.
③ Wenn du mit der Gleichung $x + (x - 3) = 31$ rechnest, dann steht x für das Alter von Emma.
④ Jakob ist 14 Jahre alt.

Hinweis zu **19c**: Statt Masse sagt man umgangssprachlich oft Gewicht.

29 Eine Spielekonsole kostete 500 €. Sie wird mit einem Rabatt von 15 % verkauft. Berechne den neuen Verkaufspreis.

30 Nele will Kopfhörer für 40 € kaufen. Ihr fehlen noch 12 €. Berechne, wie viel Prozent das sind.

31 Leon erhält am Jahresende 36 € Zinsen. Der Zinssatz lag bei 3 %. Zeige durch eine Rechnung, dass das Kapital 1200 € betrug.

32 Gegeben sind die Graphen der Funktionen f und g.

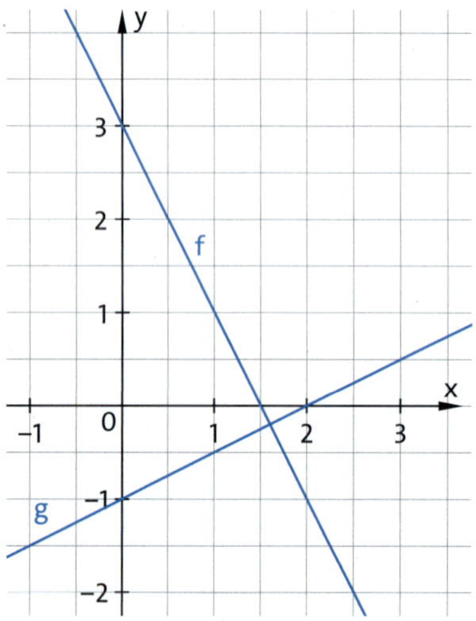

a) Entscheide und begründe, welche Funktionsgleichung zum Graphen von f passt.
① $y = 3x^2 - 2$ ② $y = 3x - 2$
③ $y = -2x^2 + 3$ ④ $y = -2x + 3$

b) Der Graph der Funktion g hat die Funktionsgleichung $g(x) = 0{,}5x - 1$. Prüfe, ob der Punkt $P(-6|-5)$ auf dem Graphen der Funktion g liegt.

c) Gib die Funktionsgleichung der Geraden h an, die parallel zum Graphen von g durch den Punkt $A(2|3)$ verläuft.

33 Es ist $f(x) = 2x + 1$ und $g(x) = 1{,}5x - 2$. Berechne den Schnittpunkt der Funktionen.

34 Entscheide, ob die Aussage wahr oder falsch ist. Die Gerade mit der Gleichung $y = -2x + 4$ ...

a) schneidet die x-Achse im Punkt $Q(0|2)$.
b) ist eine fallende Gerade.
c) verläuft durch den Punkt $P(3|10)$.
d) ist parallel zur Geraden $y = -3x + 4$.

35 Gib die Gleichung der Geraden an.

a) Die Gerade g hat die Steigung $m = 5$ und schneidet die y-Achse im Punkt $Q(0|6)$.
b) Die Gerade h hat die Steigung $m = \frac{1}{2}$ und geht durch den Punkt $P(4|5)$.
c) Die Gerade k verläuft durch die Punkte $A(0|5)$ und $B(1|3)$.

36 Zeichne den Graph der Funktion in ein Koordinatensystem mit $-2 \le x \le 2$ und $-5 \le y \le 5$.

a) $y = 2x - 1$ b) $y = -0{,}5x + 2$

37 Gib eine lineare Gleichung an, die zu folgender Wertetabelle passt.

x	0	1	2
y	5	5,5	6

38 Im Koordinatensystem ist der Graph der Funktion f abgebildet.

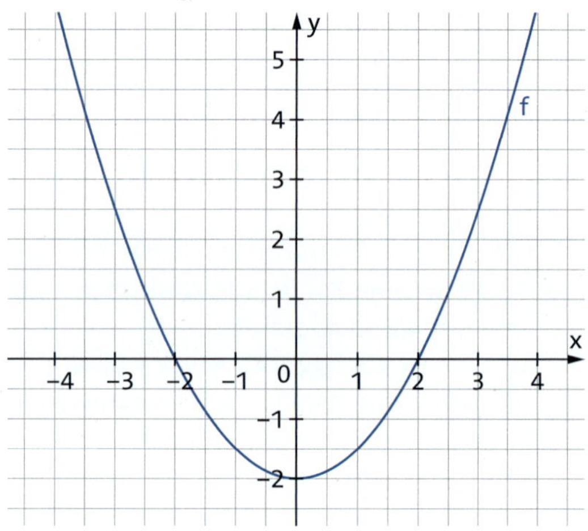

a) Entscheide und begründe, welche Funktionsgleichung zum Graphen von f gehört.
① $f(x) = x^2$ ② $f(x) = -x^2 - 2$
③ $f(x) = x^2 - 2$ ④ $f(x) = x^2 + 2$

b) Begründe, ob die Wertetabelle zum Graphen von f passt.

x	–3	1
y	2,5	1,5

c) Gib die Funktionsgleichung einer quadratischen Funktion an, die den gleichen Scheitelpunkt wie die Funktion f besitzt, aber keinen Schnittpunkt mit der x-Achse besitzt.

Raum und Form

39 Betrachte das Dreieck ABC im Koordinatensystem.

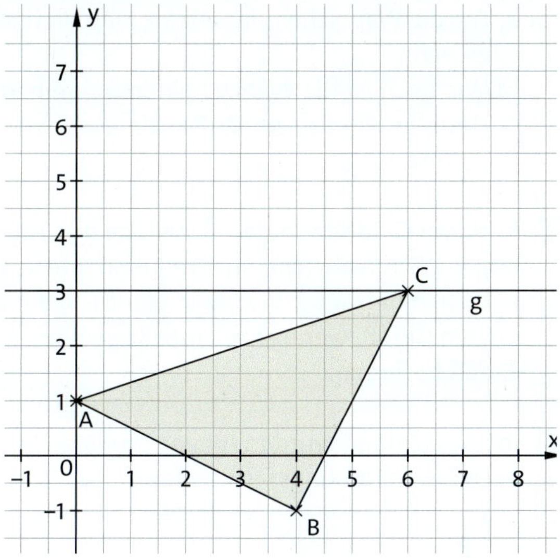

a) Gib die Koordinaten der Punkte A, B, C an.
b) Entscheide, ob die Aussagen wahr oder falsch sind. Das Dreieck ABC ist ...
① stumpfwinklig
② rechtwinklig
③ spitzwinklig
④ gleichseitig
⑤ gleichschenklig
c) Das Dreieck wird an der Gerade g gespiegelt. Gib die Bildpunkte des neuen Dreiecks an.

40 Zeichne eine Planfigur. Gib den passenden Kongruenzsatz an und konstruiere.
a) $b = 3{,}5\,cm$; $c = 4{,}5\,cm$; $\alpha = 110°$
b) $c = 4{,}8\,cm$; $\alpha = 40°$; $\beta = 65°$
c) $c = 6\,cm$; $a = 4\,cm$; $b = 7\,cm$
d) $a = 3{,}9\,cm$; $b = 6{,}2\,cm$; $\gamma = 27°$

41 Entscheide, ob die Aussage wahr oder falsch ist. Korrigiere falsche Aussagen im Heft.

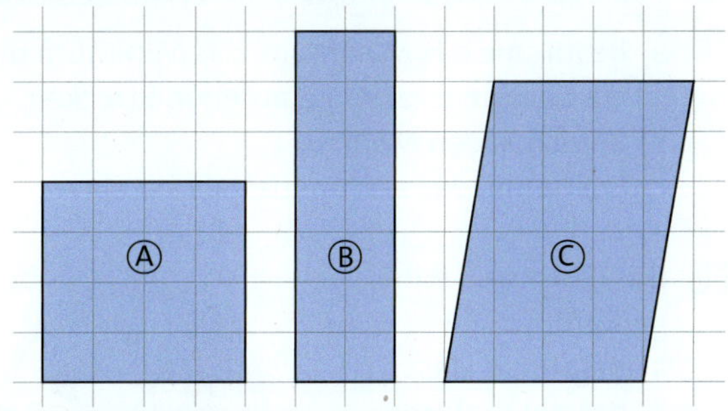

a) Viereck Ⓐ ist ein Quader.
b) Viereck Ⓑ ist ein Rechteck.
c) Viereck Ⓒ ist eine Raute.
d) Viereck Ⓑ hat zwei Diagonalen, die sich im rechten Winkel schneiden.
e) Viereck Ⓐ hat einen Umfang von 12 cm.
f) Viereck Ⓒ hat den Flächeninhalt $6\,cm^2$.

42 Entscheide, ob die Aussage wahr oder falsch ist.
a) Ein Dreieck mit zwei rechten Winkeln gibt es nicht.
b) Ein Würfel hat 8 Ecken, 12 Kanten und 6 Seitenflächen.
c) Eine quadratische Pyramide hat 5 Ecken, 5 Kanten und 5 Seitenflächen.
d) Ein Prisma mit einem Dreieck als Grundfläche hat 6 Ecken, 9 Kanten und 5 Seitenflächen.

43 Zeichne Netz und Schrägbild eines Quaders mit $a = 2\,cm$; $b = 1{,}5\,cm$ und $c = 4\,cm$.

44 Skizziere das Netz einer quadratischen Pyramide.

45 Milos geht mehrmals pro Woche joggen.

Tag	Mo	Mi	Fr	Sa
Strecke	9 km	6,4 km	11 km	9,6 km

a) Bestimme das Maximum, das Minimum und die Spannweite der gelaufenen Strecken.
b) Berechne den Median.
c) Bestimme das arithmetische Mittel.

46 Das Glücksrad wird gedreht.

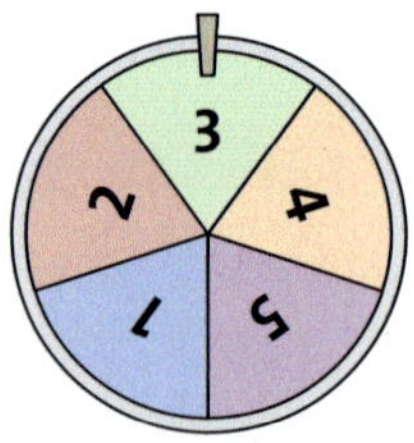

a) Begründe, dass das ein Laplace-Experiment ist.
b) Bestimme die Wahrscheinlichkeit für die Zahl „4“.
c) Entscheide und begründe, ob es wahrscheinlicher ist, eine gerade oder eine ungerade Zahl zu drehen.
d) Bestimme die Wahrscheinlichkeit dafür, dass kein blaues Feld gedreht wird.
e) Gib für das Drehen des Glücksrads ein unmögliches Ereignis an.

47 In einem Gefäß befinden sich 3 rote, 2 grüne und 5 blaue Kugeln.
a) Gib die Wahrscheinlichkeit an, eine rote Kugel zu ziehen.
b) Bestimme die Wahrscheinlichkeit für das Ereignis „Es wird eine rote oder eine blaue Kugel gezogen“.
c) Aida behauptet, dass die Wahrscheinlichkeit eine schwarze Kugel zu ziehen 0 ist. Ist Aidas Aussage richtig oder falsch? Begründe.

48 In einem Lostopf befinden sich 500 Lose. 400 Lose sind Nieten, 90 Lose sind Kleingewinne und 10 Lose sind Hauptgewinne.
a) Gib die Wahrscheinlichkeit an, eine Niete zu ziehen.
b) Wie hoch ist die Wahrscheinlichkeit einen Hauptgewinn zu ziehen? Notiere deinen Lösungsweg.

49 In einem Gefäß befinden sich blaue und rote Kugeln. Die Wahrscheinlichkeit eine rote Kugel zu ziehen beträgt $\frac{1}{4}$. Wie viele blaue Kugeln sind in dem Gefäß, wenn sich 2 rote Kugeln im Gefäß befinden.

50 In Deutschland wurden Jungen und Mädchen nach ihrem Lieblingsfach gefragt.

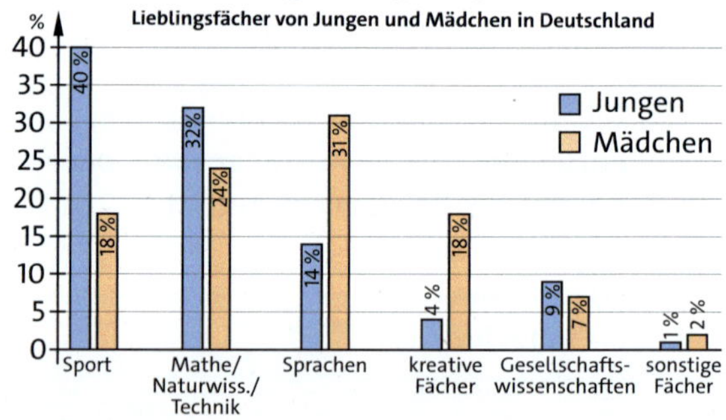

a) Entscheide mithilfe des Diagramms, ob die Aussagen wahr oder falsch sind:
① Der Anteil der Jungen, die Sport als Lieblingsfach angeben, ist mehr als doppelt so hoch wie bei den Mädchen.
② 16% der Befragten haben eine Gesellschaftswissenschaft als Lieblingsfach.
③ Etwa jeder dritte Junge sagt, dass Mathematik, eine Naturwissenschaft oder Technik sein Lieblingsfach ist.
b) 480 Jungen gaben an, dass ihr Lieblingsfach Sport ist. Berechne, wie viele Jungen an der Umfrage teilgenommen haben.

Teil 2: Aufgaben mit Hilfsmitteln

1 Eis

Mit einem Pro-Kopf-Absatz von 3,5 kg Speiseeis pro Jahr gehört Deutschland im europäischen Vergleich zu den Schlusslichtern. Im Portugal wird 4,5-mal so viel Speiseeis pro Kopf verzehrt, in Italien etwa doppelt so viel wie in Deutschland. In Frankreich liegt der Absatz von Speiseeis 30 % höher, in der Schweiz 26 % niedriger als in Deutschland.

a) Berechne den Pro-Kopf-Absatz in Portugal, in Italien, in Frankreich und in der Schweiz.

b) In Polen ist der Pro-Kopf-Absatz von Speiseeis in Europa mit 16,1 kg am größten.
Louisa sagt: „In Polen wird 4,6-mal so viel Speiseeis gegessen wie in Deutschland.
Also ist der Absatz um 46 % größer als in Deutschland."
Entscheide und begründe, ob Louisas Aussage wahr oder falsch ist.

c) Eine Eiskugel hat einen Durchmesser von 5 cm. Berechne das Volumen einer Kugel Eis.

d) Dies sind die Preise für eine Kugel Eis in drei verschiedenen Eisdielen: 1,20 €; 1,40 € und 1,50 €.
Berechne den durchschnittlichen Preis für eine Kugel Eis.

e) Der durchschnittliche Preis für eine Kugel Eis in zwei anderen Eisdielen beträgt 1,40 €. In der ersten Eisdiele kostet die Kugel Eis 1,60 €. Bestimme den Preis für eine Kugel in der anderen Eisdiele.

Ayda möchte mit dem Fahrrad zur Eisdiele in Craldorf fahren.
Das Höhenprofil zeigt die Strecke von Aydas Wohnung zur Eisdiele.
Jedem Punkt des Wegs wird seine Höhe über dem Meeresspiegel zugeordnet.

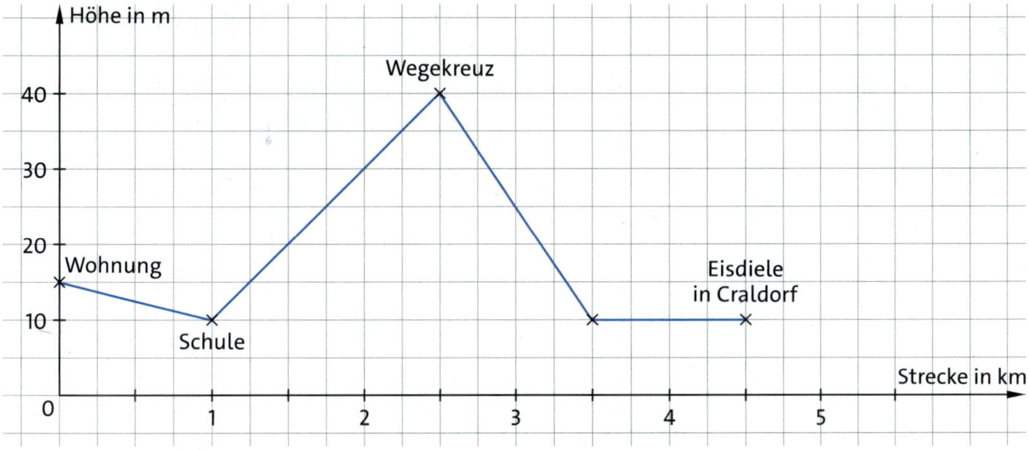

f) Bestimme die Länge der Strecke zwischen Aydas Wohnung und dem Wegekreuz.

g) Ayda fährt mit einer durchschnittlichen Geschwindigkeit von 18 $\frac{km}{h}$.
Berechne die Fahrzeit von Aydas Wohnung zur Eisdiele.

h) Berechne für die Strecke zwischen Schule und Wegekreuz die Steigung in Prozent.

2 Imbiss

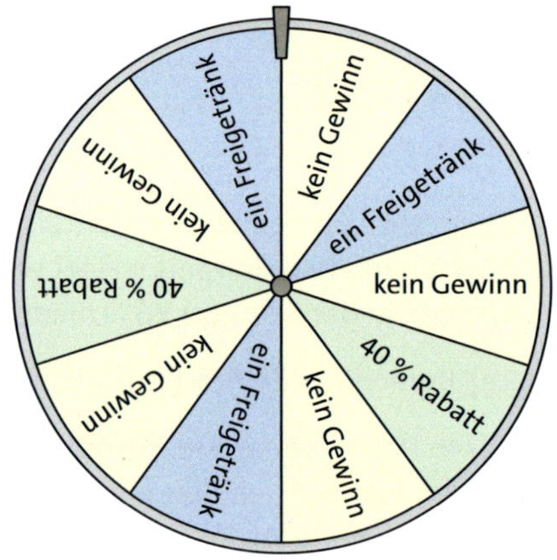

Leonie, Diego und Leni gehen zur Eröffnung einer Imbissbude. Der Imbissbetreiber hat ein Glücksrad aufgebaut. Nach einer Bestellung darf jeder Gast einmal am Glücksrad drehen.

a) Gib die Wahrscheinlichkeit für ein Freigetränk in Prozent an.

b) Bestimme die Wahrscheinlichkeit für einen Gewinn.

c) Leonie sieht, dass fünf Personen vor dem Glücksrad stehen. Sie sagt: „Einer von den fünf Personen wird einen 40 %-Rabatt-Gutschein gewinnen." Nimm begründet Stellung zur Aussage von Leonie.

d) Leonie muss für ihre Bestellung eigentlich 7,50 € bezahlen. Sie hat aber einen 40 %-Rabatt-Gutschein gewonnen. Berechne den neuen Preis für ihre Bestellung.

e) Auch Leni hat einen 40 %-Rabatt-Gutschein gewonnen. Nach Abzug des Rabatts muss sie noch 5,70 € bezahlen. Bestimme den ursprünglichen Preis für ihre Bestellung.

f) Diego hat einen Burger bestellt. Der Imbissbetreiber bietet Diego stattdessen einen XXL-Burger mit doppeltem Durchmesser für den doppelten Preis an. Ist das Angebot fair? Begründe.

3 Ausbildung

Jana hat nach ihrem Schulabschluss eine Ausbildung als Hotelfachfrau begonnen.
Das Diagramm zeigt ihre monatliche Vergütung in den ersten drei Lehrjahren.

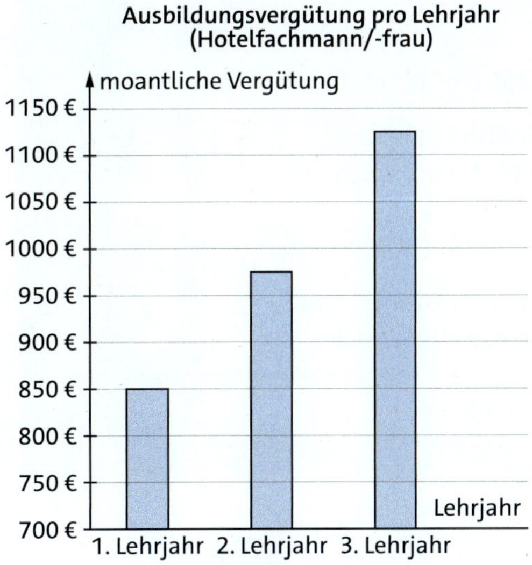

a) Gib Janas monatliche Vergütung im 1. Lehrjahr an.

b) Jana ist begeistert: „Im 2. Lehrjahr verdiene ich fast doppelt so viel wie im 1. Lehrjahr!" Hat Jana recht? Begründe.

c) Zeige durch eine Rechnung, dass Jana im 3. Lehrjahr ungefähr 15 % mehr verdient als im 2. Lehrjahr.

d) Berechne Janas durchschnittliche monatliche Vergütung während der gesamten Ausbildungszeit.

e) Was berechnet man mit dem Term 12 · (850 + 975 + 1125)? Erkläre.

Jana hat ihre Verdienstabrechnung in ein Tabellenkalkulationsprogramm übertragen.

	A	B
1	**Verdienstabrechnung**	
2		
3	Gesamtbrutto	850,00 €
4		
5	Abzüge	
6	Krankenversicherung	62,05 €
7	Pflegeversicherung	14,45 €
8	Rentenversicherung	79,05 €
9	Arbeitslosenversicherung	11,05 €
10	Summe Abzüge	166,60 €
11		
12	gesetzliches Netto	683,40 €

f) In welchem Feld steht die Formel „=B6+B7+B8+B9"?

g) Welche Formel steht im Feld B12?

h) Milan sagt: „Du zahlst ja 13 % für die Arbeitslosenversicherung."
Stimmt diese Aussage? Begründe mit einer Rechnung.

4 Getränkeverpackungen

In einer zylinderförmigen Getränkedose mit einem Durchmesser von 5,4 cm und einer Höhe von 15,5 cm soll Saft verkauft werden.

a) Berechne das Volumen der Dose.

b) Zeige, dass der Oberflächeninhalt der Dose ungefähr 355 cm^2 beträgt.

c) Die Dose wird aus Weißblech hergestellt. Bei der Produktion der Dose rechnet man für Falzstellen und Verschnitt mit einem Mehrverbrauch von 20 %.
Berechne, wie viel Weißblech man für die Produktion einer Dose benötigt.

d) Judith hat einen 17 cm langen Strohhalm. „Da habe ich aber Glück!", sagt Judith: „Der Strohhalm kann in keinem Fall in die Dose rutschen; auch nicht in der Diagonalen."
Überprüfe, ob Judiths Aussage richtig ist. Begründe deine Meinung.

Im Vergleich zu Dosen aus Weißblech sind Becher aus Papier umweltfreundlicher.
In manchen Geschäften kannst du Wasser aus einem Wasserspender bekommen. Die Geschäfte verwenden diese kegelförmigen Becher, damit man die Becher nicht in den Regalen abstellt.
In den Becher mit einem Durchmesser von 8 cm kannst du maximal 0,15 ℓ Wasser füllen.

e) Berechne die Höhe des Bechers.

f) Ein großer Wasserspender hat ein Volumen von 18,9 ℓ. Nimm an, dass die Papierbecher immer zu 80 % gefüllt werden. Wie viele Becher können dann mit dem Inhalt eines Wasserspenders gefüllt werden?

g) Welche der drei Abbildungen zeigt die Füllhöhe des Bechers im zeitlichen Verlauf bei konstantem Wasserzulauf? Begründe deine Entscheidung.

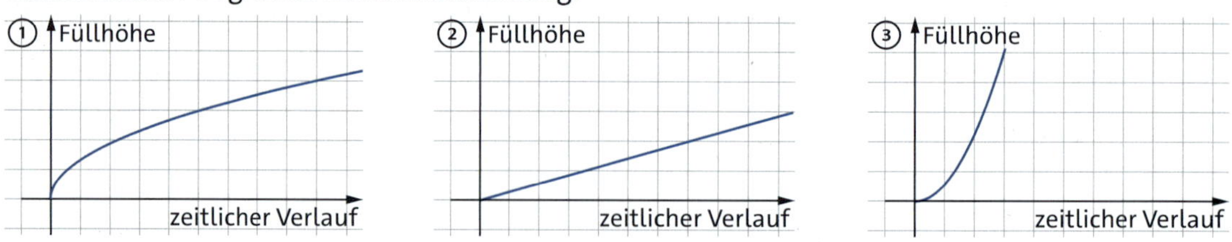

h) Berechne die Größe der Mantelfläche des Bechers.

i) Der Becher wird aus Spezialpapier hergestellt. Bei der Produktion des Bechers rechnet man für Klebestellen und Verschnitt mit einem Mehrverbrauch von 15 %.
Berechne, wie viel Papier man zur Herstellung eines Bechers benötigt.

5 Im Zirkus

In einem Zirkuszelt stehen die Stühle in Kreisen rund um die Manege. Der erste Kreis, direkt an der Manege, hat 37 Stühle. Alle folgenden Sitzreihen haben jeweils vier Plätze mehr als die Reihe davor: Der zweite Kreis hat 41 Stühle, der dritte Kreis 45 Stühle und so weiter. Insgesamt gibt es 10 Reihen.

a) Celina meint: „Die Anzahl der Sitzplätze ist in jeder Reihe ungerade.“ Ist die Aussage von Celina richtig? Begründe deine Meinung.

b) Berechne die Anzahl der Sitze in der fünften Reihe.

c) Die Anzahl der Sitze in der Reihe n (n = 1, 2, 3, ..., 10) kann man als Term angeben. Welcher der folgenden Terme gibt die Anzahl der Sitze in der n-ten Reihe an?
① $4 + 37n$ ② $4n + 37n$ ③ $37 + 4(n - 1)$ ④ $(37 + 4) \cdot (n - 1)$

d) Zeige rechnerisch, dass es in den Reihen 1 bis 5 insgesamt 225 Plätze gibt und in den Reihen 6 bis 10 insgesamt 325 Plätze.

e) Die Karten in den ersten fünf Reihen kosten 19 € pro Person, alle anderen Karten 14,50 € pro Person. Berechne die Einnahmen einer ausverkauften Vorstellung.

f) Die Tageseinnahmen belaufen sich auf 5007 €. Insgesamt wurden 300 Eintrittskarten verkauft. Wie viele Personen saßen in den Reihen 1 bis 5, wie viele in den Reihen 6 bis 10?

Die Manege hat einen Durchmesser von 13 m.

g) Berechne den Flächeninhalt der Manege.

h) Zeige, dass der Umfang der Manege ungefähr 41 m beträgt.

i) Clown Pippo fährt mit seinem Einrad über den Rand der Manege. Er fährt mit einer Geschwindigkeit von $7\,\frac{\text{km}}{\text{h}}$. Wie lange benötigt er für fünf Runden?

Mathematik im Beruf

Der Einstellungstest

1 Berechne.
a) 358 401 + 58 942
b) 59 602 – 5897
c) 1582 + 5407 + 418 + 93
d) 2305 · 6187
e) 210 126 : 6
f) 65 042 : 17
g) 13 + 7 · 3
h) 139 – (39 + 25)

2 Die 306 Schülerinnen und Schüler sowie 8 Lehrkräfte wollen ein Theaterstück besuchen. In einem Bus können 52 Personen transportiert werden. Wie viele Busse müssen bestellt werden?

3 Rechne in die angegebene Einheit um.
a) 12 cm (mm) b) 800 cm (dm)
c) 3,5 km (m) d) 150 m (km)
e) 6000 kg (t) f) 450 g (kg)
g) 7 t 50 kg (kg) h) 3 kg 50 g (kg)
i) 7 € 4 ct (€) j) 2 € (ct)
k) 7 min (s) l) 540 min (h)
m) 1 h (s) n) 0,6 h (min)

4 Berechne und kürze das Ergebnis, falls dies möglich ist.
a) $\frac{5}{11} + \frac{3}{11}$ b) $\frac{5}{9} - \frac{2}{9}$
c) $\frac{5}{12} + \frac{1}{6}$ d) $8\frac{1}{2} - 5\frac{1}{6}$
e) $\frac{5}{6} + \frac{3}{8}$ f) $3\frac{3}{4} - 1\frac{7}{8}$
g) $\frac{3}{5} \cdot \frac{2}{7}$ h) $\frac{3}{4} \cdot 6$
i) $\frac{9}{14} \cdot \frac{7}{36}$ j) $1\frac{2}{3} \cdot 1\frac{4}{5}$
k) $\frac{6}{11} : 3$ l) $12 : \frac{3}{4}$
m) $\frac{1}{4} : \frac{3}{8}$ n) $2\frac{5}{11} : 1\frac{4}{5}$

5 Berechne.
a) 18,36 + 16,4
b) 3,572 + 0,28
c) 2 – 0,24
d) 7,654 – 4,567
e) 4,25 · 0,87
f) 16,92 : 3

6 Bestimme die fehlenden Werte.

	p %	G	W
a)	50 %	700 €	
b)	9 %	600 kg	
c)	56 %	1350 m	
d)		80 Kugeln	20 Kugeln
e)		300 €	12 €
f)	5 %		13 t
g)	34 %		85 Stück

7 8000 € werden mit einem Zinssatz von 4,5 % bei einer Bank angelegt.
a) Berechne die Zinsen für ein Jahr.
b) Wie hoch sind die Zinsen im Folgejahr? Berücksichtige den Zinseszinseffekt.

8 Bei der Wahl des Landtags erhielt Partei A 53 % der Stimmen. Damit wurde sie von 9858 Personen gewählt.
a) Berechne, wie viele Personen bei der Wahl ihre Stimmen abgegeben haben.
b) Die Partei B erhielt 5896 Stimmen. Berechne den Prozentsatz.

9 Ein quaderförmiges Aquarium ist 50 cm lang, 30 cm breit und 40 cm hoch.
a) Berechne das Volumen des Aquariums. Gib das Fassungsvermögen in Liter an.
b) Das Aquarium ist zu 95 % mit Wasser gefüllt. Berechne die Menge des Wassers in Liter.

10 Ein Feld hat einen Flächeninhalt von 27 000 m^2 und ist 300 m lang.
a) Berechne die Breite des Feldes.
b) Eine Anlage bewässert 21 000 m^2 des Feldes. Wie viel Prozent sind das?

11 Ein Kreis hat einen Umfang von 94,25 cm.
a) Berechne den Radius des Kreises.
b) Bestimme den Flächeninhalt des Kreises.
c) Wenn der Radius des Kreises sich verdoppelt, verdoppelt sich dann auch der Umfang?

12 Ein Dreieck hat die Seitenlängen a = 14 cm, b = 11,5 cm und c = 8 cm. Ist das Dreieck rechtwinklig? Begründe.

13 In einer Bäckerei kostet ein Brötchen 0,24 €. 10 Brötchen werden zum Sonderpreis von 2,10 € verkauft.
a) Berechne den Preis für drei Brötchen.
b) Berechne das Rückgeld, wenn mit einer 1-€-Münze gezahlt wird.
c) Berechne, wie viele Brötchen für 5,40 € gekauft werden können.

14 An einer Großbaustelle brauchen 15 Personen 21 Tage für ihre Arbeit. Wie viele Personen werden benötigt, wenn die Arbeit in 14 Tagen beendet sein muss?
Runde das Ergebnis sinnvoll.

15 Löse die folgenden Gleichungen.
a) $15x + 48 = 20x - 12$
b) $3 \cdot (4x + 6) = 2 \cdot (8x - 3)$
c) $5x - (6 - 3x) = 18$

16 Ein Hotel hat 42 Zimmer. In den Einzelzimmern und Doppelzimmern stehen insgesamt 66 Betten.
Wie viele Einzelzimmer und wie viele Doppelzimmer hat das Hotel?

17 Tobi ist 3 Jahre älter als Sofia.
Zusammen sind sie 99 Jahre alt.
Bestimme das Alter von Tobi.

18 Lea und Nikos sind zusammen 80 Jahre alt.
Lea ist 4 Jahre älter als Nikos.
Bestimme das Alter der beiden.

19 Finde das Ergebnis durch Schätzen.
a) $1895 + 5865 + 3584$
① 9344 ② 9345 ③ 11 344 ④ 11 345
b) $7215 - 217$
① 6992 ② 7002 ③ 6998 ④ 7008
c) $17 \cdot 45 - 7 \cdot 45$
① 100 ② 1045 ③ 450 ④ 1450
d) $997 \cdot 1002$
① 8994 ② 98 994 ③ 998 994 ④ 9 998 994

20 Ergänze die fehlenden Zahlen in den Zahlenfolgen.
a) 57, 61, 65, 69, □, □, □
b) 76, 73, 70, 67, □, □, □
c) 10, 7, 14, 11, 22, □, □, □
d) 13, 15, 19, 25, 33, □, □, □
e) 5, 15, 7, 21, 13, □, □, □
f) 3, 5, 8, 13, 21, 34, □, □, □

21 Vier der fünf Zeichen gehen durch Drehung auseinander hervor, eines nicht. Welches?
a) ① ② ③ ④ ⑤
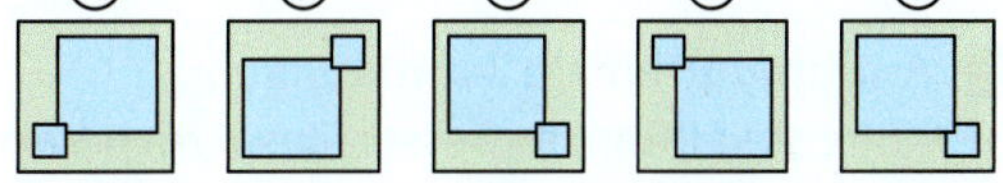
b) ① ② ③ ④ ⑤
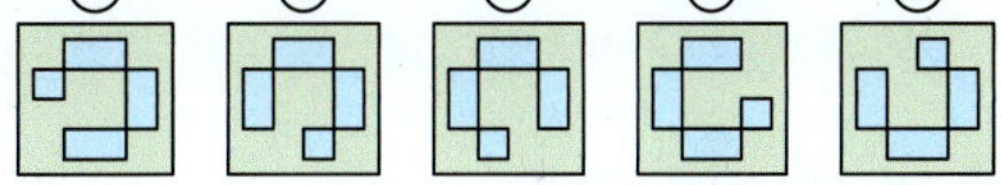

22 Welcher der vier Körper kann aus der Faltvorlage rechts gebildet werden?
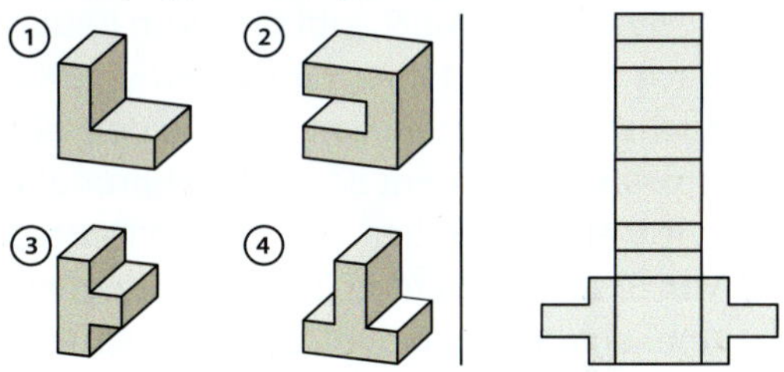

23 Wie viele Flächen hat der gezeichnete Körper? Zähle auch die nicht sichtbaren Flächen mit.
a)
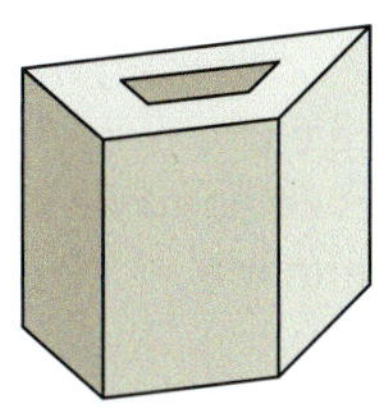
b)
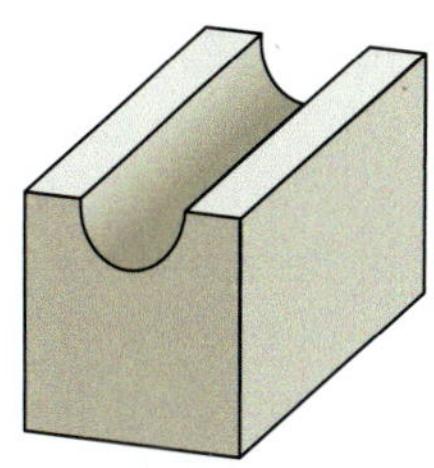

24 Welche drei Figuren sind gleich?
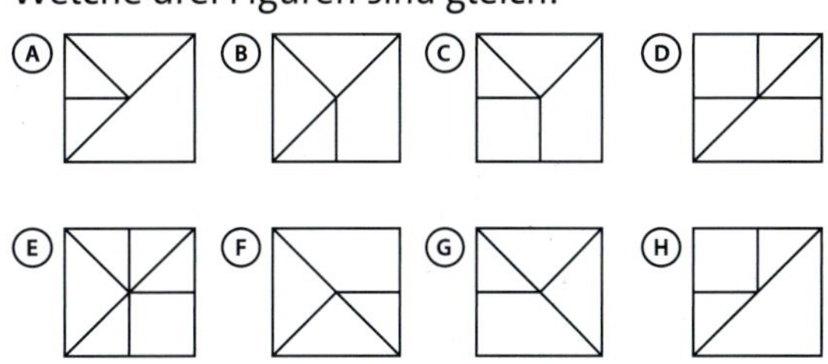

Landwirt/-in

Landwirte und Landwirtinnen kümmern sich um den Anbau
und die Ernte von Getreide, Obst oder Gemüse.
Außerdem erzeugen sie Produkte wie Milch, Fleisch, Eier oder Wolle.
Dafür kümmern sie sich um Tiere wie Kühe, Schweine, Hühner oder Schafe.
Sie bedienen Maschinen wie Traktoren, Melkmaschinen oder Düngerstreuer.
Daneben nutzen sie moderne Technologien wie Drohnen.
Als Selbstständige verbringen sie außerdem viel Zeit im Büro.

Recherchiert in der Gruppe zu den Ausbildungsorten und den Voraussetzungen für den Beruf.
Präsentiert eure Ergebnisse vor der Klasse.

1 Antiproportionale Zuordnungen

Kühe sind Pflanzenfresser. Zusätzlich bekommen sie Mineralfutter, um gesund zu bleiben.
Landwirt Passens hat 120 Kühe. Sein Vorrat an Mineralfutter reicht noch für 20 Tage.
Wie lange käme Herr Passens mit dem Futter aus, wenn er nur 100 Kühe hätte? Berechne.

2 Grundrechenarten

Früher gaben Kühe ungefähr 8 Liter Milch pro Tag. Diese Menge benötigt auch ein Kälbchen.
Heutzutage gibt eine Kuh ungefähr 28 Liter Milch pro Tag.
Insgesamt werden in Deutschland ungefähr 32 Milliarden Liter Milch pro Jahr produziert.

a) Wie viele Liter Milch gibt eine Kuh heutzutage durchschnittlich pro Jahr? Berechne.
Nach der Geburt ihres Kalbs wird eine Kuh ungefähr zehn Monate lang gemolken, bevor sie ihr nächstes Kalb bekommt. Rechne deshalb mit zehn Monaten pro Jahr, in denen die Kuh Milch gibt.
b) Um wie viel Prozent ist die Milchproduktion einer Kuh im Vergleich zu früher gestiegen? Berechne.
c) Wie viele Kühe leben ungefähr in Deutschland? Berechne.
d) Vor 10 Jahren wurden in Deutschland auch ungefähr 32 Milliarden Liter Milch pro Jahr produziert.
Aber eine Kuh gab nur ungefähr 23 Liter Milch pro Tag.
Wie viele Kühe lebten vor 10 Jahren in Deutschland? Berechne.

3 Flächen

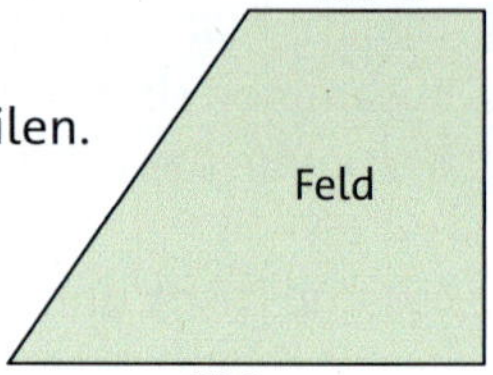

Herr Bichler möchte mit einer Drohne Pflanzenschutzmittel auf dem Feld verteilen.
Pro Hektar benötigt Herr Bichler zwei Liter Pflanzenschutzmittel.
Die Drohne kann pro Flug 12 Liter Pflanzenschutzmittel verteilen.

a) Wie viele Hektar kann die Drohne mit einem Flug behandeln? Berechne.
b) Berechne die Größe des Feldes. Wie viele Flüge braucht Herr Bichler um das gesamte Feld zu behandeln? **Tipp:** $10\,000\,m^2 = 1\,ha$
c) Jeder Flug dauert 15 Minuten. Davor braucht Herr Bichler fünf Minuten, um die Drohne zu befüllen.
Wie lange dauert die gesamte Behandlung des Feldes? Berechne.

4 Grundrechenarten

Frau Vestert möchte ihre Milch direkt über einen Milchautomaten verkaufen.
Für den Milchautomaten muss Frau Vestert zehn Jahre lang 2100 € pro Jahr zahlen.
Hinzu kommen 1000 € pro Jahr für Wartung, Strom und Reinigung.
Frau Vestert kann ihre Milch über den Automaten für 1,20 € pro Liter verkaufen.
Von jedem verkauften Liter Milch muss Frau Vestert 0,46 € pro Liter abziehen. Das sind die Kosten für zum Beispiel Futter für die Kühe.
Berechne, wie viel Liter Milch Frau Vestert mindestens jedes Jahr verkaufen muss, damit sich der Verkauf über den Milchautomaten für sie lohnt.

Anlagenmechaniker/-in für Sanitärtechnik, Heizungstechnik und Klimatechnik

Anlagenmechanikerinnen und **Anlagenmechaniker** für Sanitärtechnik, Heizungstechnik und Klimatechnik bauen verschiedene Geräte und Systeme in Gebäude ein oder reparieren bereits eingebaute Geräte.
Zu diesen Geräten und Systemen zählen Rohrleitungen, Pumpen, Heizungen, aber auch Badewannen, Waschbecken und Toiletten.
Darüber hinaus bauen sie Solaranlagen (Photovoltaikanlagen) auf.

Recherchiert in der Gruppe zu den Ausbildungsorten und den Voraussetzungen für den Beruf. Präsentiert eure Ergebnisse in der Klasse.

1 Dreisatz

Fußbodenheizungen bestehen aus langen Heizrohren.
Eine Sanitärfirma verlegt 44 m Heizrohr auf 5 m² Boden.
Berechne, wie viele Meter Heizrohr für 25 m² Boden und 80 m² Boden benötigt werden.

2 Anteile

Die Familie Gündüz-Heer beauftragt die Firma SaHeK, um im Wohnzimmer eine Wandheizung anzubringen. Die Wand ist 2,6 m hoch und 5,5 m breit.
Für die Heizrohre werden 30 % der Wandfläche eingeplant.

Für 1 m² werden 9 m Heizrohr benötigt. Berechne, wie viele Meter Heizrohr verlegt werden.
Berechne zuerst die Größe der Wandfläche.

a) Die Kosten einer Wandheizung betragen 130 € pro m² Wandfläche.
Bestimme die Kosten für die Wandheizung der Familie Gündüz-Heer.

3 Zuordnungen

Im Durchschnitt verbraucht eine Person in Deutschland 128 Liter Wasser am Tag.

a) Berechne, wie viel Wasser eine alleinstehende Person in einem Jahr verbraucht.
Gehe von einem Jahr mit 365 Tagen aus.

b) Das Kreisdiagramm zeigt, wofür Wasser in einem Haushalt verwendet wird. Berechne, wie viel Liter Wasser eine Person pro Tag für die einzelnen Aktivitäten verbraucht.

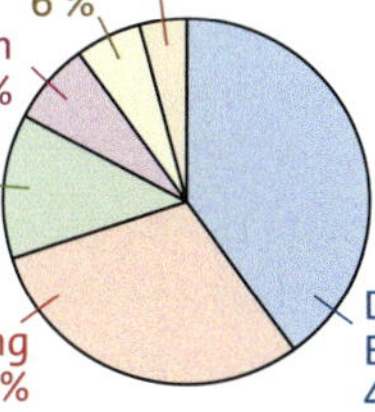

4 Flächen

Auf einem freien Feld in Nordrhein-Westfalen soll eine Photovoltaikanlage installiert werden. Das Feld ist 100 m lang und 70 m breit.
Ein Solarmodul hat die Maße 1,67 m × 1,00 m.

a) Wie viele Module passen auf das Feld, wenn die Modulreihen einen Abstand von 2 m haben?

b) Macht es einen Unterschied, die Reihen der Länge oder der Breite nach aufzustellen? Berechnet die Anzahl der Module für beide Varianten und vergleicht eure Ergebnisse.

Industriemechaniker/-in

Industriemechanikerinnen und **Industriemechaniker** organisieren und kontrollieren Herstellungsabläufe und sorgen dafür, dass Maschinen und Fertigungsanlagen funktionieren.
Sie bauen, programmieren, warten und reparieren Maschinen oder ganze Fertigungsanlagen. Industriemechanikerinnen und Industriemechaniker stellen Störungen fest und tauschen beschädigte Bauteile aus.
Außerdem weisen sie die Kundschaft in die Bedienung der Maschinen ein.

Recherchiert in der Gruppe zu den Ausbildungsorten und den Voraussetzungen für den Beruf. Präsentiert eure Ergebnisse in der Klasse.

1 Ähnlichkeit

Ein Industriemechaniker soll anhand einer Zeichnung eine neue Maschine bauen.
Die Maschine hat in der Zeichnung eine Höhe von 15 cm. In Wirklichkeit ist die Maschine 3 m hoch.

a) Berechne den Maßstab.
b) Berechne die Breite der Maschine in Wirklichkeit, wenn in der Zeichnung eine Breite von 8 cm eingezeichnet ist.
c) Die Maschine ist in Wirklichkeit 5 m lang. Berechne die Länge in der Zeichnung.

2 Satz des Pythagoras

Für die Erstellung eines Bauteils für eine Maschine soll ein Dreieck aus einem Blech ausgesägt werden (Angaben in cm).

a) Berechne die fehlende Länge des Dreiecks.
b) Berechnet den Flächeninhalt des Dreiecks und den Flächeninhalt des Blechs.
Berechnet den Anteil des Flächeninhalts des Dreiecks am Flächeninhalt des Blechs.
Vergleicht eure Ergebnisse untereinander.

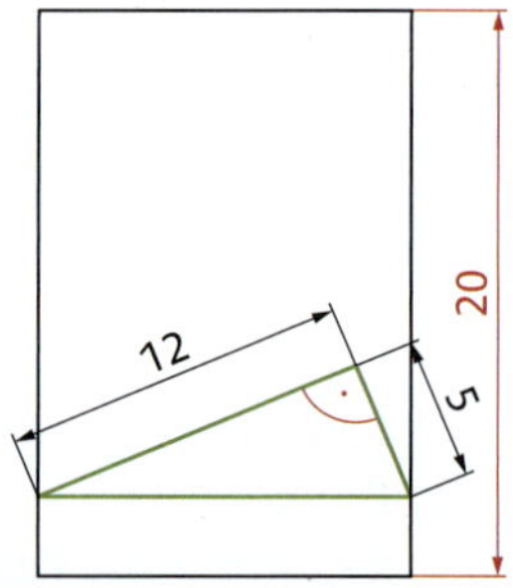

3 Funktionen

Ein **Notstrom-Aggregat** ist ein Gerät zur Stromerzeugung, das beim Ausfall der üblichen Stromversorgung eingesetzt wird.
Ein Notstrom-Aggregat verbraucht im Betrieb pro Stunde 25 Liter Kraftstoff.
Im Notstrom-Aggregat einer Firma befinden sich vor dem Einschalten am Morgen 12 500 ℓ Kraftstoff.

a) Stelle eine passende Funktionsgleichung auf
b) Wie viel Liter Kraftstoff befindet sich nach 40 Stunden ungefähr noch im Tank?
c) Berechne, nach wie vielen Stunden der Tank leer ist.

4 Daten und Zufall

Mia arbeitet als Industriemechanikerin in einer Fabrik. Sie überprüft die Qualität der Produkte.
In Halle ① werden 950 Teile produziert. Davon sind 6 % fehlerhaft.
In Halle ② werden 250 Teile produziert. Davon sind 4% fehlerhaft.
Berechne für Halle ① und Halle ② jeweils die Anzahl der defekten Teile und die Anzahl der funktionierenden Teile.

Zerspanungsmechaniker/-in

Zerspanungsmechanikerinnen und **Zerspanungsmechaniker** fertigen Bauteile für Maschinen. Sie arbeiten mit computergesteuerten Drehmaschinen, Fräsmaschinen und Schleifmaschinen. Außerdem überwachen sie Bearbeitungsprozesse.
Zu den weiteren Aufgaben gehören die regelmäßige Inspektion und Wartung der Maschinen.

Recherchiert in der Gruppe zu den Ausbildungsorten und den Voraussetzungen für den Beruf. Präsentiert eure Ergebnisse in der Klasse.

1 Körper

Mechanikerinnen und Mechaniker arbeiten mit verschiedenen Werkzeugen und Bauteilen. Man kann die Form der Werkzeuge und Bauteile mit geometrischen Körpern beschreiben.

a) Bolzen sind Bauteile, die weitere Bauteile verbinden und befestigen. Beschreibe, welchen geometrischen Körper der Bolzen darstellt und berechne das Volumen des Bolzens ①.
Notiere das Ergebnis in cm^3 und runde auf eine Nachkommastelle.

b) Spanneisen sind Werkzeuge, mit denen man Werkstücke sicher auf dem Maschinentisch spannt. Beschreibe, aus welchen geometrischen Körpern das Spanneisen zusammengesetzt ist und berechne das Volumen des Spanneisens ②.

①

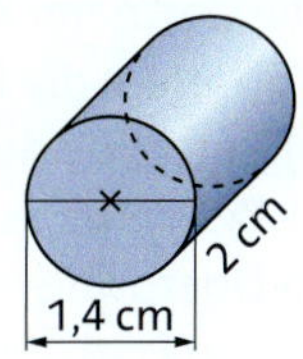

②

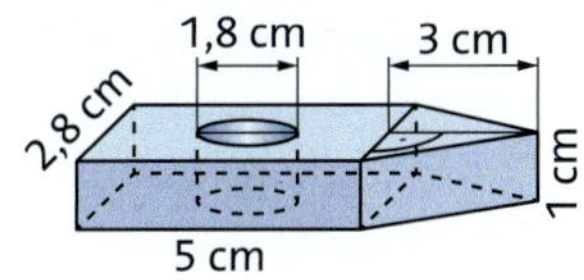

2 Terme und Gleichungen

Die Größe der Zähne eines Zahnrads gibt man mit dem Modul m an.
Der Modul m ist der Quotient aus dem Durchmesser d des Zahnrads und der Anzahl der Zähne z.

a) Notiere die Gleichung zur Berechnung des Moduls m aus dem Durchmesser d des Zahnrads und der Anzahl der Zähne z.

b) Berechne den Modul m für d = 34 mm und z = 12.

c) Berechne den Durchmesser eines Zahnrads in mm mit m = 3,2 mm und z = 14.

d) Berechne die Anzahl der Zähne für ein Zahnrad mit d = 42 mm und m = 3 mm.

3 Massen und Dichten

Bauteile bestehen aus Werkstoffen.
Verschiedene Werkstoffe haben verschiedene Dichten.
Die Dichte gibt das Verhältnis der Masse zum Volumen an.

Werkstoff	Aluminium	Titan	Stahl	Blei
Dichte in $\frac{g}{cm^3}$	2,7	4,5	7,85	11,3

a) Berechne die Masse für den Bolzen ① aus Stahl.

b) Berechne die Masse für den Bolzen ① aus Aluminiumblech.

c) Berechne die Masse für den Bolzen ① aus Blei.

Tipp zu a)–c): Setze das Volumen in die Formel für die Dichte ein und stelle nach der Masse um.

d) Ein Bolzen mit dem Volumen von etwa 44 cm^3 wiegt 200 g.
Aus welchem Material besteht er? Vergleicht eure Ergebnisse untereinander.

Gärtner/-in

Gärtnerinnen und Gärtner planen und pflegen Grünflächen.
Grünflächen sind Gärten, Parks, aber auch Zeltplätze, Sportplätze und Freizeitanlagen. Außerdem kümmern sie sich um den Bau von Wegen, Mauern und Treppen auf Grünflächen.
Sie bedienen Maschinen und Geräte, wie zum Beispiel Laubbläser, Rasenmäher und Heckenscheren.

Recherchiert in der Gruppe zu den Ausbildungsorten und den Voraussetzungen für den Beruf. Präsentiert eure Ergebnisse in der Klasse.

1 Flächen

Die Gärtnerei Kipos hat eine große Grünfläche mit drei Feldern.

a) Notiere die Form der Felder ①, ② und ③ in deinem Heft.
b) Berechne den Flächeninhalt der Felder ①, ② und ③.
c) Berechne den Flächeninhalt der gesamten Grünfläche.
d) Überprüfe mit einer Rechnung, ob die linke Grenze von Feld ② ungefähr 361 m lang ist. Korrigiere, falls nötig.
e) Berechne den Umfang der gesamten Grünfläche.
f) Auf Feld ③ hat die Gärtnerei Bäume gepflanzt. Die Bäume haben einen Abstand von ungefähr 4 m. Berechne, wie viele Bäume auf Feld ③ stehen.

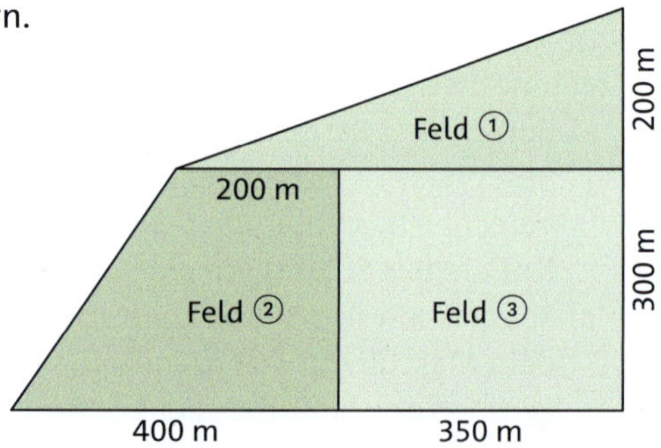

2 Prozentrechnung

Eine Schule bestellt in einer Gärtnerei 20 Geranien zum Preis von 2,90 € pro Blume und acht Strauchrosen zum Preis von 6,90 € pro Blume. Die Schule erhält einen Rabatt von 5 %.

a) Zeigt mit einer Rechnung, dass die Schule 107,54 € für die Blumen zahlt. Vergleicht eure Ergebnisse untereinander.
b) Die Mehrwertsteuer beträgt für Pflanzen 7 %. Berechne die Mehrwertsteuer für 107,54 €.

3 Bruchrechnung

Die Gärtnerei Eden hat ein Gewächshaus.
Das Gewächshaus hat eine Grundfläche von 200 m².

a) Die Gärtnerei pflanzt auf einem Achtel der Grundfläche des Gewächshauses Kräuter. Berechne die Größe der Fläche für die Kräuter.
b) Die Gärtnerei pflanzt auf zwei Vierteln der Grundfläche des Gewächshauses Sträucher. Berechne die Größe der Fläche für die Sträucher.
c) Die Gärtnerei möchte auf der übrigen Fläche Balkonpflanzen anpflanzen. Berechne, wie viel Fläche für die Balkonpflanzen übrig ist.

4 Körper

Ein Gabionen-Zaun besteht aus Drahtkörben, die mit Steinen gefüllt sind.

a) Berechne das Volumen eines Gabionenzauns in Form eines Quaders. Der Zaun ist 0,5 m lang, 1 m breit und 2 m hoch.
b) Berechne, wie schwer der Gabionenzaun aus a) ungefähr ist, wenn er mit Kalksteinen befüllt ist. Kalkstein hat eine Dichte von $2{,}7\,\frac{\text{g}}{\text{cm}^3}$. Die Lücken zwischen den Steinen kannst du vernachlässigen.

Elektroniker/-in für Energietechnik und Gebäudetechnik

Elektronikerinnen und Elektroniker für Energietechnik und Gebäudetechnik planen elektrische Anlagen und die Stromversorgung von Gebäuden. Sie bauen Stromleitungen, Steckdosen und Schalter in Gebäude ein. Außerdem schließen sie elektrische Geräte für den Haushalt an und reparieren die Anlagen. In der Werkstatt fertigen sie selbst Bauteile.

Recherchiert in der Gruppe zu den Ausbildungsorten und den Voraussetzungen für den Beruf. Präsentiert eure Ergebnisse in der Klasse.

1 Tabellenkalkulation

Das Ohmsche Gesetz beschreibt den Zusammenhang zwischen der Spannung U, dem Widerstand R und der Stromstärke I. Die Formel des Ohmschen Gesetzes ist U = R · I.

	A	B	C	D
1	Spannung U in Volt	Widerstand R in Ohm	Stromstärke I in Ampere	Leistung P in Watt
2	=B2*C2	604	1,7	
3	730		3,3	
4	374	22		

a) Was wird im Feld A2 berechnet? Berechne den Wert für A2.
b) Wie lautet die Formel für Feld B3? Berechne den Wert für B3.
c) Wie lautet die Formel für Feld C4? Berechne den Wert für C4.
d) Die Leistung P in Watt ist die Spannung U multipliziert mit der Stromstärke I. Berechne die Werte für die Felder D2, D3 und D4.

2 Funktionen

Der Einkaufspreis für Elektromotoren bei einem Großhändler liegt bei 25 € pro Stück. Dazu kommen für jede Bestellung Versandkosten von 10,50 €.
Im Elektrohandel von Mirkos Onkel werden die Motoren für 45 € verkauft.

a) Stelle eine passende Funktionsgleichung für die Kosten beim Einkauf auf. x steht für die Anzahl der Motoren, y sind die Gesamtkosten.
b) Stelle eine passende Funktionsgleichung für die Einnahmen beim Verkauf der Motoren auf.
c) Zeichne die beiden Graphen mit einer dynamischen Geometrie-Software.
d) Wie viel Gewinn macht der Elektrohandel bei einem Verkauf von 12 Motoren? Erkläre, wie du das mit Hilfe der Zeichnung bestimmen kannst.

3 Körper

Meral fertigt ein Bauteil aus Kupfer mit Hilfe einer Maschine an. Er gibt am Computer die Maße des Bauteils ein. Wie wird das fertige Bauteil aussehen?

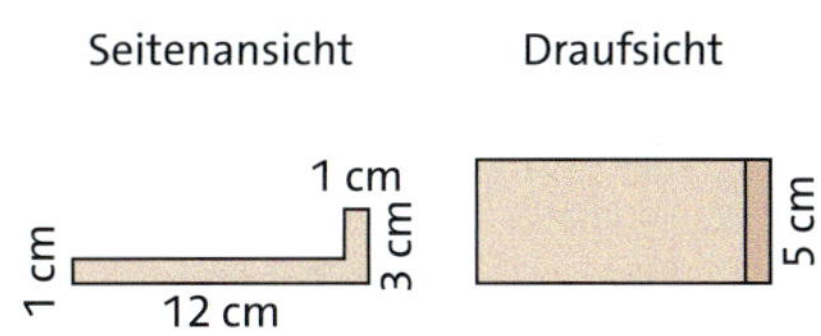

a) Zeichne ein Schrägbild des Bauteils.
b) Zeichne das Netz des Bauteils. Schneide dann das Netz aus und falte es zu einem Körper zusammen.
c) Kupfer hat eine Dichte von $8{,}96\,\frac{g}{cm^3}$. Berechnet die Masse des Bauteils aus Kupfer. Vergleicht eure Ergebnisse.

Grundwissen

► Hier findest du einfache, anschauliche Erklärungen zur Mathematik aus den vergangenen Schuljahren. Es gibt viele Beispiele und Aufgaben, mit denen du weiter üben kannst.
Die Lösungen findest du hinten ab Seite 229. So kannst du deine Ergebnisse selbst überprüfen.

Die Erklärungen und Aufgaben gehören zu fünf Bereichen:
Zahlen und Daten: Diagramme auswerten, Diagramme zeichnen, runden, umwandeln
Größen: Länge, Fläche, Volumen
Rechnen: Addition, Subtraktion, Multiplikation, Division, Potenzen und Wurzeln, Prozentrechnung, Zinsrechnung, Terme vereinfachen, Gleichungen lösen, Sachaufgaben
Funktionen: lineare Funktionen
Geometrie: Punkte, Kreise, Dreiecke, Vierecke, Würfel, Quader, Prismen, Zylinder, Kegel

→ Seite 144 Nr. 1

Daten in einer Strichliste und in einer Häufigkeitstabelle darstellen

In einer **Strichliste** fasst du Antworten mit Strichen zusammen.

In einer **Häufigkeitstabelle** schreibst du, wie häufig eine Antwort vorkommt.

Acht Jugendliche wurden gefragt:
Was ist dein Lieblingsfach?

Antworten: Kunst; Sport; Sport; Mathe; Sport; Englisch; Mathe; Kunst

Fach	Strichliste	Häufigkeit
Kunst	||	2
Sport	|||	3
Mathe	||	2
Englisch	|	1

1 Das Alter in Jahren aller Kinder einer Sportgruppe wird notiert.
Alter (in Jahren): 16; 14; 15; 16; 16; 15; 16; 14; 16; 14; 15; 16; 14
Erstelle für das Alter eine Strichliste und eine Häufigkeitstabelle.

2 Die 20 Schülerinnen und Schüler der Klasse 10 A notieren die benötigte Zeit für ihren Schulweg.
Schulweg (in Minuten): 18; 25; 12; 8; 29; 20; 17; 15; 10; 15; 5; 7; 24; 30; 17; 40; 35; 5; 19; 25
Ergänze die Strichliste und die Häufigkeitstabelle in deinem Heft.

Schulweg (in min)	Strichliste	Häufigkeit
00–10		
11–20		
21–30		
> 30		

→ Seite 145 Nr. 7

Werte aus einem Diagramm ablesen

Wenn du ein Diagramm lesen sollst, dann kannst du so vorgehen:

Wie hoch war die Höchsttemperatur am Samstag?

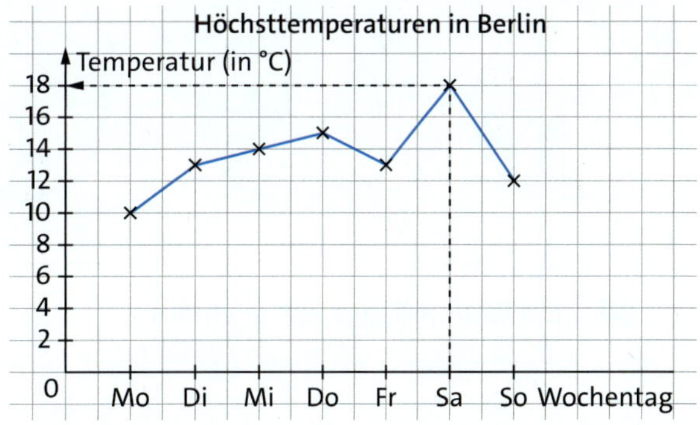

1. Lies die Überschrift. Dort erfährst du, um was es geht.
   Das Diagramm stellt die Höchsttemperaturen in Berlin im Verlauf einer Woche dar.
2. Lies, was an den Achsen steht.
   Auf der unteren Achse (x-Achse) sind die Wochentage von Montag bis Sonntag dargestellt. Auf der Hochachse (y-Achse) steht die Temperatur.
3. Schaue, in welchen Schritten die Achse mit den Zahlen eingeteilt ist.
   Die Temperatur ist in 2er-Schritten eingeteilt.
4. Lies den gesuchten Wert ab.
   Die Höchsttemperatur lag am Samstag bei 18 °C.

3 Betrachte das Diagramm in der rechten Spalte der Erklärung. Lies ab und ergänze.
a) Jedem Wochentag wird die ______ zugeordnet.
b) Am Donnerstag lag die Höchsttemperatur bei □ °C.
c) Am ______ und am ______ betrug die Höchsttemperatur 13 °C.
d) Eine Höchsttemperatur von 20 °C wurde ______ erreicht.

→ Seite 97 Nr. 13

Prozentsätze in Kreisdiagrammen begründet schätzen

Wenn du in einem Kreisdiagramm einen Prozentsatz schätzen sollst, dann kannst du so vorgehen:

Schätze den Prozentsatz für das Segment, das im Kreisdiagramm dunkel dargestellt ist.

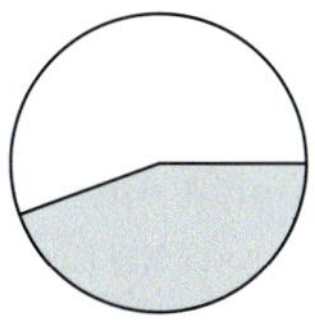

1. Schätze die Größe des Winkels. Beachte dabei, dass ein rechter Winkel 90° groß ist und ein gestreckter Winkel 180°.
   Der Winkel des dunklen Kreissegments ist größer als 90° und kleiner als 180°. Die Größe des Winkels liegt näher an 180° als an 90°. Der Winkel ist ungefähr 160° groß.
2. Der ganze Kreis hat eine Winkelgröße von 360°. Das entspricht 100%. Teile deine geschätzte Winkelgröße durch 360°. Gib das Ergebnis in % an.
   $160° : 360° = \frac{4}{9} = 0{,}4444... \approx 44\%$
   Der Anteil des dunklen Kreissegments am gesamten Kreis beträgt ungefähr 44%.

4 Schätze den Prozentsatz für das Segment, das im Kreisdiagramm dunkel dargestellt ist. Notiere im Heft.

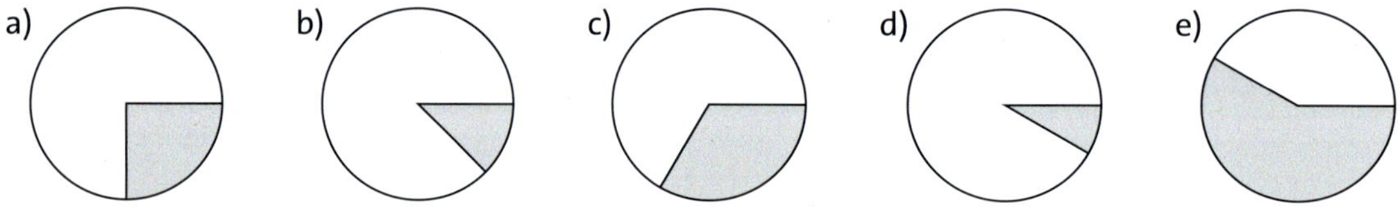

→ Seite 145 Nr. 6

Ein Säulendiagramm zeichnen

5 Bei der Wahl zum Klassensprecher hat Chiara 10 Stimmen bekommen. Patryk hat 8 Stimmen bekommen, Mathias 5 Stimmen und Leonie 3 Stimmen. Stelle das Ergebnis in einem Säulendiagramm dar.

6 Die Seven Summits sind die jeweils höchsten Berge der sieben Kontinente. Dazu gehören unter anderem die folgenden Berge:

Kontinent	**Berg**	**Höhe**
Antarktis	Mount Vinson	4892 m
Afrika	Kibo (Kilimandscharo)	5895 m
Nordamerika	Denali (Mount McKinley)	6190 m
Südamerika	Aconcagua	6962 m
Asien	Mount Everest	8848 m

Stelle die Höhe der Berge in einem Säulendiagramm dar.

→ Seite 6 Nr. 3

Dezimalzahlen runden

So rundest du Zahlen:
1. Finde die Rundungsstelle.
2. Beachte die Ziffer rechts daneben:
   - Bei 0,1,2,3 und 4 musst du **abrunden**: Die Rundungsstelle bleibt gleich. Die Ziffern rechts davon werden alle zu 0.
   - Bei 5, 6, 7, 8 und 9 musst du **aufrunden**: Die Rundungsstelle wird um 1 größer, die Ziffern rechts davon werden alle zu 0.

Runde 2,748 …

… auf Zehntel.
2,748
2,748 ≈ 2,700
2,748 ≈ 2,7
denn wegen der 4 muss **abgerundet** werden.

… auf Hundertstel.
2,748
2,748 ≈ 2,750
2,748 ≈ 2,75
denn wegen der 8 muss **aufgerundet** werden.

7 Runde auf Zehntel.
a) 2,48 b) 5,09 c) 0,72 d) 8,316 e) 4,97 f) 10,048

8 Runde auf Hundertstel.
a) 0,381 b) 2,865 c) 9,3368 d) 5,697 e) 0,4018 f) 145,4992

→ Seite 120 Nr. 1, 2
→ Seite 144 Nr. 2, 3

Brüche in Prozentzahlen umwandeln

9 Wandle den Bruch in eine Prozentzahl um.

a) $\frac{47}{100}$ b) $\frac{91}{100}$ c) $\frac{68}{100}$ d) $\frac{3}{100}$ e) $\frac{150}{100}$ f) $2\frac{30}{100}$

10 Erweitere oder kürze den Bruch so, dass der Nenner 100 ist. Schreibe dann als Prozentzahl.

a) $\frac{33}{50}$ b) $\frac{44}{200}$ c) $\frac{6}{300}$ d) $\frac{11}{20}$ e) $\frac{2}{25}$ f) $\frac{3}{5}$

→ Seite 120 Nr. 2
→ Seite 144 Nr. 2, 3

Dezimalzahlen in Brüche umwandeln und umgekehrt (mit Stellenwerttafel)

11 Wandle die Dezimalzahl in einen Bruch um. Kürze den Bruch so weit wie möglich.

Beispiel $0{,}24 = \frac{24}{100} = \frac{12}{50} = \frac{6}{25}$

a) 0,3 b) 0,6 c) 0,23 d) 0,58 e) 0,68 f) 0,75 g) 1,2

12 Wandle den Bruch in eine Dezimalzahl um.

a) $\frac{7}{10}$ b) $\frac{19}{100}$ c) $\frac{127}{1000}$ d) $\frac{2}{5}$ e) $\frac{7}{20}$ f) $\frac{3}{250}$ g) $\frac{5}{8}$

→ Seite 120 Nr. 2
→ Seite 144 Nr. 2, 3

Prozentzahlen in Brüche und Dezimalzahlen umwandeln

Das Prozent-Zeichen (%) steht für Hundertstel.
Du kannst eine Prozentzahl also als **Bruch** mit dem Nenner 100 schreiben.

Wenn du die Prozentzahl in eine Stellenwerttafel einträgst, kannst du die **Dezimalzahl** ablesen.
Du musst an den freien Stellen **Nullen** ergänzen.

Wandle 2 % und 129 % jeweils in einen Bruch und in eine Dezimalzahl um.

2 % = 2 Hundertstel = $\frac{2}{100}$

129 % = 129 Hundertstel = $\frac{129}{100} = 1\frac{29}{100}$

Prozentzahl	E	,	z	h	Dezimalzahl
2 %	0	,	0	2	0,02
129 %	1	,	2	9	1,29

13 Wandle die Prozentzahl in einen Bruch und in eine Dezimalzahl um.

Beispiel $39\,\% = \frac{39}{100} = 0{,}39$

a) 61 % b) 19 % c) 7 % d) 14 % e) 20 % f) 110 %

→ Seite 6 Nr. 4

Einheiten für Längen umrechnen

→ Seite 190 Nr. 10

14 Rechne in die nächstkleinere Einheit um.
Beispiel 6 m = 6 · 10 dm = 670 dm

a) 7 m = □ dm b) 3 dm = □ cm c) 15 cm = □ mm d) 2 km = □ m
e) 0,6 km = □ m f) 2,1 m = □ dm g) 0,3 cm = □ mm h) 1 m 5 dm = □ dm

15 Rechne in die nächstgrößere Einheit um.
Beispiel 800 cm = 80 dm, denn 800 : 10 = 80.

a) 70 cm = □ dm b) 20 dm = □ m c) 6000 m = □ km d) 150 mm = □ cm
e) 400 m = □ km f) 25 cm = □ dm g) 3 dm = □ m h) 5 m 8 dm = □ m

16 Rechne in die Einheit in der Klammer um.

a) 4 m (dm) b) 50 mm (cm) c) 2,5 km (m) d) 1,5 m (cm) e) 150 mm (dm)

→ Seite 6 Nr. 5

Einheiten für Flächeninhalte umrechnen

→ Seite 190 Nr. 10

17 Rechne in die nächstkleinere Einheit um.
Beispiel $4\ m^2 = 4 \cdot 100\ dm^2 = 400\ dm^2$

a) $5\ m^2 = \square\ dm^2$ b) $9\ cm^2 = \square\ mm^2$ c) $30\ m^2 = \square\ dm^2$ d) $35\ dm^2 = \square\ cm^2$
e) $0{,}07\ cm^2 = \square\ mm^2$ f) $2{,}3\ dm^2 = \square\ cm^2$ g) $1\ m^2\ 90\ dm^2 = \square\ dm^2$ h) $4\ cm^2\ 5\ mm^2 = \square\ mm^2$

18 Rechne in die nächstgrößere Einheit um.
Beispiel $200\ cm^2 = 2\ dm^2$, denn 200 : 100 = 2.

a) $800\ cm^2 = \square\ dm^2$ b) $700\ mm^2 = \square\ cm^2$ c) $2000\ dm^2 = \square\ m^2$ d) $60\ cm^2 = \square\ dm^2$
e) $450\ mm^2 = \square\ cm^2$ f) $4000\ dm^2 = \square\ m^2$ g) $2\ dm^2\ 50\ cm^2 = \square\ dm^2$ h) $8\ m^2\ 9\ dm^2 = \square\ m^2$

19 Rechne in die Einheit in der Klammer um.

a) $6\ m^2\ (dm^2)$ b) $300\ mm^2\ (cm^2)$ c) $0{,}25\ m^2\ (dm^2)$ d) $0{,}03\ dm^2\ (mm^2)$ e) $4\ m^2\ 50\ dm^2\ (cm^2)$

→ Seite 97 Nr. 10

Einheiten für Volumen umrechnen

20 Rechne in die nächstkleinere Einheit um.
Beispiel $5\ cm^3 = 5 \cdot 1000\ mm^3 = 5000\ mm^3$

a) $2\ cm^3 = \square\ mm^3$ b) $8\ m^3 = \square\ dm^3$ c) $15\ dm^3 = \square\ cm^3$ d) $250\ m^3 = \square\ dm^3$
e) $0{,}1\ m^3 = \square\ dm^3$ f) $3{,}5\ cm^3 = \square\ mm^3$ g) $2\ cm^3\ 500\ mm^3 = \square\ mm^3$ h) $3\ m^3\ 50\ dm^3 = \square\ \ell$

21 Rechne in die nächstgrößere Einheit um.
Beispiel $2000\ dm^3 = 2\ m^3$, denn 2000 : 1000 = 2.

a) $3000\ dm^3 = \square\ m^3$ b) $2000\ mm^3 = \square\ cm^3$ c) $70\,000\ cm^3 = \square\ dm^3$ d) $500\ dm^3 = \square\ m^3$
e) $60\ mm^3 = \square\ cm^3$ f) $8500\ cm^3 = \square\ dm^3$ g) $2\ cm^3\ 100\ mm^3 = \square\ cm^3$ h) $1\ m^3\ 50\ dm^3 = \square\ m^3$

22 Rechne in die Einheit in der Klammer um.

a) $3\ dm^3\ (cm^3)$ b) $20\,000\ mm^3\ (cm^3)$ c) $15\ \ell\ (m^3)$ d) $0{,}1\ m^3\ (cm^3)$ e) $90\ cm^3\ (\ell)$

→ Seite 7 Nr. 7, 8

Mit Dezimalzahlen rechnen

23 Berechne im Kopf.
a) 2,4 + 1,5 b) 6,3 + 2,5 c) 3,7 + 0,3 d) 2,7 + 5 e) 0,37 + 0,4 f) 0,47 + 0,27
g) 2,8 – 0,6 h) 1 – 0,2 i) 6,2 – 1,3 j) 1,45 – 0,3 k) 2,7 – 0,25 l) 3 – 1,25

24 Multipliziere im Kopf.
a) 0,2 · 3 b) 6 · 0,4 c) 0,5 · 10 d) 0,05 · 7 e) 0,8 · 0,9 f) 1,5 · 0,2

25 Dividiere im Kopf.
a) 1,2 : 3 b) 5,6 : 7 c) 0,48 : 0,6 d) 0,8: 0,5 e) 0,32 : 8 f) 6 : 0,12

→ Seite 58 Nr. 3

Rationale Zahlen addieren und subtrahieren

26 Berechne.
a) +5 – (+7) b) +12 + (–9) c) –15 – (+8) d) +7 – (–9)
e) –12 + (–13) f) +23 – (+8) g) –34 + (+19) h) 32 – (–18)

27 Berechne.
a) –3 + 6 b) –4 – 9 c) 5 – 11 d) –10 + 4 e) 12 – 17
f) –17 – 23 g) 14 – 33 h) –35 + 58 i) –48 + 23 j) –37 – 44

→ Seite 7 Nr. 7, 8

Rationale Zahlen multiplizieren und dividieren

→ Seite 58 Nr. 3

28 Multipliziere im Kopf.
a) (+4) · (–3) b) (–6) · (–2) c) 5 · (–4) d) (–6) · 8
e) (–8) · (–10) f) (+9) · (+6) g) (–10) · 7 h) 13 · (–3)

29 Dividiere im Kopf.
a) (–21) : (+7) b) (–20) : (–5) c) 70 : 10 d) (+35) : (–5)
e) (–48) : (–6) f) 21 : (–3) g) (–100) : 4 h) (–96) : (–8)

→ Seite 7 Nr. 9

Vorrangregeln anwenden

30 Berechne. Nenne die Vorrangregeln, die du genutzt hast.
a) 32 + 4 · 4 b) 2 · (28 – 18) c) 25 + 45 : 5 d) 36 : (13 – 7)
e) (30 – 12) : 6 f) (37 + 23) : 10 · 2 g) $28 + 8 \cdot 3^2$ h) $9 + (5^2 - 4) : 7$

→ Seite 6 Nr. 1, 2
→ Seite 58 Nr. 4, 5

Produkte als Potenz schreiben und den Wert der Potenz berechnen

Wenn gleiche Faktoren multipliziert werden, dann kannst du dieses Produkt als Potenz schreiben.

Eine Potenz besteht aus einer **Basis** und einem Exponenten. Das Ergebnis einer Potenz heißt Wert der Potenz.

Berechne den Wert der Potenz 3^5.

die Potenz — der Exponent (oder die Hochzahl)

$3^5 = \underbrace{3 \cdot 3 \cdot 3 \cdot 3 \cdot 3}_{\text{5-mal}} = 3^5$ (sprich: 3 hoch 5)

die Basis (die Grundzahl)

$3^5 = 243$ der Wert der Potenz

31 Ergänze die Lücken in deinem Heft. Nutze die Begriffe auf den Kärtchen.

Basis | Exponent | Potenz | Wert der Potenz

3^2 ist eine ________. Die Zahl 3 ist die ________. Die Zahl 2 ist der ________. 9 ist der ________.

32 Schreibe als Potenz und berechne den Wert der Potenz.

a) $7 \cdot 7$ b) $2 \cdot 2 \cdot 2 \cdot 2 \cdot 2 \cdot 2$ c) $10 \cdot 10 \cdot 10 \cdot 10$ d) $3 \cdot 3 \cdot 3 \cdot 3$ e) $4 \cdot 4 \cdot 4$

33 Berechne das Ergebnis.

a) 5^2 b) 9^2 c) 10^2 d) 11^2 e) $0{,}5^2$
f) 100^2 g) $(-100)^2$ h) 12^2 i) $(-12)^2$ j) $0{,}8^2$

→ Seite 58 Nr. 4, 6

Den Wert einer Quadratwurzel berechnen

Die Umkehrung des Quadrierens ist das Ziehen der Quadratwurzel.

Die Zahl unter der Quadratwurzel heißt Radikand. Das Ergebnis ist der Wert der Quadratwurzel. Der Wert der Quadratwurzel ist größer oder gleich 0.

Bestimme die Quadratwurzel aus 16.

$4^2 = 4 \cdot 4 = 16$,

also ist $\sqrt{16} = 4$.

Radikand — Wert der Quadratwurzel

34 Berechne den Wert der Quadratwurzel.

a) $\sqrt{9}$ b) $\sqrt{49}$ c) $\sqrt{64}$ d) $\sqrt{1}$ e) $\sqrt{169}$

→ Seite 120 Nr. 3, 5

Begriffe der Prozentrechnung

35 Ordne den fett gedruckten Angaben die Begriffe Grundwert G, Prozentwert W und Prozentsatz p % zu. Manchmal fehlt ein Begriff. Welcher ist es?

a) Von **5 Windrädern** drehen sich **4**. Das sind **80 %**.
b) **525** der **700 Schülerinnen und Schüler** haben am Montagnachmittag Unterricht. Das sind **75 %**.
c) **60 %** der Schülerinnen und Schüler haben Damian zum Klassensprecher gewählt. Das waren **15 Schülerinnen und Schüler**.
d) Ein Kinosaal hat **200 Plätze**. **80 %** der Plätze sind schon belegt.
e) Von **10 Joghurts** hat Jan **2** gegessen.

→ Seite 97 Nr. 12

Den Prozentsatz berechnen

→ Seite 120 Nr. 4, 6

36 Berechne den Prozentsatz p % mit dem Dreisatz. Ergänze die Tabelle im Heft.

a) Von 25 Bäumen haben 8 ihr Laub abgeworfen.

	Bäume	Anteil	
	25	100 %	
: 25	1		: □
· 8	8		· □

b) Von 20 Bananen sind 11 faul.

	Bananen	Anteil	
	20	100 %	
: 20	1		: □
· □	11		· □

c) Von 200 Losen sind 84 Gewinne.

Lose	Anteil
200	
84	

37 Berechne den Prozentsatz p % mit der Formel.

a) 9 von 20 Elfmetern b) 3 von 50 Äpfeln c) 26 von 200 Autos d) 12 von 25 Packungen

→ Seite 97 Nr. 12

Den Prozentwert berechnen

→ Seite 120 Nr. 4, 6

38 Berechne den Prozentwert W mit dem Dreisatz. Ergänze die Tabelle im Heft.

a) 7 % von 400 Autos sind rot.

	Anteil	Autos	
	100 %	400	
: 100	1 %		: □
· 7	7 %		· □

b) 33 % von 200 Ponys sind braun.

Anteil	Ponys
100 %	200
1 %	
33 %	

c) 20 % von 150 Bäumen

Anteil	Bäume
	150
20 %	

39 Berechne den Prozentwert W mit der Formel.

a) 8 % von 200 Euro b) 3 % von 800 Äpfeln c) 27 % von 2500 m d) 90 % von 50 Euro

→ Seite 97 Nr. 12

Den Grundwert berechnen

→ Seite 120 Nr. 4, 6

40 Berechne den Grundwert G mit dem Dreisatz. Ergänze die Tabelle im Heft.

a)

	Anteil	Äpfel	
: 9	9 %	27	: □
· 100	1 %		· □
	100 %		

b)

	Anteil	Fische	
: 11	11 %	77	: □
· □	1 %		· □
	100 %		

c)

	Anteil	Preis	
: □	30 %	600	: □
· □	1 %		· □

41 Berechne den Grundwert G mit der Formel.

a) 3 % sind 18 Euro b) 60 % sind 120 Äpfel c) 12 % sind 600 m d) 20 % sind 50 Euro

→ Seite 121 Nr. 7

Fachbegriffe bei der Zinsrechnung

Die Zinsrechnung ist eine Anwendung der Prozentrechnung.
Die Begriffe der Prozentrechnung bekommen einen neuen Namen:

	das Ganze	der Teil vom Ganzen	der Anteil des Teils vom Ganzen
Prozentrechnung	Grundwert G	Prozentwert W	Prozentsatz p %
Zinsrechnung	Kapital K	Zinsen Z	Zinssatz p%

Jakob hat bei seiner Bank 2000 € zu einem Zinssatz von 3 % angelegt.
Am Ende des Jahres erhält er von der Bank 60 €.
Kapital K = 2000 €; Zinsen Z = 60 €; Zinssatz p % = 3 %

42 Ordne den fett gedruckten Angaben die Begriffe Kapital K, Zinsen Z und Zinssatz p % zu.

a) Marlene hat bei ihrer Bank **1500 €** zu einem Zinssatz von **2 %** angelegt. Am Ende des Jahres erhält sie von der Bank **30 €**.

b) Alexander hat **500** € auf seinem Startkonto. Nach einem Jahr bekommt er **7,50 €**. Das sind **1,5 %** seines Guthabens.

c) Eine Bank zahlt **3,25 %** Zinsen. Herr Meier legt **4000 €** bei der Bank an. Nach einem Jahr bekommt Herr Meier **130 €**.

→ Seite 96 Nr. 1, 2

Werte von Termen berechnen

→ Seite 97 Nr. 11

43 Berechne den Wert des Terms für $x = 3$.

a) $x + 5$ b) $x - 17$ c) $x - 7$ d) $4x$ e) $0{,}5x$ f) $x : 2$

g) $2x + 1$ h) $2x - 5$ i) $5x - 10$ j) $40 - 7x$ k) $0{,}3x + 1{,}2$ l) $2x - 1\frac{3}{4}$

44 Berechne den Umfang u oder den Flächeninhalt A mit der Formel.

a) Umfang: Quadrat mit $a = 5\,cm$; Formel: $u = 4a$
b) Umfang: Rechteck mit $a = 4\,cm$ und $b = 6\,cm$; Formel: $u = 2a + 2b$
c) Umfang: Dreieck mit $a = 5\,cm$, $b = 8\,cm$ und $c = 10\,cm$; Formel: $u = a + b + c$
d) Flächeninhalt: Rechteck mit $a = 7\,cm$ und $b = 4\,cm$; Formel: $A = a \cdot b$
e) Flächeninhalt: Dreieck mit $g = 6\,cm$ und $h = 7\,cm$; Formel: $A = \frac{1}{2} \cdot g \cdot h$

→ Seite 7 Nr. 10

Terme vereinfachen

45 Vereinfache den Term.

a) $2a + 3a$ b) $8x - 5x$ c) $10y + y$ d) $25c - 24c$
e) $3x + 4 + 2x$ f) $5a - 3b + 4b$ g) $x - 2y + 3x + 5y$ h) $3 + 2x + 5x - 6$
i) $4x + 5y - 2x + 3y + 10x - 5x + y$ j) $22 + 3a + 7b - 5a + 9 + 3b - 15$

→ Seite 7 Nr. 10

Terme vereinfachen durch Auflösen von Klammern

46 Löse die Klammer auf. Vereinfache den Term.

a) $4a + (8a - 3b) + 5b$ b) $x - (6 - 3x) + (4 + 5x)$ c) $13v - (4w + 5v) - (2v + 9w)$
d) $3(2x + 4y)$ e) $9 + 2(5a - 4)$ f) $(3x + 5y) + 6(2x + 5y)$
g) $9c - 3(2d + 4c) + 6d$ h) $10(2x - 4y) - 3(5x - 2y)$ i) $2 - (2a - 3b + 5) + 0{,}5(2b - 8a)$

→ Seite 7 Nr. 11
→ Seite 28 Nr. 1
→ Seite 59 Nr. 7
→ Seite 97 Nr. 11
→ Seite 121 Nr. 8

Gleichungen durch Äquivalenzumformungen lösen

47 Löse die Gleichungen durch Äquivalenzumformungen.

a) $7x - 4 = 17$ b) $3x - 20 = 4$ c) $2x + 6 = 20$
d) $5x = 3x + 8$ e) $6x = x + 10$ f) $5x + 10 = 2x + 25$
g) $13x - 30 = 7x + 6$ h) $7x - 54 = -4x - 10$ i) $-2x + 6 = \frac{1}{2}x - 4$

→ Seite 7 Nr. 13
→ Seite 29 Nr. 13
→ Seite 59 Nr. 12
→ Seite 97 Nr. 15
→ Seite 120 Nr. 6
→ Seite 121 Nr. 11
→ Seite 145 Nr. 9

Sachaufgaben lösen

Fünf Schritte helfen dir, wenn du eine Sachaufgabe lösen musst.

1. **Lies den Text genau**
   Markiere wichtige Textstellen.
   Gibt es zusätzliche Hinweise wie z. B. eine Zeichnung, ein Bild oder eine Tabelle?
2. **Verschaffe dir einen Überblick**
   Was ist gegeben?
   Was ist gesucht?
   Was musst du noch wissen?
3. **Stelle eine Rechnung auf und löse sie**
   Musst du fehlende Angaben berechnen?
   Setze die fehlenden Angaben in deine Rechnung ein.
4. **Überprüfe das Ergebnis**
   Du kannst das Ergebnis überschlagen oder die Umkehraufgabe rechnen.
5. **Schreibe einen Antwortsatz**

Aufgabe:
Jan möchte einen Computer für 490 € kaufen.
Der Händler gibt ihm einen Rabatt von 10 %.
Auf Jans Sparbuch sind 350 €.
Zum Geburtstag hat er 60 € geschenkt bekommen.
Wie viel Geld fehlt Jan noch?

gegeben: Preis des Computers: 490 €
Rabatt: 10 %
Geld, das Jan hat: 350 € und 60 €
gesucht: fehlendes Geld

Rechnung:
Preis – Preissenkung – Jans Geld = fehlendes Geld

Preissenkung: Preis · Rabatt
$= 490\,€ \cdot 10\,\% = 490\,€ \cdot \frac{10}{100} = \frac{4900\,€}{100}$
$= 49\,€$
Jans Geld: $350\,€ + 60\,€ = 410\,€$
Preis – Preissenkung – Jans Geld = fehlendes Geld
$490\,€ - 49\,€ - 410\,€ = 31\,€$

Probe:
Jans Geld + fehlendes Geld = zu zahlendes Geld
$350\,€ + 60\,€ + 31\,€ = 441\,€$
Preis – Preissenkung = zu zahlendes Geld
$490\,€ - \frac{10}{100} \cdot 490\,€ = 441\,€$

Antwort: Jan muss noch 31 € sparen.

48 Daylen hat einen Rahmen aus Holz in Form eines Drachens gebaut.
Die Seiten des Drachens sind 60 cm und 40 cm lang. Wie viel Meter Holz hat Daylen gebraucht?

49 Ein Monitor ist 50 cm breit und 30 cm hoch. Berechne die Länge der Bildschirmdiagonale.

50 Eine Hose kostet 70 €. Im Schlussverkauf erhält Angelina 40 % Rabatt.
a) Was ist gegeben? Was ist gesucht? Ordne den Angaben die Begriffe Grundwert G, Prozentwert W und Prozentsatz p % zu.
b) Wie viel Geld spart Angelina?
c) Wie viel Geld muss Angelina für die Hose bezahlen?

51 Maria kauft ein. Sie kauft 2 kg Mehl, 3 Packungen Nudeln (à 500 g) und 2 Tafeln Schokolade (à 150 g). Wie schwer ist der Einkauf?

52 Eine rechteckige Terrasse ist 10 m breit und 6 m lang. Die Terrasse soll mit quadratischen Platten, die eine Seitenlänge von 50 cm haben, gefliest werden. Wie viele Platten werden mindestens benötigt?

53 Frieda hat zu ihrem Geburtstag 250 Euro geschenkt bekommen.
Das Geld legt sie zu einem Zinssatz von 3 % pro Jahr an.
Berechne die Zinsen für das erste Jahr.

54 David hat ein Aquarium. Im Aquarium sind 60 Liter Wasser.
David lässt das Wasser aus dem Aquarium ab. In einer Minute fließen 5 Liter Wasser ab.
a) Wofür stehen die Variablen x und y in der Funktionsgleichung $y = -5x + 60$?
b) Wie viel Wasser befindet sich nach 5 Minuten im Aquarium?
c) Nach wie vielen Minuten ist das Aquarium leer?

55 Die Flugkurve eines Balls kann durch die Parabel $y = -0{,}4x^2 + 3{,}4$ angenähert werden.
Der Ball wird an der Stelle $x = 0$ abgeworfen.
Aus welcher Höhe wird der Ball abgeworfen?

→ Seite 7 Nr. 12, 13

Sachaufgaben mit Gleichungen lösen

56 Paul ist drei Jahre älter als Joost. Zusammen sind Paul und Joost 39 Jahre alt.
Bestimme das Alter von Paul und Joost.

57 Clara, Zine und Antonia spielen in einer Fußballmannschaft. Clara hat doppelt so viele Tore geschossen wie Zine. Antonia hat ein Tor weniger geschossen als Zine. Zusammen haben Clara, Zine und Antonia 27 Tore geschossen. Wie viele Tore hat Clara geschossen?

58 Ein Urlaub kostet für zwei Erwachsene und ein Kind 2100 Euro.
Der Urlaub ist für ein Kind 300 Euro günstiger als für einen Erwachsenen.
Wie viel Euro kostet der Urlaub für einen Erwachsenen und wie viel für ein Kind?

→ Seite 59 Nr. 9

Darstellungsformen von Funktionen

Funktionen kann man als **Wortform**, in einer **Wertetabelle** und als **Graph** darstellen.
Es gibt Funktionen, für die du eine **Funktionsgleichung** angeben kannst.

Wortform
Ein Fallschirm öffnet sich 2000 m über dem Boden.
Pro Minute sinkt er 250 m ab.

Funktionsgleichung
$y = -250x + 2000$
Dabei steht x für die Zeit nach dem Öffnen des Fallschirms (in min) und y für die Höhe (in m).

Wertetabelle

Zeit (in min)	0	1	2	3	…
Höhe (in m)	2000	1750	1500	1250	

Graph

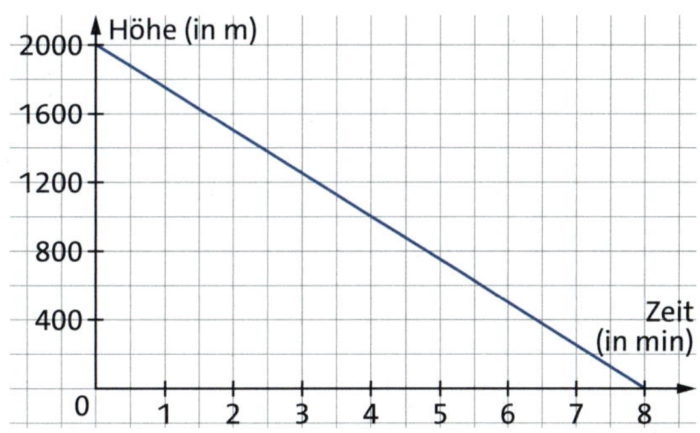

59 Ordne den Darstellungsformen Ⓐ bis Ⓓ den jeweiligen Fachbegriff ① bis ④ zu.
① die Wortform ② die Funktionsgleichung
③ die Wertetabelle ④ der Graph

Ⓐ $y = 4500x$
Ⓒ Störche legen pro Monat 4500 km zurück.
Ⓓ

Zeit (in Monaten)	0	1	2	3
Strecke (in km)	0	4500	9000	13 500

Ⓑ
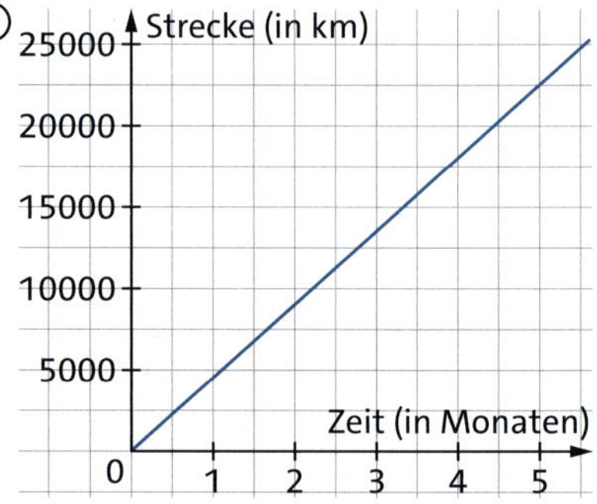

→ Seite 59 Nr. 8

Eindeutige Zuordnungen erkennen

Wenn jedem Element der Ausgangsmenge (x-Wert) **genau ein** Element der Zielmenge (y-Wert) zugeordnet wird, dann ist die Zuordnung **eindeutig**.
Eindeutige Zuordnungen heißen **Funktionen**.

Die Zuordnung *Schüler* → *Alter* (*in Jahren*) ist eindeutig, denn jedem Schüler wird genau ein Alter zugeordnet.

Die Zuordnung *Alter* (*in Jahren*) → *Schüler* ist nicht eindeutig, denn mehrere Schüler können das gleiche Alter haben.

60 Entscheide, ob die Zuordnung für Schülerinnen und Schüler an deiner Schule eindeutig ist.
a) *Schülerinnen und Schüler* → *Größe* (*in cm*)
b) *Schuhgröße* → *Schülerinnen und Schüler*
c) *Lieblingsfach* → *Schülerinnen und Schüler*
d) *Schülerinnen und Schüler* → *Lieblingslehrer*
e) *Schülerinnen und Schüler* → *Note in der letzten Mathearbeit*

61 Entscheide, ob der Graph zu einer eindeutigen Zuordnung gehört. Begründe.

a)
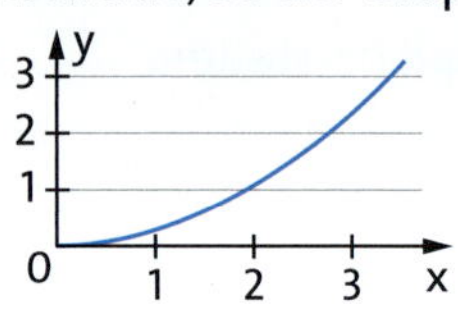

b)
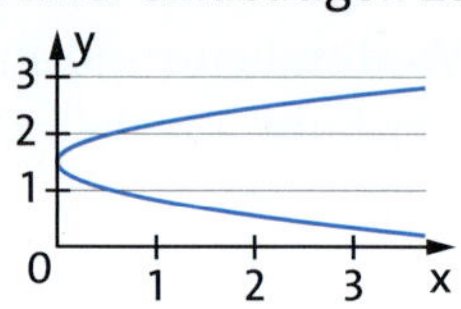

c)
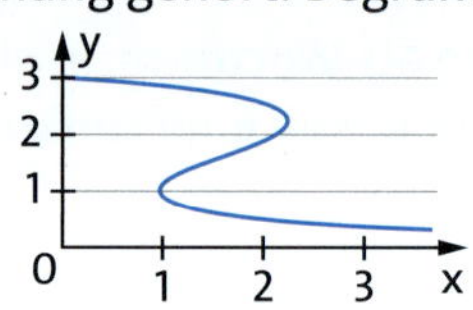

d)
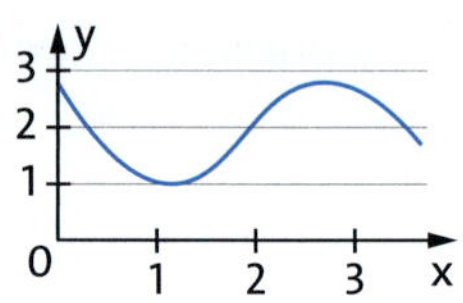

→ Seite 121 Nr. 9

Lineare Zuordnungen erkennen

Wenn der Graph einer Zuordnung eine Gerade ist, dann heißt die Zuordnung linear.

Eine lineare Zuordnung hat die Zuordnungsvorschrift y = m x + b.

$y = \frac{1}{2}x + 2$
Die Zuordnung ist linear, weil der Graph eine Gerade ist und die Zuordnungsvorschrift die Form y = m x + b mit $m = \frac{1}{2}$ und b = 2 hat.

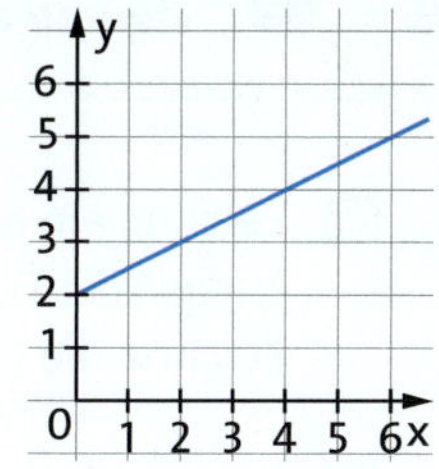

62 Stellt der Graph eine lineare Zuordnung dar? Begründe.

a)
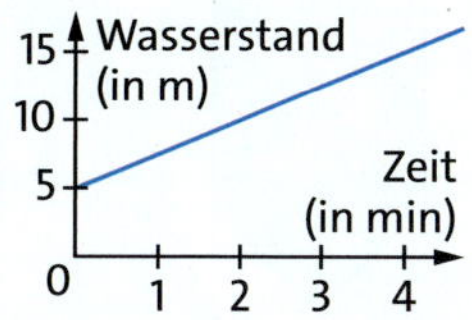

b)
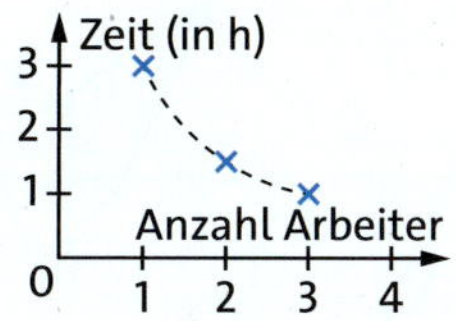

c)
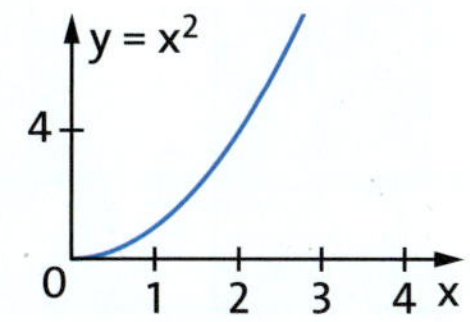

d)
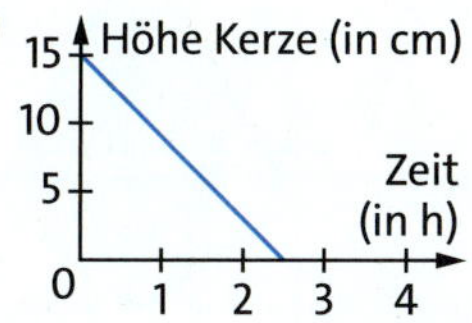

63 Welche Zuordnungsvorschrift gehört zu einer linearen Zuordnung? Begründe.
a) y = 3 x + 4 b) y = 5 x − 1 c) $y = x^2$ d) y = 3 e) y = −3 x

→ Seite 59 Nr. 10, 11

Für eine lineare Funktion eine Wertetabelle erstellen und den Graphen zeichnen

→ Seite 121 Nr. 10

64 Erstelle eine Wertetabelle für −3 ≤ x ≤ 3 und zeichne den Graphen der Funktion.
a) y = x − 1 b) y = 1,5 x + 2 c) y = −2 x + 0,5 d) y = 4 e) y = −0,5 x

→ Seite 58 Nr. 2

Punkte im Koordinatensystem ablesen

65 Schreibe die Koordinaten der Punkte ins Heft.

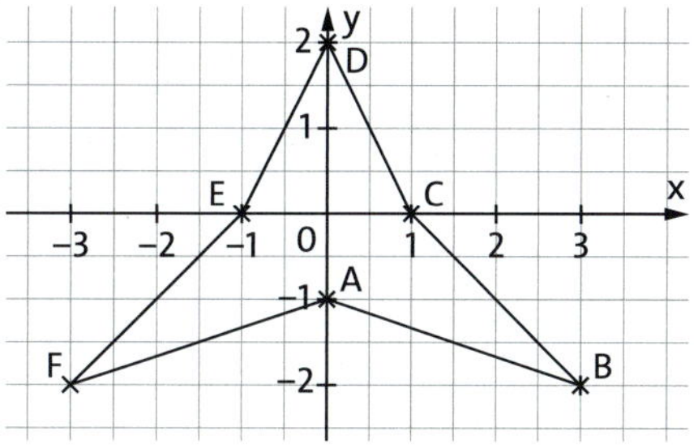

→ Seite 58
Nr. 1, 2

Figuren an einer Geraden spiegeln

66 Zeichne ein Koordinatensystem mit $0 \leq x \leq 9$ und $0 \leq y \leq 9$.
Trage A(5 | 1), B(1 | 4), C(1 | 6), D(3 | 9) und E(5 | 7) in ein Koordinatensystem ein.
Zeichne die Gerade g durch die Punkte A und E. Spiegle alle Punkte an der Geraden g.

67 Übertrage die Figuren in dein Heft und zeichne alle Symmetrieachsen ein.

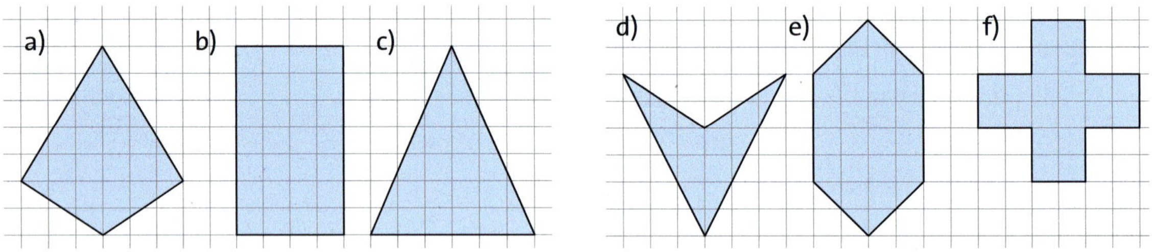

→ Seite 28
Nr. 2

Flächeninhalt von Rechteck und Quadrat berechnen

68 Berechne den Flächeninhalt.
a) Quadrat mit der Seitenlänge a = 8 cm
b) Quadrat mit der Seitenlänge a = 10 m
c) Rechteck mit den Seitenlängen a = 6 cm; b = 9 cm
d) Rechteck mit den Seitenlängen a = 12 m; b = 7 m

→ Seite 96
Nr. 1

Radius und Durchmesser unterscheiden

Der Durchmesser d ist doppelt so lang wie der Radius r.
Also gilt: $d = 2 \cdot r$ und
$r = d : 2$

gegeben: r = 3 cm
gesucht: d
$d = 2 \cdot 3\,cm = 6\,cm$

gegeben: d = 10 cm
gesucht: r
$r = 10\,cm : 2 = 5\,cm$

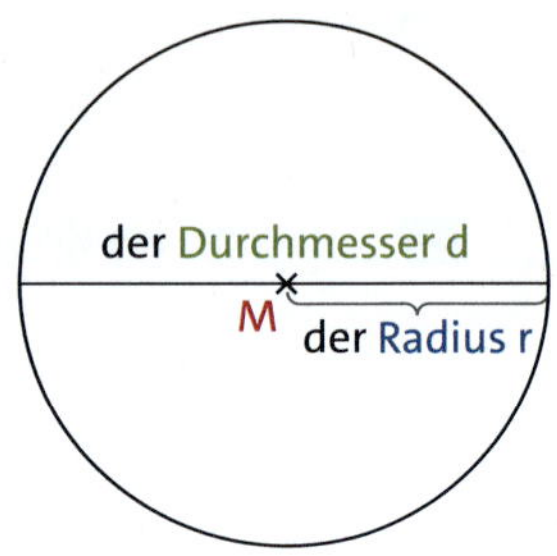

69 Berechne den Durchmesser d oder den Radius r. Ergänze die Tabelle im Heft.

Radius r	10 cm			1,5 dm	3,8 km		0,75 mm	
Durchmesser d		24 m	52 km			5 cm		3,7 m

→ Seite 96
Nr. 2

Umfang von Kreisen berechnen

70 Berechne die fehlenden Werte. Ergänze die Tabelle im Heft.

Radius r	4 cm	8 mm		3,5 cm		2,8 m	
Durchmesser d			12 dm		5 km		15 mm
Umfang u							

→ Seite 97
Nr. 3

Flächeninhalt von Kreisen berechnen

→ Seite 144
Nr. 4

71 Berechne die fehlenden Werte. Ergänze die Tabelle im Heft.

Radius r	4 cm	8 mm		3,5 cm		2,8 m	
Durchmesser d			12 dm		5 km		15 mm
Flächeninhalt A							

→ Seite 28
Nr. 3

Flächeninhalt von Dreiecken berechnen

72 Berechne den Flächeninhalt des Dreiecks.

a)
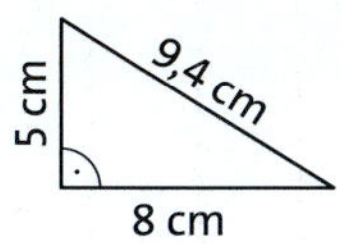

b)
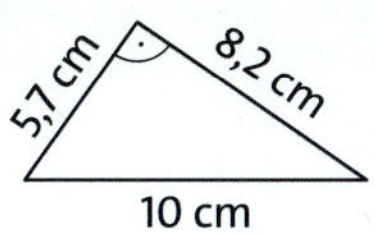

c)
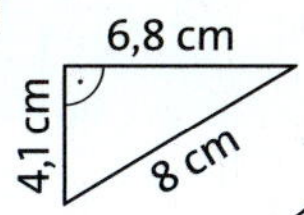

d)
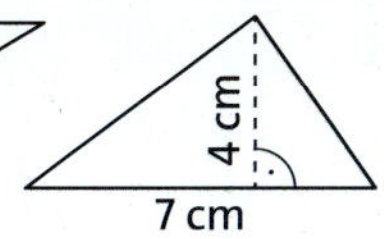

e)
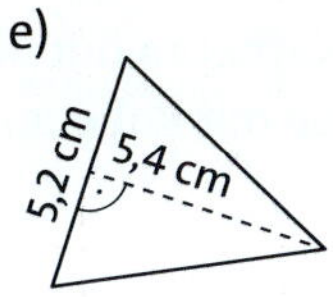

f)
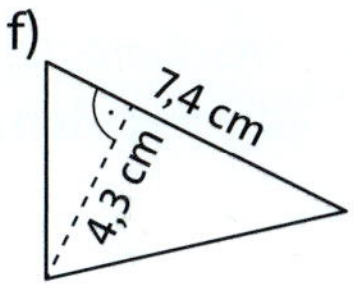

→ Seite 28
Nr. 2

Den Flächeninhalt von zusammengesetzten Figuren berechnen

So berechnest du den Flächeninhalt von zusammengesetzten Figuren:

1. Zerlege die Figur in Flächen, deren Flächeninhalt du berechnen kannst.
2. Berechne den Flächeninhalt der Teilflächen.
3. Addiere die Flächeninhalte der Teilflächen.

Berechne den Flächeninhalt der Figur.

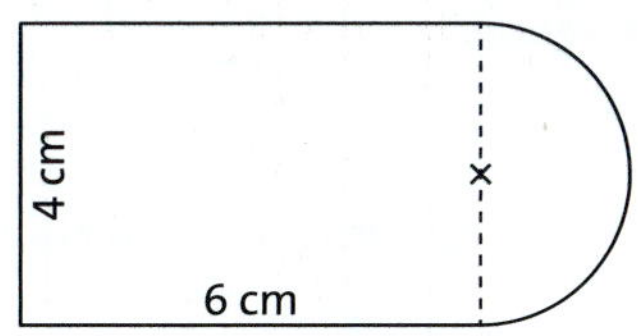

1. Zerlege die Figur:
   Die Fläche besteht aus einem Rechteck mit a = 4 cm und b = 6 cm und einem Halbkreis mit d = 4 cm, also r = 2 cm.
2. Berechne die Teilflächen:
   $A_{Rechteck} = 6\,cm \cdot 4\,cm = 24\,cm^2$
   $A_{Halbkreis} = \frac{1}{2} \cdot \pi \cdot (2\,cm)^2 \approx 6{,}3\,cm^2$
3. Berechne den gesamten Flächeninhalt:
   $A_{gesamt} = 24\,cm^2 + 6{,}3\,cm^2 = 30{,}3\,cm^2$

73 Berechne den Flächeninhalt der zusammengesetzten Figuren.

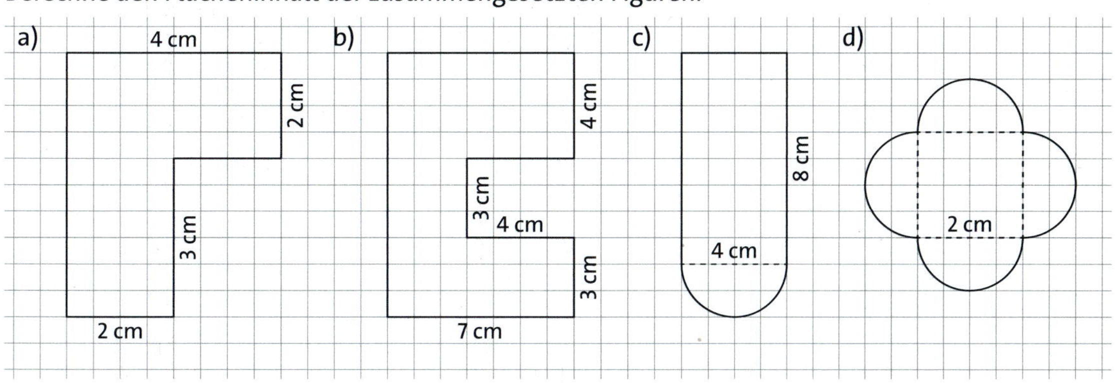

→ Seite 28 Nr. 4

In rechtwinkligen Dreiecken die Hypotenuse angeben

Im rechtwinkligen Dreieck heißen die Seiten am rechten Winkel Katheten. Die längste Seite liegt gegenüber vom rechten Winkel und heißt Hypotenuse.

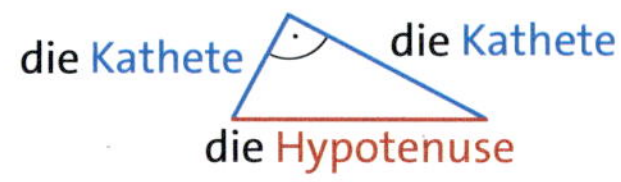

74 Skizziere das rechtwinklige Dreieck in dein Heft. Beschrifte das Dreieck mit den folgenden Begriffen: der rechte Winkel; die Kathete; die Kathete; die Hypotenuse.

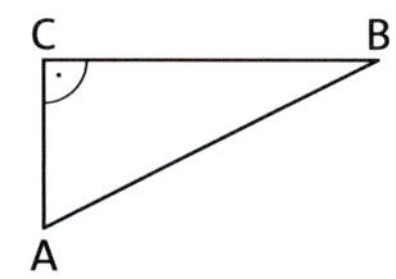

75 Übertrage die rechtwinkligen Dreiecke in dein Heft. Markiere die Katheten mit Blau oder K und die Hypotenuse mit Rot oder H.

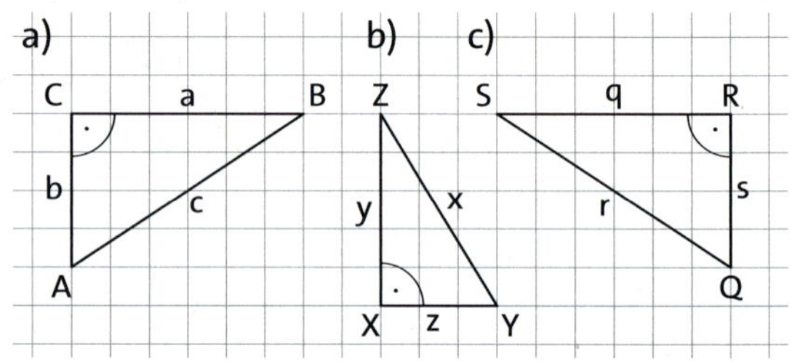

→ Seite 28 Nr. 4

Der Satz des Pythagoras

76 Stelle für das rechtwinklige Dreieck eine Gleichung nach dem Satz des Pythagoras auf.

Beispiel

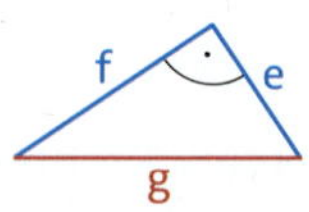

$g^2 = e^2 + f^2$

a)

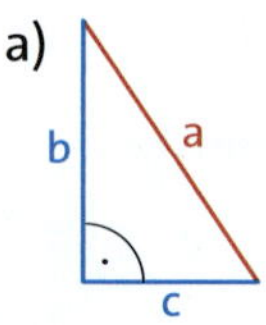

b)

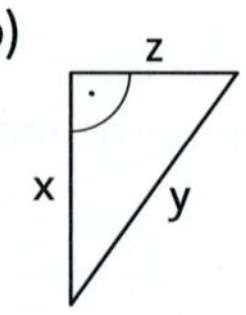

c)

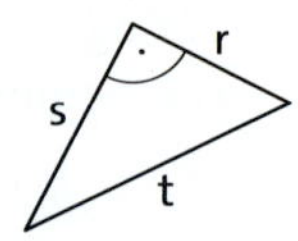

→ Seite 28 Nr. 5

Seitenlängen im rechtwinkligen Dreieck mit dem Satz des Pythagoras berechnen

77 Berechne die Länge der Hypotenuse. Runde auf Zehntel.

a)

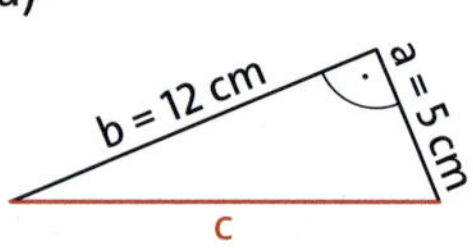

b)

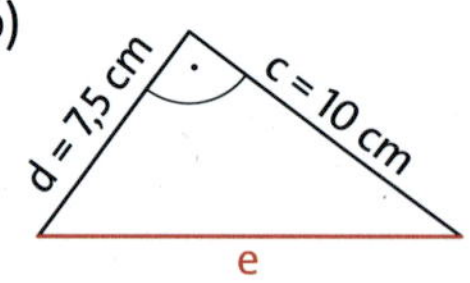

c)

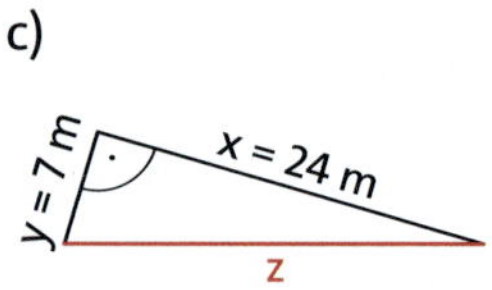

d)

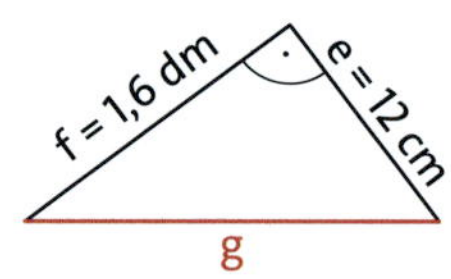

78 Berechne die Länge der Kathete. Die Angaben sind in cm. Runde auf Zehntel.

a)

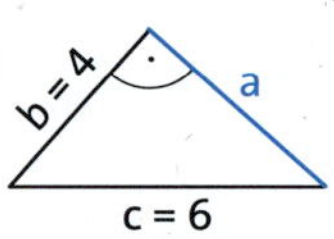

b)

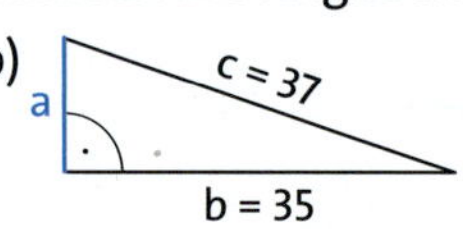

c)

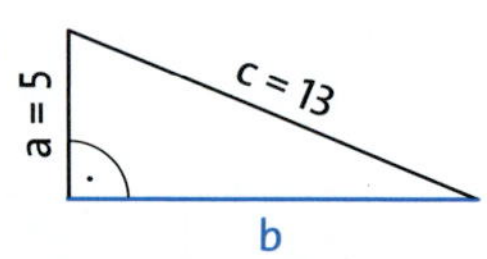

79 Berechne die fehlende Seitenlänge. Die Angaben sind in cm. Runde auf Zehntel.

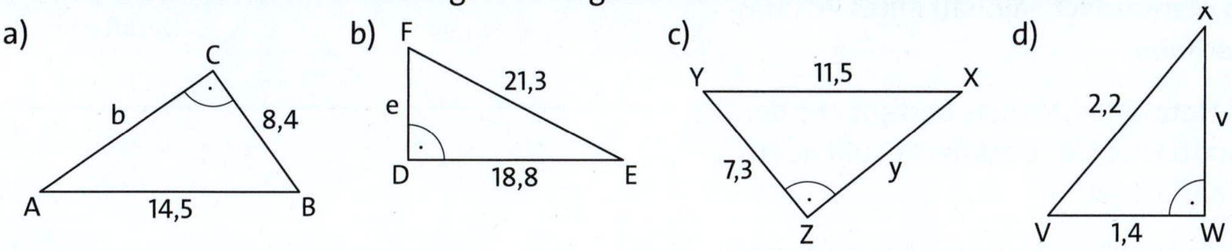

→ Seite 28
Nr. 6

Flächendiagonalen und Raumdiagonale eines Körpers berechnen

Die Diagonale einer Seitenfläche heißt Flächendiagonale e.
Eine Diagonale, die durch den Köper verläuft, heißt Raumdiagonale d.

Die Längen der Flächendiagonalen und die Länge der Raumdiagonale lassen sich mit dem Satz des Pythagoras berechnen.

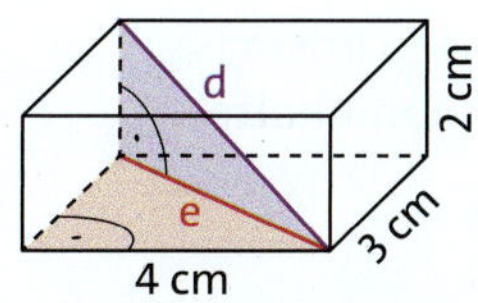

$e^2 = (4\,cm)^2 + (3\,cm)^2$
$e^2 = 16\,cm^2 + 9\,cm^2 = 25\,cm^2$
$e = \sqrt{25\,cm^2} = 5\,cm$

$d^2 = (2\,cm)^2 + (5\,cm)^2$
$d^2 = 4\,cm^2 + 25\,cm^2 = 29\,cm^2$
$d = \sqrt{29\,cm^2} \approx 5{,}4\,cm$

80 Berechne die Länge der Flächendiagonalen e und die Länge der Raumdiagonalen d des Quaders.
a) a = 8 cm; b = 5 cm; c = 4 cm
b) a = 12 cm; b = 20 cm; c = 25 cm

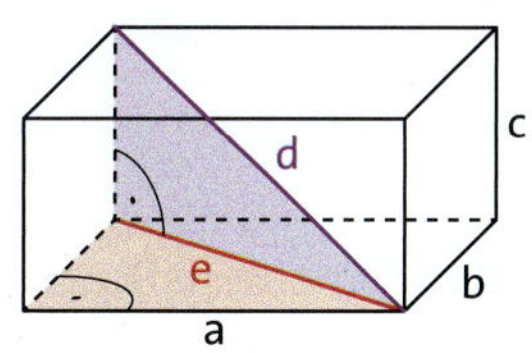

→ Seite 29
Nr. 7

Schrägbild eines Quaders zeichnen

81 Zeichne das Schrägbild.
a) Würfel mit der Kantenlänge a = 6 cm
b) Quader mit der Breite a = 5 cm; der Tiefe b = 8 cm und der Höhe c = 4 cm

→ Seite 6
Nr. 6

Oberflächeninhalt und Volumen von Quadern und Würfeln

→ Seite 29
Nr. 8; 9
→ Seite 96
Nr. 4, 5
→ Seite 144
Nr. 5

82 Berechne den Oberflächeninhalt O.
a) Würfel mit a = 6 mm
b) Quader mit a = 4 dm, b = 10 dm und c = 5 dm
c) Würfel mit a = 2,5 m
d) Quader mit a = 2,5 cm, b = 8 cm und c = 4 cm

83 Berechne das Volumen V.
a) Würfel mit a = 2 cm
b) Quader mit a = 4 mm, b = 10 mm und c = 5 mm
c) Würfel mit a = 1,5 dm
d) Quader mit a = 2,5 m, b = 8 m und c = 4 m

→ Seite 29
Nr. 10

Den Mantelflächeninhalt eines Prismas berechnen

Das **Netz** eines Prismas besteht aus der Grundfläche, der Deckfläche und allen Seitenflächen.

Alle Seitenflächen zusammen bilden die Mantelfläche.

Der Mantelflächeninhalt M eines Prismas ist die Summe aller Seitenflächeninhalte.

$M = A_1 + A_2 + A_3 + \ldots$

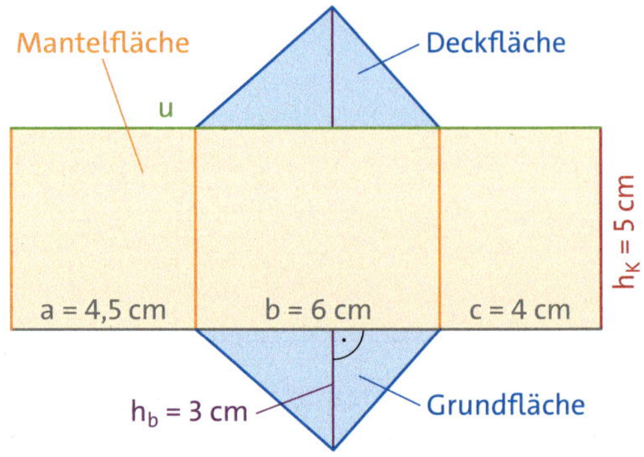

$M = 4{,}5\,\text{cm} \cdot 5\,\text{cm} + 6\,\text{cm} \cdot 5\,\text{cm} + 4\,\text{cm} \cdot 5\,\text{cm}$
$M = 22{,}5\,\text{cm}^2 + 30\,\text{cm}^2 + 20\,\text{cm}^2 = 72{,}5\,\text{cm}^2$

84 Berechne den Mantelflächeninhalt des zugehörigen Prismas.

a)

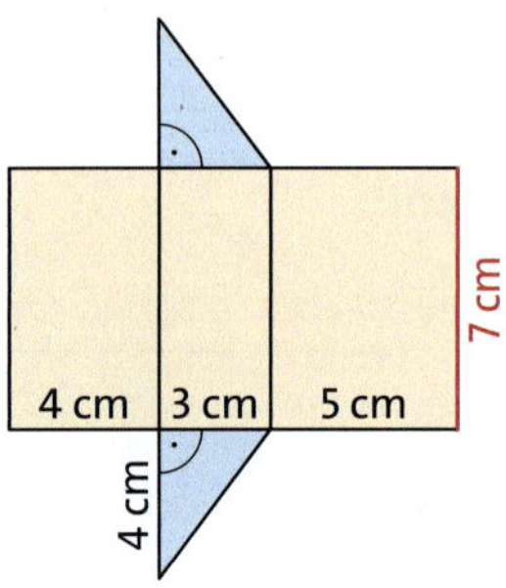

b)

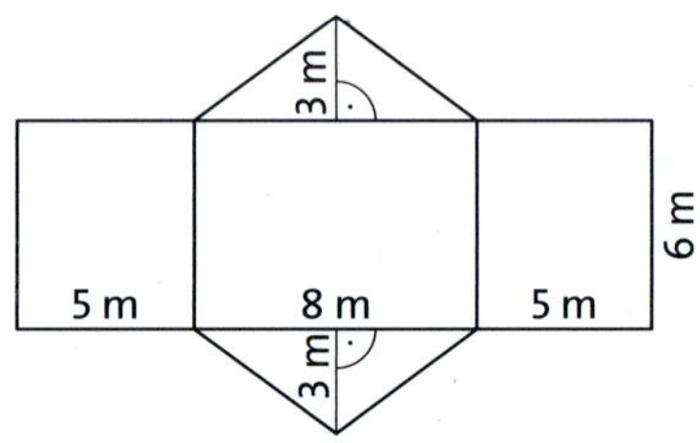

85 Berechne den Mantelflächeninhalt des Prismas.

a)

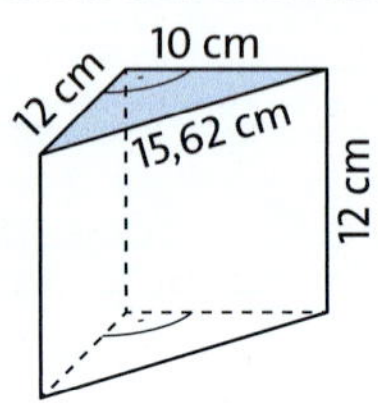

b)

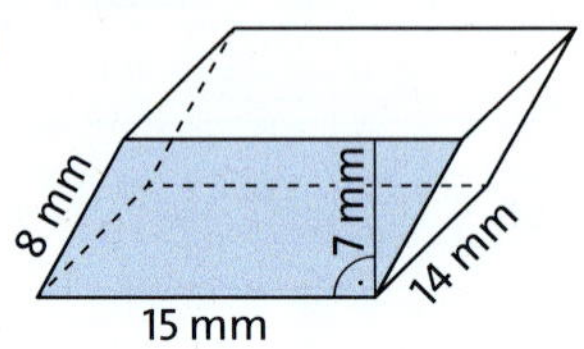

c)

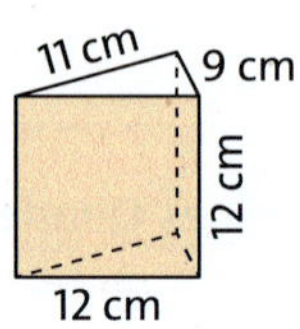

d)

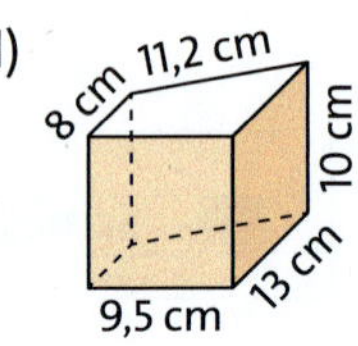

→ Seite 29
Nr. 11, 12

Oberflächeninhalt und Volumen von Prismen

→ Seite 96
Nr. 4, 5

86 Berechne den Oberflächeninhalt des Prismas.

a) $G = 10\,\text{cm}^2$; $M = 40\,\text{cm}^2$ b) $G = 25\,\text{m}^2$; $M = 30\,\text{m}^2$ c) $G = 37\,\text{mm}^2$; $M = 56\,\text{mm}^2$

87 Berechne den Oberflächeninhalt eines Prismas mit einer Körperhöhe von 10 cm und der folgenden Grundfläche.

a) rechtwinkliges Dreieck mit a = 3 cm, b = 6 cm und c = 6,7 cm
b) Dreieck mit a = 5,7 cm, b = 4,5 cm, c = 6 cm und $h_c = 4$ cm
c) Drachen mit a = 3,6 cm, b = 4,5 cm und e = 4 cm, f = 7 cm

88 Berechne as Volumen des Prismas.

a) $G = 10\,\text{cm}^2$; $h_k = 6$ cm b) $G = 9\,\text{m}^2$; $h_k = 3$ m c) $G = 17\,\text{dm}^2$; $h_k = 5$ dm

89 Berechne das Volumen eines Prismas mit einer Körperhöhe von 8 cm und der folgenden Grundfläche.

a) 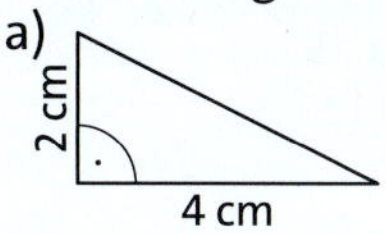

b) 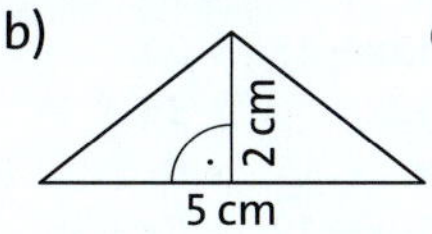

c) 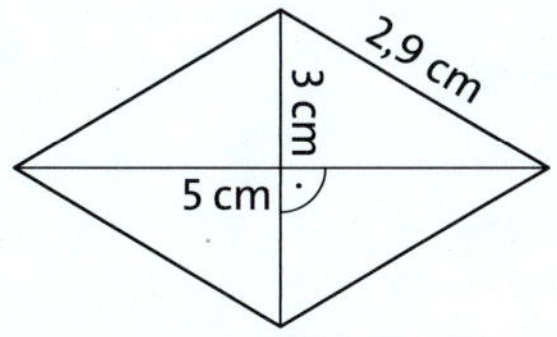

d) 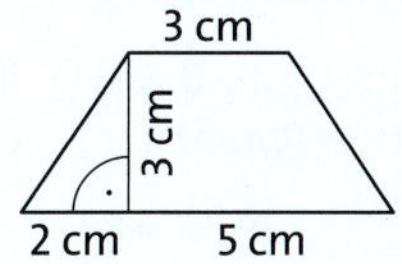

→ Seite 96
Nr. 3, 6, 7

Oberflächeninhalt und Volumen von Zylindern

90 Berechne den Oberflächeninhalt des Zylinders.

a) $r = 3\,cm$; $h_k = 5\,cm$ b) $r = 7\,m$; $h_k = 10\,m$ c) $r = 4{,}5\,cm$; $h_k = 12\,cm$

91 Berechne das Volumen des Zylinders.

a) $G = 201\,cm^2$; $h_k = 10\,cm$ b) $r = 4\,cm$; $h_k = 10\,cm$ c) $r = 12\,m$; $h_k = 8\,m$

→ Seite 96
Nr. 8, 9

Oberflächeninhalt und Volumen von Kegeln

92 Berechne den Oberflächeninhalt des Kegels.

a) $r = 4\,cm$; $s = 7\,cm$ b) $r = 5\,m$; $s = 10\,m$ c) $r = 3\,cm$; $h_k = 4\,cm$

93 Berechne das Volumen des Kegels.

a) $r = 3\,cm$; $h_k = 7\,cm$ b) $r = 12\,m$; $h_k = 10\,m$ c) $r = 7{,}5\,cm$; $h_k = 20\,cm$

→ Seite 97
Nr. 14, 15

Oberflächeninhalt und Volumen von zusammengesetzten Körpern berechnen

94 Berechne den Oberflächeninhalt des Körpers. Die Maße sind in cm.

a) 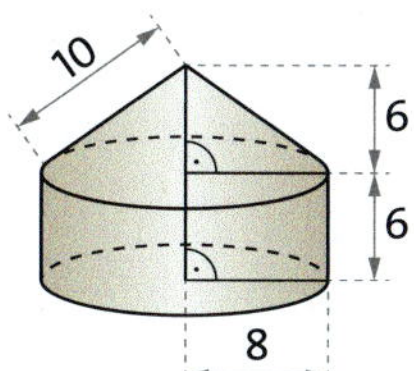

b) 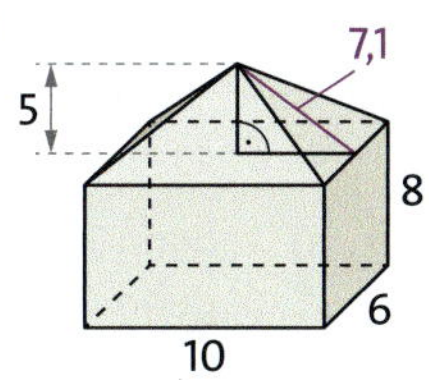

c) 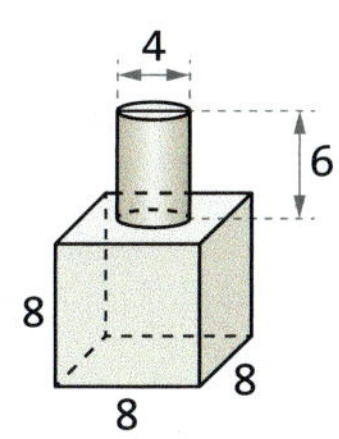

d) 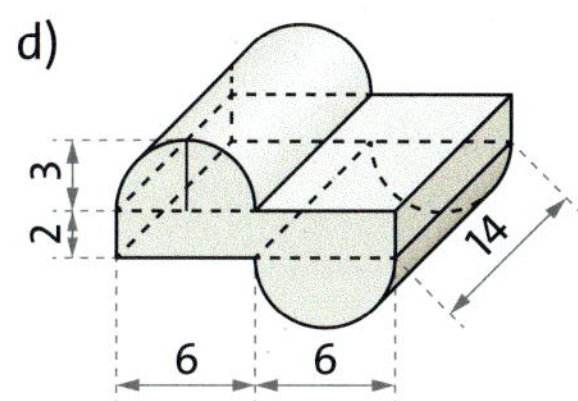

95 Berechne das Volumen des Körpers. Die Maße sind in cm.

a) 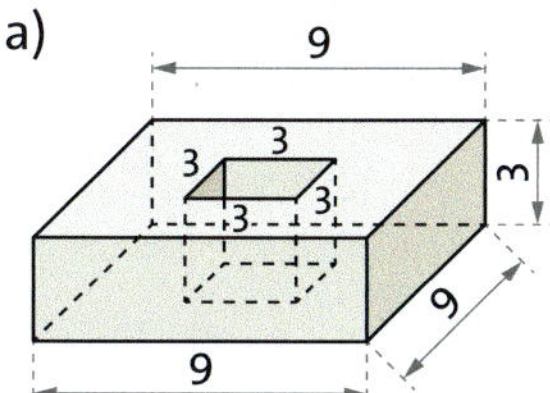

b) 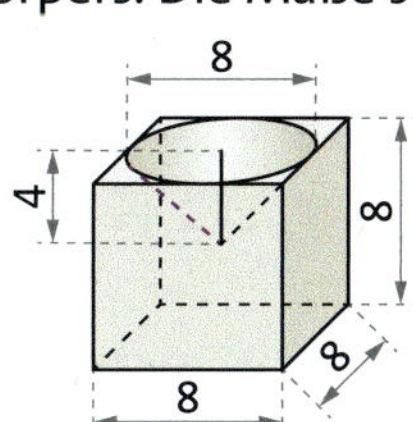

c) 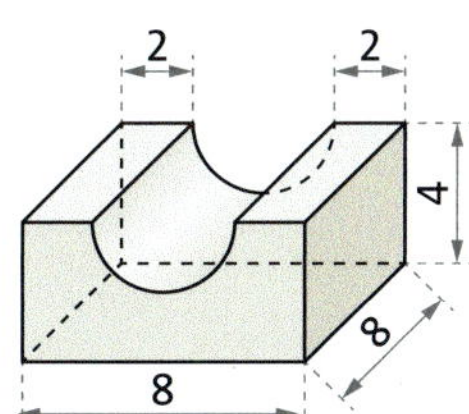

d) 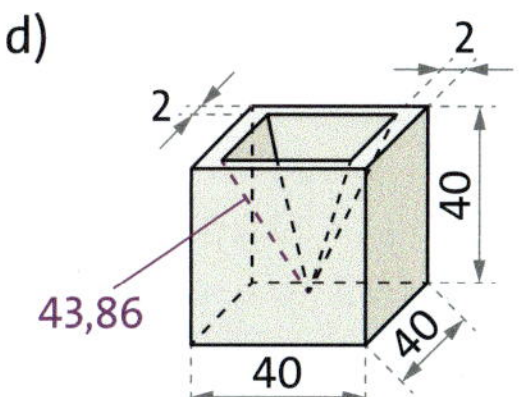

1 Potenzen und Wurzeln

► Seite 6/7 Wiederholung

1 ① die Potenz; ② die Basis; ③ der Exponent; ④ der Wert der Potenz

2 a) $6^2 = 36$ b) $3^4 = 81$ c) $2^4 = 16$ d) $4^3 = 64$ e) $5^3 = 125$ f) $7^2 = 49$ g) $10^2 = 100$ h) $10^3 = 1000$ i) $10^4 = 10\,000$

3 a) 6,6 und 7,3
b) 0,06 und 1,24
c) 13,780 und 0,002

4 a) 55 mm b) 12 cm c) 720 cm d) 7,7 cm e) 45 000 m f) 0,7 m

5 a) $1000\,\text{mm}^2$ b) $100\,\text{cm}^2$ c) $12\,\text{dm}^2$ d) $27\,000\,\text{cm}^2$ e) $45\,000\,000\,\text{m}^2$ f) $0{,}0012\,\text{m}^2$

6

	Würfel		
	Kantenlänge a	Oberflächeninhalt O	Volumen V
a)	3 cm	**54 cm²**	**27 cm³**
b)	6 mm	**216 mm²**	**216 mm³**
c)	4 dm	**96 dm²**	**64 dm³**
d)	10 m	**600 m²**	**1000 m³**

a) $O = 6 \cdot (3\,\text{cm})^2 = 6 \cdot 9\,\text{cm}^2 = 54\,\text{cm}^2$
$V = (3\,\text{cm})^3 = 27\,\text{cm}^3$
b) $O = 6 \cdot (6\,\text{mm})^2 = 6 \cdot 36\,\text{mm}^2 = 216\,\text{mm}^2$
$V = (6\,\text{mm})^3 = 216\,\text{mm}^3$
c) $O = 6 \cdot (4\,\text{dm})^2 = 6 \cdot 16\,\text{dm}^2 = 96\,\text{dm}^2$
$V = (4\,\text{dm})^3 = 64\,\text{dm}^3$
d) $O = 6 \cdot (10\,\text{m})^2 = 6 \cdot 100\,\text{m}^2 = 600\,\text{m}^2$
$V = (10\,\text{m})^3 = 1000\,\text{m}^3$

7 a) $3 \cdot (-10) = -30$
b) $(-0{,}25) \cdot 8 = -2$
c) $(-1{,}5) \cdot (-2) = 3$

8 a) -9
b) $5 : (-2) = -2{,}5$
c) $(-9{,}3) : (-3{,}1) = 3$

9 a) $3 + 8 = \mathbf{11}$ b) $5 \cdot 4 = \mathbf{20}$
c) $4 + (4 + 5) = \mathbf{13}$ d) $13 + 6 = \mathbf{19}$
e) $3 \cdot 4 = \mathbf{12}$ f) $4 \cdot 3^2 = 4 \cdot 9 = \mathbf{36}$
g) $(9 - 6)^2 = 3^2 = \mathbf{9}$ h) $\frac{2}{5} \cdot (3 + 12) = \frac{2}{5} \cdot 15 = \mathbf{6}$
i) $\left(\frac{6}{8} - \frac{1}{8}\right) \cdot \frac{1}{2} = \frac{5}{8} \cdot \frac{1}{2} = \mathbf{\frac{5}{16}}$

10 a) $2a$
b) $-x + 2y$
c) $8x + 12 + 2x - 4y = 10x - 4y + 12$
d) $2 \cdot 3 \cdot a \cdot b \cdot b \cdot c = 6ab^2c$

11 a)
$9x + 7 = 70 \quad |-7$
$9x = 63 \quad |:9$
$\mathbf{x = 7}$

b)
$12x - 15 = 21 \quad |+15$
$12x = 36 \quad |:12$
$\mathbf{x = 3}$

c)
$14x - 12 = 8x + 36 \quad |-8x$
$6x - 12 = 36 \quad |+12$
$6x = 48 \quad |:6$
$\mathbf{x = 8}$

d)
$0{,}5x + 10 = 3x + 15 \quad |-3x$
$-2{,}5x + 10 = 15 \quad |-10$
$-2{,}5x = 5 \quad |:(-2{,}5)$
$\mathbf{x = -2}$

12 a)
$3x + 4 = 5x \quad |-5x$
$-2x + 4 = 0 \quad |-4$
$-2x = -4 \quad |:(-2)$
$\mathbf{x = 2}$

b)
$6 + 4x = 60 - 2x \quad |+2x$
$6 + 6x = 60 \quad |-6$
$6x = 54 \quad |:6$
$\mathbf{x = 9}$

13 *gegeben*: Höhe $c = 0{,}8\,\text{m}$; Länge $a = 3 \cdot b$ (Breite); $V = 2{,}4\,\text{m}^3$
gesucht: Länge a; Breite b
$V = a \cdot b \cdot c$
$2{,}4 = 3b \cdot b \cdot 0{,}8 \quad |:0{,}8$
$3 = 3b^2 \quad |:3$
$1 = b^2 \quad |\sqrt{\ }$
$1 = b$
Länge $a = 3 \cdot b = 3 \cdot 1 = 3$
Das Hochbeet ist 1 m breit und 3 m lang.

► Seite 18 Zwischentest

1 a) 9 b) 25 c) 81 d) 100

2 a) $4^3 = 64$ b) $(-3)^5 = -243$
c) $3 \cdot 3 \cdot 3 \cdot 3 = 81$ d) $(-4) \cdot (-4) \cdot (-4) = -64$

3 a) **2**; denn $2 \cdot 2 = 4$ b) **4**; denn $4 \cdot 4 = 16$
c) **6**; denn $6 \cdot 6 = 36$ d) **7**; denn $7 \cdot 7 = 49$

4 a) **3**; denn $3 \cdot 3 \cdot 3 = 27$
b) **8**; denn $8 \cdot 8 = 64$
c) **10**; denn $10 \cdot 10 \cdot 10 \cdot 10 = 10\,000$
d) **2**; denn $2 \cdot 2 \cdot 2 \cdot 2 \cdot 2 = 32$

5 a) 10 000 b) 1 000 000 c) 0,01 d) 0,00001

6 a) $2{,}15 \cdot 10^9$ b) $1{,}5 \cdot 10^7$
c) $5{,}4 \cdot 10^{-2}$ d) $3{,}2 \cdot 10^{-4}$

7 a) 1500 b) 31 000 c) 700

► Seite 19 Zwischentest

1 a) 36 b) 64 c) 81 d) 1,96

2 a) $4^3 = 64$ b) $(-3)^3 = -27$
c) $\frac{2}{3}\cdot\frac{2}{3}\cdot\frac{2}{3} = \frac{8}{27}$ d) $(-2)\cdot(-2)\cdot(-2)\cdot(-2)\cdot(-2) = -32$

3 a) **5**; denn $5\cdot5 = 25$ b) **9**; denn $9\cdot9 = 81$
c) **10**; denn $10\cdot10 = 100$ d) **13**; denn $13\cdot13 = 169$

4 a) **4**; denn $4\cdot4\cdot4 = 64$
b) **3**; denn $3\cdot3\cdot3\cdot3 = 81$
c) **10**; denn $10\cdot10\cdot10\cdot10\cdot10 = 100\,000$
d) **20**; denn $20\cdot20\cdot20\cdot20 = 160\,000$

5 a) 10 000 000 b) 1 000 000 000
c) 0,000001 d) 0,0000000001

6 a) $3{,}49\cdot10^9$ b) $2{,}5\cdot10^7$
c) $3{,}4\cdot10^{-5}$ d) $6{,}1\cdot10^{-6}$

7 a) 12 000 b) 0,000021 c) 4000

► Seite 19 Zwischentest

1 a) 169 b) 625 c) 0,16 d) 1,44

2 a) $0{,}2^4 = 0{,}0016$ b) $(5a)^4 = 625a^4$
c) $(-0{,}4)\cdot(-0{,}4) = 0{,}16$ d) $\frac{4}{5}\cdot\frac{4}{5}\cdot\frac{4}{5} = \frac{64}{125}$

3 a) **12**; denn $12\cdot12 = 144$
b) **0,6**; denn $0{,}6\cdot0{,}6 = 0{,}36$
c) **1,5**; denn $1{,}5\cdot1{,}5 = 2{,}25$
d) **−8**; denn $-(8\cdot8) = -(64)$

4 a) **5**; denn $5\cdot5\cdot5 = 125$
b) **0,2**; denn $0{,}2\cdot0{,}2\cdot0{,}2 = 0{,}008$
c) $\mathbf{\frac{1}{10}}$; denn $\frac{1}{10}\cdot\frac{1}{10}\cdot\frac{1}{10}\cdot\frac{1}{10}\cdot\frac{1}{10}\cdot\frac{1}{10}\cdot\frac{1}{10} = \frac{1}{10\,000\,000}$
d) $\mathbf{\frac{1}{2}}$; denn $\frac{1}{2}\cdot\frac{1}{2}\cdot\frac{1}{2}\cdot\frac{1}{2}\cdot\frac{1}{2}\cdot\frac{1}{2} = \frac{1}{64}$

5 a) 100 000 000 b) 100 000 000 000
c) 0,0000001 d) 0,000000000001

6 a) $3{,}49\cdot10^9$ b) $4{,}2\cdot10^6$
c) $2{,}24\cdot10^{-6}$ d) $6\cdot10^{-6}$

7 a) 1450 b) 0,000 003 45 c) 160

► Seite 25 Abschlusstest

1 a) $5\cdot5\cdot5 = 125$ b) $(-3)\cdot(-3)\cdot(-3) = -27$
c) $(-4)\cdot(-4) = 16$ d) $\frac{1}{3}\cdot\frac{1}{3}\cdot\frac{1}{3}\cdot\frac{1}{3} = \frac{1}{81}$
e) $3^2 = 3\cdot3 = 9$

2 a) −8 b) +81 c) +16 d) −16

3 a) **2**; denn $2\cdot2\cdot2 = 8$
b) **5**; denn $5\cdot5\cdot5 = 125$
c) **0,1**; denn $0{,}1\cdot0{,}1\cdot0{,}1 = 0{,}001$
d) **10**; denn $10\cdot10\cdot10\cdot10\cdot10 = 100\,000$

4 a) $1{,}7\cdot10^2$ b) $2{,}15\cdot10^3$ c) $2{,}1\cdot10^{-2}$ d) $3{,}14\cdot10^{-3}$

5 $0{,}12\cdot10^4 < 1{,}3\cdot10^3 < 1500 < 1700 < 18\cdot10^2$,
denn $1200 < 1300 < 1500 < 1700 < 1800$

6 a) *gegeben*: $V_{Würfel} = 125\,m^3$
gesucht: Kantenlänge a
$a^3 = V$
$a^3 = 125\,m^3 \quad |\sqrt[3]{\ }$
$\mathbf{a = 5\,m}$
b) $V_{Würfel} = 5\,m\cdot5\,m\cdot5\,m = (5\,m)^3$

► Seite 25 Abschlusstest

1 a) $-3\cdot3\cdot3\cdot3 = -81$ b) $\frac{1}{2}\cdot\frac{1}{2}\cdot\frac{1}{2} = \frac{1}{8}$
c) $(-5)\cdot(-5) = 25$ d) $(-2)\cdot(-2)\cdot(-2) = -8$
e) $4^3 = 4\cdot4\cdot4 = 64$

2 a) +25 b) −64 c) −9 d) +9

3 a) 3; denn $3\cdot3\cdot3 = 27$
b) 2; denn $2\cdot2\cdot2\cdot2 = 16$
c) 0,1; denn $0{,}1\cdot0{,}1\cdot0{,}1\cdot0{,}1 = 0{,}0001$
d) 2; denn $2\cdot2\cdot2\cdot2\cdot2 = 32$

4 a) $2{,}3\cdot10^2$ b) $3{,}4\cdot10^{-2}$ c) $1{,}29\cdot10^3$ d) $7{,}82\cdot10^{-3}$

5 $2{,}3\cdot10^3 < 2400 < 3000 < 31\cdot10^2 < \left(\frac{1}{10}\right)^{-4}$, denn
$2300 < 2400 < 3000 < 3100 < 10\,000$

6 a) *gegeben*: $V = 216\,cm^3$
gesucht: Kantenlänge a
$V = a^3$
$216\,cm^3 = a^3 \quad |\sqrt[3]{\ }$
$\mathbf{6\,cm = a}$
b) $V_{neu} = \left(\frac{1}{2}\cdot a\right)^3 = \left(\frac{1}{2}\right)^3\cdot a^3 = \frac{1}{8}\cdot a^3$
Das Volumen ändert sich um den Faktor $\frac{1}{8} = \left(\frac{1}{2}\right)^3$.

► Seite 25 Abschlusstest

1 a) $-4\cdot4\cdot4 = -64$ b) $\left(-\frac{1}{2}\right)\cdot\left(-\frac{1}{2}\right)\cdot\left(-\frac{1}{2}\right) = -\frac{1}{8}$
c) $(-3)\cdot(-3)\cdot(-3)\cdot(-3) = 81$
d) $(-2)\cdot(-2)\cdot(-2)\cdot(-2)\cdot(-2) = -32$
e) $(-1)^7 = (-1)\cdot(-1)\cdot(-1)\cdot(-1)\cdot(-1)\cdot(-1)\cdot(-1) = -1$

2 a) −64 b) −343 c) −16 d) +36

3 a) 0,1; denn $0{,}1\cdot0{,}1\cdot0{,}1\cdot0{,}1\cdot0{,}1 = 0{,}00001$
b) 4; denn $4\cdot4\cdot4 = 64$
c) 3; denn $3\cdot3\cdot3\cdot3 = 81$
d) 20; denn $20\cdot20\cdot20\cdot20 = 160\,000$

4 a) $3{,}51\cdot10^5$ b) $1{,}78\cdot10^{-3}$
c) $2{,}387\cdot10^6$ d) $1{,}673\cdot10^{-6}$

5 $9{,}8\cdot10^2 < 990 < \left(\frac{1}{10}\right)^{-3} < 1002 < 2^{10}$, denn
$980 < 990 < 1000 < 1002 < 1024$

6 *gegeben*: $V = 0{,}343\,dm^3 = 343\,cm^3$
gesucht: Kantenlänge a
$V = a^3$
$343\,cm^3 = a^3 \quad |\sqrt[3]{\ }$
$\mathbf{7\,cm} = a$
$a_{neu} = \frac{1}{2}\cdot a$; $V_{neu} = \left(\frac{1}{2}\cdot a\right)^3 = \left(\frac{1}{2}\right)^3\cdot a^3 = \frac{1}{8}\cdot a^3$
Das Volumen ändert sich um den Faktor $\frac{1}{8} = \left(\frac{1}{2}\right)^3 = 2^{-3}$.

2 Pyramide

► Seite 28/29 Wiederholung

1 a) $9x + 3 = 30 \quad | -3$
$9x = 27 \quad | :9$
$x = 3 \qquad L = \{3\}$

b) $2x - 6 = 18 \quad | +6$
$2x = 24 \quad | :2$
$x = 12 \qquad L = \{12\}$

c) $5 + 4x = 37 \quad | -5$
$4x = 32 \quad | :9$
$x = 8 \qquad L = \{8\}$

2 a) $A = a \cdot a = 7\,cm \cdot 7\,cm = 49\,cm^2$

b) $A = a \cdot b = 4{,}5\,cm \cdot 3\,cm = 13{,}5\,cm^2$

c) Es gibt mehrere Wege, den Flächeninhalt zu berechnen.
$A_1 = a \cdot b = 3\,cm \cdot 2\,cm = 6\,cm^2$
$A_2 = a \cdot b = 6\,cm \cdot 2\,cm = 12\,cm^2$
$A_3 = a \cdot b = (5\,cm - 2\,cm) \cdot 12\,cm$
$= 3\,cm \cdot 12\,cm = 36\,cm^2$
$A = A_1 + A_2 + A_3 = 6\,cm^2 + 12\,cm^2 + 36\,cm^2 = 54\,cm^2$

3 a) $A = \frac{2\,cm \cdot 4\,cm}{2} = 4\,cm^2$

b) $A = \frac{2\,cm \cdot 5\,cm}{2} = 5\,cm^2$

c) $A = \frac{4{,}5\,cm \cdot 5\,cm}{2} = 11{,}25\,cm^2$

4 a) Im rechtwinkligen Dreieck ABC gilt der Satz des Pythagoras:
$a^2 + b^2 = c^2$
Die Abbildung ist verkleinert.

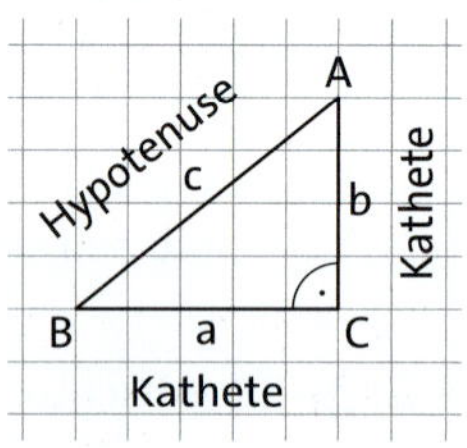

5 Es gilt: $a^2 + b^2 = c^2$

a) $(4\,cm)^2 + (3\,cm)^2 = c^2$
$25\,cm^2 = c^2 \quad | \sqrt{}$
$5\,cm = c \quad$ *Seiten vertauschen*
$c = 5\,cm$

b) $(9\,cm)^2 + (12\,cm)^2 = c^2$
$225\,cm^2 = c^2 \quad | \sqrt{}$
$15\,cm = c \quad$ *Seiten vertauschen*
$c = 15\,cm$

c) $(6\,cm)^2 + b^2 = (7{,}5\,cm)^2$
$36\,cm^2 + b^2 = 56{,}25\,cm^2 \quad | -36\,cm^2$
$b^2 = 20{,}25\,cm^2 \quad | \sqrt{}$
$b = 4{,}5\,cm$

d) $a^2 + (10{,}5\,cm)^2 = (17{,}5\,cm)^2$
$a^2 + 110{,}25\,cm^2 = 306{,}25\,cm^2 \quad | -110{,}25\,cm^2$
$a^2 = 196\,cm^2 \quad | \sqrt{}$
$a = 14\,cm$

	a	b	c
a)	4 cm	3 cm	**5 cm**
b)	9 cm	12 cm	**15 cm**
c)	6 cm	**4,5 cm**	7,5 cm
d)	**14 cm**	10,5 cm	17,5 cm

6 a) $(9\,cm)^2 + (8\,cm)^2 = e^2$
$145\,cm^2 = e^2 \quad | \sqrt{}$
$12{,}04\,cm \approx e \quad$ *Seiten vertauschen*
$e \approx 12{,}04\,cm$
Die Länge der Flächendiagonale e beträgt ungefähr 12 cm.

b) $(8\,cm)^2 + (6\,cm)^2 = d^2$
$100\,cm^2 = d^2 \quad | \sqrt{}$
$10\,cm = d \quad$ *Seiten vertauschen*
$d = 10\,cm$
Die Länge der Flächendiagonale d beträgt 10 cm.

7

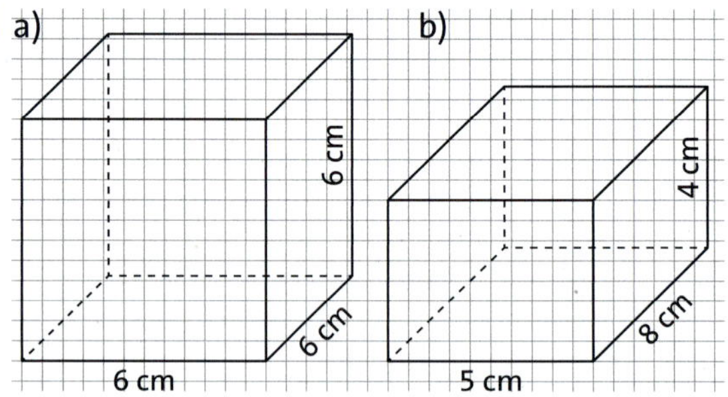

8 a) $O_{Würfel} = 6 \cdot a^2$
$O_{Würfel} = 6 \cdot (4\,dm)^2$
$= 6 \cdot 16\,dm^2$
$= 96\,dm^2$
$O_{Quader} = 2 \cdot a \cdot b + 2 \cdot a \cdot c + 2 \cdot b \cdot c$
$O_{Quader} = 2 \cdot 5\,cm \cdot 3\,cm + 2 \cdot 5\,cm \cdot 7\,cm + 2 \cdot 3\,cm \cdot 7\,cm$
$= 142\,cm^2$

9 a) $V_{Würfel} = a \cdot a \cdot a$
$V_{Würfel} = 3\,m \cdot 3\,m \cdot 3\,m = 27\,m^3$

b) $V_{Quader} = a \cdot b \cdot c$
$= 4\,m \cdot 9\,m \cdot 5\,m = 180\,m^3$

10 $M = u \cdot h_K$
$M = (4\,cm + 3\,cm + 5\,cm) \cdot 7\,cm$
$= 12\,cm \cdot 7\,cm = 84\,cm^2$

11 $O = 2 \cdot G + M$
$O = 2 \cdot \frac{3\,cm \cdot 6\,cm}{2} + 16\,cm \cdot 5\,cm + 16\,cm \cdot 6\,cm + 16\,cm \cdot 3{,}6\,cm$
$= 2 \cdot 9\,cm^2 + 233{,}6\,cm^2$
$= 251{,}6\,cm^2$

12 $V = G \cdot h$
$V = \frac{3\,cm \cdot 4\,cm}{2} \cdot 14\,cm$
$= 6\,cm^2 \cdot 14\,cm$
$= 84\,cm^3$

13 $O = 2 \cdot G + M = 2 \cdot G + u \cdot h_K$
$O = 2 \cdot \frac{2\,m \cdot 1{,}5\,m}{2} + (1{,}8\,m + 1{,}8\,m + 2\,m) \cdot 3{,}5\,m$
$= 2 \cdot 1{,}5\,m^2 + 19{,}6\,m^2$
$= 22{,}6\,m^2$

$V = G \cdot h_K$
$V = \frac{2\,m \cdot 1{,}5\,m}{2} \cdot 3{,}5\,m$
$= 5{,}25\,m^3$
Timo und Alex benötigen $22{,}6\,m^2$ Material für die Zeltwände und den Boden. Das Zelt hat ein Volumen von $5{,}25\,m^3$.

► Seite 48 Zwischentest

1 $O_{Kegel} = \pi \cdot r^2 + \pi \cdot r \cdot s$
$O_{Kegel} = \pi \cdot (5\,cm)^2 + \pi \cdot 5\,cm \cdot 8\,cm$
$\approx 204{,}20\,cm^2$

2 $V_{Kegel} = \frac{1}{3} \cdot G \cdot h_K$
$V_{Kegel} = \frac{1}{3} \cdot 28\,cm^2 \cdot 6\,cm$
$= 56\,cm^3$

3 Pyramiden sind **Spitzkörper**.
Die Grundfläche einer Pyramide ist ein **Vieleck**.
Die Mantelfläche einer Pyramide besteht aus mehreren gleichschenkligen **Dreiecken**.

4

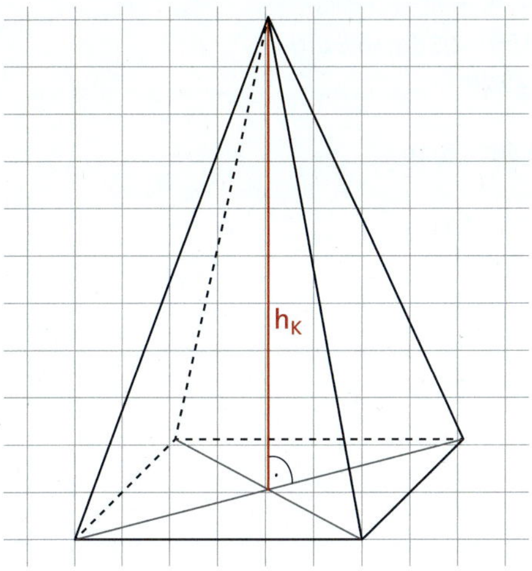

5 $G = a \cdot a$
$G = 5\,cm \cdot 5\,cm$
$= 25\,cm^2$
$M = 4 \cdot \frac{a \cdot h_a}{2}$
$M = 4 \cdot \frac{5\,cm \cdot 8\,cm}{2}$
$= 4 \cdot 20\,cm^2$
$= 80\,cm^2$

$O = G + M$
$O = 25\,cm^2 + 80\,cm^2$
$= 105\,cm^2$

6 $\left(\frac{a}{2}\right)^2 + {h_K}^2 = {h_a}^2$
$\left(\frac{6\,cm}{2}\right)^2 + (8\,cm)^2 = {h_a}^2$
$73\,cm^2 = {h_a}^2 \quad |\sqrt{\ }$
$h_a \approx 8{,}54\,cm$

7 $V = \frac{1}{3} \cdot G \cdot h_K$
$V = \frac{1}{3} \cdot 81\,cm^2 \cdot 9\,m$
$= 243\,m^3$

8 $G = a \cdot a$
$G = 4\,m \cdot 4\,m$
$= 16\,m^2$

$V = \frac{1}{3} \cdot G \cdot h_K$
$V = \frac{1}{3} \cdot 16\,m^2 \cdot 3\,m$
$= 16\,m^3$
Das Zelt hat ein Volumen von $16\,m^3$.

► Seite 49 Zwischentest

1 $O_{Kegel} = \pi \cdot r^2 + \pi \cdot r \cdot s$
$O_{Kegel} = \pi \cdot (4{,}5\,cm)^2 + \pi \cdot 4{,}5\,cm \cdot 6{,}8\,cm$
$\approx 159{,}75\,m^2$

2 $V_{Kegel} = \frac{1}{3} \cdot G \cdot h_K$
$= \frac{1}{3} \cdot \pi \cdot r^2 \cdot h_K$
$V_{Kegel} = \frac{1}{3} \cdot \pi \cdot (3\,cm)^2 \cdot 8\,cm$
$\approx 75{,}40\,cm^3$

3 a) Pyramiden und Kegel sind Körper mit einer **Spitze**.
b) Die **Mantelfläche** einer Pyramide besteht aus mehreren gleichschenkligen Dreiecken.

4

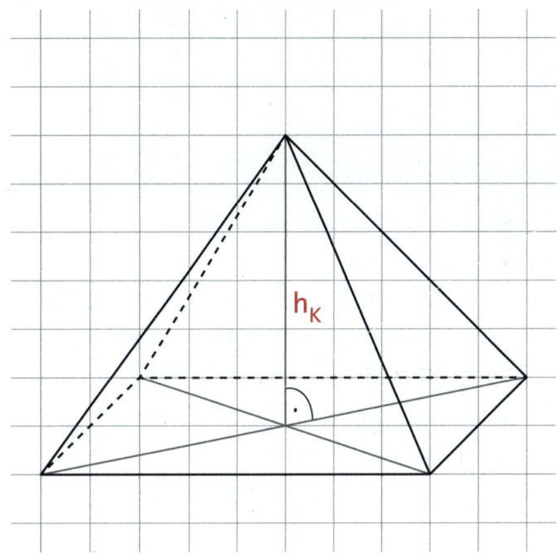

5 $G = a \cdot a$
$G = 3{,}5\,dm \cdot 3{,}5\,dm$
$= 12{,}25\,dm^2$
$M = a^2 + 4 \cdot A_{Dreieck}$
$M = 4 \cdot \frac{3{,}5\,dm \cdot 5\,dm}{2}$
$= 35\,cm^2$
$O = G + M$
$= 12{,}25\,dm^2 + 35\,dm^2$
$= 47{,}25\,dm^2$

6 $\left(\frac{a}{2}\right)^2 + h_K^2 = h_a^2$
$\left(\frac{8\,cm}{2}\right)^2 + (5\,cm)^2 = h_a^2$
$41\,cm^2 = h_a^2 \quad |\sqrt{\ }$
$6{,}40\,cm \approx h_a$ *Seiten vertauschen*
$h_a \approx 6{,}40\,cm$

Skizze:

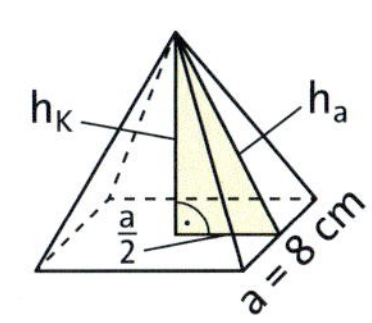

7 $V = \frac{1}{3} \cdot G \cdot h_k$
$= \frac{1}{3} \cdot a^2 \cdot h_k$
$V = \frac{1}{3} \cdot (4{,}2\,m)^2 \cdot 7{,}3\,m$
$\approx 42{,}92\,m^3$

8 $V = \frac{1}{3} \cdot G \cdot h_K$
$= \frac{1}{3} \cdot a^2 \cdot h_K$
$V = \frac{1}{3} \cdot (6\,cm)^2 \cdot 8\,cm$
$= 96\,cm^3$
$m = 96\,cm^3 \cdot 10{,}5\,\frac{g}{cm^3} = 1008\,g = 1{,}008\,kg$
Die Masse des Schmuckstücks beträgt 1,008 kg.

► Seite 49 Zwischentest

1 $4{,}5\,cm = 45\,mm$
$O_{Kegel} = \pi \cdot r^2 + \pi \cdot r \cdot s$
$O_{Kegel} = \pi \cdot (45\,mm)^2 + \pi \cdot 45\,mm \cdot 68\,mm$
$\approx 15\,975{,}00\,mm^2 = 159{,}75\,cm^2$

2 $r = \frac{d}{2} = \frac{5{,}2\,m}{2} = 2{,}6\,m$
$V_{Kegel} = \frac{1}{3} \cdot G \cdot h_K$
$= \frac{1}{3} \cdot \pi \cdot r^2 \cdot h_K$
$V_{Kegel} = \frac{1}{3} \cdot \pi \cdot (2{,}6\,m)^2 \cdot 4{,}6\,m \approx 32{,}56\,m^3$

3 Pyramiden und Kegel sind Körper mit einer Spitze.
Die Grundfläche einer Pyramide ist ein Vieleck.
Die Grundfläche eines Kegels ist ein Kreis.
Die Mantelfläche einer Pyramide besteht aus mehreren gleichschenkligen Dreiecken.
Die Mantelfläche eines Kegels ist gebogen.

4
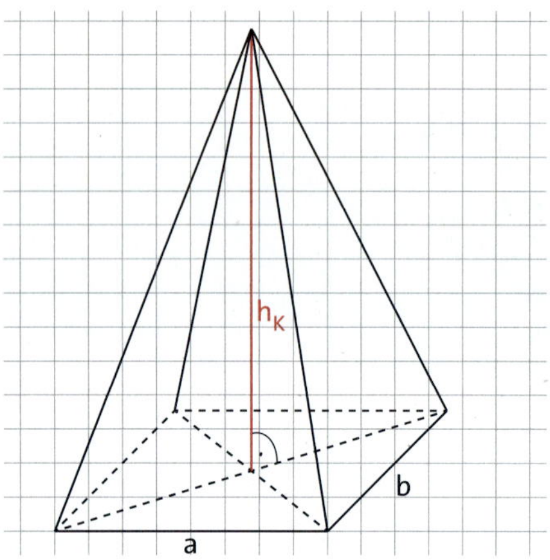

5 $h_a = 50\,dm = 5\,m$
$G = a \cdot a$
$G = 8{,}4\,m \cdot 8{,}4\,cm$
$= 70{,}56\,m^2$
$M = 4 \cdot \frac{a \cdot h_a}{2}$
$M = 4 \cdot \frac{8{,}4\,m \cdot 5\,m}{2}$
$= 4 \cdot 21\,m^2$
$= 84\,m^2$
$O = G + M$
$O = 70{,}56\,m^2 + 84\,m^2$
$= 154{,}56\,m^2$

6 Skizze:
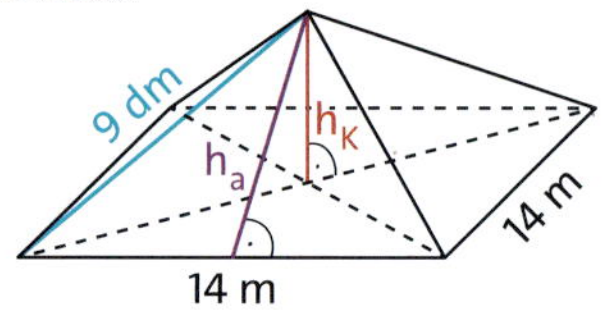

$h_a^2 + \left(\frac{a}{2}\right)^2 = s^2 \quad | -\left(\frac{a}{2}\right)^2$
$h_a^2 = s^2 - \left(\frac{a}{2}\right)^2$
$h_a^2 = (9\,dm)^2 - \left(\frac{14\,dm}{2}\right)^2$
$h_a^2 = 32\,dm^2 \quad |\sqrt{\ }$
$h_a \approx 5{,}66\,dm$

7 $V = \frac{1}{3} \cdot G \cdot h_k$
$V = \frac{1}{3} \cdot 5\,dm \cdot 7{,}5\,dm \cdot 6{,}5\,dm$
$= 81{,}25\,dm^3$

8 $h_a = 0{,}6\,dm = 6\,cm$
$G = a \cdot a$
$G = 7{,}5\,cm \cdot 7{,}5\,cm$
$= 56{,}25\,cm^2$
$h_a^2 = h_k^2 + \left(\frac{a}{2}\right)^2$
$h_a^2 = (6\,cm)^2 + \left(\frac{7{,}5\,cm}{2}\right)^2$
$h_a^2 \approx 50{,}06\,cm^2 \quad |\sqrt{\ }$
$h_a \approx 7{,}08\,cm$
$M = 4 \cdot A_{Dreieck}$
$M = 4 \cdot \frac{7{,}5\,cm \cdot 7{,}08}{2}$
$= 106{,}2\,cm^2$
$O = G + M$
$O = 56{,}25\,cm^2 + 106{,}2\,cm^2$
$= 162{,}45\,cm^2$

Anja benötigt ungefähr 163 mℓ Farbe.

► Seite 55 Abschlusstest

1 $G = a \cdot a$
$= 4\,cm \cdot 4\,cm$
$= 16\,cm^2$
$V = \frac{1}{3} \cdot G \cdot h_K$
$V = \frac{1}{3} \cdot 16\,cm^2 \cdot 6\,cm$
$V = 32\,cm^3$

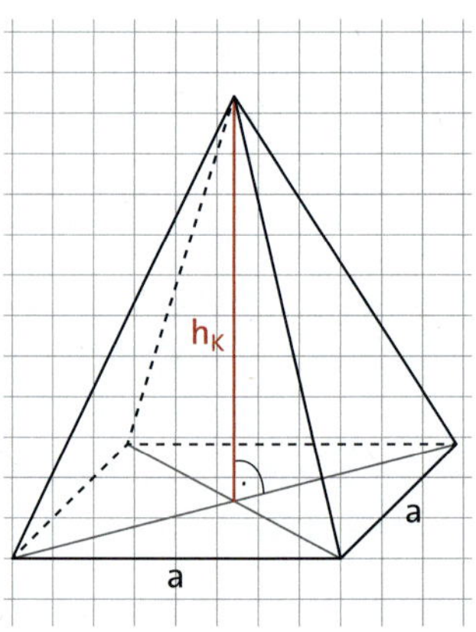

2 $G = a \cdot a$

$G = 6\,cm \cdot 6\,cm$

$= 36\,cm^2$

$M = 4 \cdot \frac{a \cdot h_a}{2}$

$M = 4 \cdot \frac{6\,cm \cdot 4\,cm}{2}$

$= 4 \cdot 12\,cm^2$

$= 48\,cm^2$

$O = G + M$

$O = 36\,cm^2 + 48\,cm^2$

$= 84\,cm^2$

3 a) Volumen

b) Oberflächeninhalt

4 $V_{Würfel} = a \cdot a \cdot a$

$V_{Würfel} = 4\,cm \cdot 4\,cm \cdot 4\,cm$

$= 64\,cm^3$

$V_{Pyramide} = \frac{1}{3} \cdot G \cdot h_K$

$V_{Pyramide} = \frac{1}{3} \cdot a \cdot a \cdot h_K$

$= \frac{1}{3} \cdot 4\,cm \cdot 4\,cm \cdot 4\,cm$

$\approx 21{,}33\,cm^3$

$V = V_{Würfel} + V_{Pyramide}$

$V = 64\,cm^3 + 21{,}33\,cm^3$

$= 85{,}33\,cm^3$

5 $V = \frac{1}{3} \cdot G \cdot h_k$

$V = \frac{1}{3} \cdot 36\,cm^2 \cdot 8\,cm$

$= 96\,cm^3$

$m = 96\,cm^3 \cdot 8{,}9\,\frac{g}{cm^3}$

$= 854{,}4\,g$

Die Masse der Pyramide beträgt ungefähr 854 g.

► Seite 55 Abschlusstest

1

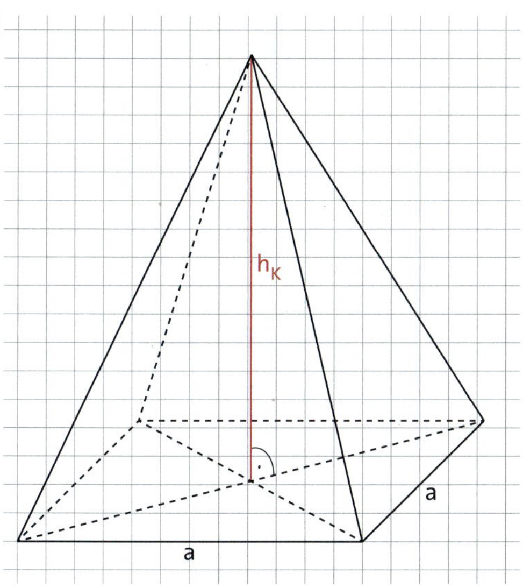

2 $h_a^2 = \left(\frac{a}{2}\right)^2 + h_K^2$

$h_a^2 = \left(\frac{8\,m}{2}\right)^2 + (10\,m)^2$

$h_a^2 = (4\,m)^2 + (10\,m)^2$

$h_a^2 = 16\,m^2 + 100\,m^2$

$h_a^2 = 164\,m^2 \quad |\sqrt{\ }$

$h_a \approx 10{,}77\,m$

$G = a \cdot a$

$G = 8\,m \cdot 8\,m$

$= 64\,m^2$

$M = 4 \cdot \frac{a \cdot h_a}{2}$

$M = 4 \cdot \frac{8\,m \cdot 10{,}77\,m}{2}$

$= 4 \cdot 43{,}08\,m^2 = 172{,}32\,m^2$

$O = G + M$

$O = 64\,m^2 + 172{,}32\,m^2$

$= 236{,}32\,m^2$

3 a) Volumen

b) Oberflächeninhalt

4 $V_{Quader} = 6\,m \cdot 6\,m \cdot 4\,m$

$= 144\,m^3$

$V_{Pyramide} = \frac{1}{3} \cdot G \cdot h_K$

$= \frac{1}{3} \cdot a \cdot b \cdot h_K$

$= \frac{1}{3} \cdot 6\,m \cdot 6\,m \cdot 5\,m$

$= 60\,m^3$

$V = V_{Quader} + V_{Pyramide}$

$V = 144\,m^3 + 60\,m^3$

$= 204\,m^3$

5 $G = a \cdot a$

$G = 7\,cm \cdot 7\,cm$

$= 49\,cm^2$

$V = \frac{1}{3} \cdot G \cdot h_k$

$V = \frac{1}{3} \cdot 49\,cm^2 \cdot 8{,}5\,cm$

$\approx 138{,}83\,cm^3$

$m = 138{,}83\,cm^3 \cdot 2{,}6\,\frac{g}{cm^3}$

$\approx 360{,}97\,g$

Die Masse der Pyramide beträgt ungefähr 361 g.

► Seite 55 Abschlusstest

1

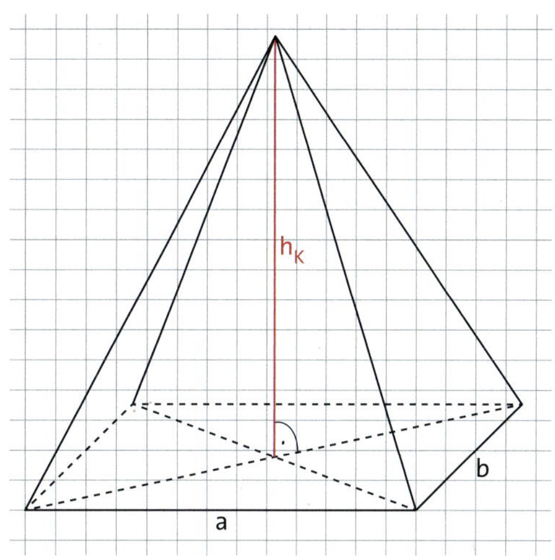

$a = 65\,mm = 6{,}5\,cm$; $h_K = 0{,}7\,dm = 7\,cm$

$G = a \cdot b$

$G = 6{,}5\,cm \cdot 5\,cm$

$= 32{,}5\,cm^2$

$V = \frac{1}{3} \cdot G \cdot h_k$

$V = \frac{1}{3} \cdot 32{,}5\,cm^2 \cdot 7\,cm$

$\approx 75{,}83\,cm^3$

2

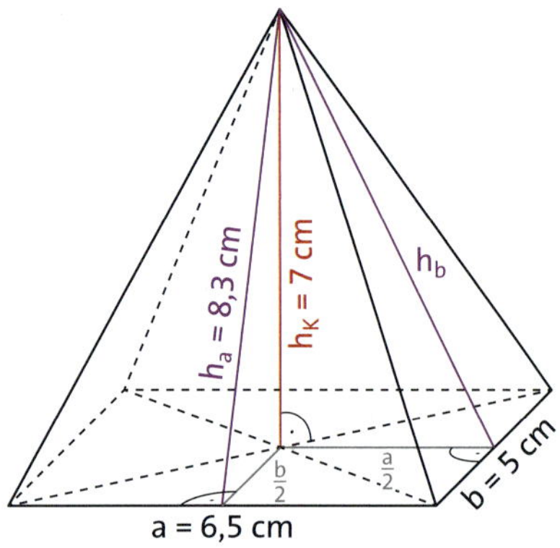

$h_a^2 = h_k^2 + \left(\frac{a}{2}\right)^2$
$h_a^2 = (7\,m)^2 + \left(\frac{12\,m}{2}\right)^2$
$h_a^2 = 85\,m^2 \qquad |\sqrt{}$
$h_a \approx 9{,}22\,m$

$h_b^2 = h_k^2 + \left(\frac{b}{2}\right)^2$
$h_b^2 = (7\,m)^2 + \left(\frac{9\,m}{2}\right)^2$
$h_b^2 = 96{,}25\,m^2 \qquad |\sqrt{}$
$h_b \approx 8{,}32\,m$

$O = G + M$
$= a \cdot b + 2 \cdot A_{Dreieck\,a} + 2 \cdot A_{Dreieck\,b}$
$O = 12\,m \cdot 9\,m + 2 \cdot \frac{12\,m \cdot 9{,}22\,m}{2} + 2 \cdot \frac{9\,m \cdot 8{,}32\,m}{2}$
$= 293{,}52\,m^2$

3 a) Volumen
b) Oberflächeninhalt

4 $V_{Quader} = a \cdot b \cdot c$
$V_{Quader} = 8{,}5\,cm \cdot 4\,cm \cdot 5{,}5\,cm$
$= 187\,cm^3$
$V_{Pyramide} = \frac{1}{3} \cdot G \cdot h_K$
$V_{Pyramide} = \frac{1}{3} \cdot a \cdot a \cdot h_K$
$= \frac{1}{3} \cdot 8{,}5\,cm \cdot 4\,cm \cdot 3\,cm$
$\approx 34\,cm^3$
$V = V_{Quader} + V_{Pyramide}$
$V = 187\,cm^3 + 34\,cm^3$
$= 221\,cm^3$

3 Quadratische Funktionen und Gleichungen

► Seite 58/59 Wiederholung

1 Die Abbildung hier ist um 50 % verkleinert.

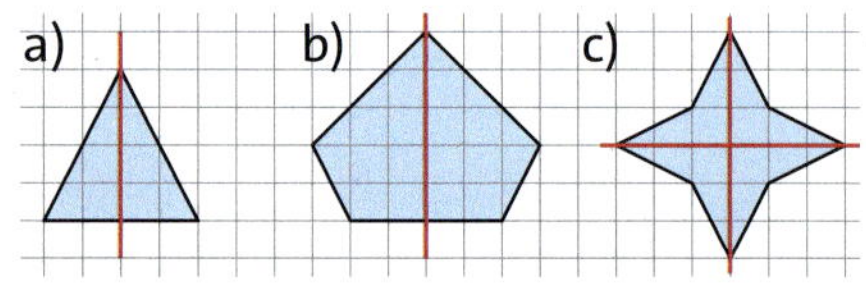

2 a) A(0 | 2); B(0,5 | 1); C(2 | 1); D(1 | 0); E(1,5 | –1); F(0 | –0,5)
b) Die Abbildung hier ist um 50 % verkleinert.

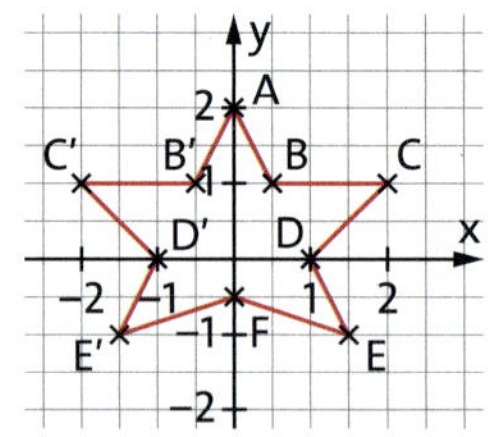

3 a) (–15) + 26 = 11
b) (–32) – 12 = –44
c) 1,6 – (–7) = 8,6
d) (–3) · (–14) = 42
e) (–4) · 12 = –48
f) 90 : (–10) = –9

4 ① $\sqrt{25} = 5$ die Wurzel ziehen; 25 ist der Radikand; 5 ist der Wert der Quadratwurzel.
② $1{,}5^2 = 2{,}25$ quadrieren; 1,5 ist die Basis; 2 ist der Exponent; 2,25 ist der Wert der Potenz.

5 $2^2 = 4$ und $(-2)^2 = 4$
$9^2 = 81$ und $(-9)^2 = 81$
$1{,}1^2 = 1{,}21$ und $(-1{,}1)^2 = 1{,}21$
$5^2 = 25$ und $(-5)^2 = 25$
$0{,}5^2 = 0{,}25$ und $(-0{,}5)^2 = 0{,}25$
$7^2 = 49$ und $(-7)^2 = 49$

6 a) $\sqrt{25} = 5$ b) $\sqrt{9} = 3$ c) $\sqrt{100} = 10$
d) $\sqrt{144} = 12$ e) $\sqrt{6{,}25} = 2{,}5$ f) $\sqrt{\frac{4}{9}} = \frac{\sqrt{4}}{\sqrt{9}} = \frac{2}{3}$

7 a)
$7x - 8 = 2x + 7 \qquad | -2x$
$5x - 8 = 7 \qquad | +8$
$5x = 15 \qquad | :5$
$x = 3 \qquad L = \{3\}$
Probe: $7 \cdot 3 - 8 = 2 \cdot 3 + 7$
$13 = 13$

b)
$9x + 12 = 4x + 52 \qquad | -4x$
$5x + 12 = 52 \qquad | -12$
$5x = 40 \qquad | :5$
$x = 8 \qquad L = \{8\}$
Probe: $9 \cdot 8 + 12 = 4 \cdot 8 + 52$
$84 = 84$

8 a) Die Zuordnung ist eindeutig, weil jeder Anzahl genau ein Preis zugeordnet wird.
Also ist die Zuordnung eine Funktion.
b) Die Zuordnung ist nicht eindeutig, weil zum Beispiel dem Tag Donnerstag zwei Arten für das Wetter zugeordnet werden.
Also ist die Zuordnung keine Funktion.

9 ① die Wertetabelle
② der Graph
③ die Funktionsgleichung
④ die Nullstelle

10 ① $y = f(\mathbf{2}) = 3 \cdot \mathbf{2} - 5 = 1$
② $y = f(\mathbf{6}) = 3 \cdot \mathbf{6} - 5 = 13$
③ $y = f(\mathbf{-2}) = 3 \cdot (\mathbf{-2}) - 5 = -11$
④ $y = f(\mathbf{0{,}5}) = 3 \cdot \mathbf{0{,}5} - 5 = 3{,}5$

11 $y = 5 \cdot x - 10$

x	−3	−2	−1	0	1	2	3	4
y	−25	−20	−15	−10	−5	0	5	10

12 Für 25 km braucht Ben eine Stunde. Ben fährt insgesamt 30 km.
Verwende den Dreisatz, um herauszufinden, wie lange Ben für 1 km und für 30 km benötigt.

	Strecke in km	Zeit in min	
: 25	25	60	: 25
· 30	1	2,4	· 30
	30	72	

Ben fährt 72 Minuten und macht zusätzlich 30 Minuten Pause.
72 min + 30 min = 102 min.
Ben ist insgesamt 102 Minuten, also 1 Stunde und 42 Minuten, unterwegs.

► Seite 86 Zwischentest

1

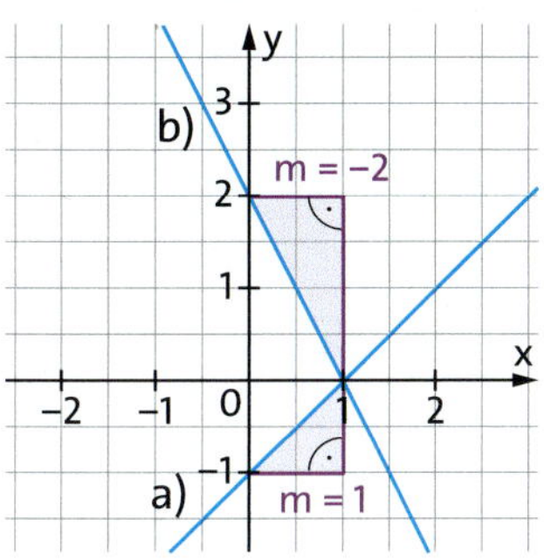

2 a) Die Funktion f ist eine quadratische Funktion. Denn f enthält x^2.
b) Die Funktion f ist keine quadratische Funktion. Denn f enthält kein x^2.

3 $y = x^2 - 5$

x	−3	−2	−1	0	1	2	3
y	4	**−1**	**−4**	**−5**	**−4**	**−1**	**4**

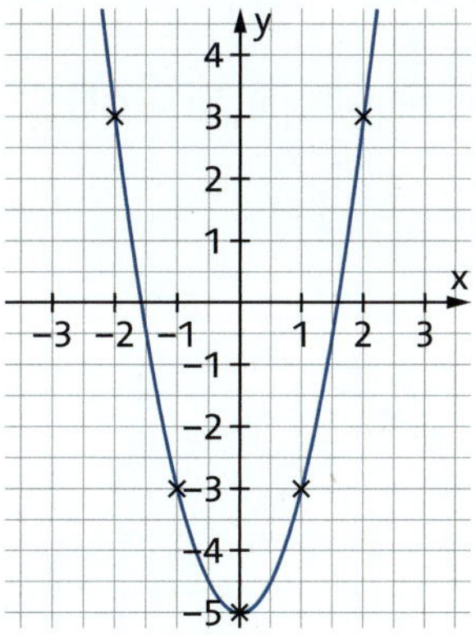

4 a) Die Parabel ist gestreckt und nach oben offen.
b) Die Parabel ist gestaucht und nach unten offen.

5 a) Die Parabel ist um 5 Einheiten nach unten verschoben.
b) Die Parabel ist um 9 Einheiten nach oben verschoben.
c) Die Parabel ist um 3 Einheiten nach oben verschoben.
d) Die Parabel ist nicht um 3 Einheiten nach unten verschoben.

6 a) Nullstellen: $x_1 = -2$ und $x_2 = 2$
b) Nullstellen: $x_1 = -1$ und $x_2 = 1$

7 a) $2x^2 = 242 \quad | :2$
$x^2 = 121 \quad | \sqrt{\ }$
$x_1 = \sqrt{121} \qquad x_2 = -\sqrt{121}$
$x_1 = 11 \qquad x_2 = -11$
$L = \{-11; 11\}$

b) $5x^2 - 125 = 0 \quad | +125$
$5x^2 = 125 \quad | :5$
$x^2 = 25 \quad | \sqrt{\ }$
$x_1 = \sqrt{25} \qquad x_2 = -\sqrt{25}$
$x_1 = 5 \qquad x_2 = -5$
$L = \{-5; 5\}$

► Seite 87 Zwischentest ☐

1 a) y-Achsenabschnitt bei 1.
Steigungsdreieck: 1 cm nach rechts und 2 cm nach oben

b) y-Achsenabschnitt bei 3.
Der Punkt (2|4) liegt ebenfalls auf der Geraden.

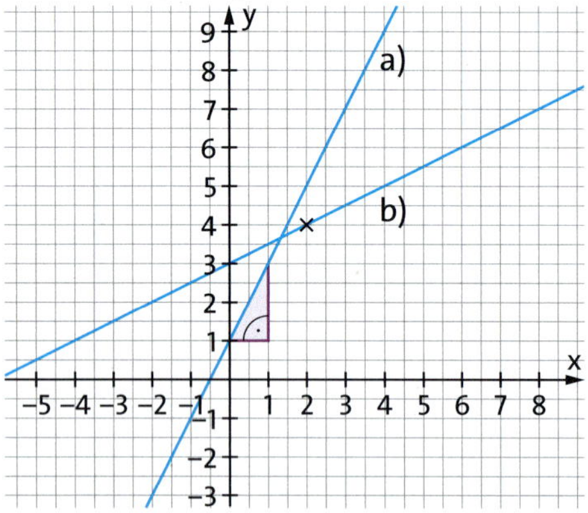

2 a) Die Funktion f ist eine quadratische Funktion.
Denn f enthält x^2.

b) Die Funktion f ist keine quadratische Funktion.
Denn f enthält kein x^2.

3 $y = 2x^2 - 5$

x	−2	−1	0	1	2
y	**−1**	**−3**	**−5**	**−3**	**−1**

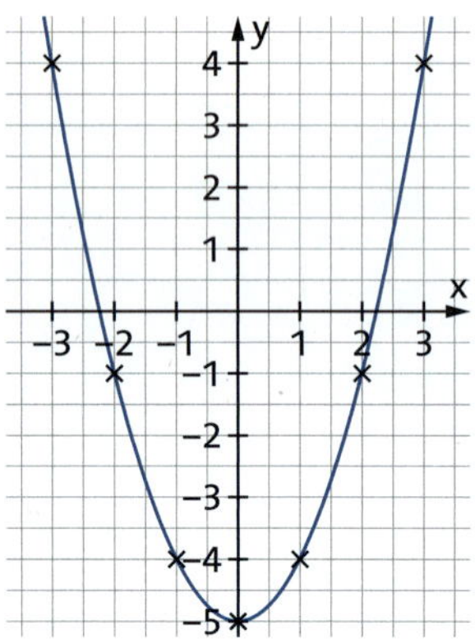

Die Abbildung hier ist um 50 % verkleinert.

4 a) Die Parabel ist gestreckt und nach oben offen.

b) Die Parabel ist gestaucht und nach unten offen.

5 a) Die Parabel ist um 5 Einheiten nach unten verschoben.

b) Die Parabel ist um 4 Einheiten nach oben verschoben.

6 a) Die Nullstellen sind $x_1 = -1$ und $x_2 = 1$.

b) Die Nullstellen sind $x_1 = -3$ und $x_2 = 3$.

7 a) $5x^2 = 720 \quad |:5$

$x^2 = 144 \quad |\sqrt{\ }$

$x_1 = \sqrt{144} \qquad x_2 = -\sqrt{144}$

$x_1 = 12 \qquad x_2 = -12 \qquad L = \{-12; 12\}$

b) $3x^2 - 243 = 0 \quad |+243$

$3x^2 = 243 \quad |:3$

$x^2 = 81 \quad |\sqrt{\ }$

$x_1 = \sqrt{81} \qquad x_2 = -\sqrt{81}$

$x_1 = 9 \qquad x_2 = -9 \qquad L = \{-9; 9\}$

► Seite 87 Zwischentest ☒

1 a) und b)

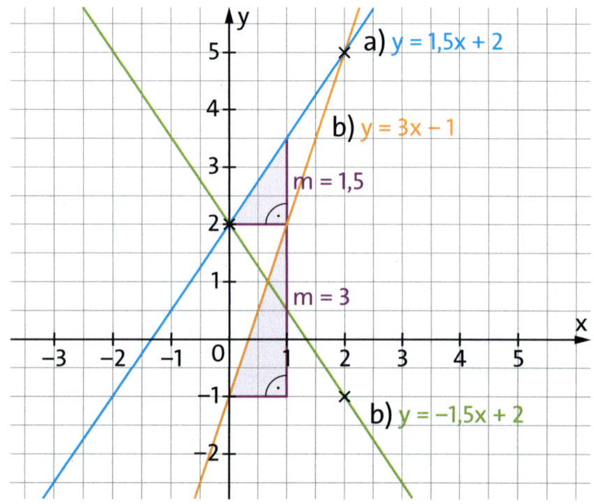

2 a) Die Funktion f ist keine quadratische Funktion.
Denn f enthält x^3.

b) Die Funktion f ist eine quadratische Funktion.
Denn f enthält x^2.

3 $y = 0{,}5x^2 - 1{,}5$

x	−2	−1	0	1	2
y	**0,5**	**−1**	**−1,5**	**−1**	**0,5**

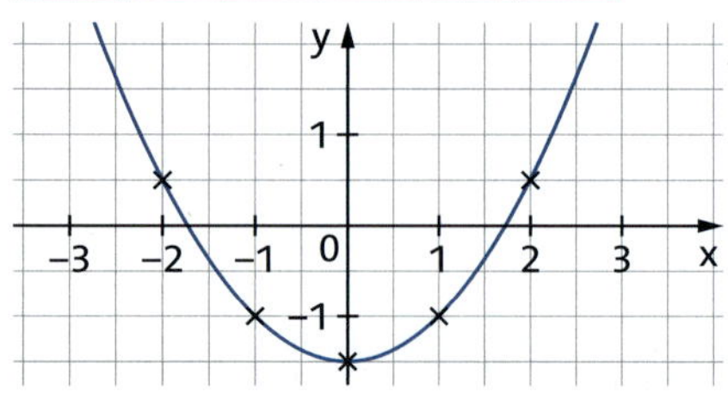

4 a) Die Parabel ist gestaucht und nach unten offen.

b) Die Parabel ist gestreckt und nach oben offen.

5 a) Die Parabel ist um 8,3 Einheiten nach oben verschoben.

b) Die Parabel ist um 9 Einheiten nach unten verschoben.

6 Die Nullstellen liegen dort, wo der y-Wert Null ist.

a) Die Nullstellen sind $x_1 = -3$ und $x_2 = 3$.

b) Die Nullstellen sind $x_1 = -4$ und $x_2 = 4$.

7 a) $4x^2 = 2304 \quad |:4$

$x^2 = 576 \quad |\sqrt{\ }$

$x_1 = \sqrt{576} \qquad x_2 = -\sqrt{576}$

$x_1 = 24; \qquad x_2 = -24 \qquad L = \{-24; 24\}$

b) $\frac{1}{6}x^2 - 1014 = 0 \quad |+1014$

$\frac{1}{6}x^2 = 1014 \quad |\cdot 6$

$x^2 = 6084 \quad |\sqrt{\ }$

$x_1 = \sqrt{6084} \qquad x_2 = -\sqrt{6084}$

$x_1 = 78; \qquad x_2 = -78 \qquad L = \{-78; 78\}$

► Seite 93 Abschlusstest

1 $f(x) = 2x$ und $g(x) = 0{,}5x - 1$

2 $y = x^2 - 4$

x	−3	−2	−1	0	1	2	3
y	5	0	−3	−4	−3	0	5

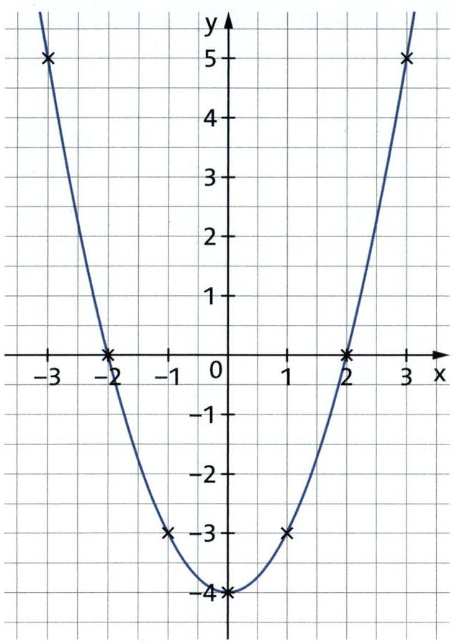

3 a) Die Parabel ist gestreckt und nach oben offen.
b) Die Parabel ist gestaucht und nach oben offen.

4 a) Die Parabel ist um 7 Einheiten nach oben verschoben. Der Scheitelpunkt ist S(0 | 7).
b) Die Parabel ist um 9 Einheiten nach unten verschoben. Der Scheitelpunkt ist S(0 | −9).

5 Die Nullstellen sind $x_1 = -1$ und $x_2 = 1$.

6 a) $x^2 - 25 = 0 \quad |+25$

$x^2 = 25 \quad |\sqrt{\ }$

$x_1 = \sqrt{25} \qquad x_2 = -\sqrt{25}$

$x_1 = 5 \qquad x_2 = -5 \qquad L = \{-5; 5\}$

b) $2x^2 - 18 = 0 \quad |+18$

$2x^2 = 18 \quad |:2$

$x^2 = 9 \quad |\sqrt{\ }$

$x_1 = \sqrt{9} \qquad x_2 = -\sqrt{9}$

$x_1 = 3 \qquad x_2 = -3 \qquad L = \{-3; 3\}$

7 $x^2 = 64\,\text{cm}^2 \quad |\sqrt{\ }$

$x_1 = \sqrt{64\,\text{cm}^2} \qquad x_2 = -\sqrt{64\,\text{cm}^2}$

$x_1 = 8\,\text{cm} \qquad x_2 = -8\,\text{cm}$

Die Lösung ist $x_1 = 8\,\text{cm}$, weil die Seitenlänge nicht negativ sein kann.
Die Seite der Schokoladentafel ist 8 cm lang.

► Seite 93 Abschlusstest

1 $f(x) = -x + 2 \qquad g(x) = 0{,}5x - 2 \qquad h(x) = 2x - 1{,}5$

2 $y = -x^2 + 2$

x	−3	−2	−1	0	1	2	3
y	−7	−2	1	2	1	−2	−7

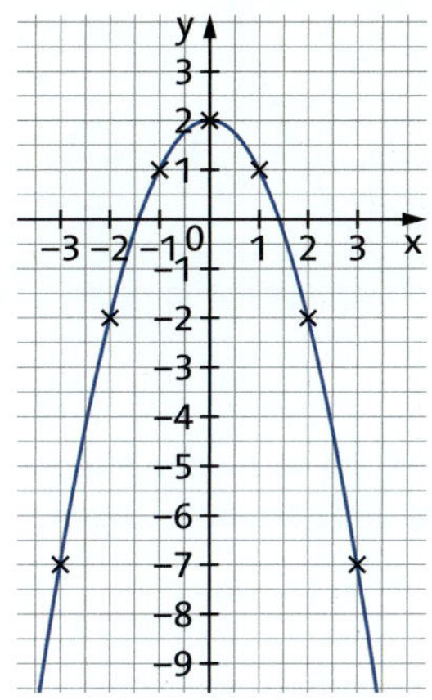

Die Abbildung hier ist um 50 % verkleinert.

3 a) Die Parabel ist gestreckt und nach unten offen.
b) Die Parabel ist gestaucht und nach oben offen.

4 a) Die Parabel ist um 0,5 Einheiten nach oben verschoben. Der Scheitelpunkt ist S(0 | 0,5).
b) Die Parabel ist nach unten offen und um 1,2 Einheiten nach unten verschoben. Der Scheitelpunkt ist S(0 | −1,2).

5 Die Nullstellen sind $x_1 = -1$ und $x_2 = 1$.

6 a) $x^2 - 36 = 0 \quad |+36$

$x^2 = 36 \quad |\sqrt{\ }$

$x_1 = \sqrt{36} \qquad x_2 = -\sqrt{36}$

$x_1 = 6 \qquad x_2 = -6 \qquad L = \{-6; 6\}$

b) $3x^2 - 48 = 0 \quad |+48$

$3x^2 = 48 \quad |:3$

$x^2 = 16 \quad |\sqrt{\ }$

$x_1 = \sqrt{16} \qquad x_2 = -\sqrt{16}$

$x_1 = 4 \qquad x_2 = -4 \qquad L = \{-4; 4\}$

7 *Skizze:*

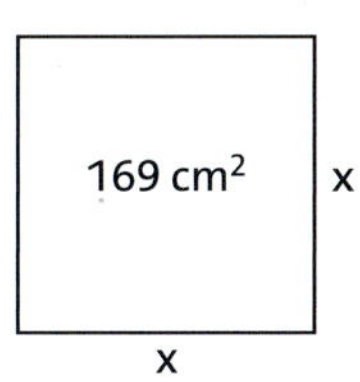

$x^2 = 169\,\text{cm}^2 \quad |\sqrt{\ }$

$x_1 = \sqrt{169\,\text{cm}^2} \qquad x_2 = -\sqrt{169\,\text{cm}^2}$

$x_1 = 13\,\text{cm} \qquad x_2 = -13\,\text{cm}$

Die Seitenlänge kann nicht negativ sein.
Die Seite der Geburtstagskarte ist 13 cm lang.

► Seite 93 Abschlusstest

1 $f(x) = -1{,}5x + 1{,}5$ $g(x) = 3x - 1$ $h(x) = 0{,}5x + 0{,}5$

2 $y = 0{,}5x^2 - 2$

x	−3	−2	−1	0	1	2	3
y	2,5	0	−1,5	−2	−1,5	0	2,5

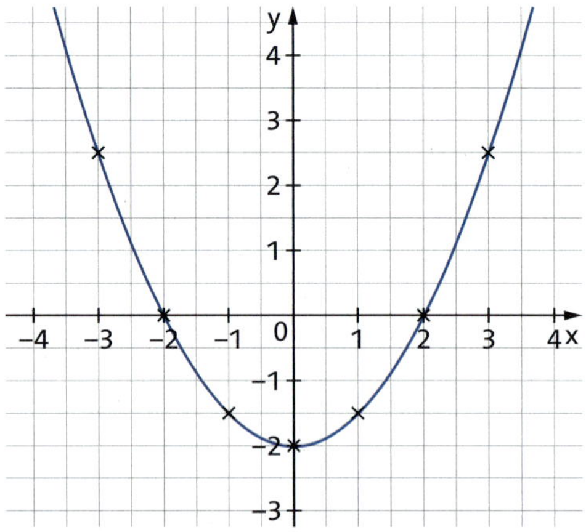

3 a) Die Parabel ist gestaucht und nach oben offen.
b) Die Parabel ist gestreckt und nach unten offen.

4 a) Die Parabel ist um 7,5 Einheiten nach oben verschoben. Der Scheitelpunkt lautet S(0 | 7,5).
b) Die Parabel ist nach unten offen und nicht verschoben. Der Scheitelpunkt lautet S(0 | 0).

5 Die Nullstellen sind $x_1 = -2$ und $x_2 = 2$.

6 a) $x^2 - \frac{4}{9} = 0 \quad |+\frac{4}{9}$
$x^2 = \frac{4}{9} \quad |\sqrt{\ }$
$x_1 = \frac{\sqrt{4}}{\sqrt{9}}$ $\quad x_2 = -\frac{\sqrt{4}}{\sqrt{9}}$
$x_1 = \frac{2}{3}$ $\quad x_2 = -\frac{2}{3}$ $\quad L = \{-\frac{2}{3}; \frac{2}{3}\}$

b) $5x^2 - 1{,}25 = 0 \quad |+1{,}25$
$5x^2 = 1{,}25 \quad |:5$
$x^2 = 0{,}25 \quad |\sqrt{\ }$
$x_1 = \sqrt{0{,}25}$ $\quad x_2 = -\sqrt{0{,}25}$
$x_1 = 0{,}5$ $\quad x_2 = -0{,}5$ $\quad L = \{-0{,}5; 0{,}5\}$

7 *Skizze:*

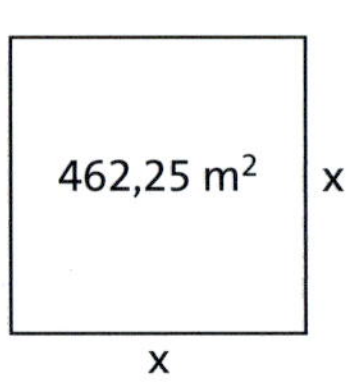

$x^2 = 462{,}25\,m^2 \quad |\sqrt{\ }$
$x_1 = \sqrt{462{,}25\,m^2}$ $\quad x_2 = -\sqrt{462{,}25\,m^2}$
$x_1 = 21{,}5\,m$ $\quad x_2 = -21{,}5\,m$
Die Lösung ist $x_1 = 13\,cm$, weil die Seitenlänge nicht negativ sein kann.
Die Seite des Grundstücks ist 21,5 m lang.

4 Kugel

► Seite 96/97 Wiederholung

1 a) *gesucht*: $d = 2 \cdot r$
$d = 2 \cdot 2\,cm = \mathbf{4\,cm}$
b) *gesucht*: $r = \frac{d}{2}$
$r = \frac{6\,m}{2} = 3\,m$

2 a) $u = 2 \cdot \pi \cdot 3\,cm \approx 18{,}85\,cm$
b) $u = 2 \cdot \pi \cdot 4{,}2\,m \approx 26{,}39\,m$
c) $u = \pi \cdot 34\,mm \approx 106{,}81\,mm$
d) $u = \pi \cdot 2{,}9\,km \approx 9{,}11\,km$

3 a) $A = \pi \cdot (2\,cm)^2 \approx 12{,}57\,cm^2$
b) $A = \pi \cdot (5{,}2\,m)^2 \approx 84{,}95\,m^2$
c) $r = 28\,mm$; $A = \pi \cdot (28\,mm)^2 \approx 2463{,}01\,mm^2$
d) $r = 0{,}95\,km$; $A = \pi \cdot (0{,}95\,km)^2 \approx 2{,}84\,km^2$

4 a) $V = (4{,}3\,cm)^3 = 79{,}507\,cm^3$
b) $V = 3\,cm \cdot 6\,cm \cdot 4{,}8\,cm = 86{,}4\,cm^3$
c) $V = \frac{1}{2} \cdot 22\,m \cdot 12\,m \cdot 48\,m = 6336\,m^3$

5 a) $O = 6 \cdot (3{,}7\,cm)^2 = 82{,}14\,cm^2$
b) $O = 2 \cdot 6\,cm \cdot 7\,cm + 2 \cdot 6\,cm \cdot 5{,}7\,cm + 2 \cdot 7\,cm \cdot 5{,}7\,cm$
$= 232{,}2\,cm^2$

6 a) $V_{Zylinder} = \pi \cdot (7\,cm)^2 \cdot 18\,cm \approx \mathbf{2770{,}885\,cm^3}$
b) $d = 4{,}6\,m$, also $r = 2{,}3\,m$
$V_{Zylinder} = \pi \cdot (2{,}3\,m)^2 \cdot 13\,m \approx \mathbf{216{,}047\,m^3}$

7 a) $O_{Zylinder} = 2 \cdot \pi \cdot (16\,cm)^2 + 2 \cdot \pi \cdot (16\,cm) \cdot 47\,cm$
$\approx \mathbf{6333{,}45\,cm^2}$
b) $d = 8{,}6\,m$, also $r = 4{,}3\,m$
$O_{Zylinder} = 2 \cdot \pi \cdot (4{,}3\,m)^2 + 2 \cdot \pi \cdot (4{,}3\,m) \cdot 2{,}5\,m$
$\approx \mathbf{183{,}72\,m^2}$

8 a) $V_{Kegel} = \frac{1}{3} \cdot \pi \cdot (5\,cm)^2 \cdot 6{,}8\,cm \approx \mathbf{178{,}024\,cm^3}$
b) $d = 7{,}6\,m$, also $r = 3{,}8\,m$
$V_{Kegel} = \frac{1}{3} \cdot \pi \cdot (3{,}8\,m)^2 \cdot 1{,}9\,m \approx \mathbf{28{,}731\,m^3}$

9 a) $r = 5\,cm$; $s = 4{,}9\,cm$
$O_{Kegel} = \pi \cdot 5\,cm \cdot 4{,}9\,cm + \pi \cdot 5^2\,cm = \mathbf{155{,}51\,cm^2}$
b) $d = 2{,}4\,m$, also $r = 1{,}2\,m$
$O_{Kegel} = \pi \cdot 1{,}2\,m \cdot 1{,}9\,m + \pi \cdot (1{,}2\,m)^2$
$\approx 7{,}16\,m^2 + 4{,}52\,m^2 = \mathbf{11{,}69\,m^2}$

10 a) 0,0045 km und 45 dm
b) 0,0004 m und 0,04 cm
c) 0,3405 dm und 34,05 mm
d) 0,037 m^2 und 370 cm^2
e) 0,07 km^2 und 700 a
f) 0,34 a und 3400 dm^2
g) 0,047 dm^3 und 47 000 mm^3
h) 0,00061 m^3 und 610 cm^3
i) 0,00046 km^3 und 460 000 000 dm^3

11 a) $V = a \cdot b \cdot c$; also $b = \frac{V}{a \cdot c}$

$b = \frac{75\,cm^3}{5\,cm \cdot 10\,cm} = \mathbf{1{,}5\,cm}$

b) $u = 2 \cdot \pi \cdot r$; also $r = \frac{u}{2 \cdot \pi}$

$r = \frac{25\,m}{2 \cdot \pi} \approx \mathbf{3{,}98\,m}$

c) $A = \pi \cdot r^2$; $r = \sqrt{\frac{A}{\pi}}$

$r = \sqrt{\frac{10\,mm^2}{\pi}} \approx \mathbf{1{,}78\,mm}$

12 a) $p\,\% = 10\,\%$; $G = 200\,€$; $W = G \cdot \frac{p}{100}$

$W = 200\,€ \cdot \frac{10}{100} = \mathbf{20\,€}$

b) $W = 5$; $G = 36$; $p\,\% = \frac{5}{36} \approx \mathbf{13{,}9\,\%}$

c) $W = 14\,km$; $p\,\% = 25\,\%$; $G = W \cdot \frac{100}{p}$

$G = 14\,km \cdot \frac{100}{25} = \mathbf{56\,km}$

d) Endwert = 15 m; Anfangswert = 10 m

Anstieg $= \frac{15\,m - 10\,m}{10\,m} = 0{,}5 = 50\,\%$

13 a) 75 %, weil drei Viertel des Kreises gefärbt sind.

b) 12,5 %, weil ein Achtel des Kreises gefärbt ist.

c) 45 %, weil mehr als drei Achtel und weniger als die Hälfte des Kreises gefärbt ist.

14 *gegeben*: $d = 10{,}6\,dm$; $h_K = 11{,}3\,dm$; $s = 12{,}5\,dm$

a) Zylinder und Kegel

b) $r = d : 2$; $r = 10{,}6\,dm : 2 = \mathbf{5{,}3\,dm}$

c) $V = V_{Zylinder} - V_{Kegel}$

$V_{Zylinder} = \pi \cdot r^2 \cdot h_K$

$V_{Zylinder} = \pi \cdot (5{,}3\,dm)^2 \cdot 11{,}3\,dm \approx 997{,}195\,dm^3$

$V_{Kegel} = \frac{1}{3} \cdot \pi \cdot r^2 \cdot h_K$

$V_{Kegel} = \frac{1}{3} \cdot \pi \cdot (5{,}3\,dm)^2 \cdot 11{,}3\,dm \approx 332{,}398\,dm^3$

$V \approx 997{,}195\,dm^3 - 332{,}398\,dm^3 = \mathbf{664{,}797\,dm^3}$

d) $O = M_{Zylinder} + M_{Kegel} + G$

$M_{Zylinder} = 2 \cdot \pi \cdot r \cdot h_K$

$M_{Zylinder} = 2 \cdot \pi \cdot 5{,}3\,dm \cdot 11{,}3\,dm \approx 376{,}30\,dm^2$

$M_{Kegel} = \pi \cdot r \cdot s$

$M_{Kegel} = \pi \cdot 5{,}3\,dm \cdot 12{,}5\,dm \approx 208{,}13\,dm^2$

$G = \pi \cdot r^2$

$G = \pi \cdot (5{,}3\,dm)^2 \approx 88{,}25\,dm^2$

$O \approx 376{,}30\,dm^2 + 208{,}13\,dm^2 + 88{,}25\,dm^2$

$= \mathbf{672{,}68\,dm^2}$

15 *gegeben*: $d = 4\,m$; $h_{Zylinder} = 2\,m$; $h_{Kegel} = 1\,m$; $s = 2{,}2\,m$

a) *gesucht*: $V = V_{Zylinder} + V_{Kegel}$

$V_{Zylinder} = \pi \cdot r^2 \cdot h_{Zylinder}$; $r = \frac{4\,m}{2} = 2\,m$

$V_{Zylinder} = \pi \cdot (2\,m)^2 \cdot 2\,m \approx 25{,}13\,m^3$

$V_{Kegel} = \frac{1}{3} \cdot \pi \cdot r^2 \cdot h_{Kegel}$

$V_{Kegel} = \frac{1}{3} \cdot \pi \cdot (2\,m)^2 \cdot 1\,m \approx 4{,}19\,m^3$

$V \approx 25{,}13\,m^3 + 4{,}19\,m^3 = \mathbf{29{,}32\,m^3}$

Das Lager hat ein Volumen von 31,41 m³.

b) *gesucht*: $O = M_{Zylinder} + M_{Kegel} + G$

$M_{Zylinder} = 2 \cdot \pi \cdot r \cdot h_{Zylinder}$

$M_{Zylinder} = 2 \cdot \pi \cdot 2\,m \cdot 2\,m \approx 25{,}13\,m^2$

$M_{Kegel} = \pi \cdot r \cdot s$

$M_{Kegel} = \pi \cdot 2\,m \cdot 2{,}2\,m \approx 13{,}82\,m^2$

$G = \pi \cdot r^2$

$G = \pi \cdot (2\,m)^2 \approx 12{,}57\,m^2$

$O \approx 25{,}13\,m^2 + 13{,}82\,m^2 + 12{,}57\,m^2 = \mathbf{51{,}52\,m^2}$

Das Lager hat einen Oberflächeninhalt von 51,52 m²

▸ Seite 110 Zwischentest

1 *gegeben*: $r = 1{,}5\,cm$, $h_K = 2\,cm$

gesucht: $M_{Zylinder}$, $O_{Zylinder}$

$M_{Zylinder} = 2 \cdot \pi \cdot r \cdot h_K$

$M_{Zylinder} = 2 \cdot \pi \cdot 1{,}5\,cm \cdot 2\,cm \approx \mathbf{18{,}85\,cm^2}$

$O_{Zylinder} = 2 \cdot G + M = 2 \cdot \pi \cdot r^2 + M$

$O_{Zylinder} \approx 2 \cdot \pi + (1{,}5\,cm)^2 + 18{,}85\,cm^2$

$\approx \mathbf{32{,}99\,cm^2}$

2 a) *gegeben*: $r = 3\,m$, $h_K = 6\,m$

gesucht: $V_{Zylinder}$

$G = \pi \cdot (3\,m)^2 \approx \mathbf{28{,}27\,m^2}$

$V_{Zylinder} = G \cdot h_K$

$V_{Zylinder} \approx 28{,}27\,m^2 \cdot 6\,m = \mathbf{169{,}62\,m^3}$

b) *gegeben*: $r = 4\,dm$, $h_K = 8\,dm$

gesucht: $V_{Zylinder}$

$G = \pi \cdot (4\,dm)^2 \approx \mathbf{50{,}27\,dm^2}$

$V_{Zylinder} = G \cdot h_K$

$V_{Zylinder} \approx 50{,}27\,dm^2 \cdot 8\,dm = \mathbf{402{,}16\,dm^3}$

	r	G	h_K	V
a)	3 m	**28,27 m²**	6 m	**169,62 m³**
b)	4 dm	**50,27 dm²**	8 dm	**402,16 dm³**

3 a) *gesucht*: V_{Kugel}

$V_{Kugel} = \frac{4}{3} \cdot \pi \cdot r^3$

$V_{Kugel} = \frac{4}{3} \cdot \pi \cdot (3\,cm)^3 \approx \mathbf{113{,}10\,cm^3}$

b) *gegeben*: $r = 7\,m$

gesucht: V_{Kugel}

$V_{Kugel} = \frac{4}{3} \cdot \pi \cdot r^3$

$V_{Kugel} = \frac{4}{3} \cdot \pi \cdot (7\,m)^3 \approx \mathbf{1436{,}76\,m^3}$

4 a) *gegeben*: $r = 2\,cm$

gesucht: O_{Kugel}

$O_{Kugel} = 4 \cdot \pi \cdot r^2$

$O_{Kugel} = 4 \cdot \pi \cdot (2\,cm)^2 \approx \mathbf{50{,}27\,cm^2}$

b) *gegeben*: $r = 5\,mm$

gesucht: O_{Kugel}

$O_{Kugel} = 4 \cdot \pi \cdot r^2$

$O_{Kugel} = 4 \cdot \pi \cdot (5\,mm)^2 \approx \mathbf{314{,}16\,mm^2}$

5 a) Halbkugel, Quader

b) *gegeben*: $r = 2\,cm$, $a = 7\,cm$,

$b = 7\,cm$, $c = 2\,cm$

gesucht: V_{gesamt} des zusammengesetzten Körpers

$V_{Quader} = a \cdot b \cdot c$

$V_{Quader} = 7\,cm \cdot 7\,cm \cdot 2\,cm = 98\,cm^3$

$V_{Halbkugel} = \frac{2}{3} \cdot \pi \cdot r^3$

$V_{Halbkugel} = \frac{2}{3} \cdot \pi \cdot (2\,cm)^3$

$\approx 16{,}76\,cm^3$

$V_{gesamt} = V_{Quader} + V_{Halbkugel}$

$V_{gesamt} \approx 98\,cm^3 + 16{,}76\,cm^3$

$= \mathbf{114{,}76\,cm^3}$

6 a) Halbkugel, Zylinder

b) *gegeben*: $r_K = 2\,cm$, $h_K = 4\,cm$, $r_Z = 3\,cm$

gesucht: V_{gesamt} des Differenzkörpers

$V_{Zylinder} = \pi \cdot r_Z^2 \cdot h_K$

$V_{Zylinder} = \pi \cdot (3\,cm)^2 \cdot 4\,cm \approx 113{,}10\,cm^3$

$V_{Halbkugel} = \frac{2}{3} \cdot \pi \cdot r_K^3$

$V_{Halbkugel} = \frac{2}{3} \cdot \pi \cdot (2\,cm)^3$

$\approx 16{,}76\,cm^3$

$V_{gesamt} = V_{Zylinder} - V_{Halbkugel}$

$V_{gesamt} \approx 113{,}10\,cm^3 - 16{,}76\,cm^3$

$= \mathbf{96{,}34\,cm^3}$

7 *gegeben*: $r = 5{,}6\,cm$; $h_Z = 8\,cm$

gesucht: O_{gesamt} des zusammengesetzten Körpers

$M_{Halbkugel} = 2 \cdot \pi \cdot r^2$

$M_{Halbkugel} = 2 \cdot \pi \cdot (5{,}6\,cm)^2 \approx 197{,}04\,cm^2$

$O_{Zylinder} = 2 \cdot \pi \cdot r \cdot h_Z + 2 \cdot \pi \cdot r^2$

$O_{Zylinder} = 2 \cdot \pi \cdot 5{,}6\,cm \cdot 8\,cm + 2 \cdot \pi \cdot (5{,}6\,cm)^2$

$\approx 478{,}53\,cm^2$

$A_{Kreis} = \pi \cdot r^2$

$A_{Kreis} = \pi \cdot (5{,}6\,cm)^2 \approx 98{,}52\,cm^2$

$O_{gesamt} = M_{Halbkugel} + O_{Zylinder} - A_{Kreis}$

$O_{gesamt} \approx 197{,}04\,cm^2 + 478{,}53\,cm^2 - 98{,}52\,cm^2$

$= \mathbf{577{,}05\,cm^2}$

8 *gegeben*: $r = 3{,}5\,cm$; $h_K = 6\,cm$

gesucht: O_{gesamt} des Differenzkörpers

$M_{Halbkugel} = 2 \cdot \pi \cdot r^2$

$M_{Halbkugel} = 2 \cdot \pi \cdot (3{,}5\,cm)^2 \approx 76{,}97\,cm^2$

$O_{Zylinder} = 2 \cdot \pi \cdot r \cdot h_K + 2 \cdot \pi \cdot r^2$

$O_{Zylinder} = 2 \cdot \pi \cdot 3{,}5\,cm \cdot 6\,cm + 2 \cdot \pi \cdot (3{,}5\,cm)^2$

$\approx 208{,}92\,cm^2$

$A_{Kreis} = \pi \cdot r^2$

$A_{Kreis} = \pi \cdot (3{,}5\,cm)^2 \approx 38{,}48\,cm^2$

$O_{gesamt} = M_{Halbkugel} + O_{Zylinder} - A_{Kreis}$

$O_{gesamt} \approx 76{,}97\,cm^2 + 208{,}92\,cm^2 - 38{,}48\,cm^2$

$= \mathbf{247{,}41\,cm^2}$

► Seite 111 Zwischentest

1 a) *gegeben*: $r = 3\,m$; $h_K = 4\,m$

gesucht: $M_{Zylinder}$, $O_{Zylinder}$

$M_{Zylinder} = 2 \cdot \pi \cdot r \cdot h_K$

$M_{Zylinder} = 2 \cdot \pi \cdot 3\,m \cdot 4\,m \approx \mathbf{75{,}40\,m^2}$

$O_{Zylinder} = 2 \cdot G + M = 2 \cdot \pi \cdot r^2 + M$

$O_{Zylinder} = 2 \cdot \pi \cdot (3\,m)^2 + 75{,}40\,m^2$

$\approx \mathbf{131{,}95\,m^2}$

b) *gegeben*: $r = 2\,cm$; $h_K = 3{,}5\,cm$

gesucht: $M_{Zylinder}$, $O_{Zylinder}$

$M_{Zylinder} = 2 \cdot \pi \cdot r \cdot h_K$

$M_{Zylinder} = 2 \cdot \pi \cdot 2\,cm \cdot 3{,}5\,cm \approx \mathbf{43{,}98\,cm^2}$

$O_{Zylinder} = 2 \cdot G + M = 2 \cdot \pi \cdot r^2 + M$

$O_{Zylinder} = 2 \cdot \pi \cdot (2\,cm)^2 + 43{,}98\,cm^2$

$\approx \mathbf{69{,}11\,cm^2}$

2 a) *gegeben*: $r = 4\,cm$; $h_K = 1{,}2\,cm$

gesucht: $V_{Zylinder}$

$G = \pi \cdot (4\,cm)^2 \approx 50{,}27\,cm^2$

$V_{Zylinder} = G \cdot h_K$

$V_{Zylinder} \approx 50{,}27\,cm^2 \cdot 1{,}2\,cm \approx \mathbf{60{,}32\,cm^3}$

b) *gegeben*: $r = 2{,}8\,cm$; $h_K = 12{,}4\,m$

gesucht: $V_{Zylinder}$

$G = \pi \cdot (2{,}8\,m)^2 \approx 24{,}63\,m^2$

$V_{Zylinder} = G \cdot h_K$

$V_{Zylinder} \approx 24{,}63\,m^2 \cdot 12{,}4\,m \approx \mathbf{305{,}41\,m^3}$

3 a) *gegeben*: $r = 4\,cm$

gesucht: V_{Kugel}

$V_{Kugel} = \frac{4}{3} \cdot \pi \cdot r^3$

$V_{Kugel} = \frac{4}{3} \cdot \pi \cdot (4\,cm)^3 \approx \mathbf{268{,}08\,cm^3}$

b) *gegeben*: $r = 2{,}8\,mm$

gesucht: V_{Kugel}

$V_{Kugel} = \frac{4}{3} \cdot \pi \cdot r^3$

$V_{Kugel} = \frac{4}{3} \cdot \pi \cdot (2{,}8\,mm)^3 \approx \mathbf{91{,}95\,mm^3}$

c) *gegeben*: $d = 18\,dm$, also ist $r = 9\,dm$

gesucht: V_{Kugel}

$V_{Kugel} = \frac{4}{3} \cdot \pi \cdot r^3$

$V_{Kugel} = \frac{4}{3} \cdot \pi \cdot (9\,dm)^3 \approx \mathbf{3053{,}63\,dm^3}$

d) *gegeben*: $d = 0{,}6\,m$, also ist $r = 0{,}3\,m$

gesucht: V_{Kugel}

$V_{Kugel} = \frac{4}{3} \cdot \pi \cdot r^3$

$V_{Kugel} = \frac{4}{3} \cdot \pi \cdot (0{,}3\,m)^3 \approx \mathbf{0{,}11\,m^3}$

4 a) *gegeben*: $r = 6\,cm$

gesucht: O_{Kugel}

$O_{Kugel} = 4 \cdot \pi \cdot r^2$

$O_{Kugel} = 4 \cdot \pi \cdot (6\,cm)^2 \approx \mathbf{452{,}39\,cm^2}$

b) *gegeben*: $r = 39\,mm$

gesucht: O_{Kugel}

$O_{Kugel} = 4 \cdot \pi \cdot r^2$

$O_{Kugel} = 4 \cdot \pi \cdot (39\,mm)^2 \approx \mathbf{19\,113{,}45\,mm^2}$

c) *gegeben*: $d = 16\,dm$, also ist $r = 8\,dm$

gesucht: O_{Kugel}

$O_{Kugel} = 4 \cdot \pi \cdot r^2$

$O_{Kugel} = 4 \cdot \pi \cdot (8\,dm)^2 \approx \mathbf{804{,}25\,dm^2}$

d) *gegeben*: $d = 0{,}8\,km$, also ist $r = 0{,}4\,km$

gesucht: O_{Kugel}

$O_{Kugel} = 4 \cdot \pi \cdot r^2$

$O_{Kugel} = 4 \cdot \pi \cdot (0{,}4\,km)^2 \approx \mathbf{2{,}01\,km^2}$

5 Die Teilkörper sind ein Zylinder und eine Halbkugel.
gegeben: $r_{Zylinder} = 2\,dm$; $h_K = 2{,}5\,dm$;
$r_{Halbkugel} = 3\,dm$
gesucht: V_{gesamt} des zusammengesetzten Körpers
$V_{Zylinder} = \pi \cdot r^2 \cdot h_K$
$V_{Zylinder} = \pi \cdot (2\,dm)^2 \cdot 2{,}5\,dm \approx 31{,}42\,dm^3$
$V_{Halbkugel} = \frac{2}{3} \cdot \pi \cdot r^3$
$V_{Halbkugel} = \frac{2}{3} \cdot \pi \cdot (3\,dm)^3 \approx 56{,}55\,dm^3$
$V_{gesamt} = V_{Zylinder} + V_{Halbkugel}$
$V_{gesamt} \approx 31{,}42\,dm^3 + 56{,}55\,dm^3$
$= \mathbf{87{,}97\,dm^3}$

6 Die Teilkörper sind ein Zylinder und eine Halbkugel.
gegeben: $r = 3\,cm$, $h_K = 8\,cm$
$d = 20\,cm$, also $r_{Zylinder} = 10\,cm$
gesucht: V_{gesamt} des Differenzkörpers
$V_{Zylinder} = \pi \cdot r_{Zylinder}{}^2 \cdot h_K$
$V_{Zylinder} = \pi \cdot (10\,cm)^2 \cdot 8\,cm \approx 2513{,}27\,cm^3$
$V_{Halbkugel} = \frac{2}{3} \cdot \pi \cdot r^3$
$V_{Halbkugel} = \frac{2}{3} \cdot \pi \cdot (3\,cm)^3$
$\approx 56{,}55\,cm^3$
$V_{gesamt} = V_{Zylinder} - V_{Halbkugel}$
$V_{gesamt} \approx 2513{,}27\,cm^3 - 56{,}55\,cm^3$
$= \mathbf{2456{,}72\,cm^3}$

7 Die Teilkörper sind ein Quader und eine Halbkugel.
gegeben: $r = 2\,cm$, $a = 7\,cm$, $b = 7\,cm$, $c = 2\,cm$
gesucht: O_{gesamt} des zusammengesetzten Körpers
$M_{Halbkugel} = 2 \cdot \pi \cdot r^2$
$M_{Halbkugel} = 2 \cdot \pi \cdot (2\,cm)^2 \approx 25{,}13\,cm^2$
$O_{Quader} = 2 \cdot a \cdot b + 2 \cdot b \cdot c + 2 \cdot a \cdot c$
$O_{Quader} = 2 \cdot 7\,cm \cdot 7\,cm + 2 \cdot 7\,cm \cdot 2\,cm$
$+ 2 \cdot 7\,cm \cdot 2\,cm$
$= 154\,cm^2$
$A_{Kreis} = \pi \cdot r^2$
$A_{Kreis} = \pi \cdot (2\,cm)^2$
$\approx 12{,}57\,cm^2$
$O_{gesamt} = M_{Halbkugel} + Q_{Quader} - A_{Kreis}$
$O_{gesamt} \approx 25{,}13\,cm^2 + 154\,cm^2 - 12{,}57\,cm^2$
$= \mathbf{166{,}56\,cm^2}$

8 Die Teilkörper sind ein Kegel und eine Halbkugel.
gegeben: $d = 10\,cm$, also $r_K = 5\,cm$;
$s = 6{,}8\,cm$; $r = 2\,cm$
gesucht: O_{gesamt} des Differenzkörpers
$O_{Kegel} = \pi \cdot r_K \cdot s + \pi \cdot r_K{}^2$
$O_{Kegel} = \pi \cdot 5\,cm \cdot 6{,}8\,cm + \pi \cdot (5\,cm)^2$
$\approx 185{,}35\,cm^2$
$A_{Kreis} = \pi \cdot r^2$
$A_{Kreis} = \pi \cdot (2\,cm)^2 \approx 12{,}57\,cm^2$
$M_{Halbkugel} = 2 \cdot \pi \cdot r^2$
$= 2 \cdot \pi \cdot (2\,cm)^2 \approx 25{,}13\,cm^2$
$O_{gesamt} = O_{Kegel} - A_{Kreis} + M_{Halbkugel}$
$O_{gesamt} \approx 185{,}35\,cm^2 - 12{,}57\,cm^2 + 25{,}13\,cm^2$
$= \mathbf{197{,}91\,cm^2}$

► Seite 111 Zwischentest ☒

1 a) *gegeben*: $r = 4\,cm$, $h_K = 7\,cm$
gesucht: $M_{Zylinder}$, $O_{Zylinder}$
$M_{Zylinder} = 2 \cdot \pi \cdot r \cdot h_K$
$M_{Zylinder} = 2 \cdot \pi \cdot 4\,cm \cdot 7\,cm \approx \mathbf{175{,}93\,cm^2}$
$O_{Zylinder} = 2 \cdot G + M = 2 \cdot \pi \cdot r^2 + M$
$O_{Zylinder} = 2 \cdot \pi \cdot (4\,cm)^2 + 175{,}93\,cm^2$
$\approx \mathbf{276{,}46\,cm^2}$

b) *gegeben*: $r = 3{,}8\,cm$, $M = 119{,}38\,m^2$
gesucht: h_K, $O_{Zylinder}$
$h_K = M : (2 \cdot \pi \cdot r)$
$h_K = 119{,}38\,m^2 : (2 \cdot \pi \cdot 3{,}8\,m) \approx \mathbf{5{,}00\,m}$
$O_{Zylinder} = 2 \cdot G + M = 2 \cdot \pi \cdot r^2 + M$
$O_{Zylinder} = 2 \cdot \pi \cdot (3{,}8\,m)^2 + 119{,}38\,m^2$
$\approx \mathbf{210{,}11\,m^2}$

c) *gegeben*: $h_K = 6\,dm$, $M_{Zylinder} = 150{,}8\,dm^2$
gesucht: r, $O_{Zylinder}$
$r = M_{Zylinder} : (2 \cdot \pi \cdot h_K)$
$r = 150{,}8\,dm^2 : (2 \cdot \pi \cdot 6\,dm) \approx \mathbf{4{,}00\,dm}$
$O_{Zylinder} = 2 \cdot G + M = 2 \cdot \pi \cdot r^2 + M$
$O_{Zylinder} = 2 \cdot \pi \cdot (4{,}00\,dm)^2 + 150{,}8\,dm^2$
$\approx \mathbf{251{,}33\,dm^2}$

	r	h_K	$M_{Zylinder}$	$O_{Zylinder}$
a)	4 cm	7 cm	**175,93 cm²**	**276,46 cm²**
b)	3,8 m	**5,00 m**	119,38 m²	**210,11 m²**
c)	**4,00 dm**	6 dm	150,8 dm²	**251,33 dm³**

2 a) *gegeben*: $r = 4{,}8\,cm$, $h_K = 2{,}4\,cm$
gesucht: $V_{Zylinder}$
$G = \pi \cdot (4{,}8\,cm)^2 \approx 72{,}38\,cm^2$
$V_{Zylinder} = G \cdot h_K$
$V_{Zylinder} \approx 72{,}38\,cm^2 \cdot 2{,}4\,cm \approx \mathbf{173{,}71\,cm^3}$

b) *gegeben*: $r = 2{,}8\,dm$, $h_K = 0{,}14\,m = 1{,}4\,dm$
gesucht: $V_{Zylinder}$
$G = \pi \cdot (2{,}8\,cm)^2 \approx 24{,}63\,dm^2$
$V_{Zylinder} = G \cdot h_K$
$V_{Zylinder} \approx 24{,}63\,dm^2 \cdot 1{,}4\,dm \approx \mathbf{34{,}48\,dm^3}$

3 a) *gegeben*: $r = 7{,}2\,cm$
gesucht: V_{Kugel}
$V_{Kugel} = \frac{4}{3} \cdot \pi \cdot (7{,}2\,cm)^3 \approx \mathbf{1563{,}46\,cm^3}$

b) *gegeben*: $r = 0{,}04\,km = 40\,m$
gesucht: V_{Kugel}
$V_{Kugel} = \frac{4}{3} \cdot \pi \cdot (40\,m)^3 \approx \mathbf{268\,082{,}57\,m^3}$

c) *gegeben*: $d = 29\,dm$, also $r = 14{,}5\,dm$
gesucht: V_{Kugel}
$V_{Kugel} = \frac{4}{3} \cdot \pi \cdot (14{,}5\,dm)^3 \approx \mathbf{12\,770{,}05\,dm^3}$

d) *gegeben*: $d = 16{,}44\,m$, also $r = 8{,}22\,m$
gesucht: V_{Kugel}
$V_{Kugel} = \frac{4}{3} \cdot \pi \cdot (8{,}22\,m)^3 \approx \mathbf{2326{,}51\,m^3}$

4 a) *gegeben*: $r = 3{,}4\,cm$
gesucht: O_{Kugel}
$O_{Kugel} = 4 \cdot \pi \cdot (3{,}4\,cm)^2 \approx \mathbf{145{,}27\,cm^2}$
b) *gegeben*: $r = 1{,}05\,dm$
gesucht: O_{Kugel}
$O_{Kugel} = 4 \cdot \pi \cdot (1{,}05\,dm)^2 \approx \mathbf{13{,}85\,dm^2}$
c) *gegeben*: $d = 15\,mm$, also $r = 7{,}5\,mm$
gesucht: O_{Kugel}
$O_{Kugel} = 4 \cdot \pi \cdot (7{,}5\,mm)^2 \approx \mathbf{706{,}86\,mm^2}$
d) *gegeben*: $d = 1{,}4\,dm$, also $r = 0{,}7\,dm$
gesucht: O_{Kugel}
$O_{Kugel} = 4 \cdot \pi \cdot (0{,}7\,dm)^2 \approx \mathbf{6{,}16\,dm^2}$

5 *gegeben*: $r_{Kegel} = 5\,cm$; $h_K = 11\,cm$
$d_{Halbkugel} = 18\,cm$, also $r_{Halbkugel} = 9\,cm$
gesucht: V_{gesamt} des zusammengesetzten Körpers
$V_{Kegel} = \frac{1}{3} \cdot \pi \cdot r^2 \cdot h_K$
$V_{Kegel} = \frac{1}{3} \cdot \pi \cdot (5\,cm)^2 \cdot 11\,cm \approx 287{,}98\,cm^3$
$V_{Halbkugel} = \frac{2}{3} \cdot \pi \cdot r^3$
$V_{Halbkugel} = \frac{2}{3} \cdot \pi \cdot (9\,cm)^3 \approx 1526{,}81\,cm^3$
$V_{gesamt} = V_{Kegel} + V_{Halbkugel}$
$V_{gesamt} \approx 287{,}98\,cm^3 + 1526{,}81\,cm^3$
$= \mathbf{1814{,}79\,cm^3}$

6 *gegeben*: $d_{innen} = 14\,cm$; also $r_{innen} = 7\,cm$;
$d_{außen} = 15\,cm$, also $r_{außen} = 7{,}5\,cm$
gesucht: V_{gesamt} des Differenzkörpers
$V_{außen} = \frac{2}{3} \cdot \pi \cdot r^3$
$V_{außen} = \frac{2}{3} \cdot \pi \cdot (7{,}5\,cm)^3$
$\approx 883{,}57\,cm^3$
$V_{innen} = \frac{2}{3} \cdot \pi \cdot r^3$
$V_{innen} = \frac{2}{3} \cdot \pi \cdot (7\,cm)^3$
$\approx 718{,}38\,cm^3$
$V_{gesamt} = V_{außen} + V_{innen}$
$V_{gesamt} \approx 883{,}57\,cm^3 - 718{,}38\,cm^3$
$= \mathbf{165{,}19\,cm^3}$

7 *gegeben*: $d_{Halbkugel} = 13\,cm$, also $r_{Halbkugel} = 6{,}5\,cm$;
$r_{Kegel} = 16\,cm$; $s = 37{,}6\,cm$
gesucht: O_{gesamt} des zusammengesetzten Körpers
$M_{Halbkugel} = 2 \cdot \pi \cdot r^2$
$= 2 \cdot \pi \cdot (6{,}5\,cm)^2 \approx 265{,}46\,cm^2$
$O_{Kegel} = \pi \cdot r \cdot s + \pi \cdot r^2$
$= \pi \cdot 16\,cm \cdot 37{,}6\,cm + \pi \cdot (16\,cm)^2$
$\approx 2694{,}23\,cm^2$
$A_{Kreis} = \pi \cdot r^2$
$= \pi \cdot (6{,}5\,cm)^2 \approx 132{,}73\,cm^2$
$O_{gesamt} = 2 \cdot M_{Halbkugel} + O_{Kegel} - 2 \cdot A_{Kreis}$
$O_{gesamt} \approx 2 \cdot 265{,}46\,cm^2 + 2694{,}23\,cm^2$
$- 2 \cdot 132{,}73\,cm^2 = \mathbf{2959{,}69\,cm^2}$

8 *gegeben*: $r_{Halbkugel} = 2\,cm$, $r_{Kegel} = 6{,}5\,cm$; $s = 8{,}8\,cm$
gesucht: O_{gesamt} des Differenzkörpers
$O_{Kegel} = \pi \cdot r_{Kegel} \cdot s + \pi \cdot r_{Kegel}^2$
$O_{Kegel} = \pi \cdot 6{,}5\,cm \cdot 8{,}8\,cm + \pi \cdot (6{,}5\,cm)^2$
$\approx 312{,}43\,cm^2$
$A_{Kreis} = \pi \cdot r_{Halbkugel}^2$
$A_{Kreis} = \pi \cdot (2\,cm)^2 \approx 12{,}57\,cm^2$
$M_{Halbkugel} = 2 \cdot \pi \cdot r_{Halbkugel}^2$
$M_{Halbkugel} = 2 \cdot \pi \cdot (2\,cm)^2 \approx 25{,}13\,cm^2$
$O_{gesamt} = O_{Kegel} - 2 \cdot A_{Kreis} + 2 \cdot M_{Halbkugel}$
$O_{gesamt} \approx 312{,}43\,cm^2 - 2 \cdot 12{,}57\,cm^2 + 25{,}13\,cm^2$
$= \mathbf{337{,}55\,cm^2}$

▸ Seite 117 Abschlusstest

1 *gegeben*: $r = 11\,cm$
gesucht: V_{Kugel}
$V_{Kugel} = \frac{4}{3} \cdot \pi \cdot r^3$
$V_{Kugel} = \frac{4}{3} \cdot \pi \cdot (11\,cm)^3 \approx \mathbf{5575{,}28\,cm^3}$
Das Volumen des Fußballs beträgt ungefähr $5575{,}28\,cm^3$.

2 *gegeben*: $r = 11\,cm$
gesucht: $O_{Kugel} = 4 \cdot \pi \cdot r^2$
$O_{Kugel} = 4 \cdot \pi \cdot r^2$
$O_{Kugel} = 4 \cdot \pi \cdot (11\,cm)^2 \approx \mathbf{1520{,}53\,cm^3}$
Das Oberflächeninhalt des Fußballs beträgt ungefähr $1520{,}53\,cm^3$.

3 *gegeben*: $r = 15\,cm$; $h_{Zylinder} = 65\,cm$
gesucht: V_{gesamt}
$V_{Zylinder} = \pi \cdot r^2 \cdot h_{Zylinder}$
$= \pi \cdot (15\,cm)^2 \cdot 65\,cm \approx 45\,945{,}79\,cm^3$
$V_{Halbkugel} = \frac{2}{3} \cdot \pi \cdot r^3$
$= \frac{2}{3} \cdot \pi \cdot (15\,cm)^3 \approx 7068{,}58\,cm^3$
gesucht: $V_{gesamt} = V_{Zylinder} + V_{Halbkugel}$
$V_{gesamt} \approx 45\,945{,}79\,cm^3 + 7068{,}58\,cm^3$
$= \mathbf{53\,014{,}37\,cm^3}$ (≈ 53 Liter)
Das Volumen des Mülleimers beträgt ungefähr $53\,014\,cm^3$.

4 *gegeben*: $r_1 = 2\,cm$, $r_2 = 4\,cm$, $h_K = 7{,}6\,cm$
gesucht: V_{gesamt} des Differenzkörpers
$V_{Zylinder} = \pi \cdot r_2^2 \cdot h_K$
$V_{Zylinder} = \pi \cdot (4\,cm)^2 \cdot 7{,}6\,cm \approx 382{,}02\,cm^3$
$V_{Halbkugel} = \frac{2}{3} \cdot \pi \cdot r_1^3$
$V_{Halbkugel} = \frac{2}{3} \cdot \pi \cdot (2\,cm)^3 \approx 16{,}76\,cm^3$
$V_{gesamt} = V_{Zylinder} - V_{Halbkugel}$
$V_{gesamt} \approx 382{,}02\,cm^3 - 16{,}76\,cm^3$
$= \mathbf{365{,}26\,cm^3}$

5 *gegeben*: $a = 4\,cm$; $r = 2\,cm$
gesucht: O_{gesamt} des zusammengesetzten Körpers
$O_{Würfel} = 6 \cdot a^2$
$O_{Würfel} = 6 \cdot (4\,cm)^2 = 96\,cm^2$
$M_{Halbkugel} = 2 \cdot \pi \cdot r^2$
$M_{Halbkugel} = 2 \cdot \pi \cdot (2\,cm)^2 \approx 25{,}13\,cm^2$
$A_{Kreis} = \pi \cdot r^2$
$A_{Kreis} = \pi \cdot (2\,cm)^2 \approx 12{,}57\,cm^2$
$O_{gesamt} = O_{Würfel} + M_{Halbkugel} - A_{Kreis}$
$O_{gesamt} \approx 96\,cm^2 + 25{,}13\,cm^2 - 12{,}57\,cm^2$
$= \mathbf{108{,}56\,cm^2}$

6 *gegeben*: $r = 15\,cm$
gesucht: O
$M_{Halbkugel} = 2 \cdot \pi \cdot r^2$
$= 2 \cdot \pi \cdot (15\,cm)^2 \approx 1413{,}72\,cm^2$
$A_{Kreis} = \pi \cdot r^2$
$= \pi \cdot (15\,cm)^2 \approx 706{,}86\,cm^2$
$O = M_{Halbkugel} + A_{Kreis}$
$O \approx 1413{,}72\,cm^2 + 706{,}86\,cm^2 = \mathbf{2120{,}58\,cm^2}$

► Seite 117 Abschlusstest

1 $V_{Kugel} = \frac{4}{3} \cdot \pi \cdot (3\,cm)^3 \approx \mathbf{113{,}10\,cm^3}$
Die Eiskugel hat ein Volumen von ungefähr $113\,cm^3$.

2 $O_{Kugel} = 4 \cdot \pi \cdot (1{,}2\,cm)^2 \approx \mathbf{18{,}10\,cm^2}$
Der Oberflächeninhalt beträgt ungefähr $18{,}10\,cm^2$.

3 *gegeben*: $r = 30\,cm$; $h_{Zylinder} = 80\,cm$
gesucht: V_{gesamt} des Differenzkörpers
$V_{Zylinder} = \pi \cdot r^2 \cdot h_{Zylinder}$
$V_{Zylinder} = \pi \cdot (30\,cm)^2 \cdot 80\,cm \approx 226\,194{,}67\,cm^3$
$V_{Halbkugel} = \frac{2}{3} \cdot \pi \cdot r^3$
$V_{Halbkugel} = \frac{2}{3} \cdot \pi \cdot (30\,cm)^3 \approx 56\,548{,}67\,cm^3$
$V_{gesamt} = V_{Zylinder} + V_{Halbkugel}$
$V_{gesamt} \approx 226\,194{,}67\,cm^3 + 56\,548{,}67\,cm^3$
$= \mathbf{282\,743{,}34\,cm^3}$
Das Volumen des Glascontainers beträgt ungefähr $282\,743{,}34\,cm^3$.

4 *gegeben*: $r_1 = 1{,}5\,cm$, $r_2 = 3\,cm$, $h_K = 5{,}5\,cm$
gesucht: V_{gesamt} des Differenzkörpers
$V_{Zylinder} = \pi \cdot {r_2}^2 \cdot h_K$
$= \pi \cdot (3\,cm)^2 \cdot 5{,}5\,cm \approx 155{,}509\,cm^3$
$V_{Halbkugel1} = \frac{2}{3} \cdot \pi \cdot {r_1}^3$
$= \frac{2}{3} \cdot \pi \cdot (1{,}5\,cm)^3 \approx 7{,}069\,cm^3$
$V_{Halbkugel2} = \frac{2}{3} \cdot \pi \cdot {r_2}^3$
$= \frac{2}{3} \cdot \pi \cdot (3\,cm)^3 \approx 56{,}549\,cm^3$
$V_{gesamt} = V_{Zylinder} - V_{Halbkugel1} - V_{Halbkugel2}$
$V_{gesamt} \approx 155{,}509\,cm^3 - 7{,}069\,cm^3 - 56{,}549\,cm^3$
$= \mathbf{91{,}891\,cm^3}$

5 *gegeben*: $r = 2\,cm$; $a = 4{,}5\,cm$
gesucht: O_{gesamt} des Differenzkörpers
$O_{Würfel} = 6 \cdot a^2$
$= 6 \cdot (4{,}5\,cm)^2 = 121{,}5\,cm^2$
$M_{Halbkugel} = 2 \cdot \pi \cdot r^2$
$= 2 \cdot \pi \cdot (2\,cm)^2 \approx 25{,}13\,cm^2$
$A_{Kreis} = \pi \cdot r^2$
$= \pi \cdot (2\,cm)^2 \approx 12{,}57\,cm^2$
$O_{gesamt} = O_{Würfel} + 2 \cdot M_{Halbkugel} - 2 \cdot A_{Kreis}$
$O_{gesamt} \approx 121{,}5\,cm^2 + 2 \cdot 25{,}13\,cm^2 - 2 \cdot 12{,}57\,cm^2$
$= \mathbf{146{,}62\,cm^2}$

6 *gegeben*: $r = 8\,cm$, $a = 5\,cm$
gesucht: O_{gesamt} des Differenzkörpers
$M_{Halbkugel} = 2 \cdot \pi \cdot r^2$
$M_{Halbkugel} = 2 \cdot \pi \cdot (8\,cm)^2 \approx 402{,}12\,cm^2$
$A_{Kreis} = \pi \cdot r^2$
$A_{Kreis} = \pi \cdot (8\,cm)^2 \approx 201{,}06\,cm^2$
$A_{Quadrat} = a^2$
$A_{Quadrat} = (5\,cm)^2 = 25\,cm^2$
$O_{Würfel} = 6 \cdot a^2$
$O_{Würfel} = 6 \cdot (5\,cm)^2 = 150\,cm^2$
$O_{gesamt} = M_{Halbkugel} + A_{Kreis} - A_{Quadrat} + O_{Würfel}$
$O_{gesamt} \approx 402{,}12\,cm^2 + 201{,}06\,cm^2 - 25\,cm^2 + 150\,cm^2$
$= \mathbf{728{,}18\,cm^2}$

► Seite 117 Abschlusstest

1 $V_{Kugel} = \frac{4}{3} \cdot \pi \cdot (20\,mm)^3 \approx \mathbf{33\,510{,}32\,mm^3}$
Der Tischtennisball hat ein Volumen von ungefähr $33\,510{,}32\,mm^3$.

2 $O_{Kugel} = 4 \cdot \pi \cdot (5{,}5\,cm)^2 \approx \mathbf{380{,}13\,cm^2}$
Der Globus hat einen Oberflächeninhalt von ungefähr $380{,}13\,cm^2$.

3 Der Wasserspeicher besteht aus einem Kegel, einem Zylinder und einer Halbkugel.
gegeben: $r_1 = 24\,m$, $h_1 = 20\,m$,
$r_2 = 16\,m$, $h_2 = 28\,m$
gesucht: $V_{gesamt} = V_{Kegel} + V_{Zylinder} + V_{Halbkugel}$
$V_{Kegel} = \frac{1}{3} \cdot \pi \cdot {r_1}^2 \cdot h_1$
$= \frac{1}{3} \cdot \pi \cdot (24\,m)^2 \cdot 20\,m \approx 12\,063{,}716\,m^3$
$V_{Zylinder} = \pi \cdot {r_2}^2 \cdot h_2$
$= \pi \cdot (16\,m)^2 \cdot 28\,m \approx 22\,518{,}936\,m^3$
$V_{Halbkugel} = \frac{2}{3} \cdot \pi \cdot {r_2}^3$
$= \frac{2}{3} \cdot \pi \cdot (16\,m)^3 \approx 8578{,}642\,m^3$
$V_{gesamt} \approx 12\,063{,}716\,m^3 + 22\,518{,}936\,m^3$
$+ 8578{,}642\,m^3 = \mathbf{43\,161{,}294\,m^3}$
Der alte Wasserspeicher hat ein Volumen von ungefähr $43\,161{,}294\,m^3$.

4 *gegeben*: $r = 5{,}2\,dm$, $h_K = 6{,}1\,dm$
gesucht: $V_{gesamt} = V_{Zylinder} - V_{Kegel} - V_{Halbkugel}$
Die Körperhöhe des Zylinders setzt sich aus dem Radius der Halbkugel und der Körperhöhe des Kegels zusammen: $h_{Zylinder} = r + h_K$
$h_{Zylinder} = 5{,}2\,dm + 6{,}1\,dm$
$= 11{,}3\,dm$
$V_{Zylinder} = \pi \cdot r^2 \cdot h_{Zylinder}$
$V_{Zylinder} = \pi \cdot (5{,}2\,dm)^2 \cdot 11{,}3\,dm \approx 959{,}92\,dm^3$
$V_{Kegel} = \frac{1}{3} \cdot \pi \cdot r^2 \cdot h_K$
$V_{Kegel} = \frac{1}{3} \cdot \pi \cdot (5{,}2\,dm)^2 \cdot 6{,}1\,dm \approx 172{,}73\,dm^3$
$V_{Halbkugel} = \frac{2}{3} \cdot \pi \cdot r^3$
$V_{Halbkugel} = \frac{2}{3} \cdot \pi \cdot (5{,}2\,cm)^3 \approx 294{,}49\,dm^3$
$V_{gesamt} = V_{Zylinder} - V_{Kegel} - V_{Halbkugel}$
$V_{gesamt} \approx 959{,}92\,dm^3 - 172{,}73\,dm^3 - 294{,}49\,dm^3$
$= \mathbf{492{,}7\,cm^3}$

5 *gegeben*: $r_1 = 2{,}5\,cm$; $r_2 = 4\,cm$; $a = 10\,cm$; $b = 4{,}5\,cm$
gesucht: O_{gesamt} des zusammengesetzten Körpers
$O_{Quader} = 2 \cdot a \cdot a + 2 \cdot a \cdot b + 2 \cdot a \cdot b$
$= 2 \cdot 10\,cm \cdot 10\,cm + 2 \cdot 10\,cm \cdot 4{,}5\,cm$
$+ 2 \cdot 10\,cm \cdot 4{,}5\,cm$
$= 380\,cm^2$
$M_{Halbkugel1} = 2 \cdot \pi \cdot {r_1}^2$
$= 2 \cdot \pi \cdot (2{,}5\,cm)^2 \approx 39{,}27\,cm^2$
$M_{Halbkugel2} = 2 \cdot \pi \cdot {r_2}^2$
$= 2 \cdot \pi \cdot (4\,cm)^2 \approx 100{,}53\,cm^2$
$A_{Kreis1} = \pi \cdot {r_1}^2$
$= \pi \cdot (2{,}5\,cm)^2 \approx 19{,}63\,cm^2$
$A_{Kreis2} = \pi \cdot {r_2}^2$
$= \pi \cdot (4\,cm)^2 \approx 50{,}27\,cm^2$
$O_{gesamt} = O_{Quader} + M_{Halbkugel1} + M_{Halbkugel2} - A_{Kreis1}$
$- A_{Kreis2}$
$O_{gesamt} \approx 380\,cm^2 + 39{,}27\,cm^2 + 100{,}53\,cm^2 - 19{,}63\,cm^2$
$- 50{,}27\,cm^2$
$= \mathbf{449{,}90\,cm^2}$

6 *gegeben*: $r = 3\,cm$, $a = 12\,cm$
gesucht: O_{gesamt} des Differenzkörpers
$O_{Würfel} = 6 \cdot a^2$
$= 6 \cdot (12\,cm)^2 = 864\,cm^2$
$A_{Kreis} = \pi \cdot r^2$
$= \pi \cdot (3\,cm)^2 \approx 28{,}27\,cm^2$
$M_{Halbkugel} = 2 \cdot \pi \cdot r^2$
$= 2 \cdot \pi \cdot (3\,cm)^2 \approx 56{,}55\,cm^2$
$O_{gesamt} = O_{Würfel} - 6 \cdot A_{Kreis} + 6 \cdot M_{Halbkugel}$
$O_{gesamt} \approx 864\,cm^2 - 6 \cdot 28{,}27\,cm^2 + 6 \cdot 56{,}55\,cm^2$
$= \mathbf{1033{,}68\,cm^2}$

5 Wachstum

► Seite 120/121 Wiederholung

1 a) $\frac{7}{100} = 7\,\%$ b) $\frac{54}{100} = 54\,\%$ c) $\frac{138}{100} = 138\,\%$

2

$\frac{65}{100}$	0,65	65 %
$\frac{8}{20}$	0,4	40 %
$\frac{1}{2}$	0,5	50 %
$\frac{3}{4}$	0,75	75 %
$\frac{1}{25}$	0,04	4 %

3 Das Ganze ist der **Grundwert G**.
Ein Teil des Ganzen ist der **Prozentwert W**.
Der Anteil ist der **Prozentsatz p %**.

4 a) *gegeben*: $p\,\% = 60\,\%$; $g = 1200\,m$
gesucht: $W = G \cdot \frac{p}{100}$
$W = 1200\,m \cdot \frac{60}{100} = \mathbf{720\,m}$
b) *gegeben*: $W = 40\,€$; $G = 200\,€$
gesucht: $p\,\% = \frac{W}{G}$
$p\,\% = \frac{40\,€}{200\,€} = \frac{1}{5} = 0{,}2 = 20\,\%$
c) *gegeben*: $p\,\% = 4\,\%$; $W = 70\,g$
gesucht: $G = W \cdot \frac{100}{p}$
$G = 70\,g \cdot \frac{100}{4} = \mathbf{1750\,g}$

5 a) der Grundwert G = 500 Laptops;
der Prozentwert W = 15 Laptops;
der Prozentsatz p % = 3 %
b) der Grundwert G= 32 Karten;
der Prozentwert W = 16 Karten;
der Prozentsatz p % = 50 %
c) der Grundwert G = 200 Akkus;
der Prozentwert W = 6 Akkus;
der Prozentsatz p % = 3 %

6 a) *gegeben*: $G = 365\,€$; $p\,\% = 20\,\%$
gesucht: W
$W = \frac{G \cdot p}{100}$
$W = \frac{365\,€ \cdot 20}{100} = \mathbf{73\,€}$
Lian spart 73 €.
b) *gegeben*: W = 162 Karten; p % = 72 %
gesucht: G
$G = \frac{W \cdot 100}{p}$
$G = \frac{162 \cdot 100}{72} = \mathbf{225}$
Es gibt insgesamt 225 Karten.
c) *gegeben*: G = 50 Punkte; W = 46 Punkte
gesucht: p %
$p\,\% = \frac{W}{G}$
$p\,\% = \frac{46}{50} = \mathbf{92\,\%}$
Milla hat in der Mathematikarbeit 92 % erreicht.

7 Kapital K = 300 €
Zinsen Z = 7,50 €
Zinssatz p % = 2,5 %

8 a) $4x = 21 + x \quad | -x$
$3x = 21 \quad | :3$
$x = 7$
$L = \{7\}$

b) $9x + 8 = 2x + 57 \quad | -2x$
$7x + 8 = 57 \quad | -8$
$7x = 49 \quad | :7$
$x = 7$
$L = \{7\}$

c) $5x - 9 = 31 \quad | +9$
$5x = 40 \quad | :5$
$x = 8$
$L = \{8\}$

d) $7x - 4 = 0{,}5x + 54{,}5 \quad | -0{,}5x$
$6{,}5x - 4 = 54{,}5 \quad | +4$
$6{,}5x = 58{,}5 \quad | :6{,}5$
$x = 9$
$L = \{9\}$

9 a) Die Funktion ist linear, weil die Gleichung die Form einer linearen Funktion hat: $y = mx + b$ mit $m = 3$ und $b = 4$.
b) Die Funktion ist quadratisch, weil die Gleichung die Form einer quadratischen Funktion hat: $y = ax^2 + c$ mit $a = 1$ und $c = 0$.
c) Die Funktion ist quadratisch, weil die Gleichung die Form einer quadratischen Funktion hat: $y = ax^2 + c$ mit $a = 1$ und $c = -3$.
d) Die Funktion ist linear, weil der Graph eine Gerade ist.
e) Die Funktion ist quadratisch, weil der Graph eine Parabel ist.
f) Die Funktion ist nicht linear und nicht quadratisch, weil der Graph keine Gerade und keine Parabel ist.

10 a)

x	−3	−2	−1	0	1	2	3
f(x)	13	10	7	4	1	−2	−5

b)

x	−3	−2	−1	0	1	2	3
g(x)	21	11	5	3	5	11	21

11 a)

Zeit in min	0	3	6	9	12	15
Wasser in ℓ	2250	1800	1350	900	450	0

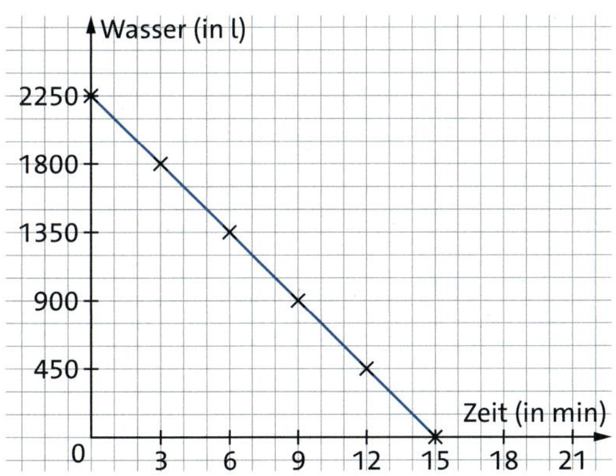

b) Es handelt sich um eine fallende Gerade mit Steigung $m = -150$ und y-Achsenabschnitt 2250.
c) $f(x) = -150x + 2250$

► Seite 134 Zwischentest

1 Der Graph f zeigt eine Abnahme.
Der Graph g zeigt eine quadratische Zunahme.
Der Graph h zeigt eine Zunahme.

2 a) $Z = \frac{13 \cdot 120€}{100} = \mathbf{15{,}60€}$
b) $p\,\% = \frac{80€}{400€} = \mathbf{20\,\%}$
c) $K = \frac{360€ \cdot 100}{25} = \mathbf{1440€}$

	Kapital K	Zinsen Z	Zinssatz p %
a)	120€	**15,60€**	13 %
b)	400€	80€	**20 %**
c)	**1440€**	360€	25 %

3

Anzahl Jahre	0	1	2	3
Kapital (in €)	2000	2080	2163,20	2249,73

·1,04 ·1,04 ·1,04

Nach 3 Jahren beträgt das Kapital 2249,73 €.

4 Der Anfangswert ist a = 5.
Der Wachstumsfaktor ist q = 4.
Die Zeit in Wochen ist 3.

5 a) *gegeben*: Zunahme um p % = 20 %
gesucht: q
$q = 100\,\% + p\,\%$
$q = 100\,\% + 20\,\% = 1 + \frac{20}{100} = 1{,}2$
b) *gegeben*: Zunahme um p % = 15 %
gesucht: q
$q = 100\,\% + p\,\%$
$q = 100\,\% + 15\,\% = 1 + \frac{15}{100} = 1{,}15$
c) *gegeben*: Abnahme um p % = 50 %
gesucht: $q = 100\,\% - p\,\%$
$q = 100\,\% - 50\,\% = 1 - \frac{50}{100} = 0{,}5$

6 *gegeben*: a = 60, Zunahme um p % = 50 %, Zeit (in Wochen)
gesucht: Anzahl der Bakterien nach 2 Wochen
$q = 100\,\% + 50\,\% = 1 + \frac{50}{100} = 1{,}5$

Zeit (in Wochen)	0	1	2
Anzahl Bakterien	60	90	135

·1,5 ·1,5

Nach 2 Wochen gibt es 135 Bakterien.

► Seite 135 Zwischentest

1

①	$f(x) = x^2 + 2$	quadratische Zunahme
②	$h(x) = -x + 6$	lineare Abnahme
③	$g(x) = \frac{1}{2}x$	lineare Zunahme

2 a) $Z = \frac{12{,}5 \cdot 462\,€}{100} = 57{,}75\,€$

b) $p\,\% = \frac{280\,€}{3500\,€} = \mathbf{8\,\%}$

c) $K = \frac{2{,}60\,€ \cdot 100}{4} = 65\,€$

	Kapital K	Zinsen Z	Zinssatz p %
a)	462 €	**57,75 €**	12,5 %
b)	3500 €	280 €	**8 %**
c)	**65 €**	2,60 €	4 %

3 *gegeben*: Zunahme um p % = 3,5 %
gesucht: q
$q = 100\,\% + p\,\%$
$q = 100\,\% + 3{,}5\,\% = 1 + \frac{3{,}5}{100} = 1{,}035$

Anzahl Jahre	0	1	2	3
Kapital (in €)	3250	3363,75	3481,48	3603,33

·1,035 ·1,035 ·1,035

Nach 3 Jahren beträgt das Kapital 3603,33 €.

4 Exponentielles Wachstum bedeutet:
Ich multipliziere einen ③ **Anfangswert** in gleich großen ① **Zeitabschnitten** immer wieder mit demselben ② **Faktor**.

5 a) *gegeben*: Zunahme um p % = 40 %
gesucht: q = 100 % + p %
$q = 100\,\% + 40\,\% = 1 + \frac{40}{100} = 1{,}4$

b) *gegeben*: Abnahme um p % = 2 %
gesucht: q = 100 % − p %
$q = 100\,\% - 2\,\% = 1 - \frac{2}{100} = 0{,}98$

c) *gegeben*: Abnahme um p % = 50 %
gesucht: q = 100 % − p %
$q = 100\,\% - 25\,\% = 1 - \frac{25}{100} = 0{,}75$

6 *gegeben*: a = 50, Abnahme um p % = 5 %,
Zeit (in Stunden) 3
gesucht: Chlorgehalt nach 3 Stunden
$q = 100\,\% - 5\,\% = 1 - \frac{5}{100} = 0{,}95$

Zeit (in Stunden)	0	1	2	3
Chlorgehalt (in g)	50	47,5	45,13	42,87

·0,95 ·0,95 ·0,95

Nach 3 Stunden beträgt der Chlorgehalt ungefähr 42,87 g.

► Seite 135 Zwischentest

1 ① $k(x) = 0{,}5\,x^2 + 1$; quadratische Zunahme
② $f(x) = -0{,}5x + 8$; lineare Abnahme
③ $h(x) = -\frac{1}{4}x^2 + 6$; quadratische Abnahme
④ $g(x) = 4 + 0{,}5 \cdot x$; lineare Zunahme

2 a) $p\,\% = \frac{Z}{K}$
$p\,\% = \frac{87{,}50\,€}{150\,€} \approx \mathbf{58{,}33\,\%}$

b) $K = \frac{Z \cdot 100}{p}$
$K = \frac{14{,}04\,€ \cdot 100}{100} = \mathbf{195\,€}$

c) $Z = \frac{K \cdot p}{100}$
$Z = \frac{1230\,€ \cdot 1{,}3}{100} = \mathbf{15{,}99\,€}$

d) $p\,\% = \frac{Z}{K}$
$p\,\% = \frac{12{,}99\,€}{633{,}50\,€} \approx \mathbf{2{,}05\,\%}$

3 *gegeben*: Zunahme um p % = 3,2 %
gesucht: q
$q = 100\,\% + p\,\%$
$q = 100\,\% + 3{,}2\,\% = 1 + \frac{3{,}2}{100} = 1{,}032$

Anzahl Jahre	0	1	2	3
Kapital (in €)	785	810,12	836,04	862,80

·1,032 ·1,032 ·1,032

Nach 3 Jahren beträgt das Kapital 862,80 €.

4 Es handelt sich um eine exponentielle Zunahme mit Anfangswert 180. Die Wölfe haben sich in 5 Jahren verdreifacht, also ist der Wachstumsfaktor q = 3.

5 a) *gegeben*: Zunahme um p % = 16 %
gesucht: q
$q = 100\,\% + p\,\%$
$q = 100\,\% + 16\,\% = 1 + \frac{16}{100} = 1{,}16$

b) *gegeben*: Abnahme um p % = 4 %
gesucht: q
$q = 100\,\% - p\,\%$
$q = 100\,\% - 4\,\% = 1 - \frac{4}{100} = 0{,}96$

6 *gegeben*: $A = 2000\,m^2$, Abnahme um p % = 2,5 %
Zeit (in Jahren)
gesucht: Größe der Eisfläche in m^2 nach 4 Jahren
$q = 100\,\% - 2{,}5\,\% = 1 - \frac{2{,}5}{100} = 0{,}975$

Zeit (in Jahren)	0	1	2	3	4
Eisfläche (in m²)	2000	1950	1901,25	1853,72	1807,38

·0,975 ·0,975 ·0,975 ·0,975

Nach 4 Jahren bedecken die Eisflächen in den Alpen eine Fläche von ungefähr 1807,38 m^2.

► Seite 141 Abschlusstest

1 ① Graph g, quadratische Zunahme.
② Graph f, lineare Zunahme.

2 *gegeben*: K = 480 €, p % = 3 %
gesucht: Z

$Z = \frac{K \cdot p}{100}$

$Z = \frac{480\,€ \cdot 3}{100} = 14{,}40\,€$

Nach 12 Monaten betragen die Zinsen 14,40 €.

3 a) Es liegt eine exponentielle Zunahme vor, weil $q > 1$ ist.
b) Es liegt eine exponentielle Abnahme vor, weil $0 < q < 1$ ist.
c) Es liegt eine exponentielle Abnahme vor, weil $0 < q < 1$ ist.

4

Zeit (in h)	0	1	2	3
Anzahl	100	**105**	**110,25**	**115,76**

·1,05 ·1,05 ·1,05

5 *gegeben*: a = 2; Anzahl der Spenden verdreifacht sich nach einer Stunde, also q = 3
gesucht: Anzahl der Spenden nach 4 Stunden

Zeit (in h)	0	1	2	3	4
Personen	2	6	18	54	162

·3 ·3 ·3 ·3

Lauras Aussage ist richtig.
Nach 4 Stunden haben 162 Personen gespendet.

► Seite 141 Abschlusstest

1 a) Es liegt ein quadratisches Wachstum vor. Es handelt sich um eine Zunahme.
b) Es liegt ein lineares Wachstum vor. Es handelt sich um eine Abnahme.

2 Mehmet: *gegeben*: K = 120 €, p % = 1,8 %
gesucht: Z

$Z = \frac{K \cdot p}{100}$

$Z = \frac{120\,€ \cdot 1{,}8}{100} = \mathbf{2{,}16\,€}$

Carlo: *gegeben*: K = 140 €, p % = 1,7 %
gesucht: Z

$Z = \frac{K \cdot p}{100}$

$Z = \frac{140\,€ \cdot 1{,}7}{100} = \mathbf{2{,}38\,€}$

Carlo erhält nach einem Jahr mehr Zinsen als Mehmet.

3 a) Es liegt eine exponentielle Zunahme vor, weil $q > 1$ ist. Der Wachstumsfaktor ist q = 3.
b) Es liegt eine exponentielle Abnahme vor, weil $0 < q < 1$ ist. Der Wachstumsfaktor ist q = 0,2.

4

Zeit (in h)	0	1	2	3
Anzahl	500	515	530,45	546,36

·1,03 ·1,03 ·1,03

5 *gegeben*: A = 800 ha, Zunahme um p % = 5 %, Zeit (in Stunden)
gesucht: Größe der Fläche (in ha) nach 4 Stunden

$q = 100\,\% + 5\,\% = 1 + \frac{5}{100} = 1{,}05$

Zeit (in h)	0	1	2	3	4
Fläche (in ha)	800	840	882	926,1	972,41

·1,05 ·1,05 ·1,05 ·1,05

Nach 4 Stunden hat der Waldbrand eine Fläche von ungefähr 972,41 Hektar.

► Seite 141 Abschlusstest

1 ① lineare Zunahme, $g(x) = 4x + 2$
② lineare Abnahme, $h(x) = -x + 4$
③ quadratische Zunahme, $f(x) = 0{,}25x^2$

2 *gegeben*: K = 1200 €,
Zinssatz auf dem Girokonto: p % = 0,2 %,
Zinssatz auf dem Konto: p % = 2,35 %
gesucht: Z_{gesamt}

Zinsen auf dem Girokonto: $Z_1 = \frac{600\,€ \cdot 0{,}2}{100} = \mathbf{1{,}20\,€}$

Zinsen auf dem Konto: $Z_2 = \frac{600\,€ \cdot 2{,}35}{100} = \mathbf{14{,}10\,€}$

$Z_{gesamt} = Z_1 + Z_2 = 1{,}20\,€ + 14{,}10\,€ = \mathbf{15{,}30\,€}$

Maxi erhält insgesamt 15,30 € Zinsen.

3 a) Es liegt ein exponentielles Wachstum vor, weil der Wachstumsfaktor $q > 1$ ist. Der Anfangswert ist a = 8 und der Wachstumsfaktor q = 1,5.
b) Es liegt kein exponentielles Wachstum vor, weil der Anfangswert a = 640 in gleich großen Zeitabschnitten nicht mit dem gleichen Faktor multipliziert wird. Der y-Wert für x = 2 wird mit dem Faktor 0,25 multipliziert, wohingegen alle anderen y-Werte mit dem Faktor 0,5 multipliziert werden.

4 *gegeben*: Abnahme um p % = 0,25 %
gesucht: q

$q = 100\,\% - p\,\%$

$q = 100\,\% - 0{,}25\,\% = 1 - \frac{0{,}25}{100} = 0{,}9975$

Zeit (in h)	0	1	2	3
Anzahl	450	448,88	447,75	446,63

·0,9975 ·0,9975 ·0,9975

5 *gegeben*: a = 10 g, Abnahme um p % = 3 %, Zeit (in Stunden)
gesucht: Masse (in g) nach 4 Stunden

$q = 100\,\% - 3\,\% = 1 - \frac{3}{100} = 0{,}97$

Zeit (in Stunden)	0	1	2	3	4
Masse (in g)	10	9,7	9,41	9,13	8,85

·0,97 ·0,97 ·0,97 ·0,97

Nach 4 Stunden beträgt die Masse des radioaktiven Stoffs ungefähr 8,85 g.

6 Daten

► Seite 144/145 Wiederholung

1 a)

Schaust du gerne Serien?	absolute Häufigkeit	
	Strichliste	Summe
ja	𝍸 |||	8
manchmal	|||	3
nein	|	1

b)

Wie lange am Tag schaust du Serien (in Minuten)?	absolute Häufigkeit	
	Strichliste	Summe
0	||	2
30	|||	3
60	||||	4
90	||	2
120	|	1

2 a) $\frac{7}{10} = 0{,}7 = 70\,\%$
$\frac{1}{4} = 0{,}25 = 25\,\%$
$\frac{4}{5} = 0{,}8 = 80\,\%$

b) $0{,}1 = 10\,\% = \frac{1}{10}$
$0{,}6 = 60\,\% = \frac{6}{10} = \frac{3}{5}$
$0{,}375 = 37{,}5\,\% = \frac{375}{1000} = \frac{3}{8}$

c) $50\,\% = \frac{1}{2} = 0{,}5$
$1\,\% = \frac{1}{100} = 0{,}01$
$75\,\% = \frac{3}{4} = 0{,}75$

3

Bruch	Dezimalzahl	Prozentzahl	Wortform
$\frac{3}{100}$	0,03	3 %	drei von hundert
$\frac{1}{5}$	0,2	20 %	jeder 5.
$\frac{1}{4}$	0,25	25 %	2 von 8
$\frac{1}{1000}$	0,001	0,1 %	einer von tausend
$\frac{150}{300}$	0,5	50 %	die Hälfte

4 r = 1 cm
$A = \pi \cdot r^2$
$A = \pi \cdot (1\,\text{cm})^2 \approx$ **$3{,}14\,\text{cm}^2$**

5 Länge: 2 cm, Breite: 2 cm, Höhe: 1 cm
V = Länge · Breite · Höhe
V = 2 cm · 2 cm · 1 cm = **$4\,\text{cm}^3$**

6 a) Im Säulendiagramm ist die Anzahl der Geburtstagskinder in den Jahreszeiten Frühling, Sommer, Herbst und Winter dargestellt.
b) Im Winter haben die meisten Personen Geburtstag.
c) Im Frühling haben 8, im Sommer 6, im Herbst 4 und im Winter 12 Personen Geburtstag.
Das sind 8 + 6 + 4 + 12 = 20 Personen.
Also sind insgesamt 20 Personen in der Klasse.
d) Ja, Alicias Aussage stimmt.
Im Frühling gibt es 8 Geburtstagskinder und im Herbst 4. 8 ist das Doppelte von 4.

7 a) Im Liniendiagramm sind die Höchsttemperaturen in Berlin von Montag bis Sonntag dargestellt.
b) Die niedrigste Temperatur wurde am Montag gemessen.
c) Die Temperatur wurde an 7 Tagen gemessen.
d) Die gleiche Temperatur wurde am Dienstag und am Freitag gemessen.

8

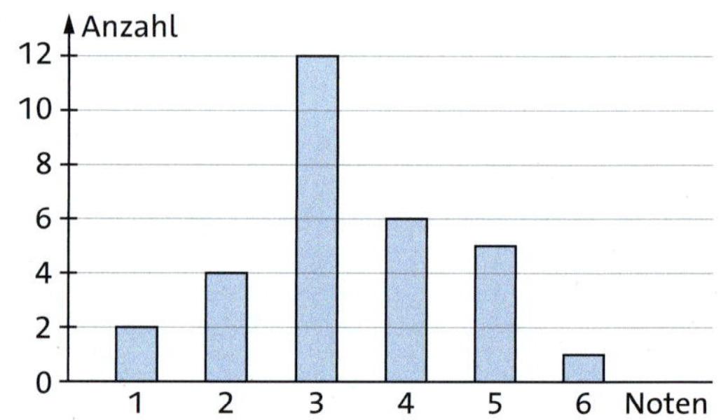

9 a) Die Note 1, 2 oder 3 bekommt man mit mindestens 20 Punkten, also mit 20 Punkten und mehr.
Also bekommen **20 Personen** die Note 1, 2 oder 3.
b) Die Note 1 bekommt man, wenn man 90 % der maximalen Punktzahl erreicht hat. Die Note 1 bekommt man mit mindestens
40 · 0,9 = 36 Punkten.
Also bekommen **3 Personen** die Note 1.

► Seite 158 Zwischentest

1 geordnete Datenreihe: 10, 12, 15, 15, 18, 20, 24
Maximum: **24 Minuten** Minimum: **10 Minuten**,
Spannweite: 24 Minuten – 10 Minuten = **14 Minuten**
Median: **15 Minuten**

2 a) In ① ist die absolute Häufigkeit für Rot: 4
In ② ist die absolute Häufigkeit für Rot: 2
b) In ① sind insgesamt 10 Blumen.
In ① ist die relative Häufigkeit für Rot: $\frac{4}{10} = 40\,\%$
In ② sind insgesamt 5 Blumen.
In ② ist die relative Häufigkeit für Rot: $\frac{2}{5} = 40\,\%$

3 Der Fragebogen ist nicht neutral, weil Marie in den Antwortmöglichkeiten nur Pausensnacks mit Schokolade vorgibt. Es fehlen weitere Snacks, wie zum Beispiel Obst, Brot oder Gemüse.

4 Niklas Stichprobe ist zu klein und seine Auswahl ist nicht zufällig, denn Niklas befragt seine Freunde. Niklas Stichprobe ist nicht-repräsentativ.
Also ist das Ergebnis seiner Umfrage manipuliert.
Alternativ: Niklas Fragebogen enthält nur positive Antwortmöglichkeiten. Somit ist es ein nicht-neutraler Fragebogen. Es fehlen negative Antwortmöglichkeiten, wie zum Beispiel „weniger gut" oder „gar nicht".
Also ist das Ergebnis seiner Umfrage manipuliert.

5 Die Säule für Freitag wirkt nur doppelt so hoch als die Säule für Donnerstag, weil die y-Achse nicht bei 0, sondern bei 95 beginnt. Am Donnerstag wurden 105 Brezeln und am Freitag 115 Brezeln verkauft. 115 ist nicht das Doppelte von 105. Er hat also nicht recht.

► Seite 159 Zwischentest

1 geordnete Datenreihe: 29, 46, 53, 57, 65, 82, 97
Maximum: **97 Herzen**, Minimum: **29 Herzen**,
Spannweite: 97 Herzen – 29 Herzen = **68 Herzen**
Median: **57 Herzen**

2 a) absolute Häufigkeit Aise: 4 rote Autos
absolute Häufigkeit Joel: 3 rote Autos
b) Aise: $\frac{4}{20} = \frac{20}{100} = 20\,\%$
Joel: $\frac{3}{10} = \frac{30}{100} = 30\,\%$
Obwohl Aise mehr rote Autos gezählt hat als Joel, ist der prozentuale Anteil an roten Autos bei Joel größer als bei Aise.

3 Im Fragebogen wird ein Vortext verwendet, der eine Meinung zur Beliebtheit von Fußball enthält. Es gibt zu wenige Antwortmöglichkeiten. Als Antwort kann man nur „Fußball" oder „andere" ankreuzen.
Somit ist es ein nicht-neutraler Fragebogen.
Also ist das Ergebnis manipuliert.

4 Die Ergebnisse, die Hannes erhält, sind manipuliert. Die Anzahl der Antwortmöglichkeiten ist ungleich verteilt: Es gibt drei Antwortmöglichkeiten für Zufriedenheit mit dem Spiel und nur eine Antwortmöglichkeit für weniger Zufriedenheit. Es gibt keine Antwortmöglichkeit für Unzufriedenheit. Außerdem befragt Hannes nur seine Fußballfreunde, die alle den gleichen Lieblingsverein haben. Durch die Auswahl seiner Stichprobe ist das Ergebnis ebenfalls manipuliert.

5 Beide Diagramme stellen die Menge Abfall in Kilogramm pro Einwohner in verschiedenen Monaten dar. Das Diagramm ① ist manipuliert, weil die Säule für Juni weggelassen wurde.

► Seite 159 Zwischentest

1 geordnete Datenreihe:
270€, 290€, 310€, 320€, 340€, 380€
Maximum: **380€**, Minimum: **270€**
Spannweite: 380€ – 270€ = **110€**
270€, 290€, **310€**, **320€**, 340€, 380€
Median: (**310€** + **320€**) : 2 = 315€
das arithmetische Mittel:
$\frac{270€ + 290€ + 310€ + 320€ + 340€ + 380€}{6} \approx$ **318,33 €**

2 a) Juna: $\frac{6}{15} = \frac{2}{5} = 40\,\%$ Emre: $\frac{3}{5} = 60\,\%$
Junas relative Häufigkeit für „Zahl" ist größer als bei Emre.
b) Zum Beispiel: Emre wirft 5-mal die Münze und hat 3-mal „Zahl". Oder: Emre wirft 10-mal die Münze und hat 6-mal „Zahl".

3 Mit dem Fragebogen ist das Ergebnis manipuliert. Denn die Frage ist nicht neutral formuliert und es gibt 2 Antwortmöglichkeiten für „zu kurz" und keine für „zu lang". Korrigierter Fragebogen:

Wie findest du die Länge der Pausen?		
O zu kurz	O passt so	O zu lang

4 Lea erhält ein manipuliertes Ergebnis.
Die Frage, die Lea stellt, ist nicht neutral. Sie sagt ihre Meinung, indem sie das Wort „auch" verwendet. Die Anzahl der Antwortmöglichkeiten ist ungleich verteilt: Es gibt nicht die Möglichkeit mit nein zu antworten. Außerdem ist die Stichprobe nicht sinnvoll, da sie auch Jungen enthält, die die Mädchentoiletten nicht nutzen.

5 Die Säule für das aktuelle Jahr wirkt ein Drittel so hoch wie die Säule des Vorjahres. Dieser Eindruck entsteht dadurch, weil die y-Achse bei 5000 km² beginnt und nicht bei 0 km². 6000 km² ist nicht ein Drittel von 8000 km². Die Aussage stimmt also nicht.

► Seite 165 Abschlusstest

1 Die Stichprobe ① ist für die Umfrage geeignet.

2 Ein neutraler Fragebogen enthält keinen Vortext, der die Meinung der befragten Personen beeinflusst.
Korrigierter Fragebogen:

Trennst du deinen Müll?	
O ja	O nein

3 Die Säule für Oktober wirkt doppelt so hoch wie die Säule für September. Im Oktober hat es 300 mm geregnet, im September 250 mm, also nicht das Doppelte. Die y-Achse beginnt bei 200 mm und nicht bei 0 mm. Deshalb sieht es so aus, als ob es im Oktober doppelt so viel geregnet hat als im September.

4 Die Aussage passt nicht zum Piktogramm.
Flächeninhalt vor 2 Jahren: $1\,cm \cdot 1\,cm = \mathbf{1\,cm^2}$
Flächeninhalt heute: $2\,cm \cdot 2\,cm = \mathbf{4\,cm^2}$
Das Piktogramm zeigt, dass Mikrochips heute 4-mal so viel speichern wie vor zwei Jahren.

► Seite 165 Abschlusstest

1 z. B.: eine gesamte Klasse; 20 zufällig gewählte Kinder

2 Ein neutraler Fragebogen enthält keinen Vortext, der die Meinung der befragten Personen beeinflusst. Außerdem gibt es keine Antwortmöglichkeit für Personen, die keinen Sport machen.
Korrigierter Fragebogen:

Wie oft in der Woche machst du Sport?			
O nie	O 1-mal	O 2-mal	O öfter als 2-mal

3 Der Käse „Gönnung" hat einen Fettanteil von 50 % und der Käse „Breeze" von 30 %. Die Einteilung der x-Achse ist für die Käsesorten verschieden. Bei Käse „Gönnung" sind 20 %-Schritte dargestellt, bei „Breeze" sind es 10 %-Schritte. Es entsteht der Eindruck, dass beide Käse den gleichen Fettanteil haben.

4 Flächeninhalt vor 5 Jahren: $1{,}5\,cm \cdot 1\,cm = \mathbf{1{,}5\,cm^2}$
Flächeninhalt heute: $3\,cm \cdot 2\,cm = \mathbf{6\,cm^2}$
$6\,cm^2 : 1{,}5\,cm^2 = \mathbf{4}$
Das Piktogramm zeigt, dass Tablets heute 4-mal so oft genutzt werden wie vor zwei Jahren.
Also passt die Aussage nicht zum Piktogramm.

► Seite 165 Abschlusstest

1 a) z.B.: die gesamte Schülerschaft einer Schule oder die Kinder und Jugendlichen eines Ortes
b) z. B.: 20 zufällig ausgewählte Personen auf der Straße oder eine gesamte Klasse

2 Das Ergebnis wird manipuliert sein. Denn der Fragebogen ist nicht neutral. Der Fragebogen enthält einen Vortext, der die Meinung der befragten Personen beeinflusst. Korrigierter Fragebogen:

Wie oft trinkst du Bubble-Tea?		
O oft	O selten	O nie

3 Larissa hat das Diagramm manipuliert, indem sie die y-Achse bei 15 (für 15 000 Klicks) beginnen lässt und nicht bei 0. Außerdem hat sie die Einteilung auf der y-Achse in 0,1-Schritte gewählt. Dadurch entsteht ein Eindruck von einem viel zu hohen Anstieg der Klicks, als es in Wirklichkeit der Fall ist.

4 $A_{Mai} = \pi \cdot (0{,}5\,cm)^2 = 0{,}25\pi \approx \mathbf{0{,}79\,cm^2}$
$A_{November} = \pi \cdot (1\,cm)^2 = 1\,\pi \approx \mathbf{3{,}14\,cm^2}$
$3{,}14\,cm^2 : 0{,}79\,cm^2 \approx 3{,}97$
Das Piktogramm zeigt, dass im November ungefähr 4-mal so viele Zimtrollen verkauft wurden wie im Mai.
Also passt das Piktogramm nicht zur Aussage.

Grundwissen

► Seite 186

1

Alter	Strichliste	Häufigkeit
14	IIII	4
15	III	3
16	卌 I	6

2

Schulweg (in min)	Strichliste	Häufigkeit
00–10	卌	5
11–20	卌 III	8
21–30	卌	5
> 30	II	2

► Seite 187

3 a) Jedem Wochentag wird die **Höchsttemperatur (in °C)** zugeordnet.
b) Am Donnerstag lag die Höchsttemperatur bei **15 °C**.
c) Am **Dienstag** und am **Freitag** betrug die Höchsttemperatur 13 °C.
d) Eine Höchsttemperatur von 20 °C wurde **an keinem der Tage** erreicht.

► Seite 188

4 a) 25 % b) 12,5 % c) 33,3 % d) 8,3 % e) 58,3 %

5

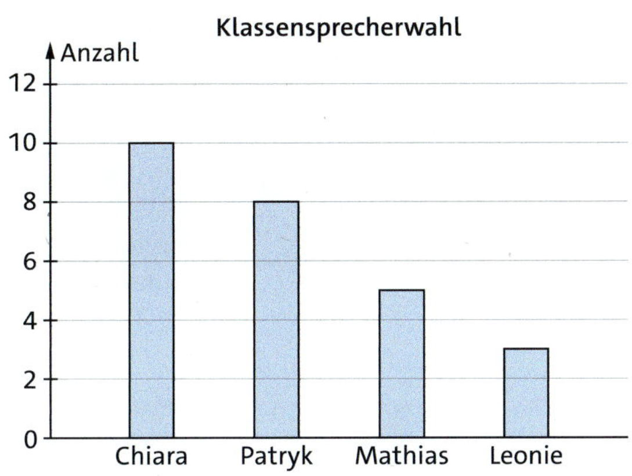

6

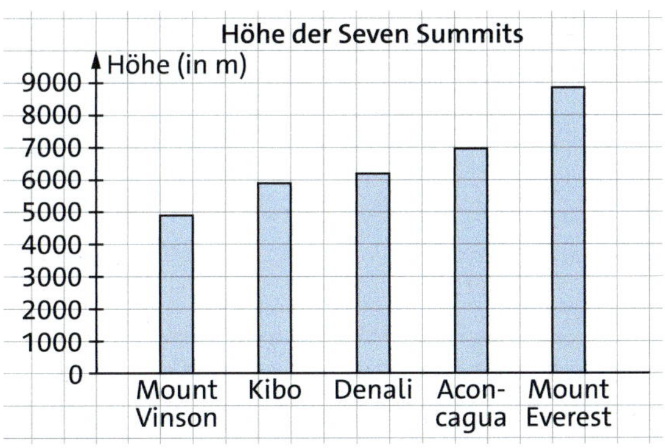

7 a) 2,5 b) 5,1 c) 0,7
d) 8,3 e) 5,0 f) 10,0

8 a) 0,38 b) 2,87 c) 9,34
d) 5,70 e) 0,40 f) 145,50

► Seite 189

9 a) 47 % b) 91 % c) 68 %
d) 3 % e) 150 % f) 230 %

10 a) $\frac{66}{100} = 66\,\%$ b) $\frac{22}{100} = 22\,\%$ c) $\frac{2}{100} = 2\,\%$
d) $\frac{55}{100} = 55\,\%$ e) $\frac{8}{100} = 8\,\%$ f) $\frac{60}{100} = 60\,\%$

11 a) $0{,}3 = \frac{3}{10}$ b) $0{,}6 = \frac{6}{10} = \frac{3}{5}$ c) $0{,}23 = \frac{23}{100}$
d) $0{,}58 = \frac{58}{100} = \frac{29}{50}$ e) $0{,}68 = \frac{68}{100} = \frac{17}{25}$
f) $0{,}75 = \frac{75}{100} = \frac{3}{4}$ g) $1{,}2 = \frac{12}{10} = \frac{6}{5} = 1\frac{1}{5}$

12 a) $\frac{7}{10} = 0{,}7$ b) $\frac{19}{100} = 0{,}19$ c) $\frac{127}{1000} = 0{,}127$
d) $\frac{2}{5} = \frac{4}{10} = 0{,}4$ e) $\frac{7}{20} = \frac{35}{100} = 0{,}35$
f) $\frac{3}{250} = \frac{12}{1000} = 0{,}012$ g) $\frac{5}{8} = \frac{625}{1000} = 0{,}625$

13 a) $61\,\% = \frac{61}{100} = 0{,}61$ b) $19\,\% = \frac{19}{100} = 0{,}19$
c) $7\,\% = \frac{7}{100} = 0{,}07$ d) $14\,\% = \frac{14}{100} = 0{,}14$
e) $20\,\% = \frac{20}{100} = 0{,}2$ f) $110\,\% = \frac{110}{100} = 1{,}1$

► Seite 190

14 a) 7 m = 70 dm b) 3 dm = 30 cm
c) 15 cm = 150 mm d) 2 km = 2000 m
e) 0,6 km = 600 m f) 2,1 m = 21 dm
g) 0,3 cm = 3 mm h) 1 m 5 dm = 15 dm

15 a) 70 cm = 7 dm b) 20 dm = 2 m
c) 6000 m = 6 km d) 150 mm = 15 cm
e) 400 m = 0,4 km f) 25 cm = 2,5 dm
g) 3 dm = 0,3 m h) 5 m 8 dm = 5,8 m

16 a) 4 m = 40 dm b) 50 mm = 5 cm
c) 2,5 km = 2500 m d) 1,5 m = 150 cm
e) 150 mm = 1,5 dm

17 a) $5\,m^2 = 500\,dm^2$ b) $9\,cm^2 = 900\,mm^2$
c) $30\,m^2 = 3000\,dm^2$ d) $35\,dm^2 = 3500\,cm^2$
e) $0{,}07\,cm^2 = 7\,mm^2$ f) $2{,}3\,dm^2 = 230\,cm^2$
g) $1\,m^2\,90\,dm^2 = 190\,dm^2$ h) $4\,cm^2\,5\,mm^2 = 405\,mm^2$

18 a) $800\,cm^2 = 8\,dm^2$ b) $700\,mm^2 = 7\,cm^2$
c) $2000\,dm^2 = 20\,m^2$ d) $60\,cm^2 = 0{,}6\,dm^2$
e) $450\,mm^2 = 4{,}5\,cm^2$ f) $4000\,dm^2 = 40\,m^2$
g) $2\,dm^2\,50\,cm^2 = 2{,}5\,dm^2$ h) $8\,m^2\,9\,dm^2 = 8{,}09\,m^2$

19 a) $6\,m^2 = 600\,dm^2$ b) $300\,mm^2 = 3\,cm^2$
c) $0{,}25\,m^2 = 25\,dm^2$ d) $0{,}03\,dm^2 = 300\,mm^2$
e) $4\,m^2\,50\,dm^2 = 45\,000\,cm^2$

20 a) $2\,cm^3 = 2000\,mm^3$ b) $8\,m^3 = 8000\,dm^3$
c) $15\,dm^3 = 15\,000\,cm^3$ d) $250\,m^3 = 250\,000\,dm^3$
e) $0{,}1\,m^3 = 100\,dm^3$ f) $3{,}5\,cm^3 = 3500\,mm^3$
g) $2\,cm^3\,500\,mm^3 = 2500\,mm^3$
h) $3\,m^3\,50\,dm^3 = 3050\,\ell$

21 a) $3000\,dm^3 = 3\,m^3$ b) $2000\,mm^3 = 2\,cm^3$
c) $70\,000\,cm^3 = 70\,dm^3$ d) $500\,dm^3 = 0{,}5\,m^3$
e) $60\,mm^3 = 0{,}06\,cm^3$ f) $8500\,cm^3 = 8{,}5\,dm^3$
g) $2\,cm^3\,100\,mm^3 = 2{,}1\,cm^3$
h) $1\,m^3\,50\,dm^3 = 1{,}05\,m^3$

22 a) $3\,dm^3 = 3000\,cm^3$ b) $20\,000\,mm^3 = 20\,cm^3$
c) $15\,\ell = 0{,}015\,m^3$ d) $0{,}1\,m^3 = 100\,000\,cm^3$
e) $90\,cm^3 = 0{,}09\,\ell$

► Seite 191

23 a) 3,9 b) 8,8 c) 4 d) 7,7
e) 0,77 f) 0,74 g) 2,2 h) 0,8
i) 4,9 j) 1,15 k) 2,45 l) 1,75

24 a) 0,6 b) 2,4 c) 5
d) 0,35 e) 0,72 f) 0,3

25 a) 0,4 b) 0,8 c) 0,8
d) 1,6 e) 0,04 f) 50

26 a) −2 b) 3 c) −23 d) 16
e) −25 f) 15 g) −15 h) 50

27 a) 3 b) −13 c) −6 d) −6
e) −5 f) −40 g) −19 h) 23
i) −25 j) −81

28 a) −12 b) 12 c) −20 d) −48
e) 80 f) 54 g) −70 h) −39

29 a) −3 b) 4 c) 7 d) −7
e) 8 f) −7 g) −25 h) 12

30 a) 48, Punktrechnung vor Strichrechnung
b) 20, Klammern zuerst
c) 34, Punktrechnung vor Strichrechnung
d) 6, Klammern zuerst
e) 3, Klammern zuerst
f) 12, Klammern zuerst
g) 100, Punktrechnung vor Strichrechnung
h) 12, beide Vorrangregeln

► Seite 192

31 3^2 ist eine Potenz. Die Zahl 3 ist die Basis.
Die Zahl 2 ist der Exponent. 9 ist der Wert der Potenz.

32 a) $7 \cdot 7 = 7^2 = 49$ b) $2 \cdot 2 \cdot 2 \cdot 2 \cdot 2 \cdot 2 = 2^6 = 64$
c) $10 \cdot 10 \cdot 10 \cdot 10 = 10^4 = 10\,000$
d) $3 \cdot 3 \cdot 3 \cdot 3 = 3^4 = 81$
e) $4 \cdot 4 \cdot 4 = 4^3 = 64$

33 a) $5^2 = 25$ b) $9^2 = 81$ c) $10^2 = 100$
d) $11^2 = 121$ e) $0{,}5^2 = 0{,}25$ f) $100^2 = 10\,000$
g) 10 000 h) 144 i) 144
j) $0{,}8^2 = 0{,}64$

34 a) $\sqrt{9} = 3$ b) $\sqrt{49} = 7$ c) $\sqrt{64} = 8$
d) $\sqrt{1} = 1$ e) $\sqrt{169} = 13$

► Seite 193

35 a) Grundwert: 5 Windräder
Prozentwert: 4 Windräder
Prozentsatz: 80 %
b) Grundwert: 700 Schülerinnen und Schüler
Prozentwert: 525 Schülerinnen und Schüler
Prozentsatz: 75 %
c) Grundwert: fehlt
Prozentwert: 15 Schülerinnen und Schüler
Prozentsatz: 60 %
d) Grundwert: 200 Plätze
Prozentwert: fehlt
Prozentsatz: 80 %
e) Grundwert: 10 Joghurts
Prozentwert: 2 Joghurts
Prozentsatz: fehlt

36 a)

	Bäume	Anteil	
	25	100 %	
: 25	1	**4 %**	: 25
· 8	8	**32 %**	· 8

b)

	Bananen	Anteil	
	20	100 %	
: 20	1	**5 %**	: 20
· 11	11	**55 %**	· 11

c)

	Lose	Anteil	
	200	**100 %**	
: 200	1	**0,5 %**	: 200
· 84	84	**42 %**	· 84

37 a) $p\,\% = \frac{9}{20} = \frac{45}{100} = \mathbf{45\,\%}$ b) $p\,\% = \frac{3}{50} = \frac{6}{100} = \mathbf{6\,\%}$
c) $p\,\% = \frac{26}{200} = \frac{13}{100} = \mathbf{13\,\%}$ d) $p\,\% = \frac{12}{25} = \frac{48}{100} = \mathbf{48\,\%}$

38 a)

	Anteil	Autos	
	100 %	400	
: 100	1 %	**4**	: 100
· 7	7 %	**28**	· 7

b)

	Anteil	Ponys	
	100 %	200	
: 100	1 %	**2**	: 100
· 33	33 %	**66**	· 33

c)

	Anteil	Anzahl	
	100 %	150	
: 100	**1 %**	**1,50**	: 100
· 20	20 %	**30**	· 20

39 a) $W = 200\,€ \cdot 0{,}08 = 200\,€ \cdot \frac{8}{100} = \frac{1600}{100}\,€ = \mathbf{16\,€}$
b) $W = 800 \cdot \frac{3}{100} = \frac{2400}{100} = \mathbf{24}$
c) $W = 2500\,m \cdot \frac{27}{100} = \frac{67\,500}{100}\,m = \mathbf{675\,m}$
d) $W = 50\,€ \cdot \frac{90}{100} = \frac{4\,500}{100}\,€ = \mathbf{45\,€}$

► Seite 194

40 a)

	Anteil	Äpfel	
: 9	9 %	27	: 9
· 100	1 %	**3**	· 100
	100 %	**300**	

b)

	Anteil	Fische	
: 11	11 %	77	: 11
· 100	1 %	**7**	· 100
	100 %	**700**	

c)

	Anteil	Preis	
: 30	30 %	600	: 30
· 100	1 %	**20**	· 100
	100 %	**2000**	

41 a) $G = 18\,€ : \frac{3}{100} = 18\,€ \cdot \frac{100}{3} = \frac{1\,800}{3}\,€ = \mathbf{600\,€}$

b) $G = 120 : \frac{60}{100} = \frac{12\,000}{60} = \mathbf{200}$

c) $G = 600\,m : \frac{12}{100} = \frac{60\,000}{12}\,m = \mathbf{5000\,m}$

d) $G = 50\,€ : \frac{20}{100} = \frac{5\,000}{20}\,€ = \mathbf{250\,€}$

42

a)	Kapital: 1500 €	Zinsen: 30 €	Zinssatz: 2 %
b)	Kapital: 500 €	Zinsen: 7,50 €	Zinssatz: 1,5 %
c)	Kapital: 4000 €	Zinsen: 130 €	Zinssatz: 3,25 %

43
a) $3 + 5 = 8$ b) $3 - 17 = -14$
c) $3 - 7 = -4$ d) $4 \cdot 3 = 12$
e) $0{,}5 \cdot 3 = 1{,}5$ f) $3 : 2 = 1{,}5$
g) $2 \cdot 3 + 1 = 7$ h) $2 \cdot 3 - 5 = 1$
i) $5 \cdot 3 - 10 = 5$ j) $40 - 7 \cdot 3 = 19$
k) $0{,}3 \cdot 3 + 1{,}2 = 2{,}1$ l) $2 \cdot 3 - 1{,}75 = 4{,}25 = 4\frac{1}{4}$

► Seite 195

44 a) $u = 4 \cdot 5\,cm = 20\,cm$
b) $u = 2 \cdot 4\,cm + 2 \cdot 6\,cm = 20\,cm$
c) $u = 5\,cm + 8\,cm + 10\,cm = 23\,cm$
d) $A = 7\,cm \cdot 4\,cm = 28\,cm^2$
e) $A = \frac{1}{2} \cdot 6\,cm \cdot 7\,cm = 21\,cm^2$

45 a) $5a$ b) $3x$ c) $11y$ d) c
e) $5x + 4$ f) $5a + b$ g) $4x + 3y$
h) $7x - 3$ i) $7x + 9y$ j) $-2a + 10b + 16$

46 a) $12a + 2b$ b) $9x - 2$ c) $6v - 13w$
d) $6x + 12y$ e) $10a + 1$ f) $15x + 35y$
g) $-3c$ h) $5x - 34y$ i) $-6a + 4b - 3$

47 a) $7x - 4 = 17$ $| + 4$
$7x = 21$ $| : 7$
$x = 3$ $L = \{3\}$

b) $3x - 20 = 4$ $| + 20$
$3x = 24$ $| : 3$
$x = 8$ $L = \{8\}$

c) $2x + 6 = 20$ $| - 6$
$2x = 14$ $| : 2$
$x = 7$ $L = \{7\}$

47 d) $5x = 3x + 8$ $| - 3x$
$2x = 8$ $| : 2$
$x = 4$ $L = \{4\}$

e) $6x = x + 10$ $| - x$
$5x = 10$ $| : 5$
$x = 2$ $L = \{2\}$

f) $5x + 10 = 2x + 25$ $| - 2x - 10$
$3x = 15$ $| : 3$
$x = 5$ $L = \{5\}$

g) $13x - 30 = 7x + 6$ $| - 7x + 30$
$6x = 36$ $| : 6$
$x = 6$ $L = \{6\}$

h) $7x - 54 = -4x - 10$ $| + 4x + 54$
$11x = 44$ $| : 11$
$x = 4$ $L = \{4\}$

i) $-2x + 6 = \frac{1}{2}x - 4$ $| -\frac{1}{2}x - 6$
$-2{,}5x = -10$ $| : (-2{,}5)$
$x = 4$ $L = \{4\}$

► Seite 196

48 *gegeben*: $a = 60\,cm$; $b = 40\,cm$
gesucht: u
Rechnung: $u = 2a + 2b$
$= 120\,cm + 80\,cm$
$= 200\,cm = 2\,m$
Antwort: Daylen hat **2 m** Holz gebraucht.

49 Es gilt: $(30\,cm)^2 + (50\,cm)^2$
$= 900\,cm^2 + 2500\,cm^2 = 3400\,cm^2$
$\sqrt{(3400\,cm^2)} \approx 58{,}3\,cm$
Die Bildschirmdiagonale ist ungefähr 58,3 cm lang.

50 a) *gegeben*: Preis: 70 € (Grundwert G)
Rabatt: 40 % (Prozentsatz p %)
gesucht: neuer Preis (Prozentwert W)
b) *Rechnung*: Preissenkung: 70 € · 40 % = 28 €
Antwort: Angelina spart **28 €**.
c) *Rechnung*: neuer Preis: 70 € – 28 € = 42 €
Antwort: Angelina muss **42 €** für die Hose bezahlen.

51 *gegeben*: Gewicht Mehl: 2 kg
Gewicht Nudeln: 500 g (3-mal)
Gewicht Schokolade: 150 g (2-mal)
gesucht: Gesamtgewicht
Rechnung:
Gesamtgewicht $= 2\,kg + 3 \cdot 500\,g + 2 \cdot 150\,g$
$= 2\,kg + 3 \cdot 0{,}5\,kg + 2 \cdot 0{,}15\,kg$
$= 3{,}8\,kg$
Antwort: Der Einkauf ist **3,8 kg** schwer.

52 *gegeben*: Terrassenmaße: 10 m Breite, 6 m Länge
Seitenlänge der Platten: 50 cm
gesucht: Mindestanzahl der Platten
Rechnung: in der Breite: 10 m : 0,5 m = 20 Platten
in der Länge: 6 m : 0,5 m = 12 Platten
insgesamt: 20 · 12 = 240 Platten
Antwort: 240 Platten werden mindestens benötigt.

► Seite 197

53 $Z = 250\,€ \cdot \frac{3}{100} = \frac{750\,€}{100} = 7{,}50\,€$
Die Zinsen im ersten Jahr betragen 7,50 €.

54 a) Die Variable x steht für die Zeit in Minuten.
Die Variable y steht für die Wassermenge in Litern.
b) $(-5) \cdot \mathbf{5} + 60 = -25 + 60 = 35$
Nach 5 Minten sind noch 35 ℓ Wasser im Aquarium.
c)
$$\begin{aligned} y &= -5x + 60 \\ 0 &= -5x + 60 \quad &|-60 \\ -60 &= -5x \quad &|:(-5) \\ 12 &= x \end{aligned}$$
Nach 12 Minten ist das Aquarium leer.

55 $-0{,}4 \cdot 0^2 + 3{,}4 = (-0{,}4) \cdot 0 + 3{,}4 = 3{,}4$
Der Ball wird in einer Höhe von 3,4 m abgeworfen.

56 *gegeben*: Paul und Joost sind zusammen 39 Jahre alt. Paul ist drei Jahre älter als Joost.
gesucht: Alter von Paul, Alter von Joost
Rechnung: Alter von Joost: x
Alter von Paul: x + 3
Gemeinsames Alter: $x + (x + 3) = 39$
$$\begin{aligned} 2x + 3 &= 39 \quad &|-3 \\ 2x &= 36 \quad &|:2 \\ x &= 18 \end{aligned}$$
Alter von Jost: 18 (Jahre)
Alter von Paul: 18 + 3 = 21 (Jahre)
Antwort: Jost ist 18 Jahre alt. Paul ist 21 Jahre alt.

57 *gegeben*: Clara hat doppelt so viele Tore wie Zine. Antonia hat ein Tor weniger als Zine. Zusammen haben sie 27 Tore.
gesucht: Tore von Clara
Rechnung: Tore von Zine: x
Tore von Clara: 2x
Tore von Antonia: x − 1
Tore insgesamt: $x + 2x + (x - 1) = 27$
$$\begin{aligned} 4x - 1 &= 27 \quad &|+1 \\ 4x &= 28 \quad &|:4 \\ x &= 7 \end{aligned}$$
Tore Zine: 7
Tore Clara: 14
Tore Antonia: 7 − 1 = 6
Antwort: Clara hat 14 Tore geschossen.

58 *gegeben*: Die Urlaubskosten für ein Kind sind 300 Euro geringer als für einen Erwachsenen. Die Urlaubskosten für zwei Erwachsene und ein Kind betragen 2100 Euro.
gesucht: Kosten je Kind und je Erwachsener
Rechnung: Kosten Kind: x
Kosten Erwachsener: x + 300
Gesamtkosten: $x + 2(x + 300) = 2100$
$$\begin{aligned} 3x + 600 &= 2100 \quad &|-600 \\ 3x &= 1500 \quad &|:3 \\ x &= 500 \end{aligned}$$
Kosten Kind: 500 (€)
Kosten Erwachsener: 500 + 300 = 800 (€)
Antwort: Der Urlaub kostet 500 € je Kind und 800 € für jede erwachsene Person.

► Seite 198

59 Ⓐ → ② Ⓑ → ④ Ⓒ → ① Ⓓ → ③

60 a) eindeutig b) nicht eindeutig
c) nicht eindeutig d) eindeutig
e) eindeutig

61 a) Die Zuordnung ist eindeutig, da jedem x-Wert genau ein y-Wert zugeordnet wird.
b) Die Zuordnung ist nicht eindeutig, da manchen x-Werten mehrere y-Werte zugeordnet werden.
c) Die Zuordnung ist nicht eindeutig, da manchen x-Werten mehrere y-Werte zugeordnet werden.
d) Die Zuordnung ist eindeutig, da jedem x-Wert genau ein y-Wert zugeordnet wird.

► Seite 199

62 a) lineare Zuordnung; der Graph ist eine Gerade
b) keine lineare Zuordnung; der Graph ist keine Gerade
c) keine lineare Zuordnung; der Graph ist keine Gerade
d) lineare Zuordnung; der Graph ist eine Gerade

63 a) lineare Zuordnung; der Graph ist eine Gerade
b) lineare Zuordnung; der Graph ist eine Gerade
c) keine lineare Zuordnung; der Graph ist eine Parabel
d) lineare Zuordnung; der Graph ist eine Gerade
e) lineare Zuordnung; der Graph ist eine Gerade

64 a) $y = x - 1$

x	−3	−2	−1	0	1	2	3
y	−4	−3	−2	−1	0	1	2

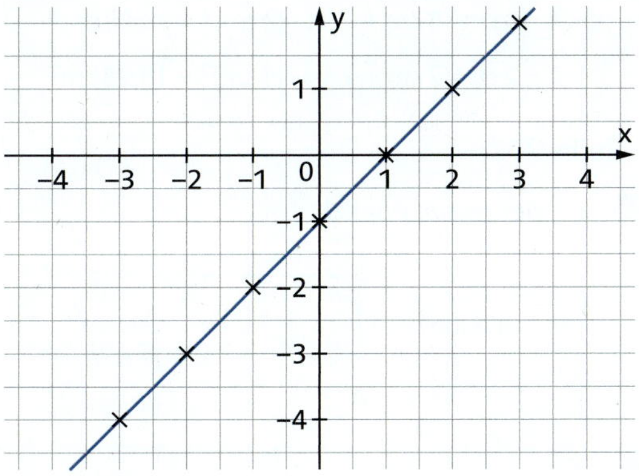

b) $y = 1{,}5x + 2$

x	−3	−2	−1	0	1	2	3
y	−2,5	−1	0,5	2	3,5	5	6,5

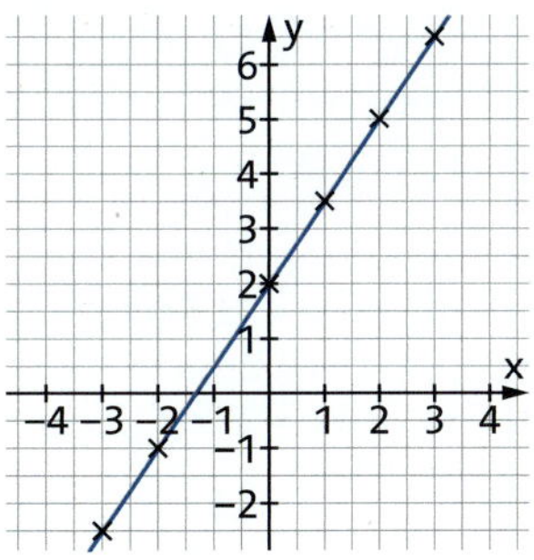

Die Abbildung ist verkleinert.

c) $y = -2x + 0{,}5$

x	−3	−2	−1	0	1	2	3
y	6,5	4,5	2,5	0,5	−1,5	−3,5	−5,5

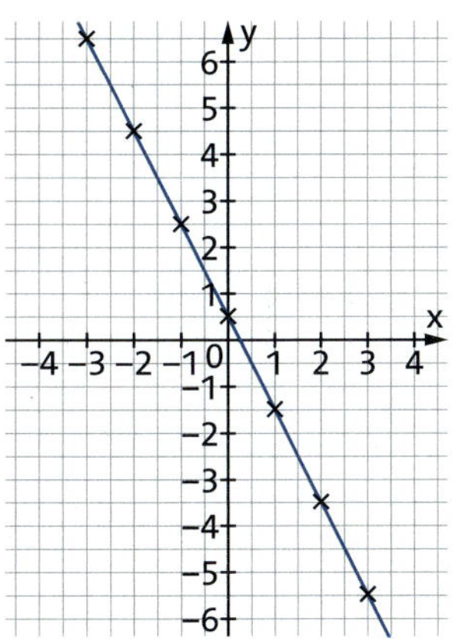

Die Abbildung ist verkleinert.

d) $y = 4$

x	−3	−2	−1	0	1	2	3
y	4	4	4	4	4	4	4

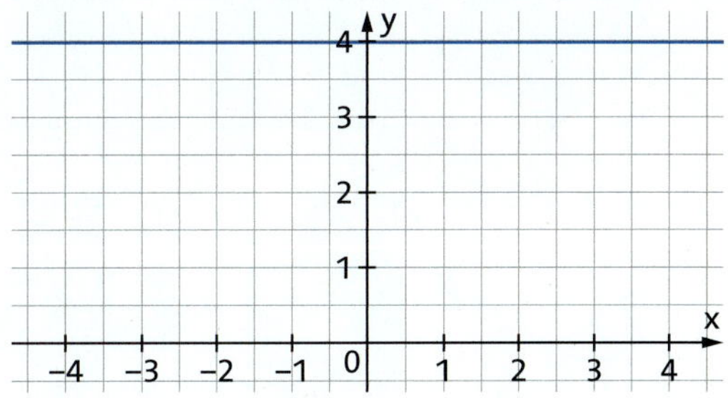

e) $y = -0{,}5x$

x	−3	−2	−1	0	1	2	3
y	1,5	1	0,5	0	−0,5	−1	−1,5

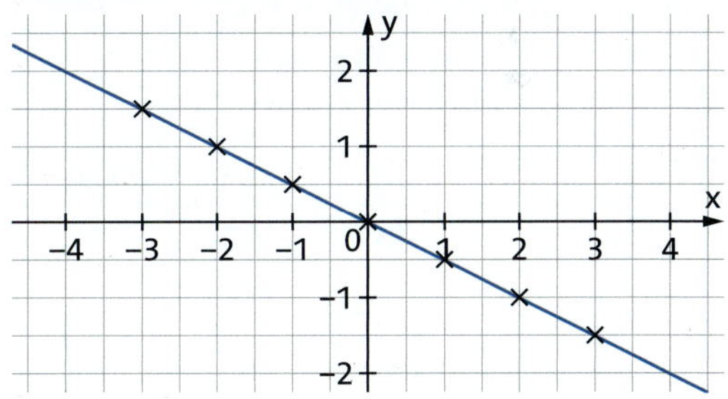

65 A (0 | −1); B (3 | −2); C (1 | 0);
D (0 | 2); E (−1 | 0); F (−3 | −2)

► **Seite 200**

66

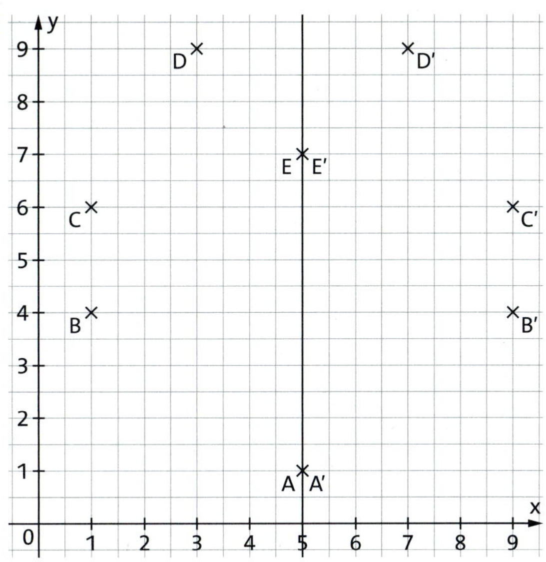

67

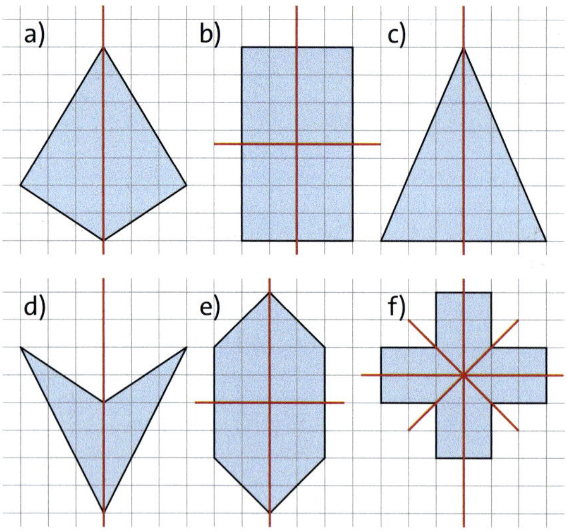

68 a) $A = a \cdot a = 8\,cm \cdot 8\,cm = 64\,cm^2$
b) $A = a \cdot a = 10\,m \cdot 10\,m = 100\,m^2$
c) $A = a \cdot b = 6\,cm \cdot 9\,cm = 54\,cm^2$
d) $A = a \cdot b = 12\,m \cdot 7\,m = 84\,m^2$

69

Radius r	10 cm	**12 m**	**26 km**	1,5 dm
Durchmesser d	**20 cm**	24 m	52 km	**3,0 dm**

Radius r	3,8 km	**2,5 cm**	0,75 mm	**1,85 m**
Durchmesser d	**7,6 km**	5 cm	**1,5 mm**	3,7 m

70

Radius r	4 cm	8 mm	**6 dm**	3,5 cm
Durchmesser d	**8 cm**	**16 mm**	12 dm	**7,0 cm**
Umfang u	**25,1 cm**	**50,3 mm**	**37,7 dm**	**22,0 cm**

Radius r	**2,5 km**	2,8 m	**7,5 mm**
Durchmesser d	5 km	**5,6 m**	15 mm
Umfang u	**15,7 km**	**17,6 m**	**47,1 mm**

► Seite 201

71

Radius r	4 cm	8 mm	**6 dm**	3,5 cm
Durchmesser d	**8 cm**	**16 mm**	12 dm	**7,0 cm**
Flächeninhalt A	**50,3 cm²**	**201,1 mm²**	**113,1 dm²**	**38,5 cm²**

Radius r	**2,5 km**	2,8 m	**7,5 mm**
Durchmesser d	5 km	**5,6 m**	15 mm
Flächeninhalt A	**19,6 km²**	**24,6 m²**	**176,7 mm²**

72 a) $\frac{1}{2} \cdot 8\,cm \cdot 5\,cm = 20\,cm^2$
b) $\frac{1}{2} \cdot 8{,}2\,cm \cdot 5{,}7\,cm = 23{,}37\,cm^2$
c) $\frac{1}{2} \cdot 6{,}8\,cm \cdot 4{,}1\,cm = 13{,}94\,cm^2$
d) $\frac{1}{2} \cdot 7\,cm \cdot 4\,cm = 14\,cm^2$
e) $\frac{1}{2} \cdot 5{,}2\,cm \cdot 5{,}4\,cm = 14{,}04\,cm^2$
f) $\frac{1}{2} \cdot 7{,}4\,cm \cdot 4{,}3\,cm = 15{,}91\,cm^2$

73 a) $A = 4\,cm \cdot 2\,cm + 3\,cm \cdot 2\,cm = 8\,cm^2 + 6\,cm^2 = 14\,cm^2$
b) $A = 4\,cm \cdot 7\,cm + 3\,cm \cdot (7\,cm - 4\,cm) + 3\,cm \cdot 7\,cm$
$= 28\,cm^2 + 9\,cm^2 + 21\,cm^2 = 58\,cm^2$
c) $A = 4\,cm \cdot 8\,cm + \frac{1}{2} \cdot \pi \cdot (2\,cm)^2 \approx 38{,}28\,cm^2$
d) $A = 2\,cm \cdot 2\,cm + 2 \cdot \pi \cdot (1\,cm)^2 \approx 10{,}28\,cm^2$

► Seite 202

74

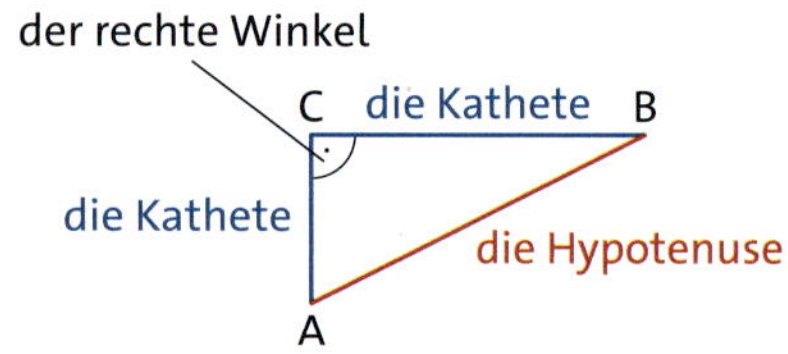

75

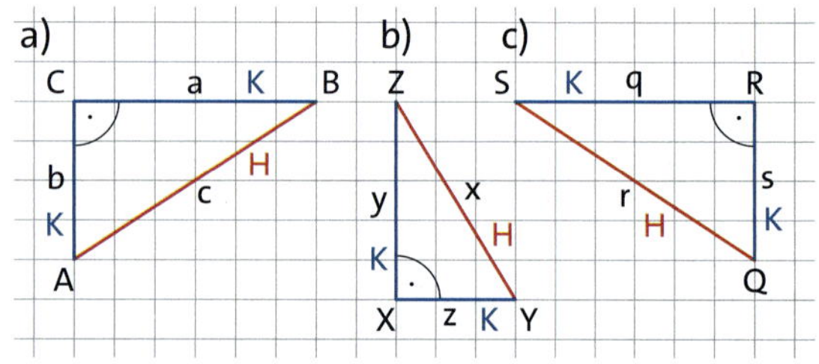

76 a) $b^2 + c^2 = a^2$ b) $x^2 + z^2 = y^2$ c) $r^2 + s^2 = t^2$

77 a) $c^2 = (5\,cm)^2 + (12\,cm)^2$; $c = 13\,cm$
b) $e^2 = (7{,}5\,cm)^2 + (10\,cm)^2$; $e = 12{,}5\,cm$
c) $z^2 = (24\,m)^2 + (7\,m)^2$; $z = 25\,m$
d) $g^2 = (12\,cm)^2 + (16\,cm)^2$; $g = 20\,cm$

78 a) $a^2 = (6\,cm)^2 - (4\,cm)^2$; $a \approx 4{,}5\,cm$
b) $a^2 = (37\,cm)^2 - (35\,cm)^2$; $a = 12\,cm$
c) $b^2 = (13\,cm)^2 - (5\,cm)^2$; $b = 12\,cm$

► Seite 203

79 a) $b^2 = (14{,}5\,cm)^2 - (8{,}4\,cm)^2$; $b \approx 11{,}8\,cm$
b) $e^2 = (21{,}3\,cm)^2 - (18{,}8\,cm)^2$; $e \approx 10{,}0\,cm$
c) $y^2 = (11{,}5\,cm)^2 - (7{,}3\,cm)^2$; $y \approx 8{,}9\,cm$
d) $v^2 = (2{,}2\,cm)^2 - (1{,}4\,cm)^2$; $v \approx 1{,}7\,cm$

80 a) $e^2 = (8\,cm)^2 + (5\,cm)^2$
$e^2 = 64\,cm^2 + 25\,cm^2 = 89\,cm^2$
$e = \sqrt{89\,cm^2} \approx 9{,}4\,cm$

$d^2 = (9{,}4\,cm)^2 + (4\,cm)^2$
$d^2 = 88{,}36\,cm^2 + 16\,cm^2 = 104{,}36\,cm^2$
$d = \sqrt{104{,}36\,cm^2} \approx 10{,}2\,cm$

b) $e^2 = (12\,cm)^2 + (20\,cm)^2$
$e^2 = 144\,cm^2 + 400\,cm^2 = 544\,cm^2$
$e = \sqrt{544\,cm^2} \approx 23{,}3\,cm$

$d^2 = (23{,}2\,cm)^2 + (25\,cm)^2$
$d^2 = 538{,}24\,cm^2 + 625\,cm^2 = 1163{,}24\,cm^2$
$d = \sqrt{1163{,}24\,cm^2} \approx 34{,}1\,cm$

81 Die Abbildungen sind hier um 50% verkleinert.

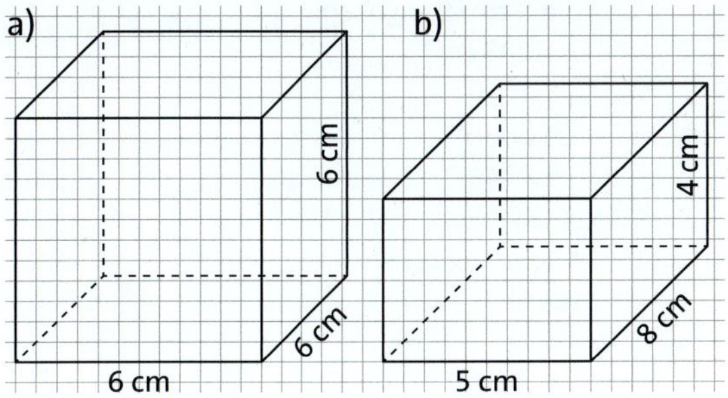

82 a) $O = 6 \cdot 6\,mm \cdot 6\,mm = 216\,mm^2$
b) $O = 2 \cdot (4 \cdot 10 + 4 \cdot 5 + 10 \cdot 5)\,dm^2 = 220\,dm^2$
c) $O = 6 \cdot 2{,}5\,m \cdot 2{,}5\,m = 37{,}5\,m^2$
d) $O = 2 \cdot (2{,}5 \cdot 8 + 2{,}5 \cdot 4 + 8 \cdot 4)\,cm^2 = 124\,cm^2$

83 a) $V = 2\,cm \cdot 2\,cm \cdot 2\,cm = 8\,cm^3$
b) $V = 4\,mm \cdot 10\,mm \cdot 5\,mm = 200\,mm^3$
c) $V = 1{,}5\,dm \cdot 1{,}5\,dm \cdot 1{,}5\,dm = 3{,}375\,dm^3$
d) $V = 2{,}5\,m \cdot 8\,m \cdot 4\,m = 80\,cm^3$

► Seite 204

84 a) $M = 4\,cm \cdot 7\,cm + 3\,cm \cdot 7\,cm + 5\,cm \cdot 7\,cm$
$= 28\,cm^2 + 21\,cm^2 + 35\,cm^2 = 84\,cm^2$
b) $M = 5\,m \cdot 6\,m + 8\,m \cdot 6\,m + 5\,m \cdot 6\,m$
$= 30\,m^2 + 48\,m^2 + 30\,m^2 = 108\,m^2$

85 a) $M = 12\,cm \cdot 12\,cm + 10\,cm \cdot 12\,cm + 15{,}62\,cm \cdot 12\,cm$
$= 144\,cm^2 + 120\,cm^2 + 187{,}44\,cm^2$
$= 451{,}44\,cm^2$
b) $M = 2 \cdot (15\,mm \cdot 14\,mm + 8\,mm \cdot 14\,mm)$
$= 2 \cdot (210\,mm^2 + 112\,mm^2)$
$= 644\,mm^2$
c) $M = 12\,cm \cdot 12\,cm + 9\,cm \cdot 12\,cm + 11\,cm \cdot 12\,cm$
$= 144\,cm^2 + 108\,cm^2 + 132\,cm^2$
$= 384\,cm^2$
d) $M = 9{,}5\,cm \cdot 10\,cm + 13\,cm \cdot 10\,cm + 8\,cm \cdot 10\,cm$
$+ 11{,}2\,cm \cdot 10\,cm$
$= 95\,cm^2 + 130\,cm^2 + 80\,cm^2 + 112\,cm^2$
$= 417\,cm^2$

86 a) $O = 2 \cdot 10\,cm^2 + 40\,cm^2$
$= 20\,cm^2 + 40\,cm^2$
$= 60\,cm^2$
b) $O = 2 \cdot 25\,m^2 + 30\,m^2$
$= 50\,m^2 + 30\,m^2$
$= 80\,m^2$
c) $O = 2 \cdot 37\,mm^2 + 56\,mm^2$
$= 74\,mm^2 + 56\,mm^2$
$= 130\,mm^2$

87 a) $M = (3\,cm + 6\,cm + 6{,}7\,cm) \cdot 10\,cm$
$= 15{,}7\,cm \cdot 10\,cm$
$= 157\,cm^2$
$O = 2 \cdot 9\,cm^2 + 157\,cm^2$
$= 18\,cm^2 + 157\,cm^2$
$= 175\,cm^2$
b) $M = (5{,}7\,cm + 4{,}5\,cm + 6\,cm) \cdot 10\,cm$
$= 16{,}2\,cm \cdot 10\,cm$
$= 162\,cm^2$
$O = 2 \cdot \frac{1}{2} \cdot (4\,cm \cdot 6\,cm) + 162\,cm^2$
$= 24\,cm^2 + 162\,cm^2$
$= 186\,cm^2$
c) $M = (3{,}6\,cm + 3{,}6\,cm + 4{,}5\,cm + 4{,}5\,cm) \cdot 10\,cm$
$= 16{,}2\,cm \cdot 10\,cm$
$= 162\,cm^2$
$O = 2 \cdot \frac{1}{2} \cdot (4\,cm \cdot 7\,cm) + 162\,cm^2$
$= 28\,cm^2 + 162\,cm^2$
$= 190\,cm^2$

88 a) $V = 10\,cm^2 \cdot 6\,cm = 60\,cm^3$
b) $V = 9\,m^2 \cdot 3\,m = 27\,m^3$
c) $V = 17\,dm^2 \cdot 5\,dm = 85\,dm^3$

► Seite 205

89 a) $V = \frac{1}{2}(4\,cm \cdot 2\,cm) \cdot 8\,cm$
$= 4\,cm^2 \cdot 8\,cm$
$= 32\,cm^3$
b) $V = \frac{1}{2}(5\,cm \cdot 2\,cm) \cdot 8\,cm$
$= 5\,cm^2 \cdot 8\,cm$
$= 40\,cm^3$
c) $V = \frac{1}{2}(5\,cm \cdot 3\,cm) \cdot 8\,cm$
$= 7{,}5\,cm^2 \cdot 8\,cm$
$= 60\,cm^3$
d) $V = (5\,cm \cdot 3\,cm) \cdot 8\,cm$
$= 15\,cm^2 \cdot 8\,cm$
$= 120\,cm^3$

90 Es gilt die Formel $O = 2 \cdot \pi \cdot r^2 + 2 \cdot \pi \cdot r \cdot h_K$
a) $O = 2 \cdot \pi \cdot (3\,cm)^2 + 2 \cdot \pi \cdot 3\,cm \cdot 5\,cm \approx 150{,}8\,cm^2$
b) $O = 2 \cdot \pi \cdot (7\,m)^2 + 2 \cdot \pi \cdot 7\,m \cdot 10\,m \approx 747{,}7\,m^2$
c) $O = 2 \cdot \pi \cdot (4{,}5\,cm)^2 + 2 \cdot \pi \cdot 4{,}5\,cm \cdot 12\,cm$
$\approx 466{,}53\,cm^2$

91 Es gilt die Formel $V = G \cdot h_K = \pi \cdot r^2 \cdot h_K$
a) $V = 201\,cm^2 \cdot 10\,cm = 2010\,cm^3$
b) $V = \pi \cdot (4\,cm)^2 \cdot 10\,cm \approx 502{,}65\,cm^3$
c) $V = \pi \cdot (12\,m)^2 \cdot 8\,m \approx 3619{,}11\,m^3$

92 Es gilt die Formel $O = \pi \cdot r^2 + \pi \cdot r \cdot s$
a) $O = \pi \cdot (4\,cm)^2 + \pi \cdot 4\,cm \cdot 7\,cm \approx 138{,}23\,cm^2$
b) $O = \pi \cdot (5\,m)^2 + \pi \cdot 5\,m \cdot 10\,m \approx 235{,}62\,m^2$
c) $s^2 = r^2 + h_K^2$; $s = 5\,cm$
$O = \pi \cdot (3\,cm)^2 + \pi \cdot 3\,cm \cdot 5\,cm \approx 75{,}40\,cm^2$

93 Es gilt die Formel $V = \frac{1}{3} \cdot G \cdot h_K = \frac{1}{3} \cdot \pi \cdot r^2 \cdot h_K$
a) $V = \frac{1}{3} \cdot \pi \cdot (3\,cm)^2 \cdot (7\,cm) \approx 65{,}97\,cm^3$
b) $V = \frac{1}{3} \cdot \pi \cdot (12\,m)^2 \cdot (10\,m) \approx 1507{,}96\,m^3$
c) $V = \frac{1}{3} \cdot \pi \cdot (7{,}5\,cm)^2 \cdot (20\,cm) \approx 1178{,}10\,cm^3$

94 a) $A_1 = G_1 + M_1$
$= \pi \cdot r^2 + 2 \cdot \pi \cdot r \cdot h_1$
$= \pi \cdot (8\,cm)^2 + 2 \cdot \pi \cdot 8\,cm \cdot 6\,cm$
$\approx \mathbf{502{,}65\,cm^2}$
$A_2 = M_2 = \pi \cdot r \cdot s$
$= \pi \cdot 8\,cm \cdot 10\,cm$
$\approx \mathbf{251{,}33\,cm^2}$
$O = A_1 + A_2$
$\approx 502{,}65\,cm^2 + 251{,}33\,cm^2$
$= \mathbf{753{,}98\,cm^2}$

b) $A_1 = G_1 + M_1$
$= a \cdot b + 2 \cdot a \cdot c + 2 \cdot b \cdot c$
$= 10\,cm \cdot 6\,cm + 2 \cdot 10\,cm \cdot 8\,cm + 2 \cdot 6\,cm \cdot 8\,cm$
$= \mathbf{316\,cm^2}$
$h_a = \sqrt{h_{Pyramide}{}^2 + \left(\frac{b}{2}\right)^2}$
$= \sqrt{(5\,cm)^2 + (3\,cm)^2}$
$\approx \mathbf{5{,}83\,cm}$
$A_2 = M_2 = 2 \cdot \frac{a \cdot h_a}{2} + 2 \cdot \frac{b \cdot h_b}{2}$
$= a \cdot h_a + b \cdot h_b$
$\approx 10\,cm \cdot 5{,}83\,cm + 6\,cm \cdot 7{,}1\,cm$
$= \mathbf{100{,}9\,cm^2}$
$O = A_1 + A_2$
$\approx 316\,cm^2 + 100{,}9\,cm^2$
$= \mathbf{416{,}9\,cm^2}$

c) $A_1 = G_1 + M_1$
$= \pi \cdot r^2 + 2 \cdot \pi \cdot r \cdot h_1$
$= \pi \cdot (2\,cm)^2 + 2 \cdot \pi \cdot 2\,cm \cdot 6\,cm$
$\approx \mathbf{87{,}96\,cm^2}$
$A_2 = M_2 - G_1$
$= 6 \cdot a^2 - \pi \cdot r^2$
$= 6 \cdot (8\,cm)^2 - \pi \cdot (2\,cm)^2$
$\approx \mathbf{371{,}43\,cm^2}$
$O = A_1 + A_2$
$\approx 87{,}96\,cm^2 + 371{,}43\,cm^2$
$= \mathbf{459{,}39\,cm^2}$

d) $A_1 = 2 \cdot G + M$
$= 2 \cdot \pi \cdot r^2 + 2 \cdot \pi \cdot r \cdot h_1$
$= 2 \cdot \pi \cdot (3\,cm)^2 + 2 \cdot \pi \cdot 3\,cm \cdot 14\,cm$
$\approx \mathbf{320{,}44\,cm^2}$
$A_2 = a \cdot b + 2 \cdot a \cdot c + 2 \cdot b \cdot c$
$= 12\,cm \cdot 14\,cm + 2 \cdot 12\,cm \cdot 2\,cm + 2 \cdot 14\,cm \cdot 2\,cm$
$= \mathbf{272\,cm^2}$
$O = A_1 + A_2$
$\approx 320{,}44\,cm^2 + 272\,cm^2$
$= \mathbf{592{,}44\,cm^2}$

95 a) $V_{Quader} = a \cdot b \cdot c$
$= 9\,cm \cdot 9\,cm \cdot 3\,cm$
$= \mathbf{243\,cm^3}$
$V_{Würfel} = a^3$
$= (3\,cm)^3$
$= \mathbf{27\,cm^3}$
$V = V_{Quader} - V_{Würfel}$
$= 243\,cm^3 - 27\,cm^3$
$= \mathbf{216\,cm^3}$

b) $V_{Würfel} = a^3$
$= (8\,cm)^3$
$= \mathbf{512\,cm^3}$
$V_{Kegel} = \frac{1}{3} \cdot \pi \cdot r^2 \cdot h_K$
$= \frac{1}{3} \cdot \pi \cdot (4\,cm)^2 \cdot 4\,cm$
$\approx \mathbf{67{,}02\,cm^3}$
$V = V_{Würfel} - V_{Kegel}$
$= 512\,cm^3 - 67{,}02\,cm^3$
$= \mathbf{444{,}98\,cm^3}$

c) $V_{Quader} = a \cdot b \cdot c$
$= 8\,cm \cdot 8\,cm \cdot 4\,cm$
$= \mathbf{256\,cm^3}$
$V_{halber\ Zylinder} = \frac{1}{2} \cdot (\pi \cdot r^2 \cdot h_K)$
$= \frac{1}{2} \cdot (\pi \cdot (2\,cm)^2 \cdot 8\,cm)$
$\approx \mathbf{50{,}27\,cm^3}$
$V = V_{Quader} - V_{halber\ Zylinder}$
$\approx 256\,cm^3 - 50{,}27\,cm^3$
$= \mathbf{205{,}73\,cm^3}$

d) $V_{Würfel} = a^3$
$= (40\,cm)^3$
$= \mathbf{64\,000\,cm^3}$
$V_{Pyramide} = \frac{1}{3} \cdot G \cdot h_K$
h_k muss erst berechnet werden.
Hier wird die Höhe h_K mit Hilfe der Diagonale der Grundfläche berechnet:
$d^2 = (36\,cm)^2 + (36\,cm)^2$
$d^2 = 2592\,cm^2 \quad |\sqrt{\ }$
$d \approx \mathbf{50{,}91\,m}$
$h_K{}^2 = s^2 - \left(\frac{d}{2}\right)^2$
$= (43{,}86\,cm)^2 - \left(\frac{50{,}91\,cm}{2}\right)^2$
$h_K{}^2 \approx 1275{,}74\,cm^2 \quad |\sqrt{\ }$
$h_K \approx \mathbf{35{,}72\,cm}$
$V_{Pyramide} = \frac{1}{3} \cdot G \cdot h_k$
$\approx \frac{1}{3} \cdot (36\,cm)^2 \cdot 35{,}72\,cm$
$= \mathbf{15\,431{,}04\,cm^3}$
$V = V_{Würfel} - V_{Pyramide}$
$\approx 64\,000\,cm^3 - 15\,431{,}04\,cm^3$
$= \mathbf{48\,568{,}96\,cm^3}$

Sachregister

Bildquellenverzeichnis

Technische Zeichnungen
Cornelsen/Christian Böhning (alle, außer S. 167–S. 178)
Cornelsen/Martin Frech (S. 167–S. 178)

Illustrationen
Cornelsen/Tobias Dahmen, Utrecht/www.tobidahmen.de:
S. 8/o.l., S. 8/o.r., S. 9/u.l., S. 9/u.M., S. 10/u.r., S. 15/u.l., S. 30/o.l., S. 34/o.v.l.n.r. 2, S. 34/o.v.l.n.r. 3, S. 34/o.v.l.n.r. 4, S. 34/o.v.l.n.r. 5, S. 42/o.r., S. 45/u.r., S. 47/o., S. 52/M.l., S. 53/o.r., S. 60/o.l., S. 98/o.l., S. 104/o.r., S. 112/o.r., S. 128/u.r., S. 129, S. 133/r., S. 146, S. 147/o.r., S. 158/o.r., S. 163/o.l., S. 163/o.r.

Cover:
Cornelsen/Rosendahl Berlin

Abbildungen
S. 1: Cornelsen/Inhouse/Anne Weingarten
S. 3/o.l.: Cornelsen Inhouse/KI-generiert mit Bing Image Creator (Dall-e 3)
S. 3/o.r.: stock.adobe.com/ERNESTO
S. 3/u.l.: stock.adobe.com/imaam
S. 3/u.r.: stock.adobe.com/Pixel-Shot
S. 4/o.l.: Cornelsen Inhouse/KI-generiert mit Bing Image Creator (Dall-e 3)
S. 4/u.l: stock.adobe.com/Thitiphan
S. 5: Cornelsen Inhouse/KI-generiert mit Bing Image Creator (Dall-e 3)
S. 7: Cornelsen Inhouse/KI-generiert mit Bing Image Creator (Dall-e 3)
S. 11/u.r.: stock.adobe.com/Taichi Sato/Paylessimages
S. 14: Cornelsen Inhouse/KI-generiert mit Bing Image Creator (Dall-e 3)
S. 15/M.l.: stock.adobe.com/weixx
S. 15/M.r.: Cornelsen Inhouse/KI-generiert mit Bing Image Creator (Dall-e 3)
S. 20/o.r.: Shutterstock.com/Ground Picture
S. 21/u.r.: stock.adobe.com/katrinaelena
S. 22: stock.adobe.com/Seventyfour
S. 23: Cornelsen Inhouse/KI-generiert mit Bing Image Creator (Dall-e 3)
S. 24: o.r: Shutterstock.com/Prostock-studio
S. 27: stock.adobe.com/imaam
S. 31/o.l. 1: stock.adobe.com/graja
S. 31/o.l. 2: stock.adobe.com/VectorBum
S. 31/o.l. 4: stock.adobe.com/Everest Adv
S. 31/u.r.: stock.adobe.com/MemoryMan
S. 32/u.l.: stock.adobe.com/Wirestock/Michael Turner
S. 32/u.r.: stock.adobe.com/Elena Moiseeva
S. 33/u.r.: Shutterstock.com/KANITHAR AIUMLAOR
S. 34/o.v.l.n.r. 1: Shutterstock.com/tomeqs
S. 35/o.l. 1: stock.adobe.com/nerthuz
S. 35/o.l. 2: stock.adobe.com/Mateusz
S. 35/o.l. 3: stock.adobe.com/ParinPIX
S. 35/o.l. 4: stock.adobe.com/nongpriya
S. 36/o.l. 1: stock.adobe.com/Andrey
S. 36/o.l. 2: stock.adobe.com/Olga
S. 36/o.l. 3: stock.adobe.com/Artaxerxes
S. 36/u.r.: stock.adobe.com/boscorelli
S. 39/u.l.: stock.adobe.com/Miso Ai
S. 40/u.r.: stock.adobe.com/fotoping
S. 41/M.M.: stock.adobe.com/KK erzeugt mit generativer KI
S. 41/u.r.: stock.adobe.com/marcorubino
S. 43/M.r.: stock.adobe.com/Koriolis
S. 43/o.r.: stock.adobe.com/VRD
S. 43/u.r.: stock.adobe.com/Peeradontax
S. 44/M.r.: stock.adobe.com/schmaelterphoto
S. 44/o.r.: stock.adobe.com/Jp
S. 44/u.r.: stock.adobe.com/annstar14
S. 46/1 a): stock.adobe.com/Anja B. Schäfer
S. 46/1 b): stock.adobe.com/gabriffaldi
S. 46/1 c): stock.adobe.com/nikonmike
S. 52/M.r.: stock.adobe.com/mark_gusev
S. 54/C: stock.adobe.com/blende11.photo
S. 54/D: stock.adobe.com/Sergey
S. 54/o.l.: stock.adobe.com/Kevin Ruck
S. 54/o.r.: stock.adobe.com/Harald Kobmann
S. 57: stock.adobe.com/ERNESTO
S. 61/u.r.: stock.adobe.com/by-studio
S. 62/u.r: stock.adobe.com/sakhorn38
S. 63/u.r: stock.adobe.com/vencav
S. 64/o.r.: Shutterstock.com/Margitta Hamel
S. 69/u.r.: stock.adobe.com/Panos
S. 89/u.r.: Shutterstock.com/karn684
S. 90/u.r.: stock.adobe.com/The Photos
S. 92/o.l.: stock.adobe.com/Brian Bailey
S. 92/o.r.: stock.adobe.com/Aamon
S. 92/u.r.: Shutterstock.com/Gap_Abstracture
S. 93/u.r.: Shutterstock.com/Kozlenko
S. 95.: stock.adobe.com/Pixel-Shot
S. 97/u.: mauritius images/SuperStock
S. 100/M.l.: stock.adobe.com/Mr.Stock
S. 100/o.r.: stock.adobe.com/VectorBum
S. 100/u.l.: stock.adobe.com/Algecireño
S. 101/o.r.: stock.adobe.com/Vladislav
S. 101/u.r.: stock.adobe.com/tinadefortunata
S. 102/o.l.: stock.adobe.com/Rawf8
S. 102/o.r.: Cornelsen Inhouse/KI-generiert mit Bing Image Creator (Dall-e 3)
S. 103/3 u.: stock.adobe.com/robert
S. 103/r.M.: Shutterstock.com/Alexapicso
S. 103/r.o.: stock.adobe.com/Ildi
S. 103/r.u.: stock.adobe.com/ogressie
S. 104/5 o.l.: stock.adobe.com/Krakenimages.com
S. 104/5 o.r.: stock.adobe.com/taddle
S. 104/5 u.l.: stock.adobe.com/Corinna Gissemann
S. 104/5 u.r.: stock.adobe.com/gearstd
S. 104/M.l.: Shutterstock.com/New Africa
S. 104/r.u.: stock.adobe.com/logoinspires
S. 105/M.l.: stock.adobe.com/terex
S. 105/M.r.: stock.adobe.com/Jaroslav Moravcik
S. 105/u.l.: stock.adobe.com/Alexandr Makarov
S. 106/l.M.: Cornelsen Inhouse/KI-generiert mit Bing Image Creator (Dall-e 3)
S. 107/M.r.: Depositphotos/Stas Sherbakov
S. 107/o.r.: Shutterstock.com/Nataly Studio
S. 108/M.r.: stock.adobe.com/arazu
S. 108/o.l.: stock.adobe.com/kamui29
S. 108/o.r.: stock.adobe.com/Suraphol
S. 108/u.l.: stock.adobe.com/M.studio
S. 108/u.r.: stock.adobe.com/Peter Atkins
S. 109/M.l.: stock.adobe.com/baibaz
S. 109/M.r.: stock.adobe.com/PNGSTOCK
S. 109/u.r.: stock.adobe.com/Antony McAulay
S. 112/u.r.: Cornelsen Inhouse/KI-generiert mit Bing Image Creator (Dall-e 3)
S. 113/5 M.: stock.adobe.com/Suraphol
S. 113/5 o.: stock.adobe.com/Suraphol
S. 113/5 u.: Shutterstock.com/Arti_Zav
S. 113/M.l.: Shutterstock.com/Vensto
S. 113/M.r.: stock.adobe.com/StevertS
S. 113/u.l.: Cornelsen Inhouse/KI-generiert mit Bing Image Creator (Dall-e 3)
S. 113/u.r.: Shutterstock.com/Nikita Zychowicz
S. 114/l.M.: stock.adobe.com/M. Schuppich
S. 114/o.l.: stock.adobe.com/ValentinValkov
S. 114/o.r.: stock.adobe.com/Serggod
S. 114/r.M.: stock.adobe.com/Papugrat
S. 114/u.l.: stock.adobe.com/Chayanee
S. 115/8 l.: stock.adobe.com/Uwe Mahnke
S. 115/8 r.: stock.adobe.com/H&C
S. 115/l.M.: stock.adobe.com/katrin_timoff
S. 115/l.o.: stock.adobe.com/Little Studio1
S. 115/l.u.: Shutterstock.com/Arvind Balaraman
S. 116/A: Cornelsen Inhouse/KI-generiert mit Bing Image Creator (Dall-e 3)
S. 116/B: stock.adobe.com/PictureSyndicate
S. 116/C: Shutterstock.com/Gang Liu
S. 116/D: stock.adobe.com/Paul
S. 116/E: mauritius images/Westend61
S. 116/o.r.: stock.adobe.com/CarlosBarquero
S. 117/3 M.: stock.adobe.com/Zaleman
S. 119: Cornelsen Inhouse/KI-generiert mit Bing Image Creator (Dall-e 3)
S. 121/u.: stock.adobe.com/Globalflyer
S. 122/o.: stock.adobe.com/Evamaria
S. 123: Shutterstock.com/poo
S. 126: stock.adobe.com/Creator
S. 128/o.r.: stock.adobe.com/petro
S. 128/u.l.: stock.adobe.com/Khaisan
S. 130: stock.adobe.com/Marc Heiligenstein
S. 131/o.l.: Shutterstock.com/Daniel Prudek
S. 131/u.l.: Shutterstock.com/Madlen
S. 132/l.: stock.adobe.com/BCH Photo
S. 132/r.: stock.adobe.com/killykoon erzeugt mit generativer KI
S. 133/l.: stock.adobe.com/ozmen
S. 136/o.r.: stock.adobe.com/German
S. 137/u.l.: Shutterstock.com/Twinsterphoto
S. 137/u.r.: Shutterstock.com/Pi-Lens
S. 138/u.l.: stock.adobe.com/nata777_7
S. 140/o.r.: stock.adobe.com/Halfpoint
S. 140/u.r.: stock.adobe.com/Markus Mainka
S. 143/u.: stock.adobe.com/Thitiphan
S. 147/u.l.: Shutterstock.com/ozanuysal
S. 147/u.r.: stock.adobe.com/mipan
S. 149/M.l.: stock.adobe.com/photocrew
S. 149/o.r.: stock.adobe.com/frinz
S. 152/o.l.: stock.adobe.com/MaxK
S. 152/o.r.: stock.adobe.com/jannoon028
S. 152/u.l.: stock.adobe.com/Miftah
S. 153/M.l.: stock.adobe.com/Parkpoom
S. 153/o.l.: stock.adobe.com/rod5150
S. 153/u.l.: stock.adobe.com/Robert Kneschke
S. 159/o.r.: stock.adobe.com/Claudio Divizia/Deutsche Bundesbank/Heinz Hoyer und Sneschana Russewa-Hoyer
S. 161/M.r.: stock.adobe.com/Rudzhan
S. 161/u.r.: stock.adobe.com/fotogurmespb
S. 162/o.l.: stock.adobe.com/Shadroy J/peopleimages.com
S. 162/u.l.: stock.adobe.com/easybanana
S. 163/u.r.: stock.adobe.com/Antonioguillem
S. 167: stock.adobe.com/Robert Kneschke
S. 168/u.r.: stock.adobe.com/Claudia Nass
S. 174: stock.adobe.com/alixim
S. 176/o.r.: stock.adobe.com/VectorBum
S. 176/u.r.: Shutterstock.com/Orapin Thepsuttinun
S. 177/o.r.: stock.adobe.com/Blickfang
S. 177/u.r.: stock.adobe.com/Schönbacher Gerhard
S. 180: stock.adobe.com/tunedin
S. 181/M.r.: stock.adobe.com/HeinzWaldukat
S. 181/o.r.: stock.adobe.com/Marco2811
S. 181/u.r.: stock.adobe.com/Nick Brundle
S. 182/o.r.: stock.adobe.com/YouraPechkin erzeugt mit generativer KI
S. 183/o.r.: stock.adobe.com/ehrenberg-bilder
S. 183/u.r.: stock.adobe.com/kasarp
S. 184/M.r.: stock.adobe.com/GoodPics
S. 184/o.r.: stock.adobe.com/Production Perig
S. 184/u.r.: stock.adobe.com/Edda Dupree
S. 185/o.r.: stock.adobe.com/industrieblick
S. 185/u.r.: stock.adobe.com/anantachat.

Formeln im Überblick

Funktionen

Lineare Funktionen

Funktionsgleichung:
$y = m \cdot x + b$

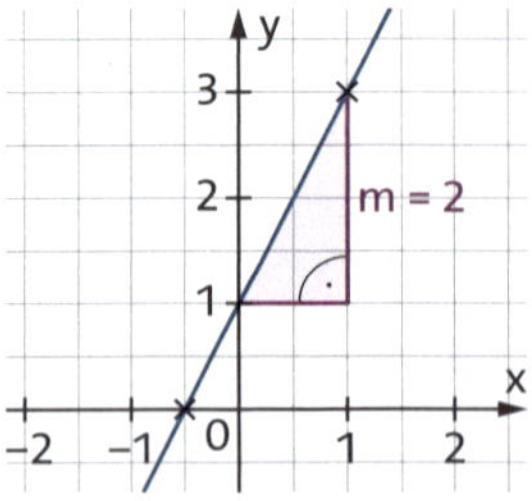

Steigung der Geraden: $m = \frac{y_2 - y_1}{x_2 - x_1}$
y-Achsenabschnitt: b (oder n)

weitere Schreibweise:
$f(x) = m \cdot x + n$

Quadratische Funktionen

Normalparabel:
$f(x) = x^2$

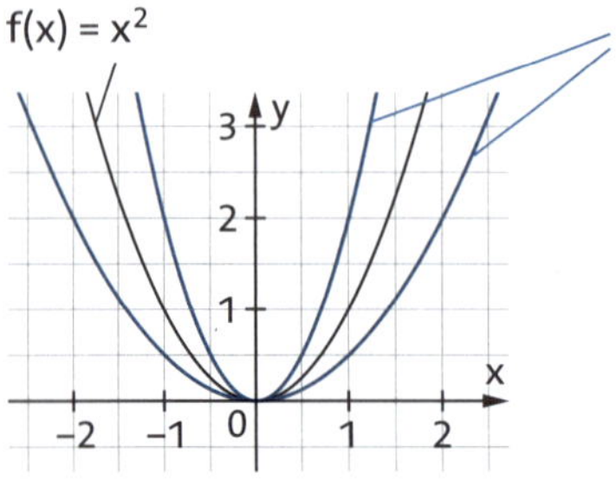

gestreckte/gestauchte Parabel:
$f(x) = a x^2$

a = 1 Normalparabel
a > 1 oder a < −1 gestreckt
0 < a < 1 oder 0 > a > −1 gestaucht
a < 0 nach unten geöffnet

Scheitelpunkt S(0 | 0)

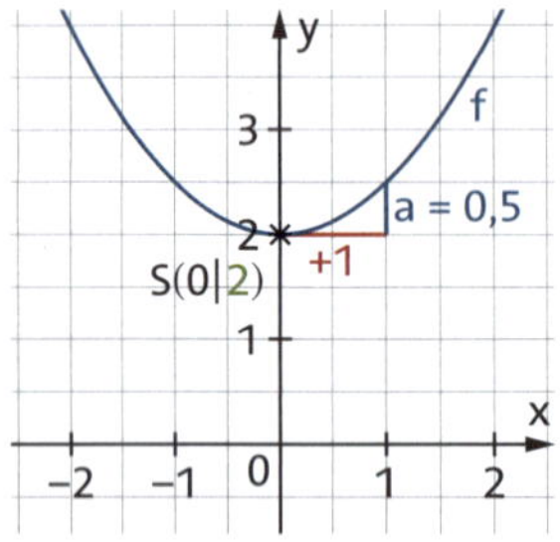

nach oben/nach unten verschobene Parabel:
$f(x) = a x^2 + e$, $a \neq 0$

y-Achsenabschnitt: e
Scheitelpunkt S(0 | e)

weitere Schreibweise:
$y = x^2$ oder $y = a x^2 + e$

Gleichungen

Rein quadratische Gleichungen

Gleichung:
$a x^2 + e = 0$

Lösungs-Beispiel:

$4x^2 - 16 = 0 \quad | +16$
$4x^2 = 16 \quad | :4$
$x^2 = 4 \quad | \sqrt{\ }$
$x_1 = \sqrt{4} \qquad x_2 = -\sqrt{4}$
$x_1 = 2 \qquad x_2 = -2 \qquad L = \{-2; 2\}$

zwei Lösungen: a > 0 und e < 0 oder a < 0 und e > 0
eine Lösung: e = 0
keine Lösung: a > 0 und e > 0 oder a < 0 und e < 0

Prozent- und Zinsrechnung

Prozentrechnung

Grundwert: $G = \frac{W}{p\,\%}$ $\qquad G \mathrel{\hat{=}} 100\,\%$

Prozentsatz: $p\,\% = \frac{W}{G}$ $\qquad p\,\% = \frac{p}{100}$

Prozentwert: $W = G \cdot p\,\%$

Zinsrechnung

Kapital: $K \mathrel{\hat{=}} 100\,\%$

Zinssatz: p %

Zinsen: Z

Jahreszinsen:
$Z = K \cdot p\,\%$

Zinseszins

Endkapital …
nach 1 Jahr: $K_1 = K \cdot (1 + p\,\%)$
nach 2 Jahren: $K_2 = K_1 \cdot (1 + p\,\%)$
nach 3 Jahren: $K_3 = K_2 \cdot (1 + p\,\%)$

Wachstum

Exponentielles Wachstum

exponentielle Zunahme:
$q = 1 + \frac{p}{100}$, also $q > 1$

exponentielle Abnahme:
$q = 1 - \frac{p}{100}$, also $0 < q < 1$

a Anfangswert; q Wachstumsfaktor

Beispiel: exponentielle Abnahme

Zeit (in Jahren)	0	1	2
Anzahl der Fische	400	320	256

(Zeit: +1, +1; Anzahl: ·0,8, ·0,8)